Experimentieren im mathematisch-naturwissenschaftlichen Unterricht

Werner Rieß, Markus Wirtz,
Bärbel Barzel, Andreas Schulz (Hrsg.)

Experimentieren im mathematisch-naturwissenschaftlichen Unterricht

Schüler lernen wissenschaftlich denken und arbeiten

Waxmann 2012
Münster / New York / München / Berlin

Bibliografische Informationen der Deutschen Nationalbibliothek
Die Deutsche Nationalbibliothek verzeichnet diese Publikation in der Deutschen Nationalbibliografie; detaillierte bibliografische Daten sind im Internet über http://dnb.d-nb.de abrufbar.

ISBN 978-3-8309-2687-0

Steinfurter Straße 555, 48159 Münster

www.waxmann.com
order@waxmann.com

Umschlaggestaltung: Christian Averbeck, Münster
Umschlagabbildung: Frank Rösch
Satz: Stoddart Satz- und Layoutservice, Münster

Gedruckt auf alterungsbeständigem Papier,
säurefrei gemäß ISO 9706

Printed in Germany

Inhalt

Einleitung

Welchen Wissenstand hätten wir heute in den Naturwissenschaften und der Technik ohne Experimente? Experimente ermöglichen die gezielte Untersuchung und Analyse beobachtbarer Phänomene, Prozesse und Strukturen. Die systematische Anwendung experimenteller Untersuchungsmethoden hat den Erkenntnisgewinn in den Naturwissenschaften und in der Technik entscheidend geprägt. Sie sind fester Bestandteil im methodischen Repertoire in den Natur-, Sozial- und Verhaltenswissenschaften, da sie als besonders zuverlässig gelten, wenn Phänomene untersucht und geprüft werden sollen.

Beschäftigt man sich mit der Thematik des Experimentierens, so wird schnell der Bedarf nach Klärung von Begriffen, Konzepten und Handlungsempfehlungen erkennbar. Eine grundlegende Herausforderung besteht darin, dass der Begriff „Experiment" auch fester Bestandteil unserer Alltagssprache ist. Das berühmte Zitat von Konrad Adenauer „Keine Experimente" – als Maßgabe der politisch-wirtschaftlichen Orientierung – wird von jedermann verstanden. Hier wird „Experiment" in dem Sinne gebraucht, dass man ‚rumprobiert' und der Ausgang dieser Handlungen zu unsicheren, unvorhersehbaren und – mit einer gewissen Wahrscheinlichkeit – unerwünschten Konsequenzen führen kann. Diese negative Konnotation findet sich häufig im alltäglichen Sprachgebrauch. Im Gegensatz hierzu wird ‚Experiment' im wissenschaftlichen Kontext stets in positivem Sinne gebraucht und bezeichnet verlässliche und bewährte Handlungsweisen. In der Wissenschaft werden Erkenntnisse nämlich oft erst als gesichert akzeptiert, wenn sie einer experimentellen Prüfung standgehalten haben. Deshalb werden ‚Experimente' auch als ‚Königsweg der Erkenntnisgewinnung und -prüfung' oder gar als ‚Goldstandard' bezeichnet.

In Lehr-Lernkontexten befinden wir uns in der Regel zwischen diesen beiden Bedeutungsextremen ‚ungesichertes Ausprobieren' und ‚kontrolliertes Prüfen'. Folglich stellt sich die Frage, wie Schülerinnen und Schüler in der Entwicklung eines angemessenen Verständnisses des ‚Experimentierens' unterstützt werden können. Hierzu ist es unter anderem notwendig zu verstehen, welche Konzepte, Kompetenzen und Fehlvorstellungen im Bereich ‚Experimentieren' bei den Lernenden (und vielleicht auch bei den Lehrkräften) vorliegen und welche didaktischen Möglichkeiten zur gezielten Förderung der Kompetenzentwicklung in Lehr-Lernkontexten zur Verfügung stehen.

Im Einzelnen gilt es deshalb, bestehende Vorstellungen und Konzepte systematisch zu reflektieren und verständnis- und erfahrungsbasiert zu korrigieren oder neu zu entwickeln. Zudem muss berücksichtigt werden, dass Schülerinnen und Schüler einerseits mit Hilfe des Experiments zu fachlichen Einsichten und neuem Wissen geführt werden sollen, andererseits den Weg des Experimentierens als solchen kennen lernen und so Experimentierkompetenzen entwickeln sollen. Dabei ist die Forderung nach einem vermehrten Einsatz von Experimenten im Unterricht keineswegs mit einer gezielten Förderung von Experimentierkompetenz gleichzusetzen. Letztere erfordert eine Fokussierung des Experimentierprozesses auch unabhängig von den spezifischen Inhalten, um Elemente einer Experimentierkompetenz als separierbare und generalisierbare Lernziele berücksichtigen zu können.

Damit sind einige wesentliche Aspekte des didaktischen Potenzials und der Notwendigkeit des Experiments im Unterricht grob umrissen, aber es bleibt noch offen, was sich im Detail hinter dem Konzept ‚Experimentierkompetenz' verbirgt und wie seine möglichen Bestandteile im Unterricht fächerspezifisch und fächerübergreifend gefördert werden können. Das Promotionskolleg e^{x}MNU (Experimentieren im mathematisch-naturwissenschaftlichen Unterricht, www.exmnu.de) hat sich diesem Fragekomplex gewidmet und dabei auch nach den Bedingungen des Gelingens und den Wirkungen des Experimentalunterrichts gefragt. Die vorliegende Publikation ist im Rahmen dieses Projekts entstanden.

Das Kolleg wurde vom Land Baden-Württemberg im Jahr 2008 eingerichtet. Es untersuchte in elf Teilprojekten Aspekte des Experimentalunterrichts in den Naturwissenschaften und der Mathematik aus den verschiedenen Perspektiven der beteiligten Fächer.

Es herrscht Klärungsbedarf …

Das Thema „Experimente im Unterricht" ist in den Naturwissenschaftsdidaktiken keineswegs erst in den letzten Jahren als relevant erkannt worden. Schon seit gut 250 Jahren finden sich in der Literatur Empfehlungen und Vorschläge zum Experimentieren im naturwissenschaftlichen Unterricht (vgl. Gross, 1739; Frick, 1872). Eine Analyse älterer und jüngerer historischer Quellen zeigt jedoch, dass in Bezug auf den Einsatz von Experimenten im Unterricht eine uneinheitliche didaktische Funktionsbestimmung (Was ist das Ziel des Experimentierens im Unterricht?) und ein terminologisches Wirrwarr in der Verwendung des Begriffs ‚(Unterrichts-) Experiment' sowohl in der wissenschaftlichen Fachliteratur als auch in unterrichtspraktischen Veröffentlichungen identifiziert werden kann (vgl. Bäuml, 1977; 1979, Schöler, 1970). So wird der Begriff ‚Experiment' oft mit verwandten Begriffen wie ‚Unterrichtsexperiment', ‚Schulversuch', ‚Lehrversuch' und ‚Unterrichtsversuch' gleich gesetzt. Über diese Vielfalt und Unterschiedlichkeit in der begrifflichen Bestimmung hinaus wird auch die Bedeutung des Experiments für das Lernen in Naturwissenschaften und Mathematik sehr unterschiedlich eingeschätzt (vgl. Barzel, Reinhoffer & Schenk, Kapitel 6 in diesem Band).

Schaut man in manche aktuellen Veröffentlichungen, kann festgestellt werden, dass die begriffliche Unklarheit bis heute beispielsweise in Schulbüchern und Handreichungen für Lehrkräfte tradiert wurde. Im Hinblick auf die Rolle und Funktion des Experiments im naturwissenschaftlichen Unterricht wurden und werden

darüber hinaus Vorstellungen geäußert, die a) teilweise als unrealistisch gelten müssen und b) das Unterrichtsexperiment im Lichte eines unterrichtsmethodischen Königswegs erscheinen lassen.
So soll das Unterrichtsexperiment u.a.

- den effektiven Erwerb fachlichen Wissens ermöglichen (bspw. Eschenhagen et al., 2008, Killermann, 1996),
- die Lern- und Leistungsbereitschaft der Schüler/-innen fördern (bspw. Wagenschein, 1965 und 1970; Ziemek, 2005),
- das selbsttätige Lernen ermöglichen (bspw. Deutscher Bildungsrat, 1975),
- allgemeine Leistungsdispositionen wie eine allgemeine Problemlösekompetenz fördern (bspw. Soostmeyer, 1975; Eschenhagen et al., 2008),
- zur kindgemäßen Entwicklung komplexer seelisch-geistiger Fähigkeiten beitragen (Kerschensteiner, 1914; Piaget, 1950),
- Lernprozesse im sozialen Bereich anregen, (Tesch, 2003),
- zur Beherrschung fachgemäßer Arbeitsweisen (z.B. Beobachten, Vergleichen, Beschreiben, Protokollieren, Zeichnen) und
- zur zielgerechten Handhabung technischer Geräte und Hilfsmittel führen (bspw. Griebel, 1971; Eschenhagen et al., 2008).

Über viele Jahrzehnte hinweg wurde der Einsatz von Unterrichtsexperimenten von ganzen Generationen von Naturwissenschaftsdidaktikern für alle Schulstufen pauschal befürwortet (zu den wenigen Ausnahmen gehört beispielsweise Schietzel, 1939).

Eine durchdachte didaktische Argumentation zur Rechtfertigung des Experimentierens im Unterricht findet erst ab Mitte der 1970er Jahre statt (bspw. Bäuml, 1977; Eschenhagen et al., 1985; Killermann, 1974). In dieser Zeit wird auch die Forderung nach einer Neubestimmung und Begründung des Unterrichtsexperiments aufgestellt. Zwei Aufgaben galt es dabei zu bearbeiten: Es galt zum einen, eine vertiefte Analyse des Experiments in den Naturwissenschaften (Merkmale, Stellung im Forschungsprozess, geschichtliche Entwicklung etc.) vorzunehmen. Zum anderen sollte eine Einbettung des Unterrichtsexperiments in die „Lehr-Lernverfahren innerhalb der modernen Unterrichtstheorie“ angestrebt werden (bspw. Bäuml, 1977). Beide Aufgaben wurden in den deutschen Fachdidaktiken der Naturwissenschaften in den Folgejahren jedoch nur unzureichend bearbeitet und bildeten mehr oder weniger bis Mitte der 1990er Jahre zwei Desiderata der naturwissenschaftsdidaktischen Forschung.

Ein Grund für die säumige Bearbeitung dieser Desiderata ist darin zu sehen, dass für die Forschung in den Naturwissenschaftsdidaktiken lange Zeit die jeweilige Fachwissenschaft und die allgemeine Didaktik als die zentralen Bezugsdisziplinen angesehen wurden. Die allgemeine Didaktik selbst besitzt ausgeprägte geisteswissenschaftliche Wurzeln. Die Fachdidaktiken adaptierten zunächst die in der allgemeinen Didaktik vorherrschende, stark bildungstheoretisch und hermeneutisch geprägte Auseinandersetzung mit dem Thema ‚Unterricht'. Damit wurde man den besonderen Anforderungen an naturwissenschaftlichen Unterricht aber nur in Teilen gerecht. Empirische Fragestellungen und Zugriffe unter spezifisch fachdidaktischer Perspektive bildeten in dieser Zeit eher die Ausnahme. Diese waren am häufigsten noch in der Physikdidaktik anzutreffen. Darüber hinaus wurden die Ergebnisse entsprechender empirischer Studien eigentlich nur innerhalb der jeweiligen Scientific Community wahrgenommen und diskutiert.

Erst durch die Veröffentlichung der Ergebnisse internationaler Schulleistungsstudien wie PISA und TIMSS wurde das Thema Bildung in Naturwissenschaften, Technik und Mathematik im öffentlichen Diskurs und in den Medien präsent. Man hatte eine im internationalen Vergleich überdurchschnittlich wirksame mathematisch-naturwissenschaftliche Bildung an deutschen Schulen erwartet, die dann zu herausragenden Leistungen der deutschen Schüler/-innen führen sollte. Die Ergebnisse waren jedoch sehr ernüchternd und zeigten eher das Gegenteil. Die Schulleistungsstudien offenbarten deutliche Defizite in Bezug auf den Kompetenzerwerb im mathematisch-naturwissenschaftlichen und technischen Unterricht. Darüber hinaus wurde diagnostiziert, dass Ausbildungs- und Studiengänge in den betreffenden Fächern wenig nachgefragt und eher gemieden werden und sich in mathematisch, naturwissenschaftlich und technisch geprägten Berufsfeldern ein eklatanter Fachkräftemangel abzeichnet (Bonin et al., 2007). Alarmiert durch diese Befunde wurde nun zunehmend die Forderung an die Naturwissenschaftsdidaktiken herangetragen, zuverlässige empirische Daten zu Wirkungen naturwissenschaftlicher Bildungsprozesse zu liefern, um so den Lehrpersonen in den Naturwissenschaften Empfehlungen für einen effektiveren Unterricht geben zu können. Dieser Impuls wurde aufgegriffen, so dass die empirische, naturwissenschaftsdidaktische Forschung in den vergangenen 15 Jahren erheblich an Bedeutung und Profil gewann. Sie wurde an Hochschulen teilweise deutlich ausgebaut und ist auch Teil großer Forschungsprogramme wie beispielweise der DFG-Schwerpunktprogramme zur Bildungs- und Unterrichtsqualität.

Was Sie in dieser Publikation erwartet …

Im Promotionskolleg e^{x}MNU kommt ebenfalls eine wirkungsorientierte Perspektive zum Tragen. Die übergeordneten Fragestellungen nach den Bedingungen für das Gelingen und nach den Wirkungen von Experimentalunterricht wurden durch die folgenden Fragen konkretisiert:

- Was ist unter „**experimenteller Kompetenz**" zu verstehen, wie kann dieses Konstrukt konzeptualisiert und operationalisiert werden?
  - Aus welchen Teilkompetenzen konstituiert sich die „experimentelle Kompetenz" bzw. welche Teilkompetenzen lassen sich identifizieren?

  - Wie kann experimentelle Kompetenz (bzw. deren Teilkompetenzen) fächerspezifisch und fächerübergreifend zuverlässig gemessen werden?
  - Wie lassen sich die Teilaspekte der „experimentellen Kompetenz“ gegenüber Konstrukten wie ‚Intelligenz‘ und ‚Problemlösekompetenz‘ abgrenzen bzw. in welchem Verhältnis stehen diese Konstrukte zueinander?
- Mit welchen **Vorstellungen und motivationalen Voraussetzungen** zum „Experimentieren in den Naturwissenschaften“ kommen die Schüler/-innen in den Unterricht und wie können diese Vorstellungen und motivationalen Orientierungen entwickelt und gefördert werden?
- Durch welche **Unterrichtsarrangements** lässt sich die „experimentelle Kompetenz“ wirkungsvoll fördern? Welche Rolle spielen dabei die Lehrkräfte?
- Wie kann der Erwerb fachlicher Konzepte durch Experimentieren unterstützt werden?

Das Promotionskolleg e^xMNU zeichnete sich neben der konkreten Arbeit in den Teilprojekten durch die kooperative interdisziplinäre Arbeit in den verschiedenen Fächern aus, die in eine umfassende theoretische Analyse des Themenfeldes mündete. Dabei war nicht nur die Interdisziplinarität innerhalb der Naturwissenschaften und mit der Mathematik für den Gehalt der Arbeit maßgeblich, sondern vor allem war auch die allgemeine und wissenschaftstheoretische Perspektive sowie die Zusammenarbeit mit der Pädagogischen Psychologie eine große Bereicherung.

Den ersten Teil dieser Publikation bildet die Analyse der theoretischen Fundierung (Kapitel 1–8). Im zweiten Teil werden die Teilprojekte vorgestellt (Kapitel 9–19). Zum Abschluss folgen das Fazit (Kapitel 20) und eine Darstellung der Grundkonzepte und Ziele der begleitenden Qualifikations- und Qualitätssicherungsmaßnahmen. Mit diesen Maßnahmen wurden im Laufe des Projektes insbesondere forschungsmethodische Standards gesichert (Kapitel 21). Hierdurch soll deutlich werden, dass diese begleitenden Maßnahmen wesentliche Kernmerkmale der Arbeit im Kolleg darstellten und wir darin – über die konkrete Arbeit in den Teilprojekten hinaus – einen wesentlichen Garanten für die Ergebnisqualität und den Erfolg unseres Promotionskollegs sehen.

Der Theorieteil zeigt ein breites Spektrum verschiedener Perspektiven auf die Thematik des Experimentierens. In Kapitel 1 wird mit Hilfe anschaulicher Beispiele aus fachlicher Sicht in die Thematik eingeführt. Dabei werden die grundlegenden Merkmale von Experimenten – auch im Kontrast zu den empirischen Erkenntnismethoden *Beobachtung* und *Versuch* – aus fachlicher Sicht geklärt. Kapitel 2 und 3 vertiefen diese theoretische Betrachtung, in dem sie das Ziel des Experimentierens, die Analyse kausaler Zusammenhänge sowie den modellbasierten Einsatz von Experimenten explizieren.

Kapitel 4 widmet sich der besonderen Rolle des Experiments für die Erkenntnisgewinnung in der Mathematik. Anschließend geht es in Kapitel 5 um den Blick auf die geschichtliche Entwicklung des Experiments in den Naturwissenschaften vom 17. bis 19. Jahrhundert, wiederum an Hand ausgewählter Beispiele. Dabei war es nicht das Ziel, eine detaillierte wissenschaftshistorische Darstellung der Geschichte des Experimentierens vorzulegen, sondern die Genese bedeutsamer Elemente der experimentellen Praxis in den Naturwissenschaften nachzuzeichnen.

Mit Kapitel 6 rücken dann fachdidaktische Fragestellungen in den Mittelpunkt der theoretischen Betrachtungen. Zunächst wird eine Bestandsaufnahme durchgeführt und anschließend die in den fachdidaktischen Lehrbüchern auffindbaren zentralen Aussagen und Konzepte zum Experimentieren im Unterricht gesammelt, geordnet und vorgestellt. Thematisiert werden dabei unter anderem die in Lehrbüchern empfohlenen allgemeinen und fachlichen Ziele des Experiments und ihre Begründung sowie die Abgrenzung des Unterrichtsexperiments im Vergleich zu anderen fachgemäßen Arbeitsweisen des naturwissenschaftlichen Unterrichts. Das Kapitel schließt mit Vorschlägen zur Unterrichtsorganisation beim Experimentieren.

Vor der Realisierung von Forschungsprojekten ist eine Recherche durchzuführen mit dem Ziel, wichtige vorliegende Befunde zur eigenen Fragestellung aus den relevanten Disziplinen zu sammeln und auszuwerten. Für das Promotionskolleg als Ganzes, aber auch für jedes Teilprojekt galt es Studien zu sichten, die aus der empirischen Bildungs-, Unterrichts- und fachdidaktischen Forschung über das Experimentieren im mathematisch-naturwissenschaftlichen Unterricht vorliegen. In Kapitel 7 werden dazu teilprojektübergreifend ausgewählte exemplarische Studien, die als Orientierung für typische Forschungsaktivitäten in diesem Feld gelten können, vorgestellt und analysiert.

Nach einem zentralen Befund der jüngeren empirischen Forschung zur Unterrichtsqualität können Untersuchungen ohne theoretische Fundierung in Form von Theorien und theoretischen Modellen im Hinblick auf ihre Ergebnisse nur sehr eingeschränkt interpretiert werden. Deshalb wurde der Arbeit im Promotionskolleg ein auf Vorarbeiten von Doll und Prenzel (2001) basierendes mehrebenenanalytisches Rahmenmodell zugrunde gelegt, das im Rahmen des Kollegs systematisch ausgebaut wurde (Ditton, 2002; Einsiedler, 1997; Fischer et al., 2010; Krüger & Vogt, 2007). Dieses Modell wird in Kapitel 8 vorgestellt und bietet den Rahmen, die vielfältigen Wechselwirkungen von Unterrichtshandlungen beim Experimentieren auf Lehrer- und Schülerebene in den Blick zu nehmen, der Komplexität von (Experimental-)Unterricht Rechnung zu tragen und eine Verortung der Teilprojekte mit ihren Ergebnissen zu ermöglichen. Damit können die Bedingungen und Ergebnisse von experimentellem Unterricht zueinander in Beziehung gesetzt werden, um die aus dem Promotionskolleg – aufgrund seiner personellen und finanziellen Begrenzung – zu erwartende fragmentierte Erkenntnislage zu ordnen.

Im zweiten Teil dieser Publikation werden die elf empirischen Teilprojekte vorgestellt (Kapitel 9–19). Darin wird jeweils Einblick gegeben in die Idee, die zentrale Fragestellung, das Forschungsdesign und die zentrale Befunde.

Nach dem Fazit (Kapitel 20) schließt diese Publikation mit einer umfassenden Darstellung der forschungsmethodischen Qualitätssicherung im Promotionskolleg (Kapitel 21).

Danksagung

Ein wesentliches Merkmal eines Promotionskollegs ist die große Komplexität. Wenn so viele Sichtweisen, Anliegen und Meinungen zusammentreffen, bedeutet dies Chance und Risiko zugleich. Chance, weil ein solch wichtiges Thema wie das Experimentieren im Unterricht nur mit dem Blick aus vielen Perspektiven mit ausreichender Gründlichkeit und Tiefe bearbeitet werden kann. Risiko, da mit der großen Diversität die Gefahr des Sich-Verlierens und Entgleitens einhergeht.

Wir haben beides erlebt, Chance und Risiko, und freuen uns, dass es uns gelungen ist, die Chancen zu nutzen, weil alle Beteiligten konstruktiv und kooperativ mitgewirkt haben.

Dafür möchten wir uns bedanken bei:

- den Doktorandinnen und Doktoranden für die Offenheit und große Bereitschaft, sich neben dem eigenen Projekt auch mit den Inhalten anderer Projekte und der übergreifenden Thematik des Kollegs zu beschäftigen,
- den betreuenden Kollegen, die das Gesamtanliegen des Promotionskollegs engagiert und mit viel Arbeitseinsatz als gemeinschaftliche Aufgabe mitgetragen haben,
- allen externen Referentinnen und Referenten unserer Tagungen, die uns mit wertvollen Impulse und Gesprächsanlässen weitergebracht haben (Dr. Inger Marie Dalehefte, Prof. Dr. Ulrich Druwe, Prof. Dr. Andreas Frey, Dr. Barbara Drollinger-Vetter, Prof. Dr. Marcus Hammann, Dr. Mareike Kobarg, Prof. Dr. Dominik Leiß, Prof. Dr. Claudia Mähler, Prof. Dr. Jürgen Mayer, Prof. Dr. Susanne Prediger, Prof. Dr. Harald Gropengießer, Prof. Dr. Gottfried Merzyn, Prof. Dr. Walter Köhnlein, Prof. Dr. Frank Lipowski, Prof. Dr. Katrin Lohrmann, Prof. Dr. Matthias Nückles, Prof. Dr. Alexander Renkl, Jun.-Prof. Dr. Stanislaw Schukajlow-Wasjutinski, Prof. Dr. Joachim Wirth),
- den internen und externen Gutachtern, die uns insbesondere in der Antragsphase unterstützt haben, und
- dem Ministerium für Wissenschaft und Kultur des Landes Baden-Württemberg, das dieses Promotionskolleg finanziell ermöglicht hat.

Werner Rieß, Bärbel Barzel, Markus Wirtz

Andreas Schulz, Markus Wirtz und Erich Starauschek

1. Das Experiment in den Naturwissenschaften

Das Experiment als methodisch besonders kontrollierte Art wissenschaftlicher Erkenntnisgewinnung wurde ursprünglich in den klassischen Naturwissenschaften entwickelt. Aber auch in allen anderen empirischen Wissenschaften (Medizin, Psychologie, weitere Sozialwissenschaften, z.B. Bildungswissenschaften ...) hat sich die experimentelle Methodik als besonders zuverlässiger Standard der Erkenntnisgewinnung und -prüfung etabliert. Grundlegende Beiträge zum konzeptionellen Hintergrund des Experimentierens wurden insbesondere in der Wissenschafts- und Erkenntnistheorie (Popper, 1934; vgl. Chalmers et al., 2007) und in der Forschungsmethodik (Ruxton & Colegrave, 2010; Bortz & Döring, 2005; Shadish, Cook & Campbell, 2002; Westermann, 2000) entwickelt. Weitere bedeutsame Beiträge zur Charakteristik und Kritik des Experimentierens liefern Wissenschaftsphilosophie (Woodward, 2003; Radder, 2003; Psillos, 2002; Pearl, 2000; Gooding, 1990; Duhem, 1974; Suppes, 1970) mit ihrer begrifflichen Analyse zentraler Ideen und Vorgehensweisen des Experimentierens und der Wissenschaftshistorik, die u.a. etablierte Konzepte zur experimentellen Erkenntnisgewinnung in der Retrospektive auf ihre Passung zur Forschungspraxis überprüft und gegebenenfalls weiterentwickelt (z.B. Steinle, 2005 zur explorativen Verwendung des Experiments; Schickore & Steinle, 2006 zur kritisch beleuchteten Unterscheidbarkeit von Theorieentwicklung und -prüfung).

Bestehende Publikationen zum Experimentieren konzentrieren sich in der Regel auf einen oder wenige dieser vielfältigen Bezüge und Hintergründe, die dann in der Tiefe und im Detail behandelt werden. Das Anliegen dieses und der beiden folgenden Kapitel besteht hingegen darin, die vielfältigen erkenntnistheoretischen, forschungsmethodischen und wissenschaftshistorischen Grundlagen des Experiments in ihrem Zusammenhang darzustellen. Gerade für Studienanfänger, die sich mit der experimentellen Methode vertraut machen möchten, und für Nachwuchswissenschaftler in den Natur- und Sozialwissenschaften inklusive ihrer Didaktiken soll hierdurch eine Lücke geschlossen werden, da diese Gruppen häufig nur mit rezeptartigen Handlungsanweisungen zum Experimentieren inklusive vorgegebener Untersuchungsaufbauten sowie mit einer nur sehr reduzierten und idealisierten „Philosophie des Experimentierens" konfrontiert werden. Insbesondere auch Lehramtsstudierende und unterrichtende Lehrkräfte in den Naturwissenschaften sollen so unterstützt und ermutigt werden, sich eine tragfähige konzeptionelle Grundlage des Experimentierens anzueignen, um hierauf in ihrer Reflexion und in der konkreten Unterrichtsgestaltung zurückzugreifen.

Die Kernideen des Experimentierens werden im Folgenden überwiegend mithilfe zweier schulnaher Beispiele aus dem Bereich der Biologie konkretisiert. Diese setzen kein umfassendes domänenspezifisches Vorwissen voraus und erscheinen uns besonders geeignet, auch auf andere Fachbereiche übertragbare typische Herausforderungen an wissenschaftliche Experimente zu veranschaulichen. Als Beispiele dienen uns erstens die „Photosynthese der Wasserpest" und zweitens der „Borkenkäferbefall im Wald".

Für ein einführendes Verständnis der experimentellen Methode, wie sie in diesem Kapitel erörtert wird, genügt eine intuitive, alltagsbezogene Vorstellung darüber, was mit kausalem Zusammenhang (z.B. Woodward, 2003; Psillos, 2002; Mackie, 1974) gemeint ist. Von daher wird diese Begriffsdiskussion in diesem ersten Kapitel nur sehr stark komprimiert aufgegriffen, dann jedoch für interessierte Leser als sehr grundlegendes Konzept beim Experimentieren im nachfolgenden Kapitel 2 (Schulz & Wirtz, in diesem Band) nachgeliefert.

Weitergehend schlagen wir in Abgrenzung zum teils zu beobachtenden synonymen Gebrauch der Worte Experiment und Versuch eine begriffliche Präzisierung vor. Versuch ist z.B. eine gebräuchliche Übersetzung des englischen Wortes „experiment". Für eine kritische Reflexion von Untersuchungsdesigns und Geltungsansprüchen entsprechender Befunde erweist es sich jedoch als verständnisfördernd, das *Experiment* in seiner Struktur und in seinem besonderen Nutzen für die verlässliche Gewinnung und Überprüfung von Erkenntnissen gegenüber der *Beobachtung* und dem *Versuch* abgrenzen. Zudem dient diese Unterscheidung als wichtige Grundlage für Kapitel 3 (Wirtz & Schulz, in diesem Band), welches Modelle des Experimentierens in den Kontext langfristiger Forschungszyklen und typischer Phasen wissenschaftlicher Erkenntnisgewinnung einbettet.

1.1 Klärung grundlegender Merkmale von Experimenten an Anwendungsbeispielen

1.1.1 Forschungsgegenstand und Experimentierfeld 1: Die Photosynthese bei der Wasserpest

Die Wasserpest ist eine Wasserpflanze. Bei Sonnenbestrahlung kann man an der Wasserpest an den Blättern kleine Bläschen erkennen, die von Zeit zu Zeit an die Oberfläche des Gewässers steigen. Das Phänomen der Bläschenbildung unter Wasser kann zu unterschiedlichen Fragestellungen führen, die immer im Zusammenhang mit bestehenden Kenntnissen zum Forschungsgegenstand und mit persönlichen Forschungsinteressen stehen. In der Regel lassen sich diese Fragen folgenden Typen zuordnen:

- Genauere **Identifikation von Phänomenen:** Zum Beispiel woraus besteht das Gas an den Blättern der Wasserpest?
- **Identifikation von Zusammenhängen zwischen Bedingungen und einem Phänomen:** Zum Beispiel wie hängen Lichteinstrahlung und Bläschenbildung zusammen? Wie hängen Wassertemperatur und Bläschenbildung zusammen?

- **Identifikation kausaler Zusammenhänge**: Zum Beispiel verursacht die Lichteinstrahlung die Bläschenbildung? Hier stehen gerichtete Zusammenhangsfragen im Mittelpunkt, die zwischen einer Ursache (z.B. Lichteinstrahlung) und einer Wirkung (z.B. Bläschenbildung) unterscheiden.

Um vermutete kausale Zusammenhänge zwischen zwei Merkmalen überhaupt formulieren zu können, ist jedoch schon einiges an Vorarbeit oder substantielles Vorwissen notwendig. Warum sollte es gerade der Lichteinfall sein, der die Bläschenbildung hervorruft? Diese könnte auch auf die Höhe der Wassertemperatur zurückzuführen sein, oder auf gelöste Stoffe, die sich im Wasser befinden, und die mit der Pflanzenoberfläche reagieren. Ebenso könnte die Bläschenbildung aber auch unabhängig von Licht und Wassermerkmalen sein und etwas mit internen Prozessen der Pflanze selbst zu tun haben. Es könnten weitergehend gänzlich andere Ursachen für die Bläschenbildung verantwortlich sein, sogar weitere unbekannte Merkmale des Forschungsgegenstandes, die noch nicht im Aufmerksamkeitsfokus des Forschenden liegen. Beispielsweise könnte man spekulieren, dass mikroskopisch kleine Lebewesen, die an den Blättern der Wasserpest anhaften, die Bläschenbildung verursachen. Eine weitere Schwierigkeit besteht aber auch darin, dass beispielsweise in bewegten Gewässern die Bläschen gar nicht ohne Weiteres sichtbar sind. Das zu erklärende Phänomen ließe sich demnach erst unter besonderen Bedingungen wahrnehmen. Dies gilt in besonderem Maße für viele chemische und physikalische Phänomene, die überhaupt erst in aufs Wesentliche reduzierten und laborhaften Umgebungen erkennbar werden.

Im empirischen Forschungsprozess unterscheidet man grundsätzlich zwei Untersuchungsphasen:

1. **Explorative Identifikation untersuchungsrelevanter Informationen**: Bevor man – insbesondere in wenig bekannten Forschungsbereichen – einen bestimmten Kausalzusammenhang zwischen zwei Merkmalen vermutet, muss man in der Regel
   - diese Merkmale zunächst in einer Situation identifizieren,
   - diese Merkmale als relevant innerhalb dieser Situation ansehen,
   - einen Zusammenhang zwischen den Merkmalen als relevant betrachten und
   - gleichzeitig andere Merkmale als irrelevant für die Situation oder den Zusammenhang ausschließen.
2. **Konfirmatorische Prüfung von kausalen Zusammenhängen:** Vermutet man einen ursächlichen, kausalen Zusammenhang zwischen zwei Merkmalen, so sollte man diesen kausalen Zusammenhang auf empirische Gültigkeit überprüfen.

Angenommen, man vermutet aufgrund entsprechender vorangegangener Beobachtungen oder weil man die Photosynthese von Nicht-Wasserpflanzen bereits kennt, dass Lichteinstrahlung die Bläschenbildung hervorruft. Dies bringt dann **technische Herausforderungen** mit sich: Die Bläschenbildung beziehungsweise die

Gasproduktion an den Blättern der Wasserpest muss erfasst werden und der Lichteinfall muss manipulierbar sein. Eine mögliche Idee für einen entsprechenden Untersuchungsaufbau zeigt die folgende Abbildung (1.1):

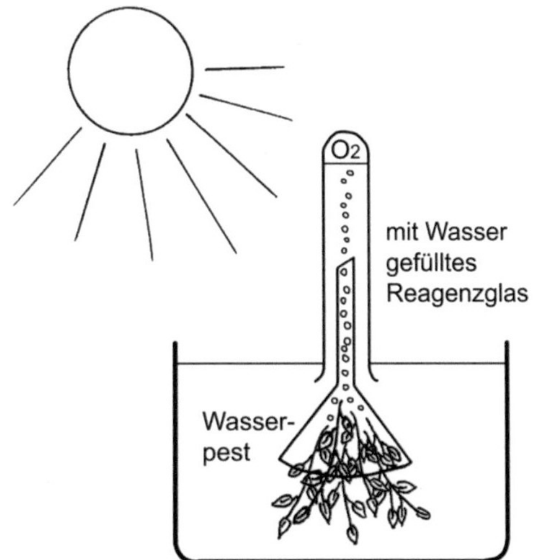

Abb. 1.1: Untersuchung zum Effekt der Lichteinstrahlung auf die Sauerstoffproduktion der Wasserpest (Grafik: UBZ, abgerufen am 21.10.2011)

Derart kann untersucht werden, ob sich bei Lichteinstrahlung Bläschen bilden, und bei fehlender Lichteinstrahlung, z.B. bei Abdunkelung, nicht. Um tatsächlich von einem kausalen Zusammenhang zwischen Lichteinstrahlung und Bläschenbildung sprechen zu können, ist es nicht ausreichend, einen solchen gerichteten Zusammenhang zwischen den beiden Merkmalen nachzuweisen. Gleichzeitig ist auszuschließen, dass die Bläschenbildung auf andere Ursachen zurückzuführen sein könnte. Wenn die Lichteinstrahlung gegeben ist, steigt beispielsweise die Wassertemperatur. Ohne Lichteinstrahlung fällt die Wassertemperatur wieder. Wie kann man nun beurteilen, ob die Bläschenbildung auf die Lichteinstrahlung oder auf die Wassertemperatur zurückzuführen ist? Diese Überlegung führt zu wesentlichen Charakteristika des Experiments:

Variablenkontrollstrategie

Wird die **Variablenkontrollstrategie** angewandt, so wird die *potenzielle Ursache* (z.B. Lichteinfall vs. kein Lichteinfall) durch den Versuchsleiter *aktiv manipuliert oder verändert* und im Anschluss daran der *potenzielle Effekt* (z.B. die Bläschenbildung) erfasst. Alle anderen potenziellen alternativen Einflussfaktoren (z.B. die Wassertemperatur) werden konstant gehalten bzw. gezielt kontrolliert.

Diese Variablenkontrolle könnte im obigen Untersuchungsaufbau geschehen, indem die Wassertemperatur beständig gemessen und durch geeignete Maßnahmen konstant gehalten wird. Stellt man nun bei Lichteinfall eine Bläschenbildung fest und ohne Lichteinfall nicht, dann scheidet die Wassertemperatur als alternative Ursache aus.

Ob in unserem Beispiel eindeutig nachgewiesen wurde, dass der Lichteinfall die Ursache für die Bläschenbildung darstellt, hängt also auch davon ab, welche weiteren möglichen Alternativursachen ebenfalls kontrolliert und damit ausgeschlossen wurden. Welcher möglichen alternativer Ursachen sich ein Forschender bewusst ist und welche er oder sie kontrolliert, das ist vom Vorwissen und auch von den technischen Möglichkeiten abhängig.

Historischer Exkurs: Der Einfluss des Vorwissens und technischer Möglichkeiten auf die Gültigkeit experimenteller Befunde

Die Wissenschaftsgeschichte liefert in diesem Zusammenhang Beispiele dafür, dass aufgrund des Vorwissens und eingeschränkter technischer Möglichkeiten auch „*experimentelle Resultate stets Gegenstand von Revisionen und Verbesserungen sind*" (Chalmers et al., 2007, S. 29). So kam Hertz mit seinen Experimenten in den frühen 80er Jahren des 19. Jahrhunderts zum Resultat, dass Kathodenstrahlen in vakuumierten Glasröhren keine Ströme geladener Teilchen seien. Noch vor dem nachfolgenden Jahrhundertwechsel belegte jedoch Thomson, „*dass Kathodenstrahlen genauso durch elektrische und magnetische Felder abgelenkt werden, wie es für Ströme geladener Partikel der Fall ist. ... Es waren der Einsatz einer verbesserten Technologie und ein besseres Verständnis der Situation, die es Thomson ermöglichte, Hertz' experimentelle Ergebnisse zu verwerfen*". Thomson profitierte u.a. von einer verbesserten Vakuumtechnik (ibid.).

Es kann Hertz jedoch „*keineswegs zur Last gelegt werden, zu falschen Schlussfolgerungen gelangt zu sein. Auf der Grundlage seines Verständnisses der Situation und bezogen auf das Wissen, das ihm zur Verfügung stand, hatte er gute Gründe anzunehmen, dass die Druckverhältnisse innerhalb seiner Apparatur niedrig genug waren und mit dem experimentellen Aufbau alles seine Ordnung hatte. Lediglich im Licht darauf folgender theoretischer und technischer Fortschritte erweisen sich seine Resultate als nicht haltbar*" (ibid.). Dies illustriert, „*wie theorieabhängig die Akzeptanz experimenteller Ergebnisse ist, und wie darauf bezogene Urteile sich in dem Umfang verändern können, in dem sich unser wissenschaftliches Verständnis weiterentwickelt*" (ibid., S. 31).

In ähnlicher Weise wie im historischen Exkurs könnte eine Wiederholung des zunächst erfolgreichen Experiments zum Nachweis eines Zusammenhangs zwischen Lichteinstrahlung und Bläschenbildung auch negativ verlaufen: Bei Lichteinstrahlung lässt sich dann keine oder nur eine sehr geringe Bläschenbildung beobachten. Mit Blick auf die tabellarische Darstellung des hier auf wesentliche Aspekte reduzierten theoretischen Hintergrundes zur Photosynthese der Wasserpest in Tabelle 1.1 könnten dafür verschiedene Gründe infrage kommen: Möglicherweise befindet sich im Wasser zu wenig Kohlendioxid, oder das Wasser ist mittlerweile stark verunreinigt, oder aber die untersuchte Wasserpestpflanze ist inzwischen gealtert. All dies könnten Bestandteile des relevanten theoretischen Hintergrundes sein, die zuvor nicht beachtet oder nicht bekannt waren. Ihre Nichtbeachtung oder das Nichtwissen darüber können zu falschen Ergebnissen führen, beispielsweise dazu, dass ein Zusammenhang zwischen Lichteinstrahlung und Bläschenbildung aufgrund eines experimentellen Ergebnisses nicht gezeigt und daher als nicht vorhanden angesehen wird.

Tab. 1.1: Relevante Variablen zur Photosynthese der Wasserpest und mögliche Operationalisierungen

Photosynthese der Wasserpest	
Zentraler Wirkzusammenhang:	Mit Licht und Kohlendioxid produziert die Wasserpest Sauerstoff. Reaktionsgleichung der Photosynthese: $CO_2 + 2H_2O \xrightarrow[\text{Chlorophyll}]{\text{Licht}} CH_2O + H_2O + O2$
Abhängige Variable (AV) = Effekt:	**Mögliche Komponenten und Operationalisierungen der AV:**
Sauerstoffproduktion der Wasserpest (bzw. Analyse von Beschaffenheit und Menge des Gases)	• Bläschen pro Zeiteinheit zählen • Gas mit Trichter auffangen • Glimmspanmethode (zum Sauerstoffnachweis)
Unabhängige Variablen (UVs) = mögliche Ursachen und Randbedingungen des Effektes (Sauerstoffproduktion der Wasserpest):	**Mögliche Komponenten und Operationalisierungen der UVs:**
Wassereigenschaften	• CO_2-Gehalt messen • Chemische Verunreinigungen erfassen • Temperatur messen
Lichteigenschaften	• Lichtspektrum messen • Lichtintensität messen
Pflanzeneigenschaften	• Alter • Größe • Blattanzahl • Frische der Pflanze

Das letzte Beispiel verdeutlicht einen weiteren wichtigen Aspekt eines kausalen Zusammenhangs: Dieser ist oftmals nur existent, wenn weitere **Randbedingungen** gegeben sind. In unserem Fall sind das beispielsweise ein Wertebereich der geeigneten Wassertemperatur (90°C wäre sicher zu hoch, 0°C zu tief), eine ausreichende Kohlendioxidkonzentration im Wasser, oder auch die Abwesenheit von massiven Wasserverschmutzungen. Dieser Wertebereich von Randbedingungen, innerhalb derer ein spezifischer kausaler Zusammenhang existiert, wird auch als „range of invariance" bezeichnet (Woodward, 2003a, S. 92).

Alle diese notwendigen Bedingungen können aber auch als eigenständige Ursachen in den Blick genommen und überprüft werden: Beispielsweise lässt sich bei gegebener Lichteinstrahlung und geeigneter Wassertemperatur ein Kausalzusammenhang zwischen „Kohlendioxid im Wasser" versus „kein Kohlendioxid im Wasser" (unabhängige Variable) und der Bläschenbildung (abhängige Variable) experimentell nachweisen, wenn alle anderen potenziellen Einflussvariablen konstant gehalten werden. Bei fehlendem Kohlendioxid im Wasser findet keine Bläschenbildung statt. Bei einer ausreichenden Menge an Kohlendioxid im Wasser lässt sich die Bläschenbildung beobachten. In diesem Untersuchungsdesign stellt dann Kohlendioxid die Ursache für die Bläschenbildung dar, und der Lichteinfall ist eine notwendige Randbedingung (vgl. dazu Schulz & Wirtz, Kapitel 2 in diesem Band, insbesondere die Erläuterungen zu Mackie, 1974).

1.1.2 Forschungsgegenstand und Experimentierfeld 2: Borkenkäferbefall im Wald

Das Beispiel *Borkenkäferbefall im Wald* unterscheidet sich hinsichtlich der empirischen Untersuchbarkeit – insbesondere in Schulkontexten – von der Photosynthese. Der Borkenkäferbefall im Wald lässt sich kaum unter laborähnlichen, standardisierten, kontrollierten Bedingungen untersuchen.

Tatsächlich gibt es ca. 95 verschiedene Borkenkäferarten (Stinglwagner et al., 2005), die wir vereinfachend und der Übersichtlichkeit halber hier aber nicht unterscheiden. Die in Tabelle 1.2 zusammengefassten Informationen deuten zudem an, dass plötzliche Wetterumschwünge (Niederschlag, Temperatur) relevante Bedingungen für die Käfervermehrung spürbar verändern können. Weitergehend bestehen komplexe und wechselseitige Zusammenhänge zwischen den potenziellen Einflussfaktoren und dem Käferwachstum: Der Einsatz von Pestiziden tötet nicht nur die Borkenkäfer als Schädlinge, sondern schwächt auch deren natürliche Feinde. Entfernt man Totholz und geschwächte Bäume im Wald, so entzieht man nicht nur den Borkenkäfern Nahrung und Lebensraum, sondern auch beispielsweise dem Specht als natürlichem Feind der Schädlinge.

Tab. 1.2: Relevante Variablen zum Borkenkäferbefall im Wald und mögliche Operationalisierungen

Borkenkäferbefall im Wald	
Zentraler Wirkzusammenhang:	Geschwächte Bäume, hohe Temperatur, sinkender Grundwasserspiegel und eine genügende Totholzmenge führen zu vermehrtem Borkenkäferbefall.
Abhängige Variable (AV) = Effekt:	**Mögliche Komponenten und Operationalisierungen der AV:**
Borkenkäferbefall	• Lockstofffallen • Sammelkästen • Geschädigte Bäume ermitteln
Unabhängige Variablen (UVs) = mögliche Ursachen und Randbedingungen des Effektes (Borkenkäferbefall):	**Mögliche Komponenten und Operationalisierungen der UVs und Wirkzusammenhänge:**
Geschwächte Bäume	Sichtprüfung
Temperatur	• Temperaturen messen Bei günstiger Witterung vermehren sich Borkenkäfer rascher. Extreme Hitze oder Kühle wirken hemmend auf die Borkenkäferentwicklung.
Niederschläge	• Niederschlagsmenge messen Feuchtigkeit hemmt die Vermehrung der Borkenkäfer; Fichten als Flachwurzler werden z.B. vom Sinken des Grundwasserspiegels geschwächt und damit anfälliger für Schädlingsbefall.
Luftschadstoffe (Schwefeldioxid, Stickstoffe), Bodenkalkung	• Luftschadstoffe messen Luftschadstoffe schwächen Bäume und belasten den Boden (Übersäuerung), Kalkung kann einer Übersäuerung des Bodens entgegenwirken.
Totholzmenge	• Totholzmenge erfassen Totholz kann entnommen, gefälltes Holz entrindet werden; Damit wird die Nahrungsgrundlage der Käfer (Bast oder Holz) verringert, gleichzeitig werden aber auch Spechte als Feinde der Borkenkäfer geschwächt.
Pestizideinsatz	• Dosierung erfassen Pestizide töten Käfer, aber auch deren natürliche Feinde (Ameisenbundkäfer, Schlupfwespen, Pilzarten).

Im Beispiel der Wasserpest in einem Aquarium lassen sich die Wassertemperatur oder die Lichteinstrahlung recht einfach konstant halten oder variieren. In einem Waldstück sind Temperatur und Niederschlag jedoch nur messbar, aber nicht kontrollierbar. Möchte man z.B. den Effekt der Entfernung von Totholz (unabhängige Variable) auf die Borkenkäfervermehrung (abhängige Variable) erfassen, und steigt aufgrund natürlicher Einflüsse nach der Totholzentfernung im Waldstück der Niederschlag und die Temperatur sinkt, so lässt sich am Ende des Untersuchungszeitraums nicht entscheiden, ob ein Rückgang der Borkenkäfer auf die Entfernung des

Totholzes, auf den gestiegenen Niederschlag oder auf den Temperaturabfall zurückzuführen ist.

Variablenkonfundierung
Unterscheiden sich zwei Vergleichsbedingungen in einer Untersuchung nicht nur hinsichtlich der unabhängigen Variablen, sondern auch noch hinsichtlich weiterer Merkmale, so spricht man von einer **Variablenkonfundierung**. In einem solchen Fall ist es nicht möglich, den Einfluss verschiedener Variablen auf den Effekt voneinander abzugrenzen oder zu separieren. Die Einflüsse der verschiedenen veränderten Bedingungen auf den Effekt vermischen sich untereinander.

Ein wichtiger Unterschied zum Wasserpestbeispiel besteht darin, dass es sich hier um langfristige Effekte handelt, die zum Teil durch komplexe und damit unübersichtliche Wirkprozesse vermittelt werden. Bei langfristigen Effekten ist es nicht einfach auszuschließen, dass natürliche Veränderungen (z.B. Klimaveränderungen oder langsame Ausbreitung eines anderen Schädlings unabhängig von den systematischen Eingriffen) den untersuchten kausalen Wirkzusammenhang überlagern. Dies verdeutlicht als wichtige Charakteristik eines Experiments die notwendige Kontrolle aller weiteren Bedingungen außer der aktiv manipulierten (potenziellen) Ursache (Variablenkontrollstrategie).

Verlegt man, als plausible Reaktion auf eine drohende Variablenkonfundierung, die experimentelle Untersuchung von Einflussfaktoren auf den Borkenkäferbestand in ein selbst riesiges Terrarium, dann kann man nun zwar weitaus mehr Bedingungen kontrollieren und sich auf die Effekte einzelner potenzieller Ursachen konzentrieren. Aber man handelt sich ein anderes Problem ein (vgl. ökologischer Modellversuch ICAT Birmensdorf: Kötter, 2001): Innerhalb des Terrariums kann man nun kausale Zusammenhänge nachweisen. Aber lassen sich die Ergebnisse ohne weiteres auf natürliche Waldstücke übertragen? So könnte sich im Terrarium die Entfernung von Totholz als wirksames Mittel für eine Reduzierung der Borkenkäferpopulation erweisen. Im Wald hingegen beraubt man damit möglicherweise auch den Specht, der zuvor ebenfalls einen Beitrag für die Dezimierung der Schädlinge geleistet hat, seiner Lebensgrundlagen. Somit könnte sich im Wald die Maßnahme „Totholzentfernung“ als wenig effektiv erweisen und unerwünschte Nebeneffekte haben, auch wenn sich im Terrarium unter standardisierten laborähnlichen Bedingungen ein zweifelsfreier kausaler Zusammenhang zwischen Totholzentfernung als Ursache und Borkenkäferbekämpfung als Effekt ergeben hat. In diesem Fall spricht man von mangelnder externer Validität von Befunden.

Interne und externe Validität eines Untersuchungsergebnisses
Ein Untersuchungsergebnis wird als **intern valide** bezeichnet, wenn der kausale Einfluss der unabhängigen Variable auf die abhängige Variable im Rahmen des Forschungsstandes zweifelsfrei nachgewiesen wurde. Gelingt es in einer Untersuchung nicht, Konfundierungen der unabhängigen Variable mit weiteren potenziellen Einflussvariablen zu vermeiden, so wird hierdurch die interne Validität der Untersuchung eingeschränkt. Untersuchungen hingegen, die Konfundierungen und damit Alternativerklärungen für einen Effekt ausschließen können (durch Konstanthaltung aller anderen relevanten Bedingungen außer der aktiv manipulierten Ursache) zeichnen sich durch eine hohe interne Validität aus.

Ein Untersuchungsergebnis ist **extern valide**, wenn sich Befunde gut von der spezifischen Untersuchungssituation auf weitere Situationen oder Orte übertragen lassen. Je kritischer sich spezifische Rahmenbedingungen einer Untersuchungssituation auf das Auftreten oder das Ausmaß eines Effekts auswirken, desto geringer ist die externe Validität.

Wie sich trotz der aufgezeigten Problematiken auch für das Beispiel Borkenkäferbefall im Wald eine mindestens intern valide Experimentalstudie realisieren ließe, wird in Abschnitt 1.2.3 erörtert.

1.2 Empirische Ansätze zur Analyse von Merkmalszusammenhängen: Beobachtung, Versuch und Experiment

Zur Untersuchung der Zusammenhänge von Merkmalen stehen sowohl im Unterricht als auch in der Wissenschaft unterschiedliche Methoden zur Verfügung. Diese unterscheiden sich in ihrer methodischen Anlage und in ihrer Eignung, verlässliche Aussagen über Wirkbeziehung abzuleiten, die den Zusammenhängen zugrunde liegen. Die wichtigsten Methoden, die in den Wissenschaften und im Unterricht typischerweise zur Anwendung kommen, werden im Folgenden definiert und gegeneinander abgegrenzt.

1.2.1 Beobachtung ohne aktive Manipulation

Die Beobachtung von Phänomenen ist ein Grundbestandteil der empirischen Naturwissenschaften. Beobachtung beruht auf Sinneserfahrungen, wobei sich eine wissenschaftliche Beobachtung in mehreren Aspekten von auch im Alltag anzutreffenden Vorgehensweisen unterscheidet (vgl. Bortz & Döring, 2005, S. 262; Daston & Lunbeck, 2010). Zielgerichtetheit beziehungsweise Fokussiertheit ist ein solcher Aspekt, da sich wissenschaftliche Beobachtungen immer auf im Vorhinein festgelegte und ausgewählte Ausschnitte einer komplexeren Realität beziehen.

Weitere wesentliche Aspekte wissenschaftlicher Beobachtung sind Systematik, methodische Kontrolle und Reflektiertheit im Prozess des Beobachtens. In wissenschaftlichen Beobachtungsstudien müssen Beobachter in der Regel geschult werden, um übereinstimmend (Gütekriterium der Objektivität), hinreichend genau (Gütekriterium der Reliabilität) und inhaltlich aussagekräftig (Kriterium der Validität) Beurteilungen vornehmen zu können (Wirtz & Caspar, 2002). Dabei werden insbesondere systematische Wahrnehmungs- (z.B. Erwartungen im Sinne des Pygmalion-Effekts: Voreingenommenheit des Versuchsleiters), Interpretations- (z.B. soziale Erwünschtheit) sowie Erinnerungs- oder Wiedergabeprozesse des Beobachters trainiert (Greve & Wentura, 1997). Zudem muss stets dafür gesorgt werden, dass die Beobachtungssituation selbst nicht die Beobachtungsergebnisse verzerrt (z.B. Hawthorne-Effekt: künstliches Verhalten der Waldtiere, wenn Schüler beobachten, oder künstliches Verhalten beobachteter Personen in Laborstudien; vgl. Bortz & Döring, 2005). Werden standardisierte Messgeräte verwendet, dann kann eine Messverzerrung in der Regel gut kontrolliert werden. Je komplexer und interpretationsabhängiger die Erfassung von Beobachtungsmerkmalen ist, desto wichtiger ist die Reflexion des Beobachtungsprozesses an sich.

Die Beobachtungsmethode oder die Reflexion von (Alltags-)Beobachtungen wird im Unterricht häufig eingesetzt, wenn eine Thematik neu eingeführt oder explorativ erkundet wird. Wird ein Zusammenhang zwischen Merkmalen durch Beobachtungen identifiziert, so zeichnet sich die Beobachtungssituation durch eine geringe Kontrolle der Randbedingungen aus. Erkunden Schülerinnen und Schüler beispielsweise ein Waldgebiet in Bezug auf Indikatoren für Borkenkäferbefall, so könnte ein Ergebnis lauten, dass der Käferbefall verstärkt in Gebieten beobachtet wird, in denen vermehrt Totholz vorhanden ist. Es ließe sich dann aber nicht verlässlich ableiten, dass durch eine Verringerung des Totholzbestandes der Borkenkäferbefall verringert werden kann, da konfundierte Merkmale die Wirkbeziehung beeinflussen, überlagern oder gar vollständig bedingen könnten. Möglicherweise verursacht auch der Borkenkäferbefall die Totholzmenge, oder aber Borkenkäferbefall und Totholzmenge sind beide auf eine ausgeprägte Fichtenmonokultur zurückzuführen.

Abbildung 1.2 zeigt schematisch mögliche Wirkmodelle, die die Beobachtung eines Zusammenhangs zur Folge hätten. Wenn mehrere Wirkmodelle einem beobachteten Zusammenhang zugrunde liegen könnten, dann darf im Umkehrschluss von einem Zusammenhang in einer unkontrollierten Beobachtungssituation nicht auf eine bestimmte Wirkbeziehung zurück geschlossen werden (geringe interne Validität, vgl. Woodward, 2003a).

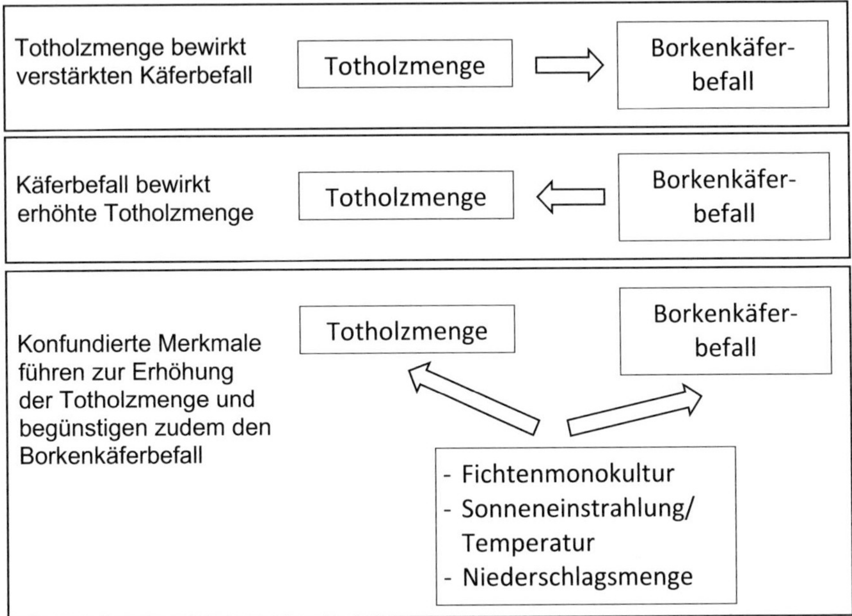

Abb. 1.2: Beispielhafte Kausalbeziehungen, die den Zusammenhang zwischen Totholzmenge und Borkenkäferbefall bedingen können

Charakteristika der Beobachtung
Mit Beobachtung bezeichnet man das zielgerichtete und methodisch kontrollierte Sammeln von Erfahrungen in einem nicht-kommunikativen Prozess (vgl. Laatz, 1993; Bortz & Döring, 2005).

Wird die Beobachtungsmethode zur Untersuchung von Merkmalszusammenhängen eingesetzt, so können erklärungsbedürftige Strukturen identifiziert oder Vermutungen über mögliche Wirkbeziehungen aufgestellt werden. Ein verlässlicher Nachweis kausaler Beziehung ist durch die Beobachtungsmethode aufgrund unklarer Wirkrichtungen und fehlender Kontrolle potenziell einflussreicher Drittvariablen und Rahmenbedingungen jedoch nicht möglich (geringe interne Validität).

1.2.2 Versuch ohne experimentelle Kontrolle

Auch beim Versuch[1] werden Zusammenhänge empirisch festgestellt. Anders als bei der Beobachtung natürlicher Strukturen oder Prozesse kommt jedoch hinzu, dass beim Versuch systematisch in das Geschehen eingegriffen wird.

---

1 Der Begriff ‚Versuch' wird in der Literatur und Anwendung sehr unterschiedlich gebraucht. Neben der synonymen Verwendung zum Experiment findet man ihn nicht selten auch als Oberbegriff für vielfältige empirische Untersuchungsformen, sodass auch Experimente als spezifische Form eines Versuchs bezeichnet werden. Mit dem Ziel einer klaren Terminologie wird im Folgenden eine methodisch begründete Differenzierung vorgenommen.

Charakteristika des Versuchs ohne experimentelle Kontrolle
Als Versuch werden Untersuchungsformen bezeichnet, bei denen durch einen Versuchsleiter die vermutete Einflussgröße (unabhängige Variable) aktiv manipuliert wird, um Auswirkungen auf die Mess- oder Effektgröße (abhängige Variable) zu prüfen. Im Unterschied zum Experiment können beim Versuch ohne experimentelle Kontrolle jedoch nicht alle potenziellen konfundierenden Variablen konstant gehalten oder kontrolliert werden, sodass der Nachweis einer eindeutigen kausalen Beziehung nicht möglich ist (eingeschränkte interne Validität).

Von der Vielzahl möglicher Ursachen von Mängeln der internen Validität (Cook & Campbell, 1995) sollen zwei exemplarisch dargestellt werden:

- *Gleichzeitige Manipulation mehrerer Variablen, obwohl nur eine Variable als ursächlich geprüft werden soll*: Die Totholzentfernung könnte das einzige Element eines Maßnahmenbündels sein, das spezifisch den Borkenkäferbestand verringern soll. Begleitende Elemente der Maßnahmen (z.B. Anlegen von Drainagen zum verbesserten Wasserabfluss neben gleichzeitig ausgebauten Forststraßen) könnten aber zur Veränderung des Grundwasserspiegels beitragen (konfundierende Variable). Da beispielsweise Fichten als Flachwurzler durch einen sinkenden Grundwasserspiegel geschwächt werden und damit anfälliger für Schädlingsbefall sind, könnte damit der eigentlich vermutete kausale Effekt systematisch überlagert werden.
- *Mangelnde Kontrolle potenziell einflussreicher Rahmenbedingungen (exogener Wandel)*: In natürlichen Kontexten ist es in der Regel nicht möglich, die Rahmenbedingungen zu standardisieren. Würden beispielsweise zwei Waldgebiete im Vergleich untersucht, die hinsichtlich Baumbestand, Bodenbeschaffenheit und Schädlingsbefall sehr gut vergleichbar sind, so könnten dennoch niemals alle weiteren Einflüsse konstant gehalten werden. So könnte sich durch Zufall oder landschaftliche Gegebenheiten (z.B. Hanglage vs. keine Hanglage, unterschiedliche Regenmenge, Art der umliegenden Landwirtschaft, Ausbreitung alternativer Schädlinge) Einflüsse ergeben, die die Effekte einer Maßnahme verfälschen.

Diesen Beispielen ist gemeinsam, dass stets eine konfundierte Variable existiert, die sowohl mit der unabhängigen als auch mit der abhängigen Variablen in Zusammenhang stehen kann. Konfundierte Variablen implizieren potenzielle alternative Wirkgefüge, sodass die Existenz der in der Untersuchung eigentlich fokussierten Wirkbeziehung nicht eindeutig abgeleitet werden kann. Die nachfolgende Abbildung 1.3 zeigt beispielhaft potenziell unterliegende Wirkgefüge, die in einem Versuch den messbaren Zusammenhang von unabhängiger und abhängiger Variable bedingen oder beeinflussen können.

Nach diesen Modellen kann entweder die unabhängige Variable ‚Totholzentnahme'

- ausschließlich die Veränderung des Borkenkäferbestandes bewirken (direkter Effekt),
- zum Teil die Veränderung des Borkenkäferbestandes bewirken, da weitere Merkmale den Borkenkäferbestand beeinflussen (partiell konfundierter Effekt), oder
- überhaupt keinen Einfluss auf den Borkenkäferbestand haben. Messbare Unterschiede oder Veränderungen des Bestandes wäre dann ausschließlich durch alternative Wirkvariablen bedingt (vollständig konfundierter Effekt)

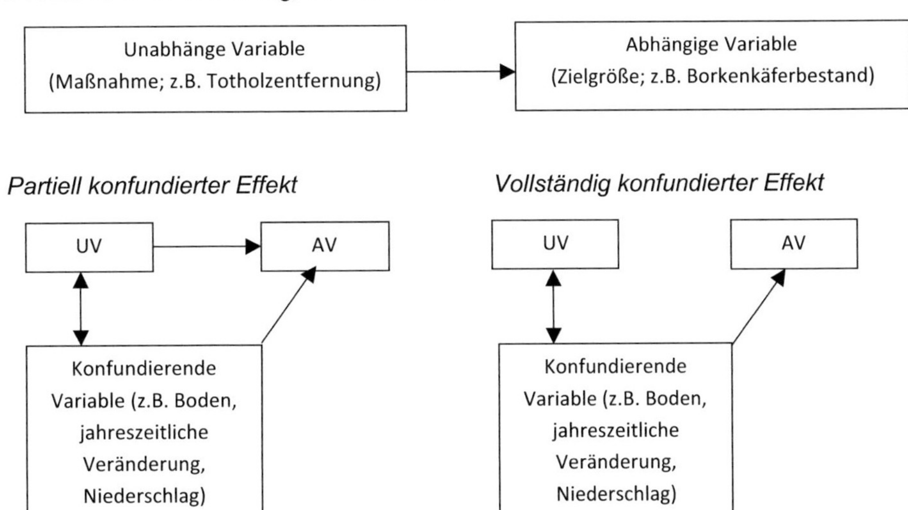

Abb. 1.3: Beispielhafte Wirkmodelle, die in einem Versuch dem Zusammenhang zwischen Maßnahme und messbarem Effekt zugrunde liegen können (Doppelpfeile zeigen Zusammenhänge an, gerichtete Pfeile symbolisieren kausale Wirkungen)

1.2.3 Experiment

Den Vorteil des Experiments gegenüber einer reinen Beobachtung beschreiben Chalmers et al. (2007, S. 26) prägnant und illustrativ folgendermaßen:

„In der uns umgebenden Welt finden viele Prozesse statt, die sich auf höchst komplizierte Weise gegenseitig überlagern und miteinander interagieren. Ein fallendes Blatt ist der Schwerkraft, dem Luftwiderstand sowie dem Wind ausgesetzt und wird während des Falls in gewissem Umfang einem Fäulnisprozess unterliegen. Es ist nicht möglich diese unterschiedlichen Prozesse dadurch zu begreifen, dass man typische, natürlich auftretende Ereignisse sorgfältig beobachtet. Die Beobachtung von fallenden Blättern wird nicht Galileis Fallgesetz hervorbringen. Die hierin enthaltene Lektion ist einfach: Um Tatsachen zu erhalten, die für die Identifikation und Spezifikation der in der Natur wirkenden Prozesse relevant sind, ist es allgemein notwendig, direkt zu

intervenieren, zu versuchen, den jeweils zu untersuchenden Prozess zu isolieren und die Effekte der anderen zu eliminieren. Kurz, es ist notwendig, Experimente durchzuführen."

Charakteristika des konfirmatorischen Experiments
Beim konfirmatorischen Experiment wird zu Beginn aus einem vermuteten Wirkmodell oder einer Theorie über den untersuchten Inhaltsbereich eine Vermutung oder Hypothese über einen kausalen Zusammenhang abgeleitet. Es wird immer angenommen, dass eine ursachliche Bedingung (unabhängige Variable) für die Entstehung oder Veränderung eines Phänomens (abhängige Variable) verantwortlich ist. Als Grundlage für ein Experiment müssen also differenzierbare Aspekte eines Phänomens als Variablen oder Merkmale identifiziert, operationalisiert und beobachtet/gemessen werden.

Im Experiment wird die unabhängige Variable durch den Experimentator aktiv manipuliert.[2] Dies kann durch den Vergleich einer Experimental- mit einer Kontrollgruppe oder aber über den Vergleich einer Experimental- mit einer Kontrollsituation erfolgen, wenn einmal die Manipulation vorliegt (z.B. Lichteinfall), und einmal nicht (z.B. kein Lichteinfall). Systematische Unterschiede oder Veränderungen in der abhängigen Variablen zeigen die Wirkung der Manipulation an. Die Ableitung einer direkten kausalen Beziehung ist möglich, da potenziell einflussreiche Drittvariablen (konfundierende Variablen) konstant gehalten oder ausgeschaltet werden. Das Experiment besitzt unter den empirischen Untersuchungsdesigns die höchste interne Validität.

Die Kontrolle aller möglichen Einflussvariablen und Randbedingungen im Experiment ist in der Regel unter Laborbedingungen am besten zu realisieren. Entscheidend für die Güte eines Experiments ist die sorgfältige theoretische Vorarbeit, um davon ausgehen zu können, alle möglicherweise bedeutsamen verzerrenden oder konfundierten Variablen im Blick und kontrolliert zu haben (Huber, 2000). Da man andererseits jedoch nie alle prinzipiell existierenden Randbedingungen kontrollieren kann, sondern sich immer auf eine begrenzte Anzahl von Randbedingungen konzentriert, die dem bestehenden Vorwissen entsprechend als relevant angesehen werden, ist der Übergang vom Versuch zum Experiment fließend und keine absolute Unterscheidung. Beide unterscheiden sich graduell im Ausmaß, mit dem eine

2 Wir beziehen uns auf eine ‚aktive Manipulation' im engeren Sinne, d.h. die Bedingungen (z.B. ‚Licht' versus ‚kein Licht') werden durch den Experimentator aktiv hergestellt. Damit folgen wir unserem Anliegen, Konfundierungen sehr viel besser ausschließen zu können. Falls unterschiedliche ‚natürliche' Beobachtungssituationen miteinander verglichen werden, ist eine solche Kontrolle relevanter Randbedingungen sehr viel schwieriger zu gewährleisten, auch wenn diese bestmöglich kontrolliert werden (berühmtes Beispiel, welches nicht in unsere Definition fällt: Michelson-Morley-‚Experiment' von 1881/1887 (vgl. Michelson & Morley, 1887), in dem sich die Vergleichsbedingungen aus unterschiedlichen Positionen der Erde zur Sonne und damit aus verschiedenen Geschwindigkeiten der Erde in Bezug auf die Sonne ergeben. Gemessen wurde jeweils die Höhe der Geschwindigkeit des Lichts von der Sonne zur Erde als abhängige Variable, für die man Unterschiede vermutete. Nach der Definition in 1.2.1 handelt es sich hierbei um eine Beobachtung).

Variablenkontrolle berücksichtigt und umgesetzt wird, wobei das Ausmaß der Variablenkontrolle von gar nicht vorhanden im reinen Versuch bis zu „entsprechend dem Vorwissen“ vollständig im Experiment reicht. Weitergehend lassen sich Variablen, insbesondere physikalische, nur bis auf einen Schwankungsbereich festlegen. Diese bestimmen wiederum den Schwankungsbereich der abhängigen Variable.

Die Realisierung eines Experiments ist umso schwieriger, je komplexer der Untersuchungsgegenstand ist. In komplexen ökologischen Systemen (z.B. Dörner, 1989) ist die Vielfalt der zu kontrollierenden Einflussgrößen sowohl aus theoretischer als auch aus praktischer Perspektive in der Regel nicht möglich: Theoretisch, weil eine geschlossene Modellierung der natürlichen Abläufe aufgrund der hohen Interdependenz und Komplexität (z.B. durch Rückkopplungsmechanismen) ökologischer Prozesse nicht möglich ist. Praktisch, weil die identifizierten Einflussvariablen (z.B. Wetterlage; natürliche jahreszeitliche Stadien des Pflanzenwachstums) oft nicht durch den Versuchsleiter beeinflusst werden können.

Eine weitere zu beachtende Bedrohung der internen Validität kann in natürlichen Systemen von endogenen Einflüssen ausgehen (Rossi & Freeman, 1988). **Endogene Einflüsse** haben ihren Ursprung in dem untersuchten System selber. Beispielsweise kann die Populationsentwicklung des Borkenkäfers von sich aus und ungeachtet äußerer Einflüsse Schwankungen unterliegen. Ein erstes Beispiel hierfür sind etwaige zyklische, natürliche Entwicklungs- oder Vermehrungskurven. Ein weiteres Beispiel hierfür ist, was man als Regression zur Mitte (Zwingmann & Wirtz, 2005) bezeichnet: Wenn in einem ersten Beobachtungszeitpunkt von beispielsweise einhundert vergleichbaren Untersuchungseinheiten ein Teil durch eine besonders hohe Merkmalsausprägung auffällt, dann besagt die Regression zur Mitte, dass sich die Untersuchungseinheiten mit zuvor extremen Merkmalsausprägungen zu einem zweiten späteren Beobachtungszeitpunkt tendenziell wieder der mittleren Merkmalsausprägung annähern. Damit berücksichtigt man zufallsbedingte Schwankungen, mit denen man auch unabhängig von nachvollziehbaren äußeren Einflüssen immer rechnen muss. Dies bedeutet für eine experimentelle Untersuchung konkret, dass es wenig Sinn macht, eine Intervention (bspw. Totholzentnahme) an einem besonders stark befallenen Waldstück auszuprobieren und einen eventuellen deutlichen Rückgang des Schädlingsbefalls im Vergleich zu einem anderen Waldstück dann als Effekt der Intervention anzusehen.

In komplexen natürlichen Situationen ist es somit fast unmöglich, ein gut kontrolliertes Experiment durchzuführen, wenn lediglich zwei Vergleichssituationen, die sich hinsichtlich der unabhängigen Variable unterscheiden, verglichen werden. Die Möglichkeit zur experimentellen Untersuchung ergibt sich jedoch durch eine Orientierung an sozialwissenschaftlichen Experimentalstandards (Bortz & Döring, 2005; Moher, Schulz & Altman, 2004; Tippelt & Schmidt, 2010). Um im Beispiel des Borkenkäferbefalls ein aussagekräftiges und von Zufallseffekten unabhängiges wissenschaftliches Experiment durchführen zu können, würde folgende Vorgehensweise gewählt (vgl. auch das Ablaufschema in Abbildung 1.4):

1. **Auswahl der Untersuchungsstichprobe**: Mehrere Waldgebiete, die strukturell vergleichbar sind, werden für die Studie ausgewählt.
2. **Randomisierte Gruppenzuteilung**: Die einzelnen Waldgebiete werden **per Zufall** (Randomisierung) zwei Vergleichsgruppen zugeteilt. Diese Randomisierung führt bei hinreichend großen Stichproben von Waldgebieten dazu, dass sich die unkontrollierten Einflüsse zwischen den beiden Vergleichsgruppen statistisch ausgleichen. Eine mögliche bedeutsame Variablenkonfundierung wird somit vermieden.
3. **Vorher-/Prä-Messung**: In allen Waldgebieten wird der Borkenkäferbefall (Abhängige Variable) vor der Intervention erhoben.
4. **Interventionsphase**: Eine der beiden Vergleichsgruppen erhält nun die Intervention (z. B. Totholzentfernung; Interventionsgruppe; Stufe 1 der UV). In der anderen Gruppe wird die Interventionsmaßnahme nicht umgesetzt (Kontrollgruppe; Stufe 2 der UV).
5. **Nachher-/Post-Messung:** Im Anschluss an die Interventionsphase wird der Borkenkäferbefall (AV) erneut erhoben.
6. **Datenauswertung**: Es wird statistisch geprüft, ob der vermutete Zusammenhang zwischen den Bewirtschaftungsmethoden (UV mit zwei Stufen als Ausprägungen) und der Änderung des Borkenkäferbefalls im Zeitverlauf (AV) als belegt gelten kann.
7. **Ergebnisinterpretation**: Ergibt sich ein statistisch signifikanter Unterschied zwischen den Untersuchungsbedingungen, so wurde die Wirksamkeit der Intervention intern valide nachgewiesen.

Bei wissenschaftlichen Experimenten in komplexen Situationen (z.B. in der Biologie), die in der Regel die Untersuchung vieler Untersuchungsobjekte oder -situationen erfordern, ist die Anwendung und angemessene Interpretation statistischer Tests zur Kontrolle von Zufallseffekten von zentraler Bedeutung (Beller, 2006). In vielen mittlerweile klassischen physikalischen und chemischen Experimenten ist das nicht notwendig, da hier eindeutige und verlässlich reproduzierbare Wirkbeziehungen bestehen, die in Jahrzehnten oder gar Jahrhunderten naturwissenschaftlicher Forschung herausgearbeitet wurden und die sich oftmals an essenziellen und besonders aussagekräftigen Experimenten demonstrieren oder nachvollziehen lassen. Auf solche experimentellen Einzelbetrachtungen wird meist in Lehr-Lernkontexten Bezug genommen. Dann ist nicht zusätzlich die statistische Auswertung, sondern vor allem die didaktische Einkleidung des experimentellen Ergebnisses in einen konzeptionellen Begründungs- und Argumentationszusammenhang bzw. in ein theoretisches Rahmenmodell fundamental.

Zudem sind experimentelle Einzelbetrachtungen in Lehr-Lernkontexten meist nur geeignet, wenn der Wirkzusammenhang so stark ist, dass davon ausgegangen werden kann, dass er in jedem Einzelfall nachweisbar ist. Hingegen sind wissenschaftliche Experimente mit häufigen Replikationen auch in der Lage, schwache oder zwischen Einzelfällen deutlich schwankende Wirkeffekte nachzuweisen.

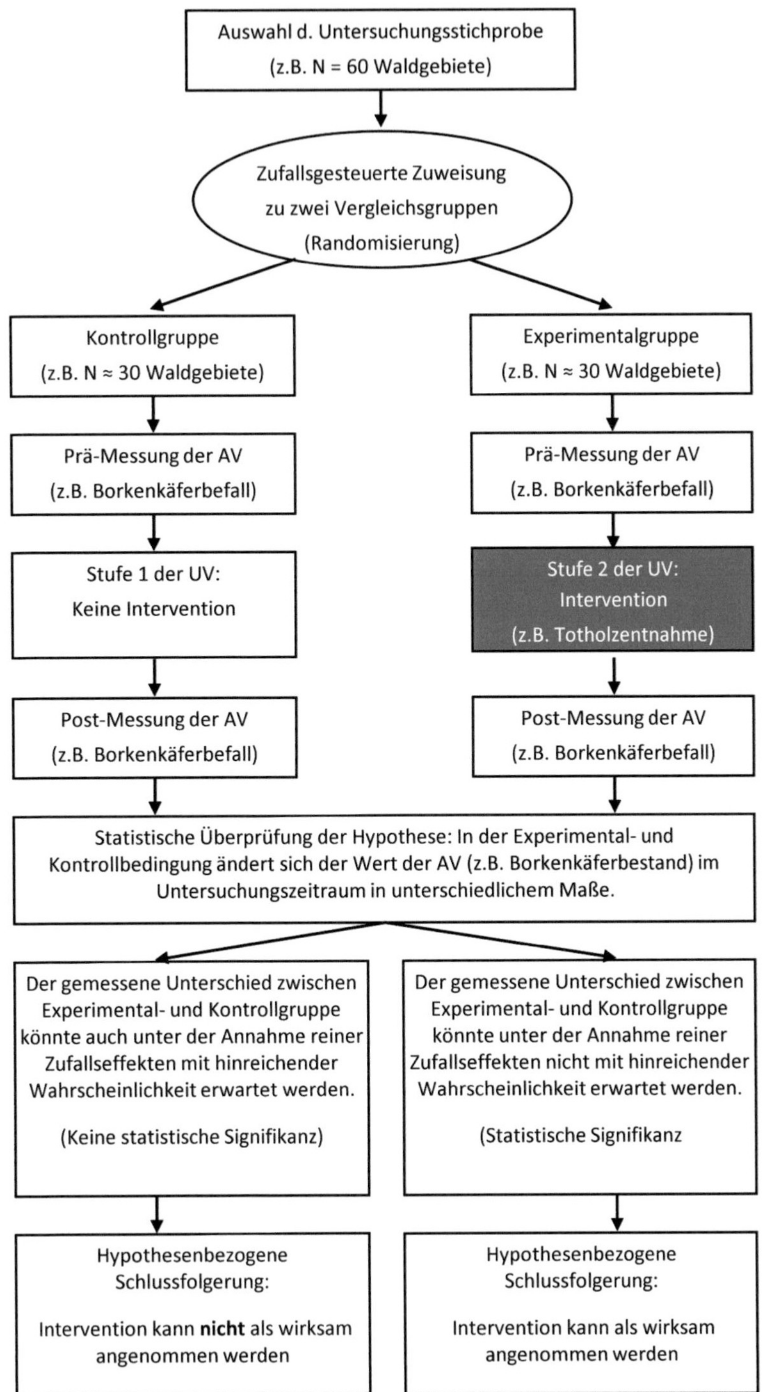

Abb. 1.4: Schematischer Ablauf eines Experiments mit mehrfachen Realisationen in den Vergleichsbedingungen (vgl. auch Moher et al., 2004).

Findet man in unserem Beispiel einzelne Waldgebiete, in denen aufgrund der Bewirtschaftungsmethode keine deutliche Besserung beobachtbar ist, so widerspricht das nicht notwendigerweise der Wirksamkeit dieser Intervention, wenn über alle Waldgebiete hinweg eine durchschnittliche Besserung im Vergleich zur Kontrollbedingung statistisch nachweisbar ist.

Experiment mit technischer Kontrolle potenziell konfundierter Variablen
Können alle potenziell konfundierenden Einflussvariablen technisch gut kontrolliert werden (z.B. im Laborexperiment), so kann eine experimentelle Prüfung durch den Vergleich zweier Untersuchungssituationen (z.B. Lichteinfall vs. kein Lichteinfall) erfolgen.

Experiment mit statistischer Kontrolle potenziell konfundierter Variablen
Können nicht alle potenziell konfundierenden Einflussvariablen hinreichend kontrolliert werden, so müssen sowohl in der Experimental- als auch in der Kontrollbedingung mehrere Realisierungen (z.B. 30 Waldgebiete mit Totholzentnahme vs. 30 Waldgebiete ohne Totholzentnahme) untersucht werden. Im Einzelfall verzerrende Einflüsse werden durch die mehrfache Realisation der Untersuchungsbedingungen statistisch ausgeschaltet.

Bei diesen bisherigen Überlegungen zu kausalen Zusammenhängen wurde immer angenommen, dass – zumindest theoretisch – eine identifizierbare Ursache immer und eindeutig einen bestimmten Effekt herbeiführt. Eine solche Vorstellung von Kausalität bezeichnet man als deterministisch. Nicht für alle naturwissenschaftlichen Situationen ist dieses Kausalitätskonzept jedoch angemessen und hilfreich. Beispielsweise vermögen Theorien zu radioaktiven Halbwertszeiten keine deterministische Voraussage zu machen, wann sich ein bestimmtes einzelnes Atom in seine Zerfallsprodukte umgewandelt hat. Ebenso wenig kann man mit Sicherheit vorausbestimmen, wann die Hälfte einer Menge von Atomen zerfallen sein wird. Es sind lediglich probabilistische Aussagen darüber möglich, wann ein oder mehrere Atome mit welcher Wahrscheinlichkeit zerfallen sein werden. Dies hängt dann von der Menge des radioaktiven Stoffes ab. Entsprechend dem statistischen Gesetz der großen Zahlen ist die Voraussage über den (anteiligen) Zerfall bei einer größeren Menge von Atomen genauer als bei einem Einzelatom. In vergleichbarem Sinne, sowie auch im Alltagsverständnis oder vielfach in den Sozialwissenschaften, wird Kausalität oftmals nicht rein deterministisch, sondern probabilistisch verstanden. Ein Effekt tritt bei Erfüllung seiner Antezedenzbedingungen in diesem Verständnis nicht immer auf, sondern lediglich mit einer erhöhten Wahrscheinlichkeit (vgl. Holland, 1986; Suppes, 1970; Westermann, 2000, S. 146).

Deterministische vs. Probabilistische Kausalität
Deterministische Kausalität liegt vor, wenn – unter ansonsten gleichen Bedingungen – auf Ursache A stets Konsequenz B folgt. Eine Kausalwirkung wird als probabilistisch bezeichnet, wenn ein Ereignis A die relative Häufigkeit oder die Wahrscheinlichkeit eines Ereignisses B erhöht. In beiden Fällen darf keine Drittvariable existieren, die diesen Zusammenhang beeinflusst.

Bei nicht-deterministischen Zusammenhängen wird weiterhin unterschieden zwischen prinzipiellem Indeterminismus (siehe das Beispiel radioaktiver Zerfall) und Indeterminismus aufgrund mangelnder Informationen. Dementsprechend könnten spezielle Voraussagen entweder deshalb nicht eindeutig gelingen, weil dies prinzipiell nicht möglich ist, oder aber weil wesentliche Einflussfaktoren nur noch nicht identifiziert und in den theoretischen Modellen für die Vorhersage integriert worden sind. Die Debatte zwischen Bohr und Einstein um die Frage möglicher „hidden variables" der Quantenmechanik (vgl. Genovese, 2005; Kumar, 2010) mit Einsteins prägnanter These „Gott würfelt nicht" ist ein berühmtes Beispiel dafür, dass die Entscheidung hierüber langwierig sein kann. Doch auch beim Experimentieren im Bereich der klassischen Physik bzw. allgemeinen Naturwissenschaften verweist dies wiederum auf die Frage, ob man in einer konkreten Durchführung entsprechend der bestehenden theoretischen Modelle von einer totalen Variablenkontrolle ausgehen kann, oder ob eventuell mit noch unidentifizierten Konfundierungen zu rechnen ist.

Wenn man ein probabilistisches Kausalitätskonzept zugrunde legt, dann muss eine Waldschwächung nicht zwangsläufig und deterministisch zu einem Borkenkäferbefall führen, ebenso wie eine Totholzentfernung nicht immer zu einer Reduzierung des Borkenkäferbefalls führen muss. Die jeweiligen Effekte können eventuell nur mit einer erhöhten Wahrscheinlichkeit eintreten. Auch für dieses probabilistische Konzept von Kausalität wäre das obige Beispiel (Abb. 1.4) für ein wissenschaftliches experimentelles Design im Kontrollgruppendesign mit statistischen Effektberechnungen (inklusive einer Argumentation über Häufigkeiten) angemessen und aussagekräftig.

1.3 Unterscheidbare Ziele beim Experimentieren

Experimente können in den Naturwissenschaften sowohl bei der Theorieentwicklung (*exploratives Experimentieren*, englisch: „Baconian experiments"; vgl. Steinle, 2005; Scazzieri, 2003) als auch bei der Theorieüberprüfung (*konfirmatorisches Experiment*) zum Einsatz kommen. Ergänzend dazu werden gelegentlich zwei weitere Typen thematisiert und unterschieden, das *Demonstrationsexperiment* und das *Gedankenexperiment*, die weiter unten beschrieben werden. Diese Unterscheidung von vier verschiedenen Typen des Experiments wurde vom englischen Biologen und Nobelpreisträger Peter Brian Medawar (1969) zusammengefasst und auch in naturwissenschafts-didaktischen Publikationen als Referenz verwendet (z.B. Tesch, 2005; Hodson, 1993; weitergehend Scazzieri, 2003, der das explorative Experimentieren nochmals in „Baconian experiments" und „open-ended experiments" untergliedert).

Exploratives Experimentieren
Als exploratives Experimentieren bezeichnen wir Methoden der Theoriegenerierung, die sich mithilfe experimenteller Untersuchungsdesigns der Variablenkontrollstrategie bedienen und nicht ausschließlich konfirmatorisch vorgehen. In der Regel handelt es sich hierbei um Experimentierreihen, die mittels einer systematischen Variation einer größeren Anzahl verschiedener potenziell einflussreicher Parameter stabile empirische Regeln entwickeln und dabei ermitteln, welche der experimentellen Bedingungen für einen fokussierten Effekt unerlässlich sind und welche ihn nur modifizieren. Weitergehend zählen zum explorativen Experimentieren Messreihen, in denen Parameter oder Zusammenhänge von Systemen bestimmt und vermessen werden, für die sich aus der bestehenden Theorie keine expliziten oder keine ausreichend präzisen Voraussagen ableiten lassen. Falls zudem konfirmatorische Experimente einen der ursprünglich zu überprüfenden Theorie widersprechenden Ausgang nehmen, können auch solche negativen und replizierbaren Befunde auf explorative Weise einen substantiellen Beitrag für die Theoriegenerierung leisten.

Dem experimentellen Vorgehen kommt im Rahmen der explorativen Theorieentwicklung in den Naturwissenschaften bei dem Bestreben „*empirische Regelmäßigkeiten aufzudecken und angemessene Klassifikationen und Begriffe zu finden, mit deren Hilfe sie sich formulieren lassen*" (Steinle, 2005, S. 314) eine essenzielle Rolle zu. Dies belegt und veranschaulicht Steinle (2005) mit einer historischen Analyse von Studien zum Elektromagnetismus insbesondere von Ampère und Faraday (vgl. dazu auch Gooding, 1990). Als Erkenntnisziel „*steht die Suche nach Abhängigkeiten zwischen experimentellen Parametern, und das Etablieren von Gesetzen*" im Vordergrund. „*Die systematische Variation von Parametern, wenn irgend möglich unter ceteris paribus-Bedingungen, dient wesentlich diesem Ziel*" (Steinle, 2005, S. 315).

Auch beim *explorativen Experimentieren* findet die Variablenkontrollstrategie Anwendung. Es steht jedoch keine zu überprüfende Theorie am Ausgangspunkt des Experimentierens, und es genügt in der Regel nicht die Durchführung eines einzelnen Experiments. Je weniger klar die theoretischen Grundlagen einer solchen Experimentalreihe sind, umso mehr Einzelexperimente sind in der Regel notwendig, damit eine substantielle Wissens- bzw. Theoriegrundlage geschaffen werden kann. Im Verlauf einer solchen Experimentalserie können sich Experimente mit exploratorischer und konfirmatorischer Zielsetzung abwechseln. Das Ziel dieser Experimentalserie ist dann erreicht, wenn (a) eine substanzielle Modell- oder Theorievorstellung identifiziert wurde und (b) auch technische Experimentalaufbauten entwickelt wurden, die entsprechend aussagekräftigen Experimenten mit konfirmatorischer Zielsetzung standhalten und zu replizierbaren Befunden führen.

Die Handlungsregeln explorativen Experimentierens sind (vgl. Steinle, 2005, S. 314):

Handlungsregeln des explorativen Experimentierens zur Theorieentwicklung

- Systematisches Variieren einer großen Zahl verschiedener potenziell einflussreicher Parameter unter Berücksichtigung der Variablenkontrollstrategie,
- Aufstellen stabiler empirischer Regeln, typischerweise der Form „Wenn bestimmte Bedingungen vorliegen, dann ist dieser oder jener Effekt zu beobachten",
- Ermitteln, welche der experimentellen Bedingungen für das Auftreten des in Rede stehenden Effektes unerlässlich sind und welche ihn nur modifizieren,
- Auffinden und Entwickeln von angemessenen Darstellungssystemen, mit deren Hilfe sich die Regeln möglichst allgemein formulieren lassen,
- Entwickeln experimenteller Anordnungen, die nur noch die für den Effekt unerlässlichen Bedingungen enthalten und damit die allgemeine Regel in besonderer Klarheit zum Ausdruck bringen. Solche Anordnungen werden typischerweise als „einfache", „allgemeine", „elementare" oder „reine Fälle" bezeichnet. Sie dienen als Kernpunkte, auf die eine Vielzahl von Erscheinungen in phänomenologischer Weise „reduziert" werden kann.

Auch die *Bestimmung von Parametern* lässt sich dem explorativen Experimentieren zuordnen. Experimentalreihen liefern durch die systematische Variation der unabhängigen Variable – beim Wasserpestexperiment z.B. die Wassertemperatur bei gleichbleibender Lichtstärke – Aussagen über die abhängige Variable, z.B. die Menge der Sauerstoffproduktion. Diese Parameter können zum Zeitpunkt der Durchführung des Experiments nicht aus einer Theorie abgeleitet werden.

Beim Experimentieren tritt jedoch auch der Fall auf, dass ein ursprünglich als konfirmatorisch geplantes Einzelexperiment zur Überraschung nicht zu den erwarteten Ergebnissen führt, jedoch replizierbar ist und damit explorativ zur Veränderung der bestehenden Theorie führt. Ein Beispiel hierfür ist das Experiment von Rutherford aus dem Jahr 1910 zur Streuung von Alphateilchen (ionisierte Heliumatome) an einer sehr dünnen Goldfolie. Entsprechend des zuvor bestehenden

Thomson'schen Atommodells („Rosinenkuchenmodell") hätten die Alphateilchen die Goldfolie fast ungehindert passieren müssen. Einige Alphateilchen wurden jedoch von ihrer ursprünglichen Bahn abgelenkt – in der Physik heißt dies Streuung; die Streuung war so groß, dass einige Alphateilchen sogar an der Folie zurück prallten. Dieses replizierbare Ergebnis war mit der Vorstellung eines weichen Etwas, aus dem die Atome der Goldfolie bestehen sollten, nicht vereinbar und führte zur Entwicklung des Rutherford'schen Atommodells, welches besagt, dass die Atome einen sehr kleinen Kern haben, in dem die Masse und positive Ladung konzentriert sind.

Exkurs: Die Bedeutung explorativen Experimentierens in den Naturwissenschaften

In der Darstellung wissenschaftlicher Arbeitsprozesse wird die Bedeutung des explorativen Arbeitens und insbesondere des explorativen Experimentierens oft nur marginal behandelt, obwohl diese in der Praxis einen wesentlichen Bestandteil des Prozesses darstellt. *„Die entscheidende Leistung einer Forschungstätigkeit liegt nämlich häufig darin, vage oder sehr abstrakt formulierte Problemstellungen so zu ‚bearbeiten' und zu konkretisieren, dass sie die Formulierung von entscheidungsfähigen Hypothesen überhaupt erst erlauben. Die Anstrengungen, die in diese Richtung unternommen werden, werden von der traditionellen Wissenschaftstheorie pauschal dem so genannten „Entdeckungszusammenhang" zugeordnet, der als methodologisch schwach strukturiert gilt und deshalb auch nicht sehr intensiv untersucht wird*" (Köttner, 2001, S. 8; weitergehend Teilkapitel 3 von Wirtz & Schulz, 2012a). Dass diese so entscheidenden Aspekte wissenschaftlicher Erkenntnisgewinnung oftmals außer Acht gelassen werden, *„hat nicht zuletzt mit dem Bild zu tun, das die Wissenschaften selbst von sich vermitteln. … Bei der Selbstdarstellung kam das explorative Experimentieren typischerweise besonders schlecht weg*" (Steinle, 2005, S. 333). Auch zu den zentralen, „entscheidenden Experimenten" („crucial experiments", vgl. Weber, 2009, Achilles, 1989, Lohne, 1969) hat in der nachträglichen historischen Perspektive ein langwieriger und mühsamer Weg hingeführt. Sie sind oftmals ein gut zu demonstrierendes und kommunizierbares Ergebnis langwierigen explorativen Experimentierens, doch dies gerät in der auf Belegbarkeit fokussierten Ergebnisdarstellung wissenschaftlicher Publikationen oft in Vergessenheit.

Das **Demonstrationsexperiment** dient nicht der Erkenntnisgewinnung oder -überprüfung, sondern der Veranschaulichung eines bekannten Zusammenhanges. Es hat die Funktion einer Argumentationsgrundlage bei der Kommunikation und Verbreitung von empirisch fundierten Theorien. Im schulischen Kontext ist das von der Lehrkraft vorgeführte Demonstrationsexperiment ein verbreitetes didaktisches Mittel. In seiner Funktion als Argumentationsgrundlage muss es Zweifel ausräumen und eindeutige Schlüsse rechtfertigen und damit denselben Kriterien wie das konfirmatorische Experiment zur Absicherung oder Widerlegung von Theorien genügen.

Das **Gedankenexperiment** simuliert ein Experiment theoretisch, ohne es empirisch durchzuführen oder durchführen zu können. Basierend auf theoretischen Überlegungen wird eine Situation kreiert und dann überlegt, welche Folgerungen sich aus den als wahr angenommenen theoretischen Aussagen ergeben. „*So gesehen machen Gedankenexperimente keine Aussage über die Wirklichkeit, sondern fragen nach der Gültigkeit von Prinzipien oder Ideen*" (Genz, 1999, S. 36). Gedankenexperimente vermögen beispielsweise theoretische Widersprüche zwischen bestehenden Theorien bzw. Grundannahmen aufzuspüren, aber ganz wesentlich illustrieren sie Argumentationen und schärfen diese aus. Sie können aber auch zu Folgerungen und Untersuchungsideen führen, die bereits experimentell überprüfbar bzw. durchführbar sind, oder die im Laufe des technischen und wissenschaftlichen Fortschritts überprüfbar werden und die dann mit Verweis auf die Empirie Fehler in den vorausgesetzten Grundannahmen aufdecken. So gesehen kann Gedankenexperimenten eine Rolle bei der Planung von Experimenten zukommen, auch wenn dies nicht ihrer zentralen Bedeutung als logischen Prinzipien folgende und rein theoretische Überlegung entspricht. Weitergehend dient bei Woodward (2003) ein Verweis auf die Existenz eines „vorstellbaren Experiments" sogar als Kausalitätsdefinition: „*X causes Y if and only if there is some possible intervention on X such that if it were to occur, Y would change*" (Woodward, 2003, 95). Eine derartige experimentelle kontrollierte Intervention als Kriterium für Kausalität muss bei Woodward im Gegensatz zu Vertretern manipulativer Kausaltheorien keine menschliche Handlung sein, sie muss noch nicht einmal physikalisch möglich, sondern lediglich vorstellbar sein (Dullstein, 2010, S. 44). Interessierte Leser seien für die weitergehende Lektüre und für Beispiele zu historisch wichtigen Gedankenexperimenten auf Genz (1999) oder auf Buschlinger (1993) verwiesen.

1.4 Fazit

In diesem Kapitel wurde gezeigt, welche Kriterien ein Untersuchungsdesign erfüllen muss, damit von einer experimentellen Untersuchung gesprochen werden kann. In der Wissenschaft wird das Experiment aufgrund seiner hohen internen Validität oft als Königsweg oder Goldstandard zum Nachweis von empirischen Wirkzusammenhängen bezeichnet (Moher et al., 2004). Im allgemeinen Sprachgebrauch ist die Verwendung des Begriffs Experiment jedoch sehr unscharf und wird häufig als Sammelbegriff aller möglichen empirischen Untersuchungsformen (z.B. Versuch, Ausprobieren) verwendet. Mit den in diesem Kapitel vorgenommenen Begriffsunterscheidungen (Beobachtung ohne aktive Manipulation, Versuch ohne das Bestreben der möglichst vollständigen Kontrolle von Randbedingungen, Experiment) plädieren wir für einen sorgfältigeren Umgang mit diesen Begriffen, da die Aussagekraft von Untersuchungsbefunden wesentlich differiert, je nachdem welche Methodik verwendet wird.

Andreas Schulz und Markus Wirtz

2. Analyse kausaler Zusammenhänge als Ziel des Experimentierens

Jedes Experiment ist eng verknüpft mit seinem theoretischen Hintergrund: In der Regel zielt das Experiment auf die Analyse bereits allgemein beschriebener oder noch zu verallgemeinernder kausaler Zusammenhänge. Konkret untersuchte Zusammenhänge werden generalisiert, dienen als Repräsentation allgemeinerer Aussagen und werden in langfristigen Forschungsprogrammen und weiteren Experimenten mit alternativen Operationalisierungen reproduziert (vgl. Radder, 2003). Zudem sichert ein möglichst ausgereifter theoretischer Hintergrund die Beurteilung ab, inwieweit die operationalisierten und konstant gehaltenen Randbedingungen vollständig sind und somit die interne Validität eines Experiments im Sinne der Variablenkontrollstrategie gewährleistet ist.

Vor diesem Hintergrund finden beim Experimentieren, wie auch allgemein in wissenschaftlicher Forschung, Übersetzungs- und Verknüpfungsprozesse zwischen Empirie und Theorie statt (vgl. Kelle, 1997, 2008). Aus empirischen Befunden, die von ihrer Natur her immer lokal sind, werden überwiegend Aussagen mit allgemeinem oder verallgemeinerbarem Gültigkeitsanspruch abgeleitet. Theorien dienen zur nachträglichen Erklärung und zur Vorhersage konkreter Phänomene. Zielgerichtet (experimentell) erfasste Phänomene werden zur Stützung oder als Widerlegung der Gültigkeit von Theorien herangezogen. Dabei operationalisieren konkrete Beobachtungen, Messungen und technische Apparate die allgemeinen theoretischen Konstrukte (vgl. Radder, 2003; Heidelberger, 2003) oder umgekehrt werden aus der systematischen Erfassung von Phänomenen theoretische Konstrukte entwickelt (vgl. Steinle, 2005, 2003).

Wie die Methode der Variablenkontrollstrategie im Experiment bei der (konfirmatorischen) Prüfung von Theorien über kausale Zusammenhänge funktioniert, aber auch bei der (explorativen) Theoriegenerierung einen Beitrag leistet, wurde im vorangehenden ersten Kapitel (Schulz et al., 2012a) erörtert. Ziel dieses zweiten Kapitels ist es, präziser zu definieren, was man in der Wissenschaft als kausalen Zusammenhang und als wissenschaftliche Erklärung bezeichnet, und wie die Verknüpfung von Theorie und Empirie aus wissenschaftstheoretischer Sicht erfolgt. Dies ist kein Selbstzweck: Die detaillierte und begriffspräzise Auseinandersetzung mit dem Konzept des kausalen Zusammenhangs hebt die zentrale Bedeutung der bereits eingeführten Variablenkontrollstrategie hervor. Die Charakterisierung essenzieller wissenschaftlicher Schlussfolgerungen im Kontext wissenschaftlicher Erklärungen am Ende dieses Kapitels schärft den Blick auf Argumentationsleistungen, mittels derer die Verbindung zwischen Theorie und Empirie beim Experimentieren hergestellt werden. Damit möchten wir einer mechanistischen, automatisierten Vorstellung insbesondere über das konfirmatorische Experimentieren entgegenwirken. Zur

Veranschaulichung der dafür notwendigen und teils unvermeidbar abstrakten Überlegungen greifen wir wiederum auf die beiden in Kapitel 1 (Schulz et al., 2012a) eingeführten Beispiele zurück (siehe dazu dort zusammenfassend die Tabellen 1.1 und 1.2): Photosynthese und Borkenkäferbefall.

2.1 Kausaler Zusammenhang

Eine präzise und allgemein akzeptierte wissenschaftliche Definition des Begriffs „kausaler Zusammenhang", die zudem mit intuitiven und alltäglichen Vorstellungen von Kausalität kompatibel ist, erweist sich in der Wissenschaftsphilosophie als äußerst schwierig. So lassen sich zu allen bisher entwickelten Definitionen konkrete Situationen als Gegenbeispiele konstruieren, die wir in unserem Alltagsverständis als kausalen Zusammenhang bezeichnen, die jedoch nicht mit den jeweiligen Definitionen kompatibel sind (als Überblick vgl. Psillis, 2002; Dullstein, 2010). In Kapitel 1 (Schulz et al., 2012a) wurde auf sehr grundlegende Weise bereits auf zwei verschiedene Kausalitäts-Definitionen Bezug genommen, auf die deterministische und auf die probabilistische Version. Mit diesen zusammenhängend wurde das Problem möglicher „hidden variables" thematisiert, das nicht nur in Bezug auf ein deterministisches oder indeterministisches Weltbild von wissenschaftstheoretischer Bedeutung ist, sondern auch Implikationen für die unmittelbare Interpretation und Gestaltung konkreter Experimente mit sich bringt (vgl. Bohr-Einstein-Debatte über mögliche hidden variables in der Quantenmechanik; Genovese, 2005; Kumar, 2010): Muss man mit weiteren, noch unidentifizierten Einflussvariablen rechnen, oder ist die bestmögliche, womöglich vollständige „Variablenkontrolle" bereits operationalisiert und im theoretischen Modell berücksichtigt? In den nachfolgenden Abschnitten werden die sehr elaborierten wissenschafts-philosophischen Debatten und Definitionen nur am Rande gestreift. Fokussiert aufgegriffen werden solche Kausalitätsmodelle, die von unmittelbarer Bedeutung für die experimentelle Forschungspraxis sind. Dies sind erstens eine sehr grundlegende Definition, die auf den Philosophen John Stuart Mill im 19. Jahrhundert zurückgeht (vgl. Shadish et al., 2002), zweitens das interventionistische Konzept von Woodward (2003a, 2003b) und drittens das kontrafaktische Konzept der INUS-Bedingungen von Mackie (1974).

Die Bedeutungen der Begriffe Ursache, Effekt und kausaler Zusammenhang sind eng miteinander verbunden. Im allgemeinen Sprachgebrauch führt eine Ursache zu einem Effekt, beide zusammen beschreiben einen als ursächlich betrachteten Zusammenhang. Nach Mills grundlegender Definition (vgl. Shadish et al., 2002) sind folgende Eigenschaften essenziell:

Kausaler Zusammenhang
Ein kausaler Zusammenhang zwischen einem Ereignis A und einem Effekt B besteht, wenn
(1) das Ereignis A dem Effekt B vorausgeht,
(2) das Ereignis A mit dem Effekt B in Zusammenhang steht und
(3) und außer dem Ereignis A keine andere Erklärung für den Effekt B existiert.

In diesen drei Eigenschaften kausaler Zusammenhänge spiegeln sich grundlegende Bestandteile des Experiments wider (vgl. Shadish et al., 2002):

1) Eine vermutete Ursache wird manipuliert und das Resultat anschließend beobachtet.
2) Dabei wird festgestellt, ob eine Veränderung im Ursachenbereich mit einer Veränderung bei den Effekten zusammenhängt.
3) Während des Experiments werden potenziell konfundierte Variablen systematisch ausgeschaltet oder kontrolliert. In komplexeren Untersuchungssettings, in denen experimentelle Standards nicht perfekt umgesetzt werden können, werden ggf. ergänzende Methoden eingesetzt, um die Plausibilität potenzieller Alternativeinflüsse auf das Resultat zu explorieren, die nicht ausgeschlossen werden können.

Issac Newton (1726) hat dies als zentrales Prinzip der Erkenntnisgewinnung in den Naturwissenschaften betont. Kann eine Ausgangssituation vollständig beschrieben werden und sind die relevanten Gesetzmäßigkeiten oder Kausalbeziehungen bekannt bzw. in der Theorie erklärt, so kann die Konsequenz (also der ausgelöste Effekt) einer Manipulation der Ursachenvariable vorhergesagt werden. Der Vergleich des durch die vermuteten Kausalbeziehungen vorhergesagten mit den tatsächlich messbaren Effekten kann somit zur Prüfung der Gesetzmäßigkeiten herangezogen werden. In diesem Sinne stellt die Untersuchung kausaler Zusammenhänge einen fundierten Ansatz dar, um Vorstellungen über Modelle, Strukturen und Prozesse empirisch zu prüfen und zu validieren.

In der angewandten Wissenschaft mit vorwiegend utilitaristischer Ausrichtung (Westmeyer, 2001; vgl. Kapitel 4) stellt die Identifikation zielgerichteter Handlungsoptionen ein wichtiges Erkenntnisziel dar. Hier geht es nicht primär um die Identifikation kausaler Zusammenhänge, die den Untersuchungsgegenstand beschreiben (Theorieprüfung), sondern um den Nachweis eines kausalen Einflusses einer Maßnahme auf eine Effektvariable (Effektivitätsprüfung). So würde man beispielsweise in der Forstwirtschaft zwei alternative Interventionen (z.B. Totholzentfernung vs. Kalkung des Waldbodens; vermutete Ursachevariable) in Bezug auf die Verbreitung von Borkenkäfern in von Luftverschmutzung geschädigten Waldgebieten (Effektvariable) untersuchen können. Würde hier experimentell eine Überlegenheit der Totholzentfernung nachgewiesen, so ließe sich schließen, dass die Intervention einen ursächlichen Effekt in Bezug auf die Verbreitung der Borkenkäfer hat. Das

Experiment wäre hier nicht dazu gedacht zu prüfen, welche kausalen Elementarprozesse das Borkenkäferwachstum in geschädigten Waldgebieten kennzeichnen, sondern, ob sich die Intervention insgesamt im kausalen Sinne als effektiv erweist.

Ein erweiterter Kriterienkatalog zur systematischen Prüfung der Plausibilität eines kausalen Zusammenhangs wurde von Hill (1965) erarbeitet, und für die Fragestellung des kausalen Effekts von potenziellen Einflussfaktoren adaptiert, wenn experimentelle Ansätze nicht oder nur schwer realisiert werden können oder die Erkenntnisse aus experimentellen Studien vertieft werden sollen (Beaglehole et al., 1993; siehe auch Schäfer, 2007):

- Zeitliche Beziehung: Geht die Ursache der Wirkung voraus?
- Assoziation: Wird die Assoziation durch theoretische Modelle und alternative empirische Befunde gestützt? Können elementare Teilprozesse nachgewiesen werden?
- Konsistenz: Können die kritischen Zusammenhänge (ggf. in unterschiedlichen Kontexten) zuverlässig reproduziert werden? Führen andere Studien zum selben Ergebnis (Replizierbarkeit)?
- Intensitäts-Wirkungs-Beziehung: Ist die Wirkung bei erhöhter Intensität der vermuteten Wirkbedingung größer?
- Reversibilität: Führt die Beseitigung der vermuteten Wirkbedingung zu einer Reduktion der abhängigen Variablen?
- Studienplan: Inwiefern gewährleistet der Studienplan (Treatmentbeschreibung und -Organisation) eine adäquate interne Validität?

Diese Kriterien sollten je nach Untersuchungsfragestellung adaptiert und verwendet werden, um Evidenz für Kausalität systematisch beurteilen zu können. Der besondere Vorteil des Experiments liegt darin, dass die Kausalität intern valide nachgewiesen wurde, wenn das Experiment korrekt durchgeführt wurde. Bei empirischen Untersuchungsansätzen mit schwächerer interner Validität müssen die Kriterien nach Hill (1965) in der Regel differenziert geprüft werden, um die Plausibilität des Kausalzusammenhangs als Determinante einer Merkmalsassoziation erhöhen zu können.

Auf die hohe interne Validität des Experiments beziehen sich manche Definitionen von Kausalität direkt, wenn sie sich an der Existenz eines konkreten (manipulative Kausalitätsdefinition) oder zumindest vorstellbaren Experiments (interventionistische Kausalitätsdefinition; vgl. auch Abschnitt zu Gedankenexperimenten in Kapitel 1 von Schulz et al., 2012a) zur Überprüfung eines kausalen Zusammenhangs orientieren (Dullstein, 2010; Woodward, 2003a): „*Eine notwendige und hinreichende Bedingung dafür, dass f in Bezug auf eine Menge M von Determinablen [= Variablen; AS] eine direkte Ursache von g ist, ist, dass es eine mögliche Intervention auf f gibt, die g (bzw. die Wahrscheinlichkeitsverteilung von g) verändert, wenn alle anderen Determinablen [= Variablen; AS] in M außer f und g durch eine Intervention auf ihren aktuellen Werten belassen werden*“ (Woodward, 2003b, übersetzt von Dullstein, 2010). Diese interventionistische Kausalitätsdefinition beruht explizit auf der zumindest vorstellbaren Umsetzung einer Variablenkontrollstrategie, wohingegen die obige Definition von Mill (nach Shadish at al., 2002) lediglich davon spricht, dass „außer der Ursache A für den Effekt B keine weitere alternative Erklärung existiert", ohne das Mittel für diesen Ausschluss von Erklärungsalternativen zu benennen. In Unterscheidung zu diesen Definitionen präzisiert das nachfolgend diskutierte Konzept der INUS-Bedingungen von Mackie (1974) die Charakteristik eines kausalen Zusammenhangs selbst, woraus sich dann wiederum die Notwendigkeit der Variablenkontrollstrategie für die Identifikation und Überprüfung bei der Analyse begründen und illustrieren lässt.

Das Konzept der INUS-Bedingungen

Nach Mackie (Mackie, 1974, S. 62; vgl. Mahoney at al., 2008; Psillos, 2002; Kelle 2008) ist es immer ein komplexes Ursachenbündel, ein Zusammenkommen mehrerer Bedingungen, das zu einem Effekt führt. Auch wenn man sich auf eine einzelne Bedingung als Ursache konzentriert, dann sind doch weitere Randbedingungen notwendig, damit sich ein Effekt einstellt. Derart trägt man der **Komplexität kausaler Zusammenhänge** Rechnung. Zudem ist die mögliche **Pluralität kausaler Zusammenhänge** zu beachten: „*Unterschiedliche Bedingungsbündel beziehungsweise kausale Pfade können jeweils für sich genommen und unabhängig voneinander ein Ereignis E bewirken*" (Kelle, 2008, S. 159).

Der Name INUS-Bedingungen (Mackie 1974, S. 62) entspringt folgender Abkürzung:

INUS-Bedingungen als Ursache eines Effektes
„*An Insufficient but Non-redundant part of Unnecessary but Sufficient condition*"

Zur Veranschaulichung dient folgende aussagenlogische Metapher (vgl. Kelle 2008, 159):

$$\ldots \vee (C_1 \wedge C_2 \wedge C_3 \wedge \ldots) \vee (C_4 \wedge C_5 \wedge C_6 \wedge \ldots) \Rightarrow E$$

„*Eine INUS-Bedingung ist ein selbst nicht hinreichender, aber notwendiger Teil C_i einer Bedingung (Anm. AS: gemeint ist damit eines Bedingungsbündels, z.B.: $C_4 \wedge C_5 \wedge C_6 \wedge \ldots$), die ihrerseits nicht notwendig, aber hinreichend ist für einen Ereignistyp E*".

Zeichenerklärung: Mit den C_1 ... C_i ... werden Bedingungsteile, also separiert erfassbare Merkmale bzw. Zustände eines umfassenderen Bedingungsbündels bezeichnet. Das Zeichen „∧" liest sich als „und". Es bedeutet, dass in einem Klammerausdruck jedes einzelne der mit „∧" verbundenen Bedingungsteile vorhanden sein muss. Das Zeichen „v" liest sich als „oder" und bedeutet, dass wahlweise der eine oder der andere Klammerausdruck gegeben sein muss, oder aber auch zwei oder mehrere der mit „v" verbundenen Klammerausdrücke bzw. Bedingungsbündel gegeben sein können. In Worten bedeutet die Metapher demnach: Wenn das erste Bedingungsbündel „oder" das zweite Bedingungsbündel „oder" ... gegeben ist/sind, dann führt das zu Ereignis E.

Die Aussagen des Modells lassen sich durch die folgenden drei Beispiele (zu den Beispielsituationen aus Kapitel 1 von Schulz et al., 2012a, siehe dort Tabellen 1.1

und 1.2; für weitere Beispiele zur Identifikation und Überprüfung von INUS-Bedingungen in der qualitativen und quantitativen Bildungsforschung siehe Schulz, 2011) verdeutlichen:

- **Unterschiedliche Bedingungsbündel** (vgl. Mackie, 1974, S. 61): Möglicherweise wird ein vom sauren Regen geschwächter Wald noch zusätzlich durch mangelnde Niederschläge belastet. Beides zusammen bewirkt dann, dass der Borkenkäfer sich stark vermehrt. Aber ebenso können Sturmschäden im Wald und zusätzlich das Fehlen natürlicher Feinde aufgrund von Pestizideinsatz und Monokultur in der umliegenden Landwirtschaft zu einer Borkenkäfervermehrung führen. Die beiden insgesamt unterscheidbaren Bedingungsbündel dürfen auch gleichzeitig identische Bedingungsteile enthalten wie z.B. „mangelnder Niederschlag".
- **Notwendige und hinreichende Bedingungen** (vertiefend dazu: Mahoney et al., 2008; Suppes, 1970; Mackie, 1974): Das Wasserpestbeispiel (siehe Tabelle 2.1 in Kapitel 1 von Schulz et al., 2012a) verdeutlichte ebenfalls ganz im Sinne des INUS-Konzeptes, dass verschiedene Bedingungen C_i zusammen gegeben sein müssen, damit sich das Ereignis E „Sauerstoffproduktion" einstellt. Zusätzlich zum Licht und zur gesunden Wasserpestpflanze muss eine ausreichende Wasserqualität in Bezug auf vorhandenes Kohlendioxid, Wassertemperatur und eventuelle Wasserverschmutzung gegeben sein. Jede einzelne dieser Bedingungen ist notwendig, alle Bedingungen zusammen sind hinreichend für die Sauerstoffproduktion der Wasserpest. Jede einzelne dieser Bedingungen ist jedoch nicht hinreichend für die Sauerstoffproduktion der Wasserpest.
- Ein alternativer Kausalitätspfad zur „Bläschenproduktion" in einem Aquarium der Wasserpest ist mit dem gegebenen Hintergrundwissen (vgl. Tabelle 2.1 in Kapitel 1 von Schulz et al., 2012a) eher unwahrscheinlich, ließe sich jedoch bei fahrlässiger Untersuchungssdurchführung ebenfalls konstruieren: Elektrische Messinstrumente könnten eine Wasserelektrolyse herbeiführen. Ebenso könnten Kalkablagerungen mit Kohlensäure im Wasser zu Kohlendioxid reagieren. In beiden Fällen würde das zu einer Bläschenproduktion im Aquarium führen, die fälschlicherweise mit der Wasserpest in Verbindung gebracht werden könnte und im experimentellen Design ebenso ausgeschlossen werden muss wie eine unerwünschte Veränderung der notwendigen Randbedingungen.

Eine Hypothese (vgl. Bortz & Döring, 2005; siehe Kapitel 3 von Wirtz & Schulz, 2012a) oder eine Theorie ließe sich auch über die Aufzählung der relevanten INUS-Bedingungen darstellen. In kurzer Form: „Wenn $C_4 \wedge C_5 \wedge C_6 \wedge \ldots$ gegeben sind, dann führt dies zu E". Mit anderen Worten und bezogen auf die Ausgangssituation eines konfirmatorischen Experiments: Für die Vorhersage eines Ereignisses E genügt es, die relevanten INUS-Bedingungen aufzuzählen, deren Existenz zusammen hinreichend für das Eintreten des Ereignisses E sind. Auch die Erklärungsfindung im Nachinein im explorativen Experiment beinhaltet genau die Identifikation der relevanten INUS-Bedingungen, die zu Ereignis E geführt haben.

Einzuordnen ist Mackies Konzept (Mackie, 1974, S. 62) zur Beschreibung dessen, was man als Ursache eines Phänomens bezeichnet, in die kontrafaktischen Kausalitätstheorien (Psillos, 2010, S. 13), die behaupten, *„für kausale Zusammenhänge sei wesentlich, dass die Wirkung nicht ohne die Ursache eingetreten wäre“* (Dullstein, 2010, S. 11), bzw. *„roughly, an event c causes an event e iff* [if and only if; AS] *if c hadn't happened then e wouldn't have happened either“* (Psillos, 2002, S. 5). Mit dieser Kausalitätsdefinition lässt sich der Effekt einer Ursache genau als der Unterschied zwischen Ursache („event c“) und nicht-Ursache („if c hadn't happened“) in der abhängigen Variablen bezeichnen (vgl. „counterfact“ bei Holland, 1986, S. 947; Shadish et al., 2002, S. 5).

Das Konzept der INUS-Bedingungen ist gut geeignet, um nochmals einige zentrale Überlegungen aus Kapitel 1 (Schulz et al., 2012a) zum Experimentieren zu illustrieren:

- Die INUS-Ursachenbündel bezeichnen spezifische Merkmalsausprägungen verschiedener unabhängiger Variablen (UVs) als Antezedenzbedingungen für das zu erklärende Phänomen E. E stellt die Ausprägung in der abhängigen Variable (AV) dar, die sich einstellt, wenn die Bedingungen gegeben sind.
- Im Experiment wird als Effekt einer Ursache (eines Treatments) der Unterschied bezeichnet, der zwischen Treatment und Nicht-Treatment besteht. Bei Mackie ist der Effekt im Experiment demnach der Unterschied zwischen zwei Ereignissen E_1 und E_2 (E als abhängige Variable mit zwei verschiedenen Merkmalsausprägungen E_1 und E_2 betrachtet), wenn die Antezedenzbedingungen (inklusive dem Treatment) gegeben sind versus wenn diese nicht gegebenen sind (alle Randbedingungen sind gleich, jedoch das Treatment fehlt).
- Das Experiment konzentriert sich im grundlegenden Fall auf den Effekt, der durch *eine* Ursache, d.h. durch eine der mit C_i bezeichneten Teilbedingungen hervorgerufen wird. Diese UV wird manipuliert, alle anderen UVs werden kontrolliert.
- Derart verdeutlichen die INUS-Ursachenbündel die Notwendigkeit der Kontrolle von Randbedingungen (weitere C_is), um alternative Kausalpfade (mögliche Pluralität von Kausalzusammenhängen) und mögliche Konfundierungen von Variablen ausschließen zu können (siehe Variablenkontrollstrategie in Teilkapitel 1 von Schulz et al., 2012a). Ebenso verdeutlicht das INUS-Konzept, dass spezifiziert und berücksichtigt werden muss, unter welchen Rahmenbedingungen (*„range of invariance“*; Woodward, 2003a, S. 92) ein kausaler Zusammenhang besteht.

Die theoretische Auseinandersetzung mit präziseren wissenschaftlichen Definitionen des Begriffs „kausaler Zusammenhang“ leistet derart einen Beitrag für eine reflektierte Praxis des Experimentierens und insbesondere für eine gewissenhafte Interpretation experimenteller Befunde. Die nachfolgenden Abschnitte sind dem eingangs formulierten Anliegen gewidmet, die Übersetzungsprozesse zwischen Theorie und Empirie bei der Analyse von kausalen Zusammenhängen bzw. die

Argumentationsprozesse des Experimentierens genauer zu beschreiben. Im Zentrum dieser Überlegungen steht der Begriff der wissenschaftlichen Erklärung.

2.2 Wissenschaftliche Erklärungen

Eine allgemein anerkannte Definition des Begriffes der *wissenschaftlichen Erklärung* ist das Hempel-Oppenheim-Schema (Hempel & Oppenheim, 1948; Abb. 3.1):

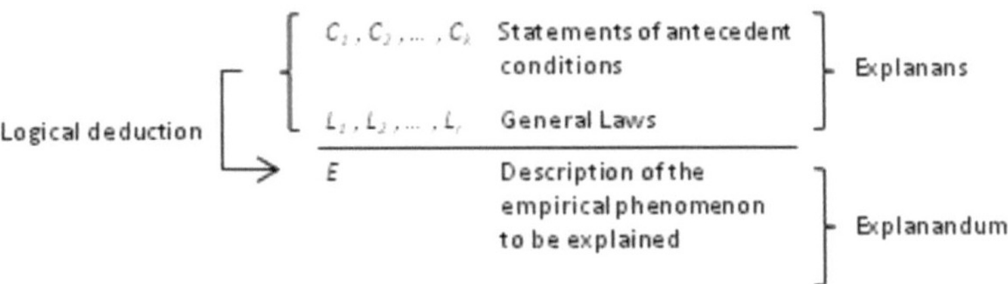

Abb. 2.1: Das Hempel-Oppenheim-Schema wissenschaftlicher Erklärungen (Hempel & Oppenheim 1948, S. 138)

Wenn bestimmte Bedingungen $C_{1...k}$ gegeben bzw. identifizierbar sind und auf als gültig angesehene Gesetze $L_{1...r}$ zum Bedingungs- und Phänomenbereich zurückgegriffen werden kann, dann wird über diese logische Verbindung von gegebenen Bedingungen und gültigen Gesetzen (= Theorien, Modellen, Regeln) ein beobachtbares Phänomen erklärbar. Es handelt sich hierbei um einen deduktiven Schluss vom Explanans (Gesetze plus gegebene Bedingungen) auf das Explanandum (das zu erklärende Phänomen).

Beispiel:

- **Photosynthese bei der Wasserpest** (vgl. Tabelle 1.1 in Teilkapitel 1 von Schulz et al., 2012a): Wenn die Bedingungen „Licht & CO_2 & Pflanze mit Chlorophyll & geeignete Temperatur" gegeben und identifiziert sind und das „Photosynthesegesetz" gültig ist, dann (= logisch-deduktiver Schluss) erklärt dies das Phänomen der „Sauerstoffproduktion der Wasserpest".
- Auch die Annahme (z.B. in einer früheren explorativen Studie), dass genau diese aufgezählten Bedingungen die relevanten INUS-Bedingungen sind, stellt ein allgemeines Gesetz $L_{1...r}$ in der Ausdrucksweise des Hempel-Oppenheim-Schemas dar, mit dessen Hilfe der beobachtete Effekt E im Nachhinein oder in der Vorhersage erklärt wird.

Die Struktur des Hempel-Oppenheim-Schemas erinnert an die konditionale ‚Wenn-Dann'-Struktur von Hypothesen (siehe Kapitel 3 von Wirtz & Schulz, 2012a; Bortz & Döring, 2005). Hypothesen stellen insbesondere empirisch überprüfbare Zusammenhangsaussagen dar. Als Folgerung aus einer Theorie werden sie im Experiment überprüft: Wenn eine Hypothese als allgemein formuliertes Gesetz $L_{1...r}$ oder als konkret operationalisierte Aussage eines solchen Gesetzes gültig ist und die entsprechenden Bedingungen $C_{1...k}$ gegeben sind bzw. hergestellt werden, dann muss sich auch der Effekt bzw. das Phänomen E einstellen. Das konfirmatorische Experiment überprüft nachfolgend die Gültigkeit der Vorhersage, die in einer Hypothese enthalten ist.

Hypothesen können aber auch Bestandteil einer wissenschaftlichen Erklärung bzw. Vermutung sein, mit der ein beobachtetes Phänomen im Nachhinein erklärt wird. Dann ist eine Hypothese genau so ein allgemeines Gesetz $L_{1...r}$, dessen Gültigkeit vermutet wird, und das im Sinne des Hempel-Oppenheim-Schemas in Kombination mit dem Vorhandensein bestimmter Bedingungen $C_{1...k}$ ein beobachtetes Phänomen E im Nachhinein erklärbar und verständlich macht.

2.3 Wissenschaftliche Schlussfolgerungen als Argumentationsleistung im Rahmen des Experimentierens

Jede wissenschaftliche Erklärung, und auch jede wissenschaftliche Schlussfolgerung besteht aus den drei Komponenten des Hempel-Oppenheim-Schemas (siehe Abbildung 3.1).

1. *Regel* (≅ Gesetz, Theorie, Modell, Hypothese, …),
2. *Fall* (≅ relevante Merkmalsausprägungen/ Merkmale; was der „Fall" ist; konkret vorliegende INUS-Bedingungen, …) und
3. *Phänomen* (≅ Resultat, Effekt, …).

Da für diese Komponenten in der Literatur teils unterschiedliche Begriffe Verwendung finden, werden sie im Anschluss an die Übersicht in Abbildung 2.2 zum besseren Verständis nochmals erklärt und gegenübergestellt.

Die nachfolgenden Definitionen und Analysen legen das Begriffsverständnis von „Deduktion" und „Induktion" zugrunde, wie es von Peirce ausgeht (vgl. Reichertz, 2003; Kelle, 1997): Es wird jeweils angegeben, welche der drei Komponenten *„Regel/Gesetz/Theorie"*, *„Fall/Bedingungen/relevante Merkmale"* und *„Phänomen/Effekt"* einer jeden wissenschaftlichen Erklärung (siehe oben: Hempel-Oppenheim-Schema) bei einem Idealtyp von Schlussfolgerung gegeben sind, und welcher oder welche konstruiert beziehungsweise gefolgert werden (vgl. Schulz, 2010). Man unterscheidet vier grundlegende und idealtypische Formen von Schlussfolgerungen in Forschungsprozessen, die nachfolgend definiert und erläutert werden: *Deduktion*, *qualitative Induktion*, *quantitative Induktion* und *Abduktion*.

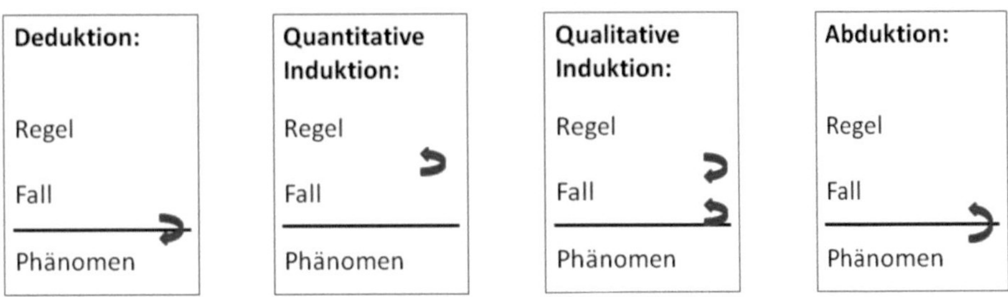

Regel ≅ Theorie, Gesetz, Modell, Hypothese; Fall ≅ relevante Merkmale der Situation, konkret vorliegende INUS-Bedingungen; Phänomen ≅ Effekt, Resultat, Explanandum
grün = gegeben; rot = gefolgert;

Abb. 2.2: Wissenschaftliche Schlussfolgerungen im Überblick (vgl. Schulz, 2010, S. 409)

Im Folgenden werden in Konsistenz mit dem Hempel-Oppenheim-Schema (1948) und dem INUS-Konzept von Mackie (1974) mit „Fall" die relevanten Merkmale oder vorliegenden INUS-Bedingungen (inklusive Ursache und Randbedingungen) bezeichnet. Wenn diese gegeben und identifizierbar sind, dann lässt sich mit dem Verweis auf die Gültigkeit einer anwendbaren allgemeinen Regel (Theorie, Modell, Hypothese) ein Phänomen (Effekt) erklären oder voraussagen. Der Begriff „Regel" wird gleichbedeutend mit Gesetz, Theorie, Modell oder Hypothese verwendet. Erste Regeln, die aus Daten oder für die Erklärung von Daten gefolgert werden, haben zwar noch nicht den Anspruch einer Theorie oder eines Gesetzes. Dies ist jedoch für die Charakterisierung spezifischer Schlussfolgerungen unerheblich. In den nachfolgenden veranschaulichenden und vertiefenden Erläuterungen wird dann meist der Begriff Gesetz verwendet, da es das Ziel naturwissenschaftlicher Forschung ist, allgemeingültige und empirisch gestützte Aussagen zu entwickeln und zu überprüfen.

Begriffsklärung I: „Deduktion" versus „deduktives Vorgehen" & „Induktion" versus „induktives Vorgehen

Die nur selten thematisierte und doch oftmals unterschiedliche Bedeutung und Verwendung der Begriffe „Deduktion" und „deduktives Vorgehen" kann zu Kommunikationsschwierigkeiten oder Missverständnissen führen. Um dies zu vermeiden, werden die beiden unterscheidbaren Begriffsverwendungen vor dem weiteren Verlauf des Kapitels expliziert und gegenübergestellt:

Mit der Bezeichnung **„deduktives Vorgehen"** wird verdeutlicht, dass eine bestehende Theorie bzw. verallgemeinerte Beobachtung und eine daraus abgeleitete Hypothese am Ausgangspunkt einer empirischen Untersuchung steht (vgl. Bortz & Döring, 2005, S. 35; vgl. auch „hypothetico-deductive model of scientific research", Brody, 1993, S. 86). Die „deduktive Funktion" empirischer Forschung besteht dementsprechend darin, dass überprüft wird, „*inwieweit sich die aus Theorien, Voruntersuchungen oder persönlichen Überzeugungen abgeleiteten Hypothesen in der Realität bewähren*" (Bortz & Döring, 2005, S. 34). Beispielsweise wird im konfirmatorischen Experiment zuerst eine Hypothese formuliert, dann die Untersuchung durchgeführt. Die empirischen Befunde entscheiden nachfolgend, ob die Hypothese im positiven Sinn zu einer korrekten Voraussage geführt hat, oder ob die empirischen Befunde und die Voraussage im negativen Sinne nicht übereinstimmen. Positive Befunde stützen die Erklärungskraft einer Theorie, negative Befunde widerlegen eine Theorie. Dies dient dem Zweck, allgemeingültige Erkenntnisse zu gewinnen, die sich bewähren, jedoch nicht als wahr betrachtet werden dürfen (Popper, 1934/1994).

Das „deduktive Vorgehen" beinhaltet, neben der Formulierung einer Hypothese als theoretisch begründete Vorhersage, auch die Überprüfung der Hypothese in der Empirie. Der Begriff **„Deduktion"** (vgl. Popper, 1934/1994) bezeichnet hingegen lediglich die theoretische Ableitung einer Hypothese aus bestehenden Theorien oder Modellen im Sinne einer Schlussfolgerung oder Vorhersage. Die spätere Überprüfung ist nicht mehr Bestandteil der Deduktion! Dementsprechend wird mit **„induktivem Vorgehen"** ausgedrückt, dass die Hypothese das Resultat einer empirischen Untersuchung ist (vgl. Bortz & Döring, 2005, S. 35). Dabei werden die Begriffe „induktives Vorgehen" und „deduktives Vorgehen" immer zur Charakterisierung kompletter empirischer Untersuchungen verwendet, nicht zur Charakterisierung einzelner Schlussfolgerungen. Mit induktivem Vorgehen werden explorative, theorie- oder hypothesengenerierende Studien bezeichnet, mit deduktivem Vorgehen konfirmatorische, hypothesenprüfende Studien. Wenn lediglich die Schlussfolgerung gemeint ist, wird dies gelegentlich auch durch die Bezeichnungen **„Induktionsschluss"** beziehungsweise „Deduktionsschluss" kenntlich gemacht (vgl. Bortz & Döring, 2005, S. 299). Die folgenden Abschnitte verwenden Induktion und Deduktion im Sinne von Induktionsschluss und Deduktionsschluss!

Das nachfolgende Zitat von Peirce (1958) verortet vorweg die drei Schlussfolgerungen Abduktion, Deduktion und Induktion und ihre Funktionen in unterschiedlichen Phasen des Experimentierens. Peirce subsumiert in diesem Zitat die Schlussfolgerung der qualitativen Induktion ebenfalls als Abduktion. Die feinere Unterscheidung zwischen Abduktion und qualitativer Induktion wurde von Peirce erst später vorgenommen. Dass diese nicht immer eindeutig und trennscharf gelingt, aber insgesamt sinnvoll und hilfreich ist, verdeutlichen nachfolgend die konkreten Beispiele.

> *„[T]here are but three elementary kinds of reasoning. The first, which I call abduction […] consists in examining a mass of facts and in allowing these facts to suggest a theory. In this way we gain new ideas; but there is no force in the reasoning. The second kind of reasoning is deduction, or necessary reasoning. It is applicable only to an ideal state of things, or to a state of things in so far as it may conform to an ideal. It merely gives a new aspect to the premises. […] The third way of reasoning is induction, or experimental research. Its procedure is this. Abduction having suggested a theory, we employ deduction to deduce from that ideal theory a promiscuous variety of consequences to the effect that if we perform certain acts, we shall find ourselves confronted with certain experiences. We then proceed to try these experiments, and if the predictions of the theory are verified, we have a proportionate confidence that the experiments that remain to be tried will confirm the theory. I say that these three are the only elementary modes of reasoning there are“* (Pierce, 1958: Collected Papers 8.209; nach Meyer, 2009).

Im Experiment werden demnach aus einer bestehenden Theorie Konsequenzen deduziert und diese anschließend überprüft. Das Ergebnis einer solchen Überprüfung kann die Hypothese induktiv bestätigen oder induktiv widerlegen (vgl. Meyer, 2009, S. 316; Lauth & Sareither, 2002; Duhem, 1954; Weber, 2009; Mackie, 1974).

2.3.1 Deduktion

Bei der Deduktion sind eine bewährte Regel bzw. ein Gesetz und der Fall bekannt. Im Folgenden bezieht sich die Aussage, dass ein Gesetz bekannt ist, darauf, dass am Ausgangspunkt der Schlussfolgerung klar ist, welche bereits existierende Regel zur Anwendung zu bringen ist. Allgemeine Regeln werden dabei auf besondere Fälle angewendet (Reichertz, 2003, S. 28). Wenn das zur Anwendung gebrachte Gesetz gültig ist, dann ist auch das Ergebnis der Gesetzesanwendung, das Gefolgerte, wahr. Aufgrund der Kenntnis über Regel und Fall wird somit mittels Deduktion eine Prognose für ein zu beobachtendes Phänomen abgeleitet (vgl. Meyer, 2009, S. 304).

Zwei Beispiele für Deduktion beim Experimentieren

- „Ich kenne die Theorie der Photosynthese. Wenn ich die Wasserpest im kohlendioxidhaltigen Wasser mit Licht bestrahle, dann erwarte ich die Entstehung von Sauerstoffbläschen an den Blättern." (= Ableitung der Hypothese aus der Theorie)
- „Im letzten Experiment habe ich gesehen, dass die Bläschenbildung intensiver ist, wenn ich dem Aquariumswasser etwas frisches Mineralwasser beimenge. Jetzt beziehe ich mich auf diese damaligen Befunde. Auf ihrer Grundlage erwarte ich in einem neuen Experiment bei Lichteinstrahlung an der Wasserpest mehr Bläschen, wenn ich noch Mineralwasser beimenge." Die Hypothese bezieht sich also auf bestehende Befunde, wird aus deren Verallgemeinerung deduktiv abgeleitet.

2.3.2 Quantitative Induktion

Bei der quantitativen Induktion ist man sich einig, welches die relevanten vorliegenden INUS-Bedingungen sind (= Fall), und das Phänomen (= Resultat) wurde beobachtet. Die singulären Befunde der Untersuchung werden zu einem generell gültigen Gesetz verallgemeinert. Mittels quantitativer Induktion werden Einzelfälle zu einer Regel generalisiert (Reichertz, 2009, S. 175): Von einem oder einigen Fällen, in denen sich eine Regel als gültig erweist, wird geschlossen, dass diese Regel auch für weitere Fälle gültig ist.

Zwei Beispiele für quantitative Induktion beim Experimentieren:

- Im explorativen Experiment werden beispielsweise neue Zusammenhänge festgestellt. Diese verallgemeinert man zu einer als generell gültig angesehenen Regel, die dann zur Absicherung in nachfolgenden konfirmatorischen Experimenten überprüft werden kann und muss. Beispielsweise könnten sich durch systematische Variation – unter möglichst guter Konstanthaltung weiterer Bedingungen der Waldbewirtschaftung und ohne eine dezidierte Vorabhypothese – empirische Hinweise dafür ergeben haben, dass bestimmte Fichtenarten selbst in Monokulturen resistenter gegen Borkenkäferbefall sind. Dies wird zu einer Regel: Was für die einzelnen untersuchten Waldstücke gilt, wird als gültig für alle (vergleichbaren, ähnlichen) Waldstücke vermutet.
- Erweist sich im konfirmatorischen Experiment die in der Hypothese formulierte Voraussage als richtig, dann bewertet man das als Indiz oder Beleg dafür, dass der bestätigte Zusammenhang auch für strukturell vergleichbare Waldgebiete über die Untersuchungseinheit hinaus gültig ist. Indem die Befunde als Beleg für eine generelle Gültigkeit der Hypothese herangezogen werden, verallgemeinert man sie im Sinne der quantitativen Induktion, auch wenn hier die Hypothese in der Studie von Beginn an feststeht und nicht im Nachhinein neu entwickelt wird. Die möglichst gute Verallgemeinerbarkeit im Sinne der quantitativen Induktion wird im Design von Anfang an mitgedacht. Meist werden besonders

aussagekräftige Befunde vielfach experimentell reproduziert und dann die Gesamtheit der zuverlässig reproduzierbaren Befunde als Beleg für die Gültigkeit der ihnen zugrunde liegenden Regel herangezogen.

Dieser für eine Generalisierung notwendige Induktionsschritt von den untersuchten Objekten auf den allgemeinen Geltungsanspruch einer wissenschaftlichen Theorie verdeutlicht das „Induktionsproblem“ als Grundproblem jeder empirischen Forschung. Es bleibt immer ein „Restrisiko“, dass auch nach einer Vielzahl von Untersuchungen, in denen sich eine Theorie bewährt hat, irgendwann doch ein empirisches Gegenbeispiel gefunden wird, für das die Aussage der Theorie nicht gültig ist (vgl. Popper, 1934/1994; 1972/1993; Chalmers et al., 2007).

2.3.3 Qualitative Induktion

Bei der qualitativen Induktion wird vom Vorhandensein einiger, beobachteter Merkmale auf das Vorhandensein weiterer nicht beobachteter Merkmale geschlossen (vgl. Reichertz, 2003, S. 50). Ein zunächst unerklärtes Phänomen wird nachträglich als Fall einer bereits bekannten Regel angesehen, es wird der Klasse aller Fälle, für die diese Regel gilt, zugeordnet und damit erklärt. Über diese Zuordnung begründet man, dass weitere bereits bekannte Merkmale der Mitglieder dieser Klasse auch im beobachteten Fall vorhanden sind und angenommen werden dürfen. In der qualitativen Induktion wird also von Phänomen und Gesetz auf den Fall, sprich auf die relevanten Merkmale und Bedingungen der spezifischen Situation, die das Phänomen beinhaltet, gefolgert.

Beispiele für qualitative Induktion beim Experimentieren

- Ein Landkreis variiert in Aufforstungen systematisch die Baumartenmischung, um in den nachfolgenden Jahrzehnten Hinweise auf deren spezifische Anfälligkeit für Borkenkäferbefall zu erhalten (*exploratives Experimentieren*). Dabei ergibt sich möglicherweise, dass Mischwald kaum anfällig ist. Dies erklärt man sich im Nachhinein damit, dass auch bei extremen Wetterperioden immer nur ein Teil der Bäume in Mitleidenschaft gezogen wird und der Anteil geschwächter Bäume somit in Grenzen bleibt. In der qualitativen Induktion zieht man derart im Nachhinein eine bereits bekannte Regel heran, in diesem Fall die spezifische bekannte Widerstandkraft des Mischwaldes gegenüber extremen Wetterperioden. Damit fügt man der Untersuchungssituation ein weiteres relevantes Merkmal hinzu, das zuvor nicht beachtet worden war, welches dann aber als plausible Erklärung für das Phänomen dienen könnte.
- *Interne Validität benötigt plausiblen Ausschluss und Kontrolle von Alternativerklärungen*: Für die Gewährleistung der internen Validität einer Studie geht man des Öfteren implizit vom (Vorhandensein oder) Nichtvorhandensein verfälschender Merkmale aus, die man nicht direkt überprüft hat oder überprüfen kann. Man

beschränkt sich auf die Relevantesten, die dann im Verlauf der Studie unabdingbar kontrolliert werden müssen. Dieses argumentative Vorgehen über Plausibilitätsüberlegungen oder statistische Annahmen bei der Randomisierung lässt sich ebenfalls als qualitative Induktion charakterisieren. Man ordnet die Experimentalsituation einer Klasse von Situationen zu, die sich gerade durch weitere Merkmale oder durch das Nichtvorhandensein weiterer Merkmale (z.B. des Nichtvorhandenseins unterschiedlicher relevanter Merkmalsverteilungen in Experimental- und Kontrollgruppe) auszeichnet:

- In einem Schülerexperiment zur Wasserpest könnte das z.B. die (implizite) Annahme sein, dass sich verschiedene Leuchtmittel (Glühbirnen, Leuchtstoffröhren, ...) oder Tageszeiten für die Sonnenstrahlung in Bezug auf die Lichtintensität nicht unterscheiden.
- Im Waldbeispiel wird (möglicherweise implizit) angenommen, dass die Intervention und nicht eine Krankheit unter Borkenkäfern, nicht eine Verdrängung durch konkurrierende Käfer und auch nicht ein Einsatz von Pestiziden in der umliegenden Landwirtschaft für den Rückgang der Schädlinge verantwortlich ist. Einige derartiger Einflüsse wird man immer sicherheitshalber erfassen und damit kontrollieren, aber man beschränkt sich auf die relevantesten Bedingungen, die nach dem bisherigen Wissenstand am ehesten wahrscheinlich oder möglich sind.

Begriffsklärung II: Quantitative Induktion in qualitativen Studien sowie qualitative Induktion in quantitativen Studien

Um Missverständnissen vorzubeugen, sei betont, dass die qualitative Induktion nicht auf qualitative Daten beschränkt ist und die quantitative Induktion nicht auf quantitative Daten (vgl. Bortz & Döring, 2005, S. 301ff.). Vielmehr wird hierbei unterschieden, ob aus zahlenmäßig eingegrenzten, beobachteten Untersuchungseinheiten im quantitativen Sinne auf eine größere Gesamtheit generalisiert wird, oder ob von beobachteten Merkmalen einer Untersuchungssituation auf das Vorhandensein weiterer nicht direkt beobachteter Merkmale im qualitativen Sinne gefolgert wird.

Beispiel für quantitative Induktion: Ein Zusammenhang, der für 10 Waldstücke (mit qualitativer oder quantitativer Methodik) nachgewiesen werden konnte, soll für alle „vergleichbaren" Waldstücke gültig sein.

Beispiel für qualitative Induktion: Es fällt bei einer qualitativen Fallstudie oder auch bei einem quantitativ operationalisierten Experiment auf, dass die Bläschenbildung an der Wasserpest sehr gering ist, und man schließt darauf, dass das Blatt zu alt ist, oder dass das spezielle Lichtspektrum der Lampe ungeeignet sein könnte, oder dass das Wasser zu wenig CO_2-haltig sein könnte. Bei Gültigkeit der ergänzenden Annahmen der qualitativen Induktion wäre erklärt, warum kaum Bläschen gebildet wurden.

2.3.4 Abduktion

Im Gegensatz zur qualitativen Induktion wird in der Abduktion das gesamte Explanans konstruiert. Das bedeutet, es werden sowohl ein allgemeines Gesetz (bzw. Regel) als auch der Fall (Identifikation der vorliegenden relevanten Merkmale) mittels Schlussfolgerung konstruiert (vgl. Kelle, 2008, S. 124). Ein beobachtetes Phänomen, das etwas Überraschendes hat und nicht mit bestehenden Gesetzen (Theorien, Modellen, Regeln) erklärbar ist, dient als Anlass und Grundlage für die Konstruktion dessen, was der Fall ist, und gleichzeitig einer neuen Regel (Peirce nach Reichertz, 2003, S. 43): *„Die Abduktion sucht angesichts überraschender Fakten nach einer sinnstiftenden Regel, nach einer möglicherweise gültigen Erklärung, welche das Überraschende an den Fakten beseitigt. Endpunkt dieser Suche ist eine ‚proposition' …, die (sprachliche) Hypothese. Ist diese gefunden, beginnt der Überprüfungsprozess."*

Beispiele für Abduktion beim explorativen Experimentieren

- In den Anfängen der Erforschung des Elektromagnetismus bestand kein befriedigendes Modell für die Erklärung einer Vielzahl einzelner reproduzierbarer Zusammenhänge. Neue Modelle und Darstellungsarten, z.B. zum „Rotationseffekt", wurden mittels Abduktion auf Grundlage empirischer Befunde beim explorativen Experimentieren entwickelt, wobei systematisch verschiedene Parameter der experimentellen Bedingungen variiert und die Befunde dann zusammenfassend interpretiert wurden (vgl. Steinle, 2005; Gooding, 1990; vgl. Beispielkasten unten zur Herausbildung neuer Begriffe im Forschungsprozess). Dabei übt auch immer die angestrebte Passung mit bestehenden, weiteren wissenschaftlichen Befunden und aktuellen Modellen einen Einfluss auf die Entwicklung neuer Modelle und Theorien aus. D.h. die Theoriekonstruktion besteht oftmals aus einem Wechselspiel zwischen Abduktion und Deduktion.
- Der Übergang zwischen qualitativer Induktion und Abduktion ist fließend, da sich jedes Mal die Frage stellt, ob es tatsächlich eine komplett neue Regel ist, oder ob, ähnlich einem Analogieschluss, lediglich eine bekannte Regel aus einem anderen Kontext auf eine neue Situation angewendet wird. So hat das Atommodell von Rutherford beispielsweise eine Ähnlichkeit mit Planetenmodellen, was dafür spräche, seine Entwicklung als qualitative Induktion zu charakterisieren. Jedoch die Kernaussage des Rutherfordschen Atommodells, dass Atome einen sehr kleinen Kern haben, in dem die Masse und positive Ladung konzentriert sind, wurde ohne Analogien rein aus überraschenden experimentellen Befunden abgeleitet, was sich als Abduktion charakterisieren lässt. Weitergehend sollte man seine Neuentwicklung eines Atommodells als Abduktion bezeichnen, da es eine komplett neue Perspektive auf die Struktur von Materie beinhaltet und in der Wissenschaftshistorie eine neue Erklärung sowohl für chemische Reaktionen als auch für verschiedene Aggregatzustände von Stoffen unterstützte.

- In ähnlicher Weise lassen sich auch Schülervermutungen zur Erklärung überraschender Fakten, in denen sie gänzlich neue Regeln entwickeln, als Abduktion charakterisieren, selbst wenn diese in der Wissenschaft bereits existieren (vgl. Meyer, 2009).

Beispiel: Herausbildung neuer Begriffe im Verlauf von Forschungsprozessen
Eine Voraussetzung nicht nur für das Überprüfen von Theorien, sondern noch grundlegender selbst für die Entwicklung und Formulierung von Theorien ist vorangehend oder begleitend die Herausbildung von Konzepten und Begriffen oder auch von Darstellungsmöglichkeiten, mittels derer sich Phänomene klassifizieren und systematisch beschreiben lassen. In besonderen Phasen der Wissenschaftsgeschichte („formative Perioden", Steinle, 2005) wird gar die traditionelle Begrifflichkeit eines Forschungsgebietes infrage gestellt und einer Revision geöffnet. Es findet ein grundsätzlicher Wechsel der Blickrichtung statt. Die Einführung des Begriffes „Stromkreis" durch Ampère (vgl. Steinle, 2005, S. 112-113) anstelle der Vorstellung einer „Stromrichtung" ist ein Beispiel hierfür: „*Hintergrund dieses Schrittes ist sein Bestreben, die Gerichtetheit der elektromagnetischen Wirkung für Batterie und Draht einheitlich zu formulieren. Zu diesem Zweck hat er ja schon anfangs den Strombegriff überhaupt eingeführt. Um die Fallunterscheidung zwischen Batterie und Schließungsdraht überflüssig zu machen, wechselt er nun gewissermaßen das Bezugssystem: Von der Bezugnahme auf die beiden Pole der Batterie geht er zu einem Umlaufsinn in einem geschlossenen Kreis über. Durch diesen Perspektivwechsel verschwinden die Pole als Bezugspunkt; in den Vordergrund tritt stattdessen ein Kreis mit Umlaufsinn.*" Begriffsneubildung zur besseren Beschreibung von Phänomenen ist das Ergebnis einer abduktiven Schlussfolgerung.

2.4 Fazit

Im ersten Teil dieses zweiten Teilkapitels wurde gezeigt, dass es einiger konzeptueller Klärungen und Begriffsausschärfungen bedarf, um den Begriff des kausalen Zusammenhangs präziser als im Alltag gebräuchlich, erfassen und diskutieren zu können. Derart wurden die Überlegungen zum Nutzen und zur Begründung der Variablenkontrollstrategie, die im ersten Teilkapitel (Schulz et al., 2012a) mithilfe konkreter Beispiele erfolgte, mit allgemeineren wissenschaftstheoretischen Ergänzungen auf Grundlage der präziseren Begriffsdefinitionen nachgeliefert.

Das zweite Anliegen bestand in der wissenschaftstheoretisch präziseren und zugleich verallgemeinerbaren Fassung der für die Erklärung von kausalen Zusammenhängen notwendigen Argumentationsleistungen: Konkrete empirische Befunde müssen mittels wissenschaftlicher Schlussfolgerungen mit dem theoretischen Hintergrund zum Forschungsgegenstand verknüpft werden. Dies leistet dann sowohl einen verallgemeinerbaren Beitrag für die Weiterentwicklung (vorrangig quantitative Induktion & Abduktion) oder Absicherung (vorrangig Deduktion & quantitative Induktion) der Theorie als auch für die Beurteilung der Evidenz (vorrangig qualitative Induktion) konkreter Befunde in Bezug auf die Existenz eines kausalen Zusammenhangs.

Markus Wirtz und Andreas Schulz

3. Modellbasierter Einsatz von Experimenten

Werden Experimente als Untersuchungsmethode in der Wissenschaft oder im Unterricht eingesetzt, so bedarf es zum einen einer Begründung, weshalb dieser Ansatz als besonders geeignet für die möglichst aussagekräftige Untersuchung einer Fragestellung angesehen werden kann (epistemiologische Begründung). Zum anderen muss sichergestellt werden, dass die Kriterien für den adäquaten Einsatz der Methode (technologische Umsetzung) erfüllt sind. In diesem Teilkapitel entwickeln und diskutieren wir auf Grundlage der beiden vorangehenden Teilkapitel verschiedene Modelle zum Einsatz von Experimenten und möchten damit den zielgerichteten, begründeten und kritisch reflektierten Einsatz von Experimenten unterstützen und auch einfordern. Zunächst werden Charakteristika, Anforderungen und Modelle wissenschaftlicher Theoriebildung und Erkenntnisprozesse dargestellt. Anschließend werden Implikationen für den begründeten und optimalen Einsatz von Experimenten und deren Einbindung in komplexere wissenschaftliche Arbeits- und Erkenntnisprozesse abgeleitet.

3.1 Wissenschaftliche Theorien und Hypothesen

„*Wissenschaftliche Theorien dienen der Beschreibung, Erklärung und Vorhersage von Sachverhalten*" (Bortz & Döring, 2005, S. 106). Theorien stellen ein Modell der Realität dar, genauer eines Ausschnittes der Realität. Dieser spezifische Bereich wird in seiner Struktur (beteiligte Merkmale und deren Beziehungen zueinander) in Form eines Beziehungsgefüges bzw. eines Modells beschrieben, sodass eine Vorhersage und Erklärung von Effekten und Phänomenen ermöglicht wird. In diesen Modellen wird der entsprechende Realitätsausschnitt also formalisiert und simuliert.

In diesem Sinne strebt wissenschaftliches Arbeiten die *Entwicklung und Prüfung von Theorien* an, die das Verständnis empirischer Zusammenhänge ermöglichen (realistischer Ansatz), und die eine gezielte Beeinflussung empirischer Strukturen und Abläufe (utilitaristischer Ansatz) erlauben (Westermann, 2000). Die Validität des theoretischen Modells bemisst sich daran, inwiefern die empirischen Effekte von natürlichen Veränderungen und Manipulationen der beteiligten Variablen oder Prozesse denjenigen entsprechen, die durch das Theoriemodell vorhergesagt werden.

Im Beispiel der Photosynthese der Wasserpest (vgl. Kapitel 2) muss eine Theorie (a) die beteiligten *chemischen Elemente und biologischen Strukturen* sowie (b) die *relevanten Beziehungen und Wirkprozesse* abbilden. Zudem müssen im Rahmen einer umfassenden Theorie auch die Effekte relevanter *Randbedingungen* (z.B. Pflanzeneigenschaften, Wasserqualität; vgl. Tabelle 2.1 in Kapitel 2) korrekt abgebildet werden. Für die Wasserpest wurde (wenn auch oberflächlich) die Theorie zur Photosynthese als Grundlage des experimentellen Vorgehens dargestellt. Ein Bestandteil dieser Theorie zum Pflanzenstoffwechsel ist die Reaktionsgleichung der Photosynthese, die den zentralen Kausalzusammenhang beschreibt. Sie beinhaltet eine formale Darstellung des chemischen Umwandlungsprozesses der beteiligten Elemente: Unter dem Einfluss von Chlorophyll und Licht werden Kohlendioxid und Wasser in Zucker und Sauerstoff umgewandelt:

$$CO_2 + 2H_2O \xrightarrow[\text{Chlorophyll}]{} (CH_2O) + H_2O + O_2$$

Je komplexer die Untersuchungsgegenstände (z.B. hohe Komplexität: Ökosystem Wald) sind, desto größer ist in der Regel die Anzahl der zu berücksichtigenden Merkmale und desto vielfältiger sind die Zusammenhangs- und Wirkbeziehungen, die für eine angemessene theoretische Formalisierung des Gegenstandsbereichs berücksichtigt werden müssen.

Bei der Entwicklung und Prüfung einer Theorie sind sowohl formallogische als auch empirische Aspekte zu berücksichtigen. Die folgenden sechs Gütekriterien sollten nach Rost (2002, 2005) als Basis für die Beurteilung der Angemessenheit und Nützlichkeit und somit als Gradmesser der Qualität einer Theorie berücksichtigt werden:

- *Innere Konsistenz*: Es dürfen keine logischen Widersprüche enthalten sein.
- *Einfachheit*: Eine Theorie sollte mit möglichst wenigen Variablen, Beziehungen oder Randbedingungen die relevanten Phänomene erklären können.
- *Relevanz*: Alle Phänomene, die für den betreffenden Inhaltsbereich wesentlich sind, sollten beschrieben und erklärt werden können.
- *Geltungsbereich*: Die Theorie sollte alle relevanten Kontextbedingungen berücksichtigen. Gegebenenfalls sind kontextspezifische Theoriespezifikationen erforderlich.
- *Brauchbarkeit*: Die Ableitungen der Theorie sollten für die Praxis nützlich sein.
- *Empirischer Bestätigungsgrad*: Zentrale Elemente der Theorie müssen empirisch geprüft werden. Erweisen sich Theorievorhersagen als kongruent zu empirischen Befunden, so kann dies als Hinweis auf die Nützlichkeit oder Gültigkeit der Theorie gewertet werden.

Je eindeutiger und vollständiger diese Kriterien erfüllt sind, desto höher ist der *Reifungsgrad* der entsprechenden Theorie. Sind diese Kriterien hinreichend erfüllt, so kann von einer geschlossenen oder gesättigten Theorie ausgegangen werden (Flick et al., 2000).

Das Bindeglied zwischen Theorie und Empirie stellen *Hypothesen* dar. Hypothesen werden in der Regel in Form einer Konditionalstruktur zwischen Merkmalen bzw. Variablen formuliert (Bortz & Döring, 2005), z.B.:

- ‚Wenn-Dann'-Aussagen: z.B. ‚Wenn die Wasserpest mit Licht beschienen wird, dann setzt die Bläschenbildung ein'.
- ‚Je-Desto'-Aussagen: z.B. ‚Je stärker die Wasserpest mit Licht beschienen wird, desto stärker ist die Bläschenbildung'.

Hypothesen können induktiv zur Erklärung bekannter Sachverhalten formuliert (Ziel: Theorieentwicklung) werden oder sie können deduktiv aus Theorien zur gezielten Vorhersage von Sachverhalten abgeleitet werden (Ziel: Theorieprüfung), Hypothesen müssen insbesondere empirisch überprüfbar bzw. prinzipiell falsifizierbar sein (Beller, 2008; Bortz & Döring, 2005; vgl. Poppers Kriterium der Widerlegbarkeit empirischer Theorien, bspw. Popper, 1934/1994, 38; Chalmers et al., 2007). Dies bedeutet zum einen, dass die Begriffe und Konstrukte operationalisierbar sein müssen und zum anderen, dass ein klares Kriterium formuliert werden muss, bei welcher empirischen Befundlage die Hypothese als bestätigt gelten kann und bei welcher empirischen Befundlage die Hypothese als widerlegt gelten muss.

Man spricht bei der Operationalisierung auch von der Übersetzung einer Hypothese in ein konkretes Untersuchungsdesign. Dies beinhaltet die Übersetzung von allgemeinen Merkmalen in konkret erfassbare Variablen, also die Messbarmachung der Merkmale (z.B. Übersetzung der potenziellen Ursache in eine aktive Manipulation, in eine konkrete Intervention). Dabei werden den zunächst theoretisch beschriebenen Merkmalen und Merkmalsausprägungen, über deren Zusammenhänge die Hypothese eine Aussage macht, empirisch erfassbare Variablen und Variablenausprägungen zugewiesen. Beispielsweise wird das Merkmal „Borkenkäferbefall" über die Verteilung von Lockstofffallen und das Auszählen der erfassten Käferanzahl als Variable operationalisiert. Die potenzielle Ursache „Totholzentnahme" könnte über eine detaillierte und eindeutige Handlungsanweisung für Waldarbeiter und Arbeitsberichte operationalisiert werden.

Weitergehend wird der zu testenden Hypothese (= Alternativhypothese) eine Nullhypothese gegenübergestellt: Diese besagt, dass nach der Intervention (beispielsweise bei Totholzentnahme) kein Effekt eintritt. Die komplementäre Alternativhypothese besagt hingegen, dass nach der Intervention ein Effekt eintritt. Im theorieüberprüfenden Experiment stehen sich also immer (wenigstens) zwei Hypothesen gegenüber. Ergänzend hierzu ist vor der Durchführung des Experiments noch festzulegen, welche erfassten Variablenausprägungen nach der Intervention dann entscheiden, ob sich die Alternativhypothese (also die aus der Theorie abgeleitete Vorhersage) oder die Nullhypothese bewährt hat. Entweder ist ein Effekt so stark und eindeutig, dass sich eine Entscheidung über die Gültigkeit der Alternativhypothese direkt ableiten lässt (z.B. bei Demonstrationsexperimenten). Oder die Experimentalsituation muss mehrfach repliziert werden, sodass statistische Tests über die Gültigkeit oder Plausibilität der Null- vs. der Alternativhypothese entscheiden (Bortz & Döring, 2005).[1]

Das hier als konfirmatorische Experiment bezeichnete Verfahren zur Testung von aus Theorien abgeleiteten Hypothesen entspricht dem Vorgehen des kritischen Rationalismus von Karl Raimund Popper (1934/1994) und stellt eine Antwort auf das generelle Induktionsproblem empirischer Forschung dar (Chalmers et al., 2007). Das Induktionsproblem besagt im Wesentlichen, dass eine Verallgemeinerung von speziellen Beobachtungen, die eine Regelmäßigkeit erkennen lassen und sich in notwendigerweise begrenzten empirischen Untersuchungen als wahr erwiesen haben, auf Aussagen mit allgemeinem Gültigkeitsanspruch stets fehlergefährdet ist. Es kann nämlich nicht ausgeschlossen werden, dass irgendwann doch noch ein empirisches Gegenbeispiel auftritt, welches der Allgemeingültigkeit einer Aussage widerspricht. Daher könne es nach Popper nicht Ziel der Wissenschaft sein, Theorien zu bestätigen, sondern das Anliegen muss darin bestehen, Theorien möglichst hartnäckig in Bezug auf widerlegende Phänomene zu prüfen (falsifikatorischer Ansatz). Dies dient dem Zweck, allgemeingültige Erkenntnisse zu gewinnen, die sich bewähren, jedoch nicht als wahr betrachtet werden dürfen (Popper, 1934/1994):

> *„Die positive Entscheidung kann das System immer nur vorläufig stützen; es kann durch spätere negative Entscheidungen immer wieder umgestoßen werden. Solang ein System eingehenden und strengen deduktiven Nachprüfungen standhält und durch die fortschreitende Entwicklung der Wissenschaft nicht überholt wird, sagen wir, dass es sich bewährt hat.“*

3.2 Theorieorientierung als Kernmerkmal wissenschaftlichen Arbeitens

Theorien, die mit empirischen Beobachtungen und Befunden in Einklang stehen, stellen das Herzstück wissenschaftlichen Arbeitens dar, da sie eine Beschreibung der untersuchten Forschungsgegenstände liefern und das hierzu bestehende Wissen in sich geschlossenen und modellhaft integrieren. Um den optimalen Einsatz wissenschaftlicher Arbeitsmethoden begründen zu können, ist es von besonderer Bedeutung, den *Reifungsgrad* des in den Theorien systematisierten Wissens zu berücksichtigen (vgl. Abschnitt 3.1).

1 Neben dieser Art des „klassischen Hypothesentests“ gibt es in der Wissenschaft eine Reihe weiterer Schätz- und Testverfahren für Hypothesen, von denen vor allem der Hypothesentest nach Bayes (Koch, 2007; Bortz & Schuster, 2010) Verwendung findet.

Liegt für einen neuen Forschungsbereich nur unzureichendes theoretisches Wissen vor, so muss es das Ziel der Forschung sein, durch vielfältige Zugänge zum Forschungsfeld (z.B. Einzelfallanalysen, Beobachtungen, exploratives Experimentieren) möglichst umfassendes neues Wissen zu generieren, das letztendlich die Basis für eine nützliche Theorie sein soll (*induktive Erkenntnisgewinnung*).

Ist der Forscher überzeugt, dass er hinreichendes Wissen über das Forschungsfeld besitzt, um eine geschlossene Theorie formulieren zu können, so muss es das Ziel sein, diese Theorie auf empirische Bewährung und Nützlichkeit zu prüfen (*deduktive Erkenntnisprüfung;* Balzer, 1982, Shadish et al., 2002).

Ausgehend von dieser Unterscheidung einer theoriegenerierenden und einer theorieprüfenden Zielsetzung haben sich in den empirischen Wissenschaften unterschiedliche Anforderungen oder *Gütekriterien* für den Einsatz von Untersuchungsparadigmen und -methoden entwickelt (Bortz & Döring, 2005; Nerlich, 2004), die einen unterschiedlichen Nutzen experimenteller Erkenntnisse in der Anwendung implizieren (Cohen et al., 2007; Slavin, 2002). Soll eine Theorie über einen Inhaltsbereich entwickelt werden, so muss darauf geachtet werden, dass die Vielfalt der durch die Theorie zu erklärenden empirischen Phänomene detailliert beschrieben wird und die Theorie für möglichst viele relevante Phänomene eine plausible Erklärung liefert. In Abbildung 3.1 (vgl. auch Petrucci & Wirtz, 2009) ist der Ablauf dieses Prozesses im Kasten ‚*Stadium der induktiven Theorieentwicklung oder -optimierung*' dargestellt. Auf dem Weg zur Entwicklung einer Theorie muss zunächst auf Basis der zu erklärenden Phänomene und Prozesse der Bedarf zur Theorieentwicklung (z.B. Geltungsbereich) formuliert werden. Anschließend muss der Forscher Methoden auswählen, die ihm geeignet erscheinen, systematisch das Untersuchungsfeld zu erkunden. Hier kann die Angemessenheit der zu wählenden Methode nur für die jeweilige Fragestellung und nicht allgemein beurteilt werden. Beispielsweise können Einzelfallanalysen, Beobachtungen, Versuche oder ein Literaturstudium je nach Fragestellung optimal geeignet sein, das bestehende Wissen zu erweitern. Das primäre Ziel besteht also darin, neue Ideen zu generieren oder die bisherigen Überlegungen auszudifferenzieren (Stegmüller, 1986). Die resultierenden Befunde werden dann auf die Theorie bezogen, die so sukzessive weiterentwickelt wird.

Für die Phase der Theorieentwicklung ist es charakteristisch, dass der Prozess der Wissensgewinnung als dynamischer zirkulärer oder spiralförmiger Prozess verstanden werden muss, in dem mittels vielfältiger Zugänge zum Forschungsfeld die systematische Vervollständigung empirisch gestützten Wissens angestrebt wird. Hierbei sollten die in Abschnitt 3.1 genannten formallogischen Gütekriterien für Theorien von Rost (2002, 2005) explizit berücksichtigt werden. Für das empirische Arbeiten sollte in diesem Stadium in der Regel eine Orientierung an Gütekriterien der qualitativen Forschung erfolgen (Seale, 1999; Steinke, 2000), die eine strukturierte wissenschaftliche Arbeitsweise bei explorativer und offener Zielstellung ermöglicht.

Für die Anwendung von Experimenten kann hier festgehalten werden, dass explorative Experimente mit induktiver Zielsetzung in diesem Forschungsstadium gewinnbringend zur Anwendung kommen können. Es kann jedoch nicht gefolgert werden, dass Experimente grundsätzlich hochwertiger als andere Methoden (z.B. Einzelfallanalysen, Beobachtungen) sind (Schmitz, 2006). Die Angemessenheit der Methode ist vielmehr dadurch zu beurteilen, inwiefern sie in der Lage ist, *neue* Phänomene und Wissenselemente zu Tage zu fördern.

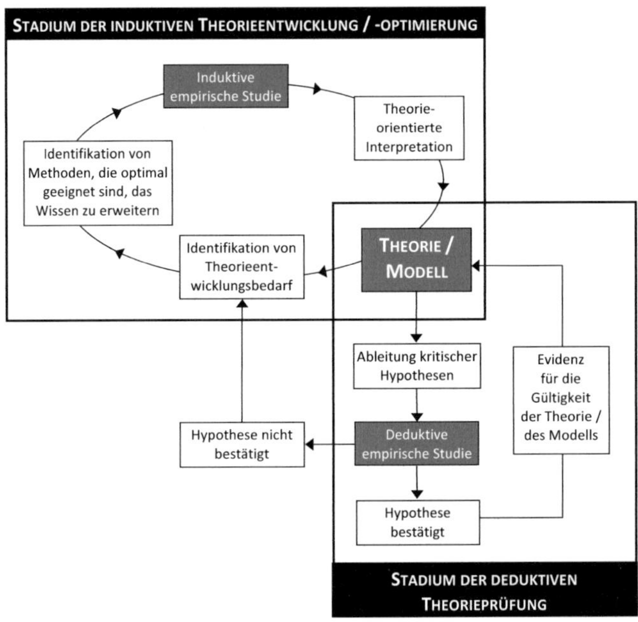

Abb. 3.1: Schematische Darstellung des Zusammenwirkens und der Integration Theorie generierender und prüfender Schritte empirischen Arbeitens.

Wurde eine geschlossene Theorie induktiv generiert, so muss anschließend das ‚*Stadium der deduktiven Theorieprüfung*' durchlaufen werden (Abb. 3.1), um das Kriterium des ‚Empirischen Bestätigungsgrads' zu prüfen, das in diesem Stadium das zentrale Kriterium für die Gültigkeit und Nützlichkeit einer Theorie darstellt. Die deduktive Theorieprüfung erfolgt, indem kritische Hypothesen aus der Theorie abgeleitet und in einer empirischen Studie geprüft werden. Für empirische Studien, die theorieprüfend eingesetzt werden, gilt, dass sich ihre Qualität vor allem an ihrer internen Validität bemisst. Wie in Kapitel 1 beschrieben, wird in der empirischen Forschung hierfür auch das Synonym ‚Evidenzgrad' verwendet (Barab & Squire, 2004; Slavin, 2002; Tashakkori & Teddlie, 2000). Die Evidenz einer Theorie ist umso höher, je höher die interne Validität der prüfenden Untersuchung ist und je mehr bzw. je kritischere abgeleitete Hypothesenprüfungen erfolgreich sind. Im Rahmen der deduktiven Theorieprüfung stellt somit das konfirmatorische Experiment den bestmöglichen Standard dar, da dies eine eindeutige Ableitung eines kausalen Zusammenhangs aus einem positiven Studienbefund ermöglicht (vgl. Teilkapitel 2).

Entdeckung versus Prüfung von Theorien
Wissenschaftstheoretiker wie Karl Raimund Popper (1902-1994) als Vertreter des kritischen Rationalismus oder Hans Reichenbach (1891-1953) als Vertreter des logischen Empirismus sprachen sich dafür aus, insbesondere die Prüfung von Theorien möglichst streng nach nachvollziehbaren logisch-deduktiven Regeln ablaufen zu lassen. Vor diesem Hintergrund traten sie zudem für eine strikte Unterscheidung der Phasen von Entdeckung (discovery; induktive Zielsetzung) und Theorierechtfertigung (justification, deduktive Zielsetzung) ein (vgl. Schiemann, 2006; Schickore & Steinle, 2006; Nickles, 2006; Hoyningen-Huene, 2006; Arabatzis, 2006).

Eine strikte, wenn nicht gar absolute Unterscheidbarkeit von Entdeckung und Rechtfertigung/Prüfung wird aber auch infrage gestellt (vgl. Arabatzis, 2006; Steinle, 2006). Beispielsweise läuft selbst die Überprüfung von Theorien im Rahmen des hypothetico-deduktiven Modells bzw. des konfirmatorischen Experiments (siehe Teilkapitel 3: Begriffsklärung I; Brody, 1993, 86) nicht immer nach streng logisch-deduktiven Gesichtspunkten ab: Bereits die Entwicklung einer Hypothese aus bestehenden Theorien ist ein kreativer Akt mit Verwandtschaft zum Problemlösen, ebenso die Operationalisierung als Übersetzung der Hypothese in einen konkreten Versuchsaufbau (Arabatzis, 2006; vgl. Klahr, 2000; Klahr & Dunbar, 1988). Zudem unterstreichen die Erörterungen des vorangehenden Teilkapitels hinsichtlich der notwendigen Argumentationsleistungen des Experimentierens (siehe auch Kasten unten: „Explizite Verortung wissenschaftlicher Schlussfolgerungen im Zyklusmodells des Experimentierens"), dass eine streng logisch-deduktive, gar mechanistische (vgl. Arabatzis, 2006 mit Bezug auf Reichenbachs ursprüngliche Intentionen) und auf diese Weise im absoluten Sinne objektivierte Theorierechtfertigung höchstens eine Idealvorstellung darstellt. Umgekehrt beinhaltet auch die Entdeckung von Theorien bereits Prozesse der Prüfung. Dies verdeutlicht bspw. Steinle (2005, 2006) mit seinen historischen Beispielen zum explorativen Experimentieren (vgl. Teilkapitel 2). In ähnlicher Weise spricht man erst dann von einer Entdeckung, wenn für deren Existenz (z.B. kausalen Zusammenhang) oder Nutzen (z.B. neue Konzepte, Begriffe) auch Begründungen vorgelegt werden können, und nicht bereits bei einer ersten gedanklichen Eingebung (Arabatzis, 2006). Vor diesem Hintergrund ist weitergehend auch die Vorstellung einer strikten zeitlichen Trennung von Theorieentdeckung und Theorierechtfertigung oder -prüfung vielfach in der Forschungspraxis nicht eindeutig möglich.

Trotzdem erweist sich diese Heuristik ‚entdeckender' vs. ‚prüfender' Forschungsphasen als nützlich, um die Konzeption des Forschungsprozesses und die Durchführung einzelner Schritte wissenschaftlichen Arbeitens zu begründen. Insbesondere hat die Unterscheidung Bedeutung bezüglich zweier unterscheidbarer Fragen, die eng mit dem (philosophisch-normativen) Selbstverständnis der

Naturwissenschaften und der damit verbundenen relevanten Unterscheidung zwischen Genese und Validierung von Befunden zusammenhängen (Steinle, 2006; Arabatzis, 2006): Wie ist eine spezielle Einsicht (Theorie, Gesetz, Befund, ...) entstanden? Warum sollen wir dieser Glauben schenken, welche Gründe unterstützen diese Einsicht? Die Frage nach Prozessen der Entdeckung wird historisch-beschreibend beantwortet, wohingegen die Frage nach der Rechtfertigung und Prüfung normativ mit Verweis auf Methoden evaluiert (vgl. Hoyningen-Huene, 2006) und dabei die Validität der Befunde argumentativ gestützt wird (Steinle, 2006).

Dies zeigt sich bei der Präsentation und Veröffentlichung wissenschaftlicher Befunde, und besonders deutlich im Rahmen naturwissenschaftlichen Lernen und Lehrens: Studierende werden mit systematisiertem Wissen in Form von mathematischen Formeln, Beobachtungen und experimentellen Befunden konfrontiert. Dieses System wird als in sich geschlossenes Ganzes präsentiert, seine Evidenz beruht auf aktuellen Argumentationsformen, die meist vollständig dekontextualisiert und ohne historischen Hintergrund dargestellt werden (Steinle, 2006, S. 188): „*In textbooks we have perhaps the clearest manifestation of the idea that scientific knowledge can be presented and established – or in other words, be justified – without any regard to its generation and historical development. Here, we have a clear distinction between genesis and validity, and it is here that we learn it in early stages of our encounters with science.*"

3.3 Modelle zum zielgerichtetem Einsatz von Experimenten

Im Einklang mit der Darstellung in Abbildung 3.1 wurden verschiedene Modelle der Erkenntnisgewinnung mittels Experimenten in den empirischen Wissenschaften entwickelt. Bei diesen Modellen sind vier Kernmerkmale von besonderer Bedeutung:

1. Die Modelle betonen die systematische Verknüpfung von Empirie und Theorie im Verlauf eines mehrstufigen Erkenntnisprozesses.
2. Die Verortung und Begründung der Einzelschritte vor dem Hintergrund des Erkenntnisziels wird eingefordert.
3. Die Bedeutung begründeter logischer Schlussfolgerungen (Deduktion, Induktion, Abduktion) wird als zentral angesehen.
4. Das systematisierte Wissen bzw. die Theorie über den Inhaltsbereich steht im Mittelpunkt.

Diese Modelle unterscheiden sich im Wesentlichen in Bezug auf die Konzeptualisierung und Schwerpunktsetzung der beteiligten Arbeitsprozesse und Erkenntnisziele. Zudem werden in der Reihenfolge der Darstellung zunehmend auch induktive bzw.

explorative Arbeitsphasen und die Verknüpfung mit nicht-experimentellen Methoden expliziter berücksichtigt.

3.3.1 Scientific Discovery as Dual Search-Modell (SDDS-Modell)

Das SDDS-Modell (Scientific Discovery as Dual Search) von Klahr (2000; Klahr & Dunbar, 1988) bezieht sich auf das Vorgehen entsprechend dem hypothetico-deduktiven Modell mit seiner Fokussierung auf das konfirmatorische Experiment (siehe Teilkapitel 3: Begriffsklärung I; Brody, 1993, S. 86). Als zentrale Problemräume werden der Hypothesen-Suchraum, der dem theoretischen Kontext zuzuordnen ist, und der dem empirischen Kontext zugehörigen Experimentier-Suchraum unterschieden:

> *„Mit der Suche im Hypothesen-Raum beginnt das Lösen eines naturwissenschaftlichen Problems, da zunächst auf der Grundlage eingeschränkten bereichsspezifischen Wissens eine überprüfbare Hypothese gebildet werden muss, mit der das vorliegende Phänomen erklärt werden kann. Der anschließende Prozess ist das ‚Testen von Hypothesen'. Hierfür müssen Experimente geplant werden, mit denen Evidenzen hervorgebracht werden können, welche für bzw. gegen die vorliegende Hypothese sprechen. … Schließlich folgt die ‚Analyse von Evidenzen', wo entschieden wird, ob die vorliegende Hypothese akzeptiert, zurückgewiesen oder weiter geprüft werden muss.“* (Hammann et al., 2007).

In der strukturierten Darstellung in Abbildung 3.1 ist die Suche im Hypothesenraum entweder als Erklärungsversuch vorliegender Phänomene dem ‚Stadium der induktiven Theorieentwicklung und -optimierung' zuzuordnen, oder aber es handelt sich um eine deduktive Ableitung kritischer Hypothesen aus der bestehenden Theorie als Beginn einer deduktiven Theorieentwicklung. Das ‚Testen von Hypothesen' konkretisiert das ‚Stadium der deduktiven Theorieprüfung'. Die ‚Analyse von Evidenzen' betont den Rückbezug auf die als zentral anzusehende Theorie auf Basis einer strukturierten Verknüpfung mit den empirischen Befunden.

Beim Suchen in beiden Problemräumen (Dual Search) sind nach der Modellvorstellung folgende Arbeitsschritte involviert:

- **Entwicklung neuer Hypothesen**: Bei der Bildung neuer Hypothesen wird entweder auf bereits vorhandenes Wissen zurückgegriffen, oder Befunde vorangehender empirischer Untersuchungen werden theorieorientiert systematisiert (Klahr & Dunbar, 1988). Hier werden also mittels Abduktion oder qualitativer Induktion Regeln konstruiert, die Befunde nachfolgend erklären können. Oder es werden mittels Deduktion aus dem Vorwissen und zugrunde gelegte Theorien Hypothesen abgeleitet (vgl. Abbildung 3.2 in Kapitel 3).
- **Hypothesentestung**: Eine Experimentierumgebung wird entsprechend der zu testenden Hypothese entworfen. In der Hypothese wurde eine Vorhersage

formuliert, und der Ausgang des Experiments wird beobachtet. Den Abschluss dieses Arbeitsschrittes bildet eine Beschreibung der Evidenzen auf Grundlage des durchgeführten Experiments, die für oder gegen die Bestätigung der Hypothese sprechen. Dieser Arbeitsschritt beinhaltet die Planung und Durchführung des Experiments und endet bei der deskriptiven Beschreibung der Befunde.

- **Bewertung der Evidenz**: In diesem Arbeitsschritt wird entschieden, ob die gesammelten Befunde dafür sprechen, die Hypothese als bestätigt oder als abgelehnt zu betrachten, oder ob die Entscheidungslage nach wie vor uneindeutig ist. Dies wird von Klahr und Dunbar (1988) als komplexer und vor allem als häufig fehlerbehafteter Arbeitsschritt charakterisiert.

3.3.2 Der Forschungszyklus nach Tashakkori und Teddlie (2000)

Im Cycle of Scientific Methodology (Tashakkori & Teddlie, 2000) wird der Wechsel zwischen empirischem Kontext (Observations, Facts, Evidence) und theoretischem Kontext (Generalisierung, Abstraktion, Theorie; Vorhersage, Erwartung, Hypothese) im Gegensatz zum Hin- und Herwechseln zwischen zwei Räumen wie bei Klahr (2000) als Zyklusmodell konzipiert (Abbildung 3.1).

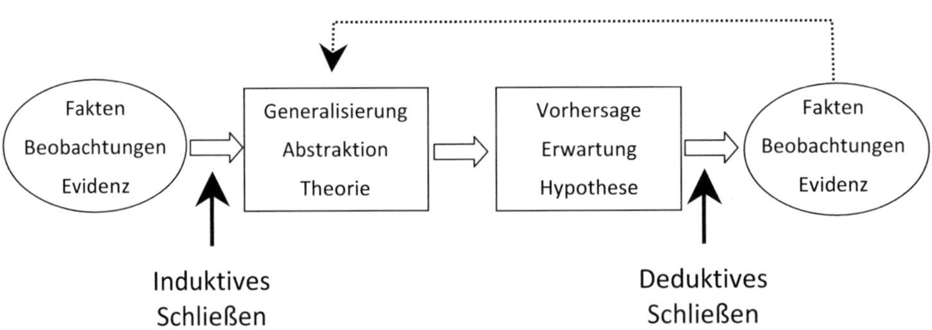

Abb. 3.2: Der Forschungszyklus (Cycle of Scientific Methodology) nach Tashakkori und Teddlie (2000)

Im Vergleich zum SDDS-Modell, welches seinen Schwerpunkt auf die Modellierung des konfirmatorischen Experimentierens mit einer deduktiven Hypothesenfindung legt, erfährt im Research Cycle die induktive Hypothesengenerierung stärkere Beachtung. Der Research Cycle veranschaulicht derart vor allem das Zusammenspiel induktiver und deduktiver bzw. explorativer und konfirmatorischer Arbeitsschritte und deutet zudem an, dass Befunde aus deduktiv geplanten Studien nicht ausschließlich zur Theorieprüfung, sondern ebenfalls als Grundlage für die Theoriebildung systematisch genutzt werden können (gestrichelter Pfeil). Beispielsweise können sich induktiv Hinweise für effektive Maßnahmen der Borkenkäferbekämpfung (vgl. Tabelle 2.1 in Kapitel 2) entweder aus Beobachtungen ergeben, die von vorneherein als explorative Untersuchung konzipiert waren, aber auch aus einer Neuinterpretation von Befunden, die aus einem Experiment mit eventuell erfolgter Falsifikation der Ausgangshypothese hervorgehen. Wissenschaftliche Erkenntnisgewinnung wird im Research Cycle als iterativer Prozess beschrieben, der aus einer Abfolge induktiver und deduktiver Schlussfolgerungen bzw. aus einem Zusammenspiel explorativer und konfirmatorischer Arbeitsschritte besteht.

Das Modell des Forschungszyklus nach Tashakkori und Teddlie (2000) steht ebenfalls in Einklang mit der Struktur in Abbildung 3.1: das ‚Induktive Schließen' ist dem ‚Stadium der induktiven Theorieentwicklung und -optimierung' zuzuordnen. Das ‚deduktive Schließen' (Abb. 3.2) ist im Kasten zum ‚Stadium der deduktiven Theorieprüfung' (Abb. 3.1) ausdifferenziert.

3.3.3 Der Zyklus des Experimentierens

Mit dem Ziel der Integration und Weiterentwicklung des Dual-Search-Modells (Klahr, 2000) und des Forschungszyklus (Tashakkori & Teddlie, 2000) fokussiert das nachfolgend vorgestellte Zyklusmodell des Experimentierens (Abb. 3.3) auf die Prozesse des Experimentierens für eine theorie- und empirieorientierte Erkenntnisgewinnung nicht nur bei der Theorieüberprüfung, sondern auch bei der Theoriegenerierung. Im Zyklusmodell des Experimentierens werden die Einzelschritte der „Theoriearbeit", der „Planung des Experiments", der „Durchführung des Untersuchungsplans" sowie die „Datenauswertung und Generalisierung" modelliert. In ähnlicher Weise unterscheidet Hon (2003) in seiner Typologie über potenzielle Fehler beim Experimentieren vier Aspekte bzw. Fehlerquellen: 1. Hintergrundtheorie, 2. Annahmen über Bestandteile und Funktionen der technischen Operationalisierung, 3. das Durchführen der Beobachtungen und Messungen, 4. theoretische Schlussfolgerungen. Indem das Zyklusmodell für das konfirmatorische und das explorative Experimentieren dieselbe Struktur bzw. Untergliederung in vier typische Arbeitsphasen zugrunde legt und die Variablenkontrollstrategie als spezifisches Kennzeichen sowohl des konfirmatorischen als auch des explorativen Experimentierens betrachtet, ermöglicht dieses eine integrative Perspektive auf explorative und konfirmatorische Arbeitsschritte und betont deren oftmals dynamisches Wechselspiel in der Forschungspraxis (vgl. Köttner, 2001; Steinle, 2005, 2006).

Für das konfirmatorische Experiment können diese Phasen wie folgt charakterisiert werden (Abbildung 3.3):

Phase T = Theoriearbeit: Zu einem ausgewählten Forschungsgegenstand müssen aus der Theorie die wesentlichen Komponenten sowie deren Wirkbeziehungen herausgearbeitet werden. Zudem muss der Geltungsanspruch der theoretisch postulierten Regelmäßigkeiten geklärt werden. Aus der Theorie wird zur Vorhersage über empirisch erfassbare Variablenzusammenhänge eine Hypothese abgeleitet. Hierbei ist die Berücksichtigung und Reflexion des aktuellen Forschungsstandes von zentraler Bedeutung.

Phase P = Planung des Experiments: Es wird ein Untersuchungsplan entworfen, der insbesondere die Variablen operationalisiert und die Prüfung der Hypothese ermöglicht. Es muss eine absichtsvolle Veränderung der (potenziellen) Ursachenvariable(n) geplant werden, wobei die relevanten Randbedingungen ebenfalls identifiziert, operationalisiert und entweder absichtsvoll konstant gehalten oder zumindest überwacht werden. Die spätere Generalisierung der Befunde im Sinne der externen Validität muss mitbedacht werden, ebenso wie bei statistischen Überprüfungen eine angemessene Stichprobengröße (siehe Teilkapitel 2).

Phase D = Durchführung des Untersuchungsplans: Es wird geprüft, ob sich das Phänomen oder ein Effekt durch kontrollierte Manipulation(en) der unabhängigen Variable zielgerichtet erzeugen lässt. Das Phänomen beinhaltet einen Zusammenhang zwischen einer oder mehreren abhängigen und eventuell mehreren unabhängigen Variablen bei gleichzeitiger Kontrolle weiterer Einflussvariablen als Randbedingungen. Über Monitoringstrategien sollte diese Kontrolle relevanter Randbedingungen ergänzend überwacht werden. Die Durchführungsphase beinhaltet die rein deskriptive Beschreibung der Befunde.

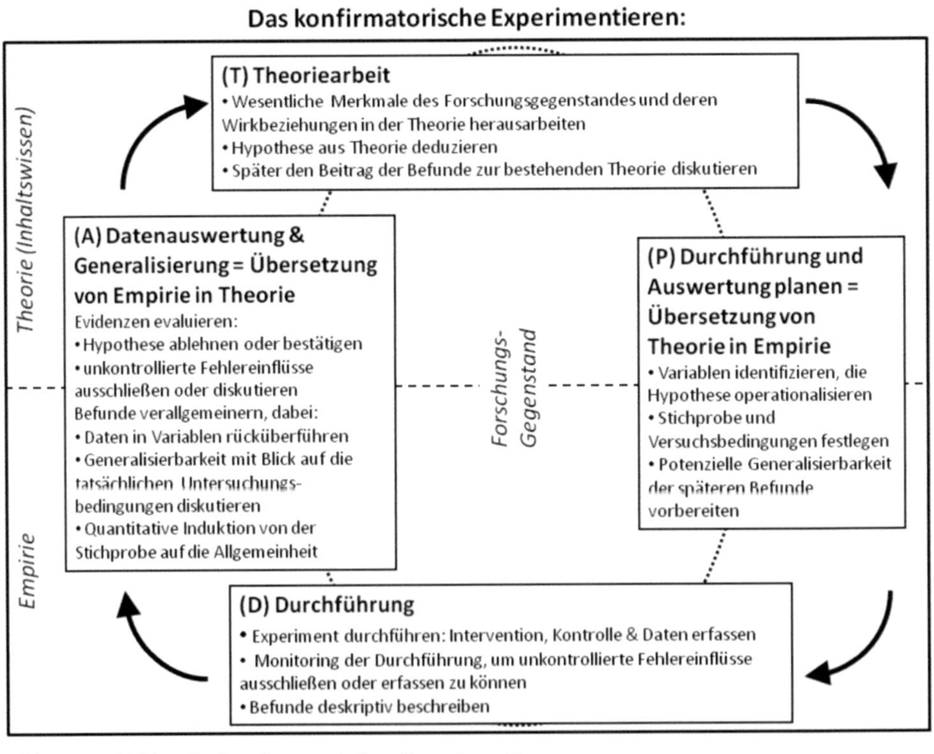

Das konfirmatorische Experimentieren:

Theorie (Inhaltswissen)

Empirie

(T) Theoriearbeit
• Wesentliche Merkmale des Forschungsgegenstandes und deren Wirkbeziehungen in der Theorie herausarbeiten
• Hypothese aus Theorie deduzieren
• Später den Beitrag der Befunde zur bestehenden Theorie diskutieren

(A) Datenauswertung & Generalisierung = Übersetzung von Empirie in Theorie
Evidenzen evaluieren:
• Hypothese ablehnen oder bestätigen
• unkontrollierte Fehlereinflüsse ausschließen oder diskutieren
Befunde verallgemeinern, dabei:
• Daten in Variablen rücküberführen
• Generalisierbarkeit mit Blick auf die tatsächlichen Untersuchungsbedingungen diskutieren
• Quantitative Induktion von der Stichprobe auf die Allgemeinheit

Forschungs-Gegenstand

(P) Durchführung und Auswertung planen = Übersetzung von Theorie in Empirie
• Variablen identifizieren, die Hypothese operationalisieren
• Stichprobe und Versuchsbedingungen festlegen
• Potenzielle Generalisierbarkeit der späteren Befunde vorbereiten

(D) Durchführung
• Experiment durchführen: Intervention, Kontrolle & Daten erfassen
• Monitoring der Durchführung, um unkontrollierte Fehlereinflüsse ausschließen oder erfassen zu können
• Befunde deskriptiv beschreiben

Abb. 3.3: Zyklus des konfirmatorischen Experimentierens

Phase A = Datenauswertung und Generalisierung der Befunde: Die Variablenausprägungen und ihre Zusammenhänge werden statistisch analysiert auf die Hypothese als verbindlich zu überprüfende Regel bezogen: Durch die Einbettung in ein statistisches Hypothesentestungsschema dienen sie als empirischer Indikator für die Zurückweisung oder Annahme der generellen Gültigkeit der Ausgangshypothese. Kritisch zu reflektieren sind hierbei die tatsächliche Gewährleistung der internen Validität auf Grundlage des realisierten Forschungsdesigns sowie das Ausmaß der externen Validität für eine Übertragung der Befunde auf Situationen über die spezifisch untersuchte hinaus.

Wesentlich für dieses Modell ist die zyklische Struktur des Gesamtprozesses: Aus den Erkenntnissen nach Durchlaufen des Zyklus wird die Basis für ein vertieftes empirisches Verständnis geschaffen, das eine verbesserte Wissens- und Theoriebasis für folgende Forschungsaktivitäten liefert. Die Darstellung erfolgt hier für das konfirmatorische Experiment, das in der empirischen Forschung die wichtigste und am häufigsten anzutreffende Form des Experiments darstellt. In Abbildung 3.1 ist dieser Zyklus im ‚Stadium der deduktiven Theorieprüfung' verortet. Entsprechend der Unterscheidung in Kapitel 2 kann dieser Forschungszyklus auch für die typische Vorgehensweise im Rahmen explorativen Experimentierens spezifiziert werden.[2] Der Zyklus des explorativen Experimentierens kann im Stadium der ‚Induktiven Theorieentwicklung und -optimierung' im Ablaufmodell in Abbildung 3.1 zielgerichtet und modellkompatibel eingesetzt werden.

Exploratives Experimentieren (vgl. Kapitel 2.3) beginnt typischerweise mit der Herstellung verschiedener interessanter Untersuchungssituationen, für die vermutet wird, dass sich bedeutsame Effekte auf die abhängige Variable ergeben könnten (*Phase P = Planung des Experiments*). In diesem Stadium liegt jedoch noch keine zufriedenstellende Theorie zugrunde. In ‚*Phase D = Durchführung des Untersuchungsplans*' kann die Erfassung weiterer Bedingungen Hinweise auf nachträgliche Erklärungsmöglichkeiten von Zusammenhängen zwischen abhängiger und unabhängiger Variablen ergeben, wobei möglicherweise verschiedene unabhängige Variablen systematisch variiert werden. In ‚*Phase A = Datenauswertung und Generalisierung*' werden für die nachgewiesenen Zusammenhänge nachträglich strukturelle Gemeinsamkeiten oder Auffälligkeiten gesucht und somit induktiv Hypothesen generiert, die potenzielle Erklärungen für die Befunde liefern könnten. Je geschlossener und umfassender die gewonnenen theoriebezogenen Vermutungen sind, desto eher kann in Phase ‚*T = Theoriearbeit*' eine gesättigte Theorie abgeleitet werden, die die Basis für ein konfirmatorisches Experiment bieten kann. Ist die Theorie noch nicht als gesättigt anzusehen, so sollten aus theoretischen Überlegungen und bestehenden Befunden weiter potenziell einflussreiche und systematisch zu variierende, experimentelle Parameter abgeleitet werden.

2 Der oben zusammengefasste historische und philosophische Hintergrund zur Unterscheidung eines Entdeckungs- und Rechtfertigungskontextes wissenschaftlicher Forschung liefert eine mögliche Erklärung dafür, dass das explorative Experimentieren in der wissenschaftlichen Literatur in der Regel nicht explizit als abgrenzbare Form des Experimentierens berücksichtigt wird (z.B. Bortz & Döring, 2005; Hammann, Phan & Bayrhuber, 2007; Shadish, Cook & Campbell, 2002).

Explizite Verortung wissenschaftlicher Schlussfolgerungen im Zyklusmodells des Experimentierens

Auf Grundlage der bereits erörterten wissenschaftlichen Schlussfolgerungen und deren Relevanz für das Experimentieren lassen sich Deduktion, qualitative und quantitative Induktion sowie die Abduktion im Zyklusmodell verorten (vgl. Abb. 3.3). Dies unterstreicht die essenzielle Notwendigkeit sorgfältiger Reflexion in Theoriearbeit, Planung, Durchführung und Auswertung beim Experimentieren.

Das Prinzip des *konfirmatorischen Experiments* (Abb. 3.2) beruht auf dem Prinzip der deduktiven Theorieprüfung: Hier wird bereits bei der Planung festgelegt, welche Datenlage eine Annahme bzw. Ablehnung der Hypothese zur Folge hat. Zusätzlich müssen aber auch hier Interpretationsleistungen oder weitere logische Schlussfolgerungen bei der Auswertung berücksichtigt werden:

Befunde in einer spezifischen oder vom Umfang und ggf. der Repräsentativität her begrenzten Stichprobe werden zur Stützung einer Theorie mit allgemeinem Gültigkeitsanspruch verwendet. Dies stellt immer eine quantitative Induktion dar, die mit Unsicherheit verbunden ist (vgl. allgemeines Induktionspoblem jeder empirischen Forschung: Popper, 1934/1994; Chalmers et al., 2007).

Meist sollen experimentelle Befunde nicht nur für die konkrete Untersuchungssituation gelten, sondern auch für weitere Kontexte, die mehr oder weniger von der jeweiligen Untersuchungssituation abweichen. Bei dieser Frage der externen Validität sind potenzielle Wechselwirkungseffekte zwischen dem kausalen Zusammenhang und Kontextbedingungen zu berücksichtigen und entsprechend dem aktuellen Forschungsstand zu diskutieren (siehe qualitative Induktion in Kapitel 3).

Oftmals können nicht alle potenziell einflussreichen Ursache- und Rahmenbedingungen (INUS-Bedingungen) in einem Experiment kontrolliert und konstant gehalten werden. Dies liegt zum einen an forschungspraktischen Möglichkeiten, zum anderen am gegenwärtigen Theoriestand: Welcher potenziellen zusätzlichen Einflussfaktoren auf den Effekt oder welcher potenziellen Wechselwirkungseffekte von Bedingungen mit dem kausalen Zusammenhang ist man sich im aktuellen Forschungsstand bewusst (siehe Abschnitt 2.1: Historischer Exkurs; siehe qualitative Induktion in Kapitel 3)?

Die Interpretation von Befunden zur Ablehnung oder Stützung einer Hypothese ist häufig ein fehleranfälliger Prozess. Dies gilt nicht nur für Schülerexperimente, sondern auch für den wissenschaftlichen Kontext. Beispielsweise werden Indizien übersehen oder als Evidenzien missachtet, je nachdem welche persönlichen Interessen, Erwartungen oder Aufmerksamkeit für unerwartete Phänomene bei einem Forschenden vorhanden sind.

Beim *explorativen Experimentieren* kommen zu diesen vier argumentativen bzw. interpretativen Schritten bei der Auswertung noch ganz zentral das Finden einer Regel oder Theorie für die Erklärung der experimentell gewonnenen Befunde hinzu, die nicht zur Stützung oder Widerlegung einer bestehenden und von Beginn an fokussierten Theorie bzw. Hypothese geplant worden waren:

Hierbei kommt die qualitative Induktion zum Tragen, falls eine bereits (ggf. aus einem anderen Forschungsbereich) bekannte Regel oder Theorie zur nachträglichen Erklärung der Befunde herangezogen wird, oder eine Abduktion, falls eine neue Regel oder Theorie zur Erklärung der Befunde entwickelt wird.

Erfolgt die Neuentwicklung eines Begriffs im Verlauf des empirischen Forschungsprozesses, so handelt es sich um eine Abduktion. Der neue Begriff, das neue Konzept (oder auch eine neue systematische Darstellungsform für viele Einzelphänomene) dient als Oberbegriff für eine Klasse von Phänomenen. Ein Modell beschreibt solche Merkmale, mit deren Hilfe sich Befunde gut zusammenfassen, systematisieren und effektiv mit Blick auf die weitere Theoriebildung beschreiben lassen. Da hierbei, ohne permanenten Rückgriff auf neue Befunde, auch immer die Passung zu bestehenden Klassifikationen und Theorien im Blick behalten wird, spielen bei solchen teils stark theoretisch geprägten Überlegungen auch immer deduktive Schlussfolgerungen eine substanzielle Rolle.

3.4 Experimentieren als Teilprozess komplexer wissenschaftlicher Erkenntnisprozesse

Das erörterte Zyklusmodell in Abschnitt 3.2.3 bezieht sich *ausschließlich auf das Experimentieren* und integriert dabei das explorative und konfirmatorische Experimentieren in einem gemeinsamen Modell. Diese Sichtweise wird nun ergänzt um eine auch gegenüber Abbildung 3.1 zur „Integration Theorie generierender und prüfender Schritte empirischen Arbeitens" erweiterten Modellvorstellung des Forschungsprozesses, in dem das Experiment in Kombination mit anderen empirischen Methoden in einem längerfristigen Forschungsprozess und immer im Hinblick auf den aktuellen Grad der Theoriesättigung genutzt werden kann.

Diese Ansprüche an einen fundierten Einsatz und die Einbindung von Experimenten stehen im Einklang mit Modellen für komplexe Interventionsstudien, die auch für Studien der empirischen Bildungsforschung formuliert wurden (Brown, 1992; Cobb et al., 2003; vgl. auch Campbell et al., 2000, 2007; Klahr & Dunbahr, 1988, 2000; Petrucci & Wirtz, 2009; Tashakkori & Teddlie, 2000; Wirtz et al., 2010). Diese Modelle fordern, dass der Einsatz von Experimenten sowohl eine pragmatische als auch eine theorieorientierte Zielsetzung verfolgen soll. *Pragmatisch* in dem Sinne, dass konkrete Handlungsempfehlungen für die Praxis (z.B. Notwendigkeit einer angemessenen technischen Umsetzung) eingefordert werden. Zudem sollten natürliche Rahmenbedingungen des Einsatzes von Methoden (z.B. Wie kann in komplexen ökologischen Systemen kontrolliert geforscht werden?) berücksichtigt werden. Die *Theorieorientierung* betont, dass durch die experimentelle Prüfung die

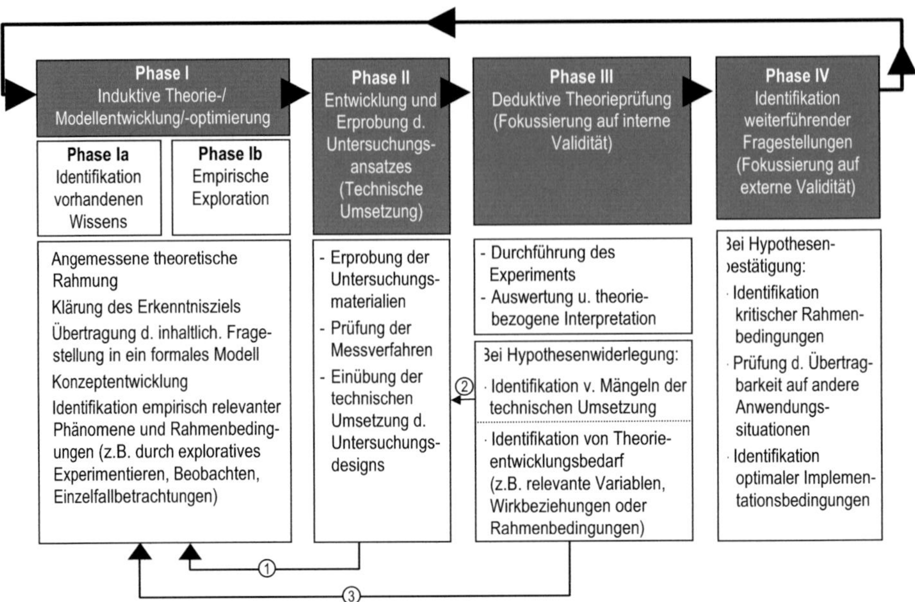

① Überprüfung und Adaptation des Theoriemodells, falls eine adäquate empirische Prüfung nicht durchführbar
② Überprüfung und Adaptation des Untersuchungsansatzes bei Mängeln der empirischen Umsetzung
③ Modifikation oder Weiterentwicklung der Theorie auf Basis der gewonnenen empirischen Befunde

Abb. 3.4: Adaptation des Phasenmodells für komplexe Interventionsstudien (angelehnt an: Campbell et al., 2000, 2007; Tashakkori & Teddlie, 2000; Wirtz et al., 2010) für den Einsatz von Experimenten.

Gültigkeit des theoretischen Modells gestützt oder Modifikations-/Optimierungsbedarf bedarf identifiziert werden soll. Die Struktur dieses Modells ist schematisch in Abbildung 3.4 dargestellt. Der Forschungsprozess wird herbei in sukzessiv zu durchlaufende Phasen unterteilt.

Das Modell betont, dass zunächst induktiv eine theoretische Basis für den betreffenden Inhaltsbereich expliziert werden muss. Dies sollte sowohl auf Basis vorhandenen Wissens (Phase Ia; z.B. Lehrbuchinformation, Forschungsliteratur) als auch auf Basis von empirischen Erfahrungen (Phase Ib; z.B. Beobachtungen, Einzelfallbetrachtungen) erfolgen. Die Fundierung von Experimenten durch eine möglichst umfassende – auch nicht-experimentelle Basis – wird als essenziell erachtet. Explorative Experimente können hier zielgerichtet eingesetzt werden. Daraus resultierende Erkenntnisse besitzen aber nicht notwendigerweise einen höheren Nutzen als Erkenntnisse aus z.B. unverfälschten natürlichen Kontexten, in denen keine Variablenkontrolle gegeben ist. Am Ende dieser Phase sollten eine geschlossene Theorie für den zu untersuchenden Inhaltsbereich sowie konkrete Hypothesen vorliegen, die für die Gültigkeitsprüfung der Theorie kritisch sind.

In Phase II wird die technische Umsetzung der Versuchsanordnung erprobt und optimiert. Diese Arbeitsschritte sollten auch methodisch hinsichtlich möglicher Implikationen für die Validität der Theorieprüfung (z.B. Angemessenheit der experimentellen Manipulation, Einfluss konfundierender Variable) reflektiert werden. In Phase III erfolgt anschließend die deduktive Prüfung der Theorie mittels eines konfirmatorisch experimentellen Ansatzes. Durch die Bestätigung oder Ablehnung der Hypothese wird die Gültigkeit oder Nützlichkeit der Theorie geprüft. Das Experiment ist hier die Methode der Wahl, da eine maximale interne Validiät gefordert ist, um die kausale Koppelung von unabhängiger/n und abhängiger/n Variable/n nachzuweisen. Etwaige technische Mängel in der Umsetzung können zur Wiederholung der Phase II führen, um eine zuverlässigere Datenlage zu generieren.

Das Vorgehen in Phase IV orientiert sich daran, ob die Untersuchungshypothesen bestätigt wurden. Bei positivem Befund muss die externe Validierung im Mittelpunkt stehen: Beispielsweise könnte thematisiert werden, unter welchen Rahmenbedingungen oder in welchen Anwendungsbereichen die nachgewiesenen Zusammenhänge gültig sein bzw. übertragen werden können. Dies sollte dann der Anlass sein, Überlegungen dazu anzustellen, wie durch ein erneutes Durchlaufen der vier Phasen eine Prüfung dieser Generalisierbarkeitsvermutung erfolgen könnte. Im Idealfall sollten diese Vermutungen dann wieder gemäß der Modellvorstellung explizit geprüft werden. Erweisen sich die Hypothesen jedoch als nicht haltbar, so impliziert dies eine Modifikation des zugrunde liegenden Theoriemodells, und der Prüfungsprozess sollte auf Basis der gewonnenen Erkenntnis ausgehend von Phase I mit dem Ziel der Theorieoptimierung komplett durchlaufen werden.

Implikationen der Modellkomponenten für den Einsatz von Experimenten in didaktischen Kontexten

1. *Angemessene theoretische Rahmung von Experimenten*: Den Lernern muss bewusst sein, dass das empirische Vorgehen erst durch den Bezug auf den theoretischen Hintergrund in seiner Bedeutung und Aussagekraft eingeordnet werden kann.
2. *Klärung des Erkenntnisziels*. Es muss geklärt werden, ob das Experiment induktiv (theorieerweiternd) oder deduktiv (theorieprüfend) eingesetzt wird.
3. *Reflektion des spezifischen Nutzens des experimentellen Ansatzes*: Um die Experimentierkompetenz der Lerner zu fördern, sollte stets der Vorteil des Experiments (hohe interne Validität, Prüfbarkeit kausaler Zusammenhänge) gegenüber alternativen Untersuchungsformen reflektiert werden.
4. *Theorie-Empirie-Bezug*: Die Übersetzung theoretischer Komponenten in das Untersuchungsdesign (z.B. Operationalisierungsmöglichkeiten) müssen explizit reflektiert werden.
5. *Einübung der technischen Umsetzung des Untersuchungsdesigns:* In den Naturwissenschaften sind auch gewisse ‚handwerkliche' Fähigkeiten (z.B. adäquater Umgang mit Messapparaturen) erforderlich, um eine angemessene Untersuchungsdurchführung zu gewährleisten. Neben der Förderung des Verständ-

nisses für konkretes technisches Arbeiten sollten auch forschungsmethodische Konzepte thematisiert werden. So können Mängel der Umsetzung im Sinne konfundierender Störgrößen reflektiert werden oder Eigenschaften der Messapparatur im Bezug auf die Operationalisierungsgüte (z.B. Reliabilität; Validität) der Untersuchungsvariablen betrachtet werden.

6. *Auswertung und Interpretation der Untersuchungsergebnisse:* Die Ergebnisse der Studie müssen in Bezug auf die Hypothesen und somit in Bezug auf die zugrunde liegende Theorie ausgewertet und interpretiert werden. Einflüsse einer ggf. nicht optimalen Versuchdurchführung auf die Ergebnisse sollten diskutiert werden.
7. Identifikation weiterführender Fragestellungen:
   - Werden die theoretisch abgeleiteten Hypothesen bestätigt, so sollte überlegt werden (a) auf welche Anwendungssituationen und unter welchen Rahmenbedingungen die Befunde generalisiert werden können, und (b) welche weiteren Hypothesen untersucht werden sollten, um die Gültigkeit weiterer Theoriekomponenten zu prüfen.
   - Werden die theoretisch abgeleiteten Hypothesen nicht bestätigt, so sollte überlegt werden (a) ob technische Mängel in der Durchführung des Experiments die Hypothesenprüfung beeinträchtigt haben können, oder (b) wie die zugrunde liegende Theorie durch weitere methodische Schritte verbessert werden kann.
8. *Berücksichtigung alternativer empirischer Zugangsweisen bei der Planung experimenteller Untersuchungen und der Interpretation experimenteller Befunde:* Auch wenn andere empirische Zugänge (z.B. Beobachtungen, Einzelfallbetrachtungen) eine geringere interne Validität als das Experiment besitzen, so müssen die gewonnen Erkenntnisse oder Theorieelemente natürlich im Einklang mit dem Wissen stehen, das unter unkontrollierten Bedingungen gewonnen wurde. Alle verfügbaren Wissensquellen sollten bei der Fundierung und der Interpretation von Experimenten umfassend berücksichtigt und vergleichend diskutiert werden.

Für einen angemessenen Einsatz von Experimenten sind die explizite Berücksichtigung der einzelnen Phasen und eine Reflektion der kritischen Merkmale und Ziele der einzelnen Phasen erforderlich. Hierdurch wird nicht nur das inhaltliche Wissen zum Untersuchungsgegenstand strukturiert gefördert. Vielmehr wird methodenorientiert die Struktur und der Nutzen des empirischen und insbesondere experimentellen Vorgehens thematisiert. Dies sollte nach dieser Modellvorstellung einen zentralen Ansatzpunkt zur Förderung der Experimentierkompetenz und allgemein der Kompetenz für empirisches Arbeiten in den Naturwissenschaften darstellen.

Timo Leuders und Kathleen Philipp

4. Experimentelles Arbeiten in der Mathematik – ein Brückenschlag zur Naturwissenschaft mit Blick auf Peirce, Pólya und Medawar

„Mathematics is an experimental science. The formulation and testing of hypothesis play in mathematics a part not other than in chemistry, physics, astronomy, or botany. [...] The only great point of divergence between mathematics and the other sciences lies in the [...] circumstance that experience only whispers ‚yes' or ‚no' in reply to our questions, while logic shouts." (Wiener, 1923, S. 237)

1. Mathematik als experimentelle Wissenschaft?

Der amerikanische Mathematiker und Philosoph Norbert Wiener offenbart in seiner Abhandlung „On the nature of mathematical thinking" (Wiener, 1923) eine für diese Zeit eher unübliche Sicht auf die Mathematik als experimentelle Wissenschaft. Während das Experiment in den naturwissenschaftlich arbeitenden Disziplinen zu den zentralen Erkenntnisinstrumenten zählt (Pietschmann, 1996; Shadish et al., 2002), verbindet man die Mathematik landläufig nicht mit experimentellen Denk- und Arbeitsweisen. Charakteristisch für mathematischen Erkenntnisgewinn ist vielmehr die Deduktion. Betrachtet man jedoch die Prozesse mathematischen Erkenntnisgewinns genauer, so finden sich viele Indizien für Vorgehensweisen, die man als „Beobachtung" oder „Experiment" charakterisieren könnte. Schon Euler (1751) schreibt:

> *„Darum erscheint es ein wenig paradox, dass auch jener Teil der Mathematik, den man die reine Mathematik zu nennen pflegt, von Beobachtungen abhängt, welche gewöhnlich nur damit zusammengebracht werden, dass äußere Gegenstände auf unsere Sinne wirken. Weil nämlich Zahlen selbst sich einzig auf den reinen Intellekt beziehen, mag man kaum einsehen, dass Beobachtungen und Quasiexperimente geeignet sind, ihre Natur zu erkunden."* (Euler, 1751, S. 76 Übersetzung: TL)

George Pólya hat sich im ersten Band seines Buches „Mathematics and Plausible Reasoning" (Pólya, 1954) unter dem Titel „Induction and Analogy in Mathematics" ausführlich mit Struktur und Bedeutung induktiver Prozesse beim Erkenntnisprozess befasst. Bei seiner Analyse der Rolle von Beispielen unterscheidet er dabei den „suggestive contact", bei dem man durch Erzeugung von Beispielen und die Beobachtungen von Mustern zu mathematischen Vermutungen gelangt, und den „supporting contact", bei dem man anhand weiterer Beispiele die Plausibilität seiner Vermutungen überprüft und bei Erfolg erhöht. Man beachte hierbei die platonistische Rolle der Beispiele als „mathematische Realität", gleichsam als Bereich der dem Geist zugänglichen Phänomene einer mathematischen Welt. Auffallend ist die große Nähe der Pólya'schen Funktionen von Beispielen mit den epistemologischen Basisprozessen bei Peirce (Peirce & Walther, 1967; Peirce et al., 1960; Fann, 1970): Abduktion (=suggestive contact) als Generierung von Hypothesen (also neuem, noch nicht abgesicherten Wissen) anhand von Beispielen und Induktion (=supporting contact) als Überprüfung der Plausibilität durch Betrachtung geeigneter Beispiele. Beispiele übernehmen hier also die Rolle einer „empirischen Welt", auf die sich die mathematische Theoriebildung stützt – eine nähere Analyse des beispielbasierten Vorgehens auf der Basis der Peirce'schen Kategorien findet sich bei Leuders et al., 2011 sowie bei Philipp & Leuders und Schulz & Wirtz, beide in diesem Band.

Den hier anklingenden „quasi-empirischen" Charakter mathematischen Tuns arbeitet auch Heintz (2000) heraus, wenn sie mit Mitteln der Soziologie die Arbeitsweisen von Mathematikerinnen und Mathematikern im „context of discovery" (Hoyningen-Huene, 1987) beschreibt: Mathematikerinnen und Mathematiker formen Vermutungen über mathematische Zusammenhänge in der Regel nicht etwa durch Ableitung aus bestehenden Sätzen (deduktiv), sondern durch „experimentelles Arbeiten" mit Beispielen, oder wie es im Rahmen der Studie von Heintz (2000) ein Mathematiker äußert:

> *„Die Grossen sind auch deshalb so gross [sic], weil sie so viel wissen. Sie kennen viele Beispiele und haben viel mit ihnen experimentiert. Darüber spricht man nicht. Man schreibt auch nicht in seinem Paper, wie man zu einer Vermutung gekommen ist. Was für immense Rechnungen manchmal dahinter stecken oder wie viele spezielle Beispiele."* (Heintz, 2000, S. 150)

Heintz (2000, S. 110) stellt fest: „Damit rückt das Experiment, das praktische Forschungshandeln [...] in den Mittelpunkt, [...]" Das Denken und Umgehen mit Beispielen bezeichnet Heintz in diesem Kontext als empirisch. Die Funktion der Beispiele ist hier vergleichbar mit der von Phänomenen der äußeren Welt in den empirischen Wissenschaften: Sie dienen dazu, Vertrauen in eine Vermutung zu gewinnen, sie auf ihre Plausibilität zu prüfen. Dieses „Hantieren mit mathematischem Material" nennt Heintz „quasi-empirische Erfahrung" (Heintz, 2000, S. 152) und beschreibt die Bedeutung von Beispielen auch als ein Art Labor oder Werkzeugkasten des Mathematikers.

Analysen, die auf Erfahrungsberichten und Introspektionen von aktiv Mathematiktreibenden oder soziologischen Analysen aus der Beobachtung des Wissenschaftsbetriebes resultieren, weisen darauf hin, dass es ein plausibles Unterfangen ist, „mathematische Experimente" als Modi des Erkenntnisgewinns näher zu beschreiben und in Beziehung zu naturwissenschaftlichen Experimenten zu setzen (eine ausführliche Analyse findet sich bei Leuders & Philipp, i. Vorb.)

2. Typen von (mathematischen) Experimenten

Da der Experimentbegriff, wie er über verschiedene Disziplinen hinweg verwendet wird, ein sehr breiter ist, und die Erkenntnisprozesse, welche als „experimentell" bezeichnet werden, durchaus unterschiedlichen Charakter haben, ist es angeraten, zunächst eine Einteilung von Experimenttypen vorzunehmen. Eine domänenübergreifende Typologie, die diese unterschiedlichen Qualitäten prägnant abbildet, hat der britische Biologe und Nobelpreisträger Peter Brian Medawar in seiner Schrift „Induction and Intuition in Scientific Thought" (Medawar, 1969; gewissermaßen ein Pendant zu Pólyas Schrift von 1954) herausgearbeitet und mit prägnanten Namen aus der Wissenschaftsgeschichte verbunden. Sie werden im Folgenden referiert und bereits auf experimentelle Prozesse in der Domäne Mathematik bezogen.

Bacon'sche Experimente: Hierbei handelt es sich um explorative Untersuchungen von Phänomenen mit dem Ziel des Auffindens von Zusammenhängen, der Generierung neuen Wissens. In der Mathematik sind solche Phänomene durch Beispiele, also durch konkrete mathematische Situationen mit „beobachtbaren" Eigenschaften gegeben. Auf welche Weise diese Beispiele erzeugt werden, ob etwa durch Analogie, durch systematische Variation oder durch intuitives Manipulieren ist dabei weniger relevant als die Tatsache, dass sie einen „suggesting contact" (Pólya, 1954) zum Phänomenbereich herstellen sollen. Steinle (2005) bezeichnet diesen Modus als „exploratives Experiment" und beschreibt disziplinunabhängig charakteristische Vorgehensweisen.

Im 20. Jahrhundert bildete sich eine Bewegung, die sich als „experimentelle Mathematik" bezeichnet (Epstein & Levy, 1995) und die sich ebenfalls auf die Bedeutung induktiver Prozesse beim mathematischen Erkenntnisgewinn beruft: „Should we give the impression that the best mathematics is some sort of magic conjured out of thin air by extraordinary people when it is actually the result of hard work and of intuition built on the study of many special cases?" (Epstein & Levy, 1995, S. 670). Einige Mathematiker (z.B. Zeilberger, 1993) gründen sowohl ihre alltägliche Forschungspragmatik – das Erzeugen und Überprüfen von Vermutungen vor allem mit Computerhilfe – als auch ihre wissenschaftstheoretische Grundposition auf die Kraft von Induktion und Abduktion.

Kant'sche Experimente: Dies sind reine Gedankenexperimente, in denen allein durch das logische Spiel mit den Voraussetzungen unserer Erkenntnis neue Einsichten entstehen können. Ein solches Experiment fußt stark auf Deduktion, das Neue entsteht durch die bewusste Abwandlung der Voraussetzungen. In der Naturwissenschaft finden solche Experimente bei der Entwicklung neuer mathematischer Modelle oder Theorien statt. In der Mathematik konstituiert sich diese Experimentform in Erkenntnisprozessen, die im Kleinen beispielsweise von der Variation einzelner Voraussetzungen in mathematischen Definitionen oder im Großen von der Exploration von Axiomensystemen ausgehen (z.B. bei der Gewinnung nicht-euklidischer Geometrien) – in der Mathematik könnte man daher diesen Experimenttyp mit

Fug und Recht auch als „Hilbert'sche Experimente" (vgl. z.B. Davis & Hersh, 1999, S. 339ff.) bezeichnen.

Galilei'sche Experimente: Dieser Experimenttyp ist der in den empirisch arbeitenden Wissenschaften dominierende und dient der Absicherung von Wissen im falsifikationistischen Ansatz, wie ihn Karl Popper in seinem kritischen Rationalismus herausarbeitete (Popper, 1963). In dieser Tradition bildete sich eine methodische Hochform des Experiments heraus, das durch Variablenkontrolle, Randomisierung, und wahrscheinlichkeitstheoretische Modellierung das Problem der Verallgemeinerbarkeit des Einzelexperiments (Induktionsproblem) angeht. Der dahinter stehende Prozess der Prüfung einer Hypothese am Beispiel (und nur diesen Schritt und nicht etwa die Gewinnung der Hypothese bezeichnet Peirce (Peirce et al., 1960) als „Induktion") ist auch in Prozessen *mathematischen* Erkenntnisgewinns präsent. Die Prüfung an einer großen Zahl von Beispielen, an generischen Beispielen oder an Extrembeispielen dient der Steigerung der Plausibilität (bei nichtgelingender Widerlegung), und wird von Pólya als „supporting contact" bezeichnet. Sogar das Argument, dass die Stärke des Plausibilitätsgewinns von der Qualität der Beispiele abhängt, ist in Naturwissenschaft und Mathematik analog: Die Aufgabe des Wissenschaftlers besteht gerade darin, möglichst *kritische* Beispiele zu wählen, er muss temporär als der stärkste Widersacher seiner eigenen Theorien auftreten. Erst nach einer solchen Phase experimentellen Arbeitens scheiden sich die Wege von Mathematik und Naturwissenschaften, da letzteren jenseits des kritischen Experiments keine Möglichkeiten einer deduktiven Absicherung zur Verfügung stehen.

Aristotelische Experimente: Der Vollständigkeit halber sei noch dieser vierte Experimenttyp genannt, der nicht dem Prozess der Gewinnung wissenschaftlichen Wissens dient, sondern der Erklärung und Veranschaulichung von Zusammenhängen an besonders prägnanten Beispielen, also letztlich der Förderung des Wissenserwerbs bei einzelnen Individuen. Das aristotelische Experiment ist somit eher von pädagogischem oder didaktischem Charakter und entspricht in etwa dem, was in den Fachdidaktiken als „Demonstrationsexperiment" bezeichnet wird. Aristotelische Experimente kann man in der Mathematik dazu verwenden, um den Aufbau von Begriffen zu fördern, insbesondere dann, wenn durch die Exploration von Beispielen mathematische Zusammenhänge besonders anschaulich werden. Dies ist z.B. der Fall bei der dynamischen Repräsentation von ganzen Beispielgruppen, wie es in der dynamischen Geometrie möglich ist. Hier wird der Computer zum Träger interaktiv manipulierbarer mathematischer Beispielräume (Barzel et al., 2005). Bei Ganter und Barzel (in diesem Band) werden solche mathematischen Experimente an physisch zugänglichen Objekten durchgeführt. Die Interaktion mit der Mathematik wird im Wortsinn „begreifend".

3. (Mathematisches) Experimentieren als Zyklus kognitiver Prozesse

Die hier genannten vier Kategorien von Experimenten suggerieren mit ihren Bezeichnungen, dass es sich um Typen wissenschaftlichen Arbeitens handelt, um ausdifferenzierte Prozesse in der Wissenschaftspraxis. Als solche beschreiben sie die epistemologische Qualität von übergreifenden Phasen im Erkenntnisprozess („context of discovery“, vgl. Heintz, 2000) oder Arbeitsweisen von Teildisziplinen („experimentelle Mathematik“).

Man kann sie andererseits auch enger und zugleich abstrakter als Typen abgrenzbarer, elementarer wissenschaftlicher „Denkhandlungen“ auffassen. Als solche lassen sie sich zur Beschreibung von Schritten in konkreten Erkenntnisprozessen individueller Wissenschaftler, ja sogar von Mathematiklernenden verwenden (Leuders et al., 2011). Damit rücken die Experimentierkategorien in die Nähe dreier fundamentaler Formen wissenschaftlichen Schließens bei Peirce (Peirce et al., 1960; Richter, 1995; Meyer, 2007). Offensichtlich geworden ist dies bereits durch die Nähe der Experimenttypen „Bacon'sches Experiment“ und „Galilei'sches Experiment“ zu den jeweiligen Erkenntnisfunktionen der „Abduktion“ und „Induktion“. Will man auch die „Deduktion“ integrieren, so spielt diese auf zwei Ebenen eine Rolle: Zum einen in Form „deduktiver Zwischenschritte“ (Meyer, 2007), die beispielsweise nötig sind, wenn aus einer Vermutung (Theorie) zum Zwecke der Überprüfung erst Aussagen abgeleitet werden müssen. Zum zweiten hat die Deduktion in der Mathematik – und hier endet die Analogie zwischen Mathematik und Naturwissenschaften – die Funktion der Absicherung, wie sie in der Mathematik letztendlich immer verlangt wird.

Nicht nur die Typen von Experimenten, auch deren Abfolge lässt sich sowohl aus der Perspektive wissenschaftlicher Prozesse im Großen und elementarer Denkhandlungen im Kleinen betrachten. In der Realität der Forschung spielen sich diese Prozesse – jedenfalls in idealisierender Sicht – in Form von Zyklen des Erkenntnisgewinns ab.

Im Großen bedeutet dies ein Abwechseln zwischen „exploratorischen (Bacon'schen) Experimenten“ und „konfirmatorischen (Galilei'schen) Experimenten“ (vgl. Beitrag von Schulz et al., in diesem Band). Dass man die zyklische Deutung des Erkenntnisgewinns mittels Abduktion und Induktion *auch im Kleinen* auf kognitive Prozesse beziehen kann, zeigt das Modell von Klahr und Dunbar (1988) zur „scientific discovery as dual search“ (SDDS). Auf der Basis dieses Modells lassen sich auch individuelle Erkenntnisprozesse als Abfolge kognitiver Suchprozesse in einem Hypothesensuchraum und einem Experimentesuchraum auffassen (vgl. Philipp & Leuders, in diesem Band). Lernende gelangen zu Erkenntnissen über einen gewissen Phänomenbereich, indem sie immer wieder Hypothesen aufstellen und diese durch „Experimente“ überprüfen. Der Experimentraum ist dabei ein vom forschenden Individuum gestalteter: In der Naturwissenschaft lässt er sich als Raum aller möglichen (systematischen) Prüfhandlungen in der Außenwelt auffassen. In der Mathematik besteht dieser Raum aus den möglichen Prüfhandlungen durch

Generierung von Beispielen. Ähnlich wie bei naturwissenschaftlichen Experimenten kann sich dieser prüfende Zugriff auf den Phänomenraum unterschiedlich direkt gestalten. Im einfachsten Fall ist die Generierung eines Beispiels bereits die Prüfhandlung, in komplexeren Fällen benötigt die passende Konstruktion des Beispiels ähnlich systematische Vorbereitung wie die Planung eines naturwissenschaftlichen Experiments[1].

Dieser Charakter des „quasi-empirischen" Experiments in der Mathematik soll nachfolgend durch eine systematische Gegenüberstellung mit der bereits angedeuteten Hochform des Experiments, wie es in den Naturwissenschaften, der Psychologie oder der Medizin gelehrt und praktiziert wird, ausgeschärft werden. Dabei soll noch einmal plausibel gemacht werden, dass das „mathematische Experiment" nicht nur eine schwache Metapher, sondern eine starke strukturelle Analogie zum „naturwissenschaftlichen Experiment" darstellt. Als Vergleichsgrundlage wählen wir die Beschreibung des Experimentierens in einem umfassenden Zyklus des Erkenntnisgewinns (vgl. Schulz & Wirtz, in diesem Band).

Jedes Mal, wenn man einen Zahlenbaum gießt, wachsen aus einer Zahl zwei Zahlen. Das Produkt der beiden neuen Zahlen ist immer genau die Zahl, aus der sie gewachsen sind. Versuche so viel wie möglich über solche Zahlenbäume herauszubekommen.

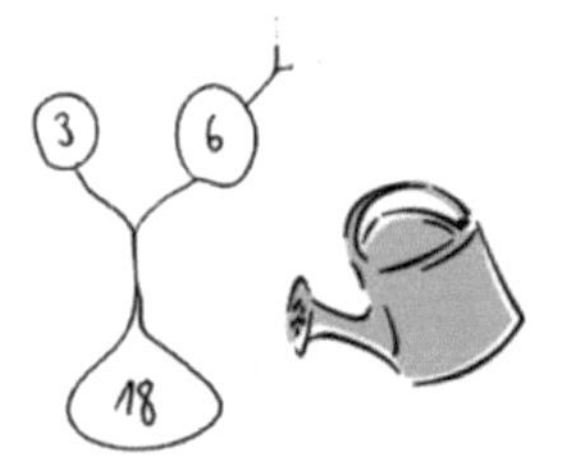

Abb. 4.1: Aufgabe Zahlenbäume

Als konkretisierendes Beispiel für einen mathematischen Erkenntnisprozess beziehen wir uns auf Schritte in Schülerbearbeitungen im Rahmen der Aufgabe „Zahlenbäume" in Abbildung 4.1 (vgl. Leuders, 2008). Eine hiermit verwandte Analyse eines mathematischen Erkenntnisprozesses aus dem Bereich der Zahlentheorie bei Euler findet man bei Pólya (1954) und Leuders & Philipp (i. Vorb.).

Die Beschäftigung mit solchen Zahlenbäumen initiiert bei den Lernenden die genetische Konstruktion mathematischer Konzepte und die Entdeckung mathematischer Zusammenhänge. Im ersten Schritt finden sie, dass alle Bäume immer wieder bei den gleichen Zahlen enden: 2, 3, 5, 7 etc. und bilden so das Konzept der Primzahl als multiplikative Grundbausteine der natürlichen Zahlen aus. Im zweiten Schritt entdecken sie, dass man zu einer festen Zahl zwar unterschiedlich aussehende Zahlenbäume finden kann, die aber alle bei denselben Zahlen enden. Sie entdecken so

1 In der Mathematik kann man zudem der Auffassung sein, dass der untersuchte Phänomenraum nicht außerhalb des Forschenden liegt, sondern sein eigenes geistiges Konstrukt ist. Diese Unterscheidung zwischen Mathematik und Naturwissenschaft ist allerdings eine ontologische (Ist Mathematik Konstruktion oder Erfindung? Welchen Ort hat die platonische Ideenwelt der Mathematik?) und ist von den hier durchgeführten epistemologischen Betrachtungen abzutrennen.

die Möglichkeit einer Primfaktorzerlegung und erkennen deren Eindeutigkeit. (Der deduktive Beweis der Eindeutigkeit ist ein tiefliegender Satz über natürliche Zahlen, der im schulischen Rahmen nicht geführt werden kann.). Diese Aufgabenstellung konstituiert einen mathematischen Phänomenbereich, der in hohem Maße ein exploratives und experimentelles Arbeiten der Lernenden ermöglicht.

Die folgenden Ausschnitte einer Bearbeitung der Aufgabe durch ein Schülerpaar der vierten Jahrgangsstufe sollen einen Einblick in die hierbei erkennbaren experimentellen Erkenntnisprozesse ermöglichen. Das Beispiel dient hier vor allem zur Illustration der nachfolgend ausgeführten Gegenüberstellung naturwissenschaftlichen und mathematischen Experimentierens.

Es werden Schülerprodukte und sich darauf beziehende Aussagen dargestellt. Zu beachten ist hierbei, dass Schülerinnen und Schüler in dieser Jahrgangsstufe noch nicht über den Begriff der Primzahl verfügen.

(1) Die beiden Schüler legen fest, dass Zahlenbäume nicht weiter „gegossen" werden, wenn bei der Zerlegung die Zahl 1 als Faktor auftaucht (vgl. Abb. 4.2).

S1: Aber da macht man immer wieder dasselbe,
das ist dann auch langweilig (zeigt auf die 2).

Abb. 4.2: Zahlenbaum mit Zerlegungsfaktor 1

(2) Das Vertauschen derselben Faktoren wird nicht als „anderer" Baum akzeptiert (vgl. Abb. 4.3).

S1: 6 und 2 haben wir schon.

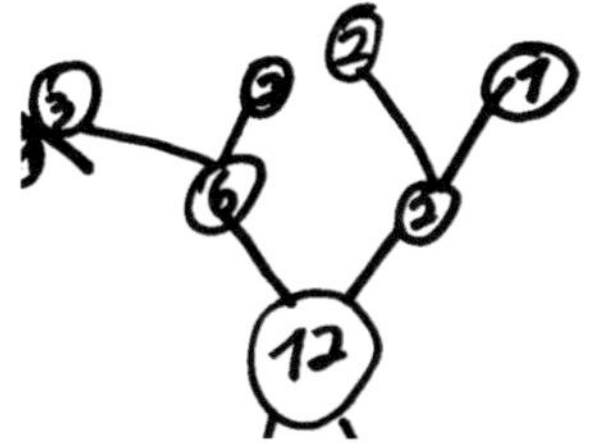

Abb. 4.3: Zahlenbaum zur Zahl 12

(3) Es werden verschiedene Bäume zur jeweils gleichen Zahl erzeugt. Dabei werden verschiedene Zahlen gewählt, beispielweise die 20 (vgl. Abb. 4.4).

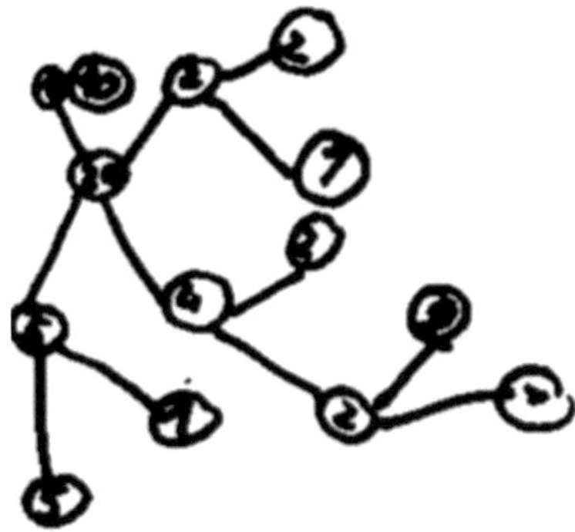

Abb. 4.4: Verschiedene Zahlenbäume zur Zahl 20

(4) Die Schüler schlagen einen anderen Weg ein, der durch eine Beobachtung an den bisher generierten Zahlenbäumen bedingt ist und äußern gleich zwei Vermutungen.

S1: […] (zeigt auf Beispiel) bei geraden Zahlen sind meist die Zweier drin.
S2: Ja.
S1: Bei ungeraden eher die Dreier oder die Fünfer.

(5) Die Eigenschaft „gerade" wird nun konstant gehalten, während die Zahlenbeispiele variiert werden. In einem zweiten Schritt untersuchen die Schüler später ungerade Zahlen.
(6) Passende Beispiele werden betrachtet.

S1: Zum Beispiel (lacht) mach mir mal eine hoch, 80.

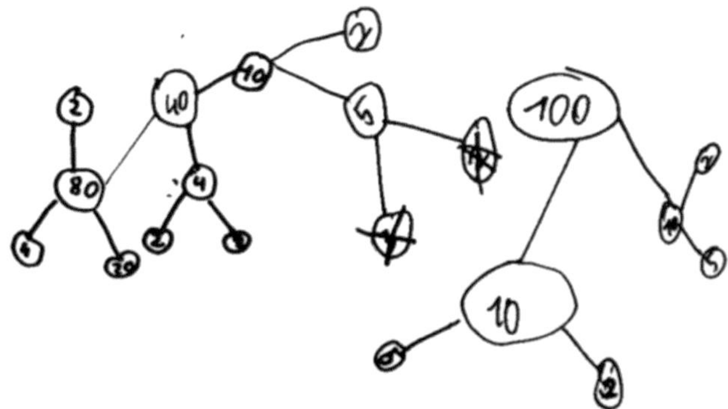

Abb. 4.5: Verschiedene Zahlenbäume zu geraden Zahlen, hier zu den Zahlen 40 und 100

(7) Steckt in allen geraden Zahlen der Faktor 2? Als Beurteilungsbasis werden auch bereits generierte Beispiele herangezogen: 12, 16, 40, 60, 80, 100 (vgl. Abb. 4.5).
(8) Ergebnisse werden analysiert: Wurden hinreichend unterschiedliche Beispiele betrachtet?

An diesem Ausschnitt aus einer Experimentierphase erkennt man bereits, dass sich die Experimentierhandlungen in der Praxis sehr intuitiv und nicht unbedingt strukturiert vollziehen. Gerade im Grundschulalter vermischen sich wie in diesem Beispiel die Phasen der Überprüfung einer Vermutung und der Ergebnisinterpretation. So wurden hier beispielsweise bereits beim Generieren von Beispielen mit geraden Zahlen darauf geachtet, dass sie unterschiedlich groß sind (vgl. Schritt (6)).

Zur Verdeutlichung der Reichweite der Analogie zwischen dem Experimentieren in der Mathematik und dem Experimentieren in den Naturwissenschaften werden im Folgenden wesentliche Teilschritte des Experimentierens in den Disziplinen verglichen und durch Bezug zur oben dargestellten Schülerbearbeitung illustriert. Eine vertiefte Analyse der Vorgehensweisen von Schülerinnen und Schüler bei einer Reihe verschiedener Aufgaben vgl. die detaillierte Prozessstudie von Leuders, Naccarella und Philipp (2011). Für eine ähnliche Analyse von Experimentierprozessen bei einem Mathematiker verweisen wir auf Pólya (1954) und Leuders & Philipp (i. Vorb.)

Experimentieren in den empirischen Wissenschaften	**Quasi-empirisches Experimentieren in der Mathematik** *(Die Beispiele und die Ziffern (1)–(8) beziehen sich auf die weiter oben dargestellten Auszüge). Die eckigen Klammern [1]–[23] benennen die Vorgehensweisen nach Leuders, Naccarella & Philipp (2011)*
Den interessierenden Phänomenbereich eingrenzen, Werkzeuge zur Beschreibung des Bereiches sammeln bzw. anpassen (Definitionen, Operationalisierungen, Messverfahren)	Den interessierenden Phänomenbereich eingrenzen, Definitionen zur Beschreibung des Bereiches sammeln bzw. anpassen, *z.B. (1) Ausschließen der 1 als Zerlegungsfaktor [20, 22]*

Hier wird implizit angenommen, dass mathematische Phänomene einen ähnlichen überindividuellen Realitätscharakter besitzen – dies ist die „Arbeitshypothese" des Mathematikers in seiner täglichen Arbeit. Insbesondere Schülerinnen und Schülern dient diese Phase zu einer ersten Orientierung im Problemraum.

Bestehende Theorien danach ausloten, welche Zusammenhänge sie bereits vorhersagen bzw. erklären können	Bestehende Theorien zum Bereich ausloten, *z.B. (2) Kommutativgesetz der Multiplikation: $a \cdot b = b \cdot a$ zur Durchführung ausnutzen [19]*

Eine Theorie ist z.B. ein logischer Zusammenhang: „Wenn ... dann ...“ oder ein funktionaler/stochastischer Zusammenhang: „x hängt von y auf diese Weise ab …“. Das Ausloten hat deduktiven Charakter und entspricht am ehesten dem Kant'schen Experiment. Häufig werden solche theoretischen Aspekte von Schülern nicht explizit geäußert.

Den Phänomenbereich explorieren, durch systematische Variation Phänomene erzeugen, interessante Variablen identifizieren	Den Phänomenbereich explorieren, durch systematische Variation Beispiele erzeugen, interessante Variablen identifizieren *z.B. (3) Verschiedene Bäume zur gleichen Zahl erzeugen [11-17, 19, 21, 22, 23]*

Dies ist der Kern des explorativen, Bacon'schen Experiments: Solange die Zusammenhänge im Phänomenbereich noch nicht offen liegen, werden Phänomene generiert und auf systematische Zusammenhänge hin untersucht. Sofern sich die Generierung durch mehr oder weniger systematische Variation bestimmter Variablen vollzieht, verdichten sich Vermutungen darüber, welche (unabhängigen) Variablen besonders relevanten Einfluss haben und welche (abhängigen) Variablen besonders sensitiv reagieren. Die hierbei nötige Kompetenz des Erkennens von Mustern und Strukturen ist eine Fähigkeit, die einen curricularen Kern vorschulischer und schulischer mathematischer Förderung darstellt.

Hypothesen über einen kausalen Zusammenhang der Variablen aufstellen, ggf. den Zusammenhang mathematisieren	Hypothesen über einen mathematischen Zusammenhang aufstellen *z.B. (4) In geraden Zahlen steckt der (Prim-) Faktor 2 [1-6]*

Die hypothetisierten Zusammenhänge können deterministisch oder stochastisch sein. In den empirischen Wissenschaften müssen die zugrundeliegenden Variablen erst explizit mathematisch modelliert werden. In den Naturwissenschaften ist eine Variable in der Regel eine physikalische Messgröße. In der Psychologie bedeutet es einen besonderen Aufwand, Konstrukte und passende Messgrößen zu erarbeiten und empirisch abzusichern. In der Mathematik liegt die Variable bereits mathematisiert vor. Dennoch ist nicht evident, *welche* Variable für ein Phänomen entscheidend ist. Das Beispiel zeigt auch, dass Variablen nicht unbedingt metrische Größen sein müssen, sondern auch kategoriale Variablen, wie z.B. die Parität („gerade-ungerade“) sein können.

Ein Experiment planen: relevante unabhängige Variablen zur Variation festlegen, weitere Variablen kontrollieren (fixieren, randomisieren)	Die Überprüfung der Hypothese an Beispielen planen: relevante Variable und deren Variation identifizieren, *z.B. (5) Planen, gerade Zahlen (unabhängige Variable) zu generieren und deren Endzahlen (abhängige Variablen) zu betrachten. [8, 9, 19, 22, 23]*

In den empirischen Wissenschaften ist die Aufklärung von *Kausalität* zwischen Variablen ein wesentliches Ziel des experimentellen Vorgehens. In der Mathematik ist dies weniger gravierend, weil ja die Absicherung des vermuteten Zusammenhangs von Variablen aus einer späteren deduktiven Behandlung folgt. Die Untersuchung, inwiefern verschiedene experimentell gewonnene Implikationen möglicherweise auch in ihrer Umkehrung gelten, ist in der Mathematik auch unabhängig von einer Ursache-Wirkungs-Annahme in einem naturwissenschaftlichen Zusammenhang. In beiden Bereichen ist aber die Identifikation der relevanten Variable für die Aussagekraft eines Experiments entscheidend. Wählt man unpassende unabhängige oder abhängige Variablen, so kann das Ergebnis ausbleiben oder keine Aussagekraft für die Hypothese besitzen. Auch im mathematischen Experiment kann es beispielsweise geschehen, dass man eine mit anderen Variablen konfundierende unabhängige Variable wählt, indem man nur Fälle in einem systematisch eingeschränkten Beispielraum betrachtet (z.B. nur gerade Zahlen).

Das Experiment durchführen, Rahmenbedingungen konstant halten, Daten über die unabhängige und abhängige Variable erfassen	Beispiele erzeugen und Ergebnisse/ Konsequenzen bestimmen *z.B. (6) Bäume entsprechend dem Plan generieren [8, 9, 11–17]*

Der Vorgang des Durchführens ist in der Mathematik oft unproblematischer, insbesondere weil der Raum der unbetrachteten Variablen (z.B. Temperatur) in der Regel keiner besonderen „technischen“ Kontrolle bedarf. Man findet bei Schülerinnen und Schülern auch kaum explizite verbale Hinweise darauf, wie bewusst die Identifikation der unabhängigen und abhängigen Variablen vollzogen wurde. Dennoch ist auch beim mathematischen experimentellen Arbeiten die Konzentration auf die relevanten Variablen („Was ändere ich? Was beobachte ich?“) entscheidend dafür, wie reichhaltig, bedeutsam und sicher die Ergebnisse der experimentellen Phase sind. Wenn man durch das Experiment beispielsweise keine Gegenbeispiele findet, lohnt der Versuch eines deduktiven Beweises. Misslingt dieser, könnte es unter Umständen an den mangelhaft definierten Voraussetzungen liegen, also an der mangelnden Variablenkontrolle bzw. der mangelhaften Identifikation relevanter Randbedingungen.

Die Konformität der Daten mit der Hypothese überprüfen, z.B. *durch inferenzstatistische Auswertung im Kontrollgruppendesign*	Die Konformität des Ergebnisses mit der Hypothese überprüfen *z.B. (7) Steckt in allen geraden Zahlen der Faktor 2? [7, 10]*

Dies ist sowohl in den Naturwissenschaften als auch in der Mathematik der kritische Schritt des Galileischen Experiments, das Resultat der prüfenden Induktion. Bei komplexen Experimenten (Psychologie, Hochenergiephysik) kann der Weg von den Daten bis zur Hypothesenprüfung ein komplexer sein.

Das Ergebnis analysieren: Hat sich die Plausibilität der Hypothese erhöht? Habe ich ggf. entscheidende Variablen vergessen?	Das Ergebnis analysieren: Hat sich die Plausibilität der Hypothese erhöht? Prüfen, ob ggf. entscheidende Variablen vergessen wurden. *z.B. (8) Wurden hinreichend unterschiedliche / viele / generische Beispiele betrachtet? [10, 18]*

In der Mathematik und der empirischen Wissenschaft ist ein negatives Ergebnis idealiter eine Widerlegung der Hypothese. In der Forschungsrealität sind die Konsequenzen weit komplexer: Es folgt z.B. eine Reanalyse der Daten, eine Modifikation der Hypothese, eine Modifikation des Experiments, eine Modifikation der Definitionen. Dass dies auch in der Mathematik geschieht, hat Lakatos (1979) plastisch dargelegt. Bei positivem Ausgang ist man in Mathematik und Naturwissenschaft gleichermaßen darauf angewiesen, die Aussagekraft und die Reichweite des Ergebnisses zu bewerten. In beiden Bereichen kann das positive Ergebnis nur als Erhöhung der Plausibilität einer Hypothese gewertet werden. Das Ausmaß dieser Plausibilitätserhöhung ist jedoch nicht empirisch zugänglich, wohl aber einer systematischen Analyse und einem rationalen Diskurs

	Einen Beweis finden *Während die Überzeugung, dass die Vermutung der Eindeutigkeit richtig ist, sich auf experimentellem Weg schnell festigt, ist ein deduktiver Beweis in diesem Beispiel sehr schwer zu finden. Er benötigt ein tiefes Verständnis für fundamentale Eigenschaften der natürlichen Zahlen (vgl. z.B. Leuders, 2010).*

Während experimentelle Ergebnisse der empirischen Wissenschaften in die Phase der Publikation und Diskussion münden, ist das Ergebnis eines mathematischen Experiments nur eine Vorstufe zur deduktiven Absicherung. Dieser Prozess ist noch mindestens so komplex wie der bisher beschriebene experimentelle.

Publikation, kritische Diskussion des Experiments in der Wissenschaftlergemeinschaft, ggf. Replikation, Modifikation, Erweiterung	Publikation, kritische Diskussion des Beweises in der Wissenschaftlergemeinschaft, ggf. Korrektur, Erweiterung, alternative Beweise *Im Laufe der Jahrhunderte wurde der Beweis für den Satz über die Eindeutigkeit der Primfaktorzerlegung auf immer wieder andere Weise geführt, optimiert und auf seine wesentliche Struktur befragt. Seine älteste Form geht auf Euklid (ca. 360 v. Chr.) zurück. Durch „Kant'sche Experimente" mit den Voraussetzungen hat man inzwischen Beispiele für Zahlenräume gefunden, in denen eine Zerlegung in Primfaktoren zwar möglich, aber nicht mehr eindeutig ist, z.B. bei dem auf David Hilbert zurückgehenden Beispiel der Zahlen* $\{3n + 1 \mid n \in N\}$ (vgl. z.B. Flannery & Flannery, 2000).

Im „context of persuasion" unterscheiden sich die Wissenschaften nur in einem Punkt: In der Mathematik wird die deduktive Absicherung, in den empirischen Wissenschaften die experimentelle kritisch auf ihre Überzeugungskraft geprüft. In beiden Bereichen allerdings werden das Ergebnis und seine Bedeutung für die Theorieentwicklung diskutiert. Dabei gibt es weit mehr Kriterien für die „Wahrheit" im Sinne der Überzeugungskraft, z.B. die Einfachheit, die Relevanz usw..

6. Fazit und Ausblick

In diesem Beitrag haben wir aufgezeigt, welche Analogien zwischen unterschiedlichen Konzepten des „experimentellen Erkenntnisgewinns" bestehen und wie diese Analogien es erlauben, bedeutsame Schritte im mathematischen Erkenntnisprozess als „mathematisches Experimentieren" zu konzeptualisieren. Insgesamt ergibt sich trotz der großen Spanne zwischen Experimenten als wissenschaftlichen Methoden einerseits und individuellen kognitiven Prozessen andererseits ein recht kohärentes Bild. Hilfreich ist dabei die Typisierung von Experimenten nach Medawar (1969) und der Rückbezug zu verschiedenen epistemologischen Funktionen nach Peirce (Deduktion, Induktion, Abduktion) (Peirce et al., 1960). Die Parallelität zum experimentellen Vorgehen in den Naturwissenschaften wurde auch durch die Übertragbarkeit des SDDS-Modells nach Klahr & Dunbar (1988) aufgezeigt und eine konkretisierende, vergleichende Analyse eines idealisierten Erkenntnisprozesses hat die Plausibilität dieses Theorieansatzes noch einmal gestützt.

Bedeutsam ist die Frage nach dem Charakter der hier beschriebenen epistemologischen Prozesse auch aus der Perspektive der Wissenschaften, die sich mit dem Lehren und Lernen von Mathematik befassen, also insbesondere Mathematikdidaktik und Psychologie. Gibt es beispielsweise so etwas wie deduktives und induktives Denken. Sind sie auch empirisch voneinander unterscheidbar? (z.B. Feeney & Heit, 2007). Wie sieht dieses Denken bei Schülerinnen und Schülern – speziell im Fach Mathematik – aus? Ähneln die Denkprozesse denen von Mathematikern? Wie können solche Prozesse im Mathematikunterricht geeignet angeregt werden? Diesen Fragen gehen die Autoren im Rahmen verschiedener empirischer Studien nach (Leuders et al., 2011; Philipp & Leuders, in diesem Band). Dabei kristallisiert sich heraus, was sich in den Detailanalysen mathematischer Erkenntnisprozesse wie in den Schriften von Euler bereits andeutet, dass es nämlich nützlich ist, das Experimentieren nicht nur als konsolidierte Methode wissenschaftlichen Erkenntnisgewinns, sondern auch als Modell für die individuelle Genese von mathematischen Erkenntnissen anzusehen.

Die starke Betonung, die das Experimentieren in diesem Beitrag erhalten hat, soll nicht über zwei spezifische Differenzen, eine ontologische und eine epistemologische, hinwegtäuschen: Der Phänomenbereich, auf den mathematische Experimente sich richten, sind gedankliche Konstrukte, mathematische Ideen und nicht die physische Natur. Dieser ontologische Unterschied ist jedoch je nach epistemologischer Grundposition irrelevant und spielt für die Denkprozesse keine besondere Rolle. Wesentlicher ist aber der epistemologische Unterschied. Während die Mathematik als Wahrheitskriterium letztlich nur die Deduktion, also den Beweis anerkennt, steht den Naturwissenschaften dieses Erkenntnisinstrument nicht zur Verfügung. Sie bewegen sich ein einem grundsätzlich falsifikationistischen Zyklus. Mathematik ist *auch* experimentell, und: Mathematik ist *auch* anders als Naturwissenschaft.

Nicolas Robin

5. Elemente aus der Geschichte der experimentellen Praxis in den Naturwissenschaften (17.–19. Jahrhundert)

Ein Blick auf die Geschichte der Naturwissenschaften macht deutlich, dass es neben einigen fundamentalen Texten auch bestimmte Zeitpunkte und Schlüsselpersönlichkeiten gibt, die den Aufstieg und die Entwicklung der experimentellen Vorgehensweise in den Naturwissenschaften entscheidend geprägt haben. An dieser Stelle soll jedoch keine detaillierte wissenschaftshistorische Darstellung und auch kein erschöpfendes Abbild der Geschichte des Experimentierens in der Moderne bis hin zu den neuen Experimentalisten des ausgehenden 20. Jahrhunderts (darüber siehe u.a. Hacking, 1983; Knorr-Cetina, 1999; Steinle, 2003; Rheinberger, 2006) geliefert werden, sondern vielmehr sollen einige Elemente zum grundlegenden Verständnis der experimentellen Praxis in den Naturwissenschaften aufgezeigt werden.

Das Experimentieren der Moderne, klassischer Empirismus und frühneuzeitlicher Rationalismus

Einen ersten interessanten Meilenstein stellt die sich im Verlauf des 17. Jahrhunderts entwickelnde neue experimentelle Philosophie dar, die alle konzeptuellen Schemata der modernen Wissenschaft begründen sollte.

Das Experimentieren als Fundament der induktiven Vorgehensweise

Galileo Galilei (1564–1642) sah das Experimentieren als Ausgangspunkt jeglicher wissenschaftlicher Schlussfolgerung an. Dank der Induktion kann danach die Argumentation fortschreiten. Die abschließenden Rückschlüsse aus dieser Argumentation müssen jedoch mithilfe von Deduktionen entwickelt werden, die auf wissenschaftlichen Theorien basieren. Auf diese Weise führte Galilei den Rationalismus in das Studium der Natur ein. Francis Bacon (1561–1626) folgte derselben gedanklichen Linie. Für ihn geschah die Erforschung der Natur durch eine induktive Vorgehensweise, wobei hier aber die Interpretation der Beobachtungen und Resultate vor allem durch die Mathematik gelenkt werden sollte. Die Vorstellung, dass alles mithilfe der Mathematik beschrieben wird, war schon in den Arbeiten von Nikolaus Kopernikus (1473–1543) präsent und fanden sich auch einige Jahrzehnte später beispielsweise bei Johannes Kepler (1571–1630) und bei René Descartes (1596–1650) wieder. Ebenso wie für die neuen Empiristen – etwa Francis Bacon (1561–1626) oder William Harvey (1578–1657) – nahm von diesem Zeitpunkt an auch für die

Rationalisten die Mathematik eine zentrale Stellung innerhalb ihrer Weltanschauung ein und stellte das aristotelische Konzept der Logik (des Syllogismus) für die Erforschung der Ursachen der natürlichen Phänomene in Frage (Bacon, 1620; Harvey, 1628; Newberger Goldstein, 2011). Das Argument, dass eine *causa finalis* für die naturwissenschaftliche Forschung nicht durch diese belegt werden kann ist indes nur eines der interessanten Elemente der Denkweise Bacons. In der Tat steht die Idee der *causa finalis* im Gegensatz zu jedweder Möglichkeit der experimentellen Kontrolle. Die neuen Empiristen trieben im Unterschied zu den Rationalisten das Experimentieren voran. Wie Newberger Goldstein (2011) erläutert, weisen die neuen Empiristen im Sinne Bacons gleichzeitig alle teleologischen Erklärungen für in der Natur beobachtete Phänomene zurück und lehnen auch eine passive aristotelische Beobachtung ab, indem sie eine interventionistische, empirische Herangehensweise an natürliche Phänomene vorziehen.

Bacon (1620) interessierte sich für die epistemischen Funktionen des Experimentierens; die Fakten – sei es aus Beobachtungen oder Experimenten – müssen zusammengetragen und angesammelt werden, damit die Schlussfolgerung durch Induktion und Deduktion weitergeführt werden kann. Das Experimentieren dient hierbei als Fundament dieser induktiven Vorgehensweise und hat sowohl explorative als auch konfirmative Charakteristika. Tatsächlich handelt es sich um einen Empirismus, der aus einem Zusammentreffen von Methoden der deduktiven Schlussfolgerungen der Mathematik und der euklidischen Geometrie mit den empirischen Methoden der praktischen Künste hervorgegangen ist. Klein und Lefèvre (2007) zeigen auf, dass Bacon eine *historia experimentalis* vorantrieb, die infolge menschlichen Eingreifens beobachtete Phänomene beschreibt. Die *historia experimentalis* vervollständigt somit das Wissen der Naturgeschichte, die ihrerseits lediglich aus einer Sammlung von Beobachtungen durch die Natur gegebener Fakten besteht. „Experimental history in Bacon's original sense was, first of all, a collection and description of existing factual knowledge developed in the arts and crafts. It was an inventory of artisanal operations and experiments in the broadest sense, which complemented natural history. ‚Experimental history', Bacon stated, is ‚the history of Arts, and of Nature as changed and altered by man.' (Klein & Lefèvre, 2007, S. 22f.)

Experimentum crucis

Francis Bacon war es auch, der in seinem „Novum Organum" (1620) von *instantiae crucis* (Tabelle 5.1), entscheidenden Experimenten, sprechen sollte (Bacon, 1828, S. 388), die, nachdem sie als ausschlaggebend bezeichnet worden sind, einen wichtigen Platz in der Geschichte und Philosophie der Wissenschaften ebenso wie in der Lehre der Wissenschaften einnehmen sollten.

Tab. 5.1 Instantiae crucis

Instantiae crucis
Es seien zwei Hypothesen H1 und H2 gegeben, die sich auf dasselbe Phänomen beziehen und die mit demselben Erfolg hinsichtlich dieses Phänomens getestet wurden, aber es uns nicht erlauben, uns zugunsten der einen oder andern zu entscheiden. Das entscheidende Experiment liefert nun auf der Basis von H1 Ergebnisse, die von denjenigen auf der Basis von H2 verschieden sind. Folglich ist es nach einer Serie von Tests möglich, eine der Hypothesen zu widerlegen.

Ein klassisches Beispiel für diese Vorgehensweise ist das Experiment von Léon Foucault (1819–1868), das es ermöglicht, zwischen zwei Konzeptionen zur Natur des Lichtes zu entscheiden. Die erste ist die von Christian Huygens (1629–1695), nach welcher Licht aus transversalen Wellen besteht, die sich in einem dehnbaren Raum namens Ether ausbreiten (Huygens, 1690). Die zweite ist die korpuskulare Konzeption von Isaac Newton (1643–1727), nach der das Licht aus unendlich kleinen Partikeln besteht, die sich mit großer Geschwindigkeit fortbewegen (Newton, 1704). 1862 stellte Jean Bernard Léon Foucault (1819–1868) ein Experiment vor, das es ihm ermöglichte, die Geschwindigkeit des Lichtes in der Luft mit der im Wasser zu vergleichen, indem er gleichzeitig Lichtstrahlen in beide Umgebungen projizierte und ihre Abbilder auf rotierende Spiegel übertrug. Aufgrund der Rotation des Spiegels wurde die Bewegung der Bilder sichtbar, sodass Foucault aufzeigen konnte, dass sich das Licht im Wasser langsamer als in der Luft fortbewegt. Somit konnte auch auf einfache Art und Weise die Wellentheorie bekräftig werden, indem gezeigt wurde, dass nicht alle Annahmen der korpuskularen Theorie der Wahrheit entsprechen können (Foucault, 1863; Tobin, 2003).

In seiner grundlegenden Abhandlung „Optiks“ (1704), in der Newton seine korpuskulare Theorie erläuterte, arbeitete er auch den Begriff vom *experimentum crucis* heraus, aber im Sinne vom „Experiment am Kreuzweg“ im Rahmen logischer Argumentation. Mit Bacon und Newton war die wissenschaftliche Revolution, aus der die moderne Wissenschaft hervorgehen sollte, in vollem Gange (Shapin, 1996; Appelbaum, 2005). Die Geschichte der Wissenschaften zeigt dass die Anhänger Newtons im direkten Anschluss an den mathematisch-deduktiven Empirismus einen induktiven Empirismus vorantrieben. In der Tat lehnte Newton die Begründung von Schlüssen, die einzig und allein auf einem Vorgang der Deduktion beruhten, ab. In seinen „Philosophiae Naturalis Principia Mathematica“ (1687), legte Newton die Grundsätze der wissenschaftlichen Argumentation und darüber hinaus der experimentellen Praxis dar (Tabelle 5.2).

Tab. 5.2 Newton, Isaac, 1687, The Principia Mathematical Principles of Natural Philosophy, A new translation by Bernard Cohen and Anne Whitman (1999), Berkeley u.a.: University of California Press, S. 794f.

Rules for the Study of Natural Philosophy
„Rule 1: No more causes of natural things should be admitted than are both true and sufficient to explain their phenomena Rule 2: Therefore, the causes assigned to natural effects of the same kind must be, so far as possible, the same. Rule 3: Those qualities of bodies that cannot be intended and remitted i.e., qualities that cannot be increased and diminished and that belong to all bodies on which experiments can be made should be taken as qualities of all bodies universally. Rule 4: In experimental philosophy, propositions gathered from phenomena by induction should be considered either exactly or very nearly true notwithstanding any contrary hypotheses, until yet other phenomena make such propositions either more exact or liable to exceptions.“

Aufgrund eines großen Widerstandes, besonders auf dem Gebiet der Teleologie, dauerte es beinahe ein halbes Jahrhundert, bis sich der Newton'sche induktive Empirismus in den 30er Jahren des 18. Jahrhunderts in den wissenschaftlichen Gemeinschaften Europas wirklich durchsetzen konnte (Salomon-Bayet, 2008, S. 196f.). Doch bereits um 1700 fand die Idee, nach der sich ein Erkenntnisgewinn auf ein Experiment und nicht länger auf eine apriorische Schlussfolgerung stützten musste, Eingang in die Naturwissenschaften. Es manifestierte sich eine Tradition des Experimentierens und Beobachtens. Besondere Aufmerksamkeit verdient dabei das Entstehen von Institutionen, die sich vornehmlich der experimentellen Praxis verschrieben, wie die von Federico Cesi gegründete *Academia dei Lincei* und die 1657 unter der Schirmherrschaft des Fürsten Leopold de Medici und des Großherzogs Ferdinand II. der Toskana entstandene *Academia del Cimento.* Darüber hinaus sind die experimentellen Programme zu nennen, die am Ende des 17. Jahrhunderts von der neu gegründeten *Académie Royale des Sciences* in Paris und der *Royal Society* in London ins Leben gerufen wurden. In diesen Programmen ging es vor allem darum Evidenz an Hand der experimentellen Beobachtung zu erzeugen. Dennoch war die Einrichtung solcher experimenteller Programme in den Akademien, aber auch außerhalb eines institutionellen Rahmens nicht unproblematisch. Dies lässt sich durch Probleme innerhalb der Sprache und der Konzeptualisierung bei der Präsentation der Experimente erklären, deren Reproduzierbarkeit schwierig blieb. Diese Schwierigkeiten waren jedoch lediglich das Abbild einer Disziplin, die sich mitten im Entstehungsprozess befand, der Disziplin der Naturwissenschaften. Zahlreiche heute bekannte wissenschaftliche Fachrichtungen wie die Physiologie der Pflanzen und Tiere befanden sich zu diesem Zeitpunkt, d.h. im ausgehenden 17. und im 18. Jahrhundert, erst in einer „prädisziplinären“ Phase. Die Aneignung der experimentellen Methode, ebenso wie die Einführung einer Terminologie sowie spezifischer Normen und Codes, erwies sich als bestimmender Faktor bei der Etablierung dieser neuen wissenschaftlichen Disziplinen.

Beispiele: Robert Boyle, Lazzaro Spallanzani, Stephen Hales

Die Geschichte der modernen Naturwissenschaften ist durch grundlegende Experimente exemplarisch gekennzeichnet. Beispielsweise wurde das wissenschaftliche 18. Jahrhundert durch die Experimente von Joseph Priestley (1733–1804) im Bereich der Tierphysiologie (Priestley, 1774–1777) von Stephen Hales (1677–1761) und Jan Ingenhousz (1730–1779) in der Pflanzenphysiologie (Hales, 1727; Ingenhousz, 1779; Robin, 2010), von Antoine Lavoisier (1743–1794) und Joseph Black (1728–1799) im Gebiet der pneumatischen Chemie (Lavoisier, 2008; Black, 1809), von Benjamin Franklin (1706–1790) und Luigi Galvani (1737–1798) bezüglich des Verständnisses der elektrischen Phänomene usw. geprägt (Franklin, 1758; Galvani, 1792).

Im Folgenden werden drei kurze Beispiele experimenteller Entwicklungen aufgezeigt, die großen Anteil an der Etablierung der modernen Wissenschaft hatten.

Die Luftpumpe als experimentelles Werkzeug

Die Arbeiten von Robert Boyle (1627–1691) schlossen sich direkt dem wissenschaftlichen Programm Bacons an. Boyle war der erste Wissenschaftler, der die physikalischen Eigenschaften der Luft aus einem mathematischen Blickwinkel betrachtete. Er zeigte durch ein Experiment, dass Luft komprimiert werden kann. Mithilfe dieser Versuche belegte er, dass das Volumen von Luft (V) sich im umgekehrten Verhältnis zum Gasdruck (p) verändert, wenn eine konstante Temperatur (k) herrscht (das Gesetz von Boyle pV=k). Als entscheidendes Instrument der experimentellen Demonstration nutzte Boyle die Luftpumpe (Boyle, 1660).

Die Erfindung der Luftpumpe geht auf die wichtigen wissenschaftlichen Vorstöße eines Schützlings Galileis zurück: Evangelista Torricelli (1608–1647). Dieser hatte ein experimentelles Vorgehen zur Untersuchung der Beziehung zwischen der Dichte von Luft und der Höhe einer Flüssigkeitssäule entwickelt. Weiterhin diente ein von Torricelli zum Studium des Vakuums erfundenes Rohr als Grundlage für die Erfindung des Barometers (Torricelli, 1644). Die Idee, die Dichte und das Gewicht von Luft zu messen, führte 1645 zur Entwicklung der ersten Luftpumpe durch Otto von Guericke (1602–1686), den Erfinder des berühmten Halbkugelversuchs von Magdeburg. Dabei wurden zwei metallene Halbkugeln luftdicht zu einer Kugel verschlossen, und anschließend wurde die im Innenraum eingeschlossene Luft entzogen. In der Folge bewirkte der äußere Luftdruck, dass die beiden Halbkugeln zusammenhielten (Guericke, 1672).

Boyle und die „Experimentalisten" des 17. Jahrhunderts bewiesen, dass Wissen im Bereich der Naturphilosophie nur durch das Experimentieren erlangt werden und nur auf in wissenschaftlichen Experimenten gewonnenen Fakten basieren kann. Im Falle Boyles handelte es sich dabei um Fakten aus dem Bereich der Pneumatik, die er unter anderem durch den Gebrauch der Luftpumpe erwarb. Für ihn diente das experimentelle Vorgehen dazu, Erkenntnisse durch Experimente zu beweisen, und weniger zum Aufdecken kausaler Beziehungen. Diese Ansicht stellte Thomas Hobbes (1588–1679) für den durch Experimente erlangtes Wissen unweigerlich kausale und demonstrative Eigenschaften hatte, jedoch in Frage. Laut Hobbes konnte das künstliche Erzeugen von Fakten durch Versuche in keinem Falle zu echtem Wissen führen. (Zum Thema Boyle und Hobbes siehe Shapin & Schaffer, 1985)

Stephen Hales und das Pflanzenmodell

Wenn man einen generellen Blick auf die Geschichte der Biologie wirft, stellt man fest, dass es die Erfahrung der Wissenschaftler und deren Wahrnehmung der Natur und des menschlichen Körpers waren, die durch analogisches Denken erlaubten, z.B. Annahmen bezüglich der Funktion der beobachteten Organe zu formulieren. So hat Galen der Blase die Rolle des Speichers zugesprochen. Ein weiteres Beispiel: Pflanzensaft fließt wie Blut, und kanalisiertes Wasser bewässert den Garten. Aristoteles verglich die vom Herzen ausgehende Verteilung des Blutes mit der Bewässerung von Gärten. William Harvey (1578–1657) beobachtete und zeigte durch Experimente die geschlossene Zirkulation des Blutes. Durch Analogie versuchten Naturforscher wie z.B. Stephen Hales (1677–1761) in seinem „Vegetable Staticks" (1727) und Henri-Louis Duhamel du Monceau (1700–1782) u.a. in seinem „La physique des arbres" (1758) schließlich diese Annahme durch Experimente zu unterlegen, um die Zirkulation des Saftes bei den Pflanzen aufzuzeigen.

Hales gründete seine experimentelle Herangehensweise auf folgende Analogie: Tiere sind lebendige Wesen, die sich aufgrund von Absorption, Ausscheidung und einer nährstofftransportierenden Flüssigkeitszirkulation fortentwickeln. Pflanzen wachsen und entwickeln sich nach einem Analogieschluss ebenfalls durch die Mechanismen der Absorption, der Ausscheidung und der Flüssigkeitszirkulation. Die Flüssigkeitsstatik der Pflanzen wird also mit derselben experimentellen Methode untersucht wie die Kraft und die Geschwindigkeit des Blutes in den Arterien von Tieren. In der ersten Hälfte des 18. Jahrhunderts führte Hales hämostatische Experimente an Hunden und später auch an Pferden durch (Hales, 1744), und in der Folge gelang es ihm, dieselbe experimentelle Prozedur an Pflanzen durchzuführen. Seine Idee bestand darin, die Ausgleichsprozesse im Flüssigkeitshaushalt der Pflanzen aufzuzeigen. Die Analyse der Resultate erfolgte auf der Basis des Vergleichens mit anderen Organismen. Er gab beispielsweise den Druck des Pflanzensaftes als ein Vielfaches des Blutdrucks in den Arterien an.

Hales stellte die folgende Arbeitshypothese auf: Die Wurzeln nehmen eine bedeutende Menge an nahrhaften Rohsubstanzen auf, die Blätter verfügen über eine große Oberfläche zur Transpiration und der Saft folgt einer allmählichen Bewegung in der Art eines Bewässerungssystems, ebenso wie es Harvey in Bezug auf das Blut postulierte (Delaporte, 1982).

Um diese Hypothese durch Beweise zu untermauern, entwickelte Hales eine große Anzahl an Experimenten und sammelte auf die Weise Beobachtungsdaten und Fakten, die es ihm anschließend ermöglichten, durch die Anwendung von Induktion und Deduktion eine Theorie der pflanzlichen Statik aufzustellen.

Folgendes Experiment sollte zum Nachweis der Transpiration im Bereich der Blätter dienen:

Die unabhängige Variable ist die durch die Transpiration der Pflanze gewonnene und verlorene Flüssigkeitsmenge. Die untersuchten Variablen sind die Oberfläche der Blätter und die Höhe der Umgebungstemperatur. Indem er einen Teil der Blätter abschnitt, konnte Hales nachweisen, dass die Ausdünstung proportional zur Oberfläche der Blätter stattfindet; das heißt auch, dass ein Ast ohne Blätter weniger Flüssigkeit aus einem mit Wasser gefüllten Gefäß aufnimmt als ein vergleichbarer Ast mit Blättern. Weiterhin zeigte er, dass das Gewicht von Pflanzen abnimmt, wenn die Temperatur stärker ansteigt als der Druck des Pflanzensaftes. In einem weiteren Experiment (siehe Tabelle 5.3) suchte Hales nach einem experimentellen Nachweis dafür, dass die Transpiration über die Blätter eine wichtige Rolle beim Aufsteigen des Saftes während des Pflanzenwachstums spielt.

Tab. 5.3: Experiment von Stephen Hales

<table>
<tr>
<td>„Aug. 17. At 11 a:m, I cemented to the tube a b […] 9 feet long, and ½ inch diameter, an Apple-branch d 5 feet long, 6/8 inch diameter; I poured water into the tube, which it imbibed plentifully, at the rate of 3 feet length of the tube in an hour. At 1 a clock I cut off the branch at c, 13 inches below the glass tube. To the bottom of the remaining stem I tied a glass cistern z, covered with ox-gut, to keep any water which dropped from the stem c b from evaporating. At the same time I set the branch d r which I had cut off in a known quantity of water, in the vessel x, […] the branch in the vessel x imbibed 18 ounces of water in 18 hours day and 12 hours night; in which time only 6 ounces of water had passed through the stem c b […] which had a column of water 7 feet high pressing upon it all the time."
This again shews the great power of perspiration; to draw thrice as much water, in the same time, through the long slender parts of the branch r […] as was pressed thro' a larger stem c b […] of the same branch; but 13 inches long, with 7 feet pressure of water upon it, in the tube a b."

Hales, Stephen, 1727, Vegetable Staticks, London, S. 41f.</td>
<td>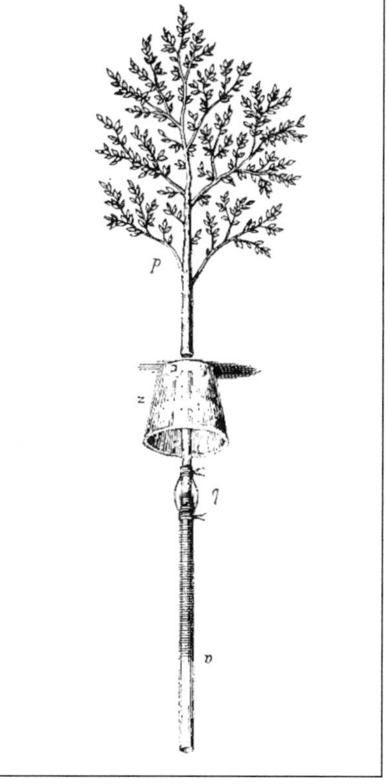</td>
</tr>
</table>

Stephen Hales Vorgehen ist in der Hinsicht experimentell, dass er in Phänomene eingreift, um einen Mechanismus zu isolieren, wobei es sich im vorliegenden Fall um die Zirkulation der Flüssigkeiten handelt.

Spallanzani und die „Frösche in Unterhosen"

Die vom Naturforscher Lazzaro Spallanzani (1729–1799) in einer Epoche der intensiven Entwicklung des tierischen und pflanzlichen Experimentierens gestellte Frage richtet sich auf die noch nicht erforschte Fortpflanzung der Lurche. Im 17. Jahrhundert verfolgte Jan Swammerdam (1637–1680) die Vermutung, dass der männliche Frosch die Eier des weiblichen Frosches außerhalb des Körpers befruchtet, so wie es Fische tun (Swammerdam, 1669). Diese Hypothese wurde auch von August Johann Roesel von Rosenhof (1705–1759) in seiner „Historia Naturalis Ranarum Nostratium" (1758) aufgegriffen. Carl von Linné (1707–1778) seinerseits verweigerte sich auch bei Fischen jedweder Idee der externen Befruchtung. Zwischen 1734 und 1742 versuchte der Naturforscher René-Antoine Réaumur (1683–1757) die Hypothese von Swammerdam und Rösel von Rosenhof durch viele Beobachtungen zu untermauern (Reaumur, 1734–1742). Er zog einem männlichen Frosch eine kleine Unterhose aus geschmeidigem Leder an – was nicht ohne Schwierigkeiten verlief, da sich das Tier immer wieder davon befreien wollte: „Das Ganze wurde dadurch ermöglicht, dass ich Hosenträger an den Unterhosen befestigt habe. Ich lasse sie auf den Armen des männlichen Frosches, unter dem Kopf, zwischen seinem Körper und dem des Weibchens entlanglaufen." (zitiert und übersetzt aus Rostand, 1951). Reaumur blieb dabei jedoch erfolglos. Spallanzani schlug daher einen Rückgriff auf das Experiment vor, jedoch nicht mehr um eine Hypothese zu prüfen, sondern als Forschungsgleis zur Formulierung eines neuen Hypothesensystems, das zur Prüfung durch das Experimentieren geeignet war. Hierfür führte Spallanzani erneut das Experiment von Reaumur mit dem Teichfrosch (*Rana esculenta*) durch, und zwar mit Erfolg. Die auf diese Weise an ihr Männchen „in Unterhosen" gebundenen Weibchen setzten Eier ab, die jedoch verfaulten und sich nicht in Kaulquappen verwandelten. Im Inneren der Unterhosen fand Spallanzani Tropfen einer durchsichtigen Flüssigkeit. Danach entnahm er dem Uterus des Weibchens unbefruchtete Eier, von denen er schon aus früheren Experimenten wusste, dass sie sich nicht spontan weiterentwickeln können. Er benetzte sie mit den vermuteten Samen, die er gesammelt hatte, und stellte einige Tage später fest, dass sich die Eier genauso gut entwickelten, als wären sie auf natürliche Weise durch das Männchen befruchtet worden. Jean Rostand schrieb darüber: „Auf diese Weise hat er die erste künstliche Befruchtung in einem Labor vorgenommen." (Rostand, 1951) Spallanzani bewies somit die Notwendigkeit des Experimentierens, um die Geheimnisse der Natur zu durchdringen (Spallanzani, 1768). Ein Jahrhundert später bestätigte auch Claude Bernard (1813–1878), der Vater der experimentellen Biologie, dass die biologischen Funktionen nur durch das Experimentieren ermittelt werden können (Bernard, 2008).

Theoretische und methodische Ansätze aus dem 19. und 20. Jahrhundert

Claude Bernard (1813–1878), Professor an der *Faculté des Sciences* in Paris und am *Collège de France*, veröffentlichte im Jahre 1865 seine Einführung in das Studium der Experimentalmedizin, in der er schrieb, dass das einzige Mittel zur Lehre von Themen der Natur im Vergleichen von Fakten und dem Abgleichen der einen mit den anderen durch Schlussfolgerungen und Experimente bestehe. Die Beobachtung zeigt auf, und das Experimentieren lehrt. (Bernard, 2008)

Außerdem lieferte er eine interessante *Definition des Beobachters und Experimentators*. Ein Beobachter ist derjenige, der die Phänomene so studiert wie sie die Natur offenbart, d.h. ohne sie zu verändern. Der Experimentator hingegen wendet Forschungsverfahren an, um die natürlichen Phänomene so zu ändern, dass sie unter den gewünschten – gerade *nicht* natürlichen, sondern im Experiment künstlich geschaffenen – Bedingungen erscheinen. Daher beschrieb Bernard das Experimentieren als *herbeigeführte Beobachtung*. Wenn man den Ansätzen Bernards folgt, besteht der Gegenstand der experimentellen Methode darin, eine apriorische Vorstellung in eine aposteriorische Interpretation umzuformen, die auf der Basis eines experimentellen Studiums der Phänomene aufbaut.

Bernard war nicht der einzige, der sich dem Experimentieren und dem wissenschaftlichen Schlussfolgern widmete. Die 1843 in einer Abhandlung mit dem Titel „System of Logic, ratiocinative and inductive […]" veröffentlichten Überlegungen John Stuart Mills (1806–1873) sind ebenfalls überaus interessant. In diesem Aufsatz konzentriert sich Mill auf das wissenschaftliche Schlussfolgern und diskutiert die Gesetze des Syllogismus, der induktiven Logik und der Kausalität. Darüber hinaus strebt er eine Systematisierung der wissenschaftlichen Methoden der Wahrheitsforschung in der Natur an.

Von der experimentellen Wissenschaft zur sogenannten deduktiven Wissenschaft

Verschiedene Aspekte der Ansichten Mills sind für uns sehr interessant. Vor allem erläutert er, dass jeder Zweig der Naturphilosophie rein experimentelle Ursprünge hat. Jegliche Generalisierung gründet sich auf einen Vorgang der Induktion, der sich an eine Reihe von Beobachtungen und Experimenten anschließt, was auf die Prinzipien des Empirismus Bacons zurückweist. Doch Mill geht noch weiter und beschreibt, dass die Entwicklung von rein experimentellen Wissenschaften wie der Optik und der Akustik zu Wissenschaften des reinen Schließens auf zahlreiche Induktionsschlüsse zurückgeht. Die Theorien dieser Wissenschaften sind als logische Konsequenzen und induktive Lehrsätze dargestellt, die offenbar auf einer Vielzahl von Beobachtungen und Experimenten basieren. Dennoch präzisiert er:

„But it is necessary to remark, that although, by this progressive transformation, all sciences tend to become more and more Deductive, they are not therefore the less Inductive; every Step in the Deduction is still an Induction“ (Mill, 1843, S. 289).

Im Folgenden betont er, dass die Ausdrücke „induktiv“ und „deduktiv“ nicht als Gegensätze verstanden werden sollen, sondern dass vielmehr „deduktiv“ und „experimentell“ einander gegenüberstehen. Eine experimentelle Wissenschaft basiert auf einer Gesamtheit von Beobachtungen und Experimenten, folglich auf einer Gesamtheit von Induktionen. Deduktive Merkmale einer Wissenschaft implizieren das Vermögen, die für eine Formulierung theoretischer Schlüsse notwendigen logischen Folgen zu begründen. Nach Mill ist es also die Entwicklung eines experimentellen Charakters, die es einem Forschungszweig ermöglicht, sich in eine deduktive Wissenschaft zu wandeln.

Experimentelle Methoden

Mill betrachtet das Experimentieren als eine Erweiterung der Beobachtung. Der Vorteil des künstlichen Experiments im Vergleich zur bloßen Beobachten besteht in der Möglichkeit, Wirkungen, Umstände und Variablen zu kombinieren, die nicht zwangsläufig in der Natur zu beobachten sind. Auf diese Weise ermöglicht das Experimentieren, beobachtete Phänomene besser zu verstehen.
Er zeigt vier experimentelle Methoden auf (Tabelle 5.4):

1. Die „Method of Agreement“ vergleicht die verschiedenen Bedingungen, unter denen eine Erscheinung auftritt.
2. Die „Method of Difference“ besteht darin, Bedingungen, unter denen die Erscheinung auftritt, mit sehr ähnlichen Bedingungen, unter denen die Erscheinung nicht auftritt, zu vergleichen.

Diese ersten beiden Methoden bezeichnet Mill als Ausschlussmethoden:

3. Die „Method of Residues“ eliminiert alle Aspekte eines Phänomens, die mit bekannten Ursachen infolge bereits durchgeführter Induktionsschlüsse in Verbindung gebracht werden. Was anschließend bleibt, ist eine Wirkung von vorher bekannten Ursachen, die jedoch noch nicht isoliert betrachtet wurden oder deren Effekt noch nicht gemessen wurde.
4. Die „Method of Concomitant Variation“ findet in solchen Fällen Anwendung, in denen man bekannte Aspekte eines Phänomens in seiner Gesamtheit nicht ausschließen kann. Die Möglichkeit, eine Modifikation vorzunehmen, und auf diese Weise zu versuchen, die Ursache eines Phänomens zu erklären, bleibt stets vorhanden.

Tab. 5.4: Vier experimentelle Methoden nach Mill

Method of Agreement
„If two or more instances of the phenomenon under investigation have only one circumstance in common, the circumstance in which alone all the instances agree, is the cause (or effect) of the given phenomenon."
Method of Difference
„If an instance in which the phenomenon under investigation occurs, and an instance in which it does not occur, have every circumstance in common save one that one occurring only in the former; the circumstance in which alone the two instances differ, is the effect, or cause, or a necessary part of the cause, of the phenomenon."
Method of Residues
„Subduct from any phenomenon such part as is known by previous inductions to be the effect of certain antecedents, and the residue of the phenomenon is the effect of the remaining antecedents."
Method of Concomitant Variation
„Whatever phenomenon varies in any manner whenever another phenomenon varies in some particular manner, is either a cause or an effect of that phenomenon, or is connected with it through some fact of causation"

Mill, John Stuart, 1843, *A System of Logic, Ratiocinative and Inductive, being a Connected View of the Principles of Evidence and the Methodes of Scientific Investigation*, vol. I, London: John W. Parker, S. 450f.

Das physikalische Experimentieren nach Pierre Duhem

Pierre Duhem, Physiker, Wissenschaftshistoriker und -philosoph (1861–1916), weist in seinem Werk „Ziel und Struktur der physikalischen Theorien" (1908) die Idee, nach der das Experimentieren zur Schaffung von Theorien dient, zurück. Ein Experiment überprüfe lediglich Hypothesen und bestärke die Theorie.

In einem Kapitel über die experimentelle Methode im Bereich der Physik schreibt er, dass jede physikalische Theorie auf eine Abbildung der experimentellen Gesetze ziele (Duhem, 1908). Das physikalische Experimentieren ist durch die Beobachtung von Phänomenen und deren Interpretation gekennzeichnet. Diese Interpretation ersetzt abstrakte, auf vom Beobachter angenommenen Theorien basierende Darstellungen durch konkrete, infolge tatsächlicher Beobachtung gewonnene Daten. Duhem unterscheidet zwischen einem physikalischen und einem gewöhnlichen Experiment. Das wesentliche Element des ersteren besteht in der theoretischen Interpretation, wohingegen das Ergebnis eines gewöhnlichen Experiments eine Feststellung unter vielen ist. Beim physikalischen Experimentieren verknüpft der Experimentator theoretische Begriffe mit tatsächlich beobachteten Fakten.

Im Folgenden werden zwei Beispiele aufgezeigt, die nach Duhem (1908) als gewöhnlich klassifiziert werden können:

Unter anderem führte der Naturforscher Lazzaro Spallanzani (1729–1799) Experimente bezüglich der Regenerationsfähigkeit von Schneckenköpfen durch. Hierbei handelt es sich um die Beobachtung der Neubildung des Kopfes einer Schnecke, nachdem dieser abgetrennt wurde. Entsprechend der Hypothese sollte eine Erneuerung der Mundorgane, der Augen und der Fühler zu beobachten sein. Das Experiment wurde zahlreiche Male mit unterschiedlichen Ergebnissen vorgenommen, was dazu führte, dass sich die wissenschaftliche Gemeinschaft spaltete, und viele Schnecken ihr Leben verloren (Spallanzani, 1768). Ein großer „Schneckenhenker" war auch einer der Populärwissenschaftler der Newton'schen Physik: Voltaire (1694–1778). Hierbei handelt es sich sicher um ein gewöhnliches Experiment, das zur simplen Beobachtung eines Phänomens führte, ohne dass durch die theoretische Interpretation der Resultate eine Schlussfolgerung gezogen werden konnte (Rostand, 1951, S. 81).

Die Analysen Mills und Duhems hinsichtlich einer wissenschaftlichen Schlussfolgerung und in Bezug auf den Stellenwert des Experimentierens innerhalb der Konstruktion gelehrten Wissens sahen sich in der ersten Hälfte des 20. Jahrhunderts der starken Konfrontation durch den kritischen Rationalismus Karl Raimund Poppers (1902–1994) ausgesetzt (Popper, 1935). Für diesen lieferte auch eine Vielzahl an Beobachtungen keine ausreichenden Ergebnisse, um eine wissenschaftliche Theorie zu beweisen. Theorien ließen sich dadurch nicht verifizieren, sondern allenfalls falsifizieren. Popper schrieb, dass keine Ansammlung von Fakten ausreichen könne, um einen allgemeinverbindlichen Lehrsatz zu bestätigen. Im Gegenzug reiche ein einziger Fakt aus, um ihn zu widerlegen (falsifizieren). Imre Lakatos (1922–1974) ging sogar noch weiter und behauptete, eine Theorie könne infrage gestellt werden, wenn Beobachtungen oder experimentell ermittelte Ergebnisse der Theorie widersprechen, und dass es keine mögliche Falsifikation gäbe, bevor nicht eine neue Theorie aufgestellt wurde (Lakatos, 1994). Wie Stengers zeigt, ist der Falsifikationismus nichts anderes als die Konfrontation zwischen einer wissenschaftlichen Theorie und einer Beobachtung (Stengers, 1995, S. 42).

Schlussfolgerung

Zielsetzung des hier vorgebrachten, sehr kurzen und selbstverständlich unvollständigen Überblicks über die Geschichte des Experimentierens war es, mithilfe einiger Meilensteine die vielseitigen Facetten der experimentellen Methode und die Komplexität des epistemologischen Felds des Experimentierens aufzuzeigen. Diese Komplexität zeigt sich unter anderem in der äußerst unpräzisen Verwendung der Termini des Experimentierens und der Beobachtung während des 18. und 19. Jahrhunderts. Im 19. Jahrhundert unternahmen schließlich Wissenschaftler wie Claude Bernard, John Stuart Mill oder auch Pierre Duhem den Versuch einer Systematisierung der experimentellen Methoden sowie einer Definition der Begriffe der Beobachtung und des Experiments in den Naturwissenschaften. Die Beherrschung der experimentellen Vorgehensweise trug wesentlich zum laufenden Prozess der disziplinären Differenzierung innerhalb der Naturwissenschaften im 18. und 19. Jahrhundert bei. Bezug nehmend auf diese Elemente der Geschichte des Experimentierens, kann man die Frage nach der Notwendigkeit einer epistemologischen Reflektion über das Experimentieren in der Didaktik der Naturwissenschaften stellen. Kann die Betrachtung der Geschichte der Entstehung von naturwissenschaftlichem Wissen, u.a. auf der Basis von Experimenten, Schülern helfen, die Wirklichkeit der wissenschaftlichen Praxis besser nachzuvollziehen? In der Didaktik der Naturwissenschaften ist allgemein bekannt, dass die Lehre über das Experimentieren sich nicht mehr ausschließlich auf die positivistische Herangehensweise von Claude Bernard stützen kann. Letztere ist im französischen Kontext mit dem Akronym OHERIC (Observation, Hypothèse, Expérience, Résultat, Interprétation, Conclusion) gekennzeichnet. Eine Methode, die – wie schon ausführlich von Mirko Grmek (1973) und André Giordan (1978, 1999) aufgezeigt wurde – eigentlich nur eine aposteriorische Rekonstruktion ist. Seitdem hat sich eine neue Herangehensweise etabliert, aufgebaut auf eine analytische Annäherung der experimentellen Gedankengänge. Im Allgemeinen geht es vor allem um die Konfrontation der Schüler mit der Diskontinuität der Wissenschaft und den Erkenntnishindernissen (obstacles épistémologiques nach Bachelard, 1999), die den Weg zu wissenschaftlichen Theorien und Konzepten prägen.

Bärbel Barzel, Bernd Reinhoffer und Marcus Schrenk

6. Das Experimentieren im Unterricht

In den vorangegangenen Kapiteln wurden die verschiedenen Ziele, sowie die Facetten des Experimentierens aus Sicht der Fachdisziplinen sowie der Wissenschaftstheorie dargestellt. Diese unterschiedlichen Ziele und Facetten spiegeln sich auch auf den Ebenen des Unterrichts wieder, werden dabei jedoch altersgerecht adaptiert und angemessen didaktisch aufbereitet und umgesetzt. Dabei orientieren sich die Handlungen und Aktivitäten rund um das Experimentieren im Unterricht an den wissenschaftlichen Strukturen und müssen hier ebenso klar umrissen und abgegrenzt werden wie dies in den Fachwissenschaften geschieht.

Hinsichtlich des Unterrichts lassen sich klare Ziele und Begründungen benennen, die mit dem Experimentieren verbunden sind (6.1). Vielfach wird unter Experimentieren im Unterricht sehr Unterschiedliches verstanden und subsumiert. Einen Überblick über diese Nuancen und Arten gibt Kapitel 6.2 – dies vor allem in Anlehnung an und im Vergleich zur Begriffsklärung im Fachlichen (siehe Kapitel 1). Für den Lernerfolg ist wesentlich, auf welche Weise das Experimentieren im Unterricht seinen Platz findet. Für die unterrichtliche Gestaltung sind neben der Zielklärung Fragen leitend, zum Beispiel die Frage nach dem Akteur des Experiments oder die Frage nach den Unterrichtsphasen, in denen ein Experiment sinnvoll angesiedelt werden kann. Diesem Themenkomplex der unterrichtlichen Realisation widmet sich Kapitel 6.3.

6.1 Begründungen und Ziele für das Experimentieren im Unterricht

Die Begründungen und Ziele, Experimentieren im Unterricht zu verankern sind vielfältig. Experimente können „als Medium zur Darstellung von Inhalten dienen, naturwissenschaftliche Arbeitsweisen und Erkenntniswege aufzeigen, Bezüge zu Alltag und Technik verdeutlichen, Interesse wecken und soziale Fähigkeiten fördern“ (Tesch et al., 2003, S. 30). Damit lassen sich im Wesentlichen zwei Ebenen von Begründungen explizieren, warum das Experimentieren im Unterricht zu integrieren ist:

- eine allgemeine Zielebene, auf der die pädagogische Zielsetzung der Persönlichkeitsbildung sowohl durch die komplexe Handlung des Experimentierens als Ganzes als auch durch die vielfältigen kognitiven Teiltätigkeiten unterstützt wird,
- eine konkret fachliche Ebene, wenn es darum geht, neue Begriffe und Konzepte durch Experimente zu erarbeiten oder das Experimentieren als Arbeits- und Erkenntnisweise kennen zu lernen. Diese fachliche Ebene kann nicht von metawissenschaftlichen, Fächer verbindenden sowie lernpsychologischen Perspektiven losgelöst werden.

Beide Ebenen sind eng verknüpft mit den Zielen und den angestrebten Kompetenzen des Individuums („intraindividuelle Wirkungen"), wie sie im mehrebenenanalytischen Rahmenmodell dieses Promotionskollegs zu finden sind (siehe Kapitel 8).

Allgemeine Ziele

Auf Justus von Liebig geht die These zurück, dass es kaum eine Persönlichkeitseigenschaft gibt, die nicht durch gut inszenierte Experimente beeinflusst wird (vgl. Heimann, 2009). Andernorts wird selbstverständlich davon ausgegangen, dass Experimentieren bei fachdidaktisch durchdrungenem Einsatz im Unterricht die Persönlichkeit als Ganzes fördern kann (Rossa, 2005, S. 12).

Welche Fähigkeiten werden beim Experimentieren gefördert, so dass eine solch weitreichende Bedeutung des Experimentierens unterstellt wird? Um diese Frage zu beantworten, um also zu klären, welcher Beitrag das Experimentieren zu einem umfassenden Kompetenzerwerb im Sinne einer allgemeinen Bildung mit Gegenwarts- und Alltagsbezug leistet, lohnt eine Tätigkeitsanalyse des Experimentierens. Allgemein pädagogisch bedeutsame Teiltätigkeiten finden sich in allen Phasen des Experiments. Zu Beginn eines Experiments wenn es darum geht, Fragen zu formulieren und Hypothesen aufzustellen, muss die vorliegende Situation genau erfasst werden, damit die Vermutungen präzise und stringent formuliert werden können. Hierzu ist eine offene, fragende Haltung des Akteurs nötig, Einflussfaktoren müssen als Basis der Variablenkontrolle wahrgenommen oder antizipiert werden.

Ist die Hypothese oder Untersuchungsfrage formuliert, geht es um die Planung der nächsten Schritte. Vorausschauen, Strukturieren, Abhängigkeiten erfassen und Gewichten von Variablen in ihrer Wechselwirkung sind hier die vollzogenen kognitiven Tätigkeiten. Bei der Durchführung selbst geht es um sorgfältiges, bedachtes Agieren und um eine genaue Beobachtung und Wahrnehmung, bevor am Ende das Gesehene oder Erlebte analysiert, Erkenntnisse verbalisiert und oder schriftlich formuliert zur Dokumentation gebracht werden müssen.

Mit dieser Fülle von Teiltätigkeiten beim Experiment lassen sich verschiedene allgemein-pädagogische Ziele explizieren (vgl. auch Muckenfuß, 1995, S. 339).

Förderung des kausalen und logischen Denkens

Kerschensteiner (1952) spricht im Zusammenhang mit dem Experimentieren von „geistiger Zucht", da er dem Experiment einen wichtigen Beitrag zum kausalen und logischen Denken zugesteht.

Dem Experiment eine solch große Bedeutung beizumessen liegt darin begründet, dass beim Experimentieren alle relevanten Größen und Einflussfaktoren als solche betrachtet und einbezogen werden müssen. Vor allem müssen deren Beziehungen analysiert und in ihren Abhängigkeiten wahrgenommen werden. Es geht um das Erkennen und die Analyse von Kausalitäten, Ursache-Wirkung-Beziehungen, um daraus allgemeine Erkenntnis zu gewinnen. Das heißt zum einen, dass zu entscheiden ist, welche Größe oder Variable als unabhängige in einem Kontext anzusehen ist und welche Variable oder auch Variablen als abhängig interpretiert werden müssen. Zum anderen muss antizipiert werden, welche weiteren Variablen Einfluss auf den Prozess und damit auf die Aussagekraft insgesamt nehmen können.

Diese Variablen gilt es zu kontrollieren. Es muss also der zu erwartende Prozess oder genauer Zyklus, bereits mental vollzogen werden. Diese Art analytischer Überlegungen setzt Vorstellungskraft voraus. Andererseits fördern solche Analysen gerade auch die Vorstellungskraft. Damit werden wichtige Eigenschaften gefördert, die den Bewusstheitsgrad jeglichen Handelns vertiefen und die Intensität der Wahrnehmung erhöhen können. Das Individuum lernt Strategien, um komplexe Situationen in ihrem Wirkgeflecht zu durchdringen.

Einem Experiment ist wesenseigen, dass es die Erkenntnisgewinnung nicht dem Feld der Spekulation überlässt, sondern diese empirisch untermauern will. Dazu gehört neben der Wahrnehmung von Kausalitäten ab Beginn des Experimentierens eine klare, rational geleitete, logische Schrittigkeit im Denken und Handeln. Besonders zu Beginn und gegen Ende eines Experimentzyklus ist logisches Denken unabdingbar. Zu Beginn, beim Planen eines Experiments müssen die Schritte in eine sinnvolle, d.h. der Sachlogik angemessene Abfolge gebracht werden, damit der Ablauf schlüssig und stimmig auf das Ziel hin organisiert und strukturiert ist (siehe Kapitel 1). Und das Auswerten des Beobachteten gegen Ende erfordert in sich stimmige und schlüssige Gedankengänge, damit die Erkenntnis in einem inneren Zusammenhang mit dem Beobachteten steht – entweder direkt oder indirekt durch logische Schlussfolgerungen als Zwischenschritte. Alle Denkakte müssen dabei begründet miteinander in Beziehung stehen, denn ein Ergebnis ohne nachvollziehbaren, überzeugenden Bezug zum Beobachteten kann dem Anspruch der empirischen Erkenntnisgewinnung nicht standhalten.

In diesem Prozess des Erkennens von Kausalitäten lernt der Einzelne, unterschiedliche Perspektiven nachzuvollziehen und kommt bezüglich Positionierungen zu einer allgemeinen Begründungshaltung.

Förderung kommunikativer Kompetenzen

Sowohl das Planen als auch das Auswerten erfordern und vertiefen zugleich argumentative Kompetenzen, da alle Schritte im Denken begründet miteinander in Beziehung stehen müssen, um überzeugend zu sein. Und Überzeugen ist wichtig, denn wissenschaftliche Erkenntnis ist nie Erkenntnis für sich alleine, sondern richtet sich immer an die interessierte Öffentlichkeit und sucht den wissenschaftlichen Diskurs. Kommunikation über das Experiment und Darstellung der Ergebnisse sind aufgrund der Stellung des Experiments im Erkenntnisprozess als essenziell anzusehen. Insofern werden beim Experimentieren sowohl das rationale Argumentieren als auch die Kompetenz der Kommunikations- und Präsentationsfähigkeit geschult und entwickelt.

Förderung der sozialen Verantwortungsübernahme und der Teamarbeit
Experimente – insbesondere Schülerexperimente (s.u.) – erfordern und fördern damit die Entwicklung der Kooperationsfähigkeit, da häufig eine Arbeitsteilung angebracht ist, um die verschiedenen Aufgaben beim Experimentieren in die Verantwortung verschiedener Personen zu legen (vgl. Killermann, 2009, S. 147 und Eschenhagen et al., 2006, S. 265). Damit wird die Verantwortung für Erfolg und Effizienz eines Experiments auf mehrere Schultern verteilt und sind soziale Kompetenzen wie Teamarbeit und Rücksichtnahme notwendig.

Insbesondere beim Umgang mit Geräten oder Materialien wird diese Verantwortung sehr deutlich. Auch der Austausch im Gespräch, z.B. über Ideen zur Planung und zur Auswertung erfordert Empathie und das Denken im Team.

Förderung des gründlichen und genauen Blicks auf Details:
Bereits einfache, scheinbar triviale Experimente fördern eine Denk- und Beobachtungsleistung von hohem Anspruch (vgl. Eschenhagen et al., 2006, S. 265, Rossa, 2005, S. 12). Exaktheit, Sorgfalt, Genauigkeit und Geduld (Muckenfuß 1995, S. 339) sind schon beim Führen einfacher Nachweise unabdingbar für das Experimentieren, da bereits zunächst unwichtig scheinende, geringfügige Aspekte wesentlich sein können. Dies gilt vor allem in der Phase der Durchführung, wenn es darum geht möglichst *genaue Beobachtungen* tätigen zu können, als auch bei der Auswertung, wenn aus unterschiedlichen Theorieperspektiven das gesehene oder erlebte Phänomen erfasst und interpretiert werden muss. Ein genaues Beobachten sollte bewusst gefordert werden, wie das Beispiel in Abbildung 6.1 für eine Grundschulklasse zeigt.

Aufgabenkarte
Kann man Zucker und Salz nur am Geschmack unterscheiden?

Betrachte Salz und Zucker. Auf den ersten Blick sehen sie gleich aus.

Vergleiche den Geschmack. Befeuchte dazu zwei Fingerspitzen und tippe ganz wenig vom Zucker auf die eine und ganz wenig vom Salz auf die andere Fingerspitze.

Schau dir nun ein paar Körnchen Zucker auf einer schwarzen Unterlage mit der Lupe an.
Schau dir auch ein paar Körnchen Salz an.
Zeichne und beschreibe, was du entdeckst.

Löse nun Salz in Wasser auf und verteile diese Lösung auf schwarzem Papier.
Mache dies auch mit Zuckerwasser.
Lege beide Papiere in die Sonne, so dass die Flüssigkeiten verdunsten.
Was beobachtest du?

Abb. 6.1: Eine Aufgabenkarte, die genaues Beobachten anregen soll

Förderung der gezielten Reflexion von Handlungen und von Beobachtungen
Eng verbunden mit der Fähigkeit zur genauen Beobachtung ist die der gezielten Reflexion (vgl. Eschenhagen et al. 2006, S. 265). Das Gesehene und Beobachtete muss hinsichtlich der leitenden Fragestellung oder der zu überprüfenden Hypothese durchdrungen und gedeutet werden. Dazu sind ein hoher Bewusstheitsgrad beim Arbeiten und die Abstraktion als Verbindung des Konkreten mit den theoretischen Gedanken notwendig. Genau darin steckt ein wesentlicher Schritt forschenden Arbeitens, dass das Entdeckte durch eine theoretische Reflexion angemessen eingeordnet werden kann. „Entdeckendes Lernen kann zu forschendem Lernen werden, wenn es sich an den Prinzipien der wissenschaftlichen Forschung orientiert" (Helmke, 2010, S. 4).

Da dieser Schritt der gezielten Abstraktion zum Experiment wesentlich dazu gehört, können im Experiment grundlegende erkenntnistheoretische und wissenschaftliche Arbeitsweisen vermittelt werden. So kann beispielsweise eine vertiefte Reflexion stets mit Hilfe von Fragen der Art „Erkläre das Versuchsergebnis" angeregt werden.

Fördern einer offenen und wertschätzenden Haltung
Für eine Begründung des Experiments als wesentlichem Baustein im Bildungs- und Lernprozess des Einzelnen dient jedoch nicht nur der Blick auf die Teiltätigkeiten und Kompetenzen, die beim Experiment vertieft werden, sondern ist es auch das Experiment als Ganzes, als komplexes Handlungsgefüge, das als solches einen Beitrag zur Persönlichkeitsbildung im Sinne allgemeiner pädagogischer Ziele leisten kann. Popper (2003) schreibt dem Experiment zu, dass es dem Individuum als Mitglied der offenen Gesellschaft dazu verhilft, eine offene und wertschätzende Haltung zur Welt aufzubauen.

Dem entspricht die Einschätzung Edelmanns (2000) vom Experiment als Beispiel „idealen Handelns". Die komplexe Handlungsabfolge des Experimentierens als Ganzes ist bestimmt durch spezifische, charakteristische Schritte und wird bewusst als Zyklus durchlaufen, geleitet von einer tragenden Fragestellung oder einer Hypothese. Von daher ist das Experiment eine bewusste und zielgerichtete Handlung und lässt sich lernpsychologisch als Beitrag zur Entwicklung des „idealen Handelns" ansehen. „Ideales Handeln" ist nach Edelmann (2000) keine normative Setzung sondern eine Bündelung von Charakteristika aus verschiedenen Handlungstheorien. Wichtige Merkmale sind dabei die Zielgerichtetheit, die Bewusstheit der Handlung und das sich in Phasen vollziehende Handeln (Edelmann, 2000, S. 194).

Edelmann steht mit dieser Auffassung in einer Traditionslinie mit verschiedenen Pädagogen, die Handeln stets mit einer klaren Zielorientierung in Verbindung bringen: „Handlung intendiert ein Ziel" (Aebli, 1980, S. 37), Handeln als „geplantes und strukturiertes Gefüge von zielgerichteten Operationen" (Miller, Galanter & Pribram, 1973, S. 8) oder Handlungen als „zielgerichtete Tätigkeiten" (Müller-Gaebele, 1997, S. 18). In diesem Sinne kann das Experiment als ein Modell für Handlung im allgemeinen Sinne gesehen werden und grenzt sich von einem ziellosen und erst recht von einem gedankenlosen Manipulieren ab. Zum Experiment gehört ein Plan, der einen Handlungsablauf darlegt. Der Handelnde erwirbt sowohl Wissen über die Welt als auch über erfolgreiche und weniger erfolgreiche Handlungspläne.

Förderung einer kritischen Haltung und demokratischen Selbstverständnisses
Wagenschein fordert: „Das physikalisch Reale und Wahre muss öffentlich wiederholbar sein, demonstrierbar, jederzeit von jedermann reproduzierbar; ein demokratischer Grundsatz" (Wagenschein et al., 1973, S. 13). Er führt aus, dass Betreiber Labore früher Kabinette nannten und naturwissenschaftliches Experimentieren gezielt in eine Analogie zur Zauberei brachten. Dies hatte für die Wissenschaftler den Zweck naturwissenschaftliches Wissen als Herrschaftswissen zu missbrauchen.

Das Experimentieren im Unterricht dagegen soll die Schülerinnen und Schüler zu kritischer (auch selbstkritischer) Nachdenklichkeit führen und Leichtgläubigkeit vorbeugen. Es soll sie auch unabhängiger vom Wissens- und Erfahrungsvorsprung der Lehrperson machen und sie ermutigen, selbst den Dingen auf den Grund zu gehen und nicht einfach kritiklos Wissen zu konsumieren. Experimentieren steht, wenn es im Unterricht sinnvoll umgesetzt wird in Korrelation zu Autonomieerleben. Der Bildungsprozess wird dadurch demokratischer, weil die Abhängigkeit von der Lehrperson geringer wird. Die Schülerinnen und Schüler lernen selbst Wissen zu erlangen oder zumindest naturwissenschaftliche Erkenntnisse zu überprüfen.

Ein Experiment sollte daher immer kritisch hinterfragt werden. Stellt man z.B. eine brennende Kerze in gefärbtes Wasser und stülpt einen Glaszylinder darüber, so erlischt die Kerze nach wenigen Sekunden. Der Wasserspiegel in dem Zylinder steigt daraufhin, so dass das Luftvolumen im Zylinder um ca. 20 Prozent geringer wird. Selbst vielen Studierenden kann man diesen Versuch als Beleg dafür ‚verkaufen', dass die Luft einen Sauerstoffanteil von 21 Prozent hat. Lässt man die Studierenden den Versuch selbst wiederholen und den Ablauf genau protokollieren, stellen sie aber fest, dass während des Brennvorgangs der Wasserspiegel im Zylinder unverändert bleibt. Erst kurz nachdem die Kerze erloschen ist, können sie beobachten, wie das Glas des Zylinders innen beschlägt und unmittelbar darauf, der Wasserspiegel steigt. Würde das Ansteigen des Wasserspeigels tatsächlich mit dem ‚Verbrauch' des Sauerstoffs direkt zusammen hängen, müsste er kontinuierlich während des Brennens ansteigen. Experimentieren kann also auch dazu beitragen, dass die Schülerinnen und Schüler lernen, vorschnelle Schlussfolgerungen oder angebotene falsche Deutungen kritisch bzw. selbstkritisch zu hinterfragen.

Fachliche Ziele

Eine konkret fachliche Ebene des Experimentierens darf nicht nur alleine die Ziele des eigenen Faches im Blick haben, sondern steht immer in Beziehung zu mindestens metawissenschaftlichen, fächerverbindenden und auch lernpsychologischen Perspektiven.

Aus metawissenschaftlicher Perspektive (Kircher et al., 2000, S. 257ff.; Muckenfuß, 1995, S. 339) erscheint das Experiment als zentrales Element der naturwissenschaftlichen Methode. Es beschäftigt sich mit quantifizierbaren und mathematisierbaren Aspekten von Natur. Es macht den Zusammenhang von Hypothese, Experiment und Theorie deutlich und als solches sollte es auch von Lernenden erfahren werden können. Dabei können in der Sekundarstufe auch wissenschaftshistorische Meilensteine in ihrer Bedeutung erfasst werden (vgl. hierzu die Ausführungen im Kapitel 5 und Jahn (2004)).

Unter fächerverbindenden Aspekten ist vor allem zu betonen, dass die äußere Anlage des zyklischen Ablaufs eines Experiments in allen Naturwissenschaften ähnlich ist. Auch die Wege der Datenerfassung und -auswertung und die mathematische Durchdringung der Problemstellungen vollziehen sich auf ähnliche Weise. Dabei können die in einem Fach erworbenen technischen und praktischen Kompetenzen der Experimentierenden beim Umgang mit moderner Technologien und Messwerterfassung auch in einem anderen Fach genutzt werden. Weiterhin schlagen Experimente über die Naturwissenschaften hinaus eine Brücke zu anderen Fächern als nur naturwissenschaftlichen, wie zum Beispiel bei Bewegungsanalysen im Sport oder dem Einsatz der Lochkamera (Camera obscura) in der Malerei (Knowles, 1996).

Für fachliche Ziele relevant ist auch die Perspektive der Lernpsychologie. Im Sinne der Theorie des erfahrungsbasierten Lernens (Lakoff & Johnson, 1999) kann die kognitive Aktivierung durch die sinnlichen Wahrnehmungen der Schülerinnen und Schüler und die realen Erfahrungen beim eigenen Experimentieren unterstützt werden. Dadurch wird dem Experiment zugeschrieben, die (intrinsische) Motivation zu unterstützen, oft verstärkt durch den Bezug zum Alltag. Lernpsychologisch bedeutsam ist auch das Erzeugen „kognitiver Konflikte“ ausgehend von Phänomenen – insbesondere wenn Schülerinnen und Schüler bei der Ausgestaltung von Experimenten mitbestimmen können und Erfolgserlebnisse ermöglicht werden (vgl. Muckenfuß, 1995, S. 339; Gropengießer, 2007).

Alle drei Zielebenen werden erreicht, egal ob das Experiment selbst zum Unterrichtsgegenstand wird oder als Unterrichtsmethode genutzt wird. Im Unterricht sind beide Wege relevant und wichtig:

- Als Unterrichtsmethode dient das Experimentieren dazu, den Erwerb fachlicher Schlüsselkompetenzen (vgl. Kapitel 8, 6. Aspekt der „Intraindividuelle Wirkungen“) zu unterstützen. Dabei wird das Experiment als Einstieg in neue Begriffe und Konzepte genutzt und dient der Veranschaulichung und dazu, etwas plausibel zu machen. Hier stehen stärker fachlich-stoffliche Inhalte im Vordergrund.
- Beim Experimentieren als Unterrichtsgegenstand geht es darum, „richtiges Experimentieren“ zu lehren, in seiner schrittweisen Abfolge und Modellkraft zu erfahren und exemplarisch anzuwenden. Dabei stehen eher fachlich-prozessuale Ziele im Fokus, wie zum Beispiel die Fähigkeit zur Hypothesenbildung, zur Planung von Experimenten und zur Analyse von Daten (vgl. Kapitel 8, 3.–5. Aspekt der intraindividuellen Wirkungen).

Beide Wege tragen dazu bei, dass grundlegende erkenntnistheoretische und wissenschaftstheoretische Kenntnisse vermittelt werden und dass die Bedeutung des Experiments in den Naturwissenschaften exemplarisch erfahren werden kann (vgl. Kapitel 8, 1. und 2. Aspekt der intraindividuellen Wirkungen).

In der Wissenschaft dient das Experiment unter anderem dazu, aus der Theorie gewonnene Hypothesen zu überprüfen, um neue Erkenntnisse zu gewinnen und diese widerspruchsfrei in die Theorie des Faches zu integrieren (vgl. Muckenfuß, 1995). Im Gegensatz zur Wissenschaft steht bei beiden Varianten des Experiments im Unterricht die Erkenntnis a priori fest – zumindest für die Lehrperson, nicht aber unbedingt für die Lernenden.

Sowohl fachlich-inhaltliche wie fachlich-prozessuale Ziele sind im Kompetenzmodell der Bildungsstandards zu finden. Die Bildungsstandards „... formulieren damit Erwartungen über das, was in den naturwissenschaftlichen Fächern gelernt und gelehrt werden soll und fokussieren den Blick auf das Können der Lernenden" (Hammann, 2004, S. 196). Die baden-württembergischen Bildungsstandards beschreiben z.B. explizit Anforderungen nach jeweils 2 Jahren (also zum Ende der Klassenstufen 2, 4, 6, 8, (zusätzlich Klasse 9 für Hauptschule/Werkrealschule), 10 und 12).

Der folgende Auszug aus den Kompetenzbereichen „Denk- und Arbeitsweisen" sowie „Erschließen von Phänomenen, Begriffen und Strukturen" aus dem Bildungsplan Baden-Württemberg Realschule (Ministerium für Kultus, Jugend und Sport, 2004b, S. 97ff.) für den Fächerverbund Naturwissenschaftliche Arbeiten mag exemplarisch verdeutlichen, welche zentrale Rolle das Experimentieren auch in Bildungsplänen, Lehrplänen und (Rahmen-)Richtlinien spielt:

Tab. 6.1: Die zentrale Rolle des Experimentierens am Beispiels der Kompetenzbereiche „Denk- und Arbeitsweisen" sowie „Erschließen von Phänomenen, Begriffen und Strukturen" aus dem Bildungsplan Baden-Württemberg Realschule

Kompetenzerwerb durch Denk- und Arbeitsweisen Antworten und Erkenntnisse durch Primärerfahrungen - Beobachten – Beschreiben – Fragen - Planen – Untersuchen – Schlussfolgern - Reflektieren – Verknüpfen – Schlussfolgern Antworten und Erkenntnisse durch Sekundärerfahrungen Antworten und Erkenntnisse durch Kooperation und Kommunikation
Kompetenzerwerb durch das Erschließen von Phänomenen, Begriffen und Strukturen Experimentieren und mit ausgewählten Stoffen umgehen können Phänomenologisches Wissen im Bereich der Stoffe sammeln und strukturieren Quantifizieren, Kausalitäten erkennen und beschreiben

6.2 Beobachten, Versuchen, Experimentieren im Unterricht – was ist was?

Der Status quo

In der fachdidaktischen Literatur finden sich zahlreiche Begrifflichkeiten zu naturwissenschaftlich-technischen Erkenntnisverfahren und Methoden. Schüleraktivitäten wie Experimentieren, Versuchen, Laborieren, Beobachten, Betrachten, Untersuchen, Analysieren u.a. werden nicht einheitlich verwendet und meist wird erst durch die Konkretion an Beispielen deutlich, was die unterschiedlichen Autoren meinen und welche kognitiven Tätigkeiten beim Lernenden tatsächlich angeregt werden. Dies zeigen die nächsten Abschnitte.

Ein Blick in Schulbücher, fachdidaktische Zeitschriften und Lehrmaterialien macht deutlich, welch breites Spektrum an Aktivitäten alleine unter „Experimentieren" gefasst wird. Oft scheint alleine das Umgehen mit Realien ausschlaggebend zu sein, um von Experimentieren zu sprechen. So wird in der „Liste verbindlicher Experimente" des baden-württembergischen Bildungsplans Grundschule das Lösen von Zucker, Salz oder Farben in Wasser als Experiment bezeichnet (vgl. Ministerium für Kultus, Jugend und Sport, 2004a, S. 110). Doch eigentlich handelt es sich hier viel eher um ein bloßes Beobachten von Prozessen, die in ihrem Ablauf unterschiedlich stark manipuliert werden. Diese Art der Begriffsausweitung, das Beobachten von real erlebten Phänomenen und Vorgängen, die entweder durch Schülerinnen und Schüler oder Lehrkräfte initiiert, arrangiert und manipuliert werden, bereits als Experiment für den Unterricht anzusehen, ist häufig zu finden.

Eine solche Vermischung der Begrifflichkeiten ist kritisch zu sehen. Alle die genannten Schüleraktivitäten wie Versuchen, Beobachten, Untersuchen, Analysieren, Experimentieren sind ausnahmslos sinnvolle Bereicherungen des Lernprozesses, jedoch hilft die Klärung und Abgrenzung der Begrifflichkeiten bei der Entwicklung und der didaktischen Analyse von Lernumgebungen. Hat man als Lehrkraft klar vor Augen, welcher Anspruch und welches Ziel mit der einen oder anderen Aktivität verbunden ist, lässt sich eine fundierte Entscheidung bei der Unterrichtsplanung treffen und treten einzelne Unterrichtsschritte klarer als Notwendigkeit hervor. Will ich zum Beispiel lediglich eine Visualisierung, um eine bereits gewonnene Erkenntnis zu vertiefen oder um eine Vermutung aufzustellen, ist die Beobachtung ein angemessenes Mittel der Wahl. Möchte ich dagegen, dass gelernt wird, wie eine Vermutung systematisch und zufriedenstellend überprüft werden kann, ist das Experiment der richtige Weg und wird damit auch klar, dass die einzelnen Schritte für die Schülerinnen und Schüler transparent und nachvollziehbar und sofern realisierbar auch selbst gegangen sein müssen.

Es reicht dann nicht aus, wenn sich die Tätigkeiten der Schülerinnen und Schüler auf eine kochrezeptartig ablaufende Handlungsabfolge reduzieren, ohne dass die Lernenden wissen, was sie eigentlich tun. Dabei laufen zwar naturwissenschaftliche Prozesse ab, jedoch bleibt das Verstehen der Hintergründe oder das bewusste

Wahrnehmen und Begründen als Grundlage des Erkenntnisgewinns durch das Experiment auf der Strecke. Dadurch entsteht eine Oberflächlichkeit, die vielfach auch von Schülerinnen und Schüler selbst als solche wahrgenommen wird, wie die beiden folgenden Eindrücke zeigen.

- Ein Schüler konstatiert nach einem Vormittag im Schülerlabor eines bedeutenden Chemieunternehmens: „Wir haben da alle möglichen Sachen zusammengerührt, wussten aber nicht wozu und was das genau war. Die Effekte waren toll aber inhaltlich haben wir null mitgenommen".
- Bei einem Besuch einer naturwissenschaftlichen AG in einem Museum wurden chemische Experimente vorgeführt u.a. mit Nitroglycerin. Ein Jugendlicher fragte den Experimentator, was da eigentlich vor sich gehe. Die Antwort: „Nun, ich haue mit einem Hammer auf winzige Tropfen von Nitroglycerin". Diese Antwort war keineswegs dazu angetan, die Neugier wach zu halten und das Interesse des Jugendlichen zu befriedigen.

Eine solche Art der Vermittlung bleibt trotz zweifellos eindrucksvoller Phänomene einseitig auf die „Catch-Komponente" (Guderian et al., 2007, S. 215) reduziert, d.h. es wird zwar Neugier und damit ein erster Schritt zu Interesse geweckt, aber es geht nicht weiter. Die Hold-Komponente kommt nicht in den Blick, die das Interesse stabilisiert als Basis dafür, einen wirklichen Lernprozess auszulösen. Forschungen zur Wirksamkeit von Schülerlaboren bestätigen diese Erkenntnis. Die intrinsische Motivation steigt nach dem Besuch solcher Schülerlabore zwar kurz an, hiermit ist jedoch nicht zwangsläufig ein nachhaltiger Lernzuwachs verbunden (Guderian & Priemer, 2008). Ein solcher Besuch führt zu keinem nachhaltigen Interesse an Naturwissenschaft und impliziert zudem ein falsches Bild eines Forschers, dem es mehr auf die Effekte als auf die dahinterliegenden Beziehungen, Gründe und Schlussfolgerungen ankommt.

Dieses Forscherbild hat wenig mit der Realität zu tun. Eine solche Schülerbeschäftigung verdient auch nicht im weitesten Sinne die Bezeichnung des Experimentierens, da diese Tätigkeiten der Schülerinnen und Schüler nicht dazu dienen eine naturwissenschaftliche Fragestellung zu klären oder zu lösen, noch nicht einmal eine Fragestellung zu erarbeiten. Es werden allenfalls methodische Kompetenzen des naturwissenschaftlichen Arbeitens erworben wie das Umsetzen von Anleitungen, die Einhaltung von Sicherheitsvorschriften, Protokollieren oder der sorgfältige Umgang mit Geräten und die korrekte Verwendung von Maßeinheiten.

Modelle zur Klärung

Eine Klärung der Begrifflichkeiten für den Unterricht kann sich zunächst an der Klärung im wissenschaftlichen Bereich orientieren (vgl. Kapitel 2). Dies ist zunächst gut und richtig, jedoch ist in einem nächsten Schritt die didaktische Perspektive einzubeziehen. Es muss geprüft werden, ob die getroffene Explizierung der

Begrifflichkeiten hilfreich für die Entwicklung und Analyse von Lehr- und Lernumgebungen ist. Einigkeit herrscht in der naturwissenschaftlichen wie auch der naturwissenschaftsdidaktischen Literatur über die Wesenseigenschaften von Experimenten. Sie stellen eine anspruchsvolle Arbeitsweise (vgl. Killermann et al., 2009, S. 146) dar, welche sich durch die Planmäßigkeit, Wiederholbarkeit und systematische Variation, respektive Konstanthaltung von Variablen auszeichnet. Berck (2005, S. 139) sieht bei Experimenten in Abgrenzung zu Versuchen Kontrollansätze impliziert. Interessant ist, dass in anderen Sprachen wie z.B. Französisch, Italienisch und Englisch es keine Unterscheidung zwischen Versuch und Experiment gibt, lediglich zwischen Beobachtung und Experiment.

Grygier und Hartinger (2009) beispielsweise grenzen für den Sachunterricht das Experimentieren, das Laborieren (nach Wiebel, 2000), den Versuch und das Explorieren (nach Köster, 2007) gegeneinander ab. Dabei bedienen sie sich der Kriterien „Vorgehensweise zu Beginn vorgegeben/nicht vorgegeben" und „Fragestellung vorhanden/nicht vorhanden". Beim zweiten Kriterium bleibt die Frage offen, ob das Verfahren dazu dient, eine Fragestellung zu klären oder wenigstens zu erarbeiten. Lässt man Kinder wie beim (freien) Explorieren sehr eigenständig und unangeleitet mit naturwissenschaftlichen Materialien umgehen, kann dies durchaus mit einer Fragestellung geschehen, auch wenn diese von den Kindern nicht expliziert formuliert wurde. Dabei muss jedoch bewusst bleiben, dass ein Herumprobieren ohne Zielgerichtetheit selbst mit basalen Ansprüchen an eine naturwissenschaftliche Erkenntnismethode kaum vereinbar wäre.

Folgende Tabelle zeigt die Klassifikation, die Grygier und Hartinger (2009) vornehmen, wobei sie betonen, dass es sich hier um eine vereinfachte und grobe Einteilung handelt:

Tab. 6.2: Klassifikation experimentellen Vorgehens im Unterricht von Grygier und Hartinger (2009)

	Fragestellung vorhanden	Fragestellung nicht vorhanden
Vorgehensweise vorgegeben	Laborieren	Versuch
Vorgehensweise nicht vorgegeben	Experimentieren	Explorieren

Positiv an dieser Einteilung ist sicherlich, dass zwei Dimensionen der kognitiven Aktivierung der Schülerinnen und Schüler maßgebend sind. Zum einen, inwieweit Hypothesen bzw. eine Fragestellung vorhanden sind und zum anderen in welchem Ausmaß die Schülerinnen und Schüler an der Planung des Ablauf bzw. der einzelnen Schritte der Vorgehensweise beteiligt sind. Gerade der letzte Aspekt ist außerordentlich wichtig bei der Frage, inwieweit der gesamte Prozess für die Schülerinnen und Schüler transparent ist oder nicht oder sie sogar an dessen Gestaltung beteiligt werden.

Das Kriterium der Identifizierung einzelner Variablen und ihrer Kontrolle spielt hier keine explizite Rolle, ist im besten Fall im ersten Kriterium enthalten. Die

Variablenkontrolle ist aufgrund der Komplexität des Verstehens für den Bereich des Sachunterrichts und somit für die Grundschule auch weniger relevant als für den Sekundarstufenbereich. Ergebnisse empirischer Studien zur Experimentierkompetenz (z.B. Hamann, 2004; Mayer et al., 2008) zeigen, dass Schülerinnen und Schüler unter 14 Jahren i.d.R. noch konfundieren und eine Variablenkontrolle nicht für notwendig halten auch wenn eigentlich nur so eine bestimmte Frage geklärt werden kann (siehe Kapitel 7). Spätestens im fortgeschrittenen Sekundarbereich lässt sich jedoch die Variablenkontrolle als wichtiges Kriterium bei der fundierten Überprüfung einer Hypothese integrieren.

So verwundert es nicht, dass für den Unterricht die folgenden naturwissenschaftlichen Erkenntnisweisen genannt werden, die ähnlich denen in den Fachwissenschaften sind (vgl. Kapitel 1): Beobachten, Versuchen, Experimentieren. Zudem wird häufig für den Unterricht das Beobachten von Prozessen bewusst vom Betrachten statischer Gegenstände unterschieden. Gemeinsam ist all diesen Erkenntnisweisen, dass sie planmäßig und zielorientiert ausgeführt werden, dass sie mit kognitiven Aktivitäten aller Beteiligten verbunden sind. Zu solchen Aktivitäten gehören das Untersuchen und das Analysieren als Feststellen von Gemeinsamkeiten, Unterschieden, Zusammenhängen oder Regelhaftigkeiten.

Um die Klärung und Abgrenzung der naturwissenschaftlichen Erkenntnisweisen im Unterricht zu erleichtern, ist es sinnvoll Kriterien der Unterscheidung zu konkretisieren:

- **Gegenstand:** Was genau wird betrachtet oder beobachtet? Ist es eher ein statisches Objekt (auch z.B. ein abstraktes), ein Prozess, ein Wirkgefüge oder ein Zusammenhang?
- **Ziele:** Was sind die Ziele der Aktivität? Ist es z.B.
  - das Identifizieren von Erklärungsbedarf (explorativ)?
  - das Aufstellen einer Vermutung (explorativ)?
  - eine offene Fragestellung, die geklärt werden soll (explorativ)?
  - die Überprüfung einer Hypothese (konfirmatorisch)?
- **Eingreifen in das Geschehen**: Wird bewusst in das Geschehen eingegriffen, um dem Ziel näher zu kommen?
- **Variablenkontrolle**: Werden neben der unabhängigen Variablen weitere Variablen als Einflussgrößen identifiziert, kontrolliert und je nach Ziel auch einzeln variiert? (z.B. durch Kontrollgruppen oder Kontrollsituation)

Mit Hilfe dieser Kriterien lassen sich die verschiedenen Arten der naturwissenschaftlichen Erkenntnisweisen für den Unterricht klarer unterscheiden (vgl. Tabelle 6.3).

Tab. 6.3: Unterscheidung verschiedener naturwissenschaftliche Erkenntnisweisen im Unterricht

Naturwissenschaftliche Erkenntnisweisen im Unterricht

Bezeichnung	**Unterscheidung hinsichtlich der Kriterien Gegenstand, Ziele, Eingreifen in das Geschehen, Variablenkontrolle**	**Beispiele**
Reines Betrachten	*Gegenstand:* statische Objekte *Ziel*: Identifizieren von Erklärungsbedarf, Aufstellen einer Vermutung *Eingreifen in das Geschehen:* Nein *Variablenkontrolle*: Nein	Einen Regenbogen (i.d.R. gleiche Farbenfolge und Form) Eine Kiefer als Solitär auf einer Wiese und eine im dichten Wald stehend – die gleiche Baumart aber ganz unterschiedliche Wuchsformen
Beobachten	*Gegenstand:* Prozess, Zusammenhang, Wirkgefüge *Ziel*: Identifizieren von Erklärungsbedarf, Aufstellen einer Vermutung *Eingreifen in das Geschehen:* Nein *Variablenkontrolle*: Nein	Wachstum von Keimlingen (Wurzel nach unten und Spross zum Licht) Den Wechsel der Mondphasen Den Sonnenstand im und die Tageslänge im Jahreslauf
Versuchen	*Gegenstand:* Objekt, Prozess, Wirkgefüge, Zusammenhang *Ziel*: Identifizieren von Erklärungsbedarf, Aufstellen einer Vermutung, Exploratives Erkunden, Überprüfen einer Hypothese *Eingreifen in das Geschehen:* Ja, Manipulation der unabhängigen Variablen, um Auswirkungen auf die abhängige zu untersuchen *Variablenkontrolle*: nein, es werden keine weiteren Variablen betrachtet	In welche Richtung wächst der Spross eines Keimlings in völliger Dunkelheit? Überprüfen der elektrischen Leitfähigkeit unterschiedlicher Materialien Verfärbung von Indikatorflüssigkeit bei Durchleiten des Rauchs von brennender schwefelhaltiger Kohle
Experimentieren	*Gegenstand:* Objekt, Prozess, Wirkgefüge *Ziel*: identifizieren von Erklärungsbedarf, Aufstellen einer Vermutung, Exploratives Erkunden, Überprüfung einer Hypothese *Eingreifen in das Geschehen:* Ja, Manipulation der unabhängigen Variablen, um Auswirkungen auf die abhängige zu untersuchen *Variablenkontrolle*: Ja, es werden bewusst weitere Einflussvariablen betrachtet, ggf. kontrolliert und Konfundierungen untersucht Kontrollansatz	Welcher Faktor beeinflusst das die Richtung des Wachstums eine Sprosses mehr: Licht oder Gravitation? Eine Kugel wird mit Kressekeimlingen bepflanzt und von allen Seiten gleich stark beleuchtet.

Die Abgrenzung und die Stufung der naturwissenschaftlichen Erkenntnisweisen im Unterricht lassen sich gut in einem Flussdiagramm (siehe Abbildung 6.2) verdeutlichen, da immer mehr charakterisierende Merkmale hinzukommen. Das Experimentieren weist dabei die höchste Komplexität auf.

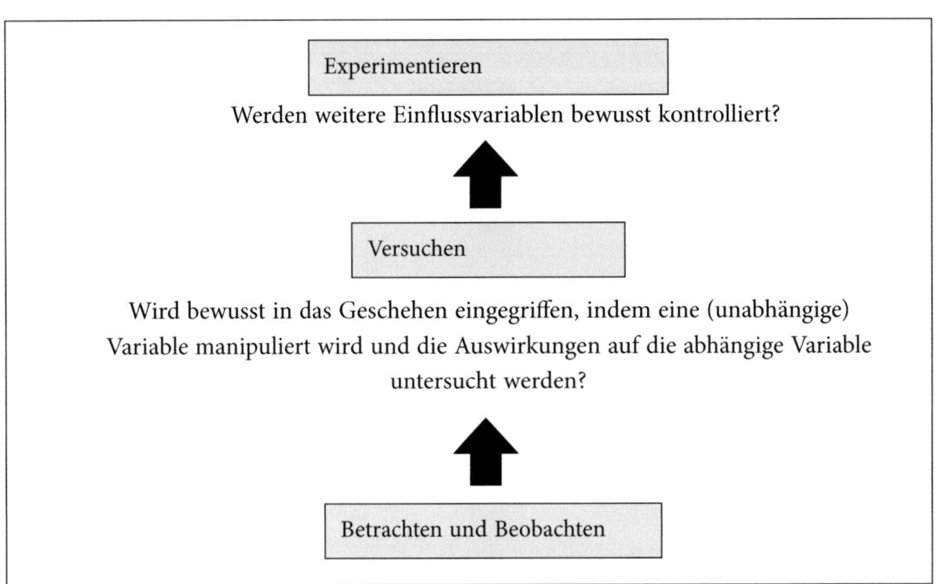

Abb. 6.2: Stufung der naturwissenschaftlichen Erkenntnisweisen im Unterricht

Die Klärung der einzelnen Unterschiede und der Kriterien können bei der Unterrichtsplanung helfen, den jeweiligen Unterschied zum nächst komplexeren Verfahren bewusst zu machen und gegebenenfalls bewusst zu setzen. Das Betrachten von Gegenständen oder das Beobachten von interessanten Phänomenen ließe sich im Unterricht durch geringfügige Modifikationen im Arrangement oder in der Fragestellung oft leicht zu einem Versuch oder sogar zu einem Experimentieren ausweiten wie das Beispiel in Tabelle 6.4 zeigt.

Tab. 6.4: Ausweitung einer Beobachtung zu einem Versuch

Frage: Wie stark ist der Effekt des Abkühlens beim Nutzen eines Erfrischungstuches?

Umsetzung als Beobachtung	Ausweitung zu einem Versuch
Lehrperson: „Ich habe hier einen Versuch vorbereitet – drei Messsonden (Thermometer) sind an ein Messgerät angeschlossen – eine Sonde ist mit einem Erfrischungstuch umwickelt, eine andere misst die Raumtemperatur und eine andere wird in Wasser getaucht."	Lehrperson: „Wie können wir genau prüfen, welchen Nutzen das Erfrischungstuch auf den Effekt des Abkühlens hat? Stellt Hypothesen auf und entwerft eine Strategie zur Überprüfung!"

Der Impuls auf der rechten Seite in Tabelle 6.4 löst genau einen solchen experimentellen Prozess aus. Dieser Schritt regt alle Aspekte an, die das Verfahren zum Experimentieren erweitern würden. Es besteht die Gefahr, dass dieser Schritt aus Gründen der Unterrichtsökonomie nicht getan wird, was den Nachteil mit sich bringt, dass das Unterrichtsgeschehen auf eine Beobachtung wie sie auf der linken Seite in Tabelle 6.4 ausgelöst wird, reduziert wird. Eine solche Reduktion geschieht im Unterricht auch, wenn eine Variablenkontrolle nicht explizit thematisiert wird, weil sie beinahe automatisch gegeben ist. Natürlich werden auch bei Beobachtungen und Versuchen sinnvolle kognitive Aktivitäten ausgelöst, jedoch sollte man als Lehrperson sich darüber bewusst sein, was man jeweils „opfert" – welche Kompetenzen man bewusst nicht anregt.

Gleich für welche Varianten man sich entscheidet, das Spektrum an möglichem Kompetenzgewinn ließe sich auch alleine dadurch erhöhen, dass der Impuls mit einer Unterrichtsorganisation einhergeht, die dem Einzelnen zunächst alleine oder in der Gruppe Zeit zur Diskussion und Durchdringung des Problemfeldes lässt. Dies gilt in besonderem Maße für das Experimentieren. Das Schülerexperiment erlaubt eine ganz andere individuelle Durchdringung als ein reines Demonstrationsexperiment. Das Demonstrationsexperiment erlaubt viel eher eine passive Rezeption als eine aktive Planung und Durchführung. Der Vorteil beim Demonstrationsexperiment ist darin zu sehen, dass sich die Schülerinnen und Schüler nicht auf Material und manuelles Ausführen konzentrieren müssen und dadurch von der eigentlichen inhaltlichen Erkenntnisgewinnung abgelenkt sind (cognitive overload).

6.3 Die Unterrichtsorganisation beim Experimentieren

Da die Effizienz von Experimenten im Unterricht empirisch erwiesen wurde (vgl. Kapitel 7), jedoch stark mit dem unterrichtlichen Vorgehen korrelieren, stellt sich die Frage, wie Experimente sinnvoll eingesetzt werden können, um die gewünschten Lernzuwächse und angestrebten Kompetenzen zu vermitteln.

Um einen umfassenden Überblick über unterrichtsorganisatorische Möglichkeiten des Experimentierens zu geben, werden zunächst Kriterien einer Unterscheidung verschiedener unterrichtlicher Organisationsformen von Experimenten vorgestellt. Dann wird auf den didaktischen Ort des Experimentierens in einer Unterrichtseinheit und die damit verbundenen unterschiedlichen didaktischen Funktionen eingegangen. Weiter werden empirisch ermittelte Defizite von Schülerinnen und Schülern beim Experimentieren dargelegt, um daraus Interventionsvorschläge zu begründen, in welche Erkenntnisse aus den vorangegangenen Abschnitten einfließen sollen.

Arten von Experimenten im Unterricht

Die unterrichtlichen Choreographien (Oser & Patry, 1990) für Experimente im Unterricht können sehr unterschiedlich sein. Es lassen sich dabei verschiedene Kriterien zur Klassifizierung festmachen, die bei der Gestaltung des Unterrichts mit Experimenten leitend sein können. In der Literatur lässt sich auch zu diesem Aspekt ein divergenter Theoriestand feststellen. Die Synopse verschiedener Autoren (vgl. z.B. Hartinger, 2003; Grygier & Hartinger, 2009; Killermann et al., 2009; Stripf, 2006; Berck, 2005) führt zu folgender Übersicht in Tabelle 6.5:

Tab. 6.5: Unterschiedlichen Kriterien für die Einteilung von Experimenten im Unterricht

Einteilung nach …	entsprechende unterrichtliche Organisation
dem Hauptakteur	Schülerexperiment
	Lehrerexperiment (Demonstrationsexperiment)
dem Material/apparativen Aufwand	Alltagsmaterialien
	Labormaterialien
der Dauer	Kurzzeitexperiment
	Langzeitexperiment
der Reichweite der Aussagen	Qualitative Experimente
	Quantitative Experimente
der Nähe zum Objekt	direktes Experiment
	Modellexperiment
	Gedankenexperiment

Einteilung nach dem Hauptakteur

Bei Schülerexperimenten sind einzelne oder mehrere Schülerinnen und Schüler die Hauptakteure (Hartinger, 2003). Schülerexperimente werden allein oder in Gruppen durchgeführt. „Hinsichtlich der Motivation, der manuellen und geistigen Selbsttätigkeit sowie der Erziehung zu Arbeitstugenden (Genauigkeit, Ausdauer […])“ (Killermann et al., 2009, S. 148) erhält diese Organisationsform des Experiments eine besondere Wirkung. Diese kann jedoch nur gänzlich entfaltet werden, wenn Experimente von den Lernenden so weit wie möglich selbstständig geplant, durchgeführt und ausgewertet werden und nicht nur rezeptartig abgearbeitet werden.

Lehrerexperimente bzw. Demonstrationsexperimente (Hartinger, 2003) werden meist dann eingesetzt, wenn die Ausstattung der Schule eine Bearbeitung im Klassenverband nicht zulässt, die Durchführung gefährliche oder kostspielige Materialien oder hohen Zeitbedarf erfordert. Die Münzprägung mit Kaliumchlorat stellt ein Beispiel für ein Demonstrationsexperiment dar, welches nur von der Lehrkraft und nur unter dem Abzug durchgeführt werden darf (vgl. www.experimentalchemie.de). Verschiedene Untersuchungen zur Wirksamkeit von Demonstrationsexperimenten (vgl. Brell et al., 2006) zeigen, dass hohe kognitive Lernzuwächse vermerkt werden können. Die kognitiven Lernzuwächse sind meist höher als bei Schülerversuchen.

Unter Demonstrationsexperimenten versteht man aber nicht nur Experimente, welche von der Lehrkraft selbst durchgeführt werden, sondern auch Filmvorführungen zur Veranschaulichung von Experimenten bzw. videogestützte Vorführungen.

Einteilung nach dem Material/apparativen Aufwand

Hartinger (2003) unterscheidet Experimente auch nach den ausgewählten Materialien. Einmal können Alltagsmaterialien zum Einsatz kommen, wodurch ein Bezug zur Lebenswelt der Schülerinnen und Schüler und ein Anknüpfen an individuelle Erfahrungen ermöglicht werden. Damit werden auch Impulse für ein Fortführen des Experimentierens im Alltag gesetzt, wie dies u.a. der Ansatz des entdeckenden Lernens propagiert (vgl. z.B. Soostmeyer, 1978). Der Aufblasversuch eines über den Rand einer Plastikflasche in die Flasche hinein gestülpten Luftballons gehört in diese Kategorie (Grygier & Hartinger, 2009, S. 28). Gerade die Grundschuldidaktik propagiert eine solche Orientierung an Alltagsmaterialien im Zusammenhang mit einer entsprechenden Ausstattung des Klassenzimmers (Unglaube, 1997).

Andererseits können auch Labormaterialien und komplexere Apparaturen zum Einsatz gebracht werden. Dies erfolgt bereits in der Grundschule. So schlagen Grygier & Hartinger (2009, S. 29) den Einsatz einer Vakuumpumpe vor, um zu beweisen, dass Luft Raum einnimmt. Der apparative Aufwand beim Experimentieren dürfte aber über die Sekundarstufe I in die Sekundarstufe II ansteigen.

Einteilung nach der Dauer

Kurzzeitexperimente lassen sich in Einzel- oder Doppelstunden umsetzen. Die Ermittlung von Aspekten zum Schwimmen und Sinken oder zur Brennbarkeit diverser Materialien können als Beispiel für Kurzzeitexperimente angeführt werden. Langzeitexperimente können nicht wie Kurzzeitexperimente im Rahmen von einer oder zwei Unterrichtsstunden durchgeführt werden. Keimversuche mit einer Variation der Lichtverhältnisse oder der Wasserzufuhr sind klassische Beispiele für Langzeitexperimente. Sie werden i.d.R. über mehrere Tage oder Wochen hinweg durchgeführt.

Einteilung nach der Reichweite der Aussagen

Qualitative Experimente erlauben es festzustellen, ob ein Faktor einen Einfluss auf den Vorgang hat oder nicht. Eine Experimentieranordnung mit der Frage, ob eine Pflanze Licht zum Wachsen benötigt oder nicht, kann zu den qualitativen Experimenten gezählt werden. Quantitative Experimente sollen zahlenmäßig fassbare Ergebnisse erzielen. Um zu Aussagen über Zustände, Prozesse und Zusammenhänge kommen zu können, erfordern sie einen erfordern sie einen höheren Genauigkeitsgrad in der Arbeit mit geeichten Instrumenten und exakte Messergebnisse. Diese Form des Experiments ist im Schulkontext auf die Sekundarstufen I und II beschränkt (vgl. Killermann et al., 2009). Beispielsweise ist die Untersuchung des Zusammenhangs zwischen Pendelfrequenz einerseits und Pendellänge und Pendelgewicht andererseits ein quantitatives Experiment.

Einteilung nach der Nähe zum Objekt
Wird mit realen Materialien experimentiert, spricht man von direkten Experimenten. Werden anstelle der Realien Modelle, Simulationen oder Abbildungen verwendet, handelt es sich um ein Modellexperiment. In Gedankenexperimenten erfolgt die praktische Durchführung alleine mental.

Didaktischer Ort des Experimentierens und die damit verbundenen didaktischen Funktionen
Betrachten, Beobachten, Versuchen, Experimentieren – all diese naturwissenschaftlichen Erkenntnisverfahren können im Unterricht zu unterschiedlichen Zeitpunkten einer Unterrichtseinheit eingesetzt werden. Je nach der didaktischen Platzierung zu Beginn, in der Mitte oder gegen Ende der Unterrichtseinheit werden den Verfahren schwerpunktmäßig unterschiedliche didaktische Funktionen zugewiesen.

Beim Einstieg in eine Unterrichtseinheit soll das Interesse der Schülerinnen und Schüler aktiviert oder überhaupt geweckt werden, die Lernenden sollen zum Staunen gebracht werden, Fragestellungen entwickeln und motiviert werden, die Problemlösung zu planen. Ein für die Problemlösung geeignet erscheinender Versuchsablauf wird erarbeitet. In der Erarbeitungsphase wird dieser Versuchsablauf umgesetzt. Die aufgeworfenen Fragen werden geklärt und Lösungen erarbeitet. Hierzu können Vermutungen im Experiment überprüft oder schon erarbeitete Kenntnisse und Fertigkeiten durch neue Aspekte und Zusammenhänge vertieft werden.

Auch gegen Ende einer Sequenz geht es um Vertiefen, hier um das Vertiefen des bisher Gelernten und um Leistungskontrolle, die den Lernfortschritt feststellt. Zudem bietet sich hier die Chance, Anwendungsmöglichkeiten für die erworbenen Kenntnisse und Fertigkeiten zu suchen, zum Beispiel durch einen Transfer in den Alltag. Ferner können in dieser Abschlussphase einer Unterrichtssequenz weitergehende Fragen angestoßen werden, die das neu gelernte Wissen und Können nutzen und helfen, den erworbenen Forscherdrang aufrechtzuerhalten oder überhaupt anzustoßen. Es können neue Fragen aufgeworfen oder bisherige Erkenntnisse in Frage gestellt werden und ebenso ist es möglich andere Vorgehensweisen innerhalb des Experimentierzyklus zu diskutieren und anzuregen.

Diese didaktischen Funktionen des Experimentierens in einzelnen Unterrichtsphasen lassen sich über die verschiedenen konzeptionellen Ansätze hinweg relativ gut analysieren. Die Benennungen gehen jedoch weit auseinander, wie im folgenden Abschnitt am Beispiel der Einstiegsphase gezeigt wird.

Experimente zu Beginn einer Unterrichtseinheit
Experimente am Beginn einer Unterrichtseinheit dienen v.a. der Motivation und dazu, der Beantwortung einer entwickelten Fragestellungen nachzugehen, Wege zu entwerfen, zu erproben und dann später rückblickend auch einzuschätzen. Wollen Schulanfänger herausfinden, welche Kleidung ihre Verkehrssicherheit auf dem morgendlichen Schulweg im Winterdunkel erhöhen kann, entwickeln sie ein

Experiment zur Sichtbarkeit von hellen und dunklen Farben oder zur Wirksamkeit von Reflektoren. Sie müssen Wege finden, schlechte Sichtverhältnisse zu imitieren (Raumabdunklung oder weißes transparentes Papier für Nebel) ebenso wie Autoscheinwerfer (Taschenlampen, Arbeitsleuchten).

Gerade für die Einstiegsphase wird das Vorgehen sehr unterschiedlich benannt. In der Fachliteratur ist die Rede vom „Einstiegsphänomen" (Brülls, 2004, S. 64) und von „überraschenden, experimentellen Demonstrationen" (Wodzinski, 2004, S. 127) über „Demonstrationsexperiment" (Hartinger, 2003) bis hin zum „freien Experimentieren" (Hagstedt, 1995, S. 33). Diese Bezeichnungen „entstammen der unterrichtlichen Tradition und decken sich nicht in jedem Fall mit der wissenschaftstheoretischen" (Lauterbach, 2007, S. 457). Im Sinne der oben angeführten Klärung müsste passender von Beobachtungen oder Versuchen gesprochen werden. Auch in den unterrichtsbezogenen Vorschlägen von Schulbüchern und in der Kompendienliteratur werden die idealtypischen Vorstellungen aus der Wissenschaft oft auf der Basis verschiedenster Zielsetzungen verändert und wenig systematisch variiert.

So wird zum Beispiel das folgende sehr sinnvolle Vorgehen in einer 2. Klasse als Experiment bezeichnet, auch wenn es passender als Versuch einzuordnen ist. Dieser Versuch zur Phänomenbegegnung macht deutlich, wie bereits auf dieser Altersstufe Aspekte experimentellen Arbeitens auf einer sehr elementaren Ebene angeregt werden können: Die Lehrkraft hat drei Plastikbehälter sowie Filmdosen oder Überraschungseier neben einer großen Glasschale liegen (siehe Abbildung 6.3). Sie füllt die Schale mit Wasser und fragt, was wohl geschehen wird, wenn sie diese Plastikdosen ins Wasser gibt. Die Schülerinnen und Schüler stellen Vermutungen an:

- „Sie werden oben schwimmen."
- „Sie gehen unter."
- „Sie schwimmen wie Fische im Wasser."
- „Kommt darauf an, ob der Deckel dicht ist."

Die Lehrkraft fragt nach Begründungen und erhält Antworten wie:

- „Was aus Plastik ist schwimmt."
- „In den Döschen ist Luft drin."
- „Die Dosen sind leicht.", usw.

Ein solches Vorgehen richtet die Aufmerksamkeit aller Beteiligten auf eine bestimmte Situation. Diese kann inszeniert sein oder sich aus dem Alltag ergeben. Sie weckt die Neugier, aktiviert oder initiiert das Interesse der Schülerinnen und Schüler. Sie setzen sich mit den Vermutungen anderer Schülerinnen und Schüler auseinander, diskutieren ihre Vorstellungen. Tritt im o.g. Beispiel nun der Fall ein, dass die eine Filmdose schwimmt, die andere sinkt und die dritte im Wasser schwebt, kommt eine weitere wichtige Funktion des Experimentierens in der Anfangsphase einer Unterrichtseinheit zum Tragen: Die Schülerinnen und Schüler sind zum Staunen gebracht und stellen Vermutungen auf für mögliche Gründe. Beim illustrierten Beispiel wird deutlich, dass man hier nicht von einem Experiment im

Abb. 6.3: Versuch zum Schwimmen und Sinken mit Filmdosen in einer Wasserschüssel

wissenschaftlichen Sinne sprechen kann. Bei diesem unterrichtlichen Vorgehen handelt sich vielmehr um einen Versuch, bei welchem „der Ablauf von der Hypothesenbildung bis zur Erkenntnisformulierung verkürzt" (Killermann et al., 2009, S. 146) ist.

Der Moment des Staunens führt dazu, Fragen zu stellen. Die drei Dosen sind gleich groß, oder nicht? Sind sie unterschiedlich schwer? Liegt es am Inhalt der Dosen? Was ist darin? Ist in allen Dosen dasselbe, nur in unterschiedlichen Mengen? Wenn ja, in welcher ist dann am meisten, in welcher am wenigsten? Oder sind die Dosen mit unterschiedlichen Materialien gefüllt? Welche könnten es sein? Es können viele Fragen generiert werden, welche helfen können das Phänomen des Schwimmens und Sinkens näher zu erörtern.

In vielen Unterrichtswerken und Unterrichtsvorschlägen werden konkrete Fragestellungen und Handlungsfolgen vorgegeben (vgl. z.B. Schulz et al., 2010). „Die Entlastung, die mit dieser Art der Anleitung einhergeht, blendet [...] das Verständnis wesentliche[r] Aspekte aus, sodass es [...] nicht mehr zur gedanklichen Durchdringung der Handlungsschritte kommt" (Rincke et al., 2010, S. 242)

Eine solche Engführung und Verkürzung findet sich zum Beispiel bei folgendem Vorgehen zum Einstieg in die Thematik „Schwimmen und Sinken". Es werden verschiedene Gegenstände wie Radiergummi, Korken, Kastanie, Murmel, Stein, Papier, Knöpfe aus verschiedenen Materialien, Haargummis, Äpfel, Kerzen, Spielzeugfiguren, Büroklammern und anderes mehr abgebildet. Unter der Fragestellung „Was schwimmt?" wird dann eine dreispaltige Tabelle angeboten mit einer Abbildung des jeweiligen Gegenstandes in der ersten Spalte, dem freien Platz für die Vermutung

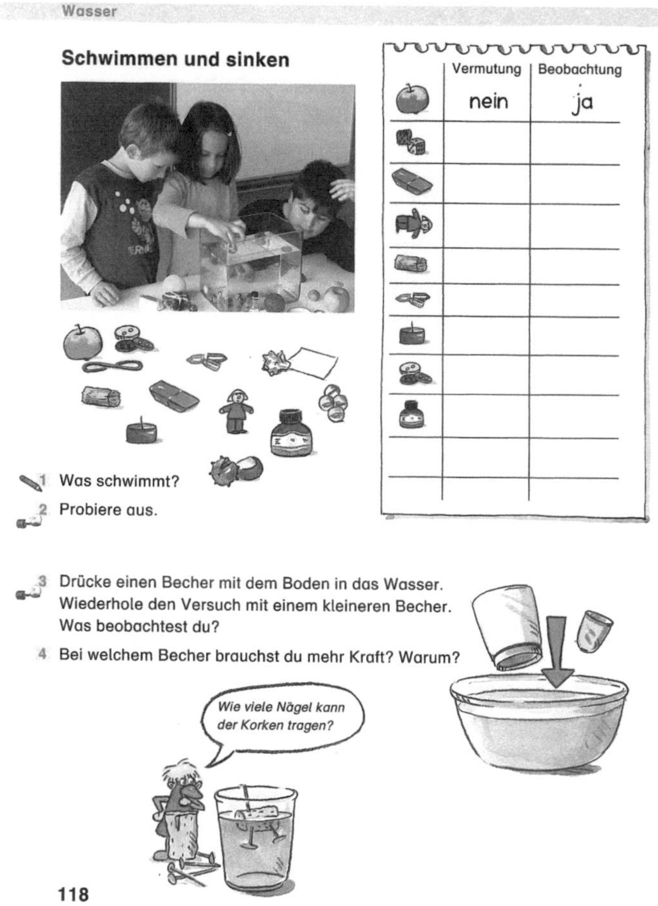

Abb. 6.4: Engführung durch Materialvorgabe und Eingrenzen von Fragestellung und Vorgehen (Brandenburg et al., 2004, S. 118)

(ja/ nein) in der zweiten und der einzutragenden Beobachtung (ja/nein) in der dritten Spalte.

Es werden hier zwar Elemente des Experiments zugrunde gelegt, das Aufstellen von Hypothesen und die Bewegung in diesem Suchraum (vgl. Ehmer, 2008, S. 14). Dennoch kann auch hier nicht von einem Experiment im wissenschaftlichen Sinne gesprochen werden. So werden Fragestellung, Versuchsaufbau und Muster der Ergebnisformulierung vorgegeben, so dass eher von einem Versuch gesprochen werden muss. Nach einem Konzept, weshalb die einen Gegenstände schwimmen und die anderen nicht, wird gar nicht gefragt. Es scheint, als wäre diese Ausrichtung überwiegend bei Experimenten für die Primarstufe vorzufinden, doch zeigen folgende Beispiele in Abbildung 6.5 und in Abbildung 6.6, dass auch in Unterrichtsvorschlägen für die Sekundarstufe solche Vorgehensweisen als Experiment bezeichnet werden:

78 Experimentieren mit Licht

Experimentieren mit Licht
Das Auge ist unser wichtigstes Sinnesorgan. Unsere Augen reagieren auf Licht. Auf sie verlassen wir uns im Straßenverkehr. Wir brauchen sie zum Lesen. Mit den Augen nehmen wir auch den Gesichtsausdruck unserer Mitmenschen wahr.
Beim Sehen spielt – wie bei jeder Wahrnehmung – unser Gehirn eine wichtige Rolle.
Experimente mit Licht helfen dir, den Sehvorgang zu verstehen, und führen in die Grundlagen der Fotografie und in die Welt der Farben ein.

In diesem Kapitel kannst du
- mit einer Lochkamera Fotos aufnehmen,
- viele Experimente zur Entstehung von Bildern und zum Spiegelbild durchführen,
- den Zusammenhang zwischen Licht und Farbe ergründen,
- die Funktionsweise des Auges untersuchen,
- dich mit dem Thema Augenfehler und Brillen beschäftigen.

Abb. 6.5: Engführung ohne Hypothesenbildung beim Einstieg in ein Thema (Bresler et al., 2005, S. 78)

1 Lichtausbreitung – sichtbar gemacht
Bespanne ein Sieb mit Alufolie. Stülpe es über eine sehr helle Glühlampe. Stich einige Löcher in die Folie. |4

a Wie kann man das austretende Licht sichtbar machen?

b Was zeigt dir dieser Versuch über das Licht?

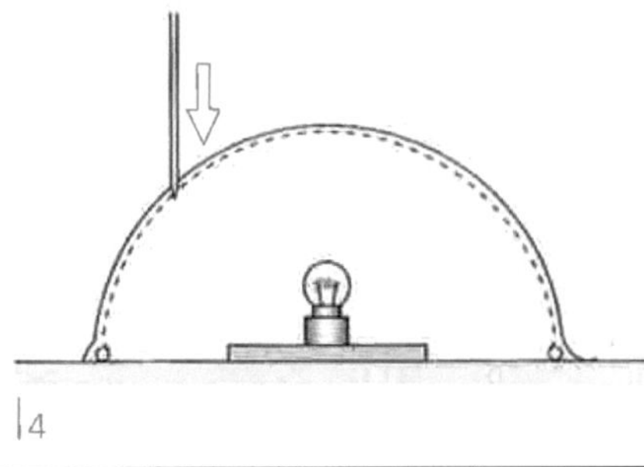

Abb. 6.6: Engführung ohne Hypothesenbildung bei einer Aufgabenstellung (Bresler et al., 2005, S. 80)

Experimente mitten in einer Unterrichtseinheit
Experimente können auch gezielt in der Erarbeitungsphase verortet werden, wo sie helfen sollen bisher aufgeworfene Fragen zu klären oder Hypothesen zu überprüfen. Im Idealfall sind zuvor Theoriehintergründe geklärt worden, offene Fragen angesprochen und erste Ideen geäußert worden. Hier finden wir im Unterrichtsalltag am ehesten eine Orientierung an wissenschaftstheoretischen Überlegungen und an den Idealvorstellungen vom Ablauf eines naturwissenschaftlichen Experiments (vgl. Tabelle 6.6).

Tab. 6.6: Impuls zur Hypothesenbildung am Beispiel des Löschens von Feuer

Feuer – ein Thema im Unterrichtsplan von 4. Klassen Es wurde bereits behandelt, welche Voraussetzungen gleichzeitig für ein Feuer bestehen müssen, damit es brennt (Verbrennungsdreieck): Es muss ein brennbarer Stoff vorhanden sein (Brennstoff). Es muss ausreichend Sauerstoff vorhanden sein (Sauerstoff). Der Brennstoff muss entweder auf seine Entzündungstemperatur zur Selbstentzündung oder auf seine Flammtemperatur zur Zündung mittels eines Funkens oder einer Flamme erwärmt sein (Entzündungs- bzw. Flammtemperatur). Wie kann ein Feuer demzufolge gelöscht werden?

Die Schülerinnen und Schüler entwickeln im Beispiel zum „Feuer“ ausgehend vom Verbrennungsdreieck die Vermutungen, dass der Brennstoff oder Sauerstoff/Luft entzogen werden kann oder die Temperatur des Brennstoffs heruntergekühlt werden kann. Ausgehend von ihren Vermutungen formulieren sie Hypothesen und überlegen sich Versuchsanordnungen. Im Rahmen der Planungen sollten die Schülerinnen und Schüler auf die Notwendigkeit des Kontrollansatzes aufmerksam gemacht werden. Natürlich werden wie bei allen Experimenten notwendige Sicherheitsregeln eingeführt und auf deren Einhaltung geachtet. Die Schülerinnen und Schüler unternehmen Löschversuche, um ihre Hypothesen ggf. zu falsifizieren.

Oftmals sollen bei Experimenten inmitten einer Unterrichtseinheit auch schon erarbeitete Kenntnisse und Fertigkeiten noch vertieft werden (vgl. Killermann et al., 2009). Dann werden Experimente wiederholt oder in leichten Variationen angeboten. Einen anderen Weg geht Spreckelsen (1997): Er schlägt einfache „physikalische“ Versuche mit Alltagsmaterialien vor, bei denen fünf Versuche meist so zusammengestellt werden, dass vier dem gleichen (physikalischen) Funktionsprinzip folgen. „Entscheidend dabei ist, dass im Unterricht nicht primär auf die Klärung eines *einzelnen* Phänomens abgezielt wird, sondern dass eine Reihe (ein Kreis) von Phänomenen bereitgestellt und untersucht wird, deren Interpretationen sich gewissermaßen gegenseitig stützen und stabilisieren, das sie demselben Funktionsprinzip angehören, also „strukturell identisch“ sind“ (Spreckelsen, 1997, S. 125).

Solche Anordnungen nennt er Phänomenkreise. In einer solchen Gruppierung sollen die Schülerinnen und Schüler mehrere genotypisch analoge Phänomene in den Blick bekommen. „Man bleibe bei den Phänomenen, solange wie möglich, und verbinde sie verstehend miteinander“ (Wagenschein, zitiert nach Spreckelsen, 1997,

S. 111). Im Komplex „Auftrieb/Schwimmen“ in Wasser oder Luft werden z.B. die Schülerinnen und Schüler angehalten, fünf Phänomene miteinander zu vergleichen und adäquate Erklärungen zu finden.

Haben Schülerinnen und Schüler beobachtet, dass das Regenwasser an unterschiedlichen Stellen rund um das Schulhaus unterschiedlich schnell versickert, können sie ihre Vermutungen über die Ursachen in einem Experiment zur Wasserdurchlässigkeit verschiedener Bodenarten überprüfen. Dazu werden verschiedene Erdsorten bereitgestellt (z.B. Gartenerde, Sand, Torf, Lehm, Kies). Diese werden jeweils in den oberen Teil einer halbierten Kunststoffflasche gefüllt, die mit der Spitze nach unten in ein Glas gestellt wird (Abbildung 6.7). Die Schülerinnen und Schüler vermuten, wo das Wasser am schnellsten bzw. am langsamsten versickert. Nun wird jeweils die gleiche Menge Wasser in die Flasche gegossen und die für das Versickern benötigte Zeit wird gemessen.

Abb. 6.7: Experiment mit halbierten Kunststoffflaschen zur Wasserdurchlässigkeit verschiedener Bodensorten

Experimente am Ende einer Unterrichtseinheit

Wird ein Experiment am Ende einer Unterrichtseinheit durchgeführt, dient dies v.a. dazu, das Gelernte nochmals zu wiederholen, zu bestätigen, zu vertiefen, im Alltag anzuwenden oder die Lernzuwächse zu überprüfen. Weitergehende Fragen sind zu entwickeln, auch um den Forscherdrang der Schülerinnen und Schüler zu erhalten oder überhaupt in Gang zu bringen und um dauerhaft naturwissenschaftliche Interessen aufzubauen. Ferner können die Erkenntnismöglichkeiten des Menschen und soziale Lernprozesse kritisch reflektiert werden.

Gerade am Ende einer Unterrichtseinheit bieten sich Schülerversuche an. Dabei sollte es nicht nur um eine methodische Umsetzung gehen, sondern kooperative Schülergruppen, die als reflexive Gesprächszirkel wie ein Team agieren. Dabei sollten sich die Schülerinnen und Schüler aber auch als Individuen einbringen können, die unabhängig von den anderen auch eigenen Fragestelllungen und Lösungswegen nachgehen und dabei kreative, variantenreiche Prozesse gehen und anstoßen. Erfolgserlebnisse und aufmunternde Rückmeldungen führen zum Erleben der eigenen Kompetenz.

Beispiele für solch kooperativ durchgeführte Experimente finden sich in den Abbildungen 6.7 und 6.8. Hier wird die sachliche Auseinandersetzung mit naturwissenschaftlichen Phänomenen initiiert, in Gang gehalten und so der Forscherdrang als Persönlichkeitseigenschaft etabliert. Dabei werden die methodische Kompetenzen des Experimentierens vermittelt und die Suche nach kreativen Lösungswegen unterstützt. Abbildung 6.9 zeigt ein weiteres Beispiel für kooperatives Arbeiten. Hier findet sich auch ein Übergang in ein technikdidaktisches Verständnis des Experimentierens (vgl. Reinhoffer, 2006), bei dem aus einer finalen Zielsstellung heraus so lange experimentiert wird, bis das gewünschte Ergebnis erreicht ist.

Gegenstände aus welchem Material leiten elektrischen Strom?

Stellt zunächst Vermutungen auf
Überprüft eure Vermutungen mit einem Experiment!

Abb. 6.8: Überprüfen des Materialkonzepts bzgl. der Leitfähigkeit von elektrischem Strom

„Schwimmen und Sinken“
1. Variante: Am Ende der Unterrichtseinheit werden den Schülerinnen und Schülern Gegenstände vorgelegt, die z.T. bereits in den vorhergehenden Experimenten verwendet wurden.
Welche werden nun schwimmen und welche sinken? Warum?
2. Variante: Dies ist eine komplexere Anforderung, die aber ebenfalls darauf abzielt, erworbene Kenntnisse zu wiederholen, zu bestätigen und zu vertiefen. Es gilt insbesondere zu nutzen, dass Hohlformen das Eindringen von Wasser verhindern

Bringt die Knetmasse zum Schwimmen!

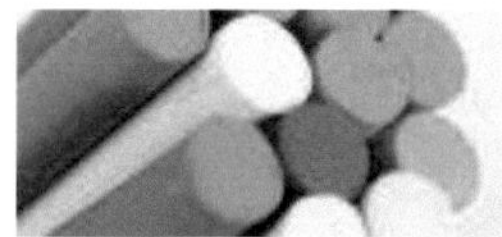

Wie muss die Masse geformt werden, dass sie schwimmt? Schreibt eure Vermutungen zunächst ins Heft. Überprüft danach, indem ihr es ausprobiert. Schreibt eure Beobachtungen auf.

Abb. 6.9: Anwendung erworbener Kenntnisse: Nutzung von Hohlformen beim Schwimmen und Sinken

Werner Rieß und Nicolas Robin

7. Befunde aus der empirischen Forschung zum Experimentieren im mathematisch-naturwissenschaftlichen Unterricht

In diesem Kapitel geht es um die Darstellung von Befunden, die aus der empirischen Bildungs-, Unterrichts- und fachdidaktischen Forschung über das Experimentieren im mathematisch-naturwissenschaftlichen Unterricht vorliegen. Dabei soll es an dieser Stelle nicht das Ziel sein, in Form einer systematischen Übersichtsarbeit alles oder zumindest den größten Teil des verfügbaren Wissens zu sammeln, zusammenzufassen und zu bewerten. Entsprechende Reviews – teilweise mit einem breiteren Fokus auf Laboraktivitäten im naturwissenschaftlichen Unterricht – wurden an anderer Stelle veröffentlicht (Blosser, 1980; Bryce & Robertson, 1985; Hodson, 1993; Lazarowitz & Tamir, 1994; Hofstein & Lunetta, 1982, 2004; Lunetta et al., 2007). Vielmehr soll es in diesem Kapitel darum gehen, einige exemplarische Studien, die als Orientierung für typische Forschungsaktivitäten in diesem Feld dienen können vorzustellen und zu analysieren. Bei einer ersten Sichtung von relevanter Literatur aus diesem Bereich fällt auf, dass entsprechende Studien zunächst nahezu ausschließlich in Nordamerika durchgeführt und in Fachzeitschriften veröffentlicht wurden, die in den USA beheimatet sind oder waren (z.B. Ben-Zvi et al., 1976; Bingmann, 1969; Coulter, 1966; Egelston, 1973; Fix & Renner, 1979; Klahr & Dunbar, 1988; Kuhn, 1989; Roth & Roychoudhury, 1993, Schauble et al., 1991; Wheatley, 1975; Yager et al., 1969). In der Folgezeit hat sich die empirische Forschung zum Experimentieren im naturwissenschaftlichen Unterricht allerdings in vielerlei Hinsicht ausdifferenziert und wird an mehr Standorten betrieben. Ihre Ergebnisse werden in zahlreichen fachdidaktischen Fachzeitschriften aber auch der Unterrichts- und Lehr-Lernforschung sowie der Entwicklungspsychologie veröffentlicht (vgl. Tabelle 1). In führenden Mathematik-didaktischen Zeitschriften (bspw. *Journal for Research in Mathematics Education*, *For the Learning of Mathematics*) konnten keine entsprechenden Artikel ausfindig gemacht werden, ein nicht unbedingt überraschender Befund.

Die Suche nach relevanten Befunden aus der empirischen Forschung zum Experimentieren im mathematisch-naturwissenschaftlichen Unterricht gestaltete sich folgendermaßen: An erster Stelle wurden einschlägige Datenbanken genutzt (ERIC [Education Resources Information Center] und FIS-Bildung [Fachinformationssystem Bildung]). Zur Bestimmung zentraler Schlüsselbegriffe für die Recherche wurden englischsprachige Aufsätze zur Thematik in einigen angesehenen hochrangigen fachdidaktischen bzw. psychologischen Fachzeitschriften (z.B. *International Journal of Science Education*, *Journal of Biological Education*, *Research in Science Education*, *Child Development*, *Journal of Educational Psychology*, *Review of Educational Research*) im Hinblick auf die dort verwendeten Schlüsselwörter analysiert und eine Liste erstellt, die in Tabelle 2 vorgestellt wird. Darüber hinaus wurden die verschiedenen Jahrgänge der in Tabelle 1 genannten Fachzeitschriften aus den relevanten Disziplinen durchgesehen.

Tab. 7.1: Zeitschriften mit Artikeln über empirische Studien zum Experimentieren im naturwissenschaftlichen Unterricht

fachdidaktische Zeitschriften	Zeitschriften aus der allgemeinen Unterrichtsforschung, Lehr-Lernforschung und Entwicklungspsychologie
Electronic Journal of Science Education, International Journal of Science Education, Journal of Biological Education, *Journal of Chemical Education,* *Journal of Physic Education,* *Journal of Research in Science Teaching, Journal of Science Teacher Education,* *Physics Education Research,* *Research in Science Education,* *Science Education,* *Studies in Science Education,* *The Journal of Learning Sciences,* *The Physics Teacher,* *Zeitschrift für Didaktik der Naturwissenschaften*	*Child Development,* *Cognitive Science,* *Cognitive Psychology,* *Educational Psychologist,* *Educational Researcher,* *Journal of Educational Psychology,* *Journal of Experimental Child Psychology,* *Journal of Research and Development in Education,* *Learning and Instruction,* *Psychological Science,* *Quarterly Journal of Experimental Psychology,* *Review of Educational Research,* *Cognition and Instruction,* *School Science Review,* *The Elementary School Journal,*

Tab. 7.2: Für die Recherche in ERIC und FIS-Bildung verwendete Schlüsselbegriffe, die sich unmittelbar auf Experimente im Unterricht oder wichtige Teilaspekte des Experimentierens im Unterricht beziehen (unmittelbare Schlüsselbegriffe) oder die eine große Nähe zum Experimentieren im Unterricht haben (mittelbare Schlüsselbegriffe). Die deutschen Äquivalente werden nicht extra genannt.

unmittelbare Schlüsselbegriffe	mittelbare Schlüsselbegriffe
experimentation, experiments, experiments in science, experiments in science education, educational experiment, experimental knowledge, control of variables strategy, epistemic questions, generating and testing hypotheses	*practical work in science education, scientific inquiry learning, laboratory practices, learning in the science laboratory, inquiry-based approach, inquiry strategies, inquiry in science education, science exploration and observation, scientific inquiry process, inquiry based activity, authentic scientific inquiry und simple scientific inquiry, discovery learning, scientific discovery, problem-based learning*

Bei der Recherche wurden folgende Auswahlregeln befolgt:

a) Der Fokus lag vor allem auf empirischen Studien zum Lernen und die Lerner im naturwissenschaftlichen und mathematischen „Experimentalunterricht". Dieser

Fokus ist sowohl aus theoretischer Perspektive als auch aus der Sicht des Praktikers von besonderer Bedeutung (vgl. Kapitel 2.7)

b) Insbesondere interessierten uns Studien aus dem Primarbereich und der Sekundarstufe I und II. Da im Promotionskolleg e^{x}MNU ausschließlich das Experimentieren im schulischen Unterricht im Fokus stand, wurden Studien aus der universitären und der Erwachsenenbildung sowie die Pädagogik früher Kindheit weitgehend ausgeklammert.
c) Es wurden ausschließlich deutsch- und englischsprachige Veröffentlichungen einbezogen.
d) Berücksichtigung fanden veröffentlichte Zeitschriftenartikel, Bücher, Monographien und Dissertationen – jedoch keine graue Literatur. Als Gründe hierfür geben wir die Sicherung eines Qualitätsstandards (peer-review durch Gutachter) und Zugänglichkeit für die science-community an.

In Abbildung 7.1 werden der Prozess der Recherche und wichtige Ausschlusskriterien im Detail dargestellt. Hierbei wird deutlich, dass die Kombination wichtiger Schlüsselbegriffe mit den zentralen Schlüsselbegriffen „Experiment" und „naturwissenschaftlicher Unterricht bzw. naturwissenschaftliches Lernen" von großer Bedeutung war. Die Anzahl der zu berücksichtigenden Befunde hat sich damit deutlich verkleinert. Im weiteren Verlauf wurden nur noch die übrig gebliebenen Studien (Abbildung 1, kursive Schrift) in die folgenden Analyseschritte einbezogen. Nach Eliminierung aller nicht empirischen Studien blieben 203 Studien übrig, die als relevant für den weiteren Auswahlprozess erachtet wurden. Daraufhin wurden all die Studien entfernt, die Kinder im Vorschulalter oder Erwachsene untersuchten.

Da die Zahl der zu berücksichtigenden Studien immer noch sehr groß war, haben wir versucht daraus eine Teilmenge (= exemplarische Studien) auszuwählen, welche die gesamte Menge hinreichend genau abbildet. Wir sind uns bewusst, dass wir hier einen Schritt gehen, der auch subjektive Momente enthält, der aber in Anbetracht der uns zur Verfügung stehenden Zeit unumgänglich war.

Bei der Auswahl der exemplarischen Arbeiten spielten die folgenden Kriterien eine wichtige Rolle. Es sollten (a) alle naturwissenschaftlichen Unterrichtsfächer vertreten sein, (b) sowohl qualitative als auch quantitative Studien vorgestellt werden, (c) Studien zu den wichtigsten Strukturelementen experimentellen Unterrichts (Lernvoraussetzungen, anzustrebende Lernermerkmale, Unterrichtsverfahren etc.) vorgestellt werden, (d) alle in diesem Bereich forschenden Disziplinen (Naturwissenschaftsdidaktiken, Pädagogische Psychologie usw.) durch Beispiele vertreten sein und (e) unterschiedliche Auflösungsgrade in den Forschungsgegenständen (z.B. die Wirkung von Interventionen zur Förderung von Teilkompetenzen bis hin zur Förderung der experimentellen Kompetenz im Ganzen) vorgestellt werden. Es entstand ein Korpus von 54 Studien, der einer vertieften Analyse unterzogen wurde und der die Basis für unsere Arbeit bildet.

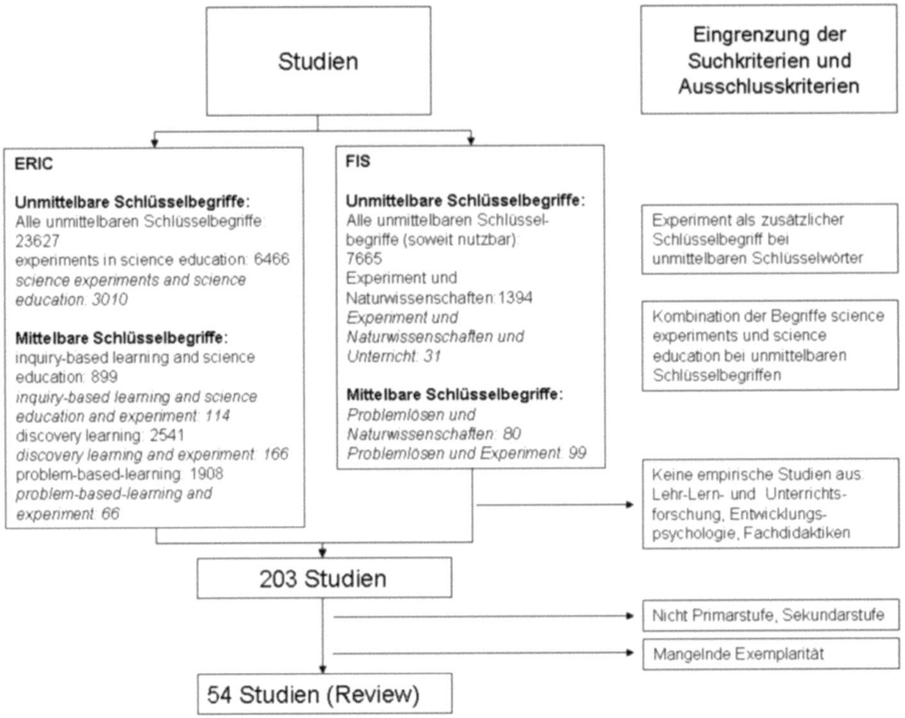

Abb. 7.1: Der Recherche- und Auswahlprozess

Eine weitere wichtige Frage war die nach der Ordnung der im Analysekorpus verbliebenen Studien. Für die in dieser Arbeit zu bearbeitenden Fragestellungen erschien es zielführend, diese Studien weniger hinsichtlich bibliographischer Gesichtspunkte oder hinsichtlich der jeweils präferierten Forschungsmethoden zu analysieren, sondern vor allem im Hinblick auf die jeweils untersuchten Strukturelemente des Experimentalunterrichts, die im mehrebenenanalytischen Rahmenmodell von e^{x}MNU abgebildet werden (vgl. Rieß, 2012). Diese Entscheidung führte zur folgenden Systematisierung der ausgewählten Studien:

1. Studien zu individuellen Lernvoraussetzungen der Schüler/-innen (beispielsweise zu dem experimentellen und fachlichen Vorwissen, zu den Einstellungen, dem Interesse, der Motivation im Hinblick auf das Experimentieren, zu instrumentalen experimentellen Fertigkeiten) sowie zu den individuellen Verarbeitungsprozessen beim Experimentieren;
2. Studien zur den fachlichen und fächerübergreifenden Zielkriterien des experimentellen Unterrichts in den Naturwissenschaften und der Mathematik. Welche Zielkriterien werden empfohlen? Können für komplexe Zielkriterien Teilkompetenzen empirisch begründet formuliert werden? Existieren zuverlässige Messinstrumente für die anzustrebenden Lernermerkmale?
3. Studien zu Wirkungen des Experimentalunterrichts auf den experimentellen Kompetenzerwerb: Welche Unterrichtsmethoden aber auch Medien sind

förderlich? Welchen Einfluss haben materielle Gegebenheiten (Räumlichkeiten, Laborausstattung)? Welchen Einfluss haben Schulmerkmale (Schulprofil, Schulklima etc.) oder das Soziotop?

7.1 Studien zu individuellen Lernvoraussetzungen und Verarbeitungsprozessen der Lernenden beim Experimentieren

Das Experimentieren im naturwissenschaftlichen Unterricht wird aus wissenschaftlicher Perspektive in den meisten Fällen als Problemlösen mit spezifischen Strategien und Prozessen aufgefasst. In dem maßgebenden Ansatz von Klahr und Dunbar (1988) wird diese Strategie als eine Suche in einem Hypothesen- und einem Experimentierraum (Scientific Discovery as Dual Search (SDDS)) beschrieben, die mit verschiedenen strategischen und kognitiven Kompetenzen verknüpft ist. Hierzu gehören beispielsweise das deduktive bzw. induktive Denken zur Bildung von Hypothesen und die strategische Planung von Experimenten zur Hypothesenprüfung und die kritische Analyse von empirischen Befunden.

In Studien zu den Lernvoraussetzungen der Schüler/-innen wurden neben dem Alter vor allem kognitive und metakognitive Fähigkeiten (u.a. der Umgang mit Variablen, der Bezug von Theorie und Evidenz sowie die Abgrenzung von Hypothesen und Evidenz) untersucht (vgl. Schrempp & Sodian, 1999; Germann et al., 1996; Roth & Roychoudhury, 1993).

Ausgehend von der Vorstellung, dass beim Experimentieren die kausalen Beziehungen zwischen Variablen in einem System zu betrachten sind, wird beispielsweise die Frage gestellt, inwiefern schon Kinder die Notwendigkeit der Variablenkontrolle erkennen, und ob sie die Variablenkontrollstrategie erfassen und anwenden können. In entsprechenden Studien konnte beispielweise beobachtet werden, dass Schüler/-innen der Primar- und frühen Sekundarstufe ein ungenaues Verständnis der Ziele und Grundideen der Variablenkontrollstrategie (Kuhn et al., 1995) und dazu eine unzureichende Auffassung von multivariater Kausalität besitzen (Keselman, 2003). Einerseits verfügen Schüler/-innen der Sekundarstufe I zwar schon über ein implizites Strategiewissen zum Experimentieren (Bullock, 1993; Bullock & Sodian, 2003; Bullock & Ziegler, 1999; Chen & Klahr, 1999), auf der anderen Seite wenden sie es dann beim Experimentieren oft nicht an (Bullock & Ziegler, 1999). Ergänzend dazu konnte Künsting (2007) nachweisen, dass Haupt- und Realschüler/-innen im Vergleich zu Gymnasialschüler/-innen schwächere Leistungen beim metakognitiven Strategiewissen sowie bei der Strategienutzung zeigen. Der unsystematische Umgang mit Variablen wurde auch in der Arbeitsgruppe um Hammann als eine bedeutende Quelle von Fehlern beim Experimentieren ausgemacht (Hammann et al., 2006). In einer Studie mit Viertklässlern und Fünfklässlern konnte gezeigt werden, dass die Ursache von Fehlern in der Planung und Durchführung von Experimenten oft in der Verwechslung von Test- und Kontrollvariablen und dem Fehlen eines Kontrollansatzes zu suchen sind (Hammann et al., 2006). Ergänzend hierzu kamen

Lee et al. (2006) in ihrer Studie zu dem Befund, dass Dritt- und Viertklässler tendenziell eine ungenaue Vorstellung von unabhängigen und abhängigen Variablen haben.

Darüber hinaus ziehen die Schüler/-innen häufig nicht alle relevanten Hypothesen in Erwägung und prüfen in erster Linie nur die Hypothesen, die mit ihrer eigenen Erwartung übereinstimmen. Bei Schlussfolgerungen werden empirische Befunde oftmals nicht adäquat berücksichtigt, sondern ursprünglich formulierte Hypothesen als bestätigt angesehen (vgl. Chinn & Brewer, 1998; Hammann et al., 2006; Schauble et al., 1991; Sodian et al., 1991).

Das Experimentieren wird zudem von den Lernenden oft nicht als Methode zur Erkenntnisgewinnung erkannt, sondern als ein Verfahren betrachtet, um Phänomene zu (re)produzieren. Häufig wird also das Ziel des Experimentierens im Unterricht nicht verstanden (vgl. Hart et al., 2000).

Wenn die Schüler/-innen die Variablenkontrollstrategie nicht anwenden, arbeiten sie öfters im Ingenieurmodus als im Naturwissenschaftlermodus. Im Ingenieurmodus werden die unabhängigen Variablen und Störvariablen so von den Schülern manipuliert, dass die Wahrscheinlichkeit für ein erwünschtes Ergebnis steigt. Im Modus des wissenschaftlichen Experiments sind die Schüler/-innen dagegen in der Lage „valide" Inferenzstrategien anzuwenden (vgl. Schauble et al., 1991). Bullock und Ziegler (1999) konnten auf der Basis ihrer Untersuchungen zeigen, dass Viertklässler grundsätzlich durchaus schon in der Lage sind, zwischen einem kontrollierten Experiment und einem konfundierten Experiment zu unterscheiden und das kontrollierte Experiment vorzuziehen.

Die Fähigkeit, Ideen bzw. Theorien mit empirischer Evidenz zu verknüpfen, und die damit in Verbindung stehende metakognitive Kontrolle dieses Verknüpfungsprozesses, ist Grundbestandteil des wissenschaftlichen Denkens. Sie ist bei Schüler/-innen häufig eher schwach ausgeprägt (vgl. Kuhn, 1989). Eine Studie von Sodian et al. (1991) verfolgte deshalb die beiden Fragen, ob Schüler/-innen der Klassenstufe 1 und 2 zwischen Ideen bzw. Theorien und Hypothesen unterscheiden können und welche Vorstellung von Evidenz sie haben. Die Studie kam zu dem Schluss, dass Schüler/-innen dieser Alterstufe durchaus in der Lage sind, eine angemessene empirische Vorgehensweise zu wählen, um zwischen zwei Hypothesen entscheiden zu können (Sodian et al. 1991; siehe auch die Studie von Tytler & Peterson, 2003). Ergänzend konnte von Schrempp & Sodian (1999) gezeigt werden, dass Viertklässler im Gegensatz zu Zweitklässlern in der Lage sind, den Zusammenhang zwischen Hypothese und Evidenz zu begreifen.

Die Kompetenz zur Hypothesenbildung und zum Hypothesentesten scheint sich unabhängig vom fachlichen Vorwissen zwischen der 4. Klassenstufe und dem Erwachsenenalter zu entwickeln (Schremp & Sodian, 1999). Zu einem gegensätzlichen Befund kommen Howard-Jones et al. (2006) in einer Untersuchung mit Schüler/-innen zwischen 7 und 9 Jahren. Wiederholt konnte im Rahmen dieser Studie beobachtet werden, dass die untersuchten Schüler/-innen zwar wesentliche Inhalte einer Theorie verstanden hatten und erläutern konnten, beim Experimentieren aber sowohl bei der Formulierung von Hypothesen und Vorhersagen als auch in der Datenanalyse nicht auf die wesentlichen Aussagen der Theorie zurückgriffen. Aufgrund dieser Beobachtungen kamen die Autoren zu dem Schluss, dass Schwierigkeiten bei der Identifizierung von Kausalzusammenhängen und bei der Auswertung von Daten auch durch eine mangelnde Rekurrierung auf eine Theorie erklärt werden können (Howard-Jones et al., 2006, über die Schülervorstellungen zur Analyse von Daten siehe auch Chinn & Brewer, 1998).

Im Hinblick auf das Alter der Schüler/-innen konnte in einer Studie zum Experimentieren im Physikunterricht festgestellt werden, dass sich die Fähigkeit der Schüler/-innen, Variablen zu identifizieren, herauszuarbeiten und zu kontrollieren aufgrund einer besseren Vertrautheit mit dem Kontext und Inhalt des wissenschaftlichen Vorgangs mit zunehmendem Alter verbessert (Roth & Roychoudhury, 1993). Die Autoren konnten durch Videoaufzeichnung von „open-inquiry-laboratory sessions" eine deutliche Steigerung dieser Fähigkeiten bei Schüler/-innen der 11. Klassenstufe im Vergleich zu Schüler/-innen der 8. Klassenstufe feststellen, und dies ohne dass eine gezielte Förderung stattgefunden hat. Die Schüler/-innen der 11. Klassenstufe hatten aber möglicherweise mehr Erfahrungen mit Experimentieren im Unterricht gemacht. Die Autoren weisen jedoch auch darauf hin, dass sich die Erfahrung der Schüler/-innen der 8. Klassenstufe mit Experimentieren im Physikunterricht vor allem auf Schulbuchkenntnisse stützte (Roth & Roychoudhury, 1993, S. 145).

Angesichts dieser Beobachtung stellt sich auch die Frage nach der Bedeutung des Vorwissens. Grundsätzlich scheinen schon Schüler/-innen im Primarschulalter das nötige Wissen zu besitzen, um empirische Evidenzen analysieren und darüber hinaus kausale Beziehungen zwischen Variablen untersuchen zu können (vgl. Keys, 1998). Ein positiver Zusammenhang zwischen dem Vorwissen und experimentellen Kompetenzen konnte bei Lernenden der 5. und 6. Klassenstufe nachgewiesen werden (Phan, 2007). In einer auf dem SDDS-Modell von Klahr (2000) basierenden Studie von Hammann et al. (2007) konnten die Autoren zeigen, dass die Items der Dimensionen „Suche im Hypothesenraum" und „Analyse von Evidenzen" stärker vom inhaltlichen Vorwissen als vom methodischen Vorwissen abhängen (Hammann et al., 2007, S. 43). Auch Howard-Jones et al. (2006) berichten, dass die Fähigkeit der Schüler/-innen Experimente zu planen, sich auf ihr methodisches Wissen stützt, während die Fähigkeiten Hypothesen zu bilden und Daten zu analysieren, eher vom inhaltlichen Vorwissen abhängen. Ein weiteres wichtiges Ergebnis dieser Untersuchung ist es, dass ein starker Zusammenhang zwischen dem Vermögen, konsequent von einer Theorie abgeleitete Vorhersagen zu formulieren, und der Fähigkeit Ursache-Wirkungsbeziehungen zu identifizieren, besteht. Diese Schüler/-innen zeigen zusätzlich die Tendenz, falsche Vorhersagen weniger lang zu betrachten.

Auf der Basis ihres methodischen bzw. inhaltlichen Vorwissens sollten die Schüler/-innen also grundsätzlich in der Lage sein selbst Forschungsfragen formulieren und Versuchsdesigns planen zu können. Gleichwohl konnte beobachtet werden, dass sie häufig das eigene Experimentieren nur an den Versuchsanweisungen der Lehrperson orientieren und nicht von dieser Instruktion abweichen, um neue Fragen zu entwickeln und ein aus diesen Fragen resultierendes neues Versuchsdesign zu entwerfen (Keys, 1998).

Im Gegensatz zu den relativ reichhaltigen Befunden zu kognitiven und metakognitiven Lernvoraussetzungen wurden die Untersuchung der nicht-kognitiven Personenvariablen (z.B. die Einstellungen und das Interesse zum Experimentieren) der Schüler/-innen in den ausgewählten Studien eher vernachlässigt (vgl. Zimmerman, 2000). Erst in den letzten Jahren wurden einige Untersuchungen veröffentlicht, die nach Emotionen und Interesse zum und beim Experimentieren im naturwissenschaftlichen Unterricht fragen. (z.B. Palmer, 2004; Palmer, 2009; Yung, 2004; Tesch & Duit, 2004; Hopf, 2006; Randler & Hulde, 2007; Künsting, 2007). Diese Studien behaupten, dass ein Zusammenhang zwischen emotionalem Erleben und Selbstwirksamkeitserwartungen beim naturwissenschaftlichen Arbeiten besteht (vgl. Yung, 2004); oder, dass situatives Interesse beim Experimentieren im Reiz des Neuen liegt und durch Staunen, Spannung und Abwechslung induziert wird (vgl. Palmer, 2009). In einer Studie mit Schüler/-innen der siebten und achten Klassenstufe untersuchten Tesch und Duit (2004) unter anderem den Zusammenhang zwischen der Leistungsentwicklung, dem Interesse der Schüler und den Handlungsmustern beim Experimentieren im Physikunterricht. Sie konnten einen Zusammenhang der fachlichen Leistung mit der Gesamtdauer der Phase des Experimentierens (inklusive Gespräche über Experimente) feststellen, aber keinen Zusammenhang mit der Entwicklung des Interesses beobachten.

7.2 Studien zu den fachlichen und fächerübergreifenden Zielkriterien des Experimentalunterrichts in den Naturwissenschaften

In diesem Abschnitt soll den folgenden Fragen nachgegangen werden: Welche Zielkriterien (Lernermerkmale, Lernziele, Kompetenzen etc.) sollen mit dem experimentellen Unterricht angestrebt werden? Wie werden diese Ziele konzeptualisiert und operationalisiert und mit welchen Messinstrumenten werden sie erfasst? Können die angestrebten Zielkriterien tatsächlich erreicht werden?

Beim Lesen von Naturwissenschaftsdidaktiken kann man teilweise den Eindruck gewinnen, dass Experimentieren im Unterricht als multifunktionales Wundermittel zur Verbesserung des Unterrichts dienen kann. Die ausgewählten Untersuchungen spiegeln die Vielzahl der Ziele wider. Der recherchierte Textkorpus lässt sich hinsichtlich der beabsichtigten Ziele nach den folgenden Kategorien ordnen:

- Förderung des fachlichen Wissenserwerbs (deklaratives und konzeptuelles Wissen),
- Soziale Ziele: Förderung der Kommunikationsfähigkeit, der Kooperationsbereitschaft etc.,

- Förderung von Interesse, Motivation, Selbstwirksamkeitserwartungen, fachlichem Selbstkonzept etc.,
- Förderung von Kompetenzen im wissenschaftlichen Denken: erkenntnistheoretisches und wissenschaftstheoretisches Wissen, epistemologische Überzeugungen, ein Verständnis der Verbindung von Theorie und empirischer Evidenz …,
- Förderung der experimentellen Problemlösefähigkeit („Experimentierkompetenz"): (1) die Fähigkeit epistemische Fragen formulieren und Hypothesen generieren zu können, (2) die Fähigkeit zur Planung von Experimenten und zur Datenauswertung, (3) Wissen über und Anwendung der Variablenkontrollstrategie sowie die Berücksichtigung von Kontrollansätzen.

Im Mittelpunkt der meisten jüngeren Studien (auch der deutschsprachigen) steht insbesondere die Frage nach der Entwicklung der experimentellen Problemlösefähigkeit und seiner Teilkompetenzen. Dabei wird die experimentelle Problemlösefähigkeit zumeist grob mit den Fähigkeiten charakterisiert, (a) die Bedeutung des Experiments in den Naturwissenschaften zu erfassen und (b) selbst experimentieren zu können (vgl. Hammann, 2004). Experimentieren wird in den entsprechenden Studien als eine besondere Form des gezielten Beobachtens zum Zweck der Erkenntnisgewinnung angesehen. Im Unterschied zum Beobachten wird beim Experimentieren in Prozesse planmäßig eingegriffen. Erkenntnisleitendes Interesse ist dabei die empirische Überprüfung von Hypothesen. Typischerweise beziehen sich die Hypothesen auf kausale Relationen zwischen Systemelementen. Den Ausgangspunkt für eine verstärkte Hinwendung zur Untersuchung des Zieles experimentelle Problemlösefähigkeit im deutschsprachigen Raum waren – wie auch in anderen Bereichen der Naturwissenschaftsdidaktik – die Ergebnisse internationaler Schulleistungsvergleichstudien, die den deutschen Schüler/-innen eine nur mittelmäßige Leistung bei der eigenständigen Bearbeitung von Problemen aus dem mathematisch-naturwissenschaftlichen Kontext bescheinigen (vgl. Giest, 2008).

Die Konzeptualisierung experimenteller Problemlösefähigkeit bzw. experimenteller Kompetenz umfasst zumeist mehrere Teilkompetenzen, die in der Literatur zum Teil unterschiedlich benannt und differenziert werden. Mayer (2007) beispielsweise nimmt in seinem Strukturmodell zum Wissenschaftlichen Denken (Scientific reasoning) an, dass bei naturwissenschaftlichen Untersuchungen, und damit auch beim Experimentieren, mindestens vier Kompetenzbereiche eine Rolle spielen, die er anhand empirischer Forschung als eigenständige (jedoch miteinander verwandte) Dimensionen bestimmen konnte (vgl. auch Mayer, Grube & Möller, 2009): (a) Naturwissenschaftliche Fragen formulieren, (b) Hypothesen generieren, (c) Untersuchungen planen, (d) Daten analysieren und Schlussfolgerungen ziehen. Vergleichbare, jedoch ausschließlich auf das Experimentieren fokussierte Modelle finden sich unter anderem bei Hammann (2004, Hammann et al. 2007, 2008), Neber und Anton (2008) und Shute & Glaser (1990).

Die Grundlage für Konzeptionalisierungen und Operationalisierungen experimenteller Problemlösefähigkeit im engeren Sinn bildet in den meisten Fällen das schon genannte SDDS-Konzept – Scientific discovery as dual search (Klahr & Dunbar, 1988; Klahr, 2000). In diesem Modell werden eine systematische, effektive und möglichst korrekte Suche in einem Hypothesen- und einem Experiment-Raum (zur Planung und Durchführung von Untersuchungen) sowie die Analyse der Evidenzen als zentrale Bereiche betrachtet. Auf diese Weise können Operatoren gefunden werden, welche die Hypothesen-Prüfung ermöglichen und somit die ‚Kluft' zwischen einem unerwünschten Ausgangszustand (Unklarheit über vermutete Kausalzusammenhänge) und dem entsprechenden Zielzustand (Erkenntnisgewinn) zu überwinden helfen. In Orientierung an diesem Konzept wurden in jüngster Zeit verschiedene Messverfahren entwickelt, mit Hilfe derer die experimentelle Problemlösefähigkeit und eng assoziierte Kompetenzen erfasst werden sollen. Zum einen findet man quantitative Verfahren wie schriftliche Tests mit diversen Aufgabenformaten (Bos et al., 2008; Ehmer, 2008; Hammann et al., 2007; 2008; Mayer et al., 2009; Neber & Anton, 2008; Prenzel et al., 2007), Fragebögen (Urhahne et al., 2008), computerbasierte Assessmentmethoden (Künsting, 2007; Shute & Glaser, 1990; Thillmann, 2007; Wirth & Funke, 2005) und Performance-Assessments unter Einbeziehung videographischer Verfahren (Konsortium HarmoS Naturwissenschaften +, 2008; Hammann et al., 2008; Horstendahl et al., 2000; Kremer & Schlüter, 2007; Tesch & Duit, 2004). Zum anderen wurden verschiedene qualitative Verfahren wie halbstrukturierte Interviews erprobt (Carey et al., 1989; Ehmer & Hammann, 2008; Schauble et al., 1991; Schecker & Gerdes, 1998; Sodian et al., 2006).

Grundsätzlich wird das Experiment in allen diesen Ansätzen als ein komplexer Prozess des Problemlösens aufgefasst, der aus verschiedenen Teilschritten und Operationen besteht (Flick, 2000; Giest, 2008; Hammann, 2004, 2007; Klahr, 2000; Mayer, 2007). Dabei hat sich gezeigt, dass kontextbezogene experimentelle Problemlösefähigkeit nicht nur domänen-spezifische Sachkenntnis und methodisch-prozedurales Wissen umfasst, sondern auch epistemologisch-konzeptuelle und wissenschaftstheoretische Kenntnisse sowie das Verständnis von Strategien erfordert (vgl. Carey et al., 1989; Chinn & Brewer, 1998; Ehmer, 2008; Ganser & Hammann, 2009; Hammann et al., 2006; Schauble et al., 1991; Urhahne et al., 2008). Überschneidungen mit den oben angeführten weiteren Zielkriterien experimentellen Unterrichts, beispielsweise mit den Kompetenzen im Bereich des wissenschaftlichen Denkens, sind offensichtlich. Im Mittelpunkt der Strategien, die notwendig sind, um aussagekräftige, logische Schlussfolgerungen aus den systematischen Beobachtungen ableiten zu können, stehen insbesondere der Kontroll-Ansatz und die Variablen-Kontroll-Strategie (bspw. Ehmer, 2008; Hammann et al., 2006).

Die Forderung einer Entwicklung von Kompetenzmodellen führte in jüngerer Zeit zu weiteren Versuchen der Konzeptualisierung und Operationalisierung von Zielkriterien. Kompetenzmodellen wird dabei eine zentrale Funktion bei der Vermittlung zwischen abstrakten Bildungszielen und konkreten Aufgabenstellungen zugewiesen (Bauer & Kattmann, 2003; Klieme et al., 2003). Noch reicher an Informationen als Kompetenzmodelle sind Kompetenzstruktur- oder Kompetenzentwicklungsmodelle, die in dimensionierter Form die kognitiven Voraussetzungen darstellen, mit denen das Verhalten von Lernenden beim Lösen von Aufgaben und Problemen in einem bestimmten Gegenstandsbereich rekonstruiert werden kann (Schecker & Parchmann, 2006). Hammann hat als Erster in der Biologiedidaktik ein Kompetenzentwicklungsmodell für die experimentelle Kompetenz vorgelegt, das grundsätzlich einer ersten Bewährung standgehalten hat und Stufen experimenteller Kompetenz beschreibt (2004; Hammann et al., 2007; 2008). Die Teilaspekte experimenteller Kompetenz wurden in Folgestudien anhand eines Tests mit „simple multiple-choice"-Format in den drei Dimensionen des Experimentierens mit jeweils 8 Items operationalisiert. Das Messverfahren wurde für die Klassenstufen 5 und 6 entwickelt (Hammann et al., 2007; Phan, 2007). Die Reliabilitätsanalyse zeigt reliable Skalen zu den drei Dimensionen des „Experimentieren als Problemlösen" nach dem SDDS Modell. Darüber hinaus weist Hammann darauf hin, dass die Entwicklung von Kompetenzen beim Experimentieren eine aufeinander abgestimmte Förderung der Hypothesensuche, Planung von Experimenten und Analyse der Daten erfordert (Hammann, 2004; 2007; vgl. Hammann et al., 2007; 2008).

Im Folgenden sollen einige Messinstrumente vorgestellt werden. Zumindest vier verschiedene Messverfahren zur Erfassung von Zielkriterien des Experimentalunterrichts können unterschieden werden: (1) Schriftliche Tests („paper-and-pencil-tests"), (2) Tests, die Realexperimente verwenden („practical bzw. laboratory performance-tests"), (3) computerbasierte, prozessbezogene Messverfahren („computerbasierte Assessment-Methoden") und (4) qualitative Verfahren. Nach unserer Einschätzung erscheint es noch nicht möglich die Validität und den Überschneidungsbereich der vier verschiedenen Verfahren einander vergleichend gegenüberzustellen und abschließend zu bewerten. Systematisch durchgeführte konvergente Validierungen der Messinstrumente sind eher eine Ausnahme. Aber schon früh wurde auf ein immer wieder zu beobachtendes problematisches Phänomen aufmerksam gemacht: Bereits in verschiedenen älteren Untersuchungen konnte nämlich gezeigt werden, dass es oft nur schwache Korrelationen zwischen den Testergebnissen von praxisorientierten und schriftlichen Tests gibt (Ben-Zvi et al., 1977; Tamir, 1972, 1974).

Als eines der seltenen Beispiele für Tests, die zwei Messverfahren kombinieren, kann das „Science Process Skills Inventory"-(SPSI) genannt werden (Germann et al., 1996). Im SPSI wird ein paper-and-pencil-Test, in Verbindung mit praxisbezogenen Aktivitäten eingesetzt. Mit diesem Instrument werden unter anderem die Fähigkeiten erfasst, wissenschaftlich untersuchbare Fragen stellen, Variablen identifizieren und Hypothesen bilden zu können.

Welche schriftlichen Tests haben sich gefunden? Ein sehr alter schriftlicher Test, der auch experimentelle Fähigkeiten erfassen sollte, ist der *Test of Enquiry Skills* (TOES) von Fraser (1980). Er umfasst 9 Kategorien von denen zwei sich auf das Experimentieren beziehen. In einer der beiden Kategorien wird die Fähigkeit Experimente zu planen erfasst (ein Cronbachs Alpha von 0.50–0.60 ist nicht überzeugend), in der anderen Kategorie geht es um die Messung der Fähigkeit Schlüsse aus dem Experiment zu ziehen und die Ergebnisse zu generalisieren.

Basierend auf dem SDDS-Modell von Klahr (2000) haben Hammann et al. (2008) – wie oben schon erwähnt – einen schriftlichen Test entwickelt und erprobt, mit dessen Hilfe drei experimentelle Teilkompetenzen gemessen werden konnten: die Hypothesenbildung, die Planung von Experimenten und die Analyse von Daten. Der Test bestand aus 24 Multiple-Choice-Items (je 8 Items für jede Teilkompetenz) und wurde mit einer Stichprobe von 1.006 Schüler/-innen der 5. und 6. Klassenstufe erprobt. Dabei konnten für alle drei Skalen zufriedenstellende bis gute Reliabilitätswerte erzielt werden. In einer weiteren Studie verglichen Hammann et al. (2008) den Einsatz von zwei verschiedenen schriftlichen Testformaten zur Erfassung experimenteller Fähigkeiten (im Mittelpunkt stand die Variablen-Kontrollstrategie). Einer der Tests verwendet Aufgaben mit offenem Antwortformat, der zweite Test Multiple-Choice-Aufgaben. Überraschenderweise korrelieren die Testergebnisse nur schwach. Den Grund sehen die Autoren in der Erfassung jeweils unterschiedlicher Teilkompetenzen durch die beiden Testformate bei der Planung zweifaktorieller Experimente. Mit einer dritten Studie versuchten Hammann et al. (2008) die Ursachen für die schwachen Korrelationen zu untersuchen. 24 Schüler/-innen der Klassenstufe 5 nahmen zunächst an einem praktischen Leistungstest in Anlehnung an eine von Schauble et al. (1991) entwickelte Vorgehensweise teil, um dann anschließend einen Multiple-Choice-Test zu bearbeiten. Erfasst wurden die Teilkompetenzen ‚Experimente planen können' und ‚Daten analysieren können'. Die Teilkompetenzen im praxisorientierten Test korrelierten schwach mit denen des Multiple-Choice-Tests: ‚Experiment planen können' zeigt einen schwachen positiven und ‚Daten analysieren können' einen schwachen negativen Zusammenhang. Einen wesentlichen Grund für diese schwachen Korrelationen vermuten die Autoren in einem zentralen Unterschied zwischen praxisorientierten Tests und schriftlichen Multiple-Choice-Tests. In schriftlichen Leistungstests stützen sich die Schüler/-innen beim Planen von Experimenten auf vorgegebene Experimente, während praktischen Test selbständiges Planen von Experimenten erfolgen muss. Dabei kommen Fehlvorstellungen oder Fehlhandlungen zum und beim Experimentieren ins Spiel: Z.B. das „unsystematische-Herumprobieren", das Agieren im „Ingenieurmodus", mit dem Ziel einen erwünschten Effekt zu produzieren.

In dem von Klos et al. (2008) entwickelten Naturwissenschaftliche-Arbeitsweisen-Test (NAW-Test), der für Schüler/-innen der 7. Klassenstufe konzipiert wurde, geht es um die Erfassung von Fähigkeiten in vier Kompetenzbereichen (Fachwissen, Erkenntnisgewinnung, Kommunikation, Bewertung) im Fach Chemie. Der Test soll unter anderem auch die Teilkompetenzen Ideen-/Hypothesenbildung, experimentelle Umsetzung und Schlussfolgerung formulieren beim Experimentieren erfassen. Die Skala besteht aus 39 Items im Multiple-Choice-Format. Die Reliabilitätsanalyse des gesamten Tests ergibt ein Cronbachs Alpha von .73. Das Fachwissen der Schüler/-innen in der Chemie wurde mit einem Wissenstest gemessen. Die beiden Dimensionen ‚Fachwissen' und ‚naturwissenschaftliches Arbeiten' unterschieden sich in ausreichendem Maße. Mit dem NAW-Test liegt damit ein valider Test vor, der eine vom Fachwissen deutlich unterscheidbare Kompetenz misst.

Die Konstrukte ‚Vorstellungen über Ziele naturwissenschaftlicher Experimente' und ‚Vorstellungen zur Bedeutung von erwarteten bzw. unerwarteten experimentellen Ergebnissen' konnten von Ehmer (2008) mit einem Multiple- bzw. Single-Choice-Test erfasst werden. Alternativ werden die experimentellen Kompetenzen der Schüler/-innen mithilfe von Software-Programmen erfasst (Keselman, 2003; Howard-Jones et al., 2006; Künsting, 2007; Thillmann, 2007; Schreiber et al., 2009).

Computerbasierte Experimentierumgebungen werden bevorzugt für Interventionsstudien entwickelt, um die Strategien beim selbstregulierten Lernen durch Experimentieren erfassen zu können (Thillmann, 2007). Thillmann gelang es mit Hilfe der computerbasierten experimentellen Lernumgebung *Auftrieb in Flüssigkeiten* das in der Computerumgebung erworbene Handlungswissen und die Variablenkontrollstrategie zu erfassen. Die gleiche computerbasierte Lernumgebung wird von Künsting (2007) unter anderem auch für einen Wissensanwendungstest genutzt, um die Fähigkeit zu überprüfen, das in der Experimentierumgebung erworbene Wissen auf verschiedene Problemlöseaufgaben anzuwenden.

Nicht kognitive Zielkriterien: Hopf (2006) hat im Fach Physik in Klassenstufe 9 die Selbstwirksamkeitserwartung, das Interesse an Physik, die Interessantheit des Experiments, Motivation und die Kooperation bzw. Kommunikation beim Experimentieren mit Fragebögen untersucht. Für die Erfassung der aktuellen Motivation der Schüler/-innen beim Experimentieren hat Künsting (2007) in der eben genannten Untersuchung einen Fragebogen in Anlehnung an Rheinberg et al. (2001) eingesetzt. Einstellungen und selbstbezogene Vorstellungen hinsichtlich des naturwissenschaftlichen Experimentierens wurden von Neber & Anton (2008) ebenfalls mit Hilfe eines Fragebogens erfasst. Sie setzten zwei Subskalen des *Motivated Learning Strategy Questionnaire* (Pintrich & De Groot, 1990) zur Messung der auf das Experimentieren bezogenen Variablen Selbstwirksamkeit und intrinsische Motivation ein und erfassten darüber hinaus die Präferenz der Schüler/-innen für offenes Experimentieren.

7.3 Studien zu Wirkungen von naturwissenschaftlichem Experimentalunterricht

Die in diesem Unterkapitel vorgestellten Studien können als Wirkungsstudien, Evaluationsstudien oder pädagogische Interventionsstudien klassifiziert werden (vgl. Rieß, 2010, S. 182f.). Unter einer Interventionsmaßnahme wird in Anlehnung an Hager und Hasselhorn (2000) „jede Art von außengesteuerter, zielorientierter und systematischer Beeinflussung von Personen- und/oder Systemmerkmalen" (ebd., S. 41) verstanden. In den hier interessierenden Zusammenhängen werden die Interventionsmaßnahmen üblicherweise als pädagogisches Programm bzw. als Unterricht bezeichnet. Pädagogische Interventionen verfolgen in diesem Kontext grundsätzlich das Ziel, die oben vorgestellten Kompetenzen und andere Lernermerkmale zu optimieren, zu erhalten oder zu verbessern. Diese Studien versuchen zwei Fragen zu beantworten (vgl. Patry & Perrez, 2000, S. 26): (1) Hat ein Unterricht überhaupt Wirkung? (2) Warum zeigt der Unterricht Wirkung? Können einzelne Wirkungskomponenten, Wirkungsweisen bzw. Wirkungsmechanismen und -prozesse identifiziert werden?

Eine erste Sichtung lässt den Schluss zu, dass alle vorliegenden Wirkungsstudien zumindest die erste Frage beantworten wollen. Dies ist nicht überraschend. Die Beantwortung der zweiten Frage ist schwieriger. Einzelne Mechanismen werden am besten in Laborstudien untersucht, die aber nicht ökologisch valide sind. Analysen von tatsächlichem Unterrichtsgeschehen offenbaren in der Regel komplexe Wirkmechanismen, die oft nur mit großem Aufwand in einzelne Komponenten zerlegbar oder in der notwendigen Auflösung messbar sind. Im Folgenden sollen einige ausgewählte Beispiele aus unterschiedlichen Fachbereichen vorgestellt werden.

Eine jüngere exemplarische Interventionsstudie ist die Arbeit von Ehmer (2008). Sie untersucht die Wirkung einer gezielten Vermittlung von Strategiewissen über die Variablenkontrolle und den Kontrollansatz sowie von epistemologischem Wissen über das Experimentieren auf das experimentelle Methodenwissen und -verständnis, sowie auf epistemologische Kenntnisse. Besonderes Interesse galt der Bedeutung von positivem und negativem Wissen im Rahmen der expliziten Auseinandersetzung mit Methoden und Strategien. Positives und negatives Wissen definiert Ehmer wie folgt: „Positives Wissen umfasst das Wissen darüber, wie eine Sache ist oder gemacht wird, während negatives Wissen zutreffendes Wissen darüber verkörpert, wie diese Sache gerade nicht ist oder gerade nicht gemacht wird." (Ehmer, 2008, S. 39). Die Interventionsstudie wurde mit einem Prä-Post-Test-Design mit einer Kontrollgruppe konzipiert. Die unabhängigen Variablen waren die Vermittlung von experimentellen Strategien in den Ausprägungen mit und ohne Einbezug einer expliziten Auseinandersetzung mit epistemologischen Aspekten, sowie die Auseinandersetzung mit dem negativen Wissen: Dieses wurde entweder thematisiert oder nicht. Die Intervention umfasste den Zeitraum von vier Unterrichtsstunden. Die Gesamtstichprobe bildeten 323 Gymnasialschüler/-innen der 6. Klassenstufe. Als abhängige Variablen wurden neben dem methodisch-strategischen Wissen auch die epistemologischen Kenntnisse und das Verständnis der vermittelten Konzepte und Strategien erfasst. Mit dem letzteren ist die Fähigkeit gemeint, Wissen im Rahmen einfacher Problemlöseaufgaben erfolgreich anwenden zu können (vgl. Ehmer, 2008, S. 56 und S. 101f.). Die Vermittlung von Strategiewissen zum naturwissenschaftlichen Experimentieren bewirkte eine signifikante Steigerung sowohl des methodisch-strategischen Wissens als auch der epistemologischen Kenntnisse. Darüber hinaus wurde eine signifikante Verbesserung des allgemeinen Verständnisses der Schüler/-innen über das Experimentieren (selbstständige Planung von Experimenten, Umgang mit experimentellen Daten) insgesamt beobachtet. Es zeigte sich, dass die Berücksichtigung negativen Wissens bei der Förderung des Verständnisses bedeutsam ist – vor allem für Lernende mit geringem Vorwissen oder unangemessenen Konzepten. Ehmer beobachtete überdies, dass durch die bloße Beschäftigung mit entsprechenden Items zwar ein Wissenszuwachs bezüglich der experimentellen

Strategien, jedoch kein tieferes Strategieverständnis erreicht wurde, welches für die eigenständige Anwendung aber erforderlich ist (vgl. Ehmer, 2008, S. 185). Es konnte außerdem gezeigt werden, dass bereits in der 6. Klassenstufe des Gymnasiums die Vermittlung epistemologischen Wissens erfolgreich ist.

Die folgenden Studien fragen in differenzierter Form nach den Wirkungskomponenten und Wirkungsweisen von Unterricht. Sie fokussieren dabei auf verschiedene Lehr-/Lernverfahren. Um aus der Fülle vorliegender entsprechender Wirkungsstudien eine schlüssige und in sich abgerundete Auswahl treffen zu können, die auch einen Vergleich der Studien ermöglicht, wurde zusätzlich ein thematischer Gesichtspunkt in Spiel gebracht. Es sollten Studien sein, die sich mit zwei der in den Fachdidaktiken intensiv diskutierten Unterrichtsansätze beschäftigen. In den Naturwissenschaftsdidaktiken (und der Mathematikdidaktik) ist es eine weit verbreitete und akzeptierte Position, dass der konstruktivistisch orientierte Ansatz des forschend-entdeckenden Lernens wirksamer ist als ein instruktionaler Ansatz. Man erwartet vom forschend-entdeckenden Lernen die Förderung eines nachhaltigen vertieften Verständnisses naturwissenschaftlicher Phänomene und Vorgehensweisen, da, so die Argumentation entsprechender Vertreter, Kinder selbsterworbene Wissensbestände viel eher anwenden und ausbauen können als über Instruktionen erworbenes Wissen. Alle hier ausgewählten Studien haben sich dieser Thematik angenommen und versuchen einen Ansatz oder beide Ansätze einer empirischen Überprüfung zu unterziehen.

In einer Studie mit Zehnjährigen von Chen und Klahr (1999) stand die Förderung der Anwendung und des Transfers der Variablenkontrollstrategie im Mittelpunkt. Ihre Aufgabe war es, konkrete Experimente aus dem Bereich der Physik („Schweben und Sinken", „Federn", „Rampen") zu planen, durchzuführen und aus den Daten valide Schlussfolgerungen zu ziehen. Die Schüler/-innen wurden auf drei Versuchsgruppen verteilt. Eine Versuchsgruppe erhielt eine Schulung zur Variablenkontrolle und zum korrekten Vergleich von Ansätzen und bekam darüber hinaus Fragen in Bezug auf ihr eigenständiges Experimentieren (z.B. Warum hast du das Experiment so geplant?). Den Schülern der zweiten Treatmentgruppe wurden ausschließlich Fragen in Bezug auf ihr eigenständiges Experimentieren gestellt. Die Kontrollgruppe erhielt kein Treatment. Die Leistungen der Schüler/-innen wurden zu 4 Messzeitpunkten über qualitative Zugriffe (Interviews, Videographie) und in einem Post-Test mit Hilfe eines Fragebogens erfasst. Wichtige Ergebnisse waren im Hinblick auf eine Förderung der Verwendung der Variablenkontrollstrategie beim Experimentieren: ältere Schüler/-innen zeigen signifikant bessere Leistungen als jüngere Schüler/-innen und nur die Schüler/-innen des Treatments ‚Schulung und Fragen' zeigten eine signifikante Entwicklung in ihrer Performance. Außerdem konnte gezeigt werden, dass schon Grundschüler/-innen gelernte Strategien für das Experimentieren auf andere Bereiche und Domänen transferieren können.

Aufbauend auf diesen Befunden und den Ergebnissen weiterer Vorstudien, die gleichermaßen belegen, dass ein instruktional ausgerichteter Unterricht die Fähigkeit zur Variablenkontrollstrategie bei Grundschüler/-innen deutlich steigern kann

(Toth et al., 2000; Klahr et al., 2001) wollten Klahr und Nigam (2004) die Hypothese testen, ob eine direkte Instruktion den Erwerb der Variablenkontrollstrategie wirksamer fördern kann als das forschend-entdeckende Lernverfahren. Außerdem sollte untersucht werden, ob Schüler/-innen mit einem Verständnis der Variablenkontrollstrategie die Durchführung von Experimenten durch andere Schüler/-innen (dokumentiert in schülergerechten „Forschungspostern") angemessener beurteilen können als Schüler/-innen ohne ein entsprechendes Verständnis. Da die in den Postern vorgestellten Experimente aus ganz anderen Domänen stammten, konnten damit Transferleistungen erfasst werden. Es wurde darüber hinaus vermutet, dass ein positiver Zusammenhang zwischen dem Verständnis der Variablenkontrollstrategie und den Leistungen bei der Beurteilung der Poster in Abhängigkeit von dem erhaltenen Unterricht besteht. Klahr und Nigam (2004) vermuteten dem konstruktivistischen Paradigma folgend bessere Transferleistungen bei Schüler/-innen der Versuchsgruppe ‚forschend-entdeckendes Lernverfahren'. Die Stichprobe für dieses Experiment bildeten Grundschüler/-innen der 3. und 4. Klassenstufe. In der Versuchsbedingung ‚direkte Instruktion' stellte die Lehrperson gelungene und nicht gelungene Beispiele des Einsatzes der Variablenkontrollstrategie vor und erklärte die Funktion dieser Strategie, während in der Versuchsbedingung ‚forschend-entdeckendes Verfahren', bei ansonsten identischem Vorgehen und gleichen Versuchsmaterialien keine Instruktion erfolgte. Die Ergebnisse der Untersuchung waren eindeutig: in der Versuchsgruppe ‚direkte Instruktion' lernten signifikant mehr Kinder die Variablenkontrollstrategie korrekt anzuwenden als in der anderen Versuchsgruppe. Außerdem führte die direkte Instruktion im Vergleich zum forschend-entdeckenden Verfahren entgegen der Erwartung zu vergleichbaren Transferleistungen.

In einer Studie von Keselman (2003) wird die Förderung eines Verständnisses von multivariater Kausalität am Beispiel des Themas „Vorhersage von Erdbeben" untersucht. Die Stichprobe bildeten drei sechste Klassen einer Schule in New York. Die Klassen wurden jeweils als ganze einer Experimentalbedingung (Kontrollgruppe, Versuchsgruppe ‚Instruktion', Versuchsgruppe ‚Praxis') zugeordnet, die aber vom gleichen Lehrer unterrichtet wurden. In allen drei Versuchsgruppen arbeiteten die Schüler/-innen mit dem experimentell angelegten Computerprogramm „Earthquake Forecaster" und standen vor der Aufgabe das Risiko eines Erdbebens vorherzusagen. Die Schüler/-innen der Experimentalbedingungen ‚Praxis' und ‚Instruktion' mussten zusätzlich ihre Vorhersagen vor Experten begründen. In der Experimentalbedingung ‚Instruktion' erhielten die Schüler/-innen außerdem einen instruktional geprägten Unterricht zur Vorhersage von Flutrisiken (u.a. wurden erfolgreiche Vorhersagestrategien demonstriert) mit dem Ziel einer Förderung ihrer mentalen Modelle von multivariater Kausalität. Stattdessen bekamen die beiden anderen Experimentalbedingungen (Kontrolle und Praxis) einen Unterricht zur Arbeit von Naturwissenschaftlern. Die Effekte der Intervention wurden im Rahmen eines Prä-Post-Test-Designs erfasst. Zunächst konnte nachgewiesen werden, dass die beiden Experimentalbedingungen ‚Praxis' und ‚Instruktion', im Gegensatz zum Kontrollansatz, den Blick der Schüler/-innen für die Bedeutung einzelner Variablen schärfen und die Berücksichtigung von Evidenz fördern konnte. Darüber hinaus konnte nur bei Schüler/-innen der Versuchsgruppe ‚Instruktion' ein Verständnis von „multivariater Kausalität" und die Fähigkeit, Entwicklungen in komplexeren Systemen vorhersagen zu können, gefördert werden (Keselman, 2003, S. 914).

Welche Unterstützungsmaßnahmen können die Wirksamkeit experimenteller Kleingruppenarbeit im Chemieunterricht steigern? Aufbauend auf den Befunden zweier Vorgängerstudien, in denen beobachtet werden konnte, dass a) kooperatives experimentelles Arbeiten dem problemlösenden Frontalunterricht überlegen ist (Rumann, 2005) und b) Kleingruppenarbeitsphasen häufig wenig strukturiert ablaufen und so ihr Potenzial unvollständig genutzt wird, während der Frontalunterricht durch die Lehrpersonen zumeist klarer strukturiert und gelenkt wird (Sumfleth, Nicolai & Rumann, 2004), wollten Walpuski und Sumfleth (2007) in einer weiterführenden Untersuchung zwei Interventionsmaßnahmen zur Effizienzsteigerung von schülerexperimentbasierten Kleingruppenarbeitsphasen testen. In den Kleingruppenarbeitsphasen (bei beiden Interventionsmaßnahmen waren es jeweils fünf 45-minütige Sequenzen mit Experimenten aus dem Themenbereich Säuren und Basen) sollte vor allem der naturwissenschaftliche Erkenntnisweg (Entwickeln und prüfen von Hypothesen durch Experimente und Schlussfolgern aus Evidenz) vermittelt werden. Es wurden vier Treatmentgruppen gebildet, um die Effektivität der beiden Interventionsmaßnahmen in einem Prä-Post-Test-Design mit einem Follow-up-Test zu untersuchen. Im Rahmen der Interventionsmaßnahme ‚Strukturierung' mussten die Schüler/-innen bei jedem Experiment eine Ideenkarte und Experimentierkarte ausfüllen und sie bekamen als Orientierungshilfe ein Flussdiagramm mit dem naturwissenschaftlichen Erkenntnisgewinn zur Verfügung gestellt. Es gab jedoch weder für die Aufgabenverteilung und die Kommunikationsprozesse Vorgaben oder eine Strukturierung. Die Interventionsmaßnahme ‚Fehlerkorrektur durch Feedback' war dadurch charakterisiert, dass den Kleingruppen während den einzelnen Experimentiersequenzen die Möglichkeit zur Rückfrage eingeräumt wurde (die Schüler/-innen konnten hierfür eine Karte mit einem Fragezeichen einsetzen) und dass ihnen nach Abschluss der Experimentalsequenzen durch den Testleiter mögliche Lösungswege in einem Kurzvortrag (max. fünf Minuten) präsentiert wurden. Diese Intervention kann somit dem instruktionalen Ansatz zugeordnet werden. Die Stichprobe bildeten Gymnasialschüler/-innen der 7. Klassenstufe. Zur Erfassung des Lernzuwachses wurde zu allen drei Testzeitpunkten ein identischer Fachwissenstest in Multiple-Choice-Form eingesetzt und pro Treatment 35 Videos aufgezeichnet. Sowohl im Prä- als auch Post-Test kam zusätzlich der Naturwissenschaftliche-Arbeitsweisen-Test (NAW) zum Einsatz. Allerdings konnte er am Ende nicht ausgewertet werden, da die Testkennwerte unzureichend waren. Die Analyse der Daten zeigte, dass sowohl die Kontrollgruppe (keine Strukturierung und keine Fehlerkorrektur) als auch die Treatmentgruppe ‚Strukturierung' hinter den theoretisch erwarteten Werten zurückblieben, während die Treatmentgruppe ‚Fehlerkorrektur' sowie die Treatmentgruppe ‚Fehlerkorrektur und Strukturierung' einen größeren Punktzuwachs als vorhergesagt erreichen konnten. Weitergehende Analysen zeigten, dass in der Treatmentgruppe ‚Strukturierung und Fehlerkorrektur' die instruktional geprägte Intervention Fehlerkorrektur die relevante Einflussgröße war und demnach die passive Strukturierung mittels ergänzender Materialien, also eine eher konstruktivistisch orientierte Lernumgebung, keinen ausreichenden Einfluss auf das Lernen der Schüler/-innen nehmen konnte.

Eine qualitative Studie von Hogström et al. (2010) kann im Hinblick auf die bisher vorgestellten Befunde zu Wirkungen instruktionaler Verfahren zusätzliche interessante Beobachtungen beisteuern. In dieser explorativen Fallstudie mit (schwedischen) Schüler/-innen der Klassenstufe 8 wurden unter anderem der Einfluss von Lehrer-Schüler- und Schüler-Schüler-Interaktionen beim Experimentieren im Chemieunterricht untersucht. Dabei sollte es auch darum gehen, „Komplexitäten zu illustrieren, die beim Experimentieren im Unterricht auftreten können". Als Erhebungsmethoden kamen Lehrerinterviews, Videographie und Gruppendiskussionen zum Einsatz. Der videographierte Unterricht startete mit einer instruktionalen Phase (u.a. mit der Einführung in die für den Unterricht relevanten chemischen Konzepte und einer Diskussion des Schülervorwissens). Während der Experimentierphase, in der die Schüler/-innen in Tandems arbeiteten, ging die Lehrperson von Gruppe zu Gruppe und begleitete die experimentellen Handlungen der Schüler/-innen mit Fragen, Hinweisen, Hilfestellungen, Ermutigung und Anregungen zu einer vertieften kognitiven Auseinandersetzung mit Aspekten des Experiments. Ein wichtiges Ergebnis der Untersuchung war, dass die Lehrer-Schüler-Interaktionen, und damit auch instruktionalen Anteile des Unterrichts, wichtig waren um den Schüler/-innen die Möglichkeit zu geben naturwissenschaftliches Wissen zu erwerben. Bei den beobachteten Schüler-Schüler-Interaktionen standen zumeist die konkrete Arbeit im Labor und der Umgang mit den Untersuchungsmaterialien im Vordergrund. Insbesondere bei der Auswertung und der Interpretation der Daten waren die Schüler/-innen auf die Hilfe und einen Input durch die Lehrperson angewiesen.

Zu der Gruppe von Studien, die eher einen konstruktivistisch-orientierten Ansatz präferieren und stützen, zählt eine qualitative Studie von Roth und Roychoudhury (1993). Die Stichprobe bildeten Schüler/-innen der 8., 11. und 12. Klassenstufe, die einen Physikkurs bzw. einen allgemeinen naturwissenschaftlichen Unterricht an einer privaten Jungenschule besuchten. Im Rahmen der Datenerhebung wurde der Unterricht videographiert, die Versuchsprotokolle der Schüler/-innen und zwei Aufzeichnungen (Unterrichtsreflexionen der beiden unterrichtenden Lehrkräfte) untersucht. Kennzeichnend für den beobachteten Unterricht war, dass die Schüler/-innen in Gruppen „persönlich als relevant erscheinende sowie authentische" Experimente durchführten, also hohe Freiheitsgrade in der Auswahl der Fragestellungen und in der Durchführung der Experimente hatten und instruktionale Anteile minimal waren. Als zentralen Befund formulieren die Autoren dieser Studie: „... we found that the use of open-ended inquiry laboratories ... resulted in the development of higher-order process skills such as identifying variables, interpreting data, hypothesizing, defining and experimentation" (S. 148) und leiten daraus die

Forderung ab, für das Experimentieren im Unterricht zukünftig konstruktivistisch-orientierte Lernumgebungen zu gestalten. Im Hinblick auf diese doch sehr weitgehenden Schlussfolgerungen muss allerdings darauf hingewiesen werden, dass keine detaillierten Angaben zur Auswertung der Daten gemacht werden und die Ergebnisse der Studie sowie abgeleitete Folgerungen keiner Überprüfung zugänglich sind.

In einer quantitativ angelegten Studie von Randler und Hulde (2007) werden die Wirkungen einer schülerzentrierten mit den Wirkungen einer lehrerzentrierten Lernumgebung verglichen. Beiden Lernumgebungen war gemeinsam, dass in ihnen die gleichen drei Experimente zum Thema Bodenökologie durchgeführt wurden. Während in der schülerzentrierten Lernumgebung die Experimente von den Schüler/-innen in Kleingruppen selbständig durchgeführt wurden, erfolgte in der anderen Lernumgebung die Durchführung der Experimente als Demonstrationsexperimente durch den Lehrer. Die Stichprobe bildeten vier Klassen der 5. und 6. Klassenstufe. Jeweils zwei Klassen wurden einer Treatmentbedingung zugeteilt. Als herausragendes Ergebnis der Untersuchung im Prä-Post-Test-Design wird berichtet, dass beide Versuchsbedingungen die Leistungen der Schüler/-innen signifikant fördern konnten und dass die Schüler/-innen der schülerzentrierten Versuchsbedingung eine bessere Performance zeigten als die Schüler/-innen der lehrerzentrierten Versuchsbedingung. Einschränkend gilt es darauf hinzuweisen, dass – im Vergleich zur Studie von Klahr und Nigam (2004) – in dieser Untersuchung als abhängige kognitive Variable nur einfaches deklaratives Fachwissen und keine Aspekte einer experimentellen Problemlösefähigkeit erfasst wurden und zumindest eines der im Unterricht verwendeten Experimente allenfalls ein Versuch (ohne eine systematische Variation einer unabhängigen Variable) war.

In der sehr aufwändig gestalteten Untersuchung von Ganser und Hammann (2009) sollten Wirkungen von Unterricht auf die Entwicklung einer experimentellen Problemlösefähigkeit in den drei Bereichen des von Klahr entwickelten SDDS-Modells untersucht werden. Die Unterrichtseinheiten für diese Studie wurden von erfahrenen Gymnasiallehrer/-innen entwickelt, die an elf Workshops teilnahmen. In diesen Workshops wurden die Lehrer/-innen unter anderem mit dem SDDS-Modell, mit Ergebnissen aus der empirischen fachdidaktischen Forschung zum Experimentieren im Unterricht und Schülervorstellungen zum Experimentieren bekannt gemacht. Insgesamt entwickelten die Lehrer/-innen drei Unterrichtseinheiten zu den Themenkomplexen Vitamine, Milchprodukte und Herzkreislaufsystem für die Klassenstufen 5/6 und 7/8. Jede Unterrichtseinheit umfasste sieben Unterrichtsstunden und sollte kumulatives Erlernen der experimentellen Problemlösefähigkeit ermöglichen. In jeder Unterrichtseinheit ging es zunächst darum, die Notwendigkeit eines Kontrollansatzes zu erkennen und zu verstehen. Dann sollten die Schüler/-innen ein einfaches Experiment mit einer unabhängigen Variablen planen und durchführen. Zuletzt war es dann die Aufgabe der Schüler/-innen eine Serie von Experimenten zur Testung verschiedener Variablen (= multivariates Experiment) zu planen und durchzuführen. Die Rolle der Lehrpersonen bei der Durchführung der Unterrichtseinheiten bestand vor allem darin zu moderieren und eine stimulierende

Lernumgebung zu schaffen. Der unterrichtliche Ansatz kann demnach dem konstruktivistisch orientierten Paradigma zugerechnet werden. Die Effekte der Intervention auf die Schülerkompetenzen „Hypothesen bilden", „Experiment planen" und „experimentelle Daten analysieren" wurde mit dem von Hammann et al. (2008) entwickelten Multiple-Choice-Test in einem Prä-Post-Test-Design erfasst. Zusätzlich wurde das experimentelle Selbstkonzept (Selbsteinschätzung der individuellen experimentellen Problemlösefähigkeit) der Schüler/-innen und deren Wahrnehmung der Unterrichtsqualität erfasst. Als Kontrollgruppe wurden Schulklassen ausgewählt, die keine experimentellen Unterrichtseinheiten erhielten und deren Lehrer/-innen nicht an den Workshops teilgenommen haben. Die Stichprobe bildeten 305 Schüler/-innen der Klassenstufen 5-7. Die Ergebnisse waren in Teilen überraschend. Entgegen den Erwartungen konnte sowohl für die Experimentalgruppe als auch für die Kontrollgruppe eine signifikante Förderung experimenteller Problemlösefähigkeit nachgewiesen werden. Dabei war die Zunahme in der Experimentalgruppe nicht größer als in der Kontrollgruppe. Ein Vergleich der Effekte in den drei Teilbereichen experimenteller Problemlösefähigkeit zeigt sogar, dass in den beiden Bereichen „Hypothesen bilden" und „Experimente planen" beide Gruppen profitiert haben, während in dem Bereich „Daten analysieren" nur für die Kontrollgruppe ein Zuwachs zu verzeichnen war. Ganz anders fallen die Ergebnisse im Hinblick auf die Förderung des experimentellen Selbstkonzepts der Schüler/-innen aus. Hier konnten die Schüler/-innen der Experimentalgruppe durch das Treatment stärker gefördert werden als die Schüler/-innen der Kontrollgruppe. Im Hinblick auf die Entwicklung der Einschätzung der Unterrichtsqualität konnten dagegen keine Unterschiede zwischen den Versuchsgruppen gefunden werden. In der Diskussion der Befunde erörtern Ganser und Hammann (2009) einige mögliche Gründe für die in Teilen überraschende Befunde. Es kann nicht ausgeschlossen werden, dass die Lehrer/-innen der Experimentalbedingung sich nicht strikt an die Vorgaben der entwickelten Unterrichtseinheiten gehalten haben, obwohl sie dieses auf Nachfrage angaben. Der Zuwachs in der experimentellen Problemlösefähigkeit und dem experimentellen Selbstkonzept bei Schüler/-innen der Kontrollgruppe ist wahrscheinlich (zumindest in Teilen) der wiederholten Testung zuzuschreiben. Es gilt in Zukunft die Wirkungen und die Reichweiten von verschiedenen Testformaten einer vertieften Untersuchung zu unterziehen. Erstaunlicherweise stellen Ganser und Hammann jedoch nicht das Lernverfahren in Frage. In Anlehnung an die Ergebnisse von Klahr und Nigam (2004) kann die Frage aufgeworfen werden, ob ein zumindest in Teilen instruktionaler Ansatz für die Förderung der doch sehr anspruchsvollen experimenteller Problemlösefähigkeit höhere Wirkungen zeitigen könnte.

Eingehendere Analysen des naturwissenschaftlichen Unterrichts an deutschen Schulen haben unter anderem ergeben, dass Experimente durchaus ein wesentlicher Bestandteil des naturwissenschaftlichen Unterrichts sind. In verschiedenen Arbeiten konnte jedoch wiederholt insbesondere an Gymnasien in Deutschland diagnostiziert werden, dass die Experimente lehrerzentriert durchgeführt werden und Demonstrationsexperimente gegenüber Schülerexperimenten dominieren (Merzyn,

1994; Schecker & Klieme, 2001, Tesch & Duit 2004). Eigenständige Aktivitäten des forschenden Lernens sind eher selten zu beobachten (Prenzel, Seidel, Stahl & Dalehefte, 2007). Insbesondere in der präexperimentellen Phase und bei der konkreten Planung von Experimenten findet die Forderung nach mehr Selbststeuerung und Eigenaktivität zumeist wenig Berücksichtigung (Neber & Anton, 2008; Knickmeier, 2009). Kommen Schülerexperimente zum Einsatz, so gilt es für die Schüler/-innen zumeist Experimentalanleitungen rezeptartig abzuarbeiten (Seidel et al., 2002; Hucke & Fischer, 2002). Mit diesen Experimentalanleitungen werden zwei, aus fachdidaktischer Perspektive wenig bedeutsame, Ziele verfolgt: die Schüler/-innen sollen die dort getroffenen Handlungsanweisungen möglichst exakt umsetzen und ein vorgegebenes experimentelles Ziel erreichen. Diesen Befund nimmt Künsting (2007) zum Anlass für eine Untersuchung, in der die Frage beantwortet werden sollte, ob die Vorgabe adäquaterer Ziele, also solcher Ziele, die eher zu einer elaborierten Verarbeitung des Lerngegenstandes auffordern, zu einem höheren Erfolg beim Lernen in Experimentiersituationen führt. Im Rahmen einer experimentellen Studie wurden in einem Prä-Post-Test-Design deshalb Wirkungen von Zielqualität (Lernziele (Wissen soll nachhaltig erworben werden) vs. Problemlöseziele (ein situationaler Zustand soll hergestellt werden)) und Zielspezifität (spezifisch vs. unspezifisch) auf selbstreguliert-entdeckendes Lernen durch Experimentieren in einer computerbasierten Lernumgebung untersucht. Die computerbasierte Lernumgebung ermöglichte die Erkundung von unterschiedlichen Zusammenhängen zwischen Variablen zum physikalischen Inhaltsbereich „Auftrieb in Flüssigkeiten". Als abhängige Variablen wurden u.a. erfasst: das deklarative konzeptuelle Wissen zum Inhaltsbereich „Auftrieb in Flüssigkeiten", metakognitives Strategiewissen (definiert als Fähigkeit, erworbenes Wissen für das Herstellen situationaler Zustände nutzen zu können), die Nutzungshäufigkeit der Variablenkontrollstrategie, der cognitive load (Belastung des Arbeitsgedächtnisses), die aktuelle Motivation und internale Zielorientierungen erfasst. Die Stichprobe bildeten Gymnasiasten der Klassenstufen 8, 9 und 10. Zentrale Ergebnisse der Studie waren: Das Treatment ‚Lernziele' führt zu einem statistisch bedeutsam höheren deklarativ konzeptuellen Wissenszuwachs als das Treatment ‚Problemlöseziele'. Im Hinblick auf eine Förderung zur Wissensanwendung konnte jedoch kein signifikanter Unterschied festgestellt werden. Die Verwendung von spezifischen und unspezifischen Zielen führte hingegen zu keinem bedeutsamen Unterschied im deklarativ konzeptuellen Wissenszuwachs. Allerdings konnte ein Interaktionseffekt diagnostiziert werden. Bei der Verwendung von Problemlösezielen führen unspezifische Lernziele zu einem bedeutsam höheren Lernerfolg, während die Spezifität bei Lernzielen keine Rolle für den Lernerfolg spielte. Nicht die Zielqualität, aber die Zielspezifität erwies sich als bedeutsam für den cognitive load. Unspezifische Ziele bewirkten einen geringeren cognitive load als spezifische Ziele und reduzieren damit beispielsweise beim schlussfolgernden Denken (eine wichtige Komponente beim Experimentieren) die Fehlerneigung. Auch im Hinblick auf eine häufigere Nutzung der Variablenkontrollstrategie fanden sich keine bedeutsamen Unterschiede zwischen der Vorgabe von Lernzielen bzw. Problemlösezielen, aber zwischen unspezifischen und spezifischen Zielvorgaben. Unspezifische Ziele bewirkten eine bedeutsam häufigere Strategienutzung als spezifische Ziele. Darüber hinaus konnte eine Interaktion der Faktoren Zielqualität und Zielspezifität festgestellt werden. Unspezifische Problemlöseziele bewirkten, verglichen mit spezifischen Problemlösezielen, eine substanziell häufigere Nutzung der Variablenkontrollstrategie.

Schlussfolgerungen

Die Ergebnisse dieser Recherche und Analyse ausgesuchter empirischer Studien zum Thema Experimentieren im mathematisch-naturwissenschaftlichen Unterricht der Primar- und Sekundarstufen lassen sich wie folgt zusammenfassen.

1. Nachdem zunächst entsprechende Studien im anglo-amerikanischen Bereich durchgeführt und veröffentlicht wurden, finden sich seit dem letzten Jahrzehnt immer mehr empirische Studien aus dem deutschsprachigen Raum.
2. Die meisten Studien des letzten Jahrzehnte stützen sich in ihrer Konzeptualisierung und ihrem Ansatz auf das Scientific Discovery as Dual Search (SDDS)-Modell nach Klahr und Dunbar (1988).
3. Die empirische Erforschung der kognitiven und metakognitiven Lernvoraussetzungen der Schüler/-innen für das Experimentieren im Unterricht hat zahlreiche interessante Befunde zu Tage gefördert: (1) Schüler/-innen der Primar- und frühen Sekundarstufe haben oft noch ein ungenaues Verständnis der Variablenkontrollstrategie; dies führt in den meisten Fällen zu einem unsystematischen Umgang mit Variablen und damit zu Fehlern in der Planung, Durchführung und Auswertung von Experimenten. (2) Schüler/-innen überprüfen oft nur die Hypothesen, die mit ihren Erwartungen übereinstimmen, und sie neigen dazu, das Experiment als eine Methode zur (Re-)Produktion eines gewünschten Naturphänomens („Ingenieurmodus") zu erachten. (3) Ein weiteres beobachtbares Defizit ist die oft noch mangelhaft ausgeprägte Fähigkeit, Ideen bzw. Theorien mit empirischer Evidenz verknüpfen zu können. Dies kann bei den Schüler/-innen zu Schwierigkeiten bei der Identifizierung von Kausalzusammenhängen und bei der Auswertung der Daten führen. Nun ist es aber nicht so, dass diese Defizite in einer altersbedingten mangelnden Abstraktionsfähigkeit von Kindern begründet wären. Es konnte vielmehr gezeigt werden, dass (4) schon Primarstufenschüler/-innen grundsätzlich zu schlussfolgerndem Denken in anspruchsvollen Inhaltsbereichen und damit auch zum Experimentieren in naturwissenschaftlichen Kontexten in der Lage sind. Es bedarf aber einer zielgerichteten Hinführung zum Experimentieren und der damit verbundenen Vermittlung von notwendigem inhaltlichem und methodischem Wissen. Im Hinblick auf die nicht-kognitiven Lernvoraussetzungen liegen bisher nur wenige Erkenntnisse vor. Wir verfügen auch kaum über Erkenntnisse zu den individuellen Verarbeitungsprozessen der

Schüler/-innen beim Experimentieren im mathematisch-naturwissenschaftlichen Unterricht (bspw. die echte Lernzeit, das emotionale Erleben).

4. Die Grundlage für viele Konzeptualisierungsversuche für die experimentelle Problemlösefähigkeit bildet (wie unter 2. schon hervorgehoben) das SDDS-Modell von Klahr und Dunbar (1998). Es wurden sowohl quantitative Verfahren wie schriftliche Tests, computerbasierte Assessments, praxisorientierte Performance-Assessments (Tests mit Realexperimenten) unter Einbeziehung videographischer Verfahren und qualitative Verfahren wie bspw. halbstrukturierte Interviews entwickelt und eingesetzt. Erfasst werden sollten u.a. methodisch-prozedurales Wissen, das Verständnis von Strategien, die domänen-spezifische Sachkenntnis, epistemologisch-konzeptuelle Kenntnisse und die Fähigkeiten naturwissenschaftliche Fragen formulieren, Hypothesen generieren, Experimente planen und Daten analysieren zu können sowie nicht-kognitive Zielkriterien wie beispielsweise Selbstwirksamkeitserwartung, Einstellungen zum naturwissenschaftlichen Experimentieren und Interessantheit des Experiments. Für die zentralen Aspekte einer experimentellen Problemlösefähigkeit wurde inzwischen ein erstes Kompetenzentwicklungsmodell vorgeschlagen. Die Konstruktvalidierung (konvergente und diskriminante Validierung) der meisten Messinstrumente steht noch aus. Erste Validierungsversuche zeigen schwache Korrelationen zwischen praxisorientierten und schriftlichen Tests.
5. Bei der Auswahl von exemplarischen Studien zu Wirkungen von Experimentalunterricht in den Naturwissenschaften fokussierten wir vor allem auf Studien, die entweder einen eher instruktionalen oder konstruktivistisch orientierten Ansatz untersuchten bzw. sogar die Wirkung beider Ansätze miteinander verglichen. Entgegen der in den Fachdidaktiken häufig vertretenen Ansicht scheint zumindest auf der Basis der von uns analysierten Studien der instruktional orientierte Ansatz bei der Förderung experimenteller Kompetenz wirksamer zu sein. Ein Unterricht, in welchem lehrerkontrolliert auf eine schülerorientierte Instruktion (mit Planungs-, Anpassungs- und Steuerungsbemühungen) zurückgegriffen wird und in dem gleichzeitig die nötigen Freiräume für individuelles Handeln, für Versuche und Irrtümer zur Verfügung gestellt werden, ist demnach besonders wirksam. Dieser Befund deckt sich mit Befunden aus der allgemeinen Unterrichtsforschung (vgl. Weinert & Helmke, 1995).
6. Studien zu Wirkungen von Schulmerkmalen (Räumlichkeiten bspw. Labore , Ausstattung, Schulprofil, Schulklima etc.) auf die Förderung von Zielkriterien experimentellen Unterrichts konnten wir nicht finden.
7. Mehrebenenanalytische Ansätze/Zugänge konnten noch nicht gefunden werden. Die Mehrebeneanalysen von Unterricht sind ein aktuelles Desiderat der empirisch ausgerichteten Fachdidaktischen, Bildungs- und Unterrichtsforschung, da sowohl Einflüsse auf Klassen- als auch auf Individualebene erfasst werden können. Insgesamt erlaubt die Mehrebenenanalyse das Prüfen von komplexen Unterrichtsmodellen, allerdings um den Preis großer Stichproben, die umso größer gewählt werden müssen, je mehr Variablen berücksichtigt werden. Damit kann

auch der Einfluss des Experimentierens als mögliche Variable in einem komplexen naturwissenschaftlichen Unterrichtsgeschehen untersucht werden.

Werner Rieß

8. Ein (fachdidaktisches) Rahmenmodell zum Experimentieren im mathematisch-naturwissenschaftlichen Unterricht

8.1 Aufgabenfelder für eine empirische fachdidaktische Unterrichtsforschung zum Thema Experimentieren im mathematisch-naturwissenschaftlichen Unterricht

Sowohl in der Bildungspolitik und in der Lehr-Lernforschung als auch in den Naturwissenschaftsdidaktiken und der Mathematikdidaktik hat man deutlich auf TIMSS und PISA reagiert. Die *empirische Wende* der Bildungspolitik führte zum einen zu einer verstärkten Orientierung auf den Ertrag – den „output" („outcome") der Schule. Schule muss sich daran messen lassen, welche Wirkungen sie bei den Schülerinnen und Schülern erzielt. Das Gleiche gilt dann heruntergebrochen für jedes einzelne Schulfach und damit auch für die Unterrichtsfächer Biologie, Chemie, Physik, Mathematik und die naturwissenschaftlichen Fächerverbünde. Zum anderen kann eine Rückbesinnung auf den Unterricht diagnostiziert werden. Hierzu Weinert (2000): „Meiner Meinung nach gibt es nur eine wirkliche Möglichkeit, schlechte Bildungsergebnisse zu korrigieren, und das ist eine Verbesserung der Qualität des Lernens und Lehrens" (S. 5). Die Unterrichtsqualität in den einzelnen Schulfächern, in unsrem Fall der Fächer Biologie, Chemie, Physik, Mathematik bzw. den naturwissenschaftlichen Fächerverbünden, zu verbessern, gehört zu den originären Aufgaben der Fachdidaktiken. Selbstverständlich können sie dabei auf bewährte Erkenntnisse der allgemeinen empirischen Lehr-Lern-Forschung und Unterrichtsforschung zur Unterrichtsqualität zurückgreifen. Gleichwohl fehlt dort noch die fachspezifische Perspektive. Fachbezogene Aspekte der Unterrichtsqualität (fachspezifische Arbeitsweisen und Methoden, Zielkriterien des Fachunterrichts, der Umgang mit typischen Schülerfehlern bzw. unzureichenden Schülervorstellungen in dem jeweiligen Fach ...) spielen eine bedeutende Rolle bei der Weiterentwicklung und Verbesserung von Unterricht, der im Konkreten eben zumeist Fachunterricht ist.

Im Mittelpunkt des Unterrichts in den naturwissenschaftlichen Fächern und des Mathematikunterrichts steht das fachliche Lernen als primäres Ziel des Unterrichts. Guter Fachunterricht ist ein Unterricht, der Schüler/-innen entsprechend ihrer Eingangsvoraussetzungen optimal fördert und „intelligentes" Wissen aufbaut. Darunter verstehen wir mit Weinert und Helmke ein wohlorganisiertes, disziplinär, interdisziplinär und lebenspraktisch vernetztes, in verschiedenen Situationen erprobtes und flexibel anpassbares Wissen (Weinert, 1996; Helmke, 2003). „Vorrausetzung dafür und ein Resultat davon ist ein sachlogisch aufgebautes, systematisches und inhaltsbezogenes Lernen, das grundlegende Kenntnislücken, Verständnisdefizite und falsche Wissenselemente vermeidet" (Weinert, 1996, S. 115).

Die „Bedeutung des Experiments in den Naturwissenschaften zu erkennen und zu verstehen“ sowie die „Fähigkeit zum eigenständigen Experimentieren“ gehören zu den seit Jahrzehnten von den Fachdidaktikern geforderten fachlichen Zielkriterien des naturwissenschaftlichen Unterrichts und werden als Teil des in den Fächern zu vermittelnden intelligenten Wissens betrachtet und empfohlen (vgl. Barzel et al., 2012). Dabei beschreiben die meisten Fachdidaktiker das Experiment im Forschungsprozess aber auch im Unterricht als ein Geschehen, das 1.) nach einem bestimmten Plan abläuft und 2.) grundsätzlich wiederholbar ist. Beide Merkmale (Planmäßigkeit und Wiederholbarkeit) treffen freilich auch auf andere naturwissenschaftliche Erkenntnismethoden zu (Beobachten, Versuche, Betrachten). Deshalb ist es zumindest erstaunlich, dass bei einigen Fachdidaktikern bei der Charakterisierung des Experiments nicht explizit auf das dritte Kriterium aufmerksam gemacht wird, welches das Experiment erst zum Experiment macht. Im Experiment wird eine isolierende Variation der Bedingungen vorgenommen, um anschließend feststellen zu können, welche Auswirkungen die isolierende Bedingungsvariation (= Variation der unabhängigen Variable bei gleichzeitiger weitgehender Konstanthaltung anderer Variablen) auf mindestens eine Kriteriumsvariable (= abhängige Variable) hat (vgl. Schulz et al., 2012; Schulz & Wirtz, 2012; Wirtz & Schulz, 2012).

Die Perspektive, aus der heraus sich die Fachdidaktiken lange Zeit mit dem Thema „Experiment im Unterricht“ auseinandergesetzt haben, kann als überwiegend normativ bezeichnet werden. Aus dieser Sicht zeichnet sich guter naturwissenschaftlicher Fachunterricht unter anderem dadurch aus, dass er ein „experimenteller Unterricht“ ist. Experimentieren ist demnach als Unterrichtsmethode per se ein zu bevorzugendes und so oft wie möglich, einzusetzendes Unterrichtsverfahren (vgl. Barzel et al., 2012). (Das Fach Mathematik nimmt hier scheinbar eine Sonderstellung ein – doch auch hier ist die die Tätigkeit des hypothetisch-induktiven Argumentierens (das so genannte „quasiexperimentelle Arbeiten“) auch in innermathematischen Situationen von hoher Bedeutung für den Lernprozess. In diesem Sinne ist das Fach Mathematik mit seinen vor-deduktiven Methoden erkenntnistheoretisch und didaktisch stärker in den Fächerverbund eingebunden als das gemeinhin angenommen wird.) In den letzten Jahren wird in den Fachdidaktiken nun zunehmend eine wirkungsorientierte Perspektive eingenommen. Naturwissenschaftlicher bzw. mathematischer Unterricht ist aus dieser Perspektive so gut wie die Wirkungen, die er auf Seiten der Lernenden erzielt. Im Mittelpunkt der neueren Bestrebungen in den Fachdidaktiken steht deshalb die übergeordnete Fragestellung nach den Gelingensbedingungen und Wirkungen von Experimentalunterricht (im weitesten Sinne) in den Fächern Biologie, Chemie, Physik, den naturwissenschaftlichen Fächerverbünden und der Mathematik. Aus dieser „neuen“ Perspektive resultieren verschiedene Konsequenzen:

Es gilt

a) den Forschungsgegenstand „Experimentieren im mathematisch-naturwissenschaftlichen Unterricht“ mit empirischen Mitteln (qualitative und/oder quantitative Methoden) zu untersuchen,

b) den mathematisch-naturwissenschaftlichen Unterricht einer ausbalancierten Analyse, jenseits pädagogischer Moden, Trends, dominierender Meinungen und individueller Vorlieben, zu unterziehen. Im Falle nicht vorliegender richtungweisender empirischer Befunde dürfen beispielsweise vorab weder direkte noch indirekte Instruktion, weder schülergesteuerten noch lehrergesteuerten Unterricht, weder Projektunterricht noch den „traditionellen“ Lerngang, weder eine „neue“ noch eine „alte“ Lernkultur favorisiert werden.

Welche Aufgabenfelder könnten im Promotionskolleg bearbeitet werden?
Renkl nennt im Handbuch Bildungsforschung vier Aufgabenfelder der allgemeinen empirischen Lehr-Lernforschung (2002, S. 589). Im Hinblick auf den mathematisch-naturwissenschaftlichen Unterricht und die im Promotionskolleg zu bearbeitende Thematik können sie folgendermaßen (um-)formuliert werden:

1. Welche Arten von Wissen sollen Schüler/-innen im mathematisch-naturwissenschaftlichen Unterricht zum Experimentieren und beim Experimentieren erwerben? Welches Wissen braucht eine Person, um die Erkenntnisse und Erkenntnismethoden (in unserem Fall das „Experiment“) in den Naturwissenschaften erfassen, beurteilen und zielgerichtet anwenden zu können? Welches Faktenwissen ist dazu von Nöten (konzeptuelles Wissen), welches Handlungswissen ist bedeutsam (prozedurales, strategisches Wissen)? Auch eine normative, und deshalb nicht auf empirischem Weg zu leistende, Begründung ist vorzunehmen: *Weshalb* sollen Schüler/-innen experimentieren können oder das naturwissenschaftliche Experiment als Erkenntnismethode kennen und verstehen lernen?
2. Was bedeutet eigentlich Lernen, wie geschieht das? Was spielt sich im Kopf des Lernenden ab, wenn er versucht für eine naturwissenschaftliche Fragestellung eine Hypothese zu formulieren, ein Experiment zu planen, eine unabhängige Variable zu variieren, Daten zu analysieren? Handelt es sich hierbei um vergleichbare oder ganz unterschiedliche kognitive Vorgänge? Mit welchen (Alltags-)Vorstellungen, mit welchem Vorwissen und mit welchen Einstellungen kommen die Schüler/-innen in den Unterricht?
3. Welche Arten von Motivation sind im mathematsch-naturwissenschaftlichen Unterricht besonders lernförderlich? Wie kann man im Lernenden die Bereitschaft wecken und erhalten, sich mit naturwissenschaftlichen Problemen auseinanderzusetzen und dabei den Königsweg der Naturwissenschaften (das Experiment) als komplexe und anspruchsvolle Erkenntnismethode zu nutzen? Wie motiviere ich beispielsweise Schüler/-innen Experimente sorgfältig zu planen und durchzuführen und einer anschließenden Reflexion (Methodenkritik) zu unterziehen?
4. Durch welche Methoden und Verfahren kann das Lernen von naturwissenschaftlichen bzw. mathematischen Konzepten bestmöglich unterstützt werden? Wie

können Lernprozesse durch Experimentalunterricht am effektivsten initiiert und gefördert werden? Durch welche Unterrichtsformen können Schüler/-innen wirkungsvoll dabei unterstützt werden, die „Problemlösestrategie" Experiment anwenden zu können und deren Bedeutung für die Naturwissenschaften und die Mathematik zu erfassen?

Nun ist es so, dass diese vier genannten Aufgabenfelder von den Fachdidaktiken in der Vergangenheit (bis zur Gegenwart) in unterschiedlicher Intensität bearbeitet wurden und darüber hinaus auch teilweise im Fokus anderer Wissenschaften standen und stehen (vgl. Rieß, 2006):

Im Hinblick auf das erste Aufgabenfeld kann festgestellt werden, dass es auf einer relativ abstrakten Ebene auch von der geisteswissenschaftlich orientierten Pädagogik bearbeitet wird, die sich u.a. die Frage nach den in der Schule anzustrebenden übergeordneten Unterrichts-, Lern- und Erziehungszielen, die im Bildungsbegriff auf vielfältige Weise gefasst wurden bzw. von ihm her begründet werden, stellt. So kann von dieser Seite aus beispielweise die Frage gestellt werden, ob das Verständnis der Bedeutung des Experiments in den Naturwissenschaften einen wesentlichen Beitrag für die Mündigkeit von Personen in unserer Gesellschaft darstellt und deshalb Teil einer naturwissenschaftlichen Bildung sein sollte. Die Bearbeitung dieser Frage ist überwiegend normativer Natur und erfolgt auch innerhalb der Fachdidaktiken. Darüber hinaus gilt es konkrete, überprüfbare Kompetenzen aus den übergeordneten Zielformulierungen abzuleiten und Bildungsstandards auf der Basis von Kompetenzentwicklungsmodellen zu formulieren. Das ist eine wichtige, und in weiten Teilen mit empirischen Mitteln zu bewältigende Aufgabe der Fachdidaktiken, an der aktuell in verschiedenen Forschergruppen gearbeitet wird (vgl. MNU 59/7 und 8, 2006; Hammann 2004, 2006; Mayer, 2007; Mayer et al., 2009). Im Rahmen des Promotionskollegs wird es auch zu prüfen gelten, ob die bisher vorliegenden Ergebnisse ausreichend belastbar sind, um sie als Grundlage für die eigene Arbeit verwenden zu können.

Die mit dem zweiten Aufgabenfeld verknüpfte Frage nach den allgemeinen Gesetzmäßigkeiten von Lernprozessen und grundsätzlich vorhandenen Optimierungsmöglichkeiten werden intensiv in der Allgemeinen Psychologie, der Entwicklungspsychologie, der Neurobiologie und der Pädagogischen Psychologie untersucht. Neben der Analyse von Möglichkeiten des Aufbaus erwünschter Persönlichkeitsmerkmale, werden diese auch auf ihre Struktur hin untersucht (vgl. Pekrun, 2002, S. 62). Grundsätzlich können wir davon ausgehen, dass das „Experimentieren lernen" bzw. das Lernen im Experimentalunterricht den gleichen Gesetzmäßigkeiten folgt wie anderes Lernen in den Naturwissenschaften und der Mathematik, wie Lernen überhaupt.

Mit dem dritten Aufgabenfeld beschäftigt sich insbesondere die Motivationspsychologie (vgl. Rheinberg, 2004). Lernen wird von der Motivationspsychologie als eine spezielle Form des Handelns aufgefasst. Sie fragt unter anderem nach den motivationalen Orientierungen von Menschen, die diese zum Handeln (in unserem

Fall zum Lernen!) bewegen, und untersucht die Frage, wie solche Orientierungen in eine wünschenswerte Richtung beeinflusst werden können. Im Hinblick auf die im Promotionskolleg in den Blick genommene Thematik liegen unseres Wissens nur wenige umfassende Untersuchungen vor (vgl. Rieß & Robin, 2012). Spezifische Fragestellungen können deshalb von fachdidaktischer Seite aus bearbeitet werden. Beispielhaft genannt werden können: Auf welche motivationale Ausgangslage (z.B. Interesse) stößt man, wenn den Schülern mitgeteilt wird, dass ein Experiment durchgeführt werden soll? Wie entwickelt sich die Motivation während des Experimentierens, wie, wenn Probleme beim Experimentieren auftreten? Besteht ein Zusammenhang zwischen der Motivation beim Experimentieren und dem Lernerfolg der Schüler?

Das vierte Aufgabenfeld scheint für die empirische fachdidaktische Unterrichtsforschung in dem hier in den Blick genommenen Themenbereich „Experiment“ von besonderer Bedeutung zu sein. Ein wesentlicher Grund ist folgender: dieser Aufgabe nimmt sich ansonsten keine andere Wissenschaft an. Erkenntnisse aus der allgemeinen Unterrichtsforschung oder gar der Lehr-Lernforschung einfach nur auf Lernprozesse im mathematisch-naturwissenschaftlichen Unterricht, oder gar auf Lernprozesse im Zusammenhang mit „Experiment“ und „Experimentieren“ zu übertragen, würde bedeuten die Bereichsspezifität des in dem Promotionskolleg zu untersuchenden Wirklichkeitsbereiches außer Acht zu lassen und damit womöglich Artefakte zu produzieren, die in der Praxis nicht hilfreich sind. Gleichzeitig gilt, dass diese Aufgabe entweder von der empirischen fachdidaktischen Unterrichtsforschung bearbeitet, oder aber nicht-wissenschaftlich arbeitenden Interessensgruppen überlassen wird, die überwiegend mit Plausibilitäten arbeiten (bspw. Lehrerverbände, Schulbuchverlage, Bildungspolitiker, ...).

8.2 Welche Gegenstände *können* und *sollen* von der fachdidaktischen empirischen Unterrichtsforschung im Hinblick auf das Thema „Experimentieren im mathematisch-naturwissenschaftlichen Unterricht“ untersucht werden?

In Anlehnung an ein von Baumert für das OECD-Projekt PISA entwickeltes Konzept, das von Doll und Prenzel (2001) in Form eines Rahmenmodells für den mathematisch-naturwissenschaftlichen Unterricht adaptiert wurde und uns als Vorlage diente, haben wir für den im Promotionskolleg fokussierten Gegenstandsbereich ein mehrebenenanalytisches Rahmenmodell konzipiert (siehe Abbildung 8.1). In ihm finden sich unterschiedliche Bereiche (Strukturelemente) in ihrer wechselseitigen Verflechtungen. Folgende grundsätzliche Überlegungen sind in das Modell eingeflossen (Rieß, 2006):

a) Der Erfolg oder Misserfolg im mathematisch-naturwissenschaftlichen Unterricht hat viele mögliche Ursachen, ist also multipel determiniert. Dies hat u.a.

zur Folge, dass bis zu einem gewissen Grad Schwächen in einem Bedingungsfeld durch Stärken in anderen Feldern ausgeglichen werden können.

b) Die verschiedenen Elemente oder Gegenstände sind untereinander komplex verknüpft. Das Modell kann diese Komplexität mit all ihren Wechselwirkungen allerdings nur unvollkommen darstellen. Es wurde aber wenigstens versucht sehr einflussreiche Bereiche und Wechselwirkungen zu identifizieren. Die Dynamik des Zusammenwirkens verschiedener Elemente kann ebenfalls nicht „simuliert" werden.

c) Kaum oder nicht berücksichtigt werden unter anderem zwei Bereiche, deren Bedeutung und Einfluss für die/in der Bildung grundsätzlich nicht unterschätzt werden darf. Gemeint sind auf der einen Seite die öffentlichen Medien (Internet, TV, Lernprogramme, Video) und auf der anderen Seite die peer groups (Gruppe der Gleichaltrigen). Entscheidend dafür, diese Bereiche nicht explizit auszubringen, waren das Bestreben, das Modell übersichtlich zu gestalten, und die empirisch nicht abgesicherte Vermutung, dass diese beiden Bereiche in dem von uns thematisierten Themenfeld „Experimente im mathematisch-naturwissenschaftlichen Unterricht" keinen starken Einfluss auf die Effekte des Unterrichts nehmen.

d) Eine bedeutsame Erweiterung des Ausgangsmodells von Doll und Prenzel (2001) stellt die Hinzunahme der Elemente „Thema und Inhalt" sowie „Bezugswissenschaften" in das Rahmenmodell des Promotionskollegs dar. Der wesentliche Grund für die Erweiterung des Rahmenmodells um das Element Thema/Inhalt ist in der wiederholt belegten Erkenntnis in der Unterrichtsforschung zu sehen, dass sowohl für das unterrichtliche Geschehen als auch den Erwerb und die Anwendung von Wissen und Kompetenzen eine Domän- bzw. Bereichsspezifität diagnostiziert werden kann (bspw. Weinert, 1997; Taconis et al., 2001). Demnach ist beispielsweise davon auszugehen, dass eine Person durchaus in der Lage sein kann in der Physik ein Experiment zu planen und durchzuführen, sie dies aber nicht gleichermaßen in der Mathematik oder Chemie können muss. Es kann sogar erwartet werden, dass von einer erworbenen Kompetenz zum Experimentieren mit Pflanzen nicht ohne weiteres auf eine experimentelle Kompetenz bei der Untersuchung von humanbiologischen, zoologischen oder ökologischen Fragestellungen geschlossen werden kann, obwohl beide Experimente in einem Fach, der Biologie, angesiedelt sind. Das Gleiche gilt auch für die Planung und Gestaltung von wirksamen Unterrichtsprozessen. Vieles spricht dafür, dass ein Unterrichtsprozess mit dem Ziel einer wirksamen Förderung der experimentellen Problemlösefähigkeit in Abhängigkeit von dem jeweiligen Inhalt stark variieren kann. Erfahrene Lehrer berichten, wie sie in Abhängigkeit von den zu unterrichtenden spezifischen Themen auf andere unterrichtliche Strategien zurückgreifen. So ist es beispielsweise denkbar, dass ein Biologielehrer bei Experimenten zur Photosynthese eine grundsätzlich andere unterrichtliche Vorgehensweise wählt als bei verhaltensbiologischen Experimenten mit Labormäusen. Das entsprechende Lehrerwissen wird als PCK (pedagogical content knowledge = fachbezogenes pädagogisches Wissen) bezeichnet und kann in theoretischer Hinsicht als Synthese aus den allgemeinen pädagogischen Kompetenzen (u.a. Wissen über fachübergreifende Lehr-Lern-Prozesse im Rahmen der Naturwissenschaften und der Mathematik) einerseits und dem Fachwissen (inhaltliches Wissen zur jeweiligen Domäne) andererseits verstanden werden (vgl. Borko & Putnam, 1996). Die Erweiterung des Rahmenmodells durch die Hinzunahme des Elements Bezugswissenschaften knüpft an diese Überlegung an. Bei der Planung und Gestaltung eines Unterrichts zum Experiment und/oder mit Experimenten können Lehrpersonen auf die Erkenntnisse sehr unterschiedliche Bezugswissenschaften zurückgreifen. Offensichtlich ist die Bedeutung der das Fachwissen (Biologie, Chemie, Physik und Mathematik) und der das allgemein-pädagogische Wissen bereitstellenden Wissenschaften (Erziehungswissenschaft, Pädagogische Psychologie). Es kann aber auch sein, dass eine Lehrperson bei der Planung von Unterricht beispielsweise auf ein in der Wissenschaftsgeschichte beschriebenes wirkungsgeschichtlich bedeutsames Experiment zurückgreift oder den Unterricht seinen Ausgang bei wissenschaftstheoretischen Überlegungen nehmen lässt. Nebenbei sei angemerkt, dass diese Bezugswissenschaften auch die wesentlichen Quellen für die Arbeit von Schulbuchautoren, Schulträger und Bildungspolitiker darstellen und so über die Elemente „Lehr-/Lernmaterialien“ und „Schulmerkmale“ Einfluss auf den Unterricht und damit auf die Förderung experimenteller Kompetenz nehmen können.

Wie kann in der empirischen fachdidaktischen Forschung im Allgemeinen, wie im Promotionskolleg im Speziellen mit diesem Rahmenmodell gearbeitet werden? Grundsätzlich können alle im Rahmenmodell ausgewiesenen Gegenstände und deren vielfältige Wechselwirkungen einer wissenschaftlichen Untersuchung unterzogen werden. Dabei kann zunächst jeder einzelne Gegenstand für sich analysiert werden. Beispielsweise lässt sich hinsichtlich des Elementes „Schulmerkmale“ die Frage stellen, ob Schulen, welche ein naturwissenschaftliches Profil besitzen, sich im Hinblick auf die Bedeutung von Experimenten im Unterricht von solchen unterscheiden, die ein anderes Profil gewählt haben. Haben entsprechende Schulen eine andere experimentelle Ausstattung (Laborräume, Geräte, …)?

Des Weiteren können die Wechselwirkungen zwischen verschiedenen Elementen des Rahmenmodells untersucht werden. Lassen sich zum Beispiel Zusammenhänge zwischen dem sozialen Umfeld einer Schule (Soziotop) und der Schule selbst finden? (Kann in Schulen, die sich in einem akademischen Umfeld befinden, eine höhere Affinität zum unterrichtlichen Experimentieren festgestellt werden als in Schulen, die einem Stadtteil mit hohem Ausländer- und Aussiedleranteil zugeordnet werden können?)

Es sind auch Fragestellungen denkbar, die Wechselwirkungen zwischen mehr als zwei Variablen in den Blick nehmen (z.B. Kann es sein, dass Schulen mit einem hohen Prozentsatz an Schülerinnen und Schülern, welche aus an ökologischen Fragen interessierten Elternhäusern stammen, ein Profil entwickeln, dass besonders naturwissenschaftlich interessierte Lehrerinnen und Lehrer an die Schule zieht? Greift die

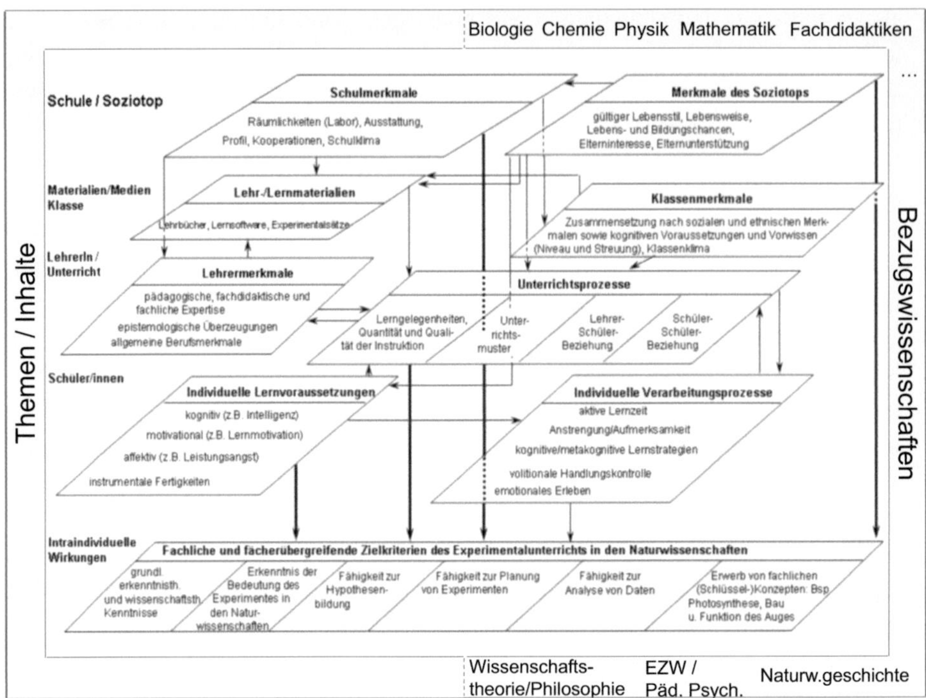

Abb. 8.1: Mehrebenenanalytisches Rahmenmodell zum Experimentieren im mathematisch-naturwissenschaftlichen Unterricht in Anlehnung an Doll & Prenzel, 2001

entsprechende Lehrerschaft tendenziell auf andere Lehr- und Lernmaterialien zurück als Kollegien von Schulen mit einem anderen Soziotop?). Eine Vielzahl weiterer Fragen zu den im Rahmenmodell gefassten Gegenständen und möglichen Beziehungen lassen sich unschwer formulieren.

Es stellt sich in diesem Zusammenhang die Frage, ob alle diese im Rahmenmodell erfassten Gegenstände und deren auffindbare Beziehungen für die Unterrichtsforschung gleich bedeutungsvoll und von Interesse sind, oder ob nicht doch einige Elemente und Wechselwirkungen ausgemacht werden können, deren Analyse von herausragender Bedeutung ist und die deshalb bevorzugt untersucht werden sollten.

In der Schule, aber auch in anderen Bildungsinstitutionen interessiert man sich im Besonderen für Aussagen, bei denen Angaben über wünschenswerte Unterrichtsziele (Kompetenzen) und Empfehlungen hinsichtlich der Mittel zur Erreichung dieser Ziele im Mittelpunkt stehen (vgl. Uhl, 1996, S. 17-23; Brezinka, 1995, S. 218-258; Rieß, 2010). Wenn die Forschung dieses Interesse ernst nimmt und als handlungsleitende Kategorie für empirische Studien anerkennt, lassen sich drei Hauptaufgaben formulieren. Die erste Hauptaufgabe lässt sich wiederum in zwei Teilaufgaben unterteilen:

Hauptaufgabe I – Die Untersuchung der Ziel-Mittel-Relation

1. *die Analyse und Prüfung der empfohlenen Bildungsziele (Zielkriterien, bspw. Kompetenzen)* und
2. *die Analyse und Prüfung der empfohlenen Mittel (bspw. Unterrichtsmethoden, Medien) mit Hilfe derer eine Verwirklichung der Bildungsziele (Kompetenzen) angestrebt werden sollen.*

Bedeutsam ist dabei die folgende Überlegung. Methoden sind nicht Selbstzweck des Unterrichts, und noch weiter gefasst, keines der Mittel, die im mathematisch-naturwissenschaftlichen Unterricht eingesetzt werden ist aus sich heraus unantastbar oder sich selbst legitimierend. Vielmehr sind Mittel nur als „*Werkzeuge zur Erreichung bestimmter Ziele* zu betrachten und nur als solche brauchbar oder unbrauchbar, gut oder schlecht" (Helmke, 2003, S. 18; vgl. Uhl, 1996). Unterrichtliche Mittel haben das Ziel individuelle Lernprozesse zu ermöglichen, anzuregen, zu erleichtern und unter Umständen zu kontrollieren.

Ein zweiter bedeutsamer Gegenstand der fachdidaktischen Forschung wird der Schüler selbst sein. Im Rahmenmodell sind es insbesondere die Elemente „individuelle Lernvoraussetzungen der Schüler" und „individuelle Verarbeitungsprozesse der Schüler", die im Mittelpunkt empirischer Untersuchungen stehen können. Den Grund für die Bedeutsamkeit dieses Gegenstandes aufzuzeigen ist einfach: Ohne Kenntnisse darüber, welche Schritte der einzelne Schüler in einem unterrichtlichen Lernprozess durchläuft, ist es sehr schwer die Notwendigkeit und Eignung von unterrichtsbezogenen Maßnahmen zu beurteilen. Zur Erhebung von Lernvoraussetzungen auf Seiten der Lernenden hat sich innerhalb der naturwissenschaftlichen Didaktik für diese Fragestellung schon eine Forschungstradition entwickelt. Unter dem Begriff „Conceptual-Change-Forschung" werden aktuelle Forschungsansätze subsumiert, die zunächst nach den vorunterrichtlichen Vorstellungen von Schülerinnen und Schülern fragen und diese zu Rekonstruieren versuchen (Übersicht bei Pfundt & Duit, (2004)). In einem weiteren Schritt wird dann untersucht, wie Schüler/-innen erfolgreich bei dem Erwerb von fachwissenschaftlichen und unter Umständen, im Widerspruch zu den vorunterrichtlichen Vorstellungen stehenden Konzepten, unterstützt werden können.

Die hieraus resultierende zweite Hauptaufgabe, die in zwei weiteren Teilaufgaben ausdifferenziert werden kann ist demnach:

Hauptaufgabe II – Die Analyse von Schülermerkmalen (und deren Einfluss auf den Lernerfolg)

3. *die Untersuchung der Schritte, die ein individueller Lerner bei einem schulisch relevanten Lernprozess (z.B. beim Experimentieren) durchläuft,*
4. *die Untersuchung des Schülervorwissens, vorhandener Lernzielorientierungen, der Schülererwartungen, des Schülerinteressens, und von Schülerinnen und Schülern verwendete Strategien zur Aufmerksamkeitskontrolle.*

Für die dritte Hauptaufgabe lassen sich drei Teilaufgaben formulieren.

Hauptaufgabe III – Die Analyse des Wissens (und Kompetenzen) von Lehrerinnen und Lehrern (und seine Auswirkungen auf den Lernerfolg)

5 *die Untersuchung des fachdidaktischen Wissens (= pedagogical content knowledge) von Lehrerinnen und Lehrern zum Experimentieren im Unterricht,*

6. *die Untersuchung des fachlichen Wissens (= content knowledge) von Lehrerinnen und Lehrern für das Experimentieren im Unterricht,*

7. *die Untersuchung des allgemein-pädagogischen Wissens (= pedagogical knowledge) zum Experimentieren im Unterricht.*

Helmke hat versucht die wesentlichen Faktoren des Unterrichts in ein umfassendes Modell der Wirkungsweise und der Zielkriterien des Unterrichts zu integrieren (2003, S. 41ff., vgl. Abb. 8.2).

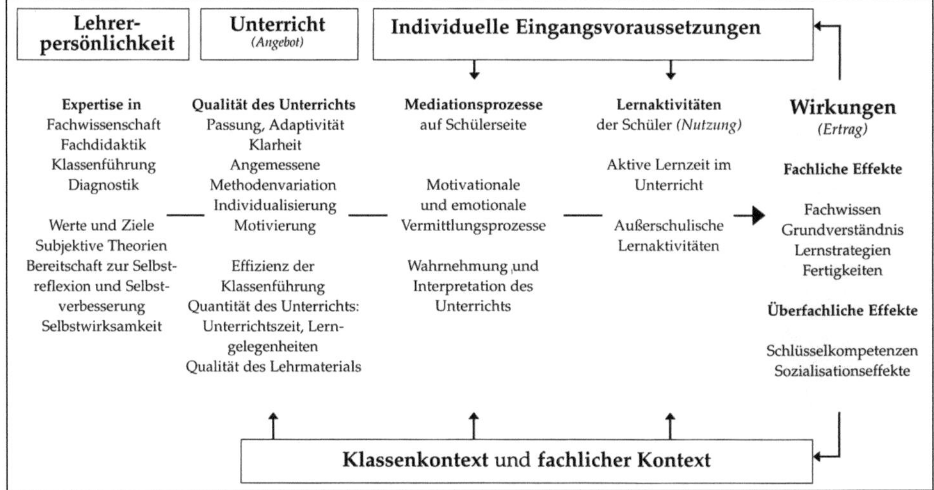

Abb. 8.2: Ein Angebots-Nutzungs-Modell der Wirkungsweise des Unterrichts (Helmke, 2003)

Dieses Modell verdeutlicht noch einmal die Relevanz und Stellung der oben aufgeführten Hauptaufgaben und benennt, im Hinblick auf die erste Hauptaufgabe, bereits vorliegende, empirisch bewährte Erkenntnisse zu allgemeinen Prinzipien und Merkmale, die für den Unterrichtserfolg ausschlaggebend sind: Passung (u.a. passendes Anforderungsniveau), Klarheit, schüler-, fach- und situationsangemessene Variation, Individualisierung, Motivierung, Effizienz der Klassenführung (bspw. möglichst wenig Leerlauf, Auslagern organisatorischer Aufgaben), Unterrichtsquantität und Qualität des Lehrmaterials. Im Promotionskolleg wird zu untersuchen sein, welche weiteren, nun bereichsspezifischen Prinzipien hinzutreten müssen, wenn man erfolgreichen „Experimentalunterricht" leisten will. Diese Fragestellung wird, mit je eigenem Fokus, von den folgenden Teilprojekten (TP) bearbeitet:

„Untersuchung der Ziel-Mittel-Relation“

- TP 1: „Verhaltensexperimente mit lebenden Tieren im Unterricht – Einfluss auf Experimentierkompetenz und motivationale Variablen“
- TP 2: „Förderung „experimenteller Problemlösefähigkeit“ im problemorientierten Ökologieunterricht der 6. Klassenstufe?“
- TP 3: „Fördert eigenständiges Experimentieren die Entwicklung wissenschaftsnaher Vorstellungen zum Pflanzenstoffwechsel?“
- TP 4: „Wirkung von an Spielfilmen verankerten Unterrichtskonzeptionen für den Chemieunterricht auf die Motivation und den Lernerfolg“
- TP 5: „Schülervorstellungen im Chemieunterricht – Untersuchung der Wirkung einer direkten Konfrontation mit Schülervorstellungen auf den Lernprozess“
- TP 6: „Eigenständigkeit, Motivation und Lernerfolg im Physikunterricht – Ergebnisse einer Mehrebenenanalyse“
- TP 7: „Experimentell zum Funktionalen Denken: Eine empirische Untersuchung zur Wirkung von Schülerexperimenten als Ausgangspunkt mathematischer Begriffsbildung“
- TP 8: „Innermathematisches Experimentieren – empiriegestützte Entwicklung eines Kompetenzmodells und Evaluation eines Förderkonzepts“
- TP 9: „Beeinflusst der Sachunterricht der Primarstufe den physikalischen Wissenserwerb von Schülerinnen und Schülern?“
- TP 11: „Schülerinnen und Schüler planen Experimente und testen Hypothesen – Diagnose von Experimentierkompetenzen und mehrebenenanalytischer Klassenstufen- und Schulartenvergleich“

Die zweite oben genannte Hauptaufgabe „Analyse des Einflusses von Schülermerkmalen auf den Lernerfolg“ kann, wenn wir Helmke (2003) folgen, auch als „Analyse der individuellen Eingangsvoraussetzungen“ bezeichnet werden. Die beiden Teilaspekte „Mediationsprozesse auf der Schülerseite“ (individuelle Verarbeitungsprozesse mit kognitiven, emotionalen und motivatonalen Anteilen) und „durch den Unterricht angeregte Lernaktivitäten der Schüler“ finden ihre Entsprechung in der Teilaufgabe 3. Das Schülervorwissen und seine Bedeutung für das Lernen werden allerdings im Modell nicht mehr explizit ausgeführt.

Im Promotionskolleg befassen sich die folgenden Teilprojekte mit der zweiten Hauptaufgabe (dabei werden aus Lesbarkeitsgründen nur die Projekttitel von oben noch nicht genannten Teilprojekten aufgeführt):

„Analyse von Schülermerkmalen (und deren Einfluss auf den Lernerfolg)“

- TP 2: „Förderung ‚experimenteller Problemlösefähigkeit‘ im problemorientierten Ökologieunterricht der 6. Klassenstufe?“
- TP 3: „Fördert eigenständiges Experimentieren die Entwicklung wissenschaftsnaher Vorstellungen zum Pflanzenstoffwechsel?“
- TP 5: „Schülervorstellungen im Chemieunterricht – Untersuchung der Wirkung einer direkten Konfrontation mit Schülervorstellungen auf den Lernprozess“

- TP 7: „Experimentell zum Funktionalen Denken: Eine empirische Untersuchung zur Wirkung von Schülerexperimenten als Ausgangspunkt mathematischer Begriffsbildung“

Mit der Frage nach Wirkungen von verschiedenen Komponenten pädagogischer Professionalität auf die Gestaltung von Lernprozessen im mathematisch-naturwissenschaftlichen Unterricht mit Experimenten und teilweise auch auf die Lernergebnisse setzen sich die folgenden Projekte auseinander:

„Die Analyse des Wissens (und Kompetenzen) von Lehrerinnen und Lehrern (und seine Auswirkungen auf den Lernerfolg)“

- TP 9: „Die Sichtweisen von Lehrpersonen zu Lehrer-Schüler-Gesprächen beim Experimentieren im naturwissenschaftlichen Sachunterricht.“
- TP 10: „Beeinflusst der Sachunterricht der Primarstufe den physikalischen Wissenserwerb von Schülerinnen und Schülern?“

Eberhard Hummel und Christoph Randler

9. Verhaltensexperimente mit lebenden Tieren im Unterricht – Einfluss auf Experimentierkompetenz und motivationale Variablen – Teilprojekt 1

Zusammenfassung

Viele lebende Tiere sind gut geeignet, um typische Verhaltensweisen im Rahmen des naturwissenschaftlichen Unterrichts hypothesengeleitet zu erforschen. Es ist anzunehmen, dass sich damit, neben der Vermittlung themenspezifischer Inhalte, auch die Entwicklung experimenteller Kompetenzen anbahnen lässt. Dieser Aspekt blieb in der Lehr- und Lernforschung bis heute jedoch unberücksichtigt. Die hier vorliegende Studie nimmt dieses Forschungsdesideratum in den Blick. Hierfür wurden zwei jeweils dreiteilige Treatmentreihen (Lebendtier/Film; Einzelthemen: Assel, Weinbergschnecke, Maus) entwickelt und in mehreren Schulen Baden-Württembergs eingesetzt. In Anlehnung an Deci und Ryan (1985; 1993) wurden zusätzlich zu den experimentellen Kompetenzen für jedes Unterrichtstreatment die motivationalen Dimensionen Interesse/Vergnügen, Druck, Selbstbestimmung und Kompetenzerleben als situative Komponenten mit erfasst. Sowohl durch den Einsatz lebender Tiere, als auch durch den Einsatz experimenteller Videosequenzen konnte die Tendenz eines Kompetenzzuwachses erzielt werden. Unterschiede zwischen den Treatmentreihen (Lebendtier/Film) konnten dagegen nicht festgestellt werden. Zur Berechnung des Treatmenteffekts wurden neben Allgemeinen Linearen Modellen auch Gemischte Lineare Modelle mit Zufallseffekt „Schulklasse“ gerechnet. Die Ergebnisse belegen die Notwendigkeit, in zukünftigen Studien im Bereich der Lehr- und Lernforschung, die Klasse als Zufallsfaktor in den Rechenmodellen mit zu berücksichtigen.

Schlüsselwörter: Experimentierkompetenz, lebende Tiere, Biologie, originale Begegnung, Organismen, intrinsische Motivation

9.1 Einleitung

Lebenden Tieren – im Sinne einer Originalen Begegnung – wird eine hohe motivationale Wirkung zugesprochen (u.a. Gropengießer & Kattmann, 2006). Viele Tiere lassen sich problemlos zu Unterrichtszwecken besorgen und eignen sich sehr gut im Sinne eines moderat konstruktivistischen Lernverständnisses für eine erfahrungsbasierte, aktive Auseinandersetzung. In diversen schulpraktischen Zeitschriften lässt sich daher eine Vielzahl an Vorschlägen zur unterrichtlichen Umsetzung finden (u.a. Praxis der Naturwissenschaften – Biologie in der Schule; Unterricht Biologie). Die Vermittlungsschwerpunkte liegen dabei vor allem auf verhaltensbiologischen und ökologischen Aspekten (Lebensraumbedingungen) sowie auf morphologischen Strukturen (Körperbau, Sinnesorgane, Anpassungsmerkmale).

Jüngste Erkenntnisse widerlegen die lange Zeit geltende Lehrmeinung zur Überlegenheit lebender Tiere gegenüber medialer Alternativen in Hinblick auf den Wissenszuwachs (vgl. Metaanalyse: Hummel & Randler, 2011). Über die Wirkung des Einsatzes lebender Tiere auf experimentelle Kompetenzen ist dagegen kaum etwas bekannt. Das Vermitteln experimenteller Kompetenzen zählt zu den zentralen Bildungsaufträgen in den naturwissenschaftlichen Fachbereichen (vgl. u.a. Beschlüsse der KMK-Bildungsstandards im Fach Biologie für den Mittleren Schulabschluss – Beschluss vom 16.12.2004 – Kompetenzbereich Erkenntnisgewinnung; KMK, 2005). Insbesondere in Bezug auf Verhaltensweisen oder Lebensraum- und Nahrungspräferenzen erlauben viele Tiere einen hypothesengeleiteten, experimentellen Zugang.

Gleichzeitig ist in diesem Zusammenhang auch ein, für die Lehrkräfte augenscheinlich oft weniger aufwendiger alternativer Einsatz von Medien denkbar. Beispielsweise erlaubt der Einsatz von experimentellen Kurzfilmen im Vergleich zu Unterricht mit lebenden Tieren eine ähnliche Gestaltung des Stundenaufbaus sowie eine vergleichbare Form der Datenerhebung. Aussagekräftige Studien zum Einfluss des Einsatzes lebender Tiere auf experimentelle Kompetenzen im naturwissenschaftlichen Unterricht im Vergleich zu medialen Alternativen fehlen. Die hier vorliegende Studie möchte zu mehr Klarheit in diesem Forschungsbereich beitragen. Hierzu wurden zwei, jeweils dreiteilige Treatmentreihen (Lebendtier/Film) entwickelt, in mehreren Schulen Baden-Württembergs eingesetzt und in Bezug auf ihre Wirkung miteinander verglichen. In jedem Treatmentabschnitt wurde jeweils ein anderes Tier (Assel, Weinbergschnecke, Maus) behandelt. Während die Lernenden der Lebendtiergruppe in der Phase der Versuchsdurchführung mit lebenden Tieren arbeiteten, wurden in der Vergleichsgruppe Kurzfilme eingesetzt. Alle anderen Variablen wurden konstant gehalten oder in den Rechenmodellen kontrolliert.

Aufgrund heute vorliegender Ergebnisse aus der pädagogisch-psychologischen Lehr- und Lernforschung (vgl. Schiefele, 2009) spielen motivationale Variablen in Lernprozessen eine wichtige Rolle. Daher wurden am Ende jedes Unterrichtstreatments – in Anlehnung an die Selbstbestimmungstheorie von Deci und Ryan (u.a. 1985; 1993) – die motivationalen Dimensionen Interesse/Vergnügen, Druck, Selbstbestimmung und Kompetenzerleben als situative Komponente (siehe unten) mit erhoben.

Insgesamt ist anzunehmen, dass sich der Einsatz lebender Tiere im experimentellen naturwissenschaftlichen Unterricht und das damit einhergehende selbstständige, hypothesengeleitete aktive Durchlaufen und Erleben einzelner Teilschritte des naturwissenschaftlichen Erkenntnisweges positiv auf die Entwicklung experimenteller Kompetenzen bei den Lernenden auswirkt.

Da davon ausgegangen werden kann, dass die Ergebnisse schriftlicher Testverfahren immer auch durch weitere Faktoren wie Intelligenz und Wortverständnis der Lernenden beeinflusst werden, wurden in einer kleinen Substichprobe (n=58) zusätzlich Formen der Intelligenz (CFT20-R mit WS/ZF: Weiß, 2006) erfasst.

Im folgenden Kapitel wird ein Überblick über das theoretische Fundament dieser Arbeit gegeben.

9.2 Theoretische Grundlagen

Das Experiment und die fachgemäße Arbeitsweise des Experimentierens bilden eine der zentralen theoretischen Grundlagen der hier vorliegenden Studie. Dazu wird auf das Teilkapitel 1 „Das Experiment in den Naturwissenschaften" des vorliegenden Bands verwiesen. Daneben spielt die Motivationstheorie nach Deci und Ryan (u.a. 1985; 1993) eine weitere wesentliche Rolle für diese Forschungsarbeit. Generell wird dem Einsatz lebender Tiere im Unterricht eine positive Wirkung auf motivationale Variablen zugesprochen (Gropengießer & Kattmann, 2006).

9.2.1 Bedeutung der intrinsischen Motivation nach Deci und Ryan (1985; 1993)

Intrinsische Motivation kann generell als eine besondere Ausprägung der allgemeinen Lernmotivation verstanden werden. Intrinsisch motivierte Handlungen zeichnen sich im Gegensatz zu extrinsisch motivierten Handlungen dadurch aus, dass sie vollzogen werden, ohne dass dafür äußere Anreize notwendig bzw. beteiligt sind – eine Person sich also mit einer Sache um ihrer selbst willen beschäftigt bzw. eine Lernhandlung vollzieht (vgl. Krapp, 1999). Neben dem kindlichen Neugierverhalten gilt insbesondere das interessengeleitete Lernen als ein typischer von „innen" gesteuerter Prozess (vgl. ebd.). Intrinsisch motivierte Handlungen können sowohl gegenstandszentriert (z.B. Pferde) als auch tätigkeitszentriert (z.B. Reiten) sein (vgl. auch Schiefele & Urhahne, 2000). Übertragen auf die hier vorliegende Studie ist zu erwarten, dass neben der Präsenz der Tiere eine motivierende Wirkung auch von dem Umgang mit den Tieren ausgeht.

Ein Ansatz, der eine Theorie zur Entwicklung intrinsischer Motivation bietet, ist die Selbstbestimmungstheorie („self-determination theory") von Deci & Ryan (u.a. 1993; 1985; Ryan & Deci, 2000). Nach dieser Theorie haben Menschen auf psychischer Ebene drei zentrale Grundbedürfnisse: Kompetenzerleben, Autonomie und im Kontext zwischenmenschlicher Aktivitäten soziale Eingebundenheit. Gleichermaßen stark wahrgenommene Ausprägungen in diesen Bedürfnisbereichen stellen die Grundlage intrinsisch motivierten Verhaltens dar (u.a. Ryan & Deci, 2000). Deci und Ryan verdeutlichen dies auf folgende Weise: „The primary rewards are the experience of effectance and autonomy" (Deci & Ryan, 1985, S. 32).

Auch in der Selbstbestimmungstheorie (u.a. Deci & Ryan, 1985) wird zwischen intrinsisch und extrinsisch motivierten Handlungen unterschieden. Extrinsische und intrinsische Motivation werden nach diesem Verständnis nicht als Gegenpole verstanden. Vielmehr kann extrinsisch motiviertes Verhalten unterschiedliche

Grade an Selbstbestimmung beinhalten. Ryan und Deci (2000) unterscheiden dabei vier Arten extrinsisch motivierten Verhaltens: externale Verhaltensregulation, introjizierte Verhaltensregulation, identifizierte Verhaltensregulation und integrierte Verhaltensregulation („organismic integration theory", OIT: Deci & Ryan, 1985; „self-determination continuum", Ryan & Deci, 2000). Eine externale Verhaltensregulation liegt dann vor, wenn eine Person mit ihrer Handlung ausschließlich Ziele verfolgt, um eine Belohnung zu erhalten oder um eine Strafe zu vermeiden. Sie ist dabei nahezu frei von Selbstbestimmung. Identifiziert sich eine Person mit Zielen, Normen und Handlungsstrategien und sind diese bereits in ihr „kohärentes Selbstkonzept" integriert (Deci & Ryan, 1993, S. 228), liegt die integrierte Verhaltensregulation vor. Sie ist bereits mit einem hohen Grad an Selbstbestimmung verbunden. Trotzdem wird mit der Handlung noch ein instrumentelles Ziel verfolgt. Introjizierte Verhaltensregulation und identifizierte Verhaltensregulation stellen jeweils Zwischenstufen dar. Wird eine Handlung ohne die Wirkung externaler Anreize („autotelisch") ausschließlich um ihrer selbst willen vollzogen, ist die Person intrinsisch motiviert.

Einige Lernstudien konnten positive Zusammenhänge zwischen dem Grad an Selbstbestimmung und dem Lerneffekt feststellen (u.a. Grolnick et al., 1991).

Um daher die intrinsische Motivation bzw. die integrierte extrinsische Motivation zu fördern, sollten bei der Gestaltung von Lernumgebungen die drei Bedürfnisse („three basic needs": u.a. Deci & Ryan, 1985) „Selbstbestimmung", „Kompetenzerleben" und „soziale Eingebundenheit" berücksichtigt werden. Dabei spielt das Anforderungsniveau im Unterricht eine zentrale Rolle. Lernende werden nur dann „Kompetenz" erleben, wenn die an sie gestellten Anforderungen als „echte" Herausforderung wahrgenommen werden – sie sich also weder unter- noch überfordert fühlen (Ryan & La Guardia, 1999). Zudem sollte den Lernenden die Möglichkeit der Mitbestimmung bei der Methoden- und Verfahrensauswahl eingeräumt werden. Hierzu zählen auch Entscheidungen über mögliche Problemlösungswege. Um die soziale Eingebundenheit der Lernenden zu gewährleisten, sollte ein Klima geschaffen werden, das „befriedigende Sozialkontakte" ermöglicht (Vogt, 2007, S. 16). Bei der Entwicklung der Unterrichtstreatments für diese Studie wurde darauf geachtet, diesen Empfehlungen an eine motivationsfördernde Lernumgebung gerecht zu werden (u.a. Schwierigkeitsgrad, Gruppenarbeit, selbstständige Versuchsplanung).

9.3 Forschungsfragen:

Insgesamt stehen folgende Forschungsfragen im Vordergrund:

- Lässt sich durch den Einsatz lebender Tiere im experimentellen Unterricht ein Zuwachs in der experimentellen Kompetenz erzielen?
- Lässt sich durch den Einsatz lebender Tiere im experimentellen Unterricht die experimentelle Kompetenz effektiver schulen als mit Kurzfilmen?

- Welche Rolle spielen dabei die situativen Prädiktoren intrinsischer Motivation: Interesse/Vergnügen, Druck, Selbstbestimmung und Kompetenzerleben? Lassen sich Zusammenhänge zwischen den motivationalen Variablen und der experimentellen Kompetenz feststellen?
- Lassen sich Zusammenhänge zwischen Formen der Intelligenz und den Ergebnissen der Experimentierkompetenztests feststellen?

9.4 Forschungsdesign und Methode

9.4.1 Stichprobe

An der im Schuljahr 2009/2010 durchgeführten Studie nahmen insgesamt 599 Schüler (288 Jungen und 311 Mädchen) der Klassenstufen 5 und 6 aus Realschulen und Gymnasien in Baden-Württemberg teil. Davon bildeten 112 Realschüler die Kontrollgruppe (Nullkontrolle-Klassenstufe 6). An den Lebendtiertreatments nahmen 232 Schüler (93 Gymnasiasten und 139 Realschüler; 109 Jungen und 123 Mädchen) und an der Filmgruppe 255 Schüler (121 Gymnasiasten und 134 Realschüler; 118 Jungen und 137 Mädchen) teil. Insgesamt waren 21 Klassen an der Studie beteiligt (Lebendtiertreatment: 8 Klassen; Film-Treatment: 9 Klassen; Nullkontrolle: 4 Klassen). Die durchschnittliche Klassengröße betrug 28,52 Schüler (Lebendtiergruppe: m = 29; min.: n = 24; max.: n = 31; Filmgruppe: m = 28,33; min.: n = 25; max.: n = 31; Nullkontrollgruppe: m = 28).

9.4.2 Versuchsdesign

Zur Beantwortung der Forschungsfragen wurden zwei zoologische Treatmentreihen (Lebendtier/Film) miteinander verglichen. Jede Treatmentreihe bestand aus drei Treatmentabschnitten (Assel, Schnecke, Maus). Zusätzlich wurde eine (Null-)Kontrollgruppe eingesetzt. Die Schüler dieser Gruppe füllten die Testinstrumente (Experimentierkompetenztests) aus, ohne an einem speziellen Treatment teilgenommen zu haben.

Sowohl in den Treatmentgruppen, als auch in der (Null-)Kontrollgruppe wurde eine Pre- und Posttestung zur Erfassung der Experimentierkompetenz durchgeführt. Die Pre-Messung fand ein bis zwei Wochen vor Beginn der ersten Einheit und die Postmessung 3 bis 5 Tage nach der dritten Einheit statt.

Die Prädiktoren intrinsischer Motivation wurden als situative Variablen („state"-Variable) jeweils direkt in Anschluss an das jeweilige Unterrichtstreatment schriftlich erhoben. Situative Variablen („state"-Variablen) zeichnen sich dadurch aus, dass sie im Gegensatz zu überdauernden emotionalen Persönlichkeitsdispositionen („trait"-Variablen), kurzfristig durch externe Reize beeinflusst werden und daher auch im Unterrichtsalltag durch die Gestaltung und Bereitstellung entsprechender

Lernarrangements und passender Interaktionsprozesse gesteuert werden können (vgl. u.a. Randler & Bogner, 2007; Ulich & Mayring, 1992).

Immer wieder werden die Ergebnisse fachdidaktischer Vergleichsstudien heftig kritisiert, weil aus forschungsmethodischer Sicht das erstellte Design Mängel aufweist. In diesem Zusammenhang wird neben dem Fehlen einer (Null-)Kontrollgruppe oft auf das gleichzeitige Verändern mehrerer Variablen hingewiesen (Tulodziecki & Herzig, 2004). Um Rückschlüsse auf die mediale Wirkung ziehen zu können, sollten daher unterrichtliche Variablen wie beispielsweise die Unterrichtsstruktur, in die das Medium eingebettet ist, die Lernzeit oder die Art der Instruktion konstant gehalten werden. Das hier vorliegende Design hat den Anspruch, entsprechenden Forderungen gerecht zu werden. Daher wurde lediglich die Variable „lebendes Tier" durch den Einsatz von Filmen ersetzt. Alle anderen Variablen (siehe oben) wurden konstant gehalten. Anzumerken ist dabei, dass in beiden Gruppen auch die Versuchsprotokollierung jeweils auf die gleiche Weise vollzogen wurde. Das Studiendesign ist in Abbildung 9.1 dargestellt.

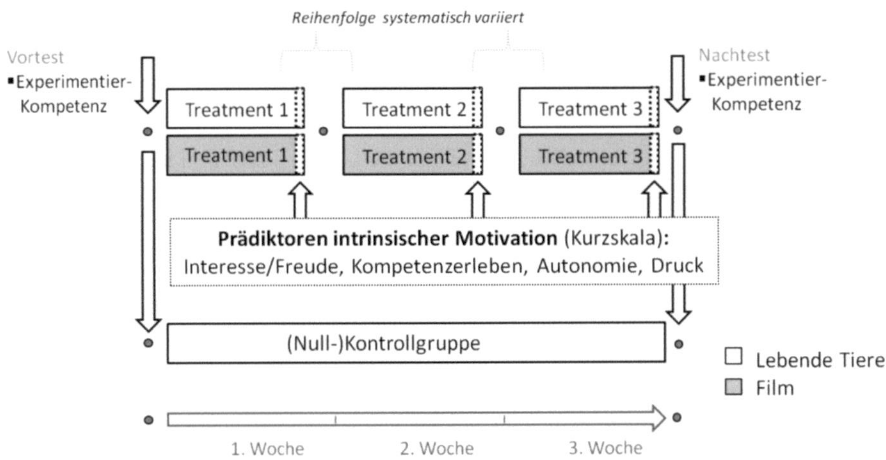

Abb. 9.1: Design der Studie

Ungewohnte Lehr- und Lernprozesse sowie der Einsatz ungewohnter Medien können einen anfänglichen Motivationsschub bewirken (Blömeke, 2003). Im Gegensatz dazu kann Gewöhnung negativen Einfluss auf motivationale Variablen nehmen. Um solche Reihenfolgeeffekte innerhalb der einzelnen Treatmentreihen ausschließen zu können, wurde die Reihenfolge der einzelnen Treatmentabschnitte (Assel, Weinbergschnecke, Maus) innerhalb der teilnehmenden Klassen systematisch variiert.

9.4.3 Treatmentgestaltung und Umsetzung

In jeder der drei Unterrichtseinheiten (Treatmentmentabschnitte) wurden Experimente zu einer anderen Tierklasse geplant, durchgeführt und ausgewertet. Folgende Tiere wurden thematisiert: die Assel (*Porcellio scaber, Oniscus asellus*) als ein Vertreter der Krebstiere, die Weinbergschnecke (*Helix pomatia*) als ein Vertreter der Weichtiere und die Hausmaus (*Mus musculus f. domesticus*) als ein Vertreter der Wirbeltiere, speziell der Säugetiere. Alle diese Tierarten werden bereits seit Jahren von Lehrkräften im Unterricht eingesetzt. Dies belegt auch die große Anzahl an entsprechenden Praxisbeiträgen, die sich hierzu in unterschiedlichen biologiedidaktischen Fachzeitschriften finden lassen (u.a. Maus: Hummel, 2010; Kettwig, 1984; Assel: Skaumaul, Rohweder, & Westphal, 1997; Schnecke: Randler, 2005; Grothe, 1987). Bei der Erstellung der Treatments wurde auf einige Anregungen aus der Literatur zurückgegriffen.

In den Vergleichstreatments wurde auf die Begegnung mit lebenden Tieren verzichtet. Stattdessen wurden selbst erstellte Kurzfilme eingesetzt. Das Symbolsystem von (realitätsbasierenden) Filmen kommt der alltäglichen Wahrnehmung am nächsten (Weidenmann, 2001). Daneben erfüllen Videobilder aus mediendidaktischer Sicht ebenfalls eine emotionale und motivationale Funktion, die für das Lernen förderlich sein soll (Dick, 2000). Die in dieser Studie eingesetzten Filme wurden selbst erstellt. Sie zeigen den Versuchsaufbau und den Versuchsablauf aus der Vogelperspektive. Auf filmtechnische Möglichkeiten wie Zoom oder Zeitraffer wurde verzichtet. Um den Informationsgehalt in beiden Treatments (Lebend/Film) auf dem gleichen Niveau zu halten, waren in den Filmen lediglich originale Geräusche zu hören. Auf zusätzliche sprachliche Hinweisewurde ebenso verzichtet, wie auf eine musikalische Untermalung, die möglicherweise situative Emotionen beeinflusst hätte (u.a. Juslin & Sloboda, 2001).

Alle Unterrichtstreatments wurden nach den Grundlagen eines forschend entwickelnden Unterrichts erstellt (Schmidkunz & Lindemann, 2003). Gleichzeitig wurden aus der Selbstbestimmungstheorie herrührende methodenspezifische Vorschläge, wie Teamarbeit oder Schülerorientierung, bei der Erstellung der Treatments beachtet. Nach einer anfänglichen Problemfindungsphase formulierten die Schüler beider Treatmentgruppen die zentrale Forschungsfrage. Danach wurden Hypothesen formuliert und in Kleingruppen von drei bis vier Schülern (vgl. Lou et al., 1996) Experimente zur Überprüfung der aufgestellten Hypothesen geplant. Um eine Überforderung der Lernenden zu vermeiden, wurde der Grad der Offenheit während der Versuchsplanung durch die Bereitstellung einer Auswahl an verwendbaren Materialien („scaffolding“-Maßnahme) begrenzt. Gleichzeitig unterstützte diese Vorgehensweise die angestrebte Vergleichbarkeit der Versuchsaufbauten und -abläufe zwischen der Lebendtier und der Filmgruppe. Nach der Versuchsplanung stellten zunächst einige Gruppen ihre geplanten Experimente im Plenum vor, bevor sich dann alle auf eine gemeinsame Vorgehensweise einigten. Lediglich in der darauf folgenden Versuchsdurchführungsphase unterschied sich die Vorgehensweise beider Gruppen. Während die Lebendtiergruppe mit lebenden Tieren arbeiteten, bekamen die Lernenden der Filmgruppe vergleichbare Kurzfilme (siehe oben) gezeigt. Die in dieser Phase durchzuführenden Arbeitsschritte (protokollieren, auszählen, Zeit nehmen usw.) waren in beiden Treatmentgruppen identisch. Dabei wurde erneut in den anfänglich eingeteilten Kleingruppen (siehe oben) gearbeitet. Um die Datenauswertungen (u.a. Bildung von Mittelwerten, Diskussion der Ergebnisse) ebenfalls in beiden Versuchsgruppen vergleichbar zu halten, wurden in der Filmgruppe teilweise gleichzeitig mehrere Versuchsansätze mit unterschiedlichen Individuen einer Tierart gezeigt (vgl. Asseltreatment) – die einzelnen Schülergruppen wurden dann einem der gezeigten Versuchsansätze zugeteilt – oder es waren zusätzlich in die Auswertungstabellen dieser Gruppe Werte „fiktiver" Versuchsansätze mit aufgenommen, die bei der Gesamtauswertung mit berücksichtigt werden mussten (vgl. Maustreatment). Am Ende aller Treatmentabschnitte wurden die Ergebnisse besprochen und in einem (jeweils identischen Arbeitsblatt) zusammengefasst. Um zu gewährleisten, dass sich die beiden Treatmentgruppen in der zur Verfügung stehenden Lernzeit nicht unterscheiden, wurden die Versuchsaufbau- und Umbauprozesse, die in der Lebendtiergruppe durchgeführt wurden, in den Filmen ebenfalls gezeigt. Alle Unterrichtstreatments hatten die zeitliche Länge einer gewöhnlichen schultypischen 90-minütigen Doppelstunde.

Die Unterrichtstreatments wurden von den Biologie- bzw. NWA-Lehrkräften der teilnehmenden Klassen selbst gehalten. Diese Vorgehensweise wird häufig kritisiert, weil sich Lehrkräfte aufgrund verschiedener unterrichtsrelevanter Merkmale (u.a. epistemologische Überzeugungen, Kompetenzen) unterscheiden und somit eine exakte Rückführung von Wirkungen auf eine bestimmte Ursache nur bedingt möglich ist (Blömeke, 2003). Andererseits besteht die Gefahr, dass ein Versuchsleiter, der alle Treatments selbst durchführt und die Forschungsfrage kennt, die Lernenden unbewusst in eine erwünschte Richtung beeinflusst. Um letzteres zu umgehen und um gleichzeitig dem fachdidaktischen Anspruch gerecht zu werden, einen Unterricht entwickelt zu haben, der realitätsfreundlich bzw. mit der Vorstellung unterschiedlicher Lehrkräfte kompatibel ist, wurden die einzelnen Unterrichtstreatments von den teilnehmenden Lehrenden der Schulen selbst durchgeführt. Hierzu bekamen alle Lehrenden im Vorfeld im Rahmen einer Lehrerfortbildung gezielte Anweisungen zur Durchführung und zu den Lernzielen der jeweiligen Unterrichtssequenz. Gleichzeitig bekamen sie zu jeder Einheit einen genauen Ablaufplan (siehe Anhang). Bei der Zuteilung der Lehrkräfte zu einer der Treatmentgruppen wurde auf eine zufällige Verteilung verzichtet – die teilnehmenden Lehrkräfte konnten sich also freiwillig einer der Treatmentgruppen (Lebendtier/Film) zuordnen. Mit dieser Vorgehensweise sollte zum einen sichergestellt werden, dass lediglich Lehrkräfte in der Lebendtiergruppe vorkamen, die sich vorstellen konnten ohne Gefühle der Abneigung (Ekel) mit den lebenden Tieren umzugehen (ethisches Problem). Zum anderen wurde durch diese Vorgehensweise versucht, die teilnehmenden Lehrkräfte durch Unterstützung des Gefühls ihrer Selbstbestimmung positiv in das Unterrichtsprogramm starten zu lassen. Da Lehrkräfte mit ihren Aussagen, Haltungen usw. gleichzeitig auf einen erheblichen Anteil der Gesamtstichprobe einwirkt, wurde neben der Anwendung Allgemeiner Linearer Modelle zusätzlich Gemischte Lineare Modelle (Zuur et al., 2009) mit der Klasse als Zufallseffekt gerechnet. Diese gemischten Modelle postulieren, dass die einzelnen Schülerinnen und Schüler nicht wie statistisch eigenständige Datenpunkte behandelt werden, sondern dass diese über die Variable Lehrer miteinander verbunden sind (Versuchsleitereffekt). Dies wird gelegentlich auch unter dem Strichwort „pseudoreplication" diskutiert. Im Gegensatz zu Mehrebenanalysen kann dieses Verfahren auch bei weniger als 30 Lehrkräften verwendet werden. Dabei werden nicht die Effekte bestimmt, die auf der Lehrerebene wirken, sondern es wird generell für die Varianz variiert, die durch diese Variable verursacht wird.

Um den Einfluss der Lehrenden zu reduzieren, bekamen die Lernenden nach der anfänglichen Problemklärung jeweils ein den Lernprozess unterstützendes Arbeitsheft zur Hand („Scaffolding"-Funktion: u.a. Möller, 2007), das den weiteren Stundenablauf steuerte, auf wichtige Punkte hinwies und in dem die Vermutungen, Beobachtungen und Deutungen der Lernenden eingetragen werden mussten.

9.4.4 Messinstrumente

Experimentierkompetenz:

Die Experimentierkompetenz wurde ausschließlich mit „Paper & Pencil"-Tests quantitativ (Beispielitem: siehe Abbildung 9.2) erhoben. Vor- und Nachtest waren jeweils identisch. Aufgrund des relativ großen zeitlichen Abstands (ca. vier Wochen) zwischen der Pre- und Posttestung ist anzunehmen, dass Habituationseffekte, wenn überhaupt, nur schwach auftreten. Durch die (Null-)Kontrollgruppe wird dieser Effekt kontrolliert. Zusätzlich wurden in den durchgeführten Rechenmodellen (Gemischte Lineare Modelle) die Einflüsse des Vorwissens (Pretest) auf die Ergebnisse der Posttests berücksichtigt.

Bei der Auswertung wurde auf eine Trennung nach Teilkompetenzen verzichtet und lediglich mit den Gesamtmittelwerten gerechnet.

Der Experimentierkompetenztest beinhaltet Items zu unterschiedlichen Teilkompetenzen. Sie sind in Tabelle 9.1 dargestellt.

Tab. 9.1: Experimentierkompetenztest – Inhaltsdimensionen

Aufgabe	Anzahl Items	Angesprochener Kompetenzbereich
1	6	Phasen eines Experiments
2	3	Planung eines Experiments
3	2	Deutung eines Experiments
4	2	Kontrollversuch
5	3	Durchführung von Experimenten mit Tieren
6	4	Analyse von Evidenzen (zoologisch)
7	3	Analyse von Evidenzen (zoologisch)
8	1	Variablenkontrollstrategie (zoologisch)
9	1	Variablenkontrollstrategie (zoologisch)
10	1	Variablenkontrollstrategie (botanisch)
11	1	Variablenkontrollstrategie (botanisch)
12	3	Analyse von Evidenzen (botanisch)
13	4	Analyse von Evidenzen (botanisch)

Aufgabe 6 bis 13 wurden von Prinz (e^{x}MNU-Kolleg; PH-Freiburg, unveröffentl.) entwickelt.

Die Kompetenzbereiche wurden deduktiv hergleitet. Die Reliabilität des Messinstruments zur Experimentierkompetenz (34 Items) betrug bei einer Stichprobe von n = 489 Schülern (81,6% von n = 599; Posttest) α = ,854 (Vortest: α_{Vor} = ,793; n = 542; 90,5% von n = 599).

In Abbildung 9.2 wird ein Beispielitem aus dem Bereich „Analyse von Evidenzen“ (entwickelt von Prinz – e^{x}MNU-Kolleg; PH-Freiburg) gezeigt (vgl. hierzu auch Beitrag von Schulz, Prinz & Wirtz in diesem Band).

Stefan hat ein Experiment zur Samenkeimung gemacht. Er hat Bohnensamen in drei Schalen gelegt. **Schale A** hat er vorher mit Erde gefüllt, er gießt die Samen täglich mit Wasser, er sorgt für eine Temperatur von 22 °C und stellt die Schale ins Dunkle. **Schale B** hat er vorher mit Baumwolle gefüllt, er gießt die Samen täglich mit Wasser, sorgt für eine Temperatur von 22 °C und stellt die Schale ins Dunkle. **Schale C** hat er vorher mit Erde gefüllt, er sorgt für eine Temperatur von 22 °C und stellt die Schale ins Dunkle. Die Samen in Schale C gießt er nicht.

Nach zwei Wochen prüft er, ob die Samen gekeimt haben. Seine drei Schalen siehst du unter diesem Text.

Schale A	Schale B	Schale C
22°C / Erde **Wasser / Kein Licht**	**22°C / Baumwolle** **Wasser / Kein Licht**	**22°C / Erde** **Kein Wasser / Kein Licht**
Haben die Samen gekeimt: ja	Haben die Samen gekeimt: ja	Haben die Samen gekeimt: nein

Was konnte Stefan durch sein Experiment und durch den Vergleich seiner Versuche zeigen?

ACHTUNG: *Du musst* ***in jeder der 4 Zeilen*** *jeweils* ***ein Kreuz*** *machen.*

Die Temperatur ...

☐ ...hat **einen** Einfluss. ☐ ...hat **keinen** Einfluss. ☐ ...wurde **nicht untersucht.**

Der Untergrund auf den die Samen gelegt wurden ...

☐ ...hat **einen** Einfluss. ☐ ...hat **keinen** Einfluss. ☐ ...wurde **nicht untersucht.**

Die Bewässerung ...

☐ ...hat **einen** Einfluss. ☐ ...hat **keinen** Einfluss. ☐ ...wurde **nicht untersucht.**

Die Beleuchtung ...

☐ ...hat **einen** Einfluss. ☐ ...hat **keinen** Einfluss. ☐ ...wurde **nicht untersucht.**

Abb. 9.2: Beispielitem aus dem Experimentierkompetenztest – Aufgabe 7: Analyse von Evidenzen (entwickelt von Prinz, E.; unveröffentlicht)

Prädiktoren intrinsischer Motivation
Zur Erfassung der unterschiedlichen Dimensionen intrinsischer Motivation wurde die Kurzskala zur intrinsischen Motivation „KIM“ von Wilde et al. (2009) eingesetzt. Dabei handelt es sich um eine zeitökonomische Version des „Intrinsic Motivation Inventory“ von Deci and Ryan (2010 – online abgerufen).

In Anlehnung an die Selbstbestimmungstheorie von Deci und Ryan (1993; Ryan & Deci, 2000), beinhaltet sie die motivationalen Faktoren Interesse/Vergnügen, Kompetenzerleben, Autonomie (Wahlfreiheit) sowie Anspannung (Druck). Die Skala repräsentiert jeden dieser Faktoren mit jeweils drei Items. Sie ist 5-stufig Likert-skaliert (1-„stimmt gar nicht“ bis 5 „stimmt völlig“).

Die Kurzskala intrinsischer Motivation weist größtenteils gute metrische Werte auf (Interesse/Vergnügen: Cronbachs α = ,85; Kompetenzerleben: Cronbachs α = ,83; Wahlfreiheit: Cronbachs α = ,75; Druck: Cronbachs α = ,54; für mehr Details: vgl. Wilde et al., 2009).

9.5 Ergebnisse

9.5.1 Experimentierkompetenz: Vergleich der Treatmentgruppen mit der (Null-)Kontrollgruppe

Zur Berechnung des Vergleichs der Experimentierkompetenz zwischen den Treatmentgruppen und der Nullkontrollgruppe wurden zunächst Allgemeine Lineare Modelle (GLMs-univariate) eingesetzt. In diesem Modell wurden anfänglich neben dem Treatment (fester Faktor) und dem Vorwissen (Kovariate), die Schulart, die Klassenstufe sowie das Geschlecht (feste Faktoren) mit berücksichtigt. Da sich bei einer ersten Rechnung im Zusammenhang mit den zusätzlich berücksichtigten festen Faktoren keine signifikanten Effekte zeigten (Schulart: F = ,862; p = ,354; partial η^2 = ,002; Klassenstufe: F = ,170; p = ,680; partial η^2 < ,001; Gender: F = ,501; p = ,479; partial η^2 = ,001), wurden diese, ausgehend vom schwächsten Effekt, Stück für Stück aus dem Modell herausgenommen. Die Ergebnisse sind in Tabelle 9.2 dargestellt.

Tab. 9.2: Unterschiede in der Experimentierkompetenz zwischen beiden Treatmentgruppen und der Nullkontrollgruppe:

Quelle	Quadratsumme vom Typ III	df	Mittel der Quadrate	F	Sig.	partial η^2
Korrigiertes Modell	7,764	2	3,882	255,721	<,001***	,503
Konstanter Term	1,038	1	1,038	68,406	<,001***	,119
Treat.-Nullkontrolle	,219	1	,219	14,455	<,001***	,028
Kompetenztest – pre	7,531	1	7,531	496,092	<,001***	,495
Fehler	7,682	506	,015			
Gesamt	91,189	509				
Korrigierte Gesamtvariation	15,446	508				

* p≤,05; ** p ≤ ,01; *** p ≤,001

Es zeigt sich ein signifikanter Treatmenteffekt (siehe Tabelle 9.2). Schüler, die an einem der Treatments teilnahmen, erreichten höhere Werte im Posttest als Schüler der Nullkontrolle (Treatmentgruppen: N = 411; M = ,396; SD = ±,176; Nullkontrollgruppe: N = 98; M = ,341; SD = ±,156; F = 14,455; p < ,001***; partial η^2 = ,028). Die erklärte Varianz (partial η^2) beträgt etwa 2,8 Prozent.

Den größten Einfluss auf die abhängige Variable „Experimentierkompetenz" nahm das Vorwissen (siehe Tabelle 9.2). Für die Schulart und das Geschlecht zeigte sich dagegen kein signifikanter Einfluss.

Zusätzlich wurden Gemischte Lineare Modelle (Zuur et al., 2009) mit der Klasse als Zufallseffekt gerechnet. Der Treatmenteffekt ging dadurch verloren, sodass lediglich ein tendenzieller Treatmenteffekt (p = ,098) resultierte (vgl. Tabelle 9.3):

Tab. 9.3: Entwicklung der Experimentierkompetenz –Vergleich Treatmentgruppen mit der Nullkontrollgruppe (Gemischte Linere Modelle mit Zufallseffekt „Klasse")

Tests auf feste Effekte, Typ III[a]				
Quelle	Zähler-Freiheitsgrade	Nenner-Freiheitsgrade	F-Wert	Sig.
Konstanter Term	1	28,130	10,993	<,001
Treat.-Nullkontrolle	1	11,466	3,251	,098
Exp.kompetenz-pre	1	502,227	440,655	<,001

a. Abhängige Variable: meanPost_Experiment (* p≤,05; ** p ≤ ,01; *** p ≤,001)

9.5.2 Experimentierkompetenz: Vergleich der Lebendtiergruppe mit der Filmgruppe

Zur Bestimmung der Unterschiede zwischen den Gruppen „Lebendtier" und „Film" in der Kompetenzentwicklung (Experimentierkompetenz) wurden auch hier zunächst Allgemeine Lineare Modelle (univariat) eingesetzt. Neben dem Treatment wurden wieder das Geschlecht, die Schulart und die Klassenstufe als feste Faktoren sowie das Vorwissen als Kovariate in dem Modell berücksichtigt. Es zeigte sich ein signifikanter Treatmenteffekt – die Lebendtiergruppe erreicht höhere Werte in der Experimentierkompetenz als die Filmgruppe (Lebendtier: M = ,411; SE = ,009; Film: M = ,382; SE = ,01; p = ,031; partial η^2 = ,011).

Den stärksten Einfluss nahm das Vorwissen (p < ,001; partial η^2 = ,545). Klassenstufe, Schulart und Geschlecht zeigten dagegen keinen (signifikanten) Einfluss.

In einem zweiten Schritt wurde untersucht, wie sich die Unterschiede zwischen den Treatments verändern, wenn durch die Anwendung Linearer Gemischter Modelle mit Zufallseffekten (Klasse) die jeweiligen Klassen (als Zufallseffekt) mit berücksichtigt werden. Die Ergebnisse sind in Tabelle 9.4 dargestellt.

Tab. 9.4: Test auf feste Effekte mit der Klasse als Zufallsfaktor

Quelle	Zähler-Freiheitsgrade	Nenner-Freiheitsgrade	F-Wert	Sig.
Konstanter Term	1	61,187	70,333	<,001***
Treatment	1	11,269	1,550	,238
Experimentierkompetenz – pre	1	400,637	333,610	<,001***

a. Abhängige Variable: meanPost_Experiment (* p≤,05; ** p ≤ ,01; *** p ≤,001)

Unter der Berücksichtigung der Klasse als Zufallseffekt kann im Gegensatz zu der Erkenntnis aus dem Allgemeinen Linearen Modell kein signifikanter Treatmenteffekt mehr festgestellt werden. Der starke Einfluss des Vorwissens bestätigt sich auch hier (siehe Tabelle 9.4). Das Geschlecht, die Schulart oder die Klassenstufe zeigten auch in diesem Modell keine signifikanten Effekte.

9.5.3 Einfluss unterschiedlicher Intelligenzfaktoren auf die Ergebnisse in den Kompetenztests

In einer Substichprobe wurden unterschiedliche Intelligenzfaktoren erfasst (CFT20.R; Weiß, 2006: Reihen fortsetzen, Klassifikationen, Matrizen, topologische Schlussfolgerungen; mit Wortschatz- und Zahlenfolgentest). Es konnten positive Zusammenhänge zwischen dem Wortschatztest und den Ergebnissen beider Experimentierkompetenztests (pre/post) festgestellt werden (Exp.pre: n = 58; r = ,271; p = ,039*; Exp.post: n = 57; r = ,369; p = ,005**).

9.5.4 Variablen intrinsischer Motivation

Aus den einzelnen Variablenwerten der einzelnen Unterrichtseinheiten wurden zunächst Gesamtmittelwerte gebildet. Durch die Anwendung von t-Tests wurden die Unterschiede in den einzelnen Prädiktoren intrinsischer Motivation zwischen der Lebendtiergruppe und der Filmgruppe geprüft. Dabei zeigten sich im Bereich Interesse/Vergnügen signifikant höhere Werte in der Lebendtiergruppe als in der Filmgruppe (Lebendtier: N=231; M=4,19; SD=±,71; Film: N=231; M=4,04; SD=±,91; T=1,985; df=462,407; p=,048). In der Dimension Druck zeigten sich zumindest in der Tendenz Unterschiede zwischen den Gruppen. Die Lernenden der Lebendtiergruppe gaben dabei niedrigere Werte in diesem Bereich an (Lebendtier: N=231; M=1,91; SD=±,79; Film: N=248; M=2,05; SD=±,81; T=-1,864; df=477; p=,063). Bei Verwendung eines multivariaten Modells mit Bonferroni Adjustierung zeigten sich ähnliche Ergebnisse: Interesse p=,05; Druck= ,06 (Tendenz). In Abbildung 9.3 sind die Ergebnisse grafisch dargestellt.

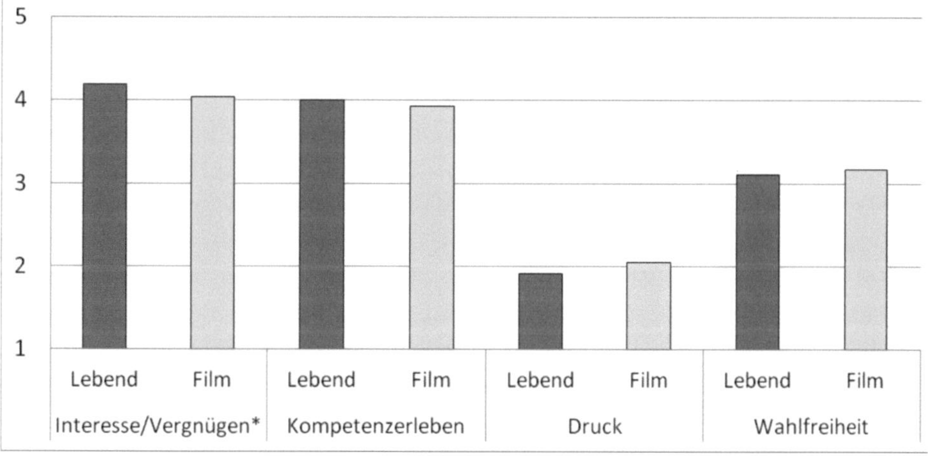

Abb. 9.3: Unterschiede in der Bewertung zwischen den Treatmentgruppen (Lebendtier/Film) in den Prädiktoren intrinsischer Motivation (Mittelwerte; * p<,05; 1-„stimmt gar nicht" bis 5 „stimmt völlig")

Korrelationen zwischen den Prädiktoren intrinsischer Motivation und der erfassten Experimentierkompetenz (post) konnten lediglich im Bereich Druck festgestellt werden. Lernende, die weniger Druck während der Unterrichtseinheiten erlebten erreichten höhere Werte in den Experimentierkompetenztests (r=-,201; p<,001***).

9.6 Diskussion der Ergebnisse

Zunächst wurde untersucht, ob und in welchem Maße sich die Kompetenzentwicklung (Experimentierkompetenz) in den Treatmentgruppen von der der Nullkontrollgruppe unterscheidet. Dabei konnte ein signifikanter Treatmenteffekt festgestellt werden. Wird jedoch in den statistischen Modellen (GLMM) die Klasse als Zufallseffekt berücksichtigt, geht dieser Effekt verloren und es bleibt lediglich die Tendenz eines Treatmenteffekts erhalten. Bei der Deutung dieses Ergebnisses ist zu bedenken, dass es sich bei der Experimentierkompetenz um eine Kompetenz handelt, die erst langfristig, über die gesamte Schullaufbahn hinweg entwickelt wird. In Anbetracht des vorliegenden Stichprobenumfangs sollte jedoch vor einer vorschnellen positiven Wertung dieser Tendenz in Hinblick auf den Treatmenterfolg abgesehen werden. Für eine endgültige Aussage ist weitere Forschung in diesem Bereich notwendig. Dabei muss auch kritisch betrachtet werden, dass die Kontrollgruppe lediglich aus Realschülern gebildet wurde, während die Treatmentgruppen (Lebendtier/Film) zu gleichen Teilen aus Realschülern und Gymnasiasten bestanden.

Im zweiten Schritt wurde untersucht, ob es Unterschiede in der Wirkung zwischen den beiden Treatmentgruppen „Lebendtier“ und „Film“ gibt. Unter Anwendung Allgemeine Lineare Modelle (univariat) konnte ein Treatmenteffekt festgestellt werden. Der Einsatz lebender Tiere führte demnach zu einem höheren Kompetenzzuwachs (Experimentierkompetenz) als der Einsatz experimenteller Videosequenzen. Unter Berücksichtigung der Klasse als Zufallseffekt geht dieser Treatmenteffekt verloren. Daher ist schließlich anzunehmen, dass es zur Schulung experimenteller Kompetenzen keine Rolle spielt, ob lebende Tiere oder vergleichbare Filme, eingebettet in einen hypothetisch-deduktiven Erkenntnisweg, eingesetzt werden.

Diese Ergebnisse belegen die Notwendigkeit für zukünftige Studien im Bereich der Lehr- und Lernforschung, die Klasse in den Rechenmodellen als Zufallsfaktor mit zu berücksichtigen. Die Wirkung scheint bedeutend zu sein. Dies ist nicht verwunderlich, wenn man bedenkt, dass sich die individuellen Haltungen und Aussagen der Lehrkräfte gleichzeitig auf einen erheblichen Anteil der Gesamtstichprobe auswirken. Zahlreiche Studienergebnisse, die bis heute durchgeführt wurden und in deren statistischen Modellende Zugehörigkeit zu einer natürlichen Gruppe, die sich hinsichtlich wesentlicher Merkmale unterscheiden können (z.B. Lehrkräfte) nicht berücksichtigt wurden, sind daher kritisch zu betrachten.

Den größten Anteil an Varianz wird durch das Vorwissen erklärt. Dies konnte bereits vielfach in Studien im Bereich der Lehr- und Lernforschung festgestellt werden (u.a. Hummel & Randler, 2010a).

Schriftliche Testverfahren geraten leicht in die Kritik nicht valide zu sein und eher Formen der Intelligenz statt die Lernleistung oder Kompetenzen zu erfassen. Daher wurden im Rahmen dieser Studie in einer kleinen Substichprobe Formen der Intelligenz (CFT20-R mit WS/ZF: Weiß, 2006) erhoben. Es zeigten sich dabei positive Zusammenhänge mit dem Wortverständnis (WS). Um diesen Effekt zu minimieren sollten in Zukunft verstärkt auch alternative praktische oder computerbasierte Verfahren zur Erfassung der Experimentierkompetenz entwickelt und eingesetzt werden.

Zusammenfassend lässt sich aus den gewonnenen Daten dieser Studie konstatieren, dass der Einsatz lebender Tiere im naturwissenschaftlichen Unterricht im Vergleich zum Film nicht zwangsläufig zu einem erhöhten Kompetenzzuwachs (Experimentierkompetenz) führt. In jüngster Zeit konnte bereits mehrfach die gängige Meinung über die besondere Wirksamkeit lebender Tiere auf den Lernprozess (vgl. u.a. Köhler, 2004) in Frage gestellt werden (Metaanalyse: Hummel & Randler, 2011). Diese Studie belegt, dass auch in Bezug auf die Kompetenzentwicklung (Experimentierkompetenz) keine Überlegenheit des Einsatzes lebender Tiere gegenüber einer alternativen Herangehensweise mit Hilfe von experimentellen Filmen festgestellt werden kann. Trotzdem sprechen einige Argumente für den Einsatz von lebenden Tieren im Unterricht:

Wie die gewonnenen motivationalen Faktorenwerte (Interesse/Vergnügen, Kompetenzerleben, Autonomie und Druck) zeigen, erleben Lernende, die mit lebenden Tieren arbeiteten, zum einen ein höheres situatives Interesse, zum anderen erleben sie geringere Werte im Druck.

Ein Zusammenhang zwischen den Prädiktoren intrinsischer Motivation und dem der Experimentierkompetenz ließ sich dabei lediglich im Bereich „Druck" (negative Korrelation) feststellen. Dies verwundert zunächst, da gerade in Bezug auf Lerneffekte immer wieder auf die Bedeutung positiver motivationaler Faktoren hingewiesen wird (u.a. Schiefele, 2009). Denkbar ist, dass eine zu geringe Streuung der Werte vorlag. Das Fach Biologie ist ein überdurchschnittlich beliebtes Schulfach (Merzyn, 2008). Gleichzeitig geht aus Sicht der Lernenden dieser Altersgruppe von zoologischen Themen ein besonderer Reiz aus (u.a. Löwe, 1992). Beides könnte dazu geführt haben, dass die meisten Lernenden überwiegend positive Werte angegeben haben. An dieser Stelle ist kritisch anzumerken, dass die festgestellte negative Korrelation zwischen dem negativen Prädiktor Druck und der Experimentierkompetenz keine eindeutige Aussage über die tatsächliche Wirkung auf den eigentlichen Lernzuwachs zulässt. Die Daten sagen letztendlich nur aus, dass Lernende, die höhere Werte in der Experimentierkompetenz (Messung Posttest) aufweisen, geringere Werte im Druck erleben.

Hummel & Randler (2010b) fanden auf der Basis qualitativer Daten Hinweise dafür, dass der Einsatz lebender Tiere zur Entwicklung weiterführender, über den erlebten Unterricht hinausgehender Fragestellungen beiträgt. Diese Tatsache ist für den naturwissenschaftlichen Unterricht von großer Bedeutung. Sie bietet die Chance diese Fragen für den weiteren Unterrichtsverlauf zu nutzen. Werden Forschungsfragen von den Lernenden selbst entwickelt werden sie stärker motiviert sein, aktiv nach Antworten zu suchen (bspw. Recherche oder weitere Experimente) als wenn die zu lösenden Probleme ausschließlich von der Lehrkraft vorgegeben werden. Diese These unterstreicht die Bedeutung des Einsatzes lebender Tiere im naturwissenschaftlichen Unterricht – auch wenn eine Überlegenheit des Einsatzes lebender

Tiere auf den Kompetenzzuwachs (Experimentierkompetenz) im Vergleich zum Einsatz experimenteller Kurzfilme nicht festgestellt werden konnte.

Die hier vorgestellte Studie lässt sich auf unterschiedlichen Ebenen in das im theoretischen Teil dieses Werkes vorgestellte didaktische Rahmenmodell zum Experimentieren im mathematisch-naturwissenschaftlichen Unterricht einordnen (vgl. Beitrag Rieß; Kapitel 9). Es wurde die Wirkung lebender Tiere mit der Wirkung experimenteller Filmsequenzen in Bezug auf den Kompetenzzuwachs sowie auf motivationale Variablen verglichen. Der Bezug zum Bereich der Lehr- und Lernmaterialien ist dabei unverkennbar. Daneben nimmt die Medienwahl wesentlichen Einfluss auf die Qualität der Instruktion, was einen Bezug zu dem Bereich der „Unterrichtsprozesse" erkennen lässt. Auf der Schülerebene lässt sich die hier vorliegende Studie insbesondere dem Bereich der individuellen Verarbeitungsprozesse zuordnen. Während die Lernenden der Lebendtiergruppe mit echten Tieren gearbeitet haben, beobachteten die Lernenden der Filmgruppe das Verhalten der Tiere im Film. Dabei waren die Art der medialen Einbettung in das hypothetisch-deduktive Verfahren sowie die Verfahren zur Versuchsprotokollierung und Auswertung in beiden Fällen zwar vergleichbar, trotzdem war die Arbeit mit lebenden Tieren für die Lernenden – wie die situativ erfassten motivationalen Variablen zeigen – interessanter. Aufgrund früherer Studienergebnisse kann angenommen werden, dass motivationale Variablen den Lernprozess beeinflussen. Auf der Ebene der Schülerinnen und Schüler lässt sich diese Studie daher dem Bereich der individuellen Verarbeitungsprozesse zuordnen. Wie die Korrelationsanalysen zeigen ließ sich in dieser Studie lediglich ein negativer Zusammenhang zwischen der Variablen „Druck" und dem Kompetenzzuwachs (Experimentierkompetenz) feststellen.

Frank Rösch, Werner Rieß und Josef Nerb

10. Förderung „experimenteller Problemlösefähigkeit“ im problemorientierten Ökologieunterricht der 6. Klassenstufe? – Teilprojekt 2

Zusammenfassung

In dieser Studie wurde untersucht, ob ein moderat-konstruktivistisch, problemorientiert und recht anspruchsvoll gestalteter Ökologieunterricht mit instruktionalen Anteilen und Phasen offenen Experimentierens den Aufbau kognitiver prozessbezogener Komponenten „experimenteller Problemlösefähigkeit“ besser fördert als unspezifischer Unterricht. Analysiert wurde auch, ob domänenspezifisches Wissen für die Kompetenzentwicklung im ökologischen Kontext eine Rolle spielt. In einer quasiexperimentellen Interventionsstudie mit Pretest-Posttest-Kontrollgruppen-Design wurde hierzu ein schriftlicher Leistungstest eingesetzt. Die Treatmentgruppe erhielt Unterricht zum „Ökosystem Wald“ im Sinn einer Bildung für nachhaltige Entwicklung. Diese Lernumgebung sollte die Schüler unterstützen, ökologisches Wissen sowie wissenschaftstheoretische und -methodische Kompetenzen weiterzuentwickeln. Sie umfasste 13 Stunden und zwei Tage an einem Naturschutzzentrum. Zum Vergleich wurden Gruppen mit unspezifischem Unterricht zum „Ökosystem Wald“ bzw. mit unspezifischem Unterricht im Fächerverbund „Naturwissenschaftliches Arbeiten“ zu anderen Themen herangezogen. An der Hauptstudie beteiligten sich 461 Schüler der 6. Klassenstufe an Realschulen. Es zeigte sich, dass spezifische Komponenten der „experimentellen Problemlösefähigkeit“ durch das Treatment stärker als in den Vergleichsgruppen gefördert wurden. Geschlechtsspezifische Unterschiede in den Treatment-Wirkungen bedürfen einer weiteren Klärung.

10.1 Einleitung

Experimentieren wird als eine der bedeutendsten naturwissenschaftlichen Denk- und Arbeitsweisen zur Erkenntnisgewinnung betrachtet (Anton, Heimann & Rossa, 2005). Es ist daher wesentlicher Gegenstand des Naturwissenschaftsunterrichts. Lange bescheinigten Schulleistungsstudien wie TIMSS und PISA deutschen Schülern mittelmäßige Problemlösefähigkeit im Bereich anspruchsvoller naturwissenschaftlicher Erkenntnisgewinnung (Klieme et al., 2010). Die Förderung von Kompetenzen, welche die eigenständige Planung, Durchführung, Aus- und Bewertung von Experimenten ermöglichen, stellt ein wichtiges Bildungsziel naturwissenschaftlichen Unterrichts dar (Baumert et al., 2001). 2004 wurde durch die Kultusministerkonferenz der Kompetenzbereich „Erkenntnisgewinnung“ eingeführt (vgl. KMK, 2005).

In den aktuell geltenden Bildungsplänen wird deutlich, welch große Bedeutung „experimenteller Problemlösefähigkeit" zugeschrieben wird.

Genügt diese bildungspolitische Maßnahme per se, um mit einer bewussten Output-Orientierung und der Benennung entsprechender Bildungsstandards und Kompetenzen eine Optimierung des Naturwissenschaftsunterrichts herbeizuführen? Dies erscheint fraglich, sind überdies doch auch gegenstands- und prozessbezogene Standards erforderlich. Die Erforschung unterrichtlicher Fördermaßnahmen und deren Wirkungen stellt insofern eine wichtige Aufgabe der naturwissenschaftlichen Fachdidaktiken dar. Seit einiger Zeit werden Erkenntnisse zu Dimensionen und Strukturen sowie zu Möglichkeiten der Erfassung von kognitiven Komponenten „experimenteller Problemlösefähigkeit" als wichtigen Zielkriterien naturwissenschaftlichen Unterrichts gesammelt (vgl. Rieß, Kapitel 8 in diesem Band). Das Interesse gilt auch Fragen nach dem optimalen Zeitpunkt der Förderung, geeigneten Maßnahmen und der Gestaltung von Lernumgebungen. Noch nicht eindeutig geklärt ist, ob Experimentieren eher isoliert gefördert werden sollte, losgelöst von anspruchsvollen fachwissenschaftlichen Inhalten, oder ob die kontextuelle Einbettung der Kompetenzentwicklung in komplexere Inhalte sogar besondere Chancen für Lernprozesse bietet. Je nach Komplexität des Unterrichts liegen aus früheren Studien hinsichtlich der Wirksamkeit von Treatments widersprüchliche Befunde vor – z.B. beim Vergleich der Befunde von Ehmer (2008) sowie Ganser und Hammann (2009). Auch ist zu untersuchen, ob die angestrebte stärkere unterrichtliche Verzahnung der Kompetenzbereiche „Erkenntnisgewinnung", „Fachwissen", „Bewertung" und „Kommunikation" sowie eine höhere Problemorientierung in Lernprozessen den Kompetenzerwerb beeinflussen. Die hier vorgestellte Studie versucht zu helfen, Antworten auf diese Fragen zu finden.

10.2 Theoretischer Rahmen

10.2.1 Theorie und Stand der Forschung

In Anlehnung an Klahr (2000) wird Experimentieren in den naturwissenschaftlichen Fachdidaktiken als ein komplexer Prozess des Problemlösens aufgefasst (Giest, 2008; Hammann, Phan & Bayrhuber, 2007; Mayer, 2007; Stebler et al., 1998; Wirtz & Schulz, Kapitel 4 in diesem Band). Dieser besteht aus zahlreichen Operationen (Germann et al., 1996; Schauble et al., 1991): Für die Beantwortung von Fragen nach Kausalzusammenhängen zwischen Größen müssen u.a. Hypothesen aufgestellt, diese anhand geeigneter Experiment- und Kontrollansätze untersucht und Schlussfolgerungen aus empirischer Evidenz abgeleitet werden.

Der Begriff „experimentelle Problemlösefähigkeit" umfasst nach Mayer (2007) neben manuell-technischen Fertigkeiten auch kognitive Kompetenzen wissenschaftlichen Denkens (z.B. prozedurale Fähigkeiten und wissenschaftsmethodisches Wissen) sowie metakognitives Verständnis epistemologischer und wissenschaftstheoretischer Konzepte (Carey et al., 1989; Kremer, Urhahne & Mayer, 2008; Schauble et al., 1991). Auch die Fähigkeit der Selbstregulierung spielt beim planvollen Experimentieren eine wichtige Rolle (Stebler et al., 1998; Wahser, 2007; Wirth et al., 2008).

Bislang wurden verschiedene Kompetenzmodelle postuliert (vgl. Wirtz & Schulz, Kapitel 4 in diesem Band), entwickelt und z.T. empirisch untersucht (Hammann et al., 2007; Hammann et al., 2008; Mayer et al., 2008) und in Interventionsstudien berücksichtigt (Ehmer, 2008; Ganser & Hammann, 2009; Henke, 2007; Wahser, 2007).

Auf Basis dieser Modelle zeigt sich, dass sowohl das Nature-of-Science-(NOS-) Verständnis als auch die Vorgehensweise bei der Planung, Durchführung und Auswertung eigener Experimente bei vielen Menschen unwissenschaftlich und fehlerbehaftet sind (Carey et al., 1989; Ehmer, 2008; Hammann, 2004; Hammann et al., 2006; Kremer et al., 2008; Schauble et al., 1991). Beobachtet werden kann auch, dass sich verschiedene kognitive Komponenten der „experimentellen Problemlösefähigkeit“ im Verlauf des Heranwachsens entwickeln (Hammann, 2004; Mayer et al., 2008; Schneider et al., 1998). Überdies konnte nachgewiesen werden, dass sich kognitive experimentelle Kompetenzen gezielt fördern lassen. Dies ist nicht erst in höheren Klassenstufen (Henke, 2007) möglich. Bereits Grundschüler können z.B. die Prinzipien der Variablenkontrolle und der Hypothesenprüfung nachvollziehen (Chen & Klahr, 1999; Grygier et al., 2008). Daher macht die Überarbeitung früherer curricularer Empfehlungen (vgl. Moisl, 1988) Sinn – Lernende sollten nicht erst in der Mittelstufe weiterführender Schulen im Kompetenzaufbau unterstützt werden.

Schon vor einigen Jahren wurden Konzepte zur unterrichtlichen Förderung kognitiver experimenteller Kompetenzen entwickelt (z.B. Hameyer & Strenge, 1986). Nach den ernüchternden Befunden internationaler Schulleistungsvergleichsstudien (Baumert et al., 2001) wurden fachdidaktische Bemühungen in Form großangelegter Projekte intensiviert – z.B. SINUS (LISA, 2003). Im Rahmen von Konzepten wie „Biologie im Kontext“ (Ganser & Hammann, 2009) wird in den letzten Jahren verstärkt versucht, Unterricht problemorientierter zu gestalten und stärker in authentische Alltagssituationen einzubetten (Stebler et al., 1998). Dabei ist auch angedacht, die in den Bildungsplänen verankerten vier Kompetenzbereiche naturwissenschaftlichen Lernens (s.o.) intensiver miteinander zu verbinden (Parchmann, 2009). Allerdings stellen die meisten Interventionsstudien zu Aspekten „experimenteller Problemlösefähigkeit“ weiterhin hauptsächlich die Kompetenzbereiche „Erkenntnisgewinnung“ und „Fachwissen“ in den Mittelpunkt unterrichtlicher Treatments, was deren Komplexität reduziert.

Einige Befunde zur Förderung „experimenteller Problemlösefähigkeit“ sollen hier exemplarisch erwähnt werden (vgl. Rieß & Robin, Kapitel 8 in diesem Band): Moderat konstruktivistische Unterrichtskonzepte scheinen kognitive und metakognitive Komponenten „experimenteller Problemlösefähigkeit“ effektiver zu fördern als streng konstruktivistischer, entdecken-lassender Unterricht (Chen & Klahr, 1999). Explizite instruktionale Unterstützung beeinträchtigt Transferleistung nicht (Klahr & Nigam, 2004). Eine positive Fehlerkultur, die Einbeziehung advokatorischen Fehlerlernens und die explizite Thematisierung negativen (= Abgrenzungs-)Wissens können die Kompetenzentwicklung unterstützen (Ehmer, 2008). Feedback mit Fehlerkorrektur sowie Strukturierungstraining in Kombination mit Lehrervorträgen und Strukturierungshilfen helfen, offenes kooperatives Experimentieren zu optimieren (Wahser, 2007). Die Präzisierung von Lernzielen und metakognitive tutorielle Unterstützung – etwa durch „Prompts“ in computerbasierten Lernumgebungen – tragen zur Steigerung des Lernerfolgs bei (Wirth et al., 2008). Zwischen den Merkmalen NOS-Verständnis und wissenschaftliches Denken in Form prozeduraler Fähigkeiten scheinen enge Zusammenhänge zu existieren (Ehmer, 2008; Kremer et al., 2008; Schauble et al., 1991).

Zur Erfassung des facettenreichen Kompetenzbündels „experimentelle Problemlösefähigkeit“ wurde eine Reihe unterschiedlicher Messverfahren entwickelt. Eine hohe Validität weisen Practical-performance-Assessments auf (Germann et al., 1996; Stebler et al., 1998). Dabei werden Lernende bei Realexperimenten samt Vor- und Nachbereitung beobachtet und/oder videographiert sowie kategoriengeleitet beurteilt (Henke, 2007; Klahr & Nigam, 2004; Wahser, 2007). Zuweilen werden auch Endprodukte der Experimente bewertet. Ansatzweise ist eine Simulation experimenteller Prozesse mithilfe von Karten möglich (Hammann et al., 2008). Solche praxisnahen Methoden sind jedoch recht aufwändig und nur bei geringem Stichprobenumfang ökonomisch (Stebler et al., 1998). Prozessbezogene Analysen der Vorgehensweise werden auch anhand computerbasierter Simulations- und Experimentalprogramme eingesetzt (Wirth et al., 2008). Konzeptuelles NOS-Verständnis und verschiedene wissenschaftsmethodische und -strategische Aspekte lassen sich u.a. mit Interviews erfassen (Carey et al., 1989; Klahr & Nigam, 2004). In den meisten Studien wurden aus ökonomischen Gründen schriftliche Instrumente mit unterschiedlichen Itemformaten zur Messung der Ausprägung der NOS-Konzepte (z.B. Ehmer, 2008; Kremer, Urhahne & Mayer, 2008) oder der Performanz strategischer oder prozeduraler Fähigkeiten (z.B. Ehmer, 2008; Germann et al., 1996; Hammann et al., 2007, Hammann et al., 2008; Henke, 2007; Wahser, 2007) eingesetzt.

Während Interventionen häufig in den Kontexten Mechanik (Chen & Klahr, 1999; Hameyer & Strenge, 1986; Klahr & Nigam, 2004; Wirth et al., 2008), Lebensmittelbiochemie (Carey et al., 1989; Ganser & Hammann, 2009; Hameyer & Strenge, 1986), Humanphysiologie (Ehmer, 2008; Stebler et al., 1998) oder Säuren und Basen (u.a. Wahser, 2007) angesiedelt sind, scheinen keine Untersuchungen zu Ökologie-Unterricht vorzuliegen. Dies verwundert nicht, weisen Experimente mit Organismen oder gar in Ökosystemen doch eine besonders hohe Komplexität auf (Moisl, 1988). Hierdurch ergeben sich sowohl Vor- als auch Nachteile für die Förderung „experimenteller Problemlösefähigkeit“: Einerseits lassen sich bestimmte NOS-Aspekte sehr anschaulich thematisieren. Andererseits stellen Störgrößen, Umgang mit Organismen sowie Aufwand und Ansprüche ökologischer und ethologischer Experimente große Herausforderungen dar. Im Rahmen einer Bildung für nachhaltige Entwicklung (Rieß, 2010) leistet die Förderung experimenteller Kompetenzen im ökologischen Kontext einen Beitrag zur verantwortungsbewussten Teilhabe an nachhaltigkeitsrelevanten Fragestellungen: Experimente können in dieser Domäne herangezogen werden, um die vier o.g. Kompetenzbereiche miteinander zu verknüpfen.

10.2.2 Fragestellungen und Hypothesen

Verschiedene Sachverhalte, welche die Implementierung von „Vorschlägen“ der empirischen fachdidaktischen Forschung im *konkreten* Unterrichtsalltag betreffen, wurden bislang unzureichend untersucht. Kann man etwa die vier von der Kultusministerkonferenz für den Naturwissenschaftsunterricht festgelegten Kompetenzbereiche „Erkenntnisgewinnung“, „Fachwissen“, Bewertung“ und „Kommunikation“ (vgl. KMK, 2005) ohne negative Auswirkungen auf den Lernprozess viel stärker miteinander kombinieren, als dies bislang an vielen Schulen bzw. in den meisten Studien realisiert wird? Eine Konzentration auf „Erkenntnisgewinnung“ und „Fachwissen“ findet man ja bereits u.a. bei Chen und Klahr (1999), Ehmer (2008), Ganser und Hammann (2009) sowie Klahr und Nigam (2004) – dabei bleiben andere Bereiche jedoch unberücksichtigt.

Folgende Fragestellungen standen im Mittelpunkt dieser Studie:
1. Fördert ein sehr anspruchsvoll gestaltetes, problemorientiertes und die vier Kompetenzbereiche verknüpfendes Unterrichtskonzept Komponenten „experimenteller Problemlösefähigkeit“?
2. Spielt domänespezifisches Wissen beim Aufbau der untersuchten experimentellen Kompetenzen eine Rolle?
3. Welcher Zusammenhang besteht zwischen den untersuchten experimentellen Kompetenzen und anderen Leistungsvariablen?
4. Wirkt sich das Treatment – im Vergleich zu unspezifischem Naturwissenschaftsunterricht – auf das Autonomieerleben aus?

Ausgehend von den angeführten Studien lassen sich folgende Hypothesen formulieren:
- H1: Lernende der Treatmentgruppe (vgl. Tabelle 10.1) besitzen in den experimentellen Kompetenzen zum zweiten Messzeitpunkt höhere um die Pretest-Unterschiede bereinigte Mittelwerte als die Versuchspersonen aus den Vergleichsgruppen ohne spezielles Treatment. Es werden kleine bis mittlere Effekte erwartet.
- H2: Domänespezifisches Wissen spielt lediglich bei der Suche im Hypothesenraum (Merkmal „Identifizierung unabhängiger Variablen)“ eine Rolle – schließlich sollen dabei veränderliche Parameter in Ökosystemen angegeben werden –, nicht jedoch bei den anderen untersuchten Kompetenzen.
- H3: Angesichts der in dieser Arbeit realisierten Operationalisierung der Merkmale und der unterschiedlichen Anforderungen der betrachteten Kompetenzen

werden im Sinne diskriminanter Validierung lediglich kleine bis moderate Interkorrelationen untereinander und mit Schulnoten sowie mit allgemeinen kognitiven Fähigkeiten vermutet.

- H4: Die Lernumgebung des Treatments zeichnet sich durch zahlreiche Phasen offenen Experimentierens und kooperativen Lernens im Sinn eines moderaten Konstruktivismus' sowie durch erlebbares kumulatives Lernen aus. Im Hinblick auf die Selbstbestimmungstheorie der Motivation wird vermutet, dass beim subjektiven Autonomieerleben eine positivere Entwicklung als in der Vergleichsgruppe zu beobachten ist.

Tab. 10.1: Experimentalbedingungen (Hauptstudie).

Aspekt		**Experimentalbedingung**			
		EXP	**$KG_{Öko}$**	**KG_0**	**$KG_{Aut.}$**
Treatment zur Förderung „experimenteller Problemlösefähigkeit“		ja	nein	nein	nein
Thema „Waldökologie“		ja	ja	nein	Keine Vorgabe
Teilstichprobenumfang (*n*)		129	105	106	121
Alter	*M*	11.88	11.84	11.87	11.97
	SD	0.58	0.56	0.44	0.45

Anmerkungen.
EXP: Treatmentgruppe mit speziellem Unterrichtskonzept zur Förderung „experimenteller Problemlösefähigkeit“ im Kontext „Ökosystem Wald“. $KG_{Öko}$: Kontrollgruppe mit unspezifischem Unterricht zu den gleichen ökologischen Aspekten. KG_0: Kontrollgruppe mit unspezifischem Naturwissenschaftsunterricht zu einem anderen Thema. $KG_{Aut.}$: Kontrollgruppe mit unspezifischem Naturwissenschaftsunterricht zu beliebigem Thema. *n*: Anzahl der Versuchspersonen Teilstichprobe. *M*: Mittelwert. *SD*: Standardabweichung.

10.3 Empirischer Teil

10.3.1 Methodische Grundlagen

(a) Studiendesign

Die Forschungsfragen wurden anhand einer quasiexperimentellen Interventionsstudie mit Klumpenstichprobe untersucht. Da die Zuweisung der Versuchspersonen zu den Experimentalbedingungen nicht randomisiert erfolgte, ist die interne Validität angesichts möglicher systematischer Stichprobenunterschiede reduziert. Aus der Perspektive der Implementationsforschung ist die Entscheidung für eine Feldstudie aber auch vorteilhaft. Um die ökologische Validität der Studie zu erhöhen, wurde der Unterricht im natürlichen Klassenverband und in der vertrauten Umgebung realisiert.

(b) Stichprobe
Für die Untersuchung dieser Fragestellungen fiel die Wahl bewusst auf die 6. Klassenstufe. Erstens liegt bei den meisten Kindern der Übergang von konkret-operationaler zur formal-operationalen Phase ihrer kognitiven Entwicklung in der Unterstufe. Dieser Prozess scheint eine wichtige Voraussetzung für die Weiterentwicklung kognitiver und metakognitiver experimenteller Kompetenzen zu sein (Hammann, 2004; Schneider et al., 1998). Zweitens berichten verschiedene Autoren von der Wirksamkeit ihrer Interventionen in dieser oder höheren Altersstufen (Carey et al., 1989; Ehmer, 2008; Schauble et al., 1991; Wahser, 2007).

Im Gymnasialbereich wurden bereits zahlreiche Studien durchgeführt. Für diese Untersuchung wurden Realschulen ausgewählt – sie decken tendenziell ein mittleres Leistungsspektrum ab. Im Hinblick auf die Übertragbarkeit der Ergebnisse auf andere Schularten kann dadurch die externe Validität etwas erhöht werden.

Die Größe der Teilstichproben orientierte sich an der erwarteten Effektgröße, musste aufgrund der begrenzten Teilnahmebereitschaft von Lehrkräften jedoch etwas reduziert werden.

(c) Treatment-Unterricht
Das Treatment zur Förderung „experimenteller Problemlösefähigkeit“ umfasste 13 Schulstunden und war nach moderat-konstruktivistischen Grundsätzen konzipiert (vgl. Reinmann & Mandl in Krapp & Weidenmann, 2006). Im Sinn „forschenden Lernens“ sollten sich die Lernenden durch die Anwendung methodologisch gesicherter naturwissenschaftlicher Denk- und Arbeitsweisen gleichzeitig naturwissenschaftliches Wissen aneignen und Kenntnisse über Erkenntnisgewinnungsmethoden erwerben (Mayer & Ziemek, 2006; Stebler et al., 1998). Im Rahmen problemorientierter Lernangebote mit wechselnden Anteilen stärker instruktional geprägter bzw. offen gestalteter Phasen beschäftigten sich die Lernenden in authentischen Kontexten mit Aspekten eines Flächennutzungskonfliktes. Als Beitrag zu einer Bildung für nachhaltige Entwicklung standen dabei die Kompetenzbereiche „Fachwissen“ und „Erkenntnisgewinnung“ nicht allein im Mittelpunkt: Kennenlernen, Anwenden und Reflektieren der experimentellen Methode als Werkzeug naturwissenschaftlicher Erkenntnisgewinnung waren auch Ausgangspunkt für „Kommunikation“ und „Bewertung“. Auf diese Weise wurden im weiteren Verlauf der Unterrichtseinheit immer wieder unterschiedliche Optionen für Eingriffe in ein Waldökosystem diskutiert und aus ökologischer, soziokultureller und ökonomischer Perspektive durchdacht. Prozesse kooperativen Lernens und Phasen gemeinsamer Reflexion spielten somit eine wichtige Rolle. Neu entwickelte Mnemotechniken und bewährte Strukturierungshilfen unterstützten die Handlungsregulation beim Experimentieren.

Das Treatment war in drei Hauptphasen gegliedert: Zuerst erarbeiteten sich die Lernenden grundlegende ökologische Begriffe und Sachverhalte als Wissensbasis. Dazu gehörten u.a. Funktionen von Wäldern, Wechselwirkungen zwischen Organismen und ihrer Umwelt am Beispiel Auerwild, der „Stockwerkbau“ von Wäldern, Nahrungsbeziehungen und der Stoffkreislauf. Während eines ersten eintägigen

Aufenthaltes an einem Naturschutzzentrum wurden diese Kenntnisse problemorientiert wiederholt, angewandt und vertieft. Darüber hinaus lernten die Schüler das Prinzip hypothesengeleiteten Untersuchens und Experimentierens kennen und übten dies bei der Analyse von abiotischen Standortfaktoren sowie von Laubstreu- und Totholzorganismen ein. Dabei wurde veranschaulicht, dass die Weitung des Hypothesen-Suchraums (Klahr, 2000) von Vorteil sein kann. Es folgten Lernmodule, in denen die Schüler domänenübergreifende Aspekte des Experimentierens kennen lernten und im ökologischen Kontext anwandten: Hypothesenprüfung anhand von Daten (Borkenkäfer-Kalamitäten), Notwendigkeit von Kontrollansätzen, Strategie der Variablenkontrolle sowie Planung von Experimenten in Versuchsreihen. Die Lerngruppen befassten sich auch mit wissenschaftspropädeutischen Aspekten: Anhand geeigneter Lernanlässe (Experimente mit Asseln, Bedingungen für Keimung und Wachstum, Folgen von Schadstoffeintrag bzw. natürlicher Düngung) erfuhren die Lernenden, dass Experimente im ökologischen Kontext besonders anspruchsvoll sind. Sie setzten sich u.a. mit der Notwendigkeit von Messwiederholung, Langzeitbeobachtungen, großen Stichprobenumfängen und der Modellierung von Phänomenen auseinander. Im Verlauf des Treatments nahm die Offenheit der Experimentalaufträge stetig zu (vgl. Mayer & Ziemek, 2006). In einer dritten Phase schlüpften die Schüler in die Rolle von „Experten": Sie realisierten während eines zweiten Aufenthalts am Naturschutzzentrum eigene Forschungsprojekte (Modellexperimente zu Schutzfunktionen von Wäldern) und beurteilten die Güte vorgegebener Experimente von „Naturwissenschaftlern" (vgl. Klahr & Nigam, 2004). Der Flächennutzungskonflikt stellte als Rahmenhandlung einen authentischen Kontext dar, in dem nicht nur die Arbeit von Naturwissenschaftlern kennen gelernt und verschiedene NOS-Aspekte betrachtet werden konnten, sondern auch die Notwendigkeit mehrperspektivischen Denkens und verantwortungsvollen Entscheidens in nachhaltigkeitsbezogenen Sachverhalten erfahrbar wurde.

(d) Operationalisierung der Variablen

Operationalisierung der unabhängigen Variablen

Die unabhängige Variable „Unterricht" betraf die Kombination von zwei Faktoren mit jeweils zwei Ausprägungen: Zum einen die didaktisch-methodische Unterrichtskonzeption, welche bestimmte Merkmale der Lernumgebung und spezifische Maßnahmen zur Förderung „experimenteller Problemlösefähigkeit" entweder umfasste oder nicht. Zum anderen wurde der Unterrichtsgegenstand variiert: Er betraf entweder den „Lebensraum Wald" oder nicht. Drei von vier möglichen Kombinationen des zweifaktoriellen Untersuchungsplans wurden als Experimentalbedingungen verwirklicht: (a) Unterricht mit spezieller Förderung „experimenteller Problemlösefähigkeit" im Kontext „Ökosystem Wald" (kurz: EXP), (b) Unterricht ohne spezielle Förderung „experimenteller Problemlösefähigkeit" im Kontext „Ökosystem Wald" (kurz: $KG_{Öko}$) und (c) Unterricht zu anderen naturwissenschaftlichen Themen ohne spezielle Förderung „experimenteller Problemlösefähigkeit" (kurz: KG_0). Des Weiteren wurde eine Kontrollgruppe mit Unterricht ohne spezielle Förderung

„experimenteller Problemlösefähigkeit" zu beliebigen naturwissenschaftlichen Themen miteinbezogen (kurz: $KG_{Aut.}$) (vgl. Tabelle 10.1).

Zur Kontrolle der unabhängigen Variablen wurden die Experimentalbedingungen bestmöglich parallelisiert: Die inhaltlichen Aspekte des Kontextes „Ökosystem Wald" waren für die Experimentalgruppen EXP und $KG_{Öko}$ größtenteils identisch. Die einheitliche Umsetzung des Treatments EXP wurde anhand eines detailliert ausgearbeiteten Unterrichtsmanuals, vorgegebener Medien und der Schulung der teilnehmenden Lehrpersonen und Mitarbeitenden des Naturschutzzentrums erreicht. Geringfügige Abweichungen von den Vorgaben wurden in Unterrichtstagebüchern festgehalten. Die Dauer der zwischen Pre- und Posttest durchgeführten Unterrichtseinheiten war bei allen Experimentalgruppen vergleichbar.

Als Störgrößen kamen verschiedene Faktoren in Frage: Neben den allgemeinen kognitiven Fähigkeiten und der Kompetenzausprägung bei den Schülern zu Beginn u.a. der familiäre Hintergrund (sprachliche Fähigkeiten, sozioökonomisches und -kulturelles Milieu) und institutionelle Rahmenbedingungen an den Schulen, Eigenschaften der Lehrpersonen und Unterstützung der Schüler außerhalb der Schule (Prenzel et al., 2007).

Obgleich eine exakte Kontrolle im Rahmen des Quasiexperiments nicht möglich war, wurde versucht, systematische Unterschiede zwischen den Gruppen möglichst gering zu halten bzw. statistisch zu kontrollieren: Hinsichtlich des Anteils von Lernenden, deren Elternteile deutsch nicht als Muttersprache haben, unterschieden sich die Gruppen nicht. Bei der Suche nach Klassen wurden bevorzugt Schulen mit mehreren Parallelklassen ausgewählt, welche auf die Experimentalbedingungen verteilt werden konnten. Eine multivariate Varianzanalyse mit univariaten post-hoc-Tests zeigte, dass sich die Experimentalbedingungen hinsichtlich der allgemeinen kognitiven Fähigkeiten und der Note in Mathematik nicht unterschieden. Bezüglich der Noten in Deutsch und „Naturwissenschaftlichem Arbeiten" bestanden Unterschiede. Diese Variablen wurden als Kovariaten in Kovarianzanalysen miteinbezogen, wenn sie signifikant zur Varianzaufklärung bei der Kompetenzentwicklung beitrugen. Die beteiligten Lehrpersonen wurden den Experimentalgruppen so zugewiesen, dass Merkmale wie Geschlecht, Alter und augenscheinliche motivationale Tendenz möglichst ausgewogen berücksichtigt wurden.

Operationalisierung der abhängigen Variablen

(1.) Leistungstest

Angesichts des Stichprobenumfangs wurde ein schriftlicher Leistungstest auf Grundlage der Klassischen Testtheorie erstellt und eingesetzt. Fünf Subtests setzten sich jeweils aus mindestens einem Item und maximal acht Items zusammen (vgl. Tabelle 10.2). Darin wurden prozessbezogene kognitive Komponenten „experimenteller Problemlösefähigkeit" erfasst, welche im Kompetenzbereich „Erkenntnisgewinnung" angesiedelt sind. Die anderen o.g. Kompetenzbereiche „Fachwissen", „Kommunikation" und „Bewertung" wurden bei der Leistungsmessung nicht berücksichtigt.

Tab. 10.2: Skaleneigenschaften (Hauptstudie).

Subtest	Anzahl (Items)	Messzeitpunkt			
		Pretest		Posttest	
		n	Cr. *α*	*n*	Cr. *α*
„Epistemisches Fragen“	3	480	.53	472	.58
„Unabhängige Variablen identifizieren“	3	480	.78	472	.85
„Ansätze vergleichen“	4	453	.47	442	.61
„Aussagekraft ökolog. Experimente“	8	414	.54	434	.68
„Autonomie-Erleben“	6	234	.64	233	.88

Anmerkungen.
n: Umfang der Teilstichprobe. Cr. α: Cronbachs alpha.

- Der Subtest „*Experiment planen*“ erfasste anhand eines Partial-credit-Systems (0 bis 6 Punkte) die Kompetenzen, im Rahmen eines zweifaktoriellen Experiments eigenständig Kontrollansätze zu berücksichtigen, dabei die Variablen-Kontroll-Strategie korrekt anzuwenden (vgl. Schulz, Wirtz & Starauschek, Kapitel 2 in diesem Band) sowie den Vergleich von Ansätzen anzusprechen. Als Grundlage für die Konstruktion des Open-Response-Items und die Codierregeln diente das Vorbild von Hammann et al. (2008). Das Auswertungsschema wurde verfeinert, um Performanzunterschiede detaillierter erfassen zu können. Aus pragmatischen Gründen wurde nur ein Item verwendet (vgl. Ehmer, 2008).
- Die Operationalisierung der Kompetenz „*Epistemisches Fragen*“ basierte auf Kriterien, die u.a. von Germann et al. (1996), Mayer et al. (2008) sowie Neber und Anton (2008) angesprochen wurden. Open-Response-Items erfassten die Kompetenz, Wissen generierende und Prozess regulierende Fragen zu formulieren, welche kausale Beziehungen zwischen unabhängigen und abhängigen Variablen möglichst elaboriert ansprechen sowie experimentell überprüfbar sind. Das neue Messverfahren ist an die Stichprobe der 6. Klassenstufe besser angepasst, da es lediglich Formulierungstypen bewertet (Partial-credit-System: 0 bis 4 Punkte). Domäne-spezifisches Vorwissen ist zur Bearbeitung nicht erforderlich.
- Der neu entwickelte Subtest „*Unabhängige Variablen identifizieren*“ bildet die Kompetenz ab, voneinander unterscheidbare veränderliche Systemgrößen als potenziell ursächliche Faktoren für bestimmte Effekte im ökologischen Kontext zu identifizieren. Er orientiert sich u.a. an Germann et al. (1996) und honoriert sinnvolle Nennungen mit je einem Credit-Punkt, woraus ein Summenwert gebildet wird.
- Das Instrument „*Ansätze vergleichen*“ basiert auf Vorarbeiten von Hammann et al. (2007) und Ehmer (2008), bei denen die Kompetenz als „Planung von Experimenten“ bezeichnet wird. Es erfasst in Form von Multiple-Choice-Items die Fähigkeit, aus vorgegebenen Ansätzen diejenigen zu identifizieren, die sich zum

Vergleich in einem zweifaktoriellen Experiment eignen. Es liegt eine Codierung nach dem Partial-credit-Modell (0 bis 3 Punkte) vor, welche Aspekte der Auswahlstrategie berücksichtigt. Im Rahmen einer Vorstudie wurde zur Konstruktvalidierung eine konvergente Validierung der neu erstellten Items im ökologischen Kontext mit den Items von Ehmer vorgenommen.

- Der neu entwickelte Subtest *„Aussagekraft ökologischer Experimente beurteilen“* erfasst anhand von Multiple-Choice-Items mit dichotomer Codierung (richtig/falsch) die Anwendung des Wissens um die Bedeutung großer Stichprobenumfänge und langer Beobachtungszeit bei Experimenten in ökologischen (Sub-)Systemen. Eine Erprobung in den Klassenstufen 6 und 9 stellte die Sensitivität des Instruments unter Beweis.
- Die *nonverbale Grundintelligenz* wurde mit dem Subtest Matrizen aus Teil 1 des CFT 20-R (Weiß, 2006) erfasst.

(2.) Fragebogen
Neben anderen Einstellungsvariablen wurde in den Gruppen EXP und $KG_{Aut.}$ subjektives „Autonomieerleben [im Unterricht]“ (adaptiert nach Kunter, 2005) anhand eines Fragebogens mit einer sechsstufigen bipolaren Ratingskala (0 bis 5 Punkte) erhoben.

(e) Experimentalbedingungen
Tabelle 10.1 zeigt die zur Beantwortung der Fragestellungen realisierten Gruppen. Es wurde versucht, einen ausbalancierten Versuchsplan zu realisieren.

(f) Durchführung der Hauptstudie
Nach einer Pilotstudie 2009 und anschließender Weiterentwicklung von Treatment und Testverfahren wurde im Frühjahr/Sommer 2010 die Hauptstudie durchgeführt. Nach Bearbeitung des Leistungstests und des Fragebogens schloss sich in allen Experimentalbedingungen ein mehrwöchiger Zeitraum mit ca. 13 Schulstunden Unterricht an. Die Klassen der Treatmentgruppe EXP begaben sich zusätzlich an zwei Tagen an das Naturschutzzentrum, wo Mitarbeiterinnen das Programm durchführten. Etwa zwei Wochen nach der jeweiligen Unterrichtseinheit fand der Posttest statt.

(g) Gütekriterien der Erhebungsinstrumente
Erwartungskonform waren die *Reliabilitäts*werte des Posttests höher als beim Pretest (vgl. Tabelle 10.3). Die interne Konsistenz mancher Subskalen des Leistungstests lag nicht immer im zufriedenstellenden Bereich (Cronbachs $\alpha > .70$), reichte für Gruppenvergleiche aber aus. Die z.T. moderate interne Konsistenz mancher Skalen ist v.a. darauf zurückzuführen, dass der Testumfang begrenzt werden musste, was sich auf die Anzahl der Items pro Subtest-Skala auswirkte.

Die *Unabhängigkeit* der Durchführung und Auswertung wurde auf unterschiedliche Weise sichergestellt: So etwa die Durchführungsobjektivität durch detaillierte

Instruktionen zur Datenerhebung. Hinsichtlich der Auswertungsobjektivität bei Open-Response-Items wurden differenzierte Codierschemata entwickelt und optimiert. Die folgenden Angaben zur Güte der Übereinstimmung der Codierungen basieren auf jeweils über 35 doppelten Codierungen. Da von einem Intervallskalenniveau ausgegangen wurde, sind als Übereinstimmungsmaße im Folgenden sowohl Durchschnittswerte der Intraklassenkorrelation ($ICC_{2,1}$) als auch das zufallsbereinigte Maß der absoluten Übereinstimmung Cohens *kappa* angegeben: $r = .82$ bzw. Cohens $\kappa = .63$ („Epistemisches Fragen"), $r = .98$ bzw. Cohens $\kappa = .95$ („Experiment planen"), $r = .96$ bzw. Cohens $\kappa = .79$ („Unabhängige Variable identifizieren"). Die Intercoderübereinstimmung bzw. -reliabilität weist demnach akzeptable bis sehr gute Kennwerte auf (vgl. Wirtz & Caspar, 2002).

Angesichts der Operationalisierung der Merkmale ist von einer hohen Inhalts*validität* der Subtests auszugehen. Allerdings wurden nur Komponenten der im Rahmen von Realexperimenten benötigten Problemlösefähigkeit erfasst (vgl. Hammann et al., 2007).

(h) Auswertung

Die Daten wurden nach dem *Per-fiat*-Prinzip anhand parametrischer Verfahren (Bortz & Schuster, 2010) mithilfe der Statistik-Software PASW 18 ausgewertet. Dazu gehörten Multivariate einfaktorielle Varianzanalysen (MANOVA), einfaktorielle Varianzanalysen (ANOVA) und *t*-Tests. Für die Hypothesen-Prüfung wurden Kovarianzanalysen (ANCOVA) sowie bivariate Korrelationen berechnet.

10.3.2 Ergebnisse

(a) Stichprobe

461 Realschüler aus Baden-Württemberg waren auf die Experimentalgruppen verteilt (Tabelle 10.1). Das Durchschnittsalter betrug gerundet 10.9 Jahre ($SD = 0.51$, Min.: 11 Jahre, Max.: 14 Jahre). Der Jungenanteil war mit ca. 56 Prozent etwas höher als der Mädchenanteil. Für ca. 4/5 der Mütter bzw. Väter der befragten Lernenden ist Deutsch die Muttersprache. Aufgrund von Umzügen und krankheitsbedingter Abwesenheit kamen in geringem Umfang Drop-outs zustande, welche bei Analysen mit verbundenen Stichproben nicht berücksichtigt wurden.

(b) Hypothesenprüfung

(1.) Wirksamkeit des Treatments

Eine multivariate Varianzanalyse ergab, dass sich die Experimentalgruppen hinsichtlich der hier berichteten untersuchten Komponenten „experimenteller Problemlösefähigkeit" zum Pretestzeitpunkt nicht voneinander unterschieden, $F(10,598) = 0.96$, $p = .48$. Es lag demnach kein systematischer Stichprobenfehler infolge der Klumpenstichprobe vor. Insofern wurden bei den anschließenden univariaten

Tab. 10.3: Deskriptive Statistiken und Parameterschätzungen des Leistungstests sowie von zwei Variablen des Persönlichkeitstests (Hauptstudie)

			Messzeitpunkt				**ANCOVA**	
			Pretest		**Posttest**		**Parameterschätzung**	
Subtest	**Gruppe**	*n*	*M*	*SD*	*M*	*SD*	M_b	*SE*
Experiment planen	EXP	120	1.56	1.52	2.13	1.84	2.15	0.15
	$KG_{Öko}$	93	1.58	1.74	1.73	1.79	1.74	0.17
	KG_0	100	1.65	1.59	1.84	1.75	1.82	0.17
Epistemisches Fragen	EXP	120	1.01	0.67	1.31	0.86	1.31	0.06
	$KG_{Öko}$	93	1.10	0.64	1.14	0.77	1.17	0.07
	KG_0	100	1.15	0.64	1.18	0.67	1.11	0.07
Unabhängige Variablen identifizieren	EXP	120	2.75	1.58	3.34	1.77	3.45	0.13
	$KG_{Öko}$	93	3.05	1.47	3.59	1.77	3.51	0.15
	KG_0	100	3.02	1.44	3.00	1.65	2.94	0.14
Ansätze vergleichen	EXP	120	1.70	0.70	1.97	0.72	1.97	0.07
	$KG_{Öko}$	91	1.72	0.62	1.79	0.78	1.78	0.08
	KG_0	98	1.77	0.79	1.70	0.80	1.71	0.08
Aussagekraft ökologischer Experimente	EXP	118	0.45	0.25	0.46	0.27	0.46	0.02
	$KG_{Öko}$	92	0.39	0.22	0.43	0.24	0.45	0.03
	KG_0	99	0.47	0.24	0.42	0.28	0.40	0.03
Subjektives Autonomieleben	EXP	124	2.59	0.90	3.14	1.04	3.09	0.11
	$KG_{Aut.}$	111	2.24	0.97	2.61	1.38	2.68	0.11

Anmerkungen.
n: Anzahl der Versuchspersonen. *M*: Mittelwert. *SD*: Standardabweichung. M_b: geschätzter bereinigter Mittelwert (korrigiert, adjustiert). *SE*: Standardfehler.

Kovarianzanalysen außer dem Pretestwert der jeweils interessierenden Leistungsvariablen keine weiteren Pretestwerte als Kovariaten berücksichtigt.

Im Leistungstest sind die Posttestwerte in allen Gruppen (bis auf manche Variablen in der Gruppe KG_0) höher als im Pretest (Tabelle 10.3). Dies lässt auf einen Lerneffekt aufgrund der zweimaligen Bearbeitung schließen.

Zur statistischen Überprüfung der gerichteten Unterschiedsalternativhypothese H1 wurden ANCOVAs mit a-priori-Vergleichen durchgeführt. Diese stellten die Treatmentgruppe dem „Bündel" der beiden Vergleichsgruppen $KG_{Öko}$ und KG_0 gegenüber. Bei allen Variablen trug die Kovariate „Pretestwert" mit moderaten bis starken Effekten zur Varianzaufklärung bei. Die Alternativhypothese konnte bei drei der fünf untersuchten Leistungsvariablen bestätigt werden: bei „Experimente planen", $F(1,309) = 3.88$, $p < .05$, part. $\eta^2 > .01$, bei „Epistemisches Fragen", $F(1,294) = 4.26$, $p < .05$, part. $\eta^2 > .01$ sowie bei „Ansätze vergleichen", $F(1,304) = 6.75$, $p = .01$, part. $\eta^2 = .02$. Bei der Varianzaufklärung durch die Gruppenzugehörigkeit wurden kleine Effekte beobachtet. Bezüglich der beiden anderen Variablen wurde die Alternativhypothese widerlegt, $F(1,309) = 0.11$, $p = .74$ („Unabhängige Variablen identifizieren") bzw. $F(1,305) = 1.64$, $p = .20$ („Aussagekraft ökologischer Experimente beurteilen").

(2.) Bedeutung des domänespezifischen Wissens
Auch die gerichtete Unterschiedshypothese H2 wurde mit geplanten Kontrasten überprüft. Dabei wurden die Treatmentgruppe EXP und die Gruppe $KG_{Öko}$ zusammengefasst und mit der Gruppe KG_0 verglichen. Die Alternativhypothese wurde lediglich in einem Fall bestätigt: Bei der Variablen „Unabhängige Variablen identifizieren" wirkte sich das ökologische – also domänespezifische – Wissen erwartungskonform auf die Kompetenzentwicklung aus, $F(1,309) = 9.63$, $p < .01$, part. $\eta^2 = .03$. Bei den anderen experimentellen Kompetenzen konnte wie vermutet die Nullhypothese beibehalten werden.

(3.) Konstruktvalidierung
Zur Überprüfung der Zusammenhangshypothese H3 wurden bivariate Korrelationen unter den Variablen „experimenteller Problemlösefähigkeit" sowie mit Schulnoten und allgemeinen kognitiven Fähigkeiten berechnet. Tabelle 10.4 zeigt die Korrelationskoeffizienten.

Die Interkorrelationen der untersuchten Dimensionen „experimenteller Problemlösefähigkeit" sind größtenteils signifikant. Die meist kleinen Korrelationskoeffizienten sprechen dafür, dass die Dimensionen, von denen lediglich manche eine gewisse Nähe aufweisen, unterscheidbar sind. Die einzelnen experimentellen Kompetenzen korrelieren größtenteils signifikant mit den Schulnoten für Mathematik, Deutsch und „Naturwissenschaftliches Arbeiten" sowie mit den allgemeinen kognitiven Fähigkeiten ($|r| < .23$, durchschnittlich: $|r| = .12$) – jedoch nur geringfügig. Man kann davon ausgehen, dass die Skalen des Leistungstests im Sinn diskriminanter Validität etwas anderes als Fachleistung oder allgemeine kognitive Fähigkeiten abbilden. Die Hypothese H3 wird somit als bestätigt betrachtet.

(4.) Autonomieerleben
Hypothese H4 wurde hinsichtlich des subjektiven „Autonomieerlebens" bestätigt: Die Schüler der Treatmentgruppe EXP schätzten die Zunahme der Selbstbestimmung im Unterricht höher ein als die Lernenden in der Kontrollgruppe $KG_{Aut.}$: Eine Kovarianzanalyse mit dem Pretest-Wert als Kovariate zeigt einen signifikanten Unterschied zwischen den Gruppen, $F(1,232) = 6.95$, $p < .01$, part. $\eta^2 = .03$ (schwacher bis mittelstarker Effekt).

(c) Weitere Befunde
Die signifikanten Unterschiede zwischen der Treatmentgruppe und den Vergleichsgruppen basieren bei den Variablen „Experiment planen" und „Fragen formulieren" auf einer stärkeren Kompetenzentwicklung bei den Mädchen. Post hoc zeigte

sich innerhalb der Treatmentgruppe auch ein Unterschied zwischen Mädchen und Jungen hinsichtlich der Zunahme des Autonomieerlebens, welche bei den Mädchen stärker ausgeprägt war, $F(1,121) = 10.97$, $p < .01$, part. $\eta^2 = .08$.

Tab. 10.4: Korrelationen der Komponenten „experimenteller Problemlösefähigkeit“ untereinander (Pretestwerte) sowie mit Noten und allgemeinen kognitiven Leistungen.

	Merkmal					Fachnoten		
Merkmal	1	2	3	4	CFT	M	D	NWA
1. „Exp. planen“	--				.12*	-.14**	-.17***	-.14
2. „E. Fragen“	.32***	--			.14**	-.23***	-.15**	-.17**
3. „UV identifiz.“	.24***	.23***	--		.10*	-.13**	-.17	-.20***
4. „Ansätze“	-.11*	-.08	-.07	--	-.06	-.04	.02	.00
5. „Ökolog. Exp.“	.10*	.08	.12**	.08	.05	-.17***	-.13**	-.14**

Anmerkungen.
Die Korrelationen wurden auf Basis der Daten von 392 bis 460 Vpn berechnet. ***: $p < .001$, **: $p < .01$, $p < .05$ (zweiseitig). CFT: nonverbale Grundintelligenz; M: Mathematik; D: Deutsch; NWA: Fächerverbund „Naturwissenschaftliches Arbeiten“.

10.4 Diskussion

Es konnte festgestellt werden, dass das Treatment in der Mehrzahl der untersuchten Dimensionen „experimenteller Problemlösefähigkeit“ wirksam war. Aufgrund der speziellen Operationalisierung von Merkmalen, der Aussparung anderer Variablen sowie der Eigenheiten des schriftlichen Messverfahrens ist die Aussagekraft hinsichtlich der Wirksamkeit des Treatments begrenzt – zumal es sich um eine quasiexperimentelle Studie handelt, bei der mögliche Störgrößen nicht durch Randomisierung kontrolliert werden konnten.

10.5 Zusammenfassung, Schlussfolgerungen für die Schulpraxis und Ausblick

Vor dem Hintergrund früherer Studien zeigt die vorliegende Interventionsstudie, dass „experimentelle Problemlösefähigkeit“ im ökologischen Kontext im Rahmen einer anspruchsvollen, problemorientierten Unterrichtseinheit bereits in der 6. Klassenstufe (vgl. Neber & Anton, 2008) – auch in der Realschule (vgl. Ehmer, 2008) – zumindest in Teilen gefördert werden kann. Dies relativiert die Befunde der Studie von Ganser und Hammann (2009), wo z.T. kein Effekt erfasst werden konnte. Die intensive unterrichtliche Berücksichtigung aller vier Kompetenzbereiche steht dem prinzipiell nicht im Weg. Wie eine Post-hoc-Analyse ergab, scheinen v. a. Mädchen profitiert zu haben. Ökologisches Wissen spielt bei den fokussierten Kompetenzen ausschließlich bei der Identifikation unabhängiger Variablen in Ökosystemen eine Rolle. Dies spiegelt den Sachverhalt wider, wie bedeutsam Vorwissen für die Hypothesenformulierung ist (vgl. Hammann et al., 2007). Auch der korrelative Zusammenhang mit der Schulnote in NWA ist hier am höchsten; allerdings bestätigt der eher kleine Betrag des Koeffizienten die Einsicht von Klos et al. (2008), dass es sich um zwei unterscheidbare Kompetenzen handelt. Der moderat-konstruktivistisch gestaltete Unterricht führte in der Treatmentgruppe zu höherem „Autonomieerleben“ als in der Vergleichsgruppe.

Angesichts der kleinen Effekte bzw. der teilweise ausbleibenden Kompetenzentwicklung stellen sich Fragen, die in Folgestudien untersucht werden könnten: (a) Bedarf die Entwicklung bestimmter experimenteller Kompetenzen eines längeren Zeitraums (vgl. Neber & Anton, 2008) und umfangreicherer Übungsphasen? (b) Auf welche Weise könnte tutorielle Hilfe optimiert werden? (c) Welches sind Ursachen für die beobachteten Unterschiede zwischen Mädchen und Jungen hinsichtlich der Wirkungen des Treatments? (d) Wie kann geschlechtsspezifische Förderung verbessert werden? (e) Wie wirkt das Treatment in anderen Schularten?

Eine Befragung der Schüler der Treatmentgruppe ergab, dass die Aufenthalte am Naturschutzzentrum sowie das kooperative und forschende Lernen die Einstellungen zum Naturwissenschaftsunterricht höchst signifikant verbesserten – neben der Kompetenzförderung ein wichtiger Beitrag zu *Scientific Literacy.*

Tanja Steigert und Marcus Schrenk

11. Fördert eigenständiges Experimentieren die Entwicklung wissenschaftsnaher Vorstellungen zum Pflanzenstoffwechsel? – Teilprojekt 3

Zusammenfassung

Das Experimentieren ist eine der wichtigsten Arbeitsweisen im Biologieunterricht. Welche Rolle aber spielt es bei der Entwicklung von wissenschaftsnahen Vorstellungen zum Pflanzenstoffwechsel? Ziel der Untersuchung ist es zu klären, ob eigenständiges Experimentieren in einer moderat konstruktivistischen Lernumgebung bei den Schülerinnen und Schülern zum ‚In-Frage-Stellen' der eigenen, häufig wissenschaftsfernen Konzepte führt und die Bereitschaft fördert, nach neuen, wissenschaftlicheren Vorstellungen zu suchen. Ferner wird untersucht, ob sich eigenständiges Experimentieren förderlich auf nichtleistungsbezogene Zielkriterien wie Interesse, Motivation oder selbstbezogene Kognitionen auswirkt.

An der Studie nahmen 279 Realschülerinnen und Realschüler der fünften und sechsten Jahrgangsstufe teil. Das Treatment umfasste eine Unterrichtseinheit zum Pflanzenstoffwechsel im Umfang von vierzehn Unterrichtsstunden. Diese war in eine Lernumgebung eingebettet, in der viele bzw. wenige Experimente abliefen. Um die Schülervorstellungen zum Pflanzenstoffwechsel zu erfassen, wurde im Prä-Postdesign und einem Follow-up ein schriftlicher Test durchgeführt. Mittels eines weiteren Fragebogens im Prä-Postdesign wurden die nichtleistungsbezogenen Zielkriterien erhoben. Die Ergebnisse zeigen in dieser Studie, dass sich eine eigenständige Experimentiererfahrung förderlich auf einen Konzeptwechsel im Verständnis des Pflanzenstoffwechsels auswirkt und diesen nachhaltig beeinflusst.

11.1 Einleitung

Schülerinnen und Schüler sind keine leeren und ‚unbeschriebenen Blätter' wenn sie in den Unterricht kommen. Vielmehr besitzen sie zu Themen, Begriffen und Phänomenen, die im naturwissenschaftlichen Unterricht zu bearbeiten sind, bereits Vorstellungen (vgl. Duit, 1993a, S. 4). So reicht beispielsweise das Spektrum der Vorstellungen darüber, wie der Zucker in die Früchte kommt, von der Vorstellung, dass Zucker im Boden liegt oder die Bienen den Zucker anliefern, bis hin zum zuckerhaltigen Wasser, das für die Süße verantwortlich sei. Solche Vorstellungen, verstanden als bedeutungsverleihende Einheiten im Kopf eines Menschen, haben unterschiedliche Quellen (vgl. Jung, 1986, S. 4). Sie umfassen neben Alltagserfahrungen auch Erfahrungen mit der Sprache und dem vorangegangenen Unterricht, sofern er

Vorstellungen über unverstandene oder nur teilweise verstandene Zusammenhänge hinterlässt (vgl. Weitzel, 2006, S. 88ff.).

Viele der vorunterrichtlichen Vorstellungen stimmen in wesentlichen Aspekten nicht mit den wissenschaftlichen Vorstellungen überein, die es zu erlernen gilt (vgl. Duit, 1993a, S. 4). Sie lassen sich durch den Unterricht auch nicht einfach beseitigen, zumal sich viele dieser vorunterrichtlichen Vorstellungen in Alltagssituationen bewähren (vgl. Weitzel, 2006, S. 90). Dies wiederum ist Ursache tiefgreifender Lernschwierigkeiten. Die Lernenden verstehen häufig nicht, was die Lehrperson im Unterricht erklärt, da sie das Neue auf Grundlage des bereits Bekannten betrachten (vgl. Duit, 1993b, S. 188). Die Berücksichtigung der Schülervorstellungen ist somit unerlässlich für den naturwissenschaftlichen Unterricht.

Intensive Forschung zu Schülervorstellungen zum Pflanzenstoffwechsel fand besonders in den 1980er Jahren in angloamerikanischen Ländern statt. Im deutschsprachigen Raum gibt es hingegen nur wenige Arbeiten. Ferner liegen kaum aktuelle Studien hierzu vor. Bei einem Gutteil der vorhandenen Arbeiten handelt es sich um explorative Querschnittstudien, die die Schülervorstellungen zum Pflanzenstoffwechsel nach einem regulären themenbezogenen Unterricht fokussieren (vgl. z.B. Simpson & Arnold, 1982; Haslam & Treagust, 1987; Stavy et al., 1987).

Die Ergebnisse zeigen dabei in zweierlei Hinsicht eine gewisse Konstanz. Zum einen dominiert die Vorstellung, dass Pflanzen ihre Nährstoffe, das heißt Stoffe aus denen sie Energie gewinnen, aus der Umgebung aufnehmen und nicht mittels ihrer autotrophen Lebensweise selbst synthetisieren. Zum anderen belegen beinahe alle Studien, dass sich die vorunterrichtlichen Schülervorstellungen durch den regulären Unterricht nur schwer verändern lassen. Obwohl das Thema Pflanzenstoffwechsel einen zentralen Gegenstand des Biologieunterrichts in der Sekundarstufe I darstellt, ist der Aspekt der Entwicklung von Schülervorstellungen auf Grundlage methodisch und didaktisch abgestimmter Unterrichtsbausteine bei den vorliegenden Forschungsarbeiten so gut wie nicht vorzufinden.

Einen wichtigen Rahmen, der die Schülervorstellungen in den Blick nimmt, bildet die konstruktivistische Auffassung von Lernen. Diese versteht Lernen als eine aktive Konstruktion des Lernenden auf der Grundlage von vorhandenen Vorstellungen. Das wiederum impliziert, dass die Lernenden neue Strukturen aufbauen, vernetzen, mit bestehenden Konzepten verknüpfen und mit neuen Kontexten verbinden (vgl. Reinmann-Rothmeier & Mandl, 1998, S. 466). Die empirische Forschung zeigt jedoch, dass sich die vorunterrichtlichen Vorstellungen nicht einfach durch einen themenbezogenen Unterricht auslöschen und durch wissenschaftliche ersetzen lassen, obwohl dieser Unterricht die wissenschaftlich gültigen Vorstellungen präsentiert (vgl. z.B. Simpson & Arnold, 1982; Haslam & Treagust, 1987; Stavy et al., 1987). Nach Strike und Posner (1992) ist ein Konzeptwechsel demnach an vier Bedingungen geknüpft: Unzufriedenheit, Verständlichkeit, Plausibilität und Fruchtbarkeit. Dabei geht es nicht darum, vorunterrichtliche und fachlich fehlerhafte

Vorstellungen einfach gegen neue und entsprechend wissenschaftlich korrekte auszutauschen (vgl. Weitzel, 2006, S. 97). Vielmehr ist der Konzeptwechsel als ein Bilden von neuen und ein Verändern von bereits vorhandenen Strukturen zu verstehen (vgl. Gropengießer, 2001, S. 207).

Ungeklärt ist bislang, welche Rolle Experimente bei einem Konzeptwechsel im Biologieunterricht spielen. In Deutschland existieren nur wenige Forschungsarbeiten, die das Lernen mittels Experimenten fokussieren (vgl. Fischer et al., 2003, S. 195). Wie kaum einer anderen Arbeitsform werden dem Experiment Lernerfolge in verschiedenen Zieldimensionen zugeschrieben (vgl. Gropengießer & Kattmann, 2006, S. 265). Allerdings zeigen die Forschungsergebnisse kein einheitliches Bild. Bezüglich der kognitiven Dimension liefern einige Untersuchungen Hinweise darauf, dass das Experimentieren den Wissenszuwachs und die Behaltensleistung bei Schülerinnen und Schülern gegenüber einem Unterricht ohne Experimente fördern kann. Allerdings zeigt sich dieser Effekt vor allem bei Demonstrationsexperimenten (vgl. z.B. Füller, 1991). Andere Autoren (vgl. z.B. Stawinski, 1986) finden hingegen keinen unterschiedlichen Wissenszuwachs beim Vergleich von Schüler- und Demonstrationsexperimenten (vgl. auch Berck, 2005, S. 143ff.). In der affektiven Dimension belegen empirische Befunde, dass sich das Experimentieren positiv auf die Interessensentwicklung und die Motivation im Biologieunterricht auswirken kann (vgl. z.B. Löwe, 1990). Andere Autoren (vgl. z.B. Reinhold, 1997, S. 106) weisen darauf hin, dass das Experimentieren im Unterricht nicht unbedingt zu einer Motivations- oder Interessenssteigerung führt. Die Förderung dieser nichtleistungsbezogenen Zielkriterien im Biologieunterricht ist jedoch bedeutsam, um in der Sekundarstufe I die Wertschätzung gegenüber den Naturwissenschaften zu erhalten.

Experimente, die die Schülerinnen und Schüler im Unterricht durchführen, sollten nicht einfach nur wie ein Kochbuchrezept nachgekocht werden. Wichtig ist vielmehr, dass die Lernenden die Experimente selbständig planen, durchführen und auch auswerten (vgl. Köhler, 2006, S. 154). Um Lernen und Experimentieren im Biologieunterricht erfolgreich miteinander zu verbinden, plädiert Reinhold (1997) für ein offenes Experimentieren, das einerseits die Selbstständigkeit der Lernenden fordert, andererseits aber auch Anregungen seitens der Lehrperson miteinfließen lässt. Eine empirische Studie belegt, dass Schülerinnen und Schüler, deren Lehrpersonen das Autonomieerleben im Unterricht unterstützen, bessere Leistungen erzielen als Schülerinnen und Schüler, deren Lehrpersonen sich kontrollierend verhalten (vgl. Schiefele & Streblow, 2005, S. 51). Die Anregungen müssen nach Reinhold (1997) so konzipiert sein, dass sie die Weiterentwicklung der vorhandenen Vorstellungen bei den Lernenden herausfordern und unterstützen. Ein solches Vorgehen erlaubt, eigene Fragestellungen, Vermutungen und Erklärungsansätze zu entwickeln. Außerdem ermöglicht es den Schülerinnen und Schülern, über ihre Vorstellungen zu sprechen, diese gegebenenfalls zu hinterfragen und eigenständig mittels Experimenten zu prüfen (vgl. Reinhold, 1996, S. 347ff.). Dadurch können die bisherigen mentalen Modelle und Erklärungsmuster überdacht und adäquate Vorstellungen entwickelt werden. Hierbei offenbart sich auch die enge Verzahnung zwischen Lernerfolg und einer entsprechend gestalteten Lernumgebung (vgl. Fischer et al., 2003, S. 194).

Die vorangegangenen theoretischen Ausführungen und die Analyse bisheriger Forschungsergebnisse bilden die Grundlage für die zentralen Fragestellungen der Untersuchung:

1. Über welche Vorstellungen zum Pflanzenstoffwechsel verfügen Schülerinnen und Schüler der fünften und sechsten Realschulklassen?
2. Trägt eine moderat konstruktivistische Lernumgebung mit einem hohen Maß an Schülerexperimenten erfolgreicher zum Aufbau adäquater Schülervorstellungen zum Pflanzenstoffwechsel bei als eine moderat konstruktivistische Lernumgebung zum Pflanzenstoffwechsel ohne Schülerexperimente?
3. Fördert eine moderat konstruktivistische Lernumgebung mit einem hohen Maß an Schülerexperimenten nichtleistungsbezogene Zielkriterien (z.B. Interesse, Motivation, selbstbezogene Kognitionen) stärker als eine moderat konstruktivistische Lernumgebung zum Pflanzenstoffwechsel ohne Schülerexperimente?

11.2 Methodisches Vorgehen

11.2.1 Design und Stichprobe

Basierend auf dem Forschungshintergrund und den daraus abgeleiteten Fragen, wurden im Rahmen der vorliegenden Interventionsstudie zwei Unterrichtskonzepte zum Thema Pflanzenstoffwechsel entwickelt. Diese waren in eine konstruktivistisch orientierte Lernumgebung mit bzw. ohne Schülerexperimente eingebettet und wurden mittels zweier Versuchsgruppen, kurz $V_{vieleExp}$ und $V_{wenigeExp}$ genannt, verglichen. Die Versuchsgruppe $V_{wenigeExp}$ fungierte als Kontrollgruppe in Bezug auf die unabhängige Variable ‚Schülerexperimente'. Um den generellen Effekt der Behandlung des Themas Pflanzenstoffwechsel erfassen und methodische Artefakte (z.B. Reaktivität auf Datenebene) erfassen zu können, gab es neben den beiden Versuchsgruppen außerdem eine Kontrollgruppe (KG). Sie befasste sich im Verlauf der Untersuchung mit einer anderen Thematik. Die Untersuchung fand im Fächerverbund Naturwissenschaftliches Arbeiten (NWA) statt. Dieser Fächerverbund ist Bestandteil der Stundentafel an den Realschulen in Baden-Württemberg. Insgesamt waren acht 6. Klassen und eine 5. Klasse (N = 279) beteiligt. Die Zuordnung der Klassen auf die Versuchsgruppen sowie die Kontrollgruppe war, im Rahmen einer Klumpenstichprobe, randomisiert. Jeder Gruppe gehörten drei Schulklassen an ($N_{VvieleExp} = 95$; $N_{VwenigeExp} = 92$; $N_{KG} = 92$).

11.2.2 Erhebungsinstrumente

Um die Schülervorstellungen zum Pflanzenstoffwechsel zu erheben, wurde in den beiden Versuchsgruppen und in der Kontrollgruppe zu drei Messzeitpunkten ein Fragebogen eingesetzt. Der Prätest fand vor der unterrichtlichen Intervention statt, der Posttest eine Schulstunde nach Beendigung der Intervention und der Follow-up-Test nach weiteren zehn Wochen. Der Fragebogen umfasste insgesamt vierzehn Aufgaben mit offenem und geschlossenem Antwortformat. Die Aufgaben des Fragebogens beziehen sich auf Konzepte zum Pflanzenstoffwechsel, die in einem Kontext anzuwenden sind, der in der Regel nicht im Unterricht behandelt wurde. Die Antwortalternativen zu den geschlossenen Fragen wurden mittels Gruppeninterviews generiert. Die Aufgaben wurden bepunktet und ein Summenwert gebildet (Cronbachs α [Prätest, Posttest, Follow-up-Test] = .43, .90, .91).

Das schriftliche Testinstrument zu den nichtleistungsbezogenen Zielkriterien, das von Blumberg (2008) inhaltlich adaptiert und modifiziert wurde, kam ebenfalls in allen Klassen beim Prä- und Posttest zum Einsatz. Es umfasste Skalen zum Interesse, zum außerschulischen Interesse, zur fremd- und selbstbestimmten Motivation, zu selbstbezogenen Kognitionen, zur Erfolgszuversicht, zum Kompetenzempfinden sowie zur subjektiven Bedeutung des Unterrichts und zum Autonomieerleben. Beim Posttest lag das Instrument in erweiterter Form vor. Die eingesetzten Skalen mit Itemanzahl sowie die Reliabilitäten sind Tabelle 11.1 zu entnehmen. Die Antwortskala bei allen Items war eine vierstufige Likert-Skala (1 = geringste Zustimmung; 4 = höchste Zustimmung)

Tab. 11.1: Nichtleistungsbezogene Zielkriterien (Skalen, Itemanzahl, Reliabilitäten)

Skala (Itemanzahl)	α (Prätest)	α (Posttest)
Interesse (11)	.92	.94
Außerschulisches Interesse (5)	.75	.83
Selbstbestimmte Motivation (5)	.80	.88
Fremdbestimmte Motivation (4)	.64	.74
Selbstwirksamkeit (6)	.84	.86
Fähigkeitsselbstkonzept (3)	.87	.87
Erfolgszuversicht (6)	---	.91
Kompetenzempfinden (7)	---	.89
Subjektive Bedeutung des Unterrichts (8)	---	.91
Autonomieerleben (14)	---	.92

Die Auswertung der Daten erfolgte zum einen varianzanalytisch, um die Wirkung des Treatments zu untersuchen. Zum anderen wurden die Einzelitems der Schülervorstellungen zum Pflanzenstoffwechsel mittels Häufigkeiten und dem nonparametrischen Friedman-Test analysiert um festzustellen, über welche Vorstellungen die Lernenden zu den unterschiedlich Messzeitpunkten verfügen und wie sich diese innerhalb der Versuchsgruppen und der Kontrollgruppe entwickeln. Der Friedman-Test prüft mittels eines Rangtests, ob sich die zentralen Tendenzen von mehr als zwei abhängigen Stichproben mit mindestens Ordinalskalenniveau signifikant unterscheiden (vgl. Bühner & Ziegler, 2009, S. 466f.). Hierbei wird eine Bonferroni-Adjustierung vorgenommen.

11.2.3 Unterricht

Die Unterrichtskonzepte in den beiden Versuchsgruppen umfassten insgesamt vierzehn Schulstunden zum Thema Pflanzenstoffwechsel. Die Unterrichtsstunden lassen sich fünf Themenbausteinen zuordnen: Nährstoffe und Energie, Lebensbedingungen von Pflanzen, Wasserhaushalt bei Pflanzen, Zusammensetzung der Luft sowie Fotosynthese und Sonnenenergie. Die Bausteine fokussieren nicht nur auf den Pflanzenstoffwechsel, sondern integrieren auch andere naturwissenschaftliche Konzepte, die ein Verständnis des Vorgangs unterstützen.

Die Schülerinnen und Schüler der Versuchsgruppe $V_{vieleExp}$ führten während der Unterrichtskonzeption zum Pflanzenstoffwechsel in jeder Unterrichtsstunde in der Regel mindestens ein Schülerexperiment zum Pflanzenstoffwechsel durch. Insgesamt waren es dreizehn an der Zahl. Die Schülerinnen und Schüler Versuchsgruppe $V_{wenigeExp}$ führten während der Unterrichtseinheit zum Pflanzenstoffwechsel hingegen keine Schülerexperimente durch. Lediglich zwei Demonstrationsexperimente dienten zur Veranschaulichung. Im Unterricht wurde stattdessen mit Abbildung, Texten, Modellen oder Filmsequenzen gearbeitet. Die verwendeten Lehr-Lernmaterialien stammten zum Beispiel aus aktuellen Schulbüchern oder waren daran angelehnt, aus der biologischen Sammlung der Schulen oder aus dem Kreismedienzentrum.

Der fachliche Inhalt der einzelnen Unterrichtsstunden, ebenso wie der Großteil des Stundenaufbaus und auch die Lehrperson waren in beiden Gruppen identisch. Lediglich in den Unterrichtsphasen, in denen die Schülerinnen und Schüler der Versuchsgruppe $V_{vieleExp}$ experimentierten, kamen in der Versuchsgruppe $V_{wenigeExp}$ die inhaltlich abgestimmten Alternativen zum Einsatz. Die Schülerinnen und Schüler der Kontrollgruppe behandelten den regulären Unterrichtsstoff, der laut Stoffverteilungsplan innerhalb des Fächerverbundes Naturwissenschaftliches Arbeiten vorgesehen war. Sie beschäftigten sich jedoch nicht mit dem Pflanzenstoffwechsel.

Gemeinsam war in beiden Versuchsgruppen außerdem die Einbettung der Unterrichtskonzepte in eine moderat konstruktivistisch orientierte Lernumgebung. Bedeutsam waren hierbei der Bezug zu authentischen Problemen und bedeutungsvollen Themenbereichen. Eigene Lernwege, emotionale Beteiligung und Eigentätigkeit standen im Fokus, ebenso wie soziales, kooperatives und aktives Lernen (vgl. Gerstenmeier & Mandl, 1995, S. 879ff.; Dubs, 1995, S. 890ff.). Die Schülerinnen und Schüler erhielten in beiden Versuchsgruppen ausreichend Raum und Zeit, ihre Vermutungen zu diskutieren, zu überprüfen und zu reflektieren. Gewonnene

Ergebnisse wurden festgehalten, interpretiert und mit den vorab geäußerten Vermutungen verglichen. Die Schülervorstellungen wurden hierfür während der gesamten Einheit immer wieder von der Lehrkraft visualisiert und präsentiert.

11.3 Ergebnisse

Schülerinnen und Schüler verfügen in der Eingangsstufe des Sekundarbereichs über zahlreiche verschiedene Vorstellungen zum Pflanzenstoffwechsel. So zeigt die Analyse der Einzelitems beim Prätest, dass die Schülerinnen und Schüler häufig davon ausgehen, dass Pflanzen ihre Nährstoffe aus der Umgebung aufnehmen. Der Auszug aus Aufgabe zwei des Fragebogens zu den Schülervorstellungen zum Pflanzenstoffwechsel soll dies exemplarisch verdeutlichen (vgl. Tabelle 11.2).

Tab. 11.2: Auszug aus Aufgabe zwei des Fragebogens zu den Schülervorstellungen zum Pflanzenstoffwechsel

Wie kommt der Zucker in die Frucht?				
	Prä-Häufigkeiten %	**Post-Häufigkeiten %**	**Follow-up-Häufigkeiten %**	**Friedman-Test**
Durch die Mineralstoffe aus dem Boden werden die Früchte süß.				
$V_{vieleExp}$	52	7	4	$p \leq .001$
$V_{wenigeExp}$	55	7	7	$p \leq .001$
KG	53	50	47	p = n. s.
Die Pflanze nimmt den Zucker aus dem Boden auf.				
$V_{vieleExp}$	33	8	5	$p \leq .001$
$V_{wenigeExp}$	37	3	10	$p \leq .001$
KG	44	41	41	p = n. s.
Die Honigbienen machen die Früchte süß.				
$V_{vieleExp}$	24	1	1	$p \leq .001$
$V_{wenigeExp}$	25	1	1	$p \leq .001$
KG	28	24	29	p = n. s.
Die Früchte werden durch das Wachstum von alleine süß.				
$V_{vieleExp}$	27	10	3	$p \leq .001$
$V_{wenigeExp}$	20	4	1	$p \leq .001$
KG	37	34	36	p = n. s.
Das Wasser, das die Pflanze aufnimmt, enthält Zucker.				
$V_{vieleExp}$	17	3	0	$p \leq .001$
$V_{wenigeExp}$	19	2	2	$p \leq .001$
KG	17	22	19	p = n. s.
Die Pflanze stellt den Zucker in den Blättern her.				
$V_{vieleExp}$	15	81	84	$p \leq .001$
$V_{wenigeExp}$	21	73	84	$p \leq .001$
KG	17	27	25	p = n. s.

Beim Prätest dominieren Vorstellungen, bei denen der Faktor Boden eine Rolle spielt. Über die Hälfte der Schülerinnen und Schüler sind der Ansicht, dass die Früchte durch die Mineralstoffe aus dem Boden süß werden[1]. Mehr als ein Drittel geht davon aus, dass die Pflanze den Zucker aus dem Boden aufnimmt. Rund ein Viertel der Schülerinnen und Schüler bringt den Zucker in den Früchten mit den Honigbienen in Verbindung. Ebenso ist auch die Vorstellung vorhanden, dass das aufgenommene Wasser den Zucker enthält. Die Entwicklung der prozentualen Häufigkeiten bei Aufgabe zwei zeigt aber auch, dass in den Versuchsgruppen beim Post- und Follow-up-Test deutlich weniger Schülerinnen und Schüler auf diese wissenschaftsfernen Vorstellungen zurückgreifen (vgl. Tabelle 11.2). Während beim Prätest noch mehr als die Hälfte der Lernenden der Ansicht waren, dass die Früchte durch die Mineralstoffe aus dem Boden süß werden, hat diese Zahl beim Post- und Follow-up-Test deutlich abgenommen. Auch bei den übrigen wissenschaftsfernen Vorstellungen ist eine solche Entwicklung zu beobachten. Bei der wissenschaftsnahen Vorstellung hingegen, die den Zucker auf einen Vorgang in der Pflanze selbst zurückführt, zeigt sich in den Versuchsgruppen ein Anstieg auf über achtzig Prozent. Bei der Kontrollgruppe ist diese Veränderung nicht sichtbar. Dies offenbart sich auch bei den durchweg nicht signifikanten Ergebnissen des Friedman-Tests, während bei den Versuchsgruppen signifikante Ergebnisse vorliegen (vgl. Tabelle 11.2). Bei der Analyse der Post- und Follow-up-Tests zeigt sich nicht nur bei Aufgabe zwei, dass es den Schülerinnen und Schülern der beiden Versuchsgruppen großteils gelingt, den Pflanzenstoffwechsel sowie die Bedeutung der grundlegenden Einflussfaktoren und zusammenhängenden Bedingungen zu erfassen und wissenschaftsnahe Vorstellungen zu entwickeln. Bei Schülerinnen und Schülern der Kontrollgruppe ist diese Entwicklung nicht feststellbar (vgl. Tabelle 11.3).

Bezüglich der Wirkungen der Intervention ergibt die 2 (Zeit) x 3 (Gruppe) Messwiederholungsanalyse mit den Summenwerten des Post- und Follow-up-Tests zu den Schülervorstellungen zum Pflanzenstoffwechsel unter Berücksichtigung der Prätestwerte als Kovariate einen signifikanten Interaktionseffekt ($F\ (2, 275) = 10.45$; $p \leq .001$; $\eta^2_p = 0.71$) und Gruppeneffekt ($F\ (2, 275) = 363.84$; $p \leq .001$; $\eta^2_p = .726$). Dies zeigt nicht nur, dass sich die Gruppen über die Zeit hinweg unterschiedlich entwickeln, sondern auch, dass die Gruppenunterschiede trotz Herauspartialisieren der Prätestwerte bestehen bleiben. Die deskriptiven Werte deuten darauf hin, dass vor allem in den beiden Versuchsgruppen ein Lernzuwachs stattfindet. Denn die Kontrollgruppe weist zu allen drei Messzeitpunkten nahezu konstante, niedrige Mittelwerte auf (vgl. Tabelle 11.3).

1 Mehrfachnennungen waren möglich.

Tab. 11.3: Deskriptive Daten der Skala zu den Schülervorstellungen zum Pflanzenstoffwechsel

Messzeitpunkt	M (SD)		
	$V_{vieleExp}$ (N = 95)	$V_{wenigeExp}$ (N = 92)	KG (N = 92)
T_1	4.17 (2.64)	3.96 (2.91)	3.66 (2.37)
T_2	20.06 (5.56)	18.12 (5.67)	3.80 (2.40)
T_3	21.52 (6.00)	17.15 (6.35)	3.76 (2.72)
Skala 0-34			

Die kovarianzanalytische Überprüfung der beiden Versuchsgruppen zeigt einen signifikanten Gruppeneffekt sowohl beim Posttest (F (1, 183) = 4.19; p ≤.05; η^2_p = .022) als auch beim Follow-up-Test (F (1, 183) = 20.85; p ≤.001; η^2_p = .102) und zwar zugunsten der Versuchgruppe $V_{vieleExp}$ (vgl. Tabelle 11.3). Während jedoch unmittelbar nach der Intervention beim Unterschied zwischen beiden Versuchsgruppen lediglich ein geringer Effekt nachweisbar ist, zeigt sich nach zehn Wochen ein annähernd starker Effekt. Aus Tabelle 11.3 lässt sich auf deskriptiver Ebene entnehmen, dass das Treatment die Erinnerungsleistung der Schülerinnen und Schüler unterschiedlich beeinflusst hat. Während in der Versuchsgruppe $V_{vieleExp}$ die Kinder beim Follow-up-Test höhere Mittelwerte aufweisen als beim Posttest, was auf einen weiteren Aufbau von adäquaten Schülervorstellungen zum Pflanzenstoffwechsel schließen lässt, ist bei der Versuchsgruppe $V_{wenigeExp}$ eine gegenteilige Entwicklung festzustellen. Die Kinder hier vergessen wieder einen Teil der aufgebauten wissenschaftsnahen Konzepte. Die Wirkung des selbstständigen Experimentierens zeigt sich in der vorliegenden Untersuchung somit vor allem im Langzeiteffekt.

In Bezug auf die nichtleistungsbezogenen Zielkriterien zeigen Kovarianzanalysen, dass beim Posttest bei acht von zehn Skalen signifikante Gruppenunterschiede bestehen (vgl. Tabelle 11.4). Eine vorab durchgeführte multivariate Testung bestätigt dabei einen signifikanten Gruppeneffekt (Pillai-Spur = .374; F (20, 530) = 6.10; p ≤.001; η^2_p = .187).

Tab. 11.4: Deskriptive Daten und Teststatistik der Skalen zu den nichtleistungsbezogenen Zielkriterien in der Gesamtstichprobe

Skala(1-4)	M (SD)			Haupteffekt Gruppe
	$V_{vieleExp}$ (N = 95)	$V_{wenigeExp}$ (N = 92)	KG (N = 92)	
Interesse	3.23 (.69)	3.18 (.64)	3.08 (.72)	$F(2, 273) = 3.79$; $p \leq .05$; $\eta^2_p = .027$
Außerschulisches Interesse	2.06 (.69)	2.22 (.80)	1.99 (.58)	$F(2, 273) = 3.57$; $p \leq .05$; $\eta^2_p = .025$
Selbstbestimmte Motivation	3.01 (.83)	3.19 (.75)	2.87 (.82)	$F(2, 273) = 5.39$; $p \leq .01$; $\eta^2_p = .038$
Fremdbestimmte Motivation	2.27 (.75)	2.46 (.88)	2.49 (.68)	$F(2, 273) = 1.37$; p = n. s.; $\eta^2_p = .010$
Selbstwirksamkeit	3.26 (.65)	3.31 (.55)	3.17 (.64)	$F(2, 273) = 3.63$; $p \leq .05$; $\eta^2_p = .026$
Fähigkeitsselbstkonzept	2.69 (.67)	2.76 (.69)	2.69 (.58)	$F(2, 273) = 1.48$; p = n. s.; $\eta^2_p = .011$
Erfolgszuversicht	3.19 (.74)	3.14 (.73)	2.70 (.78)	$F(2, 273) = 20.87$; $p \leq .001$; $\eta^2_p = .133$
Kompetenzempfinden	3.01 (.67)	3.09 (.73)	2.92 (.71)	$F(2, 273) = 3.77$; $p \leq .05$; $\eta^2_p = .027$
Subjektive Bedeutung des Unterrichts	2.99 (.75)	2.99 (.76)	2.66 (.77)	$F(2, 273) = 10.86$; $p \leq .001$; $\eta^2_p = .074$
Autonomieerleben	3.08 (.65)	2.90 (.68)	2.31 (.61)	$F(2, 273) = 42.51$; $p \leq .001$; $\eta^2_p = .237$

Durchgeführte Kontraste, die die Mittelwerte der Versuchsgruppen jeweils mit den Mittelwerten der Kontrollgruppe vergleichen, weisen darauf hin, dass sich die Versuchsgruppen von der Kontrollgruppe unterscheiden. Am deutlichsten sichtbar sind die Unterschiede beim Autonomieerleben. Hier findet sich ein sehr starker Effekt (vgl. Tabelle 11.4). Als stabile Merkmalsausprägungen erweisen sich hingegen die fremdbestimmte Motivation und das Fähigkeitsselbstkonzept. Ein differenzierter Vergleich zwischen der Versuchgruppe $V_{vieleExp}$ und der Versuchsgruppe $V_{wenigeExp}$ zeigt bezüglich der nichtleistungsbezogenen Zielkriterien nur beim Autonomieerleben ein signifikantes Ergebnis ($F(1, 184) = 4.12$; $p \leq .05$; $\eta^2_p = .022$) und zwar zugunsten der Versuchsgruppe $V_{vieleExp}$. Die Schülerinnen und Schüler der Versuchsgruppe $V_{vieleExp}$ nehmen die eigenen Freiräume im Unterricht zum Pflanzenstoffwechsel offenbar intensiver wahr als die Schülerinnen und Schüler der Versuchsgruppe $V_{wenigeExp}$.

11.4 Zusammenfassung und Diskussion

Die Ergebnisse zeigen, dass Schülerinnen und Schüler zu Beginn der Sekundarstufe über zahlreiche unterschiedliche Vorstellungen zum Pflanzenstoffwechsel verfügen, die oftmals nicht mit den wissenschaftsnahen Vorstellungen übereinstimmen. Dabei dominiert die Vorstellung, dass Pflanzen ihre Nahrung aus der Umgebung aufnehmen. Kaum vertreten ist hingegen die Ansicht, dass Pflanzen ihre Nährstoffe selbst synthetisieren. Dies deckt sich mit den bisherigen Forschungsbefunden. Diese Vorstellung ist sehr anschaulich und wird durch die Alltagserfahrungen der Lernenden gestützt. Auch sie selbst nehmen ebenso wie Tiere Nahrung auf. Dies wird jeden Tag beobachtet und erfahren. So ist es nicht verwunderlich, dass die Schülerinnen und Schüler auch bei Pflanzen davon ausgehen, dass diese die Nährstoffe von außen zuführen.

Ebenso bestätigen die Ergebnisse, dass die in eine moderat konstruktivistische Lernumgebung eingebundenen Unterrichtsbausteine den Aufbau wissenschaftsnaher Vorstellungen zum Pflanzenstoffwechsel in der vorliegenden Untersuchung begünstigen. Zahlreiche Studien, die Schülervorstellungen zum Pflanzenstoffwechsel nach einem regulären themenbezogenen Unterricht erhoben haben, stellten eine diesbezügliche Veränderung nicht oder nur in sehr geringem Maße fest (vgl. z.B. Simpson & Arnold, 1982; Haslam & Treagust, 1987; Stavy et al., 1987). Allerdings zeigen die Ergebnisse auch, dass der Unterricht in der experimentierreichen Lernumgebung dem Unterricht in der experimentierarmen Lernumgebung überlegen ist, vor allem bezüglich der Langzeitwirkung. Während die Schülerinnen und Schüler in der experimentierarmen Lernumgebung vom Post- zum Follow-up-Test wissenschaftsnahe Vorstellungen tendenziell wieder vergessen, ist bei den Schülerinnen und Schülern in der experimentierreichen Lernumgebung ein Anstieg feststellbar.

Eine mögliche Erklärung dafür, dass die experimentierreiche Lernumgebung sich vor allem in der Langzeitwirkung als besonders effektiv erweist, liefert die Theorie des Cognitive Load (vgl. Sweller, 1994). Diese Theorie schreibt insbesondere dem Arbeitsgedächtnis eine wichtige Funktion zu. Während die Kapazität des Langzeitgedächtnisses als unbegrenzt gilt, sind beim Arbeitsgedächtnis Einschränkungen bei der Verarbeitung neuer Informationen zu finden (vgl. Unterbruner, 2007, S. 156). Bezogen auf die Lernprozesse mittels Experimenten scheint der Erfolg zunächst von der Kapazität des Arbeitsgedächtnisses abzuhängen. Eigenständiges Experimentieren ist komplex und kognitiv anspruchsvoll. Es verlangt von den Schülerinnen und Schülern neben kognitiven auch affektive, psychomotorische und soziale Kompetenzen. Zum Zeitpunkt des Posttests liegt deshalb vermutlich eine starke Belastung der Arbeitsgedächtnisressourcen vor. Nach dem Verstreichen von zehn Wochen ist bei den Schülerinnen und Schülern, die eigenständig experimentierten, jedoch ein weiterer Aufbau von wissenschaftsnahen Vorstellungen zum Pflanzenstoffwechsel zu verzeichnen. Offensichtlich fand ein Transfer von Informationen ins Langzeitgedächtnis statt. Das Modell der Verarbeitungstiefe erklärt, wie Gedächtnisinhalte schließlich ins Langzeitgedächtnis gelangen. Je elaborierter demnach die

Verarbeitung der Informationen ist, desto dauerhafter ist auch die Speicherung und desto höher die zu erreichende Gedächtnisstufe (vgl. Winkel et al., 2006, S. 36). Die vorliegenden Ergebnisse deuten darauf hin, dass das eigenständige Experimentieren und möglicherweise die damit verbundene intensive Auseinandersetzung mit dem Lerngegenstand dazu beigetragen haben, dass die Schülerinnen und Schüler die Informationen tiefer verarbeiten konnten.

Beim Betrachten der Ergebnisse zu den nichtleistungsbezogene Zielkriterien fällt auf, dass sich die Schülerinnen und Schüler in den Versuchsgruppen bis auf eine Ausnahme nicht unterscheiden. Nur beim wahrgenommenen Autonomieerleben lassen sich Unterschiede zugunsten der Schülerinnen und Schüler der experimentierreichen Lernumgebung feststellen. In der Versuchsgruppe $V_{vieleExp}$ ist das Gefühl, selbst zu entscheiden wie etwas herauszufinden ist, eigene Ideen zu entwickeln oder das eigene Vorgehen selbst zu planen ausgeprägter als in der Versuchsgruppe $V_{wenigeExp}$. Autonomes oder selbstgesteuertes Lernen ist bedeutsam, um Wissen zu verankern (vgl. Schiefele & Streblow, 2005). Dies erklärt möglicherweise auch den Anstieg wissenschaftsnaher Vorstellungen zum Pflanzenstoffwechsel vom Post- zum Follow-up-Test Versuchsgruppe $V_{vieleExp}$.

Unabhängig davon, ob viele oder wenige Experimente durchgeführt wurden, wirkte sich der moderat konstruktivistische Unterricht in der vorliegenden Untersuchung positiv auf das Interesse, das außerschulische Interesse, die selbstbestimmte Motivation, die Selbstwirksamkeit, die Erfolgszuversicht, das Kompetenzempfinden und die subjektive Bedeutung des Unterrichts aus. Zwischen den beiden Versuchsgruppen sind diesbezüglich keine Unterschiede feststellbar. Dieses Ergebnis deutet darauf hin, dass das Experimentieren im Unterricht nicht notwendigerweise, wie in der Naturwissenschaftsdidaktik vielfach postuliert, mit einer höheren Motivation oder einem größeren Interesse einhergeht. Nicht das Experimentieren ist hier offensichtlich entscheidend, sondern vielmehr die Einbettung in eine konstruktivistisch orientierte Lernumgebung, die die Ausbildung dieser nichtleistungsbezogenen Zielkriterien unterstützt. Als sehr stabile Persönlichkeitsmerkmale erweisen sich die fremdbestimmte Motivation und das Fähigkeitsselbstkonzept. Die durchgeführte Intervention zeigt sich hier ohne Einfluss: Zwischen den Versuchsgruppen und der Kontrollgruppe sind keine Unterschiede feststellbar.

Abschließend sei angemerkt, dass eine Generalisierung der dargestellten Ergebnisse aufgrund des quasi-experimentellen Designs, das im Feld bei einer relativ kleinen Stichprobe durchgeführt wurde, einer gewissen Vorsicht bedarf. Grundsätzlich gilt es, die Befunde vor einer Generalisierung zu replizieren, da die Analysen im Rahmen der vorliegenden Arbeit erstmals vorgenommen wurden.

Das Projekt ‚Schülervorstellungen zum Pflanzenstoffwechsel und die Bedeutung von Experimenten bei der Entwicklung dieser Vorstellungen' lässt sich innerhalb des e^xMNU-Rahmenmodells an mehreren Stellen einordnen. Ein zentraler Aspekt ist der Bereich der Unterrichtsprozesse und der damit verbundenen Unterrichtsmuster. Die Unterrichtsbausteine in beiden Versuchsgruppen sind in eine moderat konstruktivistische Lernumgebung eingebettet. Die vorliegende Studie untersucht, ob eine derartig konzipierte Lernumgebung die Entwicklung wissenschaftsnaher Vorstellungen zum Pflanzenstoffwechsel in der Sekundarstufe fördert. Für die Grundschule liegen bereits empirische Befunde vor, die dies im Fach Mathematik bestätigen (vgl. z.B. Staub & Stern, 2002). Für die Sekundarstufe stehen solche Untersuchungen noch aus. Ferner geht es darum zu untersuchen, welche Rolle Experimente im Unterrichtsprozess und bei der Entwicklung wissenschaftsnaher Schülervorstellungen spielen. Der Pflanzenstoffwechsel ist insgesamt betrachtet ein sehr komplexer Vorgang. Er ist für Lernende, unabhängig von der Altersstufe, oftmals schwer nachvollziehbar. Experimente können jedoch dazu beitragen, die Vorgänge für die Lernenden zu veranschaulichen und beobachtbar zu machen. Die Ergebnisse der vorliegenden Studie zeigen, dass sich das eigenständige Experimentieren vor allem in Bezug auf die Langzeitwirkung beim Aufbau von wissenschaftsnahen Vorstellungen zum Pflanzenstoffwechsel als besonders effektiv erweist.

Ein weiterer Anknüpfungspunkt innerhalb des e^{x}MNU-Rahmenmodells ist der Erwerb von fachlichen Schüsselkonzepten. Der Pflanzenstoffwechsel ist in der Sekundarstufe ein wichtiges Thema des Biologieunterrichts, der in verschiedenen Klassenstufen immer wieder aufgegriffen wird. Deshalb ist die Fragestellung, wie tragfähige und anschlussfähige Konzepte im Unterricht zu fördern sind, so dass in Anwendungssituationen auf sie zurückgegriffen und ein späteres Lernen zu diesem Themenbereich erleichtert wird, von herausragender Bedeutung. Eng verbunden mit der Entwicklung wissenschaftsnaher Vorstellungen ist der Aspekt der individuellen Verarbeitungsprozesse innerhalb des Rahmenmodells. Hierbei rückt insbesondere der Konzeptwechsel (conceptual change) ins Blickfeld und die Frage, inwieweit eigenständiges Experimentieren den Konzeptwechsel und die damit verbundenen tiefgreifenden Umstrukturierungen vorhandener Schemata unterstützt.

Der naturwissenschaftliche Unterricht sollte den Fokus aber nicht nur auf die kognitiven Aspekte lenken, sondern auch nichtleistungsbezogene Zielkriterien wie Interesse, Motivation oder selbstbezogene Kognitionen berücksichtigen, im e^{x}MNU-Rahmenmodell einzuordnen unter den individuellen Lernvoraussetzungen. Komplexe Themenstellungen wie der Pflanzenstoffwechsel dürfen Schülerinnen und Schüler nicht überfordern. Denn eine positive Grundeinstellung gegenüber den Naturwissenschaften ist bedeutend für die Bereitschaft, sich auch über die Schulzeit hinaus mit naturwissenschaftlichen Fragestellungen und Themen auseinanderzusetzen. Die Rolle, welche die Experimente hierbei spielen, konnte bislang noch nicht schlüssig beantwortet werden, auch wenn sich Tendenzen abzeichnen, dass Schülerexperimente vor allem im affektiven Bereich wirken (vgl. Gropengießer & Kattmann, 2006, S. 266). In der vorliegenden Studie ergibt sich eine Überlegenheit beim Autonomieerleben zugunsten der Schülerinnen und Schüler innerhalb der experimentierreichen Lernumgebung.

Silia Fürniss und Jens Friedrich

12. Wirkung von an Spielfilmen verankerten Unterrichtskonzeptionen für den Chemieunterricht auf die Motivation und den Lernerfolg – Teilprojekt 4

Zusammenfassung

Spielfilme gelten gemeinhin als unterhaltsam und ansprechend. Inwieweit können sie auch dazu eingesetzt werden, die Bereitschaft der Lernenden zur Auseinandersetzung mit naturwissenschaftlichen Inhalten zu erhöhen?

In dem Forschungsvorhaben ChemCi (Chemistry and Cinema) wurden verschiedene Unterrichtseinheiten erarbeitet, die Spielfilmsequenzen als Ankermedium nutzen, um Inhaltsschwerpunkte des Chemieunterrichts zu erarbeiten. Das Projekt basiert auf dem Anchored Instruction Ansatz der Cognition and Technology Group der Vanderbilt University (CTGV), der für das Forschungsvorhaben weiterentwickelt wurde.

In der vorliegenden Arbeit wird eine Unterrichtseinheit zum Themenfeld Säuren, die den Spielfilm Dante's Peak[1] als Ankermedium nutzt, anhand einer Interventionsstudie empirisch untersucht. Zielgruppe sind Schülerinnen und Schüler der Sekundarstufe II aus Parallelklassen (N = 347), die von jeweils einer Lehrkraft unterrichtet werden. Während eine Gruppe nach dem ChemCi-Unterrichtsverfahren unterrichtet wird, erhält die Kontrollgruppe in diesem Zeitraum konventionellen Chemieunterricht mit den gleichen Lerninhalten. Die Entwicklung von Motivation und Lernfortschritt wird mit Hilfe von Prä-Post-Follow-Up-Tests ermittelt. Die quantitative Untersuchung wird ergänzt durch Schüler- und Experteninterviews.

Es kann gezeigt werden, dass durch die didaktisch sinnvolle Integration von Filmsequenzen in einen problemorientierten und experimentell angelegten Chemieunterricht eine inhaltliche und methodische Bereicherung stattfindet, was zu einer größeren Motivation der Lernenden führt, sich mit naturwissenschaftlichen Inhalten zu beschäftigen.

12.1 Einleitung

Was man interessant findet, das lernt man oft leicht und mühelos, ohne einen Lernprozess wahrzunehmen oder überhaupt zu beabsichtigen. Jeder kennt diese Beispiele. Denkt man etwa an Inhalte seiner Lieblingsserie im Fernsehen oder an die Spielergebnisse des favorisierten Fußballvereins. Schiefele (2002, S. 153) beschreibt das

1 Dante's Peak (2002), Universal Studios, Regie: Roger Donaldson.

Phänomen so: „Über den Gegenstand an dem Ihnen so viel liegt, wissen sie viel, sie lernen mühelos, und was sie erfahren behalten sie lange."

Dies leuchtet ohne weitere Erfassungen des Interessensbegriffs im Rahmen von motivationspsychologischen Denkansätzen spontan ein und steht im Gegensatz zu dem oft mühsamen Lernen in der Schule. Insbesondere der naturwissenschaftliche Unterricht steht vor dem Problem der geringen Motivation der Lernenden, sich mit naturwissenschaftlichen Inhalten zu beschäftigen. „Seit über 100 Jahren untersuchen Lernpsychologen die Beliebtheit von Schulfächern. Chemie belegt dabei durchweg ungünstige Rangplätze im Fächerspektrum" (Merzyn, 2009, S. 6).

12.1.1 Das Projekt

Nach Krapp und Ryan (2003, S. 92) hängt der „Output jeder einzelnen Lern- und Entwicklungsepisode" ganz entscheidend von der jeweils wirksamen Lernmotivation ab. Aus der Sicht der Lehrkräfte stellt sich die Frage, welche Aspekte der Begriff Motivation beinhaltet und wie sich ein motivierender Unterricht realisieren lässt. Dabei stellt das Medium Film eine Möglichkeit dar, die Lernenden durch Anregung und Steigerung ihrer Neugier für fachliche Inhalte zu sensibilisieren, indem naturwissenschaftliche Fragestellungen aus Spielfilminhalten abgeleitet werden. Dadurch soll eine allgemeine Bereitschaft verstärkt werden, sich über einen längeren Zeitraum hinweg mit dem Lernstoff zu beschäftigen. Levie und Lentz (1982, S. 195-232) betonen in ihrem Review zu Effekten von Illustrationen in Lerntexten, dass „Bilder nicht nur das Lernen erleichtern, indem sie Verstehen und Behalten unterstützen, sondern auch, indem sie Gefühle ansprechen und Spaß machen."

Im Projekt ChemCi wurden Unterrichtseinheiten entwickelt, in die Spielfilmsequenzen eingearbeitet sind. Die Unterrichtseinheiten behandeln bildungsplanrelevante Inhalte des Chemieunterrichts und können in das Curriculum eingebunden werden. Lernende sollen durch die kontext- und anwendungsbezogene Erarbeitung naturwissenschaftlicher Themen das erworbene Wissen auch in realen Problemsituationen besser anwenden können.

Inwieweit der Einsatz von Filmsequenzen in verschiedenen methodischen Funktionen und für verschiedene thematische Schwerpunkte tatsächlich zu einer Motivationssteigerung und damit zu einem höheren und gegebenenfalls nachhaltigeren Lernerfolg führt, wird in dem Forschungsvorhaben empirisch überprüft. Die Untersuchung erfolgt in einer Interventionsstudie im Kontrollgruppendesign an Schülerinnen und Schülern der Sekundarstufe II (N = 347) an Gymnasien. Für die Experimentalgruppe wurde eine Unterrichtskonzeption entwickelt, die den Spielfilm Dante's Peak als Ankermedium einsetzt, um das Thema Entstehung und Wirkung von Säuren zu thematisieren.

12.1.2 Forschungstheoretischer Hintergrund – Stand der Forschung

Lernmotivation ist ein Sammelbegriff für emotionale und kognitive Prozesse, die dafür verantwortlich sind, dass ein Lernender absichtlich etwas Neues lernt, um die von ihm antizipierten und mit dem Lernen verknüpften Folgen erreichen oder verhindern zu können (Wegge, 1998). In der Pädagogischen Psychologie hat sich vor allem Heckhausen (1980) mit den zentralen Faktoren der Lernmotivation beschäftigt und eine berühmte Formel dafür aufgestellt, in der die Motivation in direktem Zusammenhang mit der Lernleistung steht. Krapp (2003, S. 95) weist darauf hin, dass die Effektivität des Lernprozesses entscheidend von motivationalen Faktoren aber auch von der Qualität der Instruktion abhängt.

Die Unterrichtskonzeption des ChemCi-Projekts beruht auf der Idee des Anchored-Instruction-Ansatzes (AI-Ansatz) (Bransford, 1990), die dem gemäßigten Konstruktivismus nahesteht. Sie wurde aus der instruktionspsychologischen Theorie des Situierten Lernens weiter entwickelt. Durch die Verankerung und Kontextualisierung an realistische Situationen erschließen sich die Lernenden die Inhalte anwendungs- und alltagsbezogen. „Dadurch, dass die Schüler authentische Probleme bearbeiten, erwerben sie anwendbares Wissen leichter“ (Wiater, 2004, S. 8). Der bloßen Anhäufung trägen Wissens (inert knowlege) wird dadurch vorgebeugt. Als Ursachen für das Entstehen trägen Wissens wird sowohl das Fehlen von Motivation als auch die Diskrepanz von Lernsituation und Anwendungssituation gesehen (Renkl, 1994). Ein narratives Format, die Einbettung der Lerninhalte in einen Erzählkontext, stellte sich für Schülerinnen und Schüler als hilfreich heraus, sich Informationen länger und besser merken zu können (Kuhn, 2007).

Das zentrale Anliegen des Anfang der 1990er Jahre am Cognition and Technology Center der Vanderbilt University (CTGV) entwickelten Verfahrens ist es, Lernenden die Möglichkeit zu geben, sich mit neuem Lernstoff möglichst selbständig auseinanderzusetzen und diesen sinngebend in vorhandene Wissensbestände zu integrieren bzw. diesen fest in kognitive Strukturen verankern zu können. Im ChemCi-Projekt findet diese Verankerung an Spielfilmsequenzen statt. Dadurch werden Inhalte des Chemieunterrichts situativ eingebunden und kontextualisiert, sodass für die Lernenden die Integration neuer Lerninhalte in vorhandenes Wissen erleichtert wird.

Die Schülerinnen und Schüler, die sich an der Untersuchung der CTGV beteiligten, wurden durch selbst angefertigte Lehrfilme mit vorwiegend mathematischen Problemstellungen konfrontiert, die im Rahmen einer Lernumgebung gelöst werden sollten. Die Vanderbilt Group konnte nachweisen, dass der Einsatz ihrer Lehrfilme einen positiven Einfluss auf die Motivation der Schülerinnen und Schüler sowie deren Wahrnehmung der Alltagsbedeutung des Fachs Mathematik im Vergleich zu einer herkömmlich unterrichteten Gruppe hat.

Im Hinblick auf bessere Praktikabilität (insbesondere geringeren finanziellen und organisatorischen Aufwand) der Ankermedien für den Einsatz im schulischen Unterricht entwickelten Kuhn und Müller (2006) einen Modifizierten

Anchored-Instruction-Ansatz (MAI), in dem als Ankermedium Zeitungsartikel eingesetzt werden. Die Ergebnisse einer empirischen Untersuchung zeigten bei den Schülerinnen und Schülern eine signifikante Verbesserung von Motivation und Lernzuwachs im Vergleich zur Kontrollgruppe (Kuhn & Müller, 2007). Dieser Effekt konnte von Vogt (2010) in weiteren Untersuchungen, in denen Werbetexte als Ankermedium eingesetzt wurden, nicht mehr bestätigen. Kuhn leitet daraus ab, dass insbesondere der durch die Lernenden wahrgenommene Grad der Authentizität des Ankermediums entscheidend für dessen motivationsfördernde Wirkung ist.

Das im ChemCi-Projekt entwickelte Unterrichtsverfahren wurde im September 2006 erstmals erprobt. Es wurde eine Unterrichtseinheit zum Thema „Diamant und Graphit – inszeniert und illustriert mit Szenen aus Spielfilmen" (Ducci et al., 2009) durchgeführt, die bei den beteiligten Lehrkräften den Eindruck erweckte motivations- und lernerfolgsfördernd zu wirken, jedoch nicht empirisch untersucht wurde. Diese Lücke soll die vorliegende Arbeit schließen.

12.1.3 Hypothese

Chemieunterricht, in dem Spielfilmsequenzen als Ankermedium eingesetzt werden, führt gegenüber konventionellem Chemieunterricht mit ebenfalls als relevant wahrgenommenen Ankermedien zu einer größeren Motivation bei den Schülerinnen und Schülern und damit auch zu einem höheren Lernerfolg.

Daraus ergeben sich folgende Forschungsfragen:

- Inwieweit ist es grundsätzlich möglich, Filmsequenzen für einen problemorientierten naturwissenschaftlichen Unterricht nutzbar einzusetzen? D.h., ist die Unterrichtseinheit in der Schulpraxis so umsetzbar? Lenken Filmszenen von Fachinhalten ab? Besteht die Gefahr, dass Schüler eine passive Konsumhaltung einnehmen?
- Wie werden die unter Einbettung verschiedener Filmsequenzen konzipierten Unterrichtseinheiten (unabhängige Variable) von den Lernenden auf motivationaler Ebene bewertet?
- Welchen Einfluss hat diese Variable auf den Lernerfolg? Führt Motivationssteigerung in diesem Fall zu einer Leistungsverbesserung?
- Halten motivations- oder leistungssteigernde Effekte nach der Intervention an?
- Ermöglichen die verschiedenen Unterrichtskonzeptionen das Erleben von Autonomie (als Voraussetzung für das Zustandekommen von Motivation) in unterschiedlichem Maß?
- Besteht (entsprechend der Selbstbestimmungstheorie von Deci & Ryan, 1985a) eine Korrelation zwischen Autonomie, Motivation und Lernerfolg?

12.2 Methodisches Vorgehen

Die Untersuchung erfolgt in einer Interventionsstudie im Kontrollgruppendesign (2x3-Design) mit Prä-, Post- und Follow-up-Test (Tabelle 12.1). Die Stichprobe umfasst acht Parallelklassen (Grundkurse) der Sekundarstufe II an Gymnasien (N = 314, Drop-out: 13 Schülerinnen und Schüler). In der im Schwerpunkt quantitativ angelegten, quasiexperimentellen vergleichenden Studie werden je ein Grundkurs aus Kontroll- und Experimentalgruppe von derselben Lehrperson unterrichtet. Dadurch soll die mögliche „Störvariable Lehrkraft" kontrolliert werden.

Der Stichprobenumfang der quantitativen Untersuchung umfasst zwei mal acht Chemiekurse (Neigungsfach) der gymnasialen Oberstufe. Das entspricht 156 Schülerinnen und Schülern in der Kontroll- und 158 Schülerinnen und Schülern in der Experimentalgruppe. Um mögliche (Lern-)Effekte durch die wiederholte Testung kontrollieren zu können, wurden die Motivationstests außer in der Kontrollgruppe auch mit 20 Schülerinnen und Schülern durchgeführt, die kein Treatment erhalten hatten (TAU-Gruppe).

In Form eines Prä-Post-Follow-up-Designs (2x3) wird geprüft, ob sich **ein Motivations- bzw. Leistungszuwachs (abhängige Variable)** nachweisen lässt. Als **unabhängige Variable** fungiert in der Experimentalgruppe die **ChemCi-Unterrichtskonzeption** und in der Kontrollgruppe die analog-strukturierte **Vergleichskonzeption** ohne Filmsequenzen, die konventionellem Unterricht entsprechen soll. In den beiden Versuchsgruppen wird nach der Durchführung der Unterrichtseinheiten (gleiche Unterrichtsinhalte, verschiedene methodische Zugangsweisen, siehe Tabelle 12.2) die Motivationsentwicklung sowie der mögliche Leistungszuwachs ermittelt. Die Motivations- und Leistungstests werden durch Varianzanalysen mit Messwiederholung ausgewertet.

Ein weiteres Ziel der Studie ist es, zu untersuchen, wie die Schülerinnen und Schüler die jeweilige Unterrichtsform wahrnehmen und wie ihre Sichtweisen und subjektiven Wahrnehmungen sind. Diese Aspekte konnten durch die quantitativen Untersuchungen nicht hinreichend erfasst werden und wurden qualitativ erhoben. Zu diesem Zweck wurden im Rahmen der Untersuchung nach der Intervention mit Jugendlichen aus beiden Treatmentgruppen Gespräche über den stattgefundenen Unterricht geführt. Diese wurden in Form von halboffenen Leitfadeninterviews geführt, die in weiteren Arbeiten mittels einer qualitativen Inhaltsanalyse nach Mayring (1983) ausgewertet werden.

Zur Erhebung der Einschätzung der Unterrichtseinheit durch die beteiligten Lehrkräfte fanden Expertengespräche in Gruppendiskussionsverfahren statt, auf die hier nicht weiter eingegangen werden kann.

Tab. 12.1: Untersuchungsdesign

Zeit (Unterrichts-stunden)	**Kontrollgruppe**	**Experimentalgruppe**
	Leistungsprätest	
	Motivationsprätest	
1-2 3-4 5-6 (7-8)	**Konventioneller Unterricht**	**an Spielfilmen verankerter Unterricht**
	Motivationsposttest	
	Leistungsposttest	
	Schülerinterviews	
4-6 Wochen	**Konventioneller Unterricht**	
	Motivationstest (follow-up)	
	Leistungstest (follow-up)	
	Experteninterviews	

12.2.1 Erhebungsinstrumente

Im Folgenden werden die eingesetzten Messinstrumente der Prä-, Post- und Follow-up-Tests von Motivation und Leistung beschrieben.

12.2.1.1 Motivationsmessung

Die Entwicklung der Motivation wird mit einem weiterentwickelten **Motivationstest** in Anlehnung an die Motivationsmessung in der SINUS-Transfer Studie ermittelt (Seidel et al., 2003).

Der Test bezieht sich auf das Motivationskonstrukt, das Deci und Ryan (1985) in ihrer Selbstbestimmungstheorie zu Grunde legen. Der Test deckt elf Aspekte dieses Motivationskonstrukts ab, die jeweils in einer Skala erhoben werden. Von diesen Skalen wurden gemäß der Fragestellung der Studie sechs Skalen ausgewählt und durch eine selbst entwickelte Skala zum Thema „Spaß am Unterricht“ (vier Items) ergänzt. Die gewählten Skalen decken folgende Aspekte ab: Inhaltliche Relevanz des Unterrichts (vier Items), Autonomieunterstützung (vier Items), soziale Einbindung (vier Items), Amotivierte/Externale Lernmotivation (fünf Items), Identifizierte Lernmotivation (fünf Items) und Intrinsische Lernmotivation (fünf Items). Eine konfirmatorische Faktorenanalyse über alle Items wurde durchgeführt und hat die zu Grunde gelegte Theorie bestätigt. Die Faktorladungen lagen bei den Items der dargestellten Skalen *Spaß am Unterricht* sowie *Intrinsische Motivation* zwischen .502 und .730.

Die Schülerinnen und Schüler konnten den Aussagen nach einer vier-stufigen Lickert-Skala („trifft nicht zu" bis „trifft zu") zustimmen.

Skala: Spaß am Unterricht: (Cronbachs α = .76)
Beispielitems: *Der Chemieunterricht hat mir Freude gemacht* (Trennschärfe .677)
Der Chemieunterricht macht mir Spaß (Trennschärfe .639)

Skala: Intrinsische Motivation (Cronbachs α = .73)
Beispielitems: *Im Chemieunterricht fand ich die behandelten Inhalte richtig spannend* (Trennschärfe: .622)
Im Chemieunterricht bekam ich Lust, mich weiter damit zu beschäftigen (Trennschärfe: .516)

Korrelation der dargestellten Skalen:
Spaß am Unterricht – Intrinsische Motivation .449**

12.2.1.2 Leistungsmessung

Der Leistungstest wurde im Stil einer Klassenarbeit mit Bezug auf die Unterrichtsinhalte konzipiert. Er beinhaltet offene (13 Items) und geschlossene (7 Items) Aufgabenformate und verlangt Reproduktions-, Reorganisations- und Transferleistungen. Es konnten 0 bis 38 Punkte erreicht werden (True-False-Format). Da sich die drei Leistungsaspekte nicht psychometrisch abgrenzen lassen, wird der Test eindimensional behandelt.

Cronbachs α = .88

Beispielitem für eine offene Aufgabe (Reproduktion):
Bei der Verbrennung von Schwefel bzw. Kohle entsteht ein farbloses Gas. Formulieren Sie für die beiden Ausgangsstoffe die vorliegenden Reaktionen durch Reaktionsgleichungen. (Trennschärfe: .599)

Beispielitem für eine offene Aufgabe (Transfer):
Mineralwasser (kohlensäurehaltig (A)) wird erwärmt. Gasblasen steigen auf und das CO_2-Gas strömt aus und entweicht. Sie führen denselben Versuch durch und versetzen das Mineralwasser vorher mit etwas Universalindikator (B).
Formulieren Sie die Reaktionsgleichung für die Entstehung von Kohlensäure (A). (Trennschärfe: .621)

Beispielitem für eine geschlossene Aufgabe (Reorganisation)

Die Reaktion von Stickstoffdioxid (NO_2) zu Distickstofftetraoxid (N_2O_4) verläuft exotherm:

$$\underset{\textit{braun}}{2\,NO_2} \rightleftharpoons \underset{\textit{farblos}}{N_2O_4}$$

Nachdem sich das Gleichgewicht eingestellt hat, wird bei konstantem Druck die Temperatur erhöht.

Kreuzen Sie jeweils an, ob die Aussagen fachlich richtig (R) oder falsch (F) sind.

		R	F
A	Durch die Temperaturerhöhung wird die Hinreaktion beschleunigt		
B	Das Gleichgewicht verschiebt sich nach rechts, damit mehr Wärme abgegeben werden kann.		
C	Das Gleichgewicht verschiebt sich nach rechts, da es eine exotherme Reaktion ist und eine zusätzliche Temperaturerhöhung erfolgt.		
D	Das Gleichgewicht weicht der höheren Temperatur aus, indem die endotherme Rückreaktion einsetzt und eine neue Lage des Gleichgewichts zugunsten der Edukte eingenommen wird.		

(Trennschärfe: .300)

Beispielitem für eine geschlossene Aufgabe (Transfer)

Kreuzen Sie an, ob die Aussage zu diesem Schaubild richtig (R) oder falsch (F) ist.

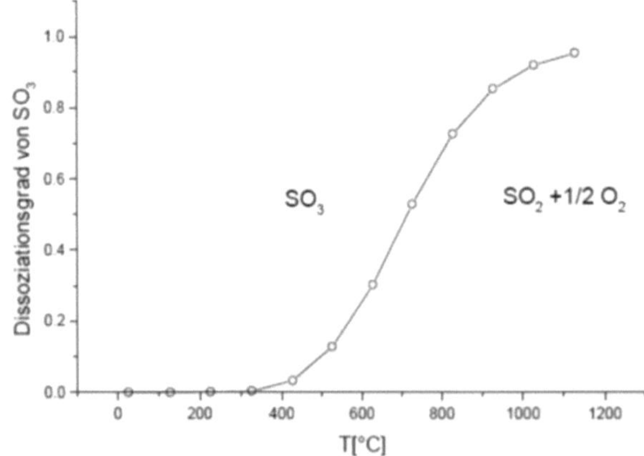

		R	F
A	Je höher die Temperatur ist, desto höher ist der Anteil an SO_3.		
B	Bei 700°C liegen SO_2 und SO_3 zu gleichen Anteilen vor.		
C	Je höher die Temperatur ist, desto mehr verschiebt sich das SO_2-SO_3-Gleichgewicht zum Zerfall in SO_2		
D	Je höher der Druck ist, desto größer ist die Ausbeute an SO_3.		
E	Es handelt sich bei dieser Gleichgewichtsreaktion $SO_3 \rightleftharpoons SO_2 + \frac{1}{2} O_2$ um eine endotherme Reaktion.		
F	Je höher der Druck, desto geringer ist die Ausbeute an SO_3.		

(Trennschärfe: .317)

12.2.2 Die Unterrichtseinheit Dante's Peak – Implementation an der Schule

An Hand von Filmsequenzen aus dem Spielfilm Dante's Peak wird in einer auf sechs Unterrichtsstunden ausgelegte Unterrichtseinheit der Themenbereich Säuren und Säurewirkung am Beispiel der Chemie des Schwefels und seiner Verbrennungsprodukte erarbeitet (Rubner et al., 2011).

Tab. 12.2: Struktur der Unterrichtseinheit von Experimental und Kontrollgruppe (Zeitrahmen: sechs Unterrichtsstunden)

<table>
<tr><th>Kontrollgruppe</th><th>Experimentalgruppe</th></tr>
<tr><td>Einstieg: Folie zu Saurem Regen</td><td>Einstieg: Kinotrailer</td></tr>
<tr><td colspan="2">Hypothesensuche</td></tr>
<tr><td>Arbeitsblatt zum Phänomen „Saurer Regen“</td><td>Szene 1 und 2</td></tr>
<tr><td colspan="2">Schülerversuch:
Einleiten verschiedener Gase in Wasser</td></tr>
<tr><td colspan="2">HA: Warum ist schweflige Säure stärker als Kohlensäure?</td></tr>
<tr><td colspan="2">Lehrerversuch 1:
Verbrennen von Schwefel ohne Katalysator</td></tr>
<tr><td>Zeitungsaufgabe</td><td>Szene 3</td></tr>
<tr><td colspan="2">Lehrerversuch 2:
Verschiedene Metalle reagieren mit schwefliger bzw. mit Schwefelsäure</td></tr>
<tr><td colspan="2">Arbeitsblatt: SO_2 / SO_3 – Gleichgewicht</td></tr>
<tr><td colspan="2">Lehrerversuch 3:
Verbrennung von Schwefel mit Katalysator</td></tr>
<tr><td colspan="2">Überleitung</td></tr>
<tr><td>Technische Schwefelsäuregewinnung</td><td>--</td></tr>
<tr><td colspan="2">Lehrerversuch 4:
Rösten von Pyrit</td></tr>
<tr><td colspan="2">Zusammenfassung</td></tr>
<tr><td>--</td><td>Letzte Szene: Happy End</td></tr>
</table>

Vor der Durchführung der Studie wurden die beteiligten Lehrkräfte in mehreren Einführungsveranstaltungen mit dem Projekt und der Unterrichtseinheit vertraut gemacht. Die Unterrichtsmaterialien wurden ausgegeben und die geplanten Schüler- und Lehrerversuche erprobt und vorbereitet. Der Unterricht in Experimental- und Kontrollgruppe erfolgt streng parallelisiert (Tabelle 12.2). Sowohl Unterrichtsinhalte als auch Versuche und Arbeitsmaterialien sind in beiden Gruppen identisch. Der Unterricht beider Gruppen unterscheidet sich nur an den Stellen, in denen in der Experimentalgruppe Filmszenen eingesetzt werden. In der Kontrollgruppe werden dann zur thematischen Verankerung Alltagsbeispiele, wie die Umwelt belastende Wirkung von schwefelsaurem Regen oder großtechnische Schwefelsäuregewinnung in der Industrie bearbeitet.

12.2.3 Verankerung von Fachinhalten an Filmszenen

Die charakteristische Idee des Anchored-Instruction-Ansatzes ist es, den Lernenden eine Geschichte anzubieten, in die Lerninhalte eingebettet sind, und um die sich eine gesamte Unterrichtseinheit rankt. Die Lernenden erhalten einen Fixpunkt um den herum sie ihre Gedanken kreisen lassen und um den herum kognitive Strukturen aufgebaut werden können. Als Lernanker eignen sich „narrative Formate", d.h. Medien, die erzählenden Charakter haben. Das können Zeitungsartikel, Lehr- oder Spielfilme, Comics etc. sein.

In der vorliegenden Untersuchung wurde der US-amerikanische Katastrophenfilm Dante's Peak als Ankermedium gewählt. Im Rahmen des Unterrichts werden jedoch nicht der gesamte Film sondern didaktisch sinnvolle Szenen zur Verankerung von Fachinhalten genutzt. Der Film von 1997 mit Pierce Brosnan und Linda Hamilton in den Hauptrollen thematisiert einen Vulkanausbruch, und dessen fatale Auswirkungen auf Mensch und Natur in der betroffenen Region. Dem Film liegt ein realer Ausbruch des Vulkans Mount St. Helens in der Nähe von Seattle zu Grunde.

Schülerinnen und Schülern wird eine Filmszene gezeigt, in der ein Liebespaar beim Baden in einer warmen Quelle ums Leben kommt. Die Leichen sind stark verätzt. In einer weiteren Szene sehen die Schülerinnen und Schüler, wie der Hauptdarsteller eine pH-Wert Messung in einem Fluss nahe der Quelle, vornimmt und abgestorbene Bäume in unmittelbarer Nähe des Unglücksorts entdeckt. Daraufhin werden die Lernenden zur Hypothesensuche aufgefordert. Wodurch kann der See so sauer werden? Ist es realistisch, dass durch Einleiten vulkanischer Gase derart starke Säuren entstehen? Im Unterricht erfolgt die Klärung der Säureentstehung. Es werden mögliche Gase zusammengetragen und die Wirkung von Säuren behandelt. Anschließend erfolgt eine experimentelle Überprüfung der Schülerhypothesen. Eine weitere Szene zeigt dann, wie sich ein Boot, das zur Flucht über den übersäuerten See genutzt werden soll, in der Säure aufzulösen beginnt. Daran schließt sich wieder eine Hypothesensuche an. Ist die zuletzt identifizierte Säure (schweflige Säure) derart stark, dass sie ein Boot angreifen kann? Welche Metalle werden beim Bootsbau eingesetzt? Es folgt eine weitere experimentelle Überprüfung.

Die Lernenden werden immer wieder mit Fragen konfrontiert, die den Realitätsgehalt der gezeigten Szenen in Frage stellt. „Mit der Suche im Hypothesenraum beginnt das Lösen eines naturwissenschaftlichen Problems, da zunächst auf der Grundlage eingeschränkten bereichsspezifischen Wissens eine überprüfbare Hypothese gebildet werden muss, mit der das vorliegende Problem erklärt werden kann. Der anschließende Prozess ist das Testen von Hypothesen." (Hammann, Phan & Bayruber, 2007, S. 36). Nach der experimentellen Überprüfung können die Vorkommnisse im Film gedeutet werden.

Mit Hilfe des Ankermediums werden Lernende also in eine realitätsnahe Lernumgebung versetzt, aus der heraus sie ein Problem zunächst identifizieren müssen, und die dann auch die nötigen Informationen enthält, die zusammen mit fachspezifischem Vorwissen zur Problemlösung dienen.

12.3 Ergebnisse

Im Folgenden werden beispielhafte Ergebnisse der Motivations- und Leistungserfassung (quantitative Erhebung) dargestellt. Es wurden Skalen gewählt, die die Hauptforschungsfrage möglichst unmittelbar repräsentieren (Motivationserfassung) oder bedeutsame Ergebnisse liefern (Leistungserfassung). Rückmeldungen aus Schülerinterviews sollen die quantitativen Ergebnisse untermauern.

Stichprobenbeschreibung

An der Studie beteiligten sich acht Lehrkräfte von Gymnasien in Baden-Württemberg (Regierungspräsidien Freiburg und Karlsruhe) mit je zwei 2-stündigen Grundkursen der 12. Klassenstufe. Drei Schulen haben ein ausschließlich städtisches Einzugsgebiet, fünf weitere Schulen liegen im überwiegend ländlichen Raum.

Die Kurse der Experimental- und Kontrollgruppe wurden an jeder Schule zufällig zugewiesen (Randomisierung) und jeweils von derselben Lehrkraft unterrichtet. An der Studie nahmen 194 Mädchen und 113 Jungen teil. Für die Schülerinterviews wurden aus jedem Grundkurs vier bis sechs Schülerinnen und Schüler mit unterschiedlichem Leistungsniveau (aufgrund der Vornote im Fach Chemie) befragt. An den Expertengesprächen in Gruppendiskussionsverfahren, auf die hier nicht näher eingegangen wird, beteiligten sich vier Lehrkräfte.

12.3.1 Ergebnisse ausgewählter Skalen der Motivationserfassung

Zum zweiten Messzeitpunkt (nach der Intervention) konnte eine signifikante Steigerung der Aspekte „wahrgenommener Spaß am Unterricht" und „Intrinsische Motivation" gegenüber der Kontrollgruppe festgestellt werden. Es konnten kleine bis mittlere Effektstärken nachgewiesen werden.

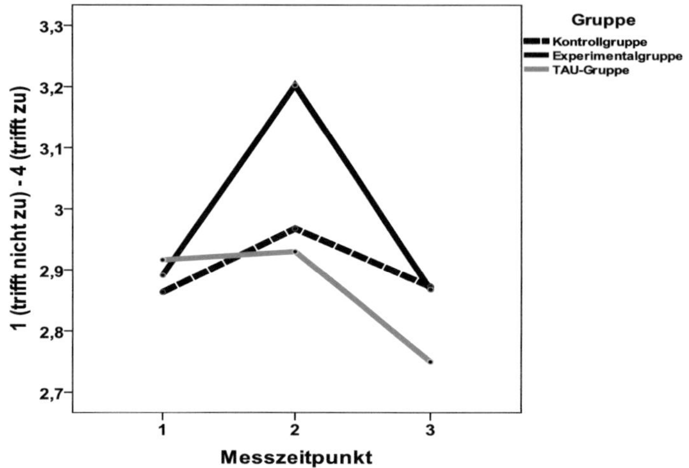

		T1	T2	T3
Kontrollgruppe: N = 165	***AM ± SD***	**2.86 ± .61**	**2.96 ± .60**	**2.87 ± .71**
Experimentalgruppe: N = 158	***AM ± SD***	**2.89 ± .60**	**3.20 ± .62**	**2.86 ± .57**
TAU-Gruppe: N = 20	***AM ± SD***	**2.91 ± .49**	**2.93 ± .53**	**2.75 ± .54**

F(2, 123)=.515 **Signifikanz (Gruppe*Zeit): p = .021;** **Part. η²: .025**

Abb. 12.1: Spaß am Unterricht

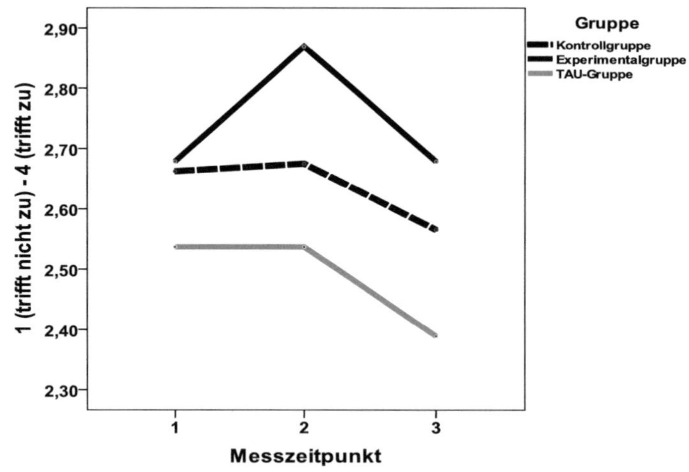

		T1	T2	T3
Kontrollgruppe: N = 165	AM ± SD	**2.66 ± .63**	**2.67 ± .65**	**2.56 ± .72**
Experimentalgruppe: N = 158	AM ± SD	**2.67** ± .57	**2.86** ± .72	**2.67** ± .68
TAU-Gruppe: N = 20	AM ± SD	**2.53** ± .59	**2.53** ± .74	**2.38** ± .71

F(2, 120)=9.573 **Signifikanz (Gruppe*Zeit): p = .014;** **Part. η²: .017**

Abb. 12.2: Intrinsische Motivation

12.3.2 Ausgewählte Ergebnisse der Leistungserfassung

Nach der Intervention (Messzeitpunkt 2) zeigten sowohl Experimental- als auch Kontrollgruppe signifikant verbesserte Leistungen. Über die gesamte Stichprobe konnte kein signifikanter Gruppenvorteil der Experimentalgruppe gegenüber der Kontrollgruppe gemessen werden. Betrachtet man allerdings die Leistungen der schwächeren Schüler (Zuordnung über Median der Vornote im Fach Chemie), zeigen diese eine signifikant höhere Leistungssteigerung als Schüler der Kontrollgruppe. Bei den stärkeren Schülern konnte kein Gruppenunterschied gemessen werden.

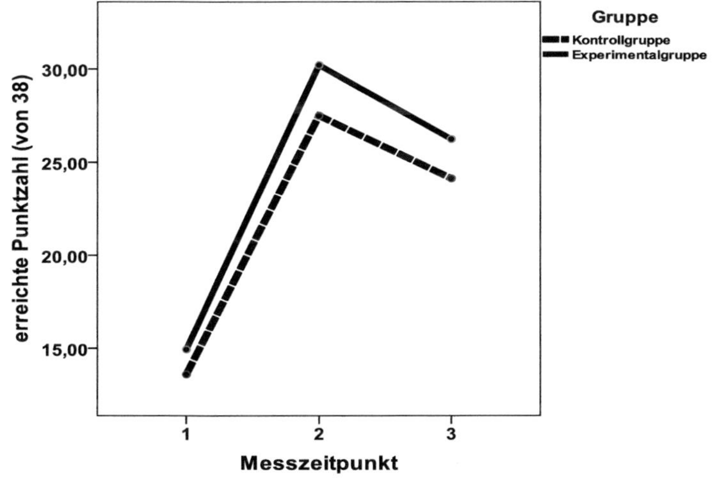

		T1	T2	T3
Kontrollgruppe: N = 154	***AM ± SD***	**13.60** ± 4.62	**27.50** ± 10.65	**24.13** ± 11.82
Experimentalgruppe: N = 154	***AM ± SD***	**14.92** ± 4.32	**30.20** ± 10.42	**26.23** ± 10.31

F(2,310)=2.748 **Signifikanz (Zeit): p = ,000** **Part. η^2: ,619**
F(2,310)=.515 **Signifikanz (Gruppe*Zeit): p = .598** **Part. η^2: .003**

Abb. 12.3: Leistungserfassung (gesamt)

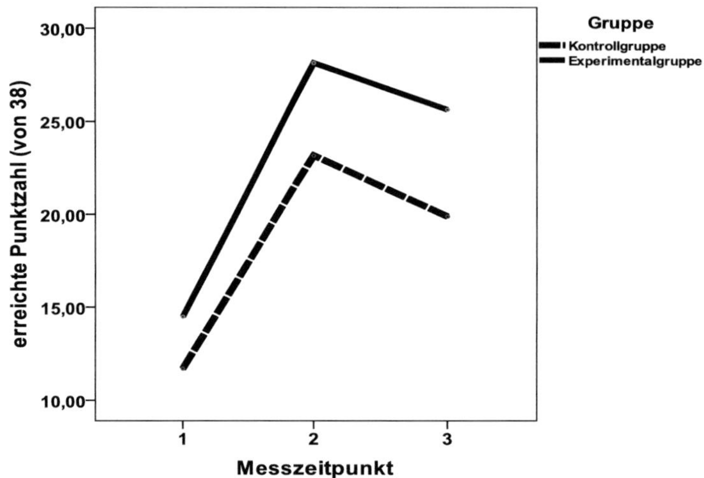

		T1	T2	T3
Kontrollgruppe: N = 78	*AM ± SD*	11.69± 4.38	23.15± 9.06	19.88± 8.58
Experimentalgruppe: N = 74	*AM ± SD*	14.47± 4.48	28.13± 9.72	25.63± 8.76

F(1,39)=12.460 Signifikanz (Gruppe*Zeit): p = .036 Part. η^2: .082

Abb. 12.4: Leistungen bei schwächeren Schülern

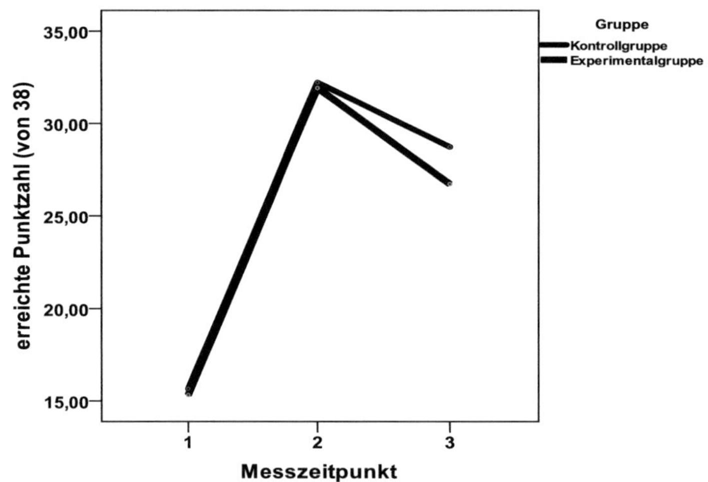

		T1	T2	T3
Kontrollgruppe: N = 76	*AM ± SD*	15.65± 3.98	32.20± 10.33	28.73± 13.18
Experimentalgruppe: N = 80	*AM ± SD*	15.31± 4.19	31.91± 10.45	26.73± 11.51

F(1,79)=.231 Signifikanz (Gruppe*Zeit): p = .632 Part. η^2: .006

Abb. 12.5: Leistungen bei stärkeren Schülern

12.3.3 Rückmeldungen aus Schülerinterviews

Auf Grund von Schülerinterviews, die nach der Intervention durchgeführt wurden kann angenommen werden, dass sich die Unterrichtseinheit sowohl in der Experimental- als auch in der Kontrollgruppe vom gewohnten Chemieunterricht unterschieden hat. Sie wurde von den Schülerinnen und Schülern beider Gruppen als motivierend beschrieben. Die untersuchte ChemCi-Unterrichtseinheit wurde jedoch auf Grund des bei Jugendlichen positiv besetzten Ankermediums Spielfilm positiver wahrgenommen. So sagt z.B. ein Schüler der Experimentalgruppe. *„Ja die Filmausschnitte motivieren schon (...) Es ging schneller um als sonst [lacht*].“ Die Unterrichtseinheit unterscheidet sich nach Einschätzung der Lernenden offenbar deutlich von dem gewohnten naturwissenschaftlichen Unterricht, in dem Filme selten und allenfalls in Form von Lehrfilmen eingesetzt werden. Dies zeigen Aussagen wie: *„Filme schauen wir in den naturwissenschaftlichen Fächern sonst nie an, eher so in den Sprachen oder Geschichte oder so.“* Da Schülerinnen und Schüler sich nach eigenen Angaben an Fachinhalte an Hand von Filmsequenzen erinnern bzw. Fachinhalte unbewusst lernen, während sie Filmsequenzen sehen bzw. diese reflektieren, kann vermutet werden, dass eine kognitive Verankerung der Fachinhalte an den Filmsequenzen stattgefunden hat. Dies zeigen z.B. Aussagen wie: *„Man kriegt auch nebenbei Fachliches mit, ohne das so [negativ] zu bemerken ...“ „Man weiß [beim Vorbereiten der Klausur] viele Sachen schon, ohne sie erst lernen zu müssen“.* Nach Beschreibungen wie dieser, wird das Aneignen von Fachinhalten als weniger belastend empfunden.

Die Schülerinnen und Schüler beider Treatmentgruppen betonen die Wichtigkeit der durch sie wahrgenommenen Relevanz der Unterrichtsinhalte für ihre Lernmotivation. Dies wird z.B. in häufig getroffenen Aussagen deutlich, wie: *„Die Anwendung an einem ‚realen‘ Beispiel finde ich immer sehr motivierend, das hat man sonst ja oft nicht, in Chemie.“ „Man macht sich schon Gedanken über die Zusammenhänge also wie die Wirkung von Säuren in der Realität ist, das hat mich schon interessiert.“*

Durch die Verankerung von Fachinhalten an Spielfilmsequenzen konnte diese Relevanz für die Lernenden offenbar verdeutlicht werden. Als motivierend beschreiben die Schülerinnen und Schüler der Experimentalgruppe außerdem die aus dem Spielfilm abgeleitete Hypothesensuche und experimentelle Überprüfung dieser im Unterricht: *„Mir hat die Hypothesensuche am besten gefallen. Die Fragen, die an den Film gerichtet waren und dann gemeinsam besprochen wurden, so was machen wir sonst nie in Chemie. Wenn Fragen aus dem Film heraus gestellt und dann von der Klasse beantwortet werden, erkennt man auch den Sinn des Stoffs.“*

12.4 Diskussion

In der Studie wird gezeigt, dass die im Projekt ChemCi entwickelte Form des Experimentalunterrichts eine Möglichkeit darstellt, der Forderung nach Methodenvielfalt in den Naturwissenschaften in sinnvoller Weise gerecht zu werden (Meyer, 2004).

Befürchtungen, Spielfilme würden von Fachinhalten ablenken, oder die Lernenden zu einer Konsumhaltung verleiten haben sich zunächst nicht bestätigt.

Auf Grund der Unterrichtskonzeption und dem darin realisierten situations- und kontextgebundenen Lernen zeigten Schülerinnen und Schüler der Sekundarstufe II eine höhere Bereitschaft (intrinsische Motivation, Abbildung 12.2), sich mit naturwissenschaftlichen Themen zu beschäftigten und darüber hinaus signifikant mehr Freude am Unterricht (Abbildung 12.1). Jedoch kann durch die ChemCi-Unterrichtskonzeption keine über den Unterricht hinaus anhaltende Motivatonssteigerung erreicht werden (Abbildung 12.1 und 12.2).

Dass die ermittelten Motivationsunterschiede der beiden Gruppen eher gering waren, ist vermutlich auf die strenge Parallelisierung beider Unterrichtskonzeptionen sowie auf die kurze Interventionszeit zurückzuführen. Da der Unterricht sowohl in der Experimental- als auch in der Kontrollgruppe als motivierend empfunden wurde, ist es zudem nicht vollständig gelungen der Kontrollgruppe den Charakter von konventionellem Unterricht zu geben, was bei der Interpretation der Ergebnisse berücksichtigt werden muss.

Eine grundsätzliche Verbesserung des Lernerfolgs konnte nicht nachgewiesen werden (Abbildung 12.3), was zeigt, dass die durch die Unterrichtseinheit erreichte Motivationssteigerung nicht zwangsläufig eine Leistungsverbesserung zur Folge hat. Dennoch konnte insbesondere bei Schülerinnen und Schülern, die das Fach Chemie als ungeliebtes Schulfach bezeichnen, und die zu den schwächeren Schülerinnen und Schülern gerechnet werden können, durch den Einsatz von Spielfilmsequenzen eine signifikante Leistungssteigerung gegenüber der Kontrollgruppe erreicht werden (Abbildung 12.4 und 12.5). Insbesondere schwächere Schüler profitieren von der motivierenden Wirkung von Spielfilmen, wenn diese an Fachinhalte geknüpft sind. Die Ursache könnte darin liegen, dass Schwächen im Fach Chemie weniger auf kognitive Defizite als auf unzureichende Lernmotivation zurückzuführen sind (Edelmann, 2000), weil Schülerinnen und Schüler gerade in der Oberstufe Chemieunterricht als alltagsfern und abstrakt wahrnehmen (Bader, 2002). Die kritische Reflexion von Unterrichtsinhalten nimmt mit dem Alter und dem Reifegrad zu. Jugendliche bilden sich eine eigene Meinung über Lehrpersonen und Lerninhalte und lassen sich immer weniger von vorgegebenen Inhalten überzeugen (Czerwenka et al., 1990).

Da die Ergebnisse des Leistungsposttests bei den stärkeren Schülerinnen und Schülern am oberen Ende der Skala lagen, sind auch Deckeneffekte als Ursache für das Fehlen eines signifikanten Leistungsvorteils der Experimentalgruppe gegenüber der parallelisierten Kontrollgruppe möglich. Dem sollte bei weiteren Untersuchungen durch Anhebung des Schwierigkeitsgrads des Leistungsposttests Rechnung getragen werden.

In der vorliegenden Untersuchung sollten *Spielfilme als Ankermedium* bewusst gegenüber ebenfalls als authentisch wahrgenommenen Ankermedien wie (fiktiven) Zeitungsartikeln über Umweltprobleme oder Skizzen von real eingesetzten großtechnischen Verfahren kontrastiert werden, um den motivationalen Effekt des Mediums Spielfilm möglichst getrennt von Nebeneffekten erfassen zu können. Diese Parallelisierung ließ eher geringe Gruppenunterschiede erwarten.

Die von Kuhn (2007) geforderte hohe Authentizität[2] von Ankermedien dürfte bei einem Katastrophenfilm, auch wenn dieser fiktional ist, gemessen an schulüblichen Materialien hoch sein. Der Grad an Authentizität sollte in weiteren Untersuchungen mit erhoben werden.

Zu beachten ist, dass Spielfilmsequenzen als Ankermedium entsprechend ihrer Zielgruppe ausgewählt werden können. So gibt es Spielfilme, die Jungen und Mädchen in unterschiedlicher Weise ansprechen oder für verschiedene Altersgruppen in unterschiedlichem Maß geeignet sind. Der große Fundus an zur Verfügung stehendem Filmmaterial ermöglicht eine zielgruppenspezifische Auswahl, und macht Spielfilmsequenzen als Ankermedium besonders geeignet. Ein nachhaltig motivationssteigernder Effekt, der zu einer größeren Beliebtheit des Fachs Chemie beitragen könnte (Merzyn, 2008), war nach einer Intervention von drei bis vier Doppelstunden nicht zu erwarten. Ob ein nachhaltig motivierender Effekt und eine damit verbundene Steigerung des Lernerfolgs erreicht werden kann, wenn Unterrichtseinheiten wie diese häufiger im Schuljahr und in sinnvollem Wechsel mit anderen Methoden eingesetzt werden, müssen weitere Untersuchungen zeigen.

2 „Ein Text [Ankermedium] ist authentisch, wenn er Dinge beschreibt, die tatsächlich passiert sind oder die es tatsächlich gibt" Kuhn (2007)

Daniela Fanta, Leena Bröll und Marco Oetken

13. Schülervorstellungen im Chemieunterricht – Untersuchung der Wirkung einer direkten Konfrontation mit Schülervorstellungen auf den Lernprozess – Teilprojekt 5

Zusammenfassung

Insbesondere in den Naturwissenschaften werden bei Schülern oft Lernschwierigkeiten festgestellt, deren Ursache häufig Fehlvorstellungen sind (Jung, 1986). In einer Interventionsstudie im Kontrollgruppendesign wurde untersucht, wie sich eine Unterrichtseinheit, in der empirisch erhobene Schülervorstellungen intensiv berücksichtigt werden, auf die Zufriedenheit mit dem Gelernten und die Beschäftigung mit den eigenen Vorstellungen sowie den Lernerfolg und die Veränderung der Wissensstrukturen von Schülern der achten Klasse Realschule auswirkt. Mit Hilfe von Prä-, Post- und Follow-up-Tests wurden die psychometrischen Daten sowie die Schülervorstellungen erhoben und Concept Maps erstellt.

Die Unterrichtseinheit umfasst für Experimental- und Kontrollgruppe je sechs Schulstunden. Kernstück der Unterrichtseinheit der Experimentalgruppe ist eine Gruppenarbeit, in der die Schüler empirisch gefundene Fehlvorstellungen mit Hilfe geeigneter Versuche und Modelle widerlegen sollen. Die teilnehmenden Lehrpersonen wurden randomisiert in die Gruppen eingeteilt. Die ersten ausgewerteten, hier vorgestellten Daten wurden an jeweils zwei Klassen Experimental- sowie Kontrollgruppe erhoben (N = 86).

In der Auswertung zeigten sich keine signifikanten Unterschiede bezüglich der Lernzufriedenheit zwischen den Gruppen. Die Concept Maps wurden für je eine Klasse ausgewertet und wiesen im Follow-up-Test in strukturellen Parametern hochsignifikante Unterschiede zwischen den Gruppen auf. Die hier vorgestellten Daten zweier Schulen sind die ersten Ergebnisse einer Studie mit insgesamt neun teilnehmenden Schulen.

13.1 Einleitung

Das Abschneiden deutscher Schülerinnen und Schüler in den Lernvergleichsstudien TIMSS und PISA hat deutliche Defizite deutscher Schülerinnen und Schüler im internationalen Vergleich aufgezeigt (OECD, 2001; Baumert et al., 1997).

Seither wurden viele Konzepte für einen schülerorientierten, problemlösenden Unterricht entwickelt und erprobt, z.B. Chemie im Kontext (Parchmann, 2001). Ein dadurch nicht gelöstes Problem, mit der insbesondere die naturwissenschaftlichen

Fächer zu kämpfen haben, ist, dass Lernende häufig Lernschwierigkeiten aufgrund bereits bestehender Vorstellungen haben (Jung, 1986; Barke, 2006). Diese Vorstellungen, die die Lernenden mit in den Unterricht bringen, werden meist wertungsfrei als Schülervorstellungen bezeichnet. Weichen die Vorstellungen der Lernenden vom fachwissenschaftlichen Konsens ab, werden sie auch als Fehlvorstellungen, Misconception oder Schülerfehlvorstellungen bezeichnet (Jung, 1986; Pfeifer et al., 2002). Diese Vorstellungen liefern Lernenden oft über Jahre hinweg im Alltag gute und sinnvolle Erklärungen und können sich dadurch sehr hartnäckig halten. Dieses Vorwissen hat einen entscheidenden Einfluss auf Lernprozesse der Schülerinnen und Schüler (Ausubel, 1968).

Der Unterricht selbst kann auch eine Quelle für Fehlvorstellungen sein. Durch die Komplexität der naturwissenschaftlichen Themenbereiche und die Art der Vermittlung dieses Wissens werden einige Fehlvorstellungen erst während des Unterrichtes entwickelt. Barke (2006) spricht in diesem Zusammenhang von „hausgemachten Fehlvorstellungen".

Entsprechend der radikal konstruktivistischen Sichtweise erstellt jedes Individuum seine eigenen Konstrukte und damit sein eigenes Bild der Wirklichkeit (Terhart, 1999). Dabei werden beim Lernen neue Wissensinhalte mit bereits bestehendem Wissen und vorhandenen Erfahrungen verknüpft. Das geht problemlos, solange die bereits bestehende Vorstellung des Lernenden und die fachwissenschaftliche Vorstellung zusammenpassen. Stehen sich allerdings die fachwissenschaftliche und die bestehende Vorstellung konträr gegenüber, entstehen für Lernende oftmals Schwierigkeiten, das neue Fachwissen mit bestehenden Konstrukten zu verknüpfen oder in diese einzubauen.

Bei Lernenden wurden unterschiedliche Strategien gefunden, mit solchen, nicht zu den Konstrukten passenden Lerninhalten umzugehen: Oft lernen sie das Neue isoliert zu ihren Vorstellungen und behalten dabei ihre ursprünglichen Fehlvorstellungen. Es kann auch zur Bildung von „Hybridvorstellungen" kommen, die sich aus den alten und neuen Vorstellungen zusammen setzen (Jung, 1986).

Nach Jung (1986) bestehen unterschiedliche Möglichkeiten im Umgang mit Schülervorstellungen: Bei Schülervorstellungen, die der fachlich korrekten Sichtweise sehr ähnlich sind, soll durch Anknüpfen an Erfahrungen der Schülerinnen und Schüler eine Überwindung der Fehlvorstellungen stattfinden. Durch eine Umdeutungstaktik soll bereits bestehendes Wissen bei Lernenden in fachwissenschaftlich korrektes Wissen umstrukturiert werden. Bei der Konfrontationstaktik werden Fehlvorstellungen der Lernenden thematisiert, die im wissenschaftlichen Sinn falsch sind und widerlegt.

Die innere Bereitschaft, von alten Vorstellungen Abstand zu nehmen, neue zuzulassen und sich von ihnen überzeugen zu lassen, steigt insbesondere dann, wenn Lernende feststellen, dass ihre Vorstellungen nicht mehr ausreichen, um ein bestimmtes Phänomen zu erklären. Diese Unzufriedenheit soll mit Hilfe der Konfliktstrategie durch eine Konfrontation mit den – im Idealfall – eigenen Fehlvorstellungen hervorgerufen werden (Jung, 1986).

Ist das bestehende Konzept nicht mehr ausreichend, wird es in Frage gestellt und so abgeändert oder erneuert, dass der neue Sachverhalt erklärt werden kann. Daher muss eine neue Vorstellung für die Lernenden logisch und verständlich sein, sie muss plausibel sein und sie muss sich vor allem auch in anderen Situationen als erfolgreich beweisen (Posner et al., 1982). Das Lernen eines neuen Konzeptes vollzieht sich meist in Teilschritten. Dabei ändert sich der Status, den der Lernende der wissenschaftlichen Vorstellung und der Alltagsvorstellung gewährt (Hewson & Hewson, 1992). Das letztendlich entscheidende Kriterium, ob ein Konstrukt beibehalten oder neu aufgenommen wird, ist, ob es brauchbar bzw. nützlich ist (von Glaserfeld, 2005). Für das Individuum behalten Konstrukte also nur so lange ihre Gültigkeit, bis solche gefunden werden, die nützlicher und mächtiger sind als die bisherigen (von Glaserfeld, 2005; Jank & Mayer, 2002).

Der kontextgebundene Übergang von der Alltagsvorstellung zum fachwissenschaftlichen Konzept wird als Konzeptwechsel oder Konzeptwandel bezeichnet (Duit, 1996).

Aufgabe der Fachdidaktik ist es, solchen komplexen Lernvorgängen Rechnung zu tragen und Wege aufzeigen, wie mit Schülerfehlvorstellungen im Unterricht umgegangen werden kann.

13.2 Anbindung an den Forschungsstand

13.2.1 Umgang mit Schülervorstellungen im Chemieunterricht

Die Erforschung von Schülervorstellungen in den naturwissenschaftlichen Fächern begann in den 1970er Jahren (Pfundt, 1975). Die Entwicklung entsprechender Unterrichtsansätze, in denen Schülervorstellungen im Unterricht berücksichtigt werden, begann mit einer leichten Verzögerung in den Jahren danach. Heute liegen zahlreiche Veröffentlichungen über Schülervorstellungen in naturwissenschaftlichen Fächern vor (Barke, 2006; Duit, 2004; Haupt, 1981; Gerhardt, 1994).

Viele der gewonnenen Erkenntnisse wurden für die Entwicklung von neuen Unterrichtsansätzen, die zu einer Korrektur der Fehlvorstellungen beitragen sollten, eingesetzt (Duit, 1995). So wird zum Beispiel vorgeschlagen, Alltagsvorstellungen zu „gesellschaftlich relevanten Themengebieten“ aufzugreifen, an Hand derer grundlegende fachliche Konzepte erarbeitet werden (Schmidt & Parchmann 2003). Eine konstruktivistische Unterrichtsstrategie postuliert Driver (1989). Hier wird die konstruktivistische Erkenntnistheorie zugrunde gelegt und die Fragestellung untersucht, wie bei Lernenden ein Konzeptwechsel herbeigeführt werden kann. Dabei wird vor allem Wert auf das „Hervorlocken“ von Schülervorstellungen zu Beginn des Unterrichtes gelegt. In Diskussionen sowie der fachlichen Klärung des Unterrichtsgegenstandes, der provozierte Konfliktsituationen folgen, sollen die Schülerinnen und Schüler in Konflikt mit ihrer bisherigen Vorstellung kommen und ein Aufbau neuer, wissenschaftlich korrekter Vorstellungen kann nun stattfinden. Die neuen Vorstellungen werden im weiteren Unterrichtsverlauf bewertet und gefestigt (Driver, 1989).

In Anlehnung an die Struktur des Unterrichtsverlaufes von Driver 1989 entwickelten Petermann et al. (2008) das „an Schülervorstellungen orientierte Unterrichtsverfahren". In diesem Unterrichtsverfahren werden empirisch gefundene Fehlvorstellungen in Form von Schüleraussagen in den Unterricht integriert. Dabei erhalten die Schüler die Aufgabe, in Gruppenarbeit diese Aussagen mit Hilfe von geeigneten Versuchen und Modellen zu widerlegen und dies fachwissenschaftlich richtig zu begründen.

Vielen Lehrenden ist bekannt, dass es Schüler(fehl)vorstellungen gibt, oftmals aber bestehen keine konkreten Vorstellungen darüber, welche Konzepte bei Lernenden auftreten können (Wilhelm, 2007) und vor allem, wie sie im Unterricht mit Fehlvorstellungen umgehen sollen (Gilbert et al., 2004).

Für den Lernerfolg hat es sich als vorteilhaft erwiesen, wenn die Lehrperson ein Gleichgewicht zwischen Instruktion von außen und der Möglichkeit zur Konstruktion im Inneren der Lernenden schafft. Lehrpersonen sollten somit in erster Linie die Lernenden darin unterstützen, Wissen aufzubauen (Duit, 1995). Es hat sich allerdings gezeigt, dass in Deutschland nur wenige Lehrpersonen mit konstruktivistischen Unterrichtsmethoden vertraut sind (Müller, 2004; Widodo, 2004). Diese Lücke zwischen Forschung und Anwendung der Forschungsergebnisse im Unterricht gilt es zu füllen. Ein wichtiger Schritt ist es daher, den Lehrenden die Forschungsergebnisse zugänglich zu machen und empirisch ermittelte Befunde über Schülervorstellungen gezielt für die Unterrichtspraxis nutzbar zu machen.

Für den praktischen Umgang mit Schülervorstellungen im Chemieunterricht liegen bisher kaum empirische Befunde vor (Barke, 2006).

Des Weiteren gibt es keine ausreichenden Erkenntnisse darüber, wie kognitive Konflikte im Unterricht erzeugt werden können, wie dann am besten damit umgegangen werden sollte und vor allem, wie sich eine solche Vorgehensweise auf das Lernen und die Motivation der Schülerinnen und Schüler auswirkt.

In dieser Studie wird ein spezielles und praxisnahes Unterrichtskonzept auf seine Wirksamkeit untersucht. Lehrenden soll somit ein Unterrichtskonzept zur Verfügung gestellt werden, das gut durchführbar ist und den Lernenden ermöglichen soll, vorhandenes Wissen zu hinterfragen, Konstrukte abzuändern und selbstständig fachlich richtiges Wissen aufzubauen. Dadurch soll zum einen langfristig stabiles Wissen aufgebaut werden, zum anderen werden Schülerinnen und Schüler angeleitet, Wissen bewusst zu hinterfragen, zu überprüfen und anzupassen und damit im Idealfall einen Konzeptwandel zuzulassen.

Im Mittelpunkt der Untersuchung steht hierbei der Schülerinnen und Schüler, denn für den Lernfortschritt ist es von besonderer Bedeutung, dass der Unterricht von den Lernenden als motivierend und gewinnbringend empfunden wird (Edelmann, 2002).

13.2.2 Concept Maps als Instrument zur Wissensdiagnose

Von Aufschnaiter und Welzel (1996) beschreiben Lernen als eine Spirale, in der Lernende immer wieder nach besseren Erklärungskonstrukten suchen.

Beim Lernen wird neue Information im „Arbeitsspeicher“ in Zusammenarbeit mit dem Langzeitgedächtnis sortiert und organisiert. Die neuen Informationen werden dabei soweit möglich mit bereits bestehendem Wissen verknüpft. Bei reinem Auswendiglernen kommt es zu keiner oder einer nur geringen Integration des neu erworbenen in bereits bestehendes Wissen. Daher wird auswendig Gelerntes schnell wieder vergessen und die kognitive Struktur des Lernenden wird weder erweitert noch verändert. So bleiben Fehlvorstellungen weiterhin bestehen und Gelerntes kann nicht in weiterführenden Prozessen eingesetzt werden (Novak, 2002).

Ziel der Lernenden ist es demnach, vorhandene Diskrepanzen zwischen Vorstellungen und Erfahrenem möglichst weit abzubauen und einen Gleichgewichtszustand herzustellen. Dabei führt jede Angleichung der Bedeutungen oder Konstrukte durch Akkomodation im Sinne Piagets (Piaget, 1983) auch zu einer Veränderung der kognitiven Struktur (von Aufschnaiter & Welzel, 1996).

Um Wissensstrukturen abzubilden und deren Veränderungen aufzuzeigen, hat sich der Einsatz von Concept Maps als geeignet erwiesen (Novak, 2002).

Concept Maps sind Begriffsnetze, in denen jeweils zwei Begriffe durch einen beschrifteten Pfeil verbunden werden. Dabei können an einen Begriff mehrere ankommende und abgehende Pfeile gerichtet sein. Die beschrifteten Pfeile stellen dabei die Zusammenhänge zwischen den Begriffen dar.

Beim Vergleich von Concept Maps von Experten und Laien erweisen sich Concept Maps von Experten deutlich komplexer und stärker vernetzt als die von Laien. Concept Maps von Laien sind zudem häufig in mehrere Teilbereiche gegliedert, also stärker zerklüftet (Novak, 2002).

Das legt nahe, Concept Maps auch zur Wissensdiagnose einzusetzen. Stracke (2003) untersuchte den Einsatz von computerbasierten Concept Maps zur Wissensdiagnose in der Chemie zum Thema des chemischen Gleichgewichtes. Concept Maps erwiesen sich als geeignet, einen Wissenserwerb bei Lernenden im Vergleich zu nicht Instruierten nachzuweisen (Stracke, 2003).

13.3 Fragestellung

An Hand des für den Chemieunterricht wichtigen Themenfeldes „Erhaltung der Masse bei chemischen Reaktionen“ soll die Frage untersucht werden, ob eine direkte Konfrontation der Schülerinnen und Schüler mit empirisch gefundenen Fehlvorstellungen kognitive Konflikte auslösen kann und der Status der naturwissenschaftlich korrekten Vorstellungen im Vergleich zu den ursprünglichen (Alltags-) Vorstellungen gegenüber einer Kontrollgruppe steigt.

Hier werden folgende Teilfragen näher betrachtet:

- Welche Unterschiede bezüglich der *„Zufriedenheit mit dem Gelernten“* und der *„Beschäftigung mit den eigenen Vorstellungen“* gibt es zwischen Experimentalgruppe und Kontrollgruppe?
- Wie unterscheiden sich die Gruppen bezüglich ihres Lernerfolges nach der Unterrichtseinheit?
- Wird die unterschiedliche Berücksichtigung von Schülervorstellungen im Unterricht in strukturellen Unterschieden der Concept Maps sichtbar?
- Wie erleben einzelne Schülerinnen und Schüler die Unterrichtseinheit?

13.4 Methodischer Teil

Die Studie wird als Längsschnitt-Interventionsstudie im Kontrollgruppendesign durchgeführt. Dabei handelt es sich um einen quasi-experimentellen Ansatz, da Schulklassen untersucht werden.

In einer vorab durchgeführten Pilotstudie wurden die Unterrichtseinheiten für Experimental- und Kontrollgruppe in der Praxis erprobt und die Messinstrumente auf ihre psychometrische Eignung bzw. Qualität getestet und soweit notwendig angepasst. Während der Pilotstudie unterrichteten die Lehrkräfte jeweils Parallelklassen, eine als Experimentalgruppe und die andere als Kontrollgruppe. Dabei zeigte sich, dass es aufgrund der sehr ähnlich strukturierten Unterrichtseinheiten für die Lehrpersonen verwirrend sein kann, beide Gruppen zu unterrichten. Um die interne Validität nicht zu gefährden, wurde das Design dahingehend geändert, dass jede Lehrerin bzw. jeder Lehrer in der Hauptstudie nur eine Gruppe, also Experimental- oder Kontrollgruppe, in seinen Klassen unterrichtete. Es wurden alle Realschulen im Regierungsbezirk Freiburg (115 Realschulen) angeschrieben und um eine Kooperation für diese Studie gefragt. Neun Schulen mit insgesamt neun Lehrerinnen und Lehrern nahmen teil. Die teilnehmenden Lehrkräfte wurden randomisiert in Experimental- und Kontrollgruppe eingeteilt.

13.4.1 Unterrichtseinheiten der Experimental- und Kontrollgruppe

Um eine Vergleichbarkeit von Experimental- und Kontrollgruppe sicherzustellen, wird das chemische Themenfeld „Erhaltung der Masse bei chemischen Reaktionen“, was die inhaltliche und zeitliche Dimension betrifft, in beiden Gruppen mit gleicher Intensität und in den gleichen Sozialformen unterrichtet.

Der Unterrichtsverlauf in den Experimental- und Kontrollgruppen wird dabei in folgender Weise organisiert: Beiden Lerngruppen wird ein Schlüsselexperiment zum Themenfeld „Gesetz der Erhaltung der Masse“ am Beispiel der Verbrennung von Kohlenstoff im geschlossenen System vorgestellt, wobei das Versuchsergebnis offen bleibt. In dieser Phase werden die Lernenden angehalten, Vermutungen anzustellen, welches Ergebnis sie erwarten und wie sie das fachlich begründen würden.

In allen Gruppen der Studie erfolgt nach der Durchführung des Experiments die fachwissenschaftlich korrekte Erklärung zu dem Experiment. Dabei wird die naturwissenschaftlich korrekte Vorstellung für die Schülerinnen und Schüler logisch verständlich und plausibel erklärt.

In der Experimentalgruppe ist im weiteren Unterrichtsverlauf eine Konfrontation der Schülerinnen und Schüler mit den häufigsten empirisch gefundenen Schülerfehlvorstellungen zu dem Eingangsversuch „Verbrennung von Kohlenstoff im geschlossenen System“ vorgesehen sowie deren Widerlegung mit Hilfe geeigneter Strategien. Da die gewählten Schülervorstellungen empirisch belegt sind, kann davon ausgegangen werden, dass in den Schulklassen ähnliche Vorstellungen vorzufinden sind. Die Konfrontation mit den Schülervorstellungen erfolgt durch Arbeitsaufträge in Form einer Gruppenarbeit. Zunächst sollen die Lernenden innerhalb der Gruppe über die Aussage diskutieren und herausarbeiten, worin der Denkfehler in der vorgegebenen Schülervorstellung liegt. Mit Hilfe geeigneter Versuche und Modelle widerlegen die Lernenden die falschen Aussagen und generieren die fachwissenschaftlich „korrekten“ Erklärungen. Im Anschluss präsentieren die Gruppen ihren Mitschülerinnen und Mitschülern die Aussage, mit der sie sich auseinander gesetzt haben, diskutieren über diese und tragen vor, wie sie diese mit Hilfe des Versuchs und des Modells widerlegen konnten.

Die Lernenden erhalten hierbei die Aufgabe, vorgegebene Konzepte – idealerweise die eigenen – zu hinterfragen, diese auf ihre Plausibilität hin zu prüfen und anschließend fachwissenschaftlich korrekte Konzepte zu entwickeln. Dabei werden die Schülerinnen und Schüler angeleitet, genau zu beobachten, nachzudenken und einen Sachverhalt zu hinterfragen, um selbstständig und aktiv eigenes Wissen zu konstruieren. Hierbei sollen die Lernenden die im Unterricht erhaltene, fachwissenschaftliche Erklärung erfolgreich anwenden. Den Lehrkräften wird hiermit ein didaktisches Konzept geboten, mit dem eigenverantwortliches Lernen im konstruktivistischen Sinne in den Chemieunterricht eingebracht werden kann.

In der Kontrollgruppe findet an dieser Stelle des Unterrichtsverlaufs ebenfalls eine Gruppenarbeit statt, bei der die Schüler in Kleingruppen Schülerversuche zum Thema Massenerhalt bei chemischen Reaktionen durchführen. Auch hier findet nach Beendigung der Gruppenarbeit eine Präsentation statt.

Ergänzend zur Kontrollgruppe werden einige Klassen als „kurze Kontrollgruppe“ unterrichtet. Dabei werden die zwei Stunden, in denen Schülerversuche und Präsentation durchgeführt werden, weggelassen. Damit entspricht der Unterricht der kurzen Kontrollgruppe eher dem konventionellen Unterricht, in dem das Thema Massenerhalt meist in zwei Schulstunden abgehandelt wird.

Ein Überblick über den Verlauf der Unterrichtseinheiten wird in Tabelle 13.1 dargestellt.

Tab. 13.1: Unterrichtsverlauf in Experimental- und Kontrollgruppe

<table>
<tr><th colspan="4">Unterrichtseinheit zum „Gesetz zur Erhaltung der Masse“</th></tr>
<tr><th>Stunde</th><th>Experimentalgruppe</th><th>Kontrollgruppe</th><th>kurze Kontrollgruppe</th></tr>
<tr><td>1
2</td><td colspan="3">Problemstellung/Hypothesenbildung
Fachliche Klärung</td></tr>
<tr><td>3</td><td>Gruppenarbeit (Schülerversuche zur Widerlegung von Schülervorstellungen)</td><td>Gruppenarbeit (Schülerversuchen zur Beantwortung von Leitfragen)</td><td>Anwendung und Transfer</td></tr>
<tr><td>4</td><td>Präsentation (Widerlegung von Schülervorstellungen)</td><td>Präsentation (Beantwortung von Leitfragen)</td><td>Metakognition (Reflektieren der Unterrichtsinhalte, Versuche)</td></tr>
<tr><td>5</td><td colspan="2">Anwendung und Transfer</td><td></td></tr>
<tr><td>6</td><td>Metakognition (Bewusstmachen von Lernvorgängen)</td><td>Metakognition (Reflektieren der Unterrichtsinhalte, Versuche)</td><td></td></tr>
</table>

Zusätzlich wird an einer Nullgruppe getestet werden, ob durch das Ausfüllen der Fragebögen ein Lerneffekt entsteht. Es ist zu erwarten, dass auch Schülerinnen und Schüler, die nicht instruiert werden, zunehmend komplexere Concept Maps erstellen können (Stracke, 2003).

13.4.2 Instrumente zur Datenerhebung

Aufgrund der Fragestellung bot es sich an, die Entwicklung der Zufriedenheit mit dem Gelernten und die Beschäftigung mit den Vorstellungen sowie Lernerfolg und die Änderungen im Wissensgefüge durch ein Pre-Post-Design zu untersuchen (vgl. Tabelle 13.2). Dazu wurde ein Fragebogen entwickelt, dessen Motivationsskalen sich an Deci & Ryan (1993) orientieren, der aber auch selbst erstellte Skalen unter anderem zur Abfrage der Zufriedenheit der Schülerinnen und Schüler mit dem Gelernten bzw. zur Beschäftigung mit ihren eigenen Vorstellungen enthält. Ebenso enthält der Fragebogen auch Skalen zur Abfrage der Motivation der Schülerinnen und Schüler in Anlehnung an Stracke (2003) bezüglich der Erstellung der Concept Maps.

Bei der Entwicklung der Erhebungsinstrumente wurde besonderer Wert darauf gelegt, dass die Lernenden möglichst wenig Zeit zum Ausfüllen benötigen, da ansonsten die Zeit der Unterrichtseinheit und die Zeit, die die Schülerinnen und Schüler zum Ausfüllen der Fragebogen benötigen, in keinem Verhältnis zueinander stehen. Die Items waren auf einer fünfstufigen Likert-Skala von 1 (= trifft nicht zu) bis 5 (= trifft ganz besonders zu) zu beantworten.

Die Vorstellungen der Lernenden zu dem Schlüsselexperiment im Unterricht wurden mit einem Fragebogen erfasst, der eine Multiple-Choice-Aufgabe und eine offene Aufgabe enthält. Schülervorstellungen und Concept Maps wurden jeweils zu Beginn der Unterrichtseinheit, unmittelbar nach der Unterrichtseinheit und sechs Wochen danach erhoben.

Da in den quantitativen Untersuchungen die subjektiven Wahrnehmungen und Sichtweisen der Schülerinnen und Schüler bezüglich der Unterrichtseinheit nicht im Detail erfasst werden konnten, wurden die Untersuchungen mit Leitfadeninterviews ergänzt. Dazu wurden nach der Unterrichtseinheit mit zwei bis drei Schülerinnen und Schülern pro Klasse Interviews durchgeführt. Dabei wurden die Lernenden befragt, wie sie die Unterrichtseinheit erlebt haben.

Die Technik des Concept Mapping wurde ausgewählt, damit die vielfältigen Vorstellungen der Lernenden möglichst gut sichtbar gemacht werden können. Um die Änderungen in den Vorstellungen der Schülerinnen und Schüler aufzeigen zu können, ist es von besonderer Bedeutung, dass die Begriffe, die den Schülerinnen und Schülern für das Erstellen der Concept Maps angeboten wurden, sowohl Darstellungen von wissenschaftlich korrektem Wissen als auch von Fehlvorstellungen zulassen. Daher mussten auch Begriffe ausgewählt werden, mit deren Hilfe empirisch belegte Fehlvorstellungen dargestellt werden können. Um geeignete Begriffe für die Erstellung von Concept Maps zu finden, wurden zunächst viele Begriffe gesammelt und von Experten der Arbeitsgruppe Concept Maps angefertigt.

Unter der Berücksichtigung der Darstellungsmöglichkeiten empirisch gefundener Schülervorstellungen wurde die Anzahl der verwendeten Begriffe so gering wie möglich, aber so groß wie nötig gehalten. Folgende 17 Begriffe wurden ausgewählt: *Offenes System, Neuer Stoff, Aggregatzustand, Sauerstoff, Geschlossener Rundkolben, Teilchen, Masse, Abnahme der Masse, Gas, Feststoff, Kohlenstoff, Zunahme der Masse, Verbrennung, Gleichbleiben der Masse, Kohlenstoffdioxid, Chemische Reaktion.*

Vor der Unterrichtseinheit wurden die Schüler mit der Technik des Concept Mapping vertraut gemacht und erstellten in Partnerarbeit ein Übungs-Concept-Map zum Thema Schule.

Die Begriffe wurden den Schülerinnen und Schülern auf wiederablösbaren Etiketten zur Verfügung gestellt. Sie sollten sich auf diese Begriffe beschränken, konnten aber die Beschriftung der Pfeile frei wählen. Die Vorgabe der Pfeilbeschriftungen würde die Möglichkeit, individuelle (Fehl-)Vorstellungen darzustellen, verringern.

Tab. 13.2: Einsatz der Erhebungsinstrumente

Unterrichtsstunde	Erhebungsinstrument
0	Concept-Map „Schule" zur Übung Fragebogen zum Chemieunterricht
1	Schülervorstellungen 1 Concept Map 1
2/3/4	*Unterricht*
5	Schülervorstellungen 2
6	Concept Map 2 Fragebogen zum Chemieunterricht 2
Sechs Wochen nach der Unterrichtseinheit	Schülervorstellungen 3 Concept Map 3 Fragebogen zum Chemieunterricht 3

13.4.3 Auswertungsmethoden für die eingesetzten Erhebungsinstrumente

Die Auswertung der intervallskalierten Fragebogen erfolgt durch eine zweifaktorielle Varianzanalyse mit Messwiederholung, wobei die Werte des Prätests als Kovariate in die Berechnung eingehen.

Die Berechnung der strukturellen Parameter der Concept Maps erfolgte mit Hilfe der Software MaNET. Da es nicht möglich war, die Concept Maps direkt am PC erstellen zu lassen, wurden die Concept Maps auf Papier erstellt und für die Auswertung in das Programm MaNET übertragen. Dabei wurden, soweit es notwendig war, Relationen sinngemäß vereinheitlicht. Erfolgte eine missverständliche Beschriftung des Pfeils, wurde nur der Pfeil übernommen.

Die Software MaNET wurde gewählt, weil sich damit Concept Maps auf umfassende Weise analysieren lassen (Stracke, 2003). In dieser Arbeit werden die strukturellen Parameter *Verknüpfungsdichte*[1] und *Grad der Zerklüftetheit*[2] untersucht. Die *Verknüpfungsdichte* und der *Grad der Zerklüftetheit* wurden gewählt, weil sie vergleichsweise schnell zu bestimmen Parameter sind und sich Concept Maps von Laien und Experten in diesen Parametern unterscheiden. Bei Experten liegen die Werte für die *Verknüpfungsdichte* höher als bei Laien und der *Grad der Zerklüftetheit* sinkt mit zunehmendem Wissen.

Die in der Analyse der Concept Maps errechneten Mittelwerte der untersuchten Parameter wurden in SPSS 18 übertragen und statistisch ausgewertet.

---

1 Die *Verknüpfungsdichte* (V) ist das Verhältnis vom tatsächlichen Umfang des Probandennetzes (U) zum rechnerisch maximalen Umfang (Umax): V=U/Umax. Damit liegt die Verknüpfungsdichte zwischen 0 und 1.

2 Die *Zerklüftetheit* resultiert aus der Anzahl der Teilnetze, die nicht miteinander in Verbindung stehen. Der Wert für die *Zerklüftetheit* kann zwischen 1, d.h. alle Begriffe hängen zusammen, und der Anzahl der vorgegebenen Begriffe, d.h. kein Begriff ist mit irgendeinem anderen Begriff verknüpft, liegen.

Da empirische Untersuchungen Hinweise darauf geben, dass bei den verwendeten Concept Maps-Parametern oftmals keine Normalverteilung vorliegt (Eckert, 1998), wurde vor der Varianzanalyse zunächst mit Hilfe des K-S-Tests überprüft, ob bei der zu untersuchenden Variable eine Normalverteilung vorliegt. Wird die Normalverteilungsannahme nicht zurückgewiesen, werden die parametrischen Tests durchgeführt (Varianzanalyse mit Messwiederholung). Sollte der Test auf Normalverteilung zurückgewiesen werden, werden nicht-parametrische Testverfahren verwendet.

Die Leitfadeninterviews werden mit Hilfe der qualitativen Inhaltsanalyse ausgewertet. Da die Auswertung der Leitfadeninterviews derzeit noch nicht abgeschlossen ist, werden in diesem Artikel lediglich Beispiele von Schüleraussagen zitiert.

13.5 Erste Tendenzen

Die hier vorgestellten ersten Ergebnisse von zwei teilnehmenden Schulen mit jeweils zwei Klassen als Experimental- und Kontrollgruppe sollen zunächst einen Einblick in Teilbereiche der Studie ermöglichen. Die Stichprobengröße der Experimentalgruppe umfasste 42 Schüler (21 weiblich, 21 männlich), die der Kontrollgruppe 44 Schüler (20 weiblich, 24 männlich). Die Schülerinnen und Schüler waren zum Zeitpunkt der Studie im Mittel 13.74 (SD = .64) Jahre alt.

13.5.1 Quantitative Ergebnisse der betrachteten psychometrischen Daten

An Hand der Daten zweier Schulen wird dargestellt, wie sich die Unterrichtseinheit auf die Lernzufriedenheit der Schülerinnen und Schüler auswirkte. Die Reliabilitäten der verwendeten Skalen lagen über dem in der Literatur geforderten Wert von .70 mit einer Trennschärfe > .40 (Bortz & Döring, 2006).

Bei der Auswertung der psychometrischen Daten von Experimental- und Kontrollgruppe konnten im Prä-, Post- und Follow-up-Test keine signifikanten Unterschiede zwischen den Gruppen in den hier betrachteten Skalen „*Zufriedenheit mit dem Gelernten*“ (Cronbachs α = .79, Trennschärfe > .40) und „*Beschäftigung mit den eigenen Vorstellungen*“ (Cronbachs α = .78, Trennschärfe > .40) festgestellt werden. In Abbildung 13.1 ist dargestellt, wie sich die Antworten der Schülerinnen und Schüler, was die Zufriedenheit mit dem Gelernten und die Beschäftigung mit den eigenen Vorstellungen betrifft, über den gesamten Messzeitraum entwickelt haben. Dabei blieb in der Experimentalgruppe der Wert für die Bedeutung der Skala „*Zufriedenheit mit dem Gelernten*“ auf gleichem Niveau und für die der Skala „*Beschäftigung mit den eigenen Vorstellungen*“ stieg der Wert leicht an. In der Kontrollgruppe lässt sich zum Messzeitpunkt 3 eine leichte Abnahme bei beiden Skalen erkennen. Wenn auch keine signifikanten Unterschiede vorhanden sind, könnte sich hinsichtlich der Gesamtstichprobe eine interessante Entwicklung abzeichnen.

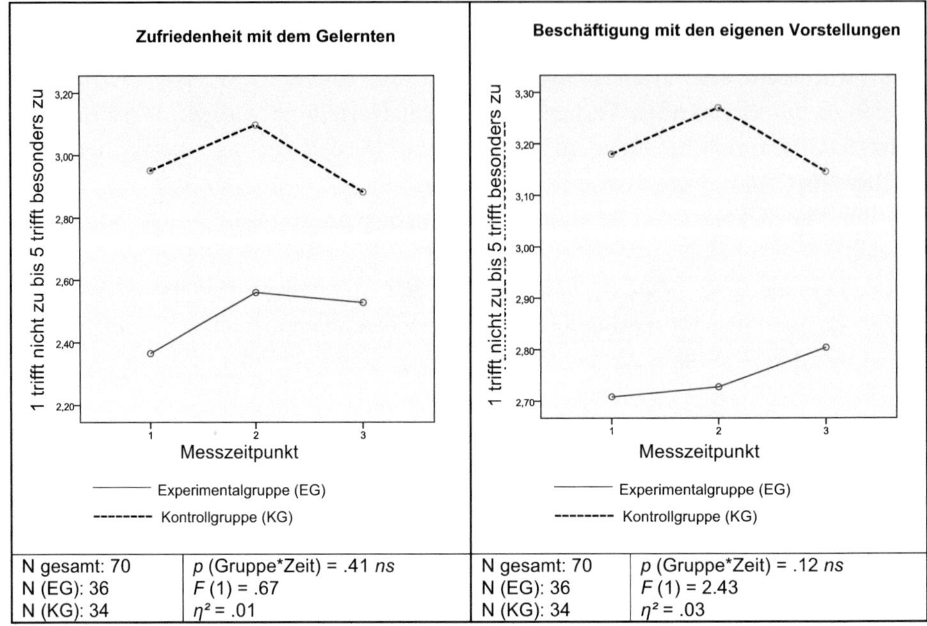

Arithmetische Mittelwerte und Standardabweichungen der Skalen „Zufriedenheit mit dem Gelernten“ und „Beschäftigung mit den eigenen Vorstellungen“ zu den Messzeitpunkten 1, 2 und 3						
Gruppe (N)	Mächtigkeit des Gelernten			Beschäftigung mit den eigenen Vorstellungen		
	T1	T2	T3	T1	T2	T3
EG (36)	2.36 ± .74	2.56 ± .85	2.52 ± .98	2.70 ± .71	2.73 ± .68	2.80 ± .89
KG (34)	2.95 ± .86	3.09 ± 1.03	2.88 ± .98	3.17 ± .73	3.27 ± .79	3.14 ± ,85

Abb. 13.1: Antwortverhalten der Skalen „Zufriedenheit mit dem Gelernten“ und „Beschäftigung mit den eigenen Vorstellungen im Verlauf der Studie im Prä-, Post- und Follow-up-Test (Messzeitpunkte 1, 2 und 3).

13.5.2 Lernerfolg

In die Auswertung des Lernerfolges gehen die Multiple-Choice-Antworten auf dem Fragebogen zur Erfassung der Schülervorstellungen ein. Zum Messzeitpunkt 1 kreuzten in der Experimentalgruppe (N = 39) 36,4 Prozent der Lernenden die richtige Antwort an, in der Kontrollgruppe (N = 36) waren es 29,5 Prozent. Direkt nach der Unterrichtseinheit und sechs Wochen nach der Unterrichtseinheit waren bei der Experimentalgruppe 90,90 Prozent (N = 40) bzw. 93,2 Prozent (N = 41) der Antworten und bei der Kontrollgruppe 93,2 Prozent (N = 40) bzw. 90,9 Prozent (N = 40) der Antworten richtig angekreuzt.

13.5.3 Ergebnisse der Concept Maps

Die strukturellen Parameter *Verknüpfungsdichte* und *Zerklüftetheit* wurden für zwei Klassen, jeweils eine Experimental- und eine Kontrollgruppe berechnet. Abbildung 13.2 zeigt den Verlauf der strukturellen Parameter zu den drei Messzeitpunkten.

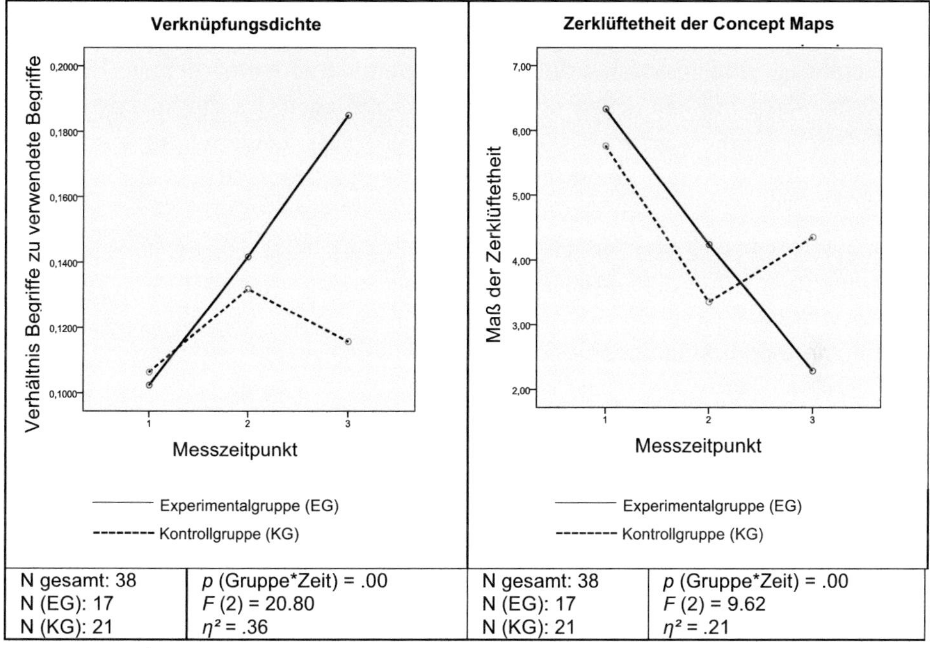

Arithmetische Mittelwerte und Standardabweichungen der strukturellen Parameter Zerklüftetheit und Verknüpfungsdichte zu dem Messzeitpunkten T1, T2 und T3

Gruppe (N)	Verknüpfungsdichte			Zerklüftetheit		
	T1	T2	T3	T1	T2	T3
EG (21)	.10 ± .04	.14 ± .04	.18 ± .06	6.33 ± 2.79	4.23 ± 2.60	2.28 ± 1.76
KG (18)	.10 ± .03	.13 ± .03	.11 ± .03	5.77 ± 2.41	3.75 ± 2.59	4.44 ± 2.57

Abb. 13.2: Zerklüftetheit und Verknüpfungsdichte der Concept Maps im Prä-, Post- und Follow-up-Test (Messzeitpunkte 1, 2 und 3).

Zwischen Experimental- und Kontrollgruppe wurden am ersten und zweiten Messzeitpunkt keine signifikanten Unterschiede bei der *Verknüpfungsdichte* und der *Zerklüftetheit* der Concept Maps festgestellt. Zum Messzeitpunkt 3 konnten jedoch signifikante Unterschiede zwischen den Gruppen sowohl in der *Verknüpfungsdichte* als auch in der *Zerklüftetheit* der Concept Maps festgestellt werden (siehe Abbildung 13.2).

13.5.4 Schülerinterviews

Die hier vorgestellten Aussagen von Schülerinnen und Schülern stammen aus Interviews, die im Anschluss an die Unterrichtseinheit mit zwei Schülerinnen und zwei Schülern der Experimentalgruppe geführt wurden. Von der Lehrperson wurden Schülerinnen und Schüler unterschiedlicher Leistungsniveaus ausgewählt. Deutlich wurde bei allen Schülerinnen und Schülern, dass sie sehr erstaunt oder „irgendwie berührt" waren, dass ihre ursprüngliche Vermutung nicht richtig war. Als sie eine schlüssige und plausible Erklärung dafür erhielten, empfanden sie Erleichterung und waren mit der neuen Erklärung sehr zufrieden. Da die Interviews noch nicht abschließend ausgewertet sind, werden hier beispielhafte Auszüge aus den Interviews mit Schülerinnen und Schülern der Klasse 8 dargestellt:

Wie hast du die Unterrichtseinheit erlebt?
„Der Unterricht war interessanter, kam besser rüber, vielleicht durch die vielen Versuche." (Schülerin, 8. Klasse)

„Den Unterricht fand ich spannend, war neu und ich habe mich gut drin eingefunden. Gut war, dass es über mehrere Stunden ging." (Schüler, 8. Klasse)

Wie war deine ursprüngliche Vorstellung?
„Ich habe gedacht, dass die Masse zunimmt, weiß nicht, warum ich das gedacht habe. War ein komisches Gefühl, als ich erkannt habe, dass ich falsch gedacht habe." (Schülerin, 8. Klasse)

„Ich habe gedacht, die Masse nimmt ab, weil es von fest zu gasförmig wird." (Schüler, 8. Klasse)

Wie hat es sich angefühlt, als du mitbekommen hast, dass es anders ist?
„Ich hab mir erst gedacht, oh je, jetzt hab ich immer gedacht, dass es anders ist und jetzt hat sich rausgestellt, dass es doch ganz anders ist, als ich es mir vorgestellt habe und jetzt denke ich, ich weiß ja was richtig ist." (Schülerin, 8. Klasse)

„Ich war ganz schön verblüfft, dass die Masse gleich geblieben ist! Ich fand es … im Nachhinein ist es mir klar geworden." (Schüler, 8. Klasse)

Wie war es für dich, mit Schüleraussagen zu arbeiten?
„Das Arbeiten mit den Schüleraussagen fand ich sehr gut, es hat Spaß gemacht, das herauszufinden mit anderen Klassenkameraden, es war auch anders, als wenn es der Lehrer vorne erarbeitet, weil man versteht es besser, wenn man es selbst erarbeitet." (Schülerin, 8. Klasse)

„Unsere Aussage hat nicht gestimmt und wir haben sie mit einem Versuch widerlegt. Fand ich gut so zu arbeiten." (Schüler, 8. Klasse)

Hast du dich mit deinen Vorstellungen auseinandergesetzt?

„Ich habe mich mit meinen Vorstellungen auseinander gesetzt, weil, ich war anderer Meinung, wie das ist, dann kam raus, dass ich ganz falsch gedacht habe; ich habe mich damit auseinandergesetzt." (Schülerin, 8. Klasse)

„Ja, ich habe mir erst zuvor eine Meinung gebildet, aber die war dann meistens falsch, und dann war es gut, dass man herausgefunden hat, wie es eben ist und nicht so wie man es gedacht hat. ... In der Unterrichtseinheit war es anders, da macht man sich mehr Gedanken." (Schüler, 8. Klasse)

13.6 Diskussion

In der Untersuchung konnte gezeigt werden, dass sich die strukturellen Parameter der Concept Maps von Experimental- und Kontrollgruppe sechs Wochen nach der Unterrichtseinheit hochsignifikant unterschieden. Dagegen konnten in den hier betrachteten Skalen „*Zufriedenheit mit dem Gelernten*" und „*Beschäftigung mit den eigenen Vorstellungen*" sowie dem Lernerfolg keine signifikanten Unterschiede zwischen Experimental- und Kontrollgruppe festgestellt werden.

Daher kann davon ausgegangen werden, dass die Unterrichtseinheiten von den Lernenden beider Gruppen gleich gut angenommen wurde. Durch die Hypothesensuche und die Beschäftigung mit den eigenen Vorstellungen zu dem Schlüsselexperiment, dem für die meisten Schülerinnen und Schüler überraschenden Ergebnis des Versuchs und der anschließend folgenden logischen und verständlichen Erklärung wurden bei vielen Schülerinnen und Schülern sowohl ein kognitiver Konflikt produziert als auch zufriedenstellende Erklärungsmöglichkeiten gegeben. Diese Vorgehensweise wurde auch von der Kontrollgruppe als gewinnbringend empfunden. Zugleich zeigte sich, dass sich die Beschäftigung der Experimentalgruppe mit Schüleraussagen nicht negativ auf den Lernerfolg auswirkt.

Die zum Messzeitpunkt 3 im Vergleich zur Kontrollgruppe gleich bleibenden Werte der Skala der „*Zufriedenheit mit dem Gelernten*" und leicht zunehmenden Werte der Skala „*Beschäftigung mit den eigenen Vorstellungen*" bei der Experimentalgruppe könnten ein Hinweis darauf sein, dass sich die Schülerinnen und Schüler der Experimentalgruppe intensiver mit ihren eigenen Vorstellungen beschäftigten und langfristig zufriedener mit dem Gelernten sind, als die Schüler der Kontrollgruppe. Die Unterschiede sind zwar nicht signifikant, werden aber aufgegriffen, da diese Tendenz bereits in der Pilotstudie beobachtet werden konnte. In der weitergehenden Auswertung der Studie wird sich zeigen, ob diese Unterschiede nach der Auswertung aller Klassen signifikant werden.

Diese Tendenz wird durch die hochsignifikanten Unterschiede der strukturellen Parameter der Concept Maps zwischen Experimental- und Kontrollgruppe zum Messzeitpunkt 3 unterstützt. Die Ergebnisse der Auswertung der Concept Maps lassen darauf schließen, dass in der Experimentalgruppe durch die intensive Beschäftigung mit den empirisch gefundenen Schülervorstellungen eine weitaus komplexere Integration des neu Gelernten in bereits bestehende kognitive Strukturen der Lernenden stattgefunden hat, sich deren Konzepte nachhaltig verändert haben und deren kognitive Strukturen stärker erweitert wurden als bei Lernenden der Kontrollgruppe. Diese Veränderungen waren aber noch nicht unmittelbar nach der Unterrichtseinheit, sondern erst in dem Test sechs Wochen nach der Unterrichtseinheit festzustellen. Wie sich diese Unterschiede in den Concept Maps qualitativ darstellen, wird in der weitergehenden Auswertung untersucht.

Diese ersten Ergebnisse zeigen, dass es wichtig für die Lernprozesse der Schülerinnen und Schüler ist, im Unterricht Fehlvorstellungen anzusprechen und vor allem zu behandeln. Um langfristig Lernprozesse anzuregen, sollten häufiger Unterrichtseinheiten, in denen die Vorstellungen der Lernenden intensiv berücksichtigt und integriert werden, durchgeführt werden.

Zusammenfassend lässt sich sagen, dass in einem Unterricht mit konstruktivistischen Elementen, in dem Lernende die Gelegenheit haben, Sachverhalte zu hinterfragen, Neues mit bereits Bekanntem zu verknüpfen und Wissen selbstständig aufzubauen, möglicherweise die kognitiven Strukturen ver- oder geändert werden können.

Im e^xMNU-Rahmenmodell nach Rieß (vgl. Kapitel 8, Rieß, 2012) weist die Studie einen Bezug zu der Ebene der Unterrichtsprozesse, insbesondere die Lerngelegenheiten und Qualität des Unterrichts auf. Von Seiten der Schülerinnen und Schüler finden die individuellen Voraussetzungen (kognitiv/Schülervorstellungen) starke Berücksichtigung.

Die Ergebnisse der Studie sollen grundlegende und wissenschaftstheoretische Erkenntnisse für den Unterricht der Naturwissenschaften liefern.

Angelika Wolf, Matthias Laukenmann und Markus Wirtz

14. Eigenständigkeit, Motivation und Lernerfolg im Physikunterricht – Ergebnisse einer Mehrebenenanalyse – Teilprojekt 6

Zusammenfassung

Im baden-württembergischen Bildungsplan für Realschulen (2004) wird postuliert, dass Eigenständigkeit des Lernenden eine notwendige Voraussetzung für den Lernerfolg darstellt. Im Rahmen des hier vorgestellten Forschungsprojekts wurde geprüft, ob sich dieses Postulat im Physikunterricht an Realschulen als tragfähig erweist. Ausgehend von der Selbstbestimmungstheorie von Deci & Ryan (1993) und der Konzeptwechseltheorie von Duit (2000) wurden auf der Basis von N = 496 Schülern[1] in N = 21 Realschulklassen verschiedene Prädiktionsmodelle entwickelt und mehrebenenanalytisch geprüft. Als zentrale Merkmale wurden auf Schülerebene die *Grundbedürfnisse* (im Sinne der Selbstbestimmungstheorie der Motivation), die *Motivation* sowie der *Leistungsstand* vor und nach einer Unterrichtseinheit zur Elektrizitätslehre erhoben. Die Einschätzung der *wahrgenommenen* bzw. *zugelassenen Eigenständigkeit* wurde aus drei Betrachterperspektiven (Schüler, Lehrer, externe Beobachter) erfasst. Signifikante Unterschiede im Post-Leistungstest auf Klassenebene konnten durch die Klassenunterschiede im Pre-Leistungstest und durch die Einschätzung der *zugelassenen Eigenständigkeit* durch den Lehrenden vorhergesagt werden (R^2 = .57). Die von den Schülern und externen Beobachtern *wahrgenommene Eigenständigkeit* besaß jedoch weder auf Schüler- noch auf Klassenebene Vorhersagekraft auf den *Lernerfolg*.

Des Weiteren weisen die Ergebnisse darauf hin, dass Schüler, die ein hohes Maß an *Selbstbestimmung* im Unterricht wahrnehmen tendenziell stärker intrinsisch motiviert sind. Schätzen die Schüler wiederum ihre *Motivation* hoch ein, zeigt sich tendenziell ein besseres Abschneiden im Post-Test.

Das oben formulierte Postulat kann somit in dieser allgemeingültigen Form nicht bestätigt werden; zugleich können jedoch die Annahmen der Selbstbestimmungstheorie der Motivation gestützt werden.

14.1 Stand der Forschung und Forschungsfragen

Die Identifikation bedeutsamer Determinanten sowohl auf Ebene des einzelnen Schülers als auch auf Ebenen der Unterrichts- und der Schulsystemgestaltung für

1 Im vorliegenden Artikel wird, sofern nicht anders notwendig, nur ein Begriff zur Bezeichnung von Personengruppen verwendet. Eine Trennung nach Geschlecht und eine damit verbundene Benachteiligung wird nicht vorgenommen.

den Lernerfolg von Schülern stellt ein zentrales Ziel der empirischen Unterrichtsforschung dar (Helmke & Weinert, 1997; Helmke, 2008; Möller et al., 2002; Renkl, 2002; Prenzel et al., 2004). In der hier dargestellten Studie werden die Konstrukte der *Eigenständigkeit*[2] und der *Motivation* von Schülern als wesentliche Bedingungen für einen erfolgreichen Lernprozess untersucht. Den theoretischen Hintergrund der Studie bilden die Konzeptwechseltheorie (u.a. Duit, 2000) sowie die Selbstbestimmungstheorie nach Deci und Ryan (1993, 2000, 2002).

Deci und Ryan (1993, 2000, 2002) gehen davon aus, dass eine auf Selbstbestimmung beruhende Lernmotivation positive Wirkungen auf die Qualität von Lernen hat. Sie postulieren drei angeborene psychologische Bedürfnisse, die ihre Geltung für alle Regulationen der Motivation haben:

- das Bedürfnis nach Kompetenz oder Wirksamkeit,
- das Bedürfnis nach Autonomie oder Selbstbestimmung und
- das Bedürfnis nach sozialer Eingebundenheit oder sozialer Zugehörigkeit.

Die beiden Autoren gehen davon aus, dass Rahmenbedingungen, die Heranwachsenden die Gelegenheit von Kompetenz- und Autonomieerleben sowie sozialer Eingebundenheit geben, die intrinsische Motivation fördern, während eine Hemmung dieser Bedürfnisse diese Art der Motivation eher schwächt.

Der theoretische Ansatz konnte inzwischen in vielen empirischen Studien insbesondere für universitäre Kontexte als nützliches Rahmenmodell zur Vorhersage von Lernerfolgen bestätigt werden (Black & Deci, 2000; Vansteenkiste et al., 2004; Hyungshim et al., 2009). Insbesondere die intrinsischen Motivation erweist sich dabei als wesentlicher Prädiktor für den kreativen Umgang mit Lernaufgaben, die kognitive Flexibilität und das konzeptuelle Verständnis des Lernstoffes (Deci et al., 2001).

Die Konzeptwechseltheorie beschreibt Lernwege, die, ausgehend von Schülervorstellungen, zu naturwissenschaftlichen Vorstellungen führen. Es geht dabei jedoch nicht um den Austausch oder die Löschung eines der Konzepte; sie bleiben in ihrer jeweiligen Form nebeneinander bestehen. Ziel des Unterrichts ist es, den Schüler oder die Schülerin davon zu überzeugen, dass sich in manchen Situationen die naturwissenschaftlichen Vorstellungen als angemessener und fruchtbarer erweisen als die eigenen Alltagsvorstellungen (Duit, 2000).

Ausgehend von dem oben genannten Postulat, der Selbstbestimmungstheorie der Motivation und der Konzeptwechseltheorie wurden zu Beginn der Studie folgende Forschungsfragen formuliert:

1. Besteht ein Zusammenhang zwischen der Ausprägung von Eigenständigkeit (aus Sicht der Lehrer, Schüler und Rater)[3] im Physikunterricht zum Lernerfolg der Schüler?

2 Als Konstrukt werden nicht direkt beobachtbare Merkmale bezeichnet, die anhand von Skalen operationalisiert werden (Bühner & Ziegler, 2009, S. 15). Im Folgenden werden Konstrukte, die bei den Mehrebenenmodellen auch als Prädiktoren, Indikatoren und unabhängige Variablen fungieren, *kursiv* geschrieben und nicht mehr als solche im Text selbst bezeichnet.

3 Als Rater werden diejenigen Personen bezeichnet, die die Unterrichtsvideos anhand eines hochinferenten Ratingmanuals in Form eines Fragbogens einschätzen.

2. Bestehen Zusammenhänge zwischen der Erfüllung der Grundbedürfnisse, der Motivation und dem Lernerfolg der Schüler?

14.2 Methodischer Teil

Studiendesign

Die Untersuchung umfasste eine Pilot- und eine Hauptstudie, die beide gleich aufgebaut waren. Die Pilotstudie wurde im Zeitraum März 2009 bis Juni 2009 durchgeführt. Die Hauptstudie fand während des gesamten Schuljahres 2009/2010 statt.

Der Erhebungszeitraum der Hauptstudie beinhaltete 5 Messzeitpunkte (MZP) während der Unterrichtseinheit Elektrizitätslehre. Tabelle 14.1 zeigt, welche Erhebungsinstrumente jeweils zum Einsatz kamen. Dabei wurde bei MZP 1 die generelle bzw. prospektive, bei den beiden MZP 2 und 3 die situative und beim MZP 4 die retrospektive Einschätzung erfasst. Nach Abschluss dieser Unterrichtseinheit wurde zum MZP 5 ein Post-Leistungstest durchgeführt.

Tab. 14.1: Einsatz der Fragebögen und Videoaufnahmen während der Hauptuntersuchung an fünf Messzeitpunkten (MZP)

		Unterrichtseinheit Elektrizitätslehre 10/2009 – 5/2010			
Messzeitpunkte	**1**	**2**	**3**	**4**	**5**
Schülerfragebogen					
Eigenständigkeit Unterricht	x	x	x	x	
Selbstbestimmung und Motivation	x	x	x	x	
Einflussvariablen	x				
Pre-Post-Leistungstest	x				x
Lehrerfragebogen					
Eigenständigkeit Unterricht	x	x	x	x	
Einflussvariablen	x				
Raterfragebogen					
Eigenständigkeit Unterricht		x	x		
Videoaufnahmen		x	x		

Zur Erfassung der Daten der beiden Konstrukte *Motivation und Grundbedürfnisse* (Schülerebene[4]; MZP 1–4) sowie bei den weiteren möglichen Einflussvariablen (Schüler- und Lehrerebene; MZP 1; siehe auch Tabelle 14.2) wurde auf standardisierte Fragebögen (Seidel et al., 2003; Klieme et al., 2005; Ramm et al., 2006) zurückgegriffen. Die *Einschätzung der Eigenständigkeit* im Unterricht erfolgte anhand eines selbst entwickelten Fragebogens (MZP 1–4) aus drei Perspektiven. Neben der Befragung von Schülern und Lehrern wurde die *Eigenständigkeit* aus einer externen Perspektive (Rater) anhand von Videoaufnahmen (MZP 2 und 3) hoch inferent ausgewertet (Clausen, 2002). Die Lehrer-, Schüler- und Rater-Fragebögen zur Erfassung der *Eigenständigkeit im Unterricht* waren formal an die jeweilige Gruppe angepasst. Das Konstrukt wurde anhand bereits bestehender Definitionen und erprobter Skalen in heuristischer und explorativer Vorgehensweise gebildet. Nach statistischer und inhaltlicher Überprüfung ergab sich ein Konstrukt, welches sich stark an den Begriff „kognitive Aktivierung" anlehnt. Zum besseren Verständnis werden zwei Items vorgestellt: (1) *„In unserem Physikunterricht diskutiert unser Lehrer über verschiedenen Antworten und Lösungswege, die wir gefunden haben".* (2) *„In unserem Physikunterrichtermutigt ermutigt uns unser Lehrer, unsere Beiträge stets in eigenen Worten zu formulieren."*[5]

Zur Erfassung des Lernerfolgs im Sinne der Konzeptwechseltheorie wurde vor und nach der Unterrichtseinheit Elektrizitätslehre (MZP 1 und 5) ein standardisierter Wissenstest eingesetzt (von Rhöneck, 1986). Dieser beruht im Schwerpunkt auf fachdidaktischer und weniger auf psychometrischer Grundlage.[6] Entsprechend der Forschungsfragen wurde für die Berechnungen und in die Modellbildung lediglich der Summenscore verwendet.[7]

Tabelle 14.2 stellt nochmals die erhobenen Konstrukte (dargestellt als Prädiktoren) und die zusätzlich erfassten Unterrichtsmerkmale (dargestellt als weitere mögliche Einflussvariablen) mit der Zuordnung zu der jeweiligen Ebene (Individual- und Klassenebene) dar. Als abhängige Variable wurde der *Lernerfolg* erfasst. Der *Lernerfolg* wird in dieser Studie über das *Leistungsvermögen im Post-Test* unter regressionsanalytischer Kontrolle des *Leistungsvermögens im Pre-Test* definiert. Nach Trautwein et al. (2001, siehe auch Dugard & Todman, 1995) ist dadurch eine Interpretation der Effekte der übrigen Prädiktoren als Einflussfaktoren auf die Leistungsentwicklung zulässig. Der Teil der Varianz, der nicht über das *Leistungsvermögen im*

---

4 Im Folgenden werden die Begriffe Schüler-, Individual- und Level-1-Ebene, sowie Klassen- und Level-2-Ebene synonym verwendet.

5 Es wird allgemein mit 5-Punkt-Likert-Skalen gearbeitet (1 = „trifft gar nicht zu" bis 5 = „trifft völlig zu"), wobei eine Intervallskalierung angenommen wird.

6 Dadurch erfüllt der Test im strengen Maße nicht die Gütekriterien (im Rahmen dieser Arbeit: $\alpha_{Pre\text{-}Test} = .16$ und $_{\alpha Post\text{-}Test} = .06$ (mit jeweils 10 Items) und hat sich auch in vielen anderen Untersuchungen als nicht reliabel erwiesen. Dennoch stand derzeit eine Alternative nicht zur Verfügung.

7 Damit konnte in Bezug auf die Konzeptwechseltheorie nur festgestellt werden, ob die Schüler nach der Unterrichtseinheit eine Zunahme an Konzepten verzeichnen konnten. Welches naturwissenschaftliche Konzept neu erworben wurde konnte anhand dieser Art der Auswertung nicht festgestellt werden.

Pre-Test aufgeklärt wird (sog. „vorwissensunabhängige Teil"), wird im Folgenden als *Lernerfolg* bezeichnet.

Tab. 14.2: Modellierung von Zusammenhängen zwischen der wahrgenommenen bzw. zugelassenen Eigenständigkeit, der Motivation, den Grundbedürfnissen, sowie weiteren Einflussvariablen und dem Lernerfolg

Prädiktoren	**weitere Einflussvariablen**
Klassen- bzw. Lehrerebene	
Zugelassene Eigenständigkeit	Berufszufriedenheit
Pre-Leistungsvermögen (Klassenmittelwert)	Motivationale Merkmale Lehrperson: • Enthusiasmus für Physikv • Enthusiasmus für den Physikunterricht in dieser Klasse • Selbstwirksamkeit Lehrer
	Denken über Physik; Epistemologische Überzeugungen Lehrer
	Lehrerpersönlichkeit: • Extraversion • Verträglichkeit • Neurotizismus • Offenheit für neue Erfahrungen
	Zeit
	Disziplinprobleme in der Klasse
Individualebene	
Wahrgenommene Eigenständigkeit	Geschlecht
Motivation	Note NWA
Grundbedürfnisse	Alter
Pre-Leistungsvermögen (Residuen)	Sozioökonomischer Hintergrund (Nationalität, Sprache, Schulabschluss Eltern)
	Positive Lebenseinstellung
	Fachbezogenes Selbstkonzept
	Unterrichtsklima
	Interesse Physik (Sachinteresse)
	Klassenklima
	Diagnostische Kompetenz des Lehrers in sozialer und persönlicher Hinsicht
	Innere und äußere Koherenz des Unterrichts
	Wahrgenommene Instruktionsqualität
	Motivierungsfähigkeit der Lehrperson
	Engagement der Lehrperson
	Strukturiertheit der Lehrer aus Sicht der Schüler
	Unstrukturiertheit der Lehrer aus Sicht der Schüler

Die Stichprobe der Hauptuntersuchung setzte sich aus insgesamt 21 Lehrpersonen (2 weiblich, 19 männlich) und 605 Schülern (295 Mädchen und 310 Jungen) der Jahrgangsstufe 8 an 15 verschiedenen Realschulen im Raum Rhein-Neckar zusammen. Die Stichprobe bestand ausschließlich aus freiwillig teilnehmenden Lehrern und deren Klassen. Somit liegt keine Zufallsstichprobe vor, weshalb ein Anspruch auf Repräsentativität nicht erhoben werden kann. Die in den Fragebögen verwendeten standardisierten Skalen wurden auf Reliabilität hin überprüft. Dabei haben sich alle Skalen als reliabel erwiesen ($.63 < \alpha < .92$; Wolf & Laukenmann, 2011).

Umgang mit fehlenden Werten

Ein häufig vorkommendendes Problem in der sozialwissenschaftlichen Forschung sind in empirischen Feldstudien gewonnene Datensätze, die oft unvollständig sind (Lüdtke et al., 2007). Fehlende Werte (Missing Data) können durch Antwortverweigerung, ungültige Antworten, nicht lesbaren Antworten, Fehlzeiten bei einem oder mehreren Messzeitpunkten zustande kommen und führen dazu, dass nicht für alle befragten Personen tatsächlich alle Werte vorliegen (Little & Rubin, 2002; Lüdtke et al., 2007). Im Rahmen dieser Forschungsarbeit wurden zur Verringerung der fehlenden Werte folgende Vorgehensweisen gewählt:

Auffällige Muster im Ankreuzverhalten einzelner Schüler über einen gesamten Fragebogen hinweg, die eindeutig im Sinne eines nicht validen Antwortverhaltens interpretiert werden konnten, wurden als Antwortverweigerung gewertet und aus dem Datensatz entfernt (6 Schüler).

Auf Individualebene bestand bei den Kontrollvariablen und den Leistungstests keine Möglichkeit, die fehlenden Werte zu verringern, während vereinzelte fehlende Werte in den übrigen Prädiktorvariablen *Selbstbestimmung* und *Motivation*, sowie bei der *wahrgenommenen Eigenständigkeit* mittels des in der Software Norm implementierten Expectation-Maximization-Algorithmus imputiert wurden (Schafer, 1999; Graham et al., 2003; Wirtz, 2004; Pekrun et al., 2006). Folgende Kriterien wurden bei der Imputation zugrunde gelegt:

1) Anwesenheit eines Schülers bei *mindestens drei* der vier Messzeitpunkten bei einem der beiden oben genannten Konstrukten. D.h. Schüler, die bei *einem* der beiden Konstrukte an *mehr als einem* Messezeitpunkt fehlten, fielen komplett heraus.
2) Schülerdaten, die bei einem Konstrukt mehr als 30 Prozent fehlende Werte aufwiesen, wurden *vor* der Imputation entfernt und nach deren Durchführung wieder in den Datensatz inklusive Missings eingefügt (vgl. Grundvoraussetzung für Imputation NORM 2.3; Schafer, 1999). Dies betraf in der Studie nur das Konstrukt *Eigenständigkeit*.

Nach diesen Kriterien mussten die Daten von 45 Schülern dem Datensatz entnommen werden, wonach eine abschließende Stichprobengröße von 572 Schülern[8] (277 weiblich, 295 männlich) und 21 Lehrern zu Verfügung stand.

Statistische Datenanalyse
Die vorliegende hierarchische Datenstruktur mit eindeutig zugeordneten Level-1- (Schüler) und Level-2-Einheiten (Klassen) ist nur durch das statistische Modell der Mehrebenenanalyse bzw. hierarchisch linearer Modelle adäquat auswertbar (Hox, 2002). Dieses Verfahren zerlegt die Informationen der Variablenverteilung ebenenspezifisch: Hierdurch können (a) die Strukturen auf den jeweiligen Ebenen (z.B. Standardfehler, p-Werte) und (b) die Beziehungen zwischen den Ebenen statistisch unverzerrt geschätzt werden.

Als Indikator für die Notwendigkeit und Zuverlässigkeit einer mehrebenenanalytischen Modellierung kann der Anteil der Varianz der Schülerleistungen, der durch die Klassenzugehörigkeit aufgeklärt werden kann, interpretiert werden. Diese Information wird durch den Intraklassenkorrelationskoeffizient ρ_{IC} abgebildet (Hox, 2002). Nach Lee (2000) ist eine Datenanalyse nach den Annahmen des allgemeinen linearen Modells (Sedlmaier & Renkewitz, 2008) nicht mehr zulässig, wenn $\rho_{IC} > .10$ gilt. Wird dieser Wert überschritten, ermöglicht lediglich eine Mehrebenenanalyse eine adäquate Datenmodellierung und Modelltestung. Die Intraklassenkorrelation bei der Bildung von Mehrebenenmodellen ist wie folgt definiert[9] (Hox, 2002, S. 51; Luke, 2004, S. 19):

$$\rho_{IC} = \frac{\text{Zwischengruppenvarianz}}{\text{Gesamtvarianz}} = \frac{\sigma_B^2}{\sigma_W^2 + \sigma_B^2}$$

σ_B^2 = Level2-Varianz
σ_W^2 = Level1-Varianz

Abb. 14.1: Definition Intraklassenkorrelation bei Mehrebenenmodellen:

Mit den Daten aus der vorliegenden Untersuchung ergibt sich somit:

$$\rho_{IC} = \frac{0.002}{0.002 + 0.007} = 0.22$$

8 Zur Modellbildung mit MPlus standen aufgrund der Voreinstellung listenweiser Fallausschluss eine Stichprobengröße von N = 496 Schülern zur Verfügung (siehe Ergebnisse).

9 Der angegebene Wert der ρ_{IC} weicht aufgrund von Rundungsungenauigkeiten von dem Wert des Quotienten (.22) unwesentlich ab.

Der daraus berechnete Intraklassenkorrelationskoeffizient im hier verwendeten Datensatz für die abhängige Variable von $\rho_{IC} = .22$ (Leistungsvermögen Post-Test) weist darauf hin, dass zwischen den Schulklassen bedeutsame Unterschiede bezüglich des Leistungsvermögens bestehen. Genauer gesagt können 22 Prozent der Unterschiede in den Klassen im Leistungsvermögen im Post-Test durch die Klassenzugehörigkeit aufgeklärt werden.

In der Literatur zur Mehrebenenanalyse wird als Mindestgröße der Stichproben die 30/30-Regel (30 Klassen mit jeweils 30 Schülern) für zuverlässige Parameterschätzungen empfohlen (Kreft, 1996; Hox, 2002). Da auf Level 2 nur N = 21 Klassen erhoben werden konnten, können hieraus gegebenenfalls Unsicherheiten im Rahmen der Schätzungen resultieren. Überdies ist eine verlässliche Signifikanzprüfung als kritisch einzuschätzen. Aufgrund dieser Datenlage werden im Folgenden Modellentwicklungsstrategien angewendet und mehrere multivariate Modelle getestet. Alternativ hätte eine Vernachlässigung der Mehrebenenstruktur eine erheblich schwerer wiegende Verletzung der Voraussetzungen zur Folge gehabt. Die nachfolgend berichteten Befunde sollten somit im modellbildendenen Sinne als explorativ betrachtet werden. Sie können die Basis für umfangreichere Validierungs- und Folgestudien bilden. Befunde auf Level 1 sind dabei aufgrund der hinreichenden Schülerzahl als stabiler zu betrachten als diejenigen Ergebnisse, die Level 2 (Klassenebene) betreffen.

14.3 Ergebnisse

In Anlehnung an Bryk und Raudenbush (1992), Hox (2002), Dronkers und Robert (2003) und Luke (2004) wird ein Zwei-Ebenen-Modell explorativ und sukzessiv durch Berücksichtigung weiterer Modellparameter aufgebaut. Dies erleichtert das Verständnis für die Bedeutung der einzelnen Ebenen und die Stabilität der Schätzergebnisse kann solider beurteilt werden. Im Rahmen dieses Artikels wird die Entwicklung des Hauptmodells zur Untersuchung des Lernerfolgs im Fokus stehen. Das Programm MPlus[10], welches zur Mehrebenenanalyse benutzt wurde, arbeitet standardmäßig mit listenweisem Fallausschluss auf Ebene 1.[11] Dadurch enthielt der endgültige Analysedatensatz eine Stichprobe der Größe von N= 496 Schülern (239 weiblich, 257 männlich).

Aus Tabelle 14.1 wird ersichtlich, dass die Schüler einmal vor der Unterrichtseinheit (MZP 1), zweimal während der Unterrichtseinheit (MZP 2 und 3) und einmal nach Ende der UE (MZP 4) zu ihrer Einschätzung der im Unterricht *wahrgenommenen Eigenständigkeit* befragt wurden. Um eine möglichst treffende und reliable

10 MPlus (Muthén & Muthén 1998-2010) Version 6.1.

11 Aus diesem Grund wurden die Fälle, die fehlende Werte in den Variablen *Leistungsvermögen Pre- und Post-Test* aufweisen, bei der Analyse nicht beachtet. Dadurch wurde der Datensatz nochmals um 76 Schüler verringert.

Gesamtbeurteilung der *Eigenständigkeit* aus Schülersicht zu erreichen, wurden die Werte für die Einzelitems über die MZP 2 bis 4 gemittelt und aus diesen Itemmittelwerten dann die Skalenwerte bestimmt. Entsprechend wurde bei den Konstrukten *Motivation* und *Grundbedürfnisse* verfahren.

Bei den Lehrern wurden in die Mittelung auch die Werte des MZP 1 einbezogen, da davon ausgegangen werden kann, dass diese bereits im Voraus aufgrund ihrer Planung und Unterrichtserfahrung eine weitgehend realistische Einschätzung ihres Unterrichts abgeben können.

Die latenten Variablen *Grundbedürfnisse* und *Motivation* auf Individualebene wurden jeweils mit 3 bzw. 4 Indikatoren nach der Selbstbestimmungstheorie von Deci und Ryan spezifiziert. Das Konstrukt *Grundbedürfnisse* wird, wie in Abbildung 14.2 dargestellt, durch die Indikatoren *Wahrgenommene Soziale Eingebundenheit (WSE)*, *Wahrgenommenes Kompetenzerleben (WKE)* und *Wahrgenommene Autonomieunterstützung (WAU)* abgebildet. Die Indikatoren *Intrinsische Motivation (ITI)*, *Identifizierte Motivation (IDE)*, *Introjizierte Motivation (INT)* und *Amotivierte/Extrinsische Motivation (AEX)* definieren das Konstrukt *Motivation*. Die Indikatoren wurden jeweils ebenfalls über Mittelwertbildung über die Messzeitpunkte hinweg gebildet. Auf Klassenebene hingegen wurde das Konstrukt *Eigenständigkeit* nicht als latente Variable, sondern nur durch eine Skala gebildet. Die Werte dieser Skala wurden wieder über die Mittelwerte über alle Messzeitpunkte gebildet. Aufgrund der geringen Stichprobengröße auf Level 2 (N = 21) würden Berechnungen mit Unterteilung in Indikatoren, wie wir sie bei den Konstrukten *Grundbedürfnisse* und *Motivation vorgenommen haben,* zu unzulässigen Schätzergebnissen („Heywood-Case") führen (Geiser, 2010). Aus diesem Grund wurde innerhalb der Mehrebenenanalyse auch auf Interaktionseffekte zwischen den Ebenen bzw. auf eingehende Untersuchung von Varianzanteilen verzichtet, da nach Hox die dafür erforderliche Mindestgröße der Stichprobe auf Klasseneben bei N = 50 liegt (Hox, 1998; Maas & Hox, 2004).

Bei allen Modellen (siehe Tabelle 14.3) wurde von Beginn an die Einstellung „Two-Level" vorgenommen, um die hierarchische Struktur der Daten zu berücksichtigen, wenngleich in die ersten Modelle keine Prädiktoren auf Level-2 einbezogen wurden.

Tab. 14.3: Beta-Gewichte der Prädiktoren zur Vorhersage des Leistungsvermögens im Post-Test Signifikanzniveaus: * = p < .05; ** = p < .01; *** = p < .001

	Modell 1	Modell 2	Modell 3	Modell 4	Modell 5	Modell 6	Modell 7	Modell 8	Modell 9
Individualebene									
Leistungsvermögen (Pre-Test)	.15**	.15**	.15**	.15**					
Leistungsvermögen (Pre-Test Residuen)					.13**	.13**	.13**	.13**	.12**
Wahrgenommene Eigenständigkeit		.06 *n.s.*		.01 *n.s.*					
Wahrgenommene Eigenständigkeit (Residuen)						.06 *n.s.*			
Motivation			.14***	.14***					.13***
Grundbedürfnisse									
indirekter Pfad zum Leistungsvermögen			.05 *n.s.*						
totaler Mediator-Effekt auf die Motivation			.83***	.83***					.83***
Klassen- bzw. Lehrerebene									
Leistungsvermögen Pre-Test (Klassenmittelwert)					.57***	.54***	.59***	.58***	.66***
Zugelassene Eigenständigkeit (Klassenmittelwert)						.19 *n.s.*			
Zugelassene Eigenständigkeit (Lehrer)							.54***		.46***
Zugelassene Eigenständigkeit (Rater)								.31 *n.s.*	
Varianzaufklärung des Lernerfolgs									
ICC	.19	.19	.18	.18	.19	.19	.19	.19	.19
R_1^2 (Individual-/ Schülerebene)	.007	.027	.043	.043	.018	.021	.018	.018	.035
R_2^2 (Klassenebene)	.002	.002	.002	.002	.326	.364	.589	.419	.572

Entwicklung eines Hauptmodells

Prädiktoren auf Individualebene

Nach der oben dargestellten Berechnung des Intraklassenkorrelationskoeffizienten durch das so genannte Nullmodell (auch Intercept-Only-Modell genannt) wurden zunächst Prädiktorvariablen auf Level 1 (Individualebene der Schüler) zur

Aufklärung der Varianz des Lernerfolgs eingeführt. Wie Modell 1 zeigt (vgl. Tabelle 14.3 und Abbildung 14.2: Die Vorhersagekraft des Leistungsvermögen (Pre-Test), der Motivation und der Grundbedürfnisse für den Lernerfolg auf Individualebene (Klassenebene; grau unterlegt; N = 496; ITI = Intrinsisch/Interessiert; IDE = Identifiziert; INT = Introjiziert; AEX = Amotiviert/Extrinsisch; WSE = Wahrgenommene soziale Eingebundenheit; WKE = Wahrgenommenes Kompetenzerleben; WAU = Wahrgenommene Autonomieunterstützung; R^2 = .687). 2), ist der Prädiktor *Leistungsvermögen im Pre-Test* von Bedeutung für das *Leistungsvermögen im Post-Test* (.15**).

Anschließend (Modell 2 und 3) wurden die Prädiktoren *wahrgenommene Eigenständigkeit*, die *Einschätzung der Motivation* und die *Einschätzung der wahrgenommenen Selbstbestimmung* (Grundbedürfnisse nach Deci & Ryan, 1993) schrittweise ins Modell aufgenommen. Für die *Wahrgenommene Eigenständigkeit* durch die Schüler (Modell 2) konnte auf Individualebene keine signifikante Vorhersagekraft für den *Lernerfolg* nachgewiesen werden. Im Modell 3 (siehe auch Abbildung 14.2: Die Vorhersagekraft des Leistungsvermögens (Pre-Test), der Motivation und der Grundbedürfnisse für den Lernerfolg auf Individualebene (Klassenebene; grau unterlegt; N = 496; ITI = Intrinsisch/Interessiert; IDE = Identifiziert; INT = Introjiziert; AEX = Amotiviert/Extrinsisch; WSE = Wahrgenommene soziale Eingebundenheit; WKE = Wahrgenommenes Kompetenzerleben; WAU = Wahrgenommene Autonomieunterstützung; R^2 = .687). 2) zeigt sich, dass auf individueller Ebene die *Motivation* signifikant zur Varianzaufklärung des *Lernerfolgs* beiträgt (.14***).

Die Werte der Indikatoren der beiden latenten Variablen sind alle signifikant von Null verschieden und weisen hohe standardisierte Ladungen (-. 65 < ß < .89) auf, welche auf eine hohe Reliabilität der verwendeten Subskalen zur *Motivation* und zu den *Grundbedürfnissen* hinweisen. Überdies zeigt sich ein signifikanter totaler Mediationspfad[12] (Urban & Mayerl, 2006) von den *Grundbedürfnissen* auf die *Motivation*. Dieser starke Pfad (β = .83***) kann so interpretiert werden, dass durch diesen Zusammenhang 68,7 Prozent der Varianz in der *Motivation* aufgeklärt werden kann.

In einer Modifikation des Modells 3 wurde ein direkter Pfad von den *Grundbedürfnissen* auf das *Leistungsvermögen im Post-Test* eingeführt. Dabei war kein signifikanter Vorhersagebeitrag (Pfadkoeffizient 0.5 *n.s.*) nachweisbar (Sobel-Test, Sobel, 1982). Somit wurde dieser Pfad im Modell für alle weiteren Berechnungen nicht weiter berücksichtigt.

In Modell 4 wurden schließlich alle Prädiktoren auf Individualebene, nämlich *Leistungsvermögen im Pre-Test, wahrgenommene Eigenständigkeit, Motivation* und *Grundbedürfnisse* berücksichtigt. Es zeigten sich fast durchgängig gleich starke Pfadkoeffizienten wie in den bisherigen Modellen. Der Pfad der *Wahrgenommenen*

---

12 Ein totaler Mediator-Effekt liegt vor, wenn der Effekt von den Grundbedürfnissen auf das Leistungsvermögen komplett durch die Motivation interveniert wird und kein direkter Effekt zwischen den Grundbedürfnissen und dem Leistungsvermögen besteht.

Abb. 14.2: Die Vorhersagekraft des Leistungsvermögen (Pre-Test), der Motivation und der Grundbedürfnisse für den Lernerfolg auf Individualebene (Klassenebene; graues Feld; N = 496; ITI = Intrinsisch/Interessiert; IDE = Identifiziert; INT = Introjiziert; AEX = Amotiviert/ Extrinsisch; WSE = Wahrgenommene soziale Eingebundenheit; WKE = Wahrgenommenes Kompetenzerleben; WAU = Wahrgenommene Autonomieunterstützung; R^2 = .687)

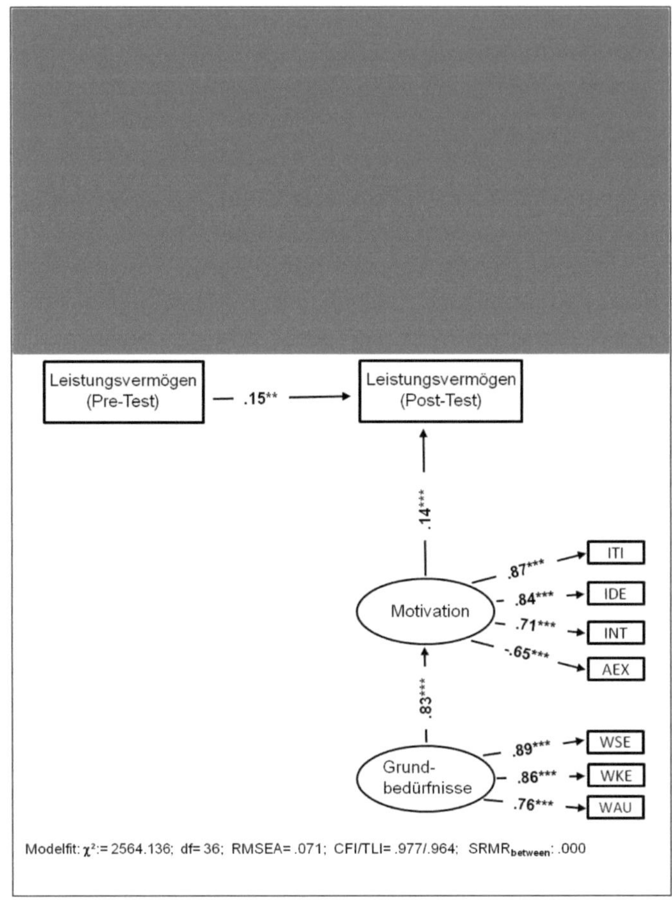

Eigenständigkeit aus Schülersicht auf das *Leistungsvermögen* nahm geringfügig ab, was sich möglicherweise durch die starke Korrelation zwischen der *Wahrgenommenen Eigenständigkeit* und den *Grundbedürfnissen* (r = .80***) erklären lässt. Wenn zwei latente Variablen hoch miteinander korrelieren (Multikollinearität, vgl. Backhaus et al., 2006), führt dies zu einer instabilen und ungenauen Schätzung der Regressionskoeffizienten, was wiederum keine eindeutige Modellinterpretation möglich macht. Die Überprüfung, ob die latenten Variablen tatsächlich eigenständige Konstrukte darstellen (Überprüfung der Diskriminanzvalidität; Ziegler & Bühner, 2009), erfolgt anhand des Fornell-Larcker-Kriteriums. Voraussetzung für die Erfüllung dieses Kriteriums ist, dass die durchschnittlich erfasste Varianz (DEV) eines Faktors (hier: *Grundbedürfnisse; DEV = .77****) größer als jede quadrierte

Korrelation dieses Faktors mit einem anderen Faktor (hier: *wahrgenommene Eigenständigkeit; ß = .80***)* sein muss (Fornell & Larcker, 1981, S. 46). Wie die Datenlage deutlich macht, ist die Voraussetzung nicht gegeben, was darauf hin deutet, dass die beiden Konstrukte ähnliche Inhalte erfassen und nicht solide psychometrisch abgrenzbar sind. Aus diesen Gründen und aufgrund der Tatsache, dass die Einschätzung der *Eigenständigkeit* der Schüler auch im Modell 2 keine Vorhersagekraft für *Lernerfolg* zeigte, wurde für die weitere Modellentwicklung dieses Konstrukt nicht weiter berücksichtigt (siehe Tabelle 14.3).

Prädiktoren auf Klassenebene

In einem nächsten Schritt wurden dem Modell Prädiktor-Variablen auf Level 2 (Klassenebene) hinzugefügt (vgl. Tabelle 14.3, Modelle 5-9). Dadurch können Mittelwertunterschiede zwischen Gruppen durch Gruppenmerkmale (Level-2-Prädiktoren) erklärt werden.

Zunächst wurde auch hier das *Leistungsvermögen im Pre-Test* als Prädiktor eingesetzt (Modell 5). Dazu wurde durch Aggregieren der Individualwerte auf Klassenebene und Mittelwertbildung das Konstrukt *Leistungsvermögen Pre-Test (Klasse)* erzeugt und als unabhängige Variable auf Klassenebene in das Modell eingefügt. Die Abweichungen der einzelnen Schüler vom Klassenmittelwert des Leistungsvermögen Pre-Tests (Residualwerte, Gruppenzentrierung, Hox, 2002) wurden auf Individualebene als Prädiktoren in das Modell integriert. Auf Individualebene zeigte sich ein bereits in den Modellen 1-4 nachgewiesener signifikanter, fast unveränderter Pfadkoeffizient (ß = .13**) und auf Klassenebene ein hoher, signifikanter Pfadkoeffizient von .57***: Auf das *Leistungsvermögen im Post-Test* hat das *Leistungsvermögen im Pre-Test* auf beiden Ebenen eine bedeutende Vorhersagekraft.

Die Einschätzung der *wahrgenommenen Eigenständigkeit*, die auf Individualebene keinen Effekt zeigte, wurde in Modell 6 durch Aggregieren der Individualwerte auf Klassenebene und Mittelwertbildung das Konstrukt *Eigenständigkeit (Klasse)* erzeugt und als Prädiktor auf Klassenebene in das Modell eingefügt. Die Abweichungen der einzelnen Schüler vom Klassenmittelwert *(Eigenständigkeit)* wurde als klassenspezifische *Residuen* (Gruppenzentrierung, Hox, 2002) auf Individualebene in das Modell integriert. Hier zeigten sich die gleichen Ergebnisse: Weder auf Individual- noch auf Klassenebene konnte mit der *Einschätzung der Eigenständigkeit* aus Sicht der Schüler ein Beitrag zur Varianzaufklärung des *Lernerfolgs* erreicht werden.

In den beiden Folgemodellen (Modell 7 und 8) wurde die *Einschätzung der zugelassenen Eigenständigkeit* zum einen aus Sicht der Lehrer und zum anderen aus externer Beobachtungsperspektive (anhand von Videoaufnahmen) auf Klassenebene eingeführt. Hier zeigten sich bei Einführung nur jeweils einer Beobachtungsperspektive in das Modell ein positiver, signifikanter Effekt der Lehrereinschätzung (β = .54***) und ein nicht signifikanter Effekt der Ratereinschätzung (β = .31 *n.s.*). Wurden beide Variablen gleichzeitig in das Modell aufgenommen, zeigten sich neben den gleichen Effekten eine mittlere, signifikante Korrelation zwischen der Lehrer- und der Ratereinschätzung (r = .58***). Die *Einschätzung der zugelassenen*

Abb. 14.3: Die Vorhersagekraft der Motivation, der Grundbedürfnisse und der Eigenständigkeit für den Lernerfolg auf Individual- und Klassenebene (grau unterlegt) unter Berücksichtigung des Pre-Leistungsvermögens (Hauptmodell) (N = 496)

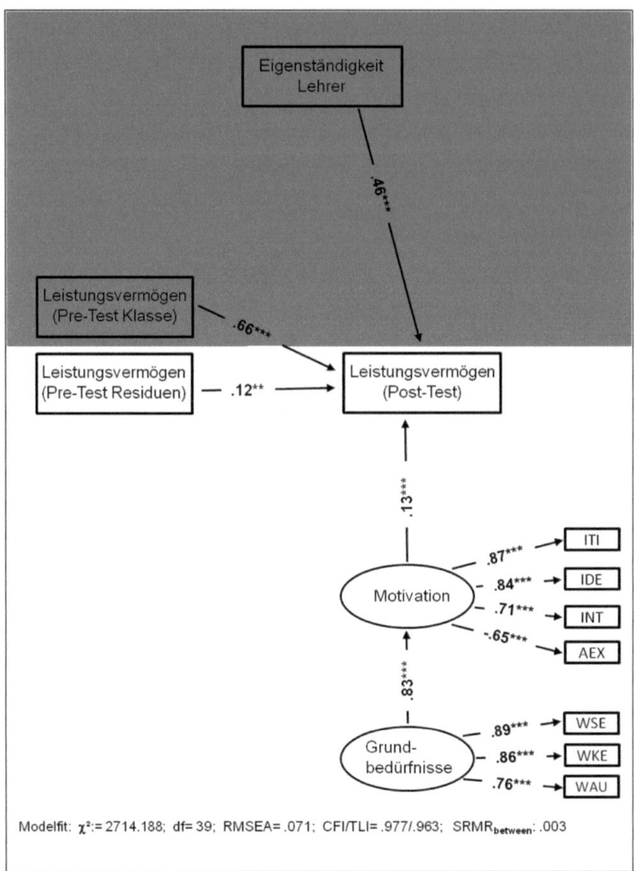

Eigenständigkeit aus externer Perspektive wurde somit für die weitere Modellentwicklung entfernt.

In Modell 9 (vgl. auch Tabelle 14.3) wurden nun alle signifikanten Prädiktoren sowohl auf Individual- als auch auf Klassenebene eingeführt. Damit liegt ein Modell vor, das sich zum Einen als inhaltlich relevant für die Fragestellungen zeigt, die gängigen Gütekriterien erfüllt (c^2 = 2714.188; df= 39; RMSEA= .071; CFI/TLI = .977/.963; $SMRM_{between}$ = .003; Schermelleh-Engel, Moosbrugger & Müller, 2003) und zum Anderen einen beträchtlichen Teil der Varianz des Lernerfolgs auf Klassenebene (R^2 = .57) aufklärt. Dieses Modell („Hauptmodell"; siehe Abbildung 14.3) bildet die Basis für weitere Untersuchungen mit der Integration weiterer Konstrukte (vgl. Tabelle 14.1: weitere Einflussvariablen).

Mit diesem „Hauptmodell" knüpft die vorliegende Forschungsarbeit an das Mehrebenenmodell von Doll und Prenzel (2001) an, die die Wirkung schulischer und lebensweltlicher Lerngelegenheiten im Hinblick auf die Förderung von Kompetenzen beim Experimentieren im mathematisch-naturwissenschaftlichen Unterricht auf verschiedenen Ebenen darstellen. Zur Beantwortung der Forschungsfrage wurden innerhalb dieses Forschungsprojekts die individuellen Lernvoraussetzungen, insbesondere die motivationalen und die kognitiven (in Form eines Leistungstests), herangezogen. Desweiteren wurde auf Lehrer- und Klassenebene, weitere, im Rahmen dieses Artikels nicht dargestellte Modelle entwickelt, die insbesondere die Merkmale des Lehrers (wie bspw. die epistemologischen Überzeugungen) und die Merkmale der Klasse (wie bspw. das Klassenklima) berücksichtigen. Dabei bildete stets das obige „Hauptmodell“ das Ausgangsmodell.

14.4 Zusammenfassung und Diskussion:

Die Auswertung der Daten mittels Mehrebenenanalyse hat ermöglicht, ein differenziertes Bild der empirischen Struktur zu generieren. Neben den oben genannten Vorteilen, wie Vermeidung und Unterschätzung von Schätzfehlern, konnten so Prädiktoren insbesondere auf Klassenebene aufgedeckt werden, die bei einer Analyse allein auf Individualebene nicht ins Blickfeld geraten wären. Die gewählte Stichprobe kann nicht als repräsentativ angenommen werden. Die Größe der Stichprobe und die damit verbundenen Beschränkungen in der Modelltestung/-entwicklung sind bei der Bewertung der Ergebnisse zu berücksichtigen.

Für den Intraklassenkorrelationskoeffizienten der abhängigen Variablen wurde ein Wert von ρ_{IC}= 0.22 berechnet. Für die Individualebene ergibt sich folglich ein Wert von ρ_{IC}= 0.78. Das heißt, dass 22 Prozent der Varianz des *Leistungsvermögens im Post-Test* auf Unterschiede **zwischen** den Klassen und 78 Prozent auf Unterschiede **innerhalb** der Klassen zurückgeführt werden kann.

Um diese Unterschiede zwischen den Klassen zu erklären, wurde zunächst das individuelle *Leistungsvermögen* der Schüler im *Pre-Test* in das Modell aufgenommen. Es zeigte sich dabei sowohl auf individueller Ebene als auch insbesondere durch die Aufteilung in Klassenebene (Klassenmittelwerte durch Aggregieren) und Individualebene (Residuen) ein signifikanter Beitrag zur Aufklärung der Varianz im *Leistungsvermögen im Post-Test.* So konnten auf Level-2 32,6 Prozent, der Varianz im *Leistungsvermögen im Post-Test* auf Klassenebene und auf Level-1 1,8 Prozent der Varianz im *Leistungsvermögen im Post-Test* auf Individualebene allein durch die Klassenergebnisse im Pre-Test aufgeklärt werden. Um die verbleibenden 91 Prozent des nicht vorwissensabhängigen Lernens, d.h. den *Lernerfolg* (vgl. Erläuterung im methodischen Teil) aufzuklären, wurden weitere Konstrukte in das Modell aufgenommen.

Diese Vorgehensweise basiert auch auf der vielfachen Auffassung vom Lernprozess als Konzeptwechsel, die sich wiederum an eine moderat konstruktivistisch orientierte Erkenntnistheorie anlehnt (Gerstenmaier & Mandl, 1995; Labudde, 2000). Trotz einiger Bemühungen um die Integration affektiver und sozialer Aspekte (Strike & Posner, 1992; Pintrich et al., 1993; Duit 2000), wird in der Konzeptwechseltheorie das Lernen vorwiegend als kognitiv-rationaler Prozess aufgefasst. Die

Selbstbestimmungstheorie der Motivation (Deci & Ryan, 1993, 2000; Ryan & Deci, 2000) erlaubt eine Erweiterung des Blickwinkels, indem sie motivationale, soziale und kognitive Aspekte in ihrer Bedeutung für das Lernen und in ihrem Zusammenspiel beim Lernen gleichermaßen berücksichtigt.

Vor diesem Hintergrund wurde zunächst die Beziehung der Ausprägung von Eigenständigkeit im Unterricht zum *Lernerfolg* aus allen drei erhobenen Perspektiven (Schüler, Lehrer, Rater) untersucht. In der im Forschungsprojekt untersuchten Stichprobe hat sich gezeigt, dass die *Einschätzung der Eigenständigkeit* durch die Schüler[13] sowohl auf Individual- als auch auf Klassenebene keinen Beitrag zur Aufklärung der Unterschiede im *Lernerfolg* auf Klassenebene am Ende der Unterrichtseinheit leistet. Auch wenn das Vorwissen (erfasst durch den *Pre-Leistungstest*) in das Modell einbezogen und damit der Lernerfolg modelliert wurde, zeigte die Einschätzung der Eigenständigkeit durch die Schüler keine Vorhersagekraft zur Aufklärung der Varianz.

Wenn also angenommen wird, dass die Schüler die tatsächliche Eigenständigkeit im Unterricht zutreffend eingeschätzt haben, dann wird die Hypothese, dass es einen Zusammenhang zwischen der *Eigenständigkeit im Unterricht*, die über die *Erfüllung der Grundbedürfnisse* im Sinne der Selbstbestimmungstheorie hinausgeht, und dem *Lernerfolg* (im Sinne von Konzeptwechseln) gibt, durch die angeführten Ergebnisse nicht gestützt.

Auf Klassenebene zeigte sich, dass die Einschätzung der *Eigenständigkeit* durch die Rater als externe Beobachterperspektive ebenfalls keinen Beitrag zur Aufklärung der Varianz der abhängigen Variable *Lernerfolg* leistete. In den gefilmten Unterrichtsstunden ergaben sich möglicherweise keine Gelegenheiten, in denen die Schüler eigenständig arbeiten konnten. Darauf deutet auch die geringe Varianz in den Rater-Einschätzungen hin, was durch Boden- und Deckeneffekte[14] deutlich wurde.

Entsprechend zur Einschätzung der Schüler, kann unter der Annahme, dass die Rater die tatsächliche Eigenständigkeit im Unterricht zutreffend eingeschätzt haben, die Behauptung, dass es einen Zusammenhang zwischen der *Eigenständigkeit im Unterricht*, die über die Erfüllung der Grundbedürfnisse im Sinne der Selbstbestimmungstheorie hinausgeht, und dem *Lernerfolg* (im Sinne von Konzeptwechseln) gibt, durch diese Ergebnisse nicht gestützt werden.

Im Unterschied dazu leistet die *Einschätzung der Eigenständigkeit* durch die Lehrpersonen einen erheblichen Beitrag zur Aufklärung der Unterschiede im *Lernerfolg*. So können 22 Prozent der Unterschiede im Lernerfolg zwischen den Klassen durch die Einschätzung der Lehrperson aufgeklärt werden. Schätzt also eine Lehrperson die *Eigenständigkeit* in ihrem Unterricht als relativ hoch ein, dann bestehen gute

---

13 Damit ist der Teil der *Eigenständigkeit im Unterricht* gemeint, der über die Aufklärung von Varianz durch das Konstrukt *Autonomieerleben* hinausgeht.

14 Die Beantwortung der Items erfolgte anhand einer 5-stufigen Likert-Skala von „trifft gar nicht zu" bis „trifft völlig zu". Die Boden- und Deckeneffekte wurden durch das schwerpunktmäßige Ankreuzen dieser beiden Extreme erzeugt, da die Gelegenheit entweder stattfand oder nicht. Die mittleren Ausprägungen konnten dadurch kaum berücksichtigt werden.

Chancen, dass der *Lernerfolg* der Schüler dieser Klasse im Mittel überdurchschnittlich hoch ist.

Wenn also in Anlehnung an die oben genannten Einschätzungen durch die Schüler und Rater angenommen wird, dass die Lehrpersonen die tatsächliche *Eigenständigkeit* im Unterricht zutreffend einschätzen, dann kann anhand der Ergebnisse die Behauptung gestützt werden, dass es einen positiven Zusammenhang zwischen der *Eigenständigkeit im Unterricht*, die über die *Erfüllung der Grundbedürfnisse* im Sinne der Selbstbestimmungstheorie hinausgeht, und dem *Lernerfolg* (im Sinne von Konzeptwechseln) gibt.

Bezüglich der Befragung zur *Motivation* und zu den *Grundbedürfnissen* weisen die Daten darauf hin, dass Schüler, die ein hohes Maß an *Selbstbestimmung* im Unterricht wahrnehmen, in der Regel mehr intrinsisch motiviert sind. Schätzen die Schüler ihre *Motivation* hoch ein, zeigt sich tendenziell ein besseres Abschneiden im Post-Test. Schüler hingegen, die ein eher niedriges Maß an Selbstbestimmung im Unterricht wahrnehmen, schätzen sich in der Regel als eher extrinsisch motiviert ein. Deci et al. (2001) zeigen in ihrer Meta-Studie auf, dass extrinsische Belohnungen, insbesondere von verbaler Art, intrinsische Motivation untergraben können. Deshalb weisen sie darauf hin, dass der Fokus im Unterricht weniger auf Belohnungen von Schüler gerichtet sein als vielmehr darauf, den Schülern den Zugang zum intrinsisch motivierten Lernen zu erleichtern. Dies könnte bspw. durch das Anknüpfen an Schülervorstellungen geschehen, indem den Schülern Aufgaben zur Auswahl gestellt werden, die ihrer Interessenslage optimal entsprechen.

Diese Ergebnisse und die Beobachtung, dass es einen starken, signifikanten Pfad von den *Grundbedürfnissen* zur *Motivation* und von dieser einen signifikanten Pfad zum *Leistungsvermögen im Post-Test* gibt, aber kein signifikanter direkter Pfad von den *Grundbedürfnissen* zum Post-Test nachweisbar ist, stützen wiederum die Annahme der zugrunde liegenden Selbstbestimmungstheorie der Motivation nach Deci und Ryan (Deci & Ryan, 1993), die davon ausgehen, dass eine auf Selbstbestimmung beruhende Lernmotivation positive Wirkungen auf die Qualität von Lernen (im Sinne der Konzeptwechseltheorie) hat

Sandra Ganter und Bärbel Barzel

15. Experimentell zum Funktionalen Denken: Eine empirische Untersuchung zur Wirkung von Schülerexperimenten als Ausgangspunkt mathematischer Begriffsbildung – Teilprojekt 7

Zusammenfassung

Experimente werden als hilfreich bei der Entwicklung des Funktionsbegriffs angesehen (Vollrath, 1989; 1978), da sie in besonderer Weise die Wahrnehmung und Ausbildung relevanter Grundvorstellungen zum Funktionalen Denken stützen: Funktion als Kovariation, als Zuordnung und als Objekt (Beckmann, 2007; Barzel, 2009).

Ziel der Studie war eine empirische Untersuchung dieser Annahme. Im Zentrum standen als Interventionen selbstentwickelte Unterrichtssequenzen zum Einstieg in das Funktionale Denken. In einer quasi-experimentellen Felduntersuchung mit einem Pre-Post-Kontrollgruppendesign wurde die Wirkung der Integration von Experimenten in den Begriffsbildungsprozess an Hauptschulklassen der 7. Jahrgangsstufe mit qualitativen und quantitativen Methoden untersucht. Qualitativ wurden videografierte Unterrichtssequenzen nach Mayring (2010) inhaltlich analysiert. Der Begriffsbildungsprozess wurde mithilfe eines selbstentwickelten Kategoriensystems beschrieben. Die Steigerung der Leistung und der Motivation der Interventionen wurde anhand eigens dafür entwickelter Tests überprüft. Die größte Leistungssteigerung war bei der Experimentalgruppe zu beobachten, während die Kontrollgruppe einen etwas geringeren und die Nullgruppe einen deutlich geringeren Zuwachs aufwies. Im Bereich der Lernmotivation zeichnete sich ab, dass selbstständiges Experimentieren die Motivation unterstützt. Der Beitrag gibt einen Überblick über die Studie.

15.1 Einleitung

15.1.1 Zur Klärung des Begriffs „Funktionales Denken“

Die „Erziehung zur Gewohnheit des Funktionalen Denkens“ taucht bereits in den Meraner Vorschlägen auf und wird 1905 federführend unter Felix Klein als Hauptaufgabe des höheren Mathematikunterrichts formuliert (Gutzmer, 1908). Für ihn ist Funktionales Denken das bewusste Denken in Zusammenhängen verschiedener Größen im Rahmen verschiedener Phänomene. Vollrath (1989) konkretisiert verschiedene Arten von Phänomenen, die zum Funktionalen Denken führen: Vorgänge, Messungen, Kausalitäten und Operationen. Neben dem inhaltlichen Phänomenverständnis ist nach Vollrath für das Erfassen des Funktionsbegriffs wichtig, verschiedene Grundvorstellungen (vom Hofe, 2003) von Funktionen in den

Lernprozess zu integrieren. Diese Grundvorstellungen zu Funktionen lassen sich mit den folgenden Aspekten beschreiben (Malle, 2000; Vollrath, 1989):

- Zuordnungsaspekt: Eine Funktion wird unter der Perspektive gesehen, dass jedem Wert ein bestimmter anderer Wert zugeordnet wird. Wird zum Beispiel die Geschwindigkeit einer Kugel beim Rollen durch eine Kugelbahn in Abhängigkeit vom jeweiligen Ort aufgezeichnet, so wird jedem Ort eindeutig eine bestimmte Geschwindigkeit zugeordnet.
- Kovariationsaspekt: Eine Funktion wird dahingehend betrachtet, wie sich ein Wert in Abhängigkeit von einem anderen verändert. So erhöht sich beispielsweise die Geschwindigkeit der Kugel, je nachdem, ob die Bahn ansteigt oder abfällt.
- Objektvorstellung: Eine Funktion mit ihren Eigenschaften wird zu einem neuen Objekt, zu einem neuen Ganzen gekapselt, mit dem man weitere Manipulationen ausführen kann (Sierpinska, 1992). Die funktionale Beziehung wird so als Ganzes erlebt und durch einen charakteristischen Graphen, durch eine Tabelle, symbolisch als Term oder Funktionsname sowie durch eine Situation beschrieben und für Voraussagen benutzt.

Ohne die Ausbildung dieser Grundvorstellungen fehlt den Schülerinnen und Schülern das Fundament für einen flexiblen, problemlösenden Umgang mit funktionalen Zusammenhängen. Denn Grundvorstellungen vermitteln zwischen Mathematik und Realität und dienen oft als mentales Modell für mathematische Begriffsbildung (Duval, 2002).

Neben der Ausbildung dieser verschiedenen Grundvorstellungen ist für die flexible Nutzung von Funktionen von großer Bedeutung, dass man die verschiedenen Darstellungen einer Funktion kennt und diese variabel einsetzen kann (Barzel et al., 2005; Swan, 1986). Funktionen lassen sich situativ-verbal, mit Hilfe von Graphen, mit Funktionstermen oder mit Tabellen (Vollrath, 1994) beschreiben. Die erfolgreiche Interpretation, Verwendung und Manipulation dieser unterschiedlichen Repräsentationen eines Objektes sieht Duval (2002) als Gelingensbedingung von mathematischer Begriffsbildung. Dies gilt insbesondere für die Fähigkeit, zwischen den verschiedenen Darstellungsarten funktionaler Zusammenhänge flexibel zu wechseln und sie, je nach Problem und Situation, adäquat zu nutzen (Leuders & Prediger, 2005).

15.1.2 Funktionales Denken im Mathematikunterricht – Status Quo und Ziele

Der Funktionsbegriff gehört immer noch zu den schwierigsten mathematischen Begriffen der Sekundarstufe, dabei bemüht sich die Mathematikdidaktik schon lange um eine effektive Vermittlung des Funktionsbegriffs (Höfer, 2008; Vollrath, 1989). Viele Untersuchungen zeigen, dass der traditionelle Mathematikunterricht im Bereich des Funktionalen Denkens zu einem eingeschränkten Verständnis von

Funktionen führt (Adams, 1997; Hoffkamp, 2011; Beckmann, 2006; DeMorois & Tall, 1996; Gómez & Curulla, 2001; Vinner & Dreyfuss, 1989).

Für diesen Missstand werden unterschiedliche Gründe angeführt, z.B.:

- die Komplexität des Funktionsbegriffs mit seinen verschiedenen kognitiven Ebenen, welche nicht alle Berücksichtigung im Unterricht finden,
- die nur eingeschränkte Nutzung unterschiedlicher Repräsentationen und
- die kognitive Aktivität der Lernenden, die sich in der gängigen Unterrichtsform eher auf das Nachvollziehen von Gedanken reduziert als auf aktives, genetisches Entwickeln neuer Themenaspekte.

Für viele Schülerinnen und Schüler bleiben Funktionen deshalb rein abstrakte Objekte, zu denen meist Formeln und Gleichungen, vielleicht noch Wertetabellen und Graphen, aber selten reale Zusammenhänge oder konkrete Handlungen assoziiert werden. Viele Eigenschaften von Funktionen, wie z.B. die Eindeutigkeit der Zuordnungen, werden nicht verinnerlicht und nicht mit konkreten Vorstellungen verbunden. Die fehlende Verknüpfung mit realen Situationen und Zusammenhängen führt dazu, dass Graphiken nicht in ihrer Fülle gedeutet und Informationen vielfach unvollständig und nicht korrekt herausgelesen werden (Barzel, 2009). Zum Beispiel wird die Skalierung der Achsen oft nicht beachtet, obwohl das für die Interpretation der Sachsituation entscheidend ist. Auch ist der Graph-als-Bild-Fehler häufig zu beobachten (Clement, 1989; Hoffkamp, 2011). Dabei wird der Graph als fotografisches Abbild einer Realsituation missdeutet. So wird eine Ort-Zeit-Funktion eines Autos gerne fälschlich als Linkskurve angesehen (Schlöglhofer, 2000). Interessanterweise wird bei einem ähnlich aussehenden Graphen, der das Wachstum einer Bakterienkultur (z.B. von Mikroorganismen) darstellt, in der Regel nicht missinterpretiert, da Linkskurven im Kontext „Mikroorganismen" keinen Sinn ergeben.

In den letzten Jahrzehnten dienten viele unterschiedliche Ansätze der Verbesserung des Funktionsbegriffsverständnisses von Schülerinnen und Schülern. In Anlehnung an Swan (1986) hat Sierpinska (1992) einen bedeutsamen Schritt vollzogen, indem sie mit der Vorstellung von einer nur reinen, von praktischen Problemen unabhängigen Mathematik aufräumte und erklärte: „*The first condition of understanding functions is, it seems, to become aware of the existence of the world above. One has notice changes and relationships between them as something problematic, worth studying*" (Sierpinska, 1992, S. 31).

Auch in anderen Arbeiten wird die Bedeutung der realen Welt für das Verstehen des Funktionsbegriffs betont (Gray & Tall, 2001; Kaput, 1994) und führt zur Idee, das Lernen des Funktionsbegriffs durch reale, realistische und physische Modelle zu unterstützen (Dubinsky & Harel, 1992). Ein Forschungszweig konzentriert sich hierbei auf die Chancen, die sich aus der Integration naturwissenschaftlicher, speziell physikalischer und mathematischer Bezüge ergeben (Barzel, 2009; Gerny & Alpers, 2004; Michelsen & Beckmann, 2007; Vollrath, 1978; Werge, 1986).

Um den Gefahren der genannten Fehlvorstellungen zu begegnen, ist es also wichtig, dass der Arbeit mit Funktionen als Modelle für Realsituationen genügend Raum gegeben wird. Während das Experiment in den Naturwissenschaften sowohl in der Wissenschaft als auch im Unterricht zentrale Methode der Verbindung von Theorie und empirischer Erfahrung ist, konnte sich das Konzept des Experimentierens im Mathematikunterricht bei der Einführung des Funktionsbegriffs noch nicht durchsetzen. Befunde aus der Physikdidaktik zeigen unterschiedliche Ergebnisse zur Effizienz von Schüler- versus Demonstrationsexperiment auf (Ludwig & Oldenburg, 2007). Das Thema wird stets kontrovers diskutiert und laut Beckmann (2006) stellt das Schülerexperiment eine effektive Unterrichtsform dar. Zum einen sind die kognitiven Tätigkeiten bei der Entwicklung des Funktionalen Denkens und beim Experimentieren einander ähnlich und das Spezifizieren unabhängiger und abhängiger Variablen ist sowohl für den Funktionsbegriff als auch für das Experimentieren zentral. Zum anderen kann es hilfreich sein, wenn Schülerinnen und Schüler in konkreten Situationen experimentieren und im Rahmen realer Erfahrungen die Abhängigkeit zwischen Größen erkunden und erleben können, bevor der Funktionsbegriff algebraisch und symbolisch beschrieben wird (Beckmann, 2006). Beckmann (2006) stellt heraus, dass das Erfassen des Funktionsbegriffs ein inhaltliches Verständnis wie die Kenntnis der Repräsentationsformen umfasst und dass es Ziel sein muss, einen Blick auf alle Facetten und kognitiven Ebenen des Funktionsbegriffs einschließlich aller wechselseitigen Beziehungen (Höfer, 2008) und Grundvorstellungen (Malle, 2000) zu gewinnen.

Vor diesen Hintergründen stellt sich für den Mathematikunterricht die Frage, wie ein Einstieg in das Thema Funktionales Denken sinnvoll gestaltet werden kann. Zwar wurden in den letzten Jahrzehnten viele unterschiedliche Ansätze entwickelt und untersucht, um das Funktionsbegriffsverständnis von Schülerinnen und Schülern zu verbessern, allerdings liegen nur wenige empirische gesicherte Erkenntnisse vor, insbesondere für die Hauptschule. Aus diesem Forschungsdesiderat heraus begründet sich die Wahl des Themas und die zentrale Fragestellung des vorliegenden Dissertationsvorhaben: „Unterstützt selbstständiges Experimentieren die Entwicklung des Funktionalen Denkens und die Lernmotivation effektiver als der klassische Zugang ohne Einbezug von Experimenten bzw. als ein Zugang über Demonstrationsexperimente?“

Der Schwerpunkt dieses Dissertationsvorhabens liegt deshalb auf experimentellen Aktivitäten als einer Möglichkeit zum Funktionalen Denken in der 7. Jahrgangsstufe in der Hauptschule hinzuführen und eine tragende Vorstellung als Basis für den Funktionsbegriff aufzubauen. Die Schritte des Lernprozesses in dieser Intervention können in Anlehnung an Schulz und Wirtz (2012) und an das „Scientific Discovery as Dual Search“-Modell (Klahr, 2000), den Research Cycle (Tashakkori & Teddlie, 2000), an das Kapitel und an prototypischen Arbeitsschritte der naturwissenschaftlichen Vorgehensweisen (Ludwig & Oldenburg, 2007) in dem selbstentwickelten Zyklusmodell des Experimentierens schematisch dargestellt werden (vgl. Abb. 15.1).

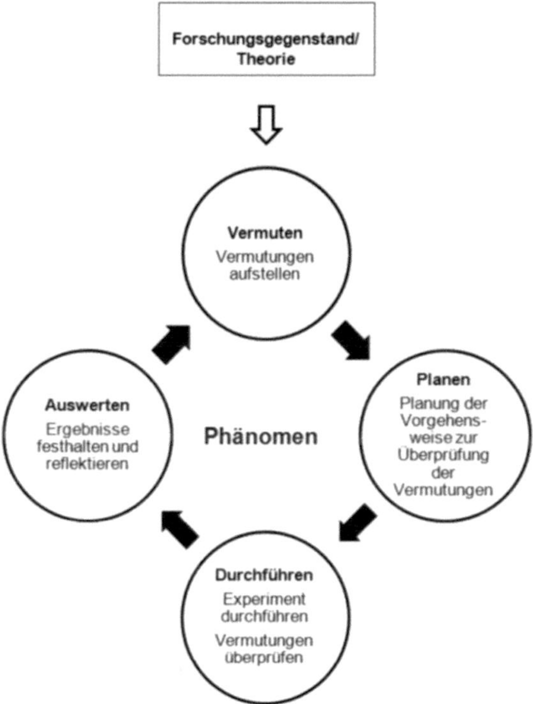

Abb. 15.1: Verwendetes Zyklusmodell des Experimentierens

Der Experimentierkreislauf ist in vier Phasen gegliedert. Diese Phasen werden in den Aufgabenstellungen bewusst angeregt und im vorstrukturierten Protokollbogen berücksichtigt, der die Vermutungen, Ideen, Vorgehensweisen, Argumente und Ergebnisse der Schülerinnen und Schüler samt Interpretation aufnehmen kann. Störende Variablen, welche beim Experimentieren die Ergebnisse beeinträchtigen können, sollen die Schülerinnen und Schüler bewusst kontrollieren (z.B. Vermeiden von Zugluft beim Kerzenexperiment) und schriftlich festhalten.

Bei allen Experimenten wird der Experimentierkreislauf wie folgt durchlaufen:
Vermuten:

- In einem ersten Schritt stellen die Schülerinnen und Schüler Vermutungen zu dem jeweiligen Experiment auf, die schriftlich auf dem Protokollbogen festgehalten werden.

Planen:

- Im Anschluss daran überlegen und planen sie ihre Vorgehensweise zur Überprüfung ihrer Vermutungen und berücksichtigen auch alle möglichen Variablen, die das Experiment beeinflussen können.
- Auf die eigenständige Planung eines Experiment wurde verzichtet, da es sich um eine Einführung in die Methode „Experimentieren" handelt.

Durchführen:

- Es folgt eine Experimentierphase, in der viel ausprobiert, aber auch systematisch untersucht wird. Die Ergebnisse und Lösungswege werden festgehalten.
- Es wird geprüft, ob sich das Phänomen durch kontrollierte Manipulationen erzeugen und zielgerichtet beobachten lässt.

Auswerten:

- Die Ergebnisse und Lösungswege werden diskutiert, reflektiert und validiert.
- Stellt sich im Rahmen der Validierung die gefundene Lösung und das Vorgehen nicht als angemessen heraus, so können einzelne Phasen oder auch der ganze Experimentierkreislauf erneut durchlaufen werden.

Die Grenzen zwischen den einzelnen Schritten sind nicht immer trennscharf, sondern können auch ineinander übergehen.

15.2 Methodischer Teil

15.2.1 Forschungsfragen und Design

Im Mittelpunkt der Untersuchung stand die zentrale Forschungsfrage: „Unterstützt selbstständiges Experimentieren die Entwicklung des Funktionalen Denkens und die Lernmotivation effektiver als der klassische Zugang ohne Einbezug von Experimenten, bzw. als ein Zugang über Demonstrationsexperimente?"

In einer quasi-experimentellen Felduntersuchung mit einem Pre-Post-Kontrollgruppendesign wurde in einer Querschnittuntersuchung mit qualitativen und quantitativen Methoden die Wirkung der Integration von Experimenten in den Begriffsbildungsprozess untersucht. Zum einen wurde die folgende Forschungsfrage quantitativ untersucht: „Sind der Lernzuwachs und die Lernmotivation beim selbstständigen Experimentieren höher als bei der Betrachtung von Demonstrationsexperimenten per Film bzw. bei einem Einstieg in Funktionales Denken ohne Experimente?"

Zum anderen wurden qualitative Untersuchungen zu den folgenden Fragen durchgeführt: „Welche Grundvorstellungen sind im Lernprozess zu erkennen?" und „Welche Hinweise gibt es darauf, dass die Intervention die Experimentierkompetenz fördert?"

In einem Drei-Gruppen-Pretest-Posttest-Plan mit Experimental-, Kontroll- und Nullgruppe (vgl. Tabelle 15.1) wurde das Thema „Einführung in den Funktionsbegriff" in der 7. Jahrgangsstufe der Hauptschule im Umfang von sieben Schulstunden pro Gruppe unterrichtet.

Tabelle 15.1: Treatment der drei untersuchten Gruppen

Experimentalgruppe (n=77)	Kontrollgruppe (n=86)	Nullgruppe (n=41)
Selbstständige Schülerexperimente	Vorführen der Experimente via Film	Traditioneller Unterricht mit dem Schulbuch

Zur Erfassung des Leistungsstandes, der Motivation und des Effektes des realen Experimentierens, wurde zu zwei Zeitpunkten eine Erhebung mittels eines eigens dafür entwickelten Fragebogens und Leistungstests in allen teilnehmenden Klassen der Jahrgangsstufe 7 durchgeführt.

In zwei konsekutiven Pilotstudien (Barzel & Ganter, 2010) wurden die Interventionen sowie der Fragebogen im Herbst 2008 und im Frühjahr 2010 evaluiert und erfüllten die Testgütekriterien Validität, Reliabilität und Objektivität. Um die Bedingungen der Studie zu kontrollieren, wurden gezielte Unterrichtsbeobachtungen und Lehrerrückmeldungen eingesetzt.

Die methodologisches Triangulation wurde gewählt, um eine Verknüpfung zwischen qualitativen und quantitativen Aussagen zu schaffen (Flick, 2004). Somit konnte nicht nur nachgewiesen werden, dass ein Lernzuwachs stattfand, sondern es konnten auch Hinweise gegeben werden, wie die dem Lerngewinn förderlichen Lernprozesse konkret aussehen.

15.2.2 Auswahl der Stichprobe

In der Pilotstudie I und II wurden die Stichproben nach den Kriterien Schulform und Wissensstand (Hauptschule, Kl.7, Versuchsgruppe: n=12, Kontrollgruppe: n=18 und Nullgruppe n=12) im Sinne eines „Deduktiven Samplings" ausgesucht.

Für die Hauptstudie betrug die Stichprobengröße 204 Schülerinnen und Schüler der 7. Klasse. Insgesamt führten 13 Hauptschulen auf freiwilliger Basis die Intervention durch. Bei der Auswahl der Schulen wurde versucht ein breites Spektrum an Lerngruppen der Schulform „Hauptschule" abzudecken, indem unterschiedliche Einzugsgebiete berücksichtigt wurden. Sieben Schulen lagen im ländlichen, sozial etablierten Raum, während sechs Schulen aus städtischen Einzugsgebieten in sozialen Brennpunkten stammen. Die Einteilung in Experimental-, Kontroll- und Nullgruppen erfolgte über einen Blindversuch, während die Videoklasse aus organisatorischen Gründen gesetzt werden musste.

15.2.3 Entwicklung der Intervention

Die Experimente wurden nach verschiedenen Gesichtspunkten ausgewählt. Zunächst sollte die Gesamtgestaltung der Intervention die Anforderungen des Bildungsplans 2004 der Hauptschule im Bereich der Leitidee „Funktionaler Zusammenhang" erfüllen und unterschiedliche Größen und deren Zusammenhänge und Abhängigkeiten einbeziehen (Ministerium für Kultus, Jugend und Sport, 2004). Neben den verschiedenen Funktionsaspekten und Darstellungsweisen sollten vor allem auch die bei Vollrath (1989) beschriebenen zum Funktionalen Denken führenden Phänomene berücksichtigt werden (vgl. Kapitel 1.1).

Des Weiteren sollten die Experimente bewusst im Sinne des Experimentierkreislaufs (vgl. Abbildung 15.1) durchgeführt werden. Die ausgewählten Experimente sollen darüber hinaus eine förderliche Wirkung auf Motivation, Interesse und Leistungssteigerung haben. Inhaltlich sind die Aufgaben möglichst kontext- und wissensunabhängig gestaltet, um mögliche Störeinflüsse zu kontrollieren. Das Anforderungsniveau soll so gestaltet sein, dass sich die Schülerinnen und Schüler beim Experimentieren weder unter- noch überfordert fühlen (Ryan & La Guardia, 1999).

Die Auswahl der Experimente und die Unterrichtsmaterialien wurden mit Hilfe zweier systematischer Expertenbefragungen formativ evaluiert und optimiert.

Diese Delphi-Befragungen fanden mit zehn Expertinnen und Experten aus der Schulpraxis und Fachdidaktik statt, was zu folgender Auswahl führte: (Barzel, 2009; Beckmann, 2006; Vollrath, 1978):

- Kerzenexperiment: Wie lange brennt die Kerze?
- Reihen legen: Es werden aus Quadraten neue Quadrate gelegt und es stellt sich die Frage: Wie verändert sich der Umfang, wenn die Figur schrittweise größer wird?
- Kugelbahn: Ein Kunststoffschlauch wird im Raum als Kugelbahn aufgebaut. Wie verändert sich die Geschwindigkeit der Kugel an den verschiedenen Stellen des Schlauchs?
- Gefäße füllen: Verschiedene Gefäße werden schrittweise gefüllt und jeweils die Füllhöhe gemessen. Wie sieht der Füllgraph aus?
- Bewegungen aufzeichnen: Mit einem Ultraschallmessgerät wird der Abstand und die Abstandsänderung einer Person zum Gerät festgehalten. Wie sieht der Graph zu meiner Bewegung aus?

Diese Experimente wurden in den Experimental- und Kontrollgruppen unterschiedlich eingesetzt. Während in der Experimentalgruppe Schülerexperimente durchgeführt wurden, fehlte in der Kontrollgruppe die reale Begegnung mit den Experimenten. Hier wurden die Experimente mit Hilfe von Filmaufnahmen vorgeführt. Insgesamt unterschied sich die Grundform und Zeitdauer in beiden Gruppen nicht. Die Nullgruppen erhielten „herkömmlichen" Schulbuchunterricht zum Thema mit ebenfalls gleicher Zeitdauer.

Um den Einfluss der verschiedenen Lehrerpersönlichkeiten besser kontrollieren zu können, war der Unterricht in den Experimental- und Kontrollgruppen so gestaltet, dass die Schülerinnen und Schüler selbstständig arbeiten konnten. Das Unterrichtsmaterial wurde komplett in Klassenstärke zur Verfügung gestellt und es erfolgte zur besseren Vergleichbarkeit eine normierte Einweisung, wie die Intervention durchzuführen ist. Die Arbeit der Lehrkräfte reduzierte sich damit alleine auf die Aufsicht. Die Schülerinnen und Schüler erhielten schriftliche Arbeitsanweisungen und einen Protokollbogen, um ihre Erkenntnisse des Experimentierens zu reflektieren und zu dokumentieren.

15.2.4 Erhebungsmethoden

Teilnehmende Beobachtung/Video-Beobachtung

Hauptauswertungsmaterial zur Untersuchung der Intervention waren Beobachtungsbögen, Tonaufnahmen sowie Videoaufzeichnungen von drei Schülergruppen einer 7. Hauptschulklasse während des Experimentierens. Die Gruppen wurden basierend auf den Aussagen der Lehrkraft so gewählt, dass eine leistungsstärkere, eine leistungsschwächere und eine mittelstarke Schülergruppe vertreten war, um damit eine Vielfalt an Vorgehensweisen zu erfassen und Varianzmaximierung anzustreben. Die Ton- und Videoaufnahmen wurden digitalisiert und größtenteils transkribiert.

Schriftliche Befragung

Zur Überprüfung des Lernzuwachses durch die Interventionen wurde ein Pre- und Postleistungstest zur Ermittlung des Vorwissens mit ausgewählten Items entworfen. Zur Erhebung der Lernmotivation und des Interesses wurde der Fragebogen in Anlehnung an Deci und Ryan (1993) und an standardisierte Fragebögen (Seidel et al., 2003) an die Hauptschule angepasst. Im standardisierten Fragebogen wurden neben geschlossenen auch offene Fragen integriert, um individuelle Zusatzinformationen und Detailwissen zu erheben. Die Daten wurden teils über eine 5-stufige Likert-(Rating-)Skala (1: trifft zu bis 5: trifft nicht zu) und teils durch eine Kodierung offener Antworten bzw. des MC-Antwortverhaltens quantifiziert. Dabei konnte von einem quasi-intervallskalierten Niveau der Werte ausgegangen werden. Andere Daten wurden nominal- (z.B. Testgruppen), ordinal- (z.B. Noten) und intervallskaliert (z.B. Alter). Es gab die Möglichkeit die Leistungsitems offen zu begründen.

Mündliche Befragung

Für das Lehrerinterview wurde die teilstandardisierte Befragung in Form eines Leitfaden-Interviews gewählt. Hier war entscheidend, dass die Befragten keine Antwortvorgaben hatten und ihre Ansichten und Erfahrungen frei kommunizieren konnten.

15.2.5 Qualitative Auswertungsmethoden

Die erhobenen Daten (Videos, Tonaufnahmen, Schülerprodukte in Form von Plakaten und Protokollbögen) wurden mit Hilfe der qualitativen Inhaltsanalyse nach Mayring (2010) kategorisiert. Auf Grundlage der Rohdokumente und eines selbst erstellten Kodierleitfadens (vom Hofe, 2003; Vollrath, 1989) wurden Episoden zur Transkription ausgewählt. Die relevanten Kodierungen für die Episoden waren:

Aspekte des Funktionalen Denkens (Zuordnung, Kovariation), Graph-als-Bild-Fehler und Experimentierkreislauf. Zur Deutung wurden auch die Formulierungen aus den Schülerprotokollbögen herangezogen. Ziel war es, aus den Transkripten und Arbeitsbögen Schlüsse zu ziehen, inwieweit Funktionales Denken und Experimentierkompetenz gefördert wurden. Das gesamte Datenmaterial wurde analysiert und entsprechend der inhaltlichen Kategorien aufbereitet. Einzelne Fallbeispiele wurden zusätzlich methodenübergreifend durch die Verknüpfung von Daten aus Tests und Fragebögen für qualitativ-quantitative Kausal- und Zusammenhangsanalysen genutzt.

15.2.6 Quantitative Auswertungsmethoden

Für die Erhebung und quantitative Auswertung der Studie wurden folgende Variablen festgelegt: Als unabhängige Variable wurde die Unterrichtsmethode (Intervention findet statt, Intervention findet nicht statt, abgeänderte Intervention findet statt) bestimmt. Diese teilte als Gruppenvariable in Experimental-, Kontroll- und Nullgruppe ein. Als abhängige Variablen wurden die Testergebnisse (Skalen: Zuordnung, Kovariation) und die Motivation (Skalen: Interesse, Selbstkonzept u.a.) erfasst. Als Kontrollvariablen dienten die Skalen Amotivation, Anstrengungsbereitschaft, Nutzen.

Bei der Auswertung der Daten kamen folgende Methoden zum Einsatz: Es wurden sowohl deskriptive als auch inferenzstatistische Verfahren verwendet. Die Prüfung der statistischen Voraussetzungen für weitere Berechnungen erfolgte per Mittelwertberechnung, Analyse der Häufigkeitsverteilung und Normalverteilungshypothese. Ebenfalls wurden im Vorfeld die theoriegeleitet gebildeten Skalen Zuordnung und Kovariation auf Reliabilität und Trennschärfe untersucht. Zur Bestimmung des Lernzugewinns wurden Mittelwertvergleiche (T-Tests) durchgeführt. Der Zugewinn für jedes Item wurde über Kreuztabellen ermittelt. Des Weiteren wurde die Lernmotivation gemäß der vorhergehenden Skalierung auf Reliabilität und Trennschärfe geprüft. Zur Beantwortung der Forschungsfragen, ob der Lernerfolg und die Motivation im Unterricht der teilnehmenden Probanden unterschiedlich ausgeprägt sind, wurden Korrelationen, Ko- und Varianzanalysen berechnet.

15.3 Ergebnisse

Die ausgewählten Ergebnisse der Auswertung werden in drei Teilen präsentiert.

1. Im ersten Teil wird über die untersuchten abhängigen Variablen mit den zugehörigen deskriptiven Analysen berichtet.
2. Der zweite Teil zeigt Befunde zu den unmittelbaren Förderwirkungen der Interventionen bzw. des Vergleichsunterrichts auf. Die Analyse von Gruppenunterschieden stützt sich dabei weitgehend auf varianzanalytische Verfahren.
3. Der dritte Teil stellt ausgewählte Ergebnisse der qualitativen Analyse vor.

15.3.1 Deskriptive Analysen

Es zeigte sich eine für Pre- und Postergebnisse gruppenübergreifende Normalverteilung. Die im Vorfeld theoriegeleitet gebildeten Skalen Zuordnung (10 Items, $\alpha = .684$) und Kovariation (13 Item, $\alpha = .737$) wurden auf Reliabilität und Trennschärfe geprüft: Für die Untersuchung wurden Items ausgeschlossen, die keine genügende Trennschärfe aufwiesen. Die Reliabilität war mittelmäßig. Zur Bestimmung des Lernzugewinns wurden Mittelwertvergleiche (t-Tests) durchgeführt. Der Zugewinn für jedes einzelne Item wurde über Kreuztabellen ermittelt. Die Vergleichbarkeit der drei Gruppen zum ersten Messzeitpunkt wurde aufgrund fehlender Randomisierungsmöglichkeit mittels einer multivariaten Varianzanalyse überprüft. Im Bereich der Amotivation und bei den Pretestergebnissen wurden signifikante Unterschiede zwischen den Gruppen festgestellt. Im Post-hoc-Test (Tukey HSD) wurde der Unterschied im Testergebnis zwischen Experimental- und Kontrollgruppe ausgemacht. Mittels univariater Varianzanalysen wurden Unterschiede in Bezug auf die Pretest-Ergebnisse im Bereich der intrinsischen und identifizierten Motivation zwischen den Gruppen festgestellt. Es gab zudem signifikante Unterschiede in den Ergebnissen in Abhängigkeit vom Geschlecht und in Abhängigkeit von der Mathematiknote In den folgenden Analysen ging die intrinsische Motivation, identifizierte Motivation, Amotivation, Anstrengungsbereitschaft, Nutzen, Note und Geschlecht als Kovariate ein.

15.3.2 Förderwirkungen der Intervention

Der Lernzugewinn insgesamt wurde durch Mittelwertvergleiche von Pre- und Posttest sichergestellt (vgl. Abbildung 15.2). Alle Ergebnisse waren signifikant ($p<.05$). Die größte Leistungssteigerung war bei der Experimentalgruppe zu beobachten ($T = 13{,}42$; $p < .001$), während die Kontrollgruppe einen etwas geringeren und die Nullgruppe wenig Lernzugewinn aufwies.

Die Ergebnisse im Pre- und Posttest wurden zudem getrennt nach Aufgaben zum Zuordnungsaspekt und zum Kovariationsaspekt untersucht. In allen drei Untersuchungsgruppen verbesserten sich die Leistungen in den Bereichen Zuordnung und Kovariation. Während die Nullgruppe den geringsten Zuwachs zu verzeichnen hatte, war in der Experimental- und Kontrollgruppe ein großer Sprung im Bereich des Kovariationsaspektes zu erkennen. Bei der Überprüfung der beiden Dimensionen wies die Nullgruppe bei der Kovariation nur einseitig Signifikanz ($p = .08$) auf. Ansonsten war für alle Gruppen die Leistungssteigerung zweiseitig signifikant.

Um die Frage der Wirkung der Intervention zu beantworten, wurde sowohl im Bereich Zuordnung als auch im Bereich Kovariation eine Kovarianzanalyse mit Messwiederholung durchgeführt.

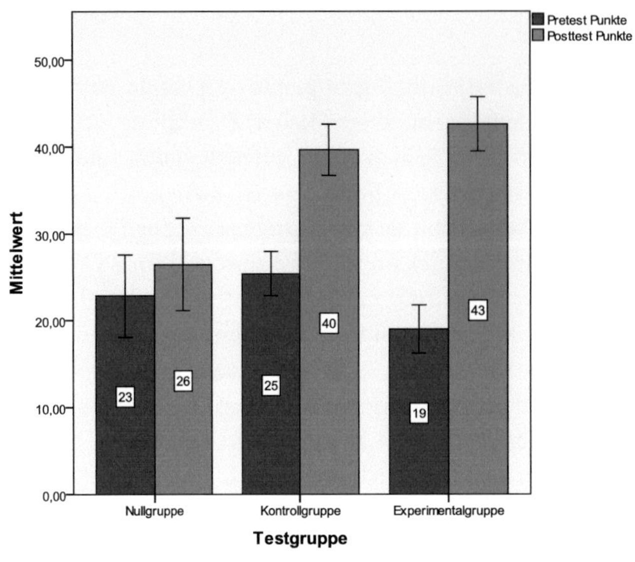

Abb. 15.2: Lernzugewinn in den drei untersuchten Gruppen

Tab. 15.2: Ergebnis der Kovarianzanalyse der Skala Zuordnung

Effekt	**F**	**Signifikanz**	**Partielles Eta-Quadrat**	**Beobachtete Schärfe**[a]
Messzeitpunkt * Gruppe	27,358	p < .000	.229	1,000

Wie aus Tabelle 15.2 ersichtlich wird, ist die Interaktion von Messzeitpunkt und Gruppe hoch signifikant, während die Effektstärke nur mäßig ist. Der größte Unterschied scheint dabei in der Experimentalgruppe vorzuliegen (siehe Abbildung 15.3).

Tab. 15.3: Ergebnis der Kovarianzanalyse der Skala Kovariation

Effekt	**F**	**Signifikanz**	**Partielles Eta-Quadrat**	**Beobachtete Schärfe**[a]
Messzeitpunkt * Gruppe	23,654	p < .000	.205	1,000

Auch im Bereich der Kovariation zeigten sich hoch signifikante Unterschiede und mäßige Effektstärken (siehe Tabelle 15.3). Hier ist jedoch ein starker Zuwachs in der Experimental- und der Kontrollgruppe festzustellen (vgl. Abbildung 15.4). Es scheint, als ob die Intervention insgesamt erfolgreich war, da sowohl bezüglich des Zuordnungsaspektes als auch des Kovariationsaspektes eine Leistungssteigerung zu verzeichnen war.

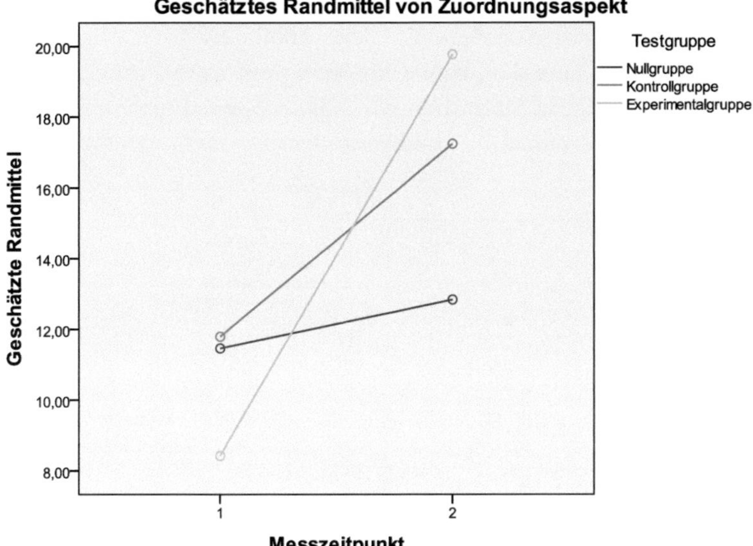

Abb. 15.3: Darstellung der Interaktion Messzeitpunkt und Gruppe für die Skala Zuordnung

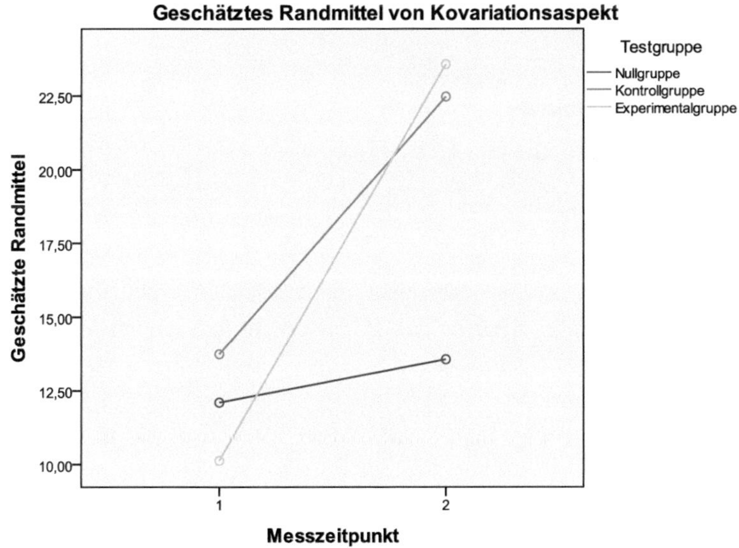

Abb. 15.4: Darstellung der Interaktion Messzeitpunkt und Gruppe für die Skala Kovariation

Die Wirkung der Intervention auf die Lernmotivation wird exemplarisch an der Skala „Identifizierte Motivation" aufgezeigt (siehe Abbildung 15.5). Hier konnte in der Experimentalgruppe eine signifikante Erhöhung mit kleinen Effektstärken ($\eta^2 = .095$) festgestellt werden. Die Motivation der Nullgruppe nahm signifikant ab ($\eta^2 = .164$), während der Unterschied für die Kontrollgruppe nicht signifikant war ($p = .256$).

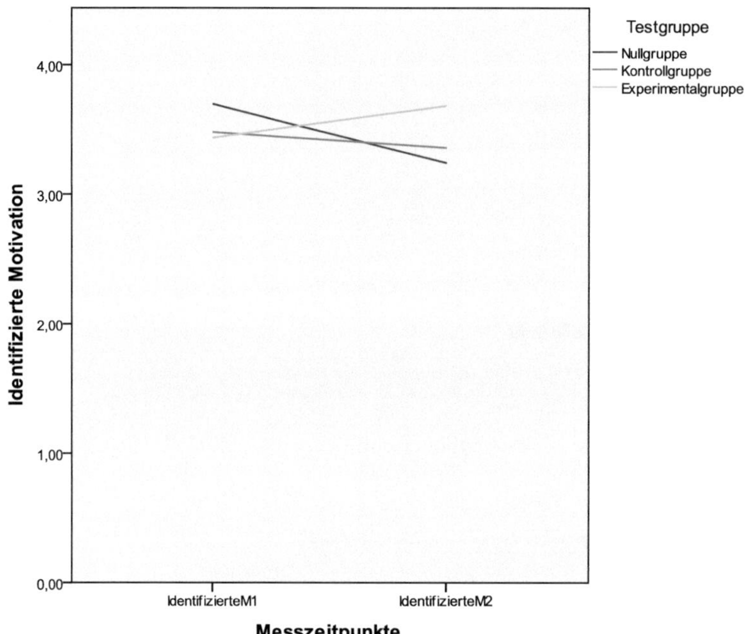

Abb. 15.5: Messzeitpunktunterschiede der Skala: „Identifizierte Motivation"

15.3.3 Qualitative Analyse

Während in der quantitativen Analyse verstärkt die Lösungsprodukte betrachtet wurden, stand in der qualitativen Analyse das Verstehen und Nachvollziehen der Lösungsprozesse im Mittelpunkt. Der Schwerpunkt der Videoanalysen lag auf der Phase des konkreten Experimentierens. Drei Schülergruppen wurden mit Hilfe des o.g. Kodierleitfadens in Anlehnung an die qualitative Inhaltsanalyse nach Mayring (2010) untersucht und mittels einer zweiten Raterin auf Beobachterübereinstimmung überprüft. Erste Ergebnisse zeigten, dass Funktionales Denken aufgrund der vergebenen Kodes (Zuordnungsaspekt, Kovariationsaspekt, Experimentierkreislauf, Motivation, Graph-als-Bild-Fehler) erkennbar war. Das gesamte Datenmaterial wurde mit Hilfe der genannten Kategorien analysiert. Im Folgenden dient das Beispiel „Graph-als-Bild-Fehler" dazu, die vorgenommene Kodierung und Auswertung exemplarisch zu illustrieren. Der Graph-als-Bild-Fehler trat nicht nur in den Leistungstests der quantitativen Untersuchung sehr häufig auf, sondern auch innerhalb der Intervention. Die Analysen bezüglich des Graph-als-Bild-Fehlers ließen

Rückschlüsse auf die zugrunde liegenden Lösungsprozesse sowie darin auftretende Schwierigkeiten zu. So konnte beobachtet werden, dass im Laufe des Experimentierens beim mehrmaligem Durchlaufen des Experimentierkreislaufs, die Fehlvorstellungen bezüglich Graph-als-Bild-Fehler überwunden werden konnten. Grund für diese Weiterentwicklung war, dass die Schülerinnen und Schülern direkt mit den Ergebnissen und damit mit ihren Fehlvorstellungen konfrontiert wurden und sich somit einem kognitiven Konflikt stellen mussten.

Exemplarisch soll dies am folgenden Videobeispiel „Vi_RA_2" verdeutlicht werden. Diese Sequenz wurde mit Hilfe des folgenden Kodierleitfadens (vgl. Abbildung 15.6) kodiert. Hier trat der Graph-als-Bild-Fehler deutlich bei einer leistungsstarken Dreiergruppe während des Experiments „Bewegungen aufzeichnen – Ranger" auf und es wurde dem Fehler entgegengewirkt.

Kodierleitfaden Experiment Ranger

1= ++ erkennbar 2= + etwas erkennbar 3= **o** wenig erkennbar 4= - nicht erkennbar

Kode	Definition	Kodierbeispiel	Videobeispiel	1	2	3	4
Graph-als-Bild-Fehler	Der G-B-F wird kodiert, wenn das Bild so sehr dominiert, dass es im Vordergrund steht und somit die Zusammenhänge nicht wahr genommen werden.	Die Schülerinnen und Schüler nehmen den Graphen als Bild wahr und laufen die Form des vorgegebenen Graphen als eine Art Projektion auf dem Boden ab. Der abgelaufene Graph ist idnetisch mit dem Bild des Graphen an der Wand.	VI_RA_2 Videobeispiel Ranger_2 Seitwärts S1: Lauf mal schräg nach hinten.	+ +			

Abb. 15.6: Teilausschnitt aus dem Kodierleitfaden am Beispiel Graph-als-Bild-Fehler

Die im Folgenden dargestellte Videosequenz (Tabelle 15.4) wurde in drei Schritte eingeteilt, wobei der Experimentierkreislauf (Vermuten, Planen, Durchführen, Auswerten) während dieser Schritte immer wieder durchlaufen wurde. Zu Beginn des Experiments konnte sich die Schülergruppe mit dem Bewegungsmessgerät vertraut machen. Sie stellte Vermutungen auf, überprüfte diese, in dem sie gleichberechtigt und kooperativ ausprobierte, wie das Gerät funktionierte, hielt ihre Ergebnisse und Diskussionen auf dem Protokollbogen fest und reflektierte diese.

Schritt 1: Richtige Interpretation der Aufzeichnung

Im ersten Schritt sollten die Schüler einen vorgegebenen Graphen, eine Gerade parallel zur x-Achse, erzeugen (vgl. dunkle Linie in Tabelle 15.4). Auf der x-Achse wurde die Zeit, auf der y-Achse die Entfernung zum Messgerät angetragen. Die Dreiergruppe überlegte, an welcher Stelle sie stehen bleiben muss. Nach zwei Versuchen

Tab. 15.4: „Schülerbeispiel zum Auftreten des Graph-als-Bild-Fehlers“

Schritt 1 • Richtige Interpretation der Aufzeichnung		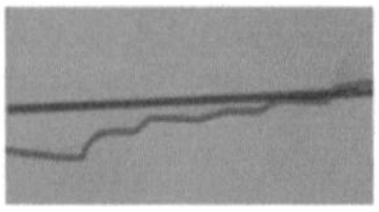
Schritt 2 • Falsche Interpretation • Graph-als-Bild-Fehler dominiert • Wiederholen • Ausprobieren		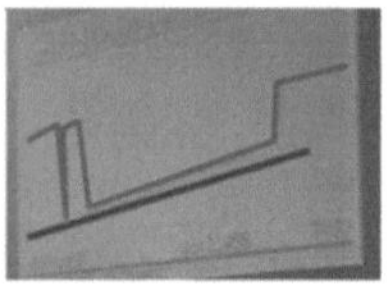
Schritt 3 • Anknüpfen an das Vorwissen • Korrigieren des Graph-Bild-Fehlers • Sichern		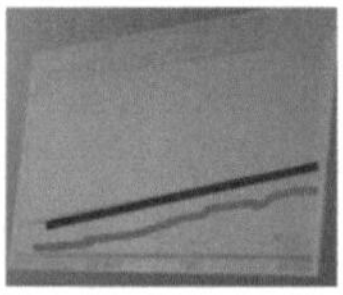

hatten sie die richtige Stelle gefunden und blieben im richtigen Abstand stehen (vgl. Bild in Tabelle 15.4). Ihre Ergebnisse hielten sie auf dem Protokollbogen fest und diskutierten ihre anfänglichen Schwierigkeiten. Sie hatten somit die Funktionsweise des Gerätes und damit die Art und Weise, wie der Graph erzeugt wird, anscheinend richtig verstanden.

Schritt 2: Falsche Interpretation, Graph-als-Bild-Irritation dominiert

Im zweiten Schritt sollten die Schülerinnen und Schüler einen vorgegebenen Graphen mit konstanter Steigung (vgl. Tabelle 15.4) eigenständig reproduzieren. Der Graph stellte die Bewegungen einer Person dar, die sich vom Messgerät mit geringer konstanter Geschwindigkeit entfernt. Die Gruppe stellte die Vermutung auf, dass „die schräge Form nachzugehen sei“ und hielt ihre angedachte Vorgehensweise auf dem Protokollbogen fest. Auf den ersten Blick entsprach die Aufzeichnung fast dem vorgegebenen Graphen. Die Vermutung und der Dialog in der Gruppe zeigte jedoch eindeutig, dass der Graph-als-Bild-Fehler unterlief. Zwar hatten sie die Funktionsweise des Gerätes und die Art der Grapherzeugung zuvor verstanden, aber die Dominanz der Steigung („für die Gruppe das Bild der Schrägen“) war so stark, dass sie den Verlauf des Graphen fälschlicherweise auf dem Boden nachgehen wollte. Dabei wurde am Anfang und am Ende der Experimentierphase der Messbereich des Geräts verlassen, weshalb der Graph hier stark vom vorgegebenen abwich. Dies war ein wichtiges Indiz dafür, dass die gewählte Bewegungsvariante nicht richtig sein konnte. In der Reflexionsphase wiederholte sie aufgrund der eigenen Unzufriedenheit mit dem Ergebnis mehrmals den Versuch, bis sie auf die Idee kam, sich noch mal zu überlegen, wie das Gerät funktioniert und der Graph überhaupt entsteht.

Schritt 3: Anknüpfung Vorwissen, Korrigieren des Graph-als-Bild-Fehlers, Sichern
Durch diese Rückbesinnung auf das Erlernte „Wie misst das Gerät?“ wurde dann in einem dritten Schritt der Graph-als-Bild-Fehler korrigiert und das Gelernte gesichert. Diese Selbstkorrektur wurde durch mehrmaliges Wiederholen und durch die jeweils sofortige Rückmeldung ausgelöst.

Zusammenfassend war ein Lernzuwachs zu verzeichnen, da die Gruppe am Ende in der Lage war, vorgegebene Bewegungsabläufe korrekt nachzuvollziehen und zu interpretieren. Darüber hinaus konnten sie ihre Bewegungen in geeigneter und korrekter Weise in einem Schaubild auf dem Protokollbogen aufzeichnen.

15.4 Zusammenfassung und Diskussion

In der Literatur gibt es Hinweise, dass experimentelle Aktivitäten eine Möglichkeit zur Förderung des Funktionsbegriffserwerbs sein könnten, da sie authentische Erfahrungen und Erfahrungen in unterschiedlichen Realitätsbezügen ermöglichen und verschiedene Aspekte und Leitideen berücksichtigen. Zudem wird dem Einsatz von Experimenten eine kognitive Aktivierung zugesprochen (Beckmann, 2006). Beim Experimentieren werden die relevanten funktionalen Aspekte aktiv erfahren und nachhaltiger gelernt, da beim Experimentieren die Abhängigkeiten von Größen und damit funktionale Zusammenhänge zentral sind. Entsprechend der theoretischen Befunde erschien es zielführend eine literaturbasierte experimentelle Unterrichtseinheit zu entwickeln und im Rahmen einer quasi-experimentellen Felduntersuchung mit einem Pre-Post-Kontrollgruppendesign mit qualitativen und quantitativen Methoden auf die Wirkung der Integration von Experimenten in den Begriffsbildungsprozess zu untersuchen. Die Stichprobe umfasste 204 Schülerinnen und Schüler einer Hauptschule. Um die interne Validität zu verbessern, wurden neben der Experimentalgruppe, eine Kontroll- und eine Nullgruppe integriert. Da die Auswahl der Hauptschulen nur teilweise zufällig war und auch bei der Einteilung in die Gruppen nur teilweise randomisiert werden konnte, waren Vortests unerlässlich. Trotz der akzeptablen Stichprobenanzahl ist schwer zu sagen, wie repräsentativ die Klassen waren. Es wurde aber bewusst darauf geachtet, dass sowohl Klassen aus Stadt- als auch aus Dorfschulen in die Studie aufgenommen wurden. Deshalb kann angenommen werden, dass diese Studie mit hoher Wahrscheinlichkeit auch in anderen Klassen ähnliche Ergebnisse liefern würde. Die einzige Ausnahme bildete die Nullgruppe, die ein deutlich schlechteres Ergebnis erzielt hatte. Ein Grund für die schlechten Ergebnisse könnte die etwas kleine Stichprobenanzahl ($n = 41$) sein. Weitere Hinweise könnten die mangelnde Motivation und die Bearbeitungsdauer beim Test sein, die trotz vorheriger Absprachen deutlich unter der Durchschnittsbearbeitungszeit in den Experimental- und Kontrollgruppen lagen.

Trotz der Einschränkungen ließen sich deutliche Unterschiede zwischen den Experimental-, Kontroll- und Nullgruppen konstatieren. Zwar war der Lernzuwachs aller Gruppen signifikant, jedoch ergab die ANCOVA mit Messwiederholung nur mäßige Effektstärken, was vermutlich auf die Gruppengröße und folglich auf eine stark variierende Innergruppenvarianz zurückzuführen ist. Zudem war der Zuwachs in Experimental- und Kontrollgruppe deutlich größer als in der Nullgruppe. Bei der Ausbildung der beiden Grundvorstellungen Zuordnung und Kovariation lässt sich aufgrund der quantitativen und qualitativen Studien konstatieren, dass der Zuordnungsaspekt den Schülerinnen und Schüler insgesamt leichter fiel. Der Kovariationsaspekt bereitete besonders der Nullgruppe große Schwierigkeiten. Die Experimental- und Kontrollgruppe hatten zwar anfangs auch Schwierigkeiten, diese konnten aber im Laufe der Intervention im Bereich der Kovariation minimiert und sogar aufgelöst werden. Ein Grund könnte sein, dass während der Intervention der Graph-als-Bild-Fehler mehrmals aufgetreten war, es aber die Möglichkeit gab, diesem über die direkte Rückmeldungen durch die Ergebnisse bei mehreren Versuchen entgegenzuwirken. Es ist davon auszugehen, dass diese beiden Aspekte einer Funktion tragfähig aufgebaut werden konnten. Im Bereich der Lernmotivation profitierte die Experimentalgruppe gegenüber den anderen Gruppen von der motivierenden Wirkung der Experimente. Zwischen der Leistung und dem Geschlecht gab es deutliche Unterschiede zugunsten der Jungen. Detaillierte Analysen sind weiteren Veröffentlichungen zu entnehmen.

Zusammenfassend lässt sich sagen, dass die Intervention bei der Experimentalgruppe die größten Lernzuwächse zeigte. In der Experimentalgruppe wurde im Gegensatz zur Intervention der Kontrollgruppe selbstständig real experimentiert und in Gruppen gearbeitet. Interessanterweise konnte aber in der Kontrollgruppe auch ein deutlicher Lernzuwachs im Kovariationsbereich aufgezeigt werden. Es stellt sich deshalb die Frage, inwieweit die Arbeitsform „Gruppenarbeit" einen Einfluss auf die besseren Ergebnisse hatte. Es könnte sein, dass bereits aufgrund des Austauschens der Ideen, der Gruppendiskussionen und des gemeinsamen Reflektierens der Ergebnisse ein größerer Lernzuwachs zustande kam. Es wäre zu überlegen, ob die Intervention der Kontrollgruppe nicht so abgeändert werden könnte, dass auch hier eine Gruppenarbeit möglich wäre. Diese Faktoren müssten in einer weiteren Studie untersucht werden. Diese Änderung könnte auch hinsichtlich der Motivation mehr Klarheit bringen. Aufgrund der Auswertung der Motivationsfragen überwog die Motivation beim realen Experimentieren gegenüber dem Betrachten von Demonstrationsexperimenten als Film. Es ist deshalb davon auszugehen, dass der spielerische Umgang und die Gruppeninteraktion während des realen Experimentierens motivierender waren als das alleinige Filmbetrachten. Diese Vermutung könnte in einer weiteren Studie bei der gleichen Sozialform Gruppenarbeit in der Experimental- wie auch in der Kontrollgruppe spezifischer untersucht werden.

In einzelnen Lehrerinterviews war auffällig, dass das Experimentieren im Mathematikunterricht für viele ein neues Terrain darstellte. Anfangs stuften diese Lehrpersonen diese Art der Interventionen als zu schwer und zu komplex ein, revidierten aber im Laufe der Intervention ihre Meinung. Sie bewerteten die Experimentiereinheit durchweg positiv und sahen hier eine effektive Möglichkeit in den Funktionsbegriff einzusteigen. Insgesamt wurde die Experimentierwoche von Schülern und Lehrern als positiv und effektiv erlebt. Aufgrund der erörterten Ergebnisse der vorliegenden Arbeit spricht viel dafür, experimentelle Aktivitäten zur Förderung des Funktionalen Denkens einzusetzen. Es wurden viele Lernprozesse und eigenständige Ideen und Gedanken zu Abhängigkeiten zwischen Größen ausgelöst. Dabei wurde beim Experimentieren viel kommuniziert, argumentiert und reflektiert. Es zeigte sich, dass die Schülerinnen und Schüler in der Lage waren, die Versuche mit den jeweiligen Lerninhalten in Verbindung zu bringen, und vor allem graphische und tabellarische Zusammenhänge vielfältig zu deuten.

Diese Studie zeigte, dass auch in der Hauptschule ein solcher kognitiv aktivierender Unterricht möglich ist und somit hilft Grundvorstellungen zu Funktionen auch schon früh in ihrer Komplexität aufzubauen.

Kathleen Philipp und Timo Leuders

16. Innermathematisches Experimentieren – empiriegestützte Entwicklung eines Kompetenzmodells und Evaluation eines Förderkonzepts – Teilprojekt 8

Zusammenfassung

Das mit den Naturwissenschaften verbundene Konzept des Experimentierens lässt sich auch auf *mathematische* Erkenntnisprozesse von Mathematikerinnen und Mathematikern und speziell von Mathematiklernenden anwenden. Während diese Perspektive in theoretischen (soziologischen oder erkenntnistheoretischen) Analysen bereits eingenommen wurde, ist es in der empirischen Forschung der Mathematikdidaktik bislang wenig gebräuchlich. Im Rahmen der hier vorliegenden Untersuchung wird das Konzept des „innermathematischen Experimentierens" (Experimentieren mit mathematischen Objekten) in zwei Schritten konkretisiert: zunächst auf Basis verschiedener vorliegender Theorien. Sodann empirisch durch eine qualitative Analyse von Aufgabenbearbeitungen und eine Interventionsstudie. Zentrales Ergebnis der ersten, qualitativen Studie ist ein Kategoriensystem, das experimentelle Vorgehensweisen von Lernenden in innermathematischem Kontext beschreibt. Dieses wiederum dient als Grundlage für die Identifikation zentraler experimenteller Strategien und damit für die Modellierung solcher experimenteller Kompetenzen. Inwiefern sich diese experimentellen Kompetenzen gezielt fördern lassen, wird im Rahmen einer zweiten Studie näher untersucht. Zu diesem Zweck wurde ein Training zur Förderung des Erwerbs experimenteller Strategien entwickelt und mit Schülerinnen und Schülern in neun Realschulklassen (N = 227) umgesetzt. Die Ergebnisse zeigen eine nachhaltige Entwicklung experimenteller Kompetenzen, erfasst in eigens dafür entwickelten Skalen. Dieser Beitrag gibt einen Überblick über das Gesamtprojekt. Detaillierte Ergebnisse sind entsprechenden Einzelveröffentlichungen zu entnehmen.

16.1 Einleitung

Mathematiker kommen zu ihren Vermutungen über Zusammenhänge nicht etwa durch Ableitung aus bestehenden Sätzen, sondern durch „experimentelles Arbeiten" mit Beispielen (Heintz, 2000). Dieser Teilaspekt mathematischen Erkenntnisgewinns lässt sich gut mit dem Modell des wissenschaftlichen Erkenntnisgewinns von Peirce (Peirce & Walther, 1967) verbinden. Er unterscheidet drei Formen wissenschaftlichen Schließens: Abduktion, Induktion und Deduktion. Bei der *Abduktion* wird eine Hypothese gebildet, mit der ein Phänomen tentativ erklärt werden kann.

Eine Hypothese in diesem Sinne ist zwar plausibel und liefert neue Erkenntnisse, aber sie ist zunächst unsicher. Peirce schreibt der *Induktion* die Funktion der Überprüfung einer Hypothese anhand weiterer Einzelfällen zu. Hierzu ist ein deduktiver Zwischenschritt notwendig, bei dem Konsequenzen einer Hypothese expliziert werden. Peirce spricht an dieser Stelle auch von einem empirischen Erkenntnisweg (Meyer, 2007). In der Mathematik sind alle drei Schlussformen von Bedeutung (vgl. beispielsweise Pólya, 1954). Die *Deduktion* spielt insbesondere beim Begründen und Beweisen eine bedeutende Rolle und stellt eine spezifische Stärke der Mathematik als Wissenschaftsdisziplin dar. Abduktive und induktive Prozesse sind im Entstehungsprozess von mathematischem Wissen jedoch zunächst bedeutsamer. Das Hypothesenbilden und Hypothesenprüfen an Beispielen aus dem jeweiligen Phänomenbereich – nach Peirce abduktives und induktives Vorgehen – soll im Folgenden als *innermathematisches Experimentieren* bezeichnet werden. Schwerpunkt der Untersuchung dieses Teilprojekts ist also die fokussierte Betrachtung der für Mathematiklernen bedeutsamen Prozesse der Abduktion und Induktion.[1]

Ausgangspunkt des Gesamtprojektes ist die Ansicht, dass die spezifische Analyse abduktiver und induktiver Prozesse für das Verstehen von Lernprozessen förderlich ist. Gleichzeitig ist die Absicht der Autoren, durch diese Analyse die häufig formulierte These der prinzipiellen Wesensgleichheit mathematischen Tuns vom Kindesalter bis hin zur professionellen Forschung (National Council of Teachers of Mathematics, 2000; Wittmann, 2005) zu untermauern.

Das Konzept des Experimentierens wird in der Mathematik eher selten zur Beschreibung des individuellen und kollektiven Erkenntnisgewinns herangezogen (Leuders & Philipp, in diesem Band, siehe aber auch Haverty et al., 2000), während es in den Naturwissenschaften bereits weitgehend ausgearbeitete konzeptuelle und empirische Arbeiten mit didaktischem Schwerpunkt zum Experimentieren gibt. Von besonderer Bedeutung ist für dieses Projekt das Modell des naturwissenschaftlichen Arbeitens als eine Suche in zwei Räumen (Klahr & Dunbar, 1988). Die Autoren beschreiben naturwissenschaftliches Lernen als einen ständigen Wechsel zwischen einem Hypothesensuchraum, in dem Vermutungen aufgestellt werden und einem Experimentesuchraum, in dem Experimente durchgeführt werden. Einerseits werden dabei Vermutungen überprüft und andererseits der Phänomenbereich erkundet, so dass wiederum neue Vermutungen aufgestellt werden können. In diesem Sinne entsprechen diese Tätigkeiten eher dem typischen Vorgehen beim „Mathematiktreiben" als andere Modelle, die Experimentieren als ein systematisches Abarbeiten von Schritten beschreiben. Die Beschreibung des Experimentierens als Suchprozesse in diesen Suchräumen lässt sich auf mathematisches Denken übertragen und soll zu einem vertieften Verständnis von induktiven und abduktiven Denkprozessen führen. In erster, grober Näherung entspricht der Phänomenraum im naturwissenschaftlichen Experimentierkontext dem mathematischen Phänomenraum, konstituiert in der Menge aller verfügbarer Beispiele. Das naturwissenschaftliche

1 Weitere theoretische Darstellungen findet sich in Leuders und Philipp in diesem Band.

Experiment zur Überprüfung einer Hypothese entspricht aufseiten der Mathematik der rationalen Auswahl eines Beispiels zur Überprüfung einer Vermutung. Die Reichweite und historische Basis dieser Analogie wird bei Leuders und Philipp in diesem Band tiefer diskutiert.

In der hier vorgestellten Arbeit werden Experimentierhandlungen von Lernenden unterschiedlichen Alters in innermathematischem Kontext empirisch erfasst und mit theoretischen Vorüberlegungen zu einer Theorie des innermathematischen Experimentierens entwickelt. Auf der Grundlage dieser Theorie werden Teilkompetenzen des innermathematischen Experimentierens identifiziert und operationalisiert sowie zur Überprüfung eines Trainings experimenteller Teilkompetenzen eingesetzt. Die beiden zentralen Forschungsfragen für die empirischen Untersuchungen lauten also:

- Welche Vorgehensweisen lassen sich beim innermathematischen Experimentieren beschreiben und ggf. typisieren?
- Inwiefern lassen sich solche typischen Vorgehensweisen bei Lernenden fördern?

Im Projekt bedarf es somit einer ersten theoriegenerierenden, qualitativen Untersuchung, die eine solide empiriegestütze Basis für die nachfolgenden Analysen liefern soll (Leuders et al., 2011; Philipp et al., 2009). Anschließend können die so beschriebenen Vorgehensweisen zu Kompetenzen verdichtet und messbar gemacht werden. Auf diese Weise lassen sich spezifische Interventionen zur Förderung experimentellen Denkens konzipieren und auf ihre Wirksamkeit prüfen (Philipp & Leuders, 2011; Philipp & Leuders, 2010).

16.2 Methode der qualitativen Videostudie

Zielsetzung der Untersuchung[2] ist es, empirische Bausteine zur Entwicklung einer Theorie des innermathematischen Experimentierens zu gewinnen. Gleichzeitig werden sowohl geeignete Aufgabenformate und Untersuchungsmethoden evaluiert. Hinsichtlich dieser Zielsetzungen ist ein qualitatives Forschungsdesgin geeignet. Zur Erfassung von Vorgehensweisen wurden Videoaufzeichnungen von Probanden bei der Bearbeitung von Aufgaben gemacht, um sowohl Handlungen als auch Äußerungen bei der Analyse berücksichtigen zu können.

16.2.1 Auswahl der Stichprobe

Ziel der Auswahl war es, eine möglichst große Vielfalt an Vorgehensweisen beobachten zu können (Patton, 2002). Somit wurden auf der einen Seite Studierende und auf der anderen Seite Grundschüler ausgewählt.

2 In diesem und dem folgenden Abschnitt werden Teile einer bereits publizierten ausführlicheren Darstellung von Leuders, Naccarella und Philipp (2011) zusammengefasst.

Zunächst wurde eine Gruppe von insgesamt neun Studierende untersucht, die wiederum in drei Untergruppen gegliedert waren: Mathematik nicht als Fach gewählt (n = 4), Mathematik als Fach (n = 4), Tutorentätigkeit im Fach Mathematik (n = 1). In einer weiteren Phase wurde die Studie auf je sechs Schülerinnen und Schüler der Klassen 3 und 4 ausgeweitet. Die Größe der Gesamtstichprobe ergab sich durch Sättigung theoretischer Konzepte im Rahmen der Grounded Theory (vgl. Abschnitt 16.2.4).

16.2.2 Auswahl der Aufgaben

Um Vorgehensweisen vergleichen zu können, bearbeiteten alle Probanden dieselben Aufgaben, die nach den drei folgenden, zentralen Kriterien ausgewählt wurden:

- Offenheit der Fragestellung,
- Zulassen einer Vielzahl von Vermutungen und
- problemloses Generieren von Beispielen.

Da die Aufgaben von allen Kohorten bearbeitet wurden, war die Anzahl an mathematischen Themenbereichen beschränkt. Folglich wurden Aufgaben gewählt, die nur grundlegende mathematische Fähigkeiten abverlangten: Zahlenverständnis, Grundrechenarten und einfache geometrische Vorstellungen.

Darüber hinaus sollte es sich bei den Aufgaben nicht um gänzlich neue Formate handeln. Es wurde darauf geachtet, auf traditionelle und in der schulischen Praxis bewährte und bekannte Aufgaben zurückzugreifen. Zum einen, um von den reichhaltigen Erfahrungen mit den Aufgaben profitieren zu können und zum anderen, um zu zeigen, dass dem Experimentieren in der Mathematik eine praktische (und bewährte) Bedeutung zukommt. Zu jeder Aufgabe wurden verbale Impulse formuliert, die nach dem Prinzip der minimalen Hilfe (Aebli, 1976) beim Bearbeitungsprozess gegeben werden konnten, sollte dieser ins Stocken geraten.

Bezüglich der Darstellungsarten konnten die Aufgaben im Verlauf der Studie weiterentwickelt werden, indem das Vorgehen der Probanden sukzessive analysiert und reflektiert wurde, so dass die Aufgabenstellungen optimiert werden konnten. Beispielweise wurde der Summenimpuls der in Abbildung 16.1 dargestellten Aufgabe erst später hinzugefügt, um neben der bildlichen Darstellung einen weiteren Impuls zu geben.

Insgesamt wurden folgende fünf Aufgaben eingesetzt: Treppenzahlen, IRI-Zahlen, verrückt Rechnen, Zahlenbäume und Minusmauern (Leuders et al., 2011). Exemplarisch wird hier die Aufgabe „Treppenzahlen“ (vgl. auch Schwätzer & Selter, 1998) vorgestellt:

Treppenzahlen / Reihenfolgezahlen

Die drei Zahlenforscher (Till, Ole und Pia) untersuchen Treppenzahlen.
Was kannst du alles über Treppenzahlen herausfinden?

Abb. 16.1: Beispielaufgabe Treppenzahlen

Diese Aufgabenstellung kann Lernende dazu veranlassen, mehrere Beispiele auszuprobieren sowie Aussagen (Vermutungen) über Treppenzahlen zu machen. Typische Vermutungen, die zu weiteren Überlegungen veranlassen, sind anfangs „man kann mit allen Zahlen eine Treppe bauen“, „man kann mit geraden Zahlen keine Treppe bauen“ etc. Zu solchen Vermutungen kommen bereits Lernende im Grundschulalter. Die Aufgabe hat darüber hinaus auch Potenzial für ältere Lernende, wenn man beispielsweise nach konkreten Treppen zu einer vorgegeben Zahl fragt „wenn die Zahl durch 5 teilbar ist, kann ich eine Fünfertreppe bauen“ etc. Die so gewonnenen Vermutungen können unmittelbar an weiteren Beispielen geprüft werden (Leuders et al., 2011). In diesem Sinne ist die hier dargestellte Aufgabe in besonderem Maße geeignet, abduktive und induktive Prozesse bei Lernenden zu induzieren.

16.2.3 Auswahl der Methoden

Im Verlauf der Studie konnten mehrere Erhebungsmethoden systematisch eingesetzt und miteinander verglichen werden, so dass im Hinblick auf die Fragestellung mehr bzw. weniger ergiebige Methoden identifiziert werden konnten. Auf der Basis von theoretischen Vorüberlegungen wurden die vier Methoden „lautes Denken“, „Prozessintervention“, „stimulated recall“ und „Dyade“ angewendet (Leuders et al., 2011).

Im Verlauf der Studie kristallisierten sich die Methoden des lauten Denkens (Verbalisieren von Gedanken beim Bearbeitungsprozess) und der Dyade (Bearbeiten einer Aufgabe in Zweiergruppen) als ergiebig heraus. Die Methode der Prozessintervention (Stoppen des Bearbeitungsprozesses und gezieltes Nachfragen nach Gedanken und Vorhaben) erwies sich als sehr starker Eingriff in den Bearbeitungsprozess und die Methode des stimulated recall (nachträgliches Kommentieren von gezielt ausgewählten Videosequenzen) überforderte besonders die Schülerinnen und Schüler eine Überforderung dar, während sie bei der Untersuchung der Studierenden nicht notwendig war, da die Methode des lauten Denkens hier bereits sehr aufschlussreich war.

16.2.4 Auswertung

Die Durchführung der Studie und die Datenauswertung basierten auf dem Modell der „Grounded Theory" nach Glaser und Strauss (1998). Dieser Begriff lässt sich mit „gegenstandsverankerte Theoriebildung" übersetzen (Mayring, 2002). Darunter versteht man ein Verfahren, bei dem die Phasen der Datenerhebung und die der Auswertung nicht voneinander getrennt sind, sondern sich gegenseitig beeinflussen. So richtete sich beispielweise die Auswahl der weiteren Probanden nach den ersten Auswertungsergebnissen. Ziel der Grounded Theory ist es, eine Theorie auf Basis empirischer Untersuchungen und theoretischen Konzepten zu bilden. Dabei wird die Theorie schrittweise konzipiert, modifiziert und ergänzt, indem permanent zwischen Phasen der Datenerhebung und Phasen der Auswertung gewechselt wird. Auf diese Weise konnte das Kategoriensystem zur Beschreibung experimenteller Vorgehensweisen beim innermathematischen Experimentieren ausdifferenziert werden. Ein weiteres charakteristisches Merkmal der Grounded Theory ist der Einsatz verschiedener Erhebungsmethoden im Verlauf der Untersuchung wie im vorigen Abschnitt beschrieben. So war es möglich, die Passung von Fragestellung und Methoden zu optimieren.

Das Verfahren der Grounded Theory beinhaltet drei verschiedene Phasen des Kodierens: offenes, axiales und selektives Kodieren (Böhm, 2005). Offenes Kodieren ist dadurch gekennzeichnet, dass es sehr kreativ ist, trotzdem aber systematisch Zeile für Zeile abläuft. Durch dieses Vorgehen ließ sich eine Vielzahl verschiedener Vorgehensweisen identifizieren. In der zweiten Phase des axialen Kodierens wurden zentrale Vorgehensweisen hervorgehoben, indem Zusammenhänge der Vorgehensweisen analysiert wurden. Diese zentralen Vorgehensweisen mündeten dann in der Formulierung einer Theorie zum innermathematischen Experimentieren (selektives Kodieren).

16.3 Ergebnisse der qualitativen Videostudie

Zur Analyse der Bearbeitungsprozesse war das oben genannte Modell des Experimentierens als Suche in zwei Räumen hilfreich. Versteht man das Untersuchen von Beispielen in der Mathematik als Experiment, so können beim innermathematischen Experimentieren ebenfalls zwei Räume voneinander unterschieden werden: Beispielraum und Hypothesenraum. Allerdings zeigen sich die Vorgehensweisen der Schülerinnen und Schüler, die hier betrachtet werden sollen, nicht in der Art der Arbeit *innerhalb* eines Raumes sondern genau im Wechsel *zwischen* den beiden Räumen, so dass wir das Modell um einen dritten Raum, einen Strategieraum erweitert haben. Dieser erfasst die Vorgehensweisen in ihrer spezifischen Qualität (vgl. Abbildung 16.2).

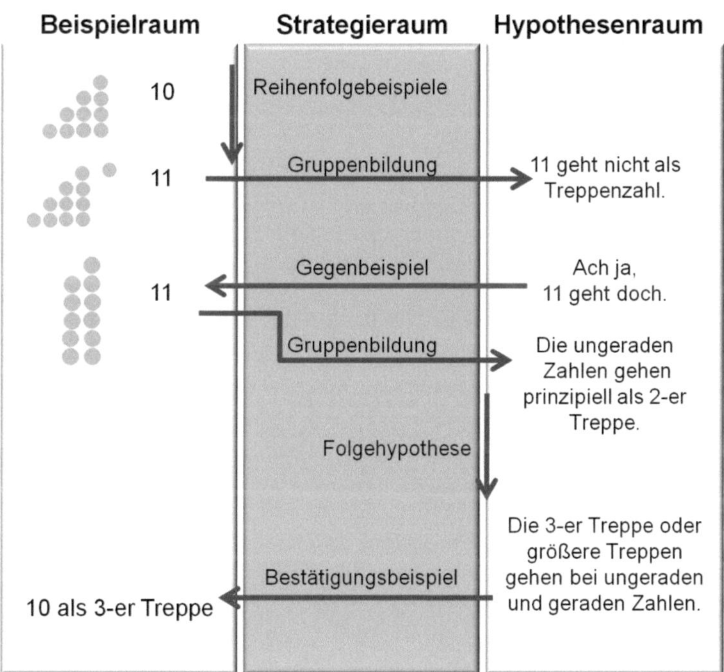

Abb. 16.2: Drei-Räume-Modell

Die in Tabelle 16.1 exemplarisch aufgeführten *Vorgehensweisen* (eine vollständige Tabelle findet sich in Leuders et al., 2011) sind wesentliches Ergebnis der qualitativen Studie. In Auszügen sind hier ausschließlich solche aufgeführt, die unmittelbar experimentelles Arbeiten kennzeichnen. In Tabelle 16.1 werden die Vorgehensweisen zunächst benannt (Kode), in den Kodenotizen genauer definiert und anhand eines Ankerbeispiels illustriert.

Tab. 16.1: Beispiele für experimentelle Vorgehensweisen

Vorgehensweise/Kode	Kodenotiz	Beispiel
Ad-hoc-Hypothese	Hypothese wird intuitiv formuliert und als Anker für weitere Überlegungen genutzt.	„Geht nur bei geraden Zahlen" „spontan: 9"
Beispielorientierte Hypothese	Hypothese wird direkt in Anknüpfung an ein Beispiel gebildet.	„Weils ein Dreieck ist, da kann man nicht so einen Strich rein machen. Es muss mindestens ein Viereck sein."
Gegenbeispiel	Beispiel wird genutzt, um eine Vermutung zu verwerfen oder genauer zu spezifizieren.	„die 10 geht auch als Treppenzahl – also gehen auch gerade Zahlen als Treppenzahlen"
Bestätigungsbeispiel	Beispiel wird genutzt, um Vertrauen in eine Vermutung zu gewinnen.	„Die Quadratzahlen gehen nicht (als Treppenzahl)." Probiert die 16.
Gruppenbildung	Strukturierung des Beispielbereichs.	kleine – mittlere – große Zahlen haben unterschiedlich viele Teiler
Reihenfolgebeispiele	Beispiele werden in systematischer Reihenfolge generiert.	Die Zahlen von 1 bis 20 als Zahlenbäume darstellen.
…	…	…

Grob lassen sich die gefundenen Vorgehensweisen in vier Bereiche gliedern, die jedoch nicht überschneidungsfrei sind, sondern zahlreiche Verknüpfungen haben. Die vier Bereiche sind so zu verstehen, dass die Kodes in der Terminologie der Grounded Theory zu sogenannten „Familien" gruppiert werden:

- Beispiele generieren
- Strukturierung
- Hypothesen aufstellen
- Überprüfung

Setzt man diese vier zentralen Bereiche zueinander in Beziehung, so kann man sie als idealisierte Teilschritte des innermathematischen Experimentierens betrachten: Beispiele werden generiert und in irgendeiner Weise strukturiert, so dass eine Vermutung geäußert werden kann, die in einem weiteren Schritt überprüft wird.

Versteht man diese vier Schritte derart, dass sie Fähigkeiten beschreiben, die beim Experimentieren mit mathematischen Objekten bedeutend sind, kann dieses Modell auch zur Beschreibung der Struktur experimenteller Kompetenzen beim innermathematischen Experimentieren dienen (vgl. Abbildung 16.3).

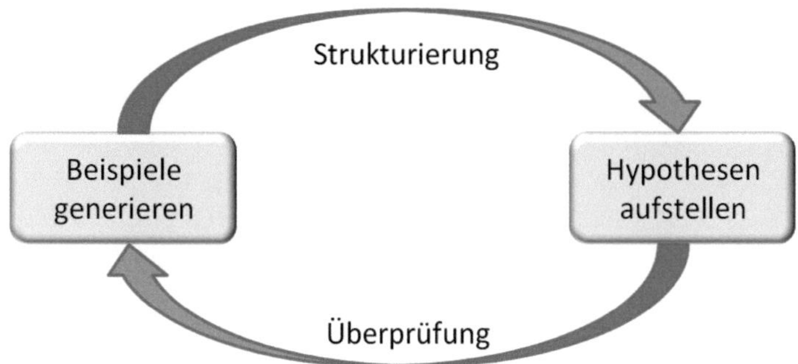

Abb. 16.3: Modell zum innermathematischen Experimentieren

Die empirische Überprüfung dieser Annahme durch eine Kompetenzmodellierung und Prüfung der Sensibilität im Rahmen einer Intervention ist Gegenstand der zweiten empirischen Studie.

16.4 Methode der Interventionsstudie

Zentrale Fragestellung dieser Studie war:

- Inwiefern lassen sich Teilkompetenzen des innermathematischen Experimentierens durch ein gezieltes Training fördern?

Dabei ist zu klären, wie ein solches Training aussehen kann, welche Aufgaben sich dafür eignen und wie man sie einsetzen kann.
Eng mit der Frage verbunden ist eine zweite Fragestellung:

- Inwiefern sind diese Teilkompetenzen psychometrisch erfassbar und unterscheidbar?

Hierzu müssen die im Modell zusammengefassten Teilkompetenzen operationalisiert werden

16.4.1 Die Intervention

Die Förderung experimenteller Teilkompetenzen orientierte sich an bewährten Modellen für Strategietrainings (Klauer, 1993; Bruder, 2003; Stern, 1992) und war in vier Phasen gegliedert:

1. Hinführung
2. Explizieren von Vorgehensweisen
3. Reflexion von Vorgehensweisen
4. Transfer

Eingebettet wurde die Förderung in Bestandteile einer Unterrichtskonzepts, das im Rahmen des Projekts KOSIMA entstand (Leuders, 2012). In der so entstandenen Unterrichtseinheit mit insgesamt zwölf Aufgaben lernen die Schülerinnen und Schüler zentrale Begriffe des Lehrplans, wie z.B. Teiler, Vielfache und Primfaktoren. Zugleich werden die Fähigkeiten gefördert mit Hilfe zentraler experimenteller Strategien (vgl. Abschnitt 16.3) mathematische Probleme zu lösen. Dabei übernehmen die Kinder die Rolle von „Zahlenforschern", die bestimmte Eigenschaften von natürlichen Zahlen erkunden.

Die zwölf Aufgaben wurden gemäß den oben genannten vier Phasen eingesetzt: Die Schülerinnen und Schüler wurden an die Art der Aufgaben herangeführt. Einige Kernaufgaben dienten dazu, die Strategien zu verankern, indem sie expliziert wurden und deren Verwendung reflektiert wurde. Weitere Aufgaben stellten ein Übungsfeld für den bewussten Einsatz der Strategien dar. Zentrale Bausteine des Trainings waren das Verbalisieren eigener Bearbeitungsschritten sowie der diesbezügliche Austausch darüber. Unterstützt wurde das Anwenden der Strategien durch Impulse (beispielsweise „Schreibe einige Beispiele auf."), die den Schülerinnen und Schülern in Form von Schlüsseln zur Verfügung standen und bei der Aufgabenbearbeitung eingesetzt werden konnten.

Zur Erfassung des Lernerfolgs der Schülerinnen und Schüler bezüglich der Entwicklung experimenteller Teilkompetenzen wurde ein Test der den Lernzuwachs in diesem Bereich messen sollte vor und nach der Unterrichtseinheit durchgeführt. In ähnlichem Zeitabstand wurde derselbe Test in Kontrollklassen durchgeführt, um das Ausmaß des Lernerfolgs des Förderkonzepts vergleichen zu können. Sechs Wochen nach Beendigung der Unterrichtseinheit wurde der Test ein drittes Mal durchgeführt, um Informationen über die Nachhaltigkeit der Förderung zu gewinnen.

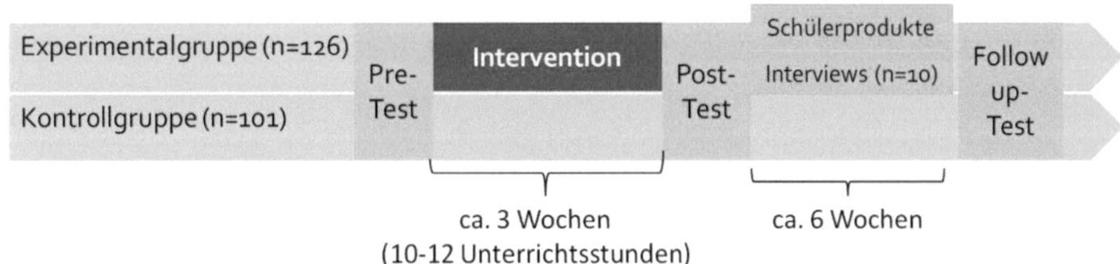

Abb. 16.4: Forschungsdesign der Interventionsstudie

Die Unterrichtsintervention wurde in einer 6. Jahrgangsstufe an Realschulen in einem Zwei-Gruppen-Design mit Experimental- (n = 126) und Kontrollgruppe (n = 101) durchgeführt wie in Abbildung 16.4 dargestellt. In allen Klassen wurden die Unterrichtsinhalte Teilbarkeit und Primzahlen behandelt sowie zu drei Zeitpunkten ein Test durchgeführt. Die Experimentalgruppe nahm im Rahmen der Unterrichtseinheit an dem Training teil, die Kontrollgruppe nicht. Alle Komponenten der Intervention wurden in insgesamt drei Pilotierungsphasen formativ evaluiert und optimiert. Maßnahmen zur Kontrolle der Studie waren Unterrichtsbeobachtung in ausgewählten Stunden, schriftliche Rückmeldung der Lehrkräfte zu jeder Unterrichtsstunde sowie das Führen eines „Forscherhefts" durch die Schülerinnen und Schüler.

16.4.2 Testinstrument

Basis für die Entwicklung von Testitems bildete das theoretische Modell des innermathematischen Experimentierens, das Teilkompetenzen modelliert. Hierbei wurden zwei Bereiche[3] des Modells operationalisiert: der Bereich *Strukturierung* und der Bereich *Überprüfung*. Diese beiden Bereiche repräsentieren die Richtung der Raumwechsel zwischen Beispielraum und Hypothesenraum wie in Abbildung 16.5 dargestellt und sind als abduktive und induktive Prozesse beim innermathematischen Experimentieren interpretierbar.

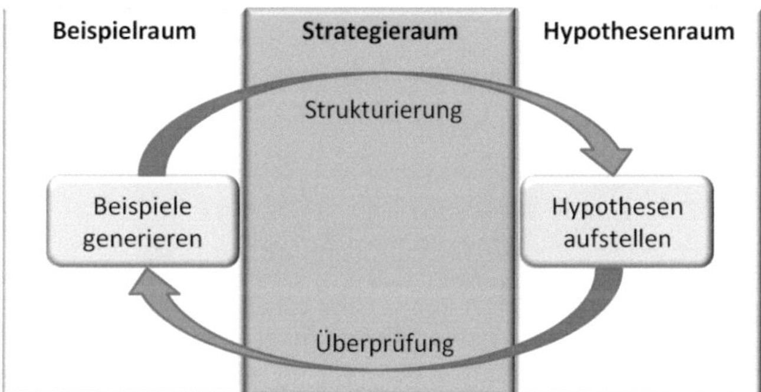

Abb. 16.5: Kompetenzmodellierung im Drei-Räume-Modell

Der Test bestand aus mehreren Teilen, einem Aufgabenteil und einem Fragebogenteil. Der Leistungstest beinhaltete einerseits Verständnisaufgaben, die das Verständnis nachfolgender Aufgaben sichern sollten, in der Bewertung aber nicht berücksichtigt wurden, sowie Items zu den beiden oben genannten Bereichen. Im Bereich Strukturierung sollten die Schülerinnen und Schüler Strukturen erkennen und Vermutungen formulieren. Im Bereich Überprüfung sollten vorgegebene Vermutungen geprüft werden. Keine der Aufgaben wurde im Rahmen der Intervention behandelt, so dass hier eine Transferleistung der Schülerinnen und Schüler sowohl der Experimental- als auch der Kontrollgruppe notwendig war.

Daneben wurden mögliche Moderatorvariablen wie das Geschlecht, Mathematiknote, Deutschnote sowie Motivation, (auf das Fach Mathematik bezogenes) Selbstbild[4] und die Fähigkeit zum induktiven Denken[5] erfasst. Gewählt wurden solche Variablen, bei denen ein möglicher Zusammenhang mit Testergebnissen

3 In einer der Pilotphasen wurde zunächst versucht, alle vier Bereiche messtheoretisch voneinander zu trennen, was sich als empirisch nicht nachweisbar herausstellte.

4 Die Items zu den Skalen „Motivation" und „Selbstbild" sind aus PISA-Erhebungen entnommen.

5 Entnommen aus dem Intelligenztest CFT 20-R.

vermutet wurde, der somit letztlich nicht auf die Intervention zurückzuführen wäre. Auf diese Weise war es möglich, diese Einflüsse zu kontrollieren.

16.5 Ergebnisse der Interventionsstudie

Zur Erfassung experimenteller Teilkompetenzen wurden mehrere Skalen entwickelt, operationalisiert und empiriegestützt optimiert. Dabei ergab sich eine differenziell valide Erfassung von zwei Teilbereichen experimenteller Kompetenz: die Bereiche „Strukturierung" und „Überprüfung" (erscheint in Philipp, 2012).

Bei der gesamten Experimentalgruppe lässt sich im Post-Test eine deutliche Verbesserung feststellen. Betrachtet man konkrete Aufgabenlösungen, ist anzumerken, dass die Schülerinnen und Schüler dieser Gruppe besonders im Bereich Strukturierung sowohl hinsichtlich der Anzahl der Vermutungen als auch der inhaltlichen Qualität der Aussagen Fortschritte gemacht haben. Der Kompetenzzuwachs ist auch im Bereich Überprüfung deutlich, wobei vor allem die Strategie, ein Gegenbeispiel zu suchen, im Post-Test zu beobachten war.

Verglichen mit der Kontrollgruppe ist festzustellen, dass die Experimentalgruppe bei den Testaufgaben nach der Intervention besser abgeschnitten hat. Auch nach Durchführung eines dritten Tests war in dieser Gruppe noch nach sechs Wochen weiterer Lernzuwachs in den oben genannten Teilfähigkeiten erkennbar. Anzumerken ist, dass mittels des Tests ausschließlich diese Fähigkeiten gemessen wurden und nicht Unterrichtsinhalte wie Teilbarkeit oder Primzahlen abgeprüft wurden. Der Unterschied zwischen den beiden Gruppen zeigt sich also nicht im inhaltlichen sondern im strategischen Bereich.

Die Vergleichbarkeit der beiden Gruppen zum ersten Messzeitpunkt wurde aufgrund der fehlenden Randomisierungsmöglichkeit mittels einer multivariaten Varianzanalyse überprüft. Im Bereich des Selbstbildes wurde ein signifikanter Unterschied zwischen den Gruppen festgestellt. In allen anderen erhobenen Bereichen gab es keine signifikanten Unterschiede. In die folgenden Analysen ging das Selbstbild der Lernenden als Kovariate ein.

Sowohl im Bereich Strukturierung als auch im Bereich Überprüfung wurde eine Kovarianzanalyse mit Messwiederholung durchgeführt, um die Wirksamkeit des Förderkonzepts zu analysieren. In beiden Bereichen zeigen sich sowohl signifikante Unterschiede zwischen den Gruppen als auch hohe Effektstärken (vgl. Tabellen 16.2 und 16.3 sowie Abbildungen 16.6 und 16.7). Diese lassen sich möglicherweise darauf zurückführen, dass das theoretische Modell zum innermathematischen Experimentieren empiriegestützt entwickelt wurde und es damit möglich war, die Intervention auf tatsächliche Schülerprozesse abzustimmen (Philipp & Leuders, 2011).

Tab. 16.2: Interventionseffekt im Bereich Strukturierung

Effekt	**Signifikanz**	**Partielles Eta-Quadrat**
Zeit*Gruppe	0,000	0,307

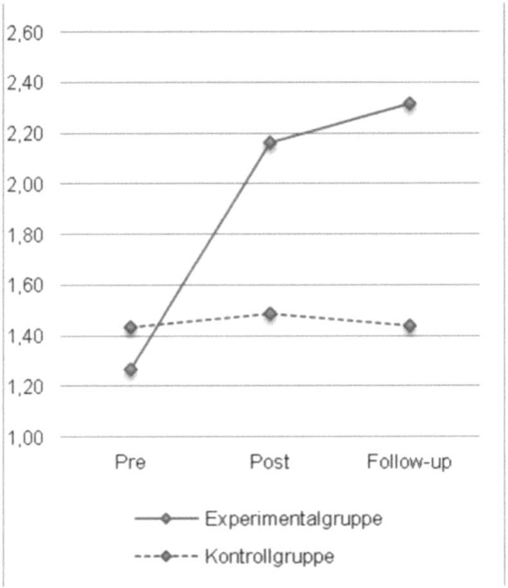

Abb. 16.6: Gruppenunterschiede im Bereich Strukturierung

Tab. 16.3: Interventionseffekt im Bereich Überprüfung

Effekt	**Signifikanz**	**Partielles Eta-Quadrat**
Zeit*Gruppe	0,000	0,183

Detaillierte Informationen zur Intervention und eine vertiefte Analyse zu deren differenziellen Wirkungen werden an anderer Stelle vorgestellt (Philipp, 2012). Hierbei werden auch Unterschiede zwischen unterschiedlich leistungsstarken Kohorten genauer betrachtet, um zu untersuchen, ob unterschiedlich leistungsstarke Schülerinnen und Schüler unterschiedlich von dem Förderkonzept profitieren. Außerdem sollen Einflussfaktoren, die das Erlernen experimenteller Teilfähigkeiten begünstigen, untersucht werden.

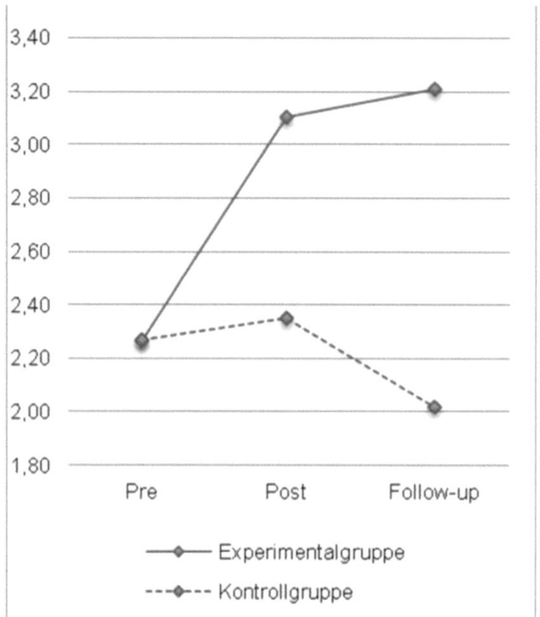

Abb. 16.7: Gruppenunterschiede im Bereich Überprüfung

16.5 Zusammenfassung und Diskussion

Wesentliches Ziel der Arbeit war es, ein sowohl theoretisch als auch empirisch fundiertes Konzept zum innermathematischen Experimentieren zu entwickeln, indem abduktive und induktive Prozesse im Umgang mit innermathematischen Situationen untersucht wurden. Zur Analyse dieser Prozesse ließ sich das Modell der *Scientific Discovery As Dual Search* nach Klahr und Dunbar als Basis für ein um einen Strategieraum erweitertes und modifiziertes *Drei-Räume-Modell* nutzen, der den Beispielraum und den Hypothesenraum verbindet und die Art und Weise des Wechsels zwischen beiden Räumen offenlegt.

Ergebnis dieser Analyse ist ein umfassendes *Kategoriensystem* zur Beschreibung von Vorgehensweisen von Schülerinnen und Schülern, aus dem ein *Kompetenzstrukturmodell* entwickelt werden konnte, das experimentelle Teilkompetenzen in innermathematischem Kontext beschreibt. Hierfür wurden vier zentrale Kategorien identifiziert, deren Zusammenspiel innermathematisches Experimentieren charakterisiert. Gleichzeitig ist es gelungen, Teilkompetenzen des innermathematischen Experimentierens zu erfassen. Auf diese Weise konnte ein umfassendes *Modell zum Prozess des innermathematischen Experimentierens* theoretisch gewonnen und empirisch ausdifferenziert werden.

Aufbauend auf dieses empiriegestützte Kompetenzmodell, konnte ein *Förderkonzept* experimenteller Teilfähigkeiten ausgearbeitet werden, das im Rahmen der Intervention umgesetzt wurde. Diese Intervention fand im Umfeld regulären

Unterrichts mit geeignet informierten und geschulten Lehrkräften statt. Die Ergebnisse sind ermutigend hinsichtlich der Nutzung der Ergebnisse dieser Arbeit zur konkreten Förderung mathematischer Kompetenzen in der Praxis.

Das Projekt konnte insgesamt zur theoretischen und empirischen Fundierung induktiver und abduktiver Prozesse und Kompetenzen im Mathematikunterricht beitragen.

Pia Altenburger, Erich Starauschek und Markus Wirtz

17. Beeinflusst der Sachunterricht der Primarstufe den physikalischen Wissenserwerb von Schülerinnen und Schülern? – Teilprojekt 9

Zusammenfassung

Die vorliegende Studie untersucht auf Basis des Angebots-Nutzungs-Modells, mittels eines mehrebenenanalytischen Ansatzes in N = 30 Schulklassen, Zusammenhänge zwischen dem physikalischen Wissen der Primarstufenlehrkräfte, der tatsächlichen Unterrichtszeit für physikalische Themen in Klasse 3 und 4 und dem physikalischen Schülerwissen am Ende von Klasse 4. Das physikalische Wissen der Primarstufenlehrkräfte und der Schülerinnen und Schüler wurde mit Hilfe von Fragebögen erfasst, die tatsächliche Unterrichtszeit für physikalische Themen in Klasse 3 und 4 über eine Klassenbuchanalyse operationalisiert und erfasst. Beide Merkmale prädizieren unter Berücksichtigung des naturwissenschaftlichen Selbstkonzepts das physikalische Wissen der Schülerinnen und Schüler am Ende der vierten Klasse. Die Befunde stützen das Angebots-Nutzungs-Modell und bilden die Basis für ein Grundmodell, um auch in der Primarstufe Wirkungen auf Schüler- und Lehrerebene auf den Lernerfolg von Schülerinnen und Schülern beschreiben zu können.

17.1 Einleitung

17.1.1 Stand der Forschung

Die Identifikation wesentlicher Merkmale und Prozesse, welche die gezielte Beeinflussung der Unterrichtsgestaltung und des Lernerfolgs der Schüler[1] ermöglichen, ist eines der zentralen Ziele der empirischen Unterrichtsforschung. Entsprechende Modellvorstellungen müssen der Komplexität des Zusammenwirkens vieler Einflussfaktoren Rechnung tragen. Im Angebots-Nutzungs-Modell von Helmke (2003) stellt der von der Lehrkraft durchgeführte Unterricht das „Angebot“ dar, dessen Wirksamkeit durch zentrale Schülervariablen moderiert wird (Helmke, 2003, S. 42; siehe Abbildung 17.1). Auf der Angebotsseite werden fachwissenschaftliche und fachdidaktische Kompetenzen von Lehrkräften als wichtige Prädiktoren des Unterrichtsgeschehens und des Lernerfolgs von Schülern angesehen (z.B. Baumert & Kunter, 2006). Erfolgreiche Lehr- und Lernprozesse basieren damit auf gezielten Aktivitäten einer Lehrkraft. Diese beeinflussen die „Qualität des Unterrichts“, die „Effizienz der Klassenführung“, die „Unterrichtsquantität“ und die „Qualität des

1 Aus Gründen der besseren Lesbarkeit soll im weiteren Verlauf die männliche Sprachform beide Geschlechter bezeichnen.

Lehrmaterials". Ob und mit welcher Effizienz das Unterrichtsangebot von den Schülern genutzt wird, hängt von einer Vielzahl weiterer Faktoren ab, die von Helmke (2003) als „individuelle Eingangsvoraussetzungen" zusammengefasst werden.

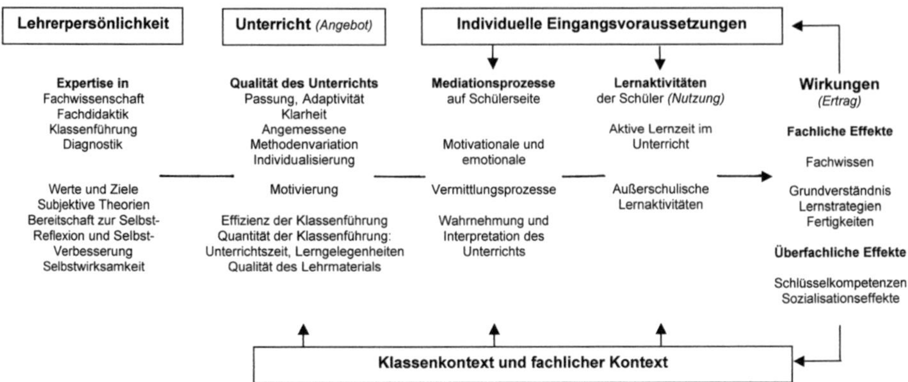

Abb. 17.1: Angebots-Nutzungs-Modell über die Wirkungszusammenhänge von Unterricht (Helmke, 2003, S. 42)

Das Angebots-Nutzungs-Modell von Helmke (2003) stellt einen Forschungsrahmen dar, der zwar auf Erkenntnissen der empirischen Bildungsforschung aufbaut, für den jedoch wesentliche Komponenten und Zusammenhänge empirisch noch nicht ausreichend untersucht wurden.

Die vorliegende Studie soll einerseits einen Teilaspekt dieses theoretischen Rahmens in einem typischen Anwendungskontext empirisch prüfen; anderseits sollen mögliche Determinanten des physikalischen Sachunterrichts der Primarstufe auf das physikalische Schülerwissen bestimmt werden. Erste Untersuchungen verweisen dabei auf die Bedeutsamkeit der Lehrerexpertise für den Lernerfolg der Schüler (Baumert & Kunter, 2006; Hill et al., 2005; Ohle, 2010; Lange, 2010). Weiterhin wird der Unterrichtsquantität, im Sinne der tatsächlichen Unterrichtszeit, ein zentraler Einfluss zugeschrieben (Anderson,1995; Fisher, 1995; Helmke, 2003, S. 104).

Einflussfaktor Fachwissen Lehrkraft

In der Unterrichtsforschung gilt vor allem das Professionswissen der Lehrkräfte als bedeutsamer Einflussfaktor auf die Unterrichtsgestaltung und somit auf die Leistungen der Schüler (vgl. Baumert & Kunter, 2006, S. 496; Helmke 2003, S. 42). Das Professionswissen ist dabei nach Shulman (1986, S. 9) ein Amalgam aus fachlichen Wissen, fachdidaktischen Wissen und allgemeinen pädagogischen Wissen.[2] Hinweise auf diese postulierten Wirkzusammenhänge konnten empirisch gewonnen werden.

2 Da in dieser Studie das physikalisch-fachliche Wissen der Lehrkräfte als Determinante auf den Lernerfolg der Schüler untersucht werden soll, wird im Folgenden auf eine weitere Ausführung des allgemein pädagogischen Wissens der Lehrkräfte verzichtet. Es wird weiter eine Reduktion auf einen Faktor vorgenommen, was den Shulman'schen Gedanken nur bedingt abbildet.

Innerhalb der COACTIV-Studie konnte für den Bereich Mathematik anhand von mehrebenenanalytischen Regressionsanalysen gezeigt werden, dass sowohl das fachdidaktische Wissen als auch das fachliche Wissen, das jedoch erst mit dem fachdidaktischen Wissen der Lehrkräfte wirksam wird, bedeutsame Prädiktoren für die Schülerleistung sind: „Fachwissen scheint eine notwendige, aber nicht hinreichende Bedingung für qualitätsvollen Unterricht und Lernfortschritte der Schülerinnen und Schüler zu sein. *Fachwissen ist die Grundlage, auf der fachdidaktische Beweglichkeit entstehen kann*" (Baumert & Kunter, 2006, S. 496). Analog dazu konnten Hill et al. (2005) für den Mathematikunterricht in der Primarstufe (USA) einen positiven Einfluss des kombinierten fachspezifisch und fachdidaktischen Wissens der Primarstufenlehrkräfte auf die mathematischen Leistungsfortschritte der Schüler mit Mehrebenenmodellen nachweisen.

Der physikalische Sachunterricht wurde im Rahmen des PLUS-Projekts für ein Themengebiet („Aggregatszustände und ihre Übergänge am Beispiel Wasser") mehrebenenanalytisch modelliert, um den Zusammenhang zwischen dem professionellen Lehrerwissen und -handeln, der Unterrichtsqualität und den Schülerleistungen zu untersuchen. Dabei konnte Ohle (2010, S. 109) einen Einfluss des physikalisch-fachlichen Wissens der Lehrkräfte auf die Schülerleistungen zeigen, das von der Lernprozesssequenzierung moderiert wird. Ein weiterer positiver mehrebenenanalytischer Zusammenhang zeigt sich in dieser Studie auch zwischen dem fachdidaktischen Wissen der Lehrkräfte und den Lernfortschritten der Schüler (Lange, 2010, S. 160).

Die bisher vorliegenden Untersuchungen zeigen, dass sowohl das fachliche Wissen als auch das fachdidaktische Wissen der Lehrkräfte als Determinanten für den Lernerfolg der Schüler angesehen werden können. Da nach Baumert und Kunter (2006, S. 496) das Fachwissen als Grundlage für das fachdidaktische Wissen angesehen werden kann, soll in der vorliegenden Studie ein Fokus auf dem physikalisch-fachlichen Wissen der Primarstufenlehrkräfte liegen.

Nach Baumert und Kunter (2006, S. 495) ist das fachliche Wissen der Lehrkräfte abhängig von der universitären Ausbildung. Gymnasiallehrkräfte verfügen z.B. in Mathematik über ein deutlich höheres Fachwissen als Lehrkräfte an Haupt- und Realschulen (Brunner et al., 2006). Analog hierzu weisen Primarstufenlehrkräfte ein signifikant geringeres physikalisches Wissen als Lehrkräfte weiterführender Schulen auf (Draxler, 2007). Dieses Ergebnis ist sehr plausibel, da Peschel (2007, S. 174) zeigt, dass nur 17 Prozent der im Sachunterricht lehrenden Primarstufenlehrkräfte ein naturwissenschaftliches Fach studiert haben. Nur die wenigsten Lehrkräfte kommen während der Ausbildung oder im Rahmen von Fortbildungen mit physikalischen Inhalten in Berührung. Hinzu kommt, dass viele Primarstufenlehrkräfte die eigene Kompetenz beim Unterrichten von naturwissenschaftlichen Themen als gering einschätzen.

Diese Ergebnisse lassen vermuten, dass physikalische Themen im Sachunterricht eher einen geringen Stellenwert einnehmen und nur selten physikalisch-inhaltlich unterrichtet werden.

Einflussfaktor Unterrichtsquantität

Helmke (2003) konnte empirisch belegen, dass die tatsächliche Unterrichtszeit (Unterrichtsquantität) einen wichtigen Prädiktor für den Lernerfolg darstellt. Hierbei wurde die Unterrichtsquantität in „unterschiedlichen Zeitkomponenten" operationalisiert (Helmke, 2003, S. 104). Vor allem der tatsächlichen Unterrichtszeit (die in der Stundentafel veranschlagten Unterrichtsstunden abzüglich der Unterrichtsausfälle) wird eine Bedeutung für die Schülerleistung zugesprochen. Diese stellt sozusagen den maximalen zeitlichen Rahmen des Unterrichtsangebots dar, auch wenn sie die tatsächliche Lernzeit eines Schülers im Unterricht nur in einer Näherung oder u.U. auch gar nicht abbildet.

Anderson (1995) und Fisher (1995) konnten jedoch zeigen, dass die tatsächliche Unterrichtszeit die Leistungen der Schüler positiv beeinflusst. Allerdings tritt ab einer bestimmten Stundenanzahl nur noch eine minimale Verbesserung der Schülerleistung auf. In der MARKUS-Studie (Mathematik) konnte kein signifikanter Zusammenhang zwischen der tatsächlichen Unterrichtszeit und dem Leistungszuwachs der Schüler beobachtet werden (Hosenfeld et al., 2002). Individuellen Fehlzeiten der Schüler erwiesen sich jedoch als leistungsmindernder Faktor.

Die tatsächliche Unterrichtszeit zeigte sich in der schon genannten PLUS-Studie ebenfalls als Prädiktor für die Lernfortschritte der Schüler (Lange, 2010). Weitere Zusammenhangsanalysen zwischen der Unterrichtszeit und dem Wissenszuwachs der Schüler zu physikalischen Themen im naturwissenschaftlichen Unterricht in der Primarstufe sind uns nicht bekannt. Weiterhin fehlen Untersuchungen zur Messung der tatsächlichen Unterrichtszeit für physikalische Themen im Sachunterricht.

17.1.2 Fragestellung und Hypothesen

Die wenigen Studien aus dem mathematischen Bereich belegen den von Helmke (2003) vermuteten Zusammenhang zwischen dem fachlichen und fachdidaktischen Wissen der Lehrkräfte, dem Unterrichtsangebot und den Schülerleistungen (Baumert & Kunter, 2006; Hill et al., 2005). In Übereinstimmung hierzu konnte dieser Zusammenhang in Verbindung mit anderen Einflussfaktoren bei einem bestimmten physikalischen Thema im Sachunterricht bestätigt werden (Lange, 2010; Ohle, 2010). Außerdem konnte in einer der Grundschulstudien gezeigt werden, dass die tatsächliche Unterrichtszeit und das physikalisch-fachdidaktische Wissen der Lehrkräfte in der Primarstufe die Lernfortschritte der Schüler bei einem physikalischen Thema beeinflussen (Lange, 2010).

Ob sich die tatsächliche, für physikalische Themen verwendete Unterrichtszeit und das physikalisch-fachliche Wissen der Primarstufenlehrkräfte auf das physikalische Schülerwissen auswirken, ist nicht bekannt. Ebenso ist die Frage unbeantwortet, ob der vermutete Zusammenhang im Sachunterricht für ein heterogenes physikalisches Themenfeld bedeutsam ist.

Das zentrale Untersuchungsziel der vorliegenden Studie besteht darin, zu prüfen, ob das physikalische Wissen der Sachunterrichtslehrkräfte und die tatsächliche Unterrichtszeit für physikalische Themen in Klasse 3 und 4 mit höherem physikalischen Wissen der Schüler am Ende von Klasse 4 einhergehen. Da nach Helmke (2003, S. 42; siehe Abbildung 17.1) neben den Merkmalen der Lehrkraft und dem Unterricht auch individuelle Eingangsvoraussetzungen der Schüler auf den Lernerfolg wirken, stellt sich zusätzlich die Frage, ob auch das naturwissenschaftliche Selbstkonzept[3] der Schüler eine Determinante für das Schülerwissen darstellt. Das spezifizierte Hauptmodell ist in einem modifizierten Modell mit dieser Variable zu ergänzen. Damit wird dann geprüft, ob ein positives naturwissenschaftliches Selbstkonzept den Wissenserwerb begünstigt.

Hypothese 1 (Haupteffekt: Physikalisches Wissen der Lehrkraft):
Ein höheres physikalisches Wissen der Sachunterrichtslehrkraft führt zu einem höheren physikalischen Wissen der Schüler.

Hypothese 2 (Haupteffekt: Unterrichtsstunden):
Eine höhere Anzahl von Unterrichtsstunden für physikalische Themen in Klasse 3 und 4 führt zu einem höheren physikalischen Wissen der Schüler.

Hypothese 3 (Haupteffekt: Naturwissenschaftliches Selbstkonzept der Schüler):
Ein höheres naturwissenschaftliches Selbstkonzept der Schüler führt zu einem höheren physikalischen Wissen der Schüler.

Zudem wird vermutet, dass der Effekt des naturwissenschaftlichen Selbstkonzepts der Schüler durch die tatsächliche Unterrichtszeit moderiert wird: Eine längere Unterrichtszeit sollte sich insbesondere bei Schülern mit hohem naturwissenschaftlichen Selbstkonzept positiv auf das Wissen auswirken. Eine signifikante Interaktion würde darauf hinweisen, dass einzelne Haupteffekte die Beziehungsstruktur nicht hinreichend erklären. Obwohl dies eine zentrale Hypothese darstellt, um die im Unterrichtsgeschehen bedeutsamen Effekte innerhalb des Untersuchungsfelds beschreiben zu können, ist eine statistische Aussage aufgrund der Klassenanzahl (N = 30) als kritisch zu betrachten (vgl. Kapitel 17.2.1). Diese Hypothese wird trotzdem mit explorativer Zielsetzung im Sinne der Hypothesengenerierung geprüft, um die Relevanz einer differenzierten Betrachtung dieses möglichen Wirkzusammenhangs in Folgestudien beurteilen zu können.

Hypothese 4 (Interaktionseffekt):
Je positiver das naturwissenschaftliche Selbstkonzept der Schüler desto günstiger wirkt sich eine längere Unterrichtszeit und das physikalische Fachwissen der Lehrkräfte auf das physikalische Wissen der Schüler aus.

---

3 In der Primarstufe haben wir nicht weiter in ein physikalisches Selbstkonzept differenziert. Dies war eine intuitive Annahme.

17.2 Methodischer Teil

17.2.1 Stichprobe

Mehrebenendesigns zeichnen sich dadurch aus, dass Stichprobenelemente einer unteren Ebene (Ebene 1; hier: Schüler) eindeutig Einheiten einer höheren Ebene (Ebene 2; hier: Klassen) zugeordnet sind. Im Rahmen einer Mehrebenenanalyse müssen bei der Stichprobenplanung Fallzahlen sowohl auf Schüler- als auch auf Schulklassenebene berücksichtigt werden (Ditton, 1998). Zur simultanen Bestimmung des Vorhersagewertes auf Schüler- und Klassenebene empfehlen Maas und Hox (n.d.; 3; vgl. auch Kreft, 1996) als Orientierung für eine solide Parameterschätzung und Signifikanztestung die 30/30-Regel, die besagt, dass 30 Klassen mit jeweils 30 Schülern untersucht werden sollten (vgl. Hypothese 1-3). Soll die Interaktion von Klassen- und Schülermerkmalen (Cross-Level-Interaktion; vgl. Hypothese 4) getestet werden, so sollte ein Stichprobenumfang von 50 Klassen mit durchschnittlich 20 Schülern angestrebt werden (Hox, 2002). Für die Qualität der Schätzungen sollte insbesondere darauf geachtet werden, dass der geforderte Stichprobenumfang auf Klassenebene erreicht wird.

An der vorliegenden Untersuchung haben 30 Primarstufenlehrkräfte und ihre in Klassen gruppierten Schüler aus Baden-Württemberg teilgenommen. Nach Maas und Hox (n.d.) sind somit die Bedingungen für eine mehrebenenanalytische Auswertung der Haupteffekte beider Ebenen mit einem Stichprobenumfang von N=30 Lehrkräften und ihren Klassen möglich (vgl. Maas & Hox, n.d.), wenn auf die Bestimmung von Cross-Level-Interaktionen verzichtet wird. Folglich sind für die Prüfung der Hypothesen 1-3 die Bedingungen für eine adäquate Hypothesenprüfung mittels des mehrebeneanalytischen Ansatzes erfüllt. Für die zuverlässige Prüfung der Cross-Level-Interaktion in Hypothese 4 wären nach Maas und Hox (n.d.) 50 Level-2-Einheiten, also Schulklassen, wünschenswert. Da diese Schwelle in der vorliegenden Studie nicht erreicht wurde, sollten die Befunde der Interaktionsprüfung explorativ betrachtet werden.

Stichprobe der Lehrkräfte

Die Primarstufenlehrkräfte haben im Schuljahr 2009/10 eine vierte Klasse im Sachunterricht unterrichtet. Der Sachunterricht im vorhergehenden Schuljahr 2008/09 wurde von 24 der 30 Primarstufenlehrkräfte durchgeführt.[4] Bedingt durch Schwierigkeiten bei der Rekrutierung der Primarstufenlehrkräfte konnte keine Zufallsstichprobe gezogen werden. Die an der Untersuchung teilnehmenden Sachunterrichtslehrkräfte stammen aus 17 Schulen, drei Regierungsbezirken und neun Landkreisen in Baden-Württemberg. Dabei setzt sich die Stichprobe aus 28 Sachunterrichtslehrerinnen und zwei Sachunterrichtslehrern zusammen. Das durchschnittliche Alter

---

4 Durch die Verbindung der dritten und vierten Klassenstufe in Baden-Württemberg ist es den Primarstufenlehrkräften freigestellt, welche Themen sie in welcher Klassenstufe unterrichten. Daher werden die Klassen 3 und 4 gemeinsam erfasst.

der Lehrkräfte beträgt 43,8 Jahre (Min: 28 Jahre, Max: 66 Jahre). Durchschnittlich unterrichten die Lehrkräfte seit 14 Jahren (Min: 1 Jahr; Max: 39 Jahre) Sachunterricht in der Primarstufe, wobei die Hälfte der Lehrkräfte wenig Lehrerfahrung im Sachunterricht aufweist (ein bis zehn Jahre). Den Sachunterricht oder eines seiner Fächer haben 47 Prozent der Sachunterrichtslehrkräfte studiert. Während des Studiums oder des Vorbereitungsdienstes kamen bei mehr als der Hälfte der Sachunterrichtslehrkräfte explizit keine naturwissenschaftlichen Inhalte vor. Mindestens eine naturwissenschaftliche Fortbildung haben hingegen 60 Prozent der Sachunterrichtslehrkräfte in den vergangenen zwei Jahren besucht.

Stichprobe der Schüler

An der Untersuchung haben 555 Schüler[5] (N = 275 Mädchen; N = 280 Jungen) am Ende von Klasse 4 teilgenommen. Die Größe der Klassen beträgt durchschnittlich 18,5 Schüler pro Klasse (Min: 10 Schüler, Max: 29 Schüler), das durchschnittliche Alter der Schüler beträgt 10,0 Jahre. Kompetent in naturwissenschaftlichen Themen des Sachunterrichts fühlen sich fast 80 Prozent der befragten Schüler.[6]

17.2.2 Untersuchungsdesign und Erhebungsinstrumente

Die zentrale Frage der vorliegenden Studie nach Zusammenhängen zwischen dem physikalischen Wissen der Primarstufenlehrkräfte, der tatsächlichen Unterrichtszeit für physikalische Themen und dem physikalischen Wissen der Schüler wird mehrebenenanalytisch untersucht (Hox, 2002). Schüler- und Lehrerwissen wurden mit Skalen gemessen, die den klassischen psychometrischen Gütekriterien genügen. Zudem wurden eine Reihe von Variablen erhoben, die den Wissenserwerb beeinflussen: Merkmale der Lehrkraft und des Unterrichts sowie individuelle Schülermerkmale, unter anderem das naturwissenschaftliche Selbstkonzept der Schüler, das bei der Analyse relevant wird.

Fragebogen zum physikalischen Wissen der Primarstufenlehrkräfte

Zur Erfassung des physikalischen Wissens der Primarstufenlehrkräfte konnte auf ein Instrument von Draxler (2007) zurückgegriffen werden. Die Skala (17 Items) bezieht sich auf drei Teilbereiche der Physik (Mechanik, Optik, Elektrizitätslehre). Als Antwortformat dient das True-False-Verfahren (das Item wird falsch bzw. nicht oder richtig gelöst). Die von Draxler (2007) angegebenen statistischen Kennwerte für N = 265 Primarstufenlehrkräfte sind unter psychometrischen Aspekten, z.B. Cronbachs α = .750, zufriedenstellend (z.B. Bühner, 2006). Wie von Draxler (2007)

5 Insgesamt umfasst die Schülerstichprobe der 30 an der Untersuchung teilnehmenden Klassen 639 Schüler. Durchschnittlich haben 2,8 Schüler pro Klasse (Min: 0 Schüler, Max: 8 Schüler) keine Einverständniserklärung der Erziehungsberechtigten für die Teilnahme an der Fragebogenuntersuchung vorgelegt. Aus diesem Grund können nur die Daten von 555 Schülern ausgewertet werden.

6 Das naturwissenschaftliche Selbstkonzept der Schüler wurde anhand einer für die Primarstufe adaptierten vierstufigen Likert-Skala (6 Items) von Helmke (1992) erfasst.

empfohlen, wurde ein Item aus dem Bereich Optik nicht in den Fragebogen aufgenommen. In der vorliegenden Untersuchung konnten die von Draxler (2007) erzielten statistischen Kennwerte für die Skala nicht bestätigt werden. Vor diesem Hintergrund wurde die Skala auf 8 Items gekürzt (Cronbachs $\alpha = .604$; $<r_{itc}> = .309$) und der entsprechende Summenscore (Min: 0; Max: 8) für die Datenanalyse verwendet.

Fragebogen zum physikalischen Wissen der Schüler
Das physikalische Wissen der Schüler wurde ebenfalls über einen Fragebogen erhoben. Der Fragebogen besteht aus 20 Items zur Physik aus dem TIMSS-I-Fragebogen[7] die eine mittlere Lösungswahrscheinlichkeit und einen Bildungsplanbezug aufweisen. Die gefundene Skala weist in der Pilotierung mit N = 72 Schülern mit Cronbachs $\alpha = .804$ eine gute Reliabilität und eine mittlere Trennschärfe von $<r_{itc}> = .371$ auf (Altenburger & Starauschek, 2010). Zusätzlich wurden zwei Items entwickelt und dem Fragebogen hinzugefügt[8]. Die statistischen Kennwerte des Fragebogens bleiben auch bei 22 Items stabil (Cronbachs $\alpha = .800$; $<r_{itc}> = .353$). Die 22 Items des Schülerfragebogens wurden dichotom kodiert und der Summenscore (Min: 0; Max: 22) gebildet. Nach Bühner (2006) sind wie bei der Pilotierung die statistischen Kennwerte auch in der Hauptuntersuchung (N = 555) zufriedenstellend (Cronbachs $\alpha = .720$; $<r_{itc}> = .275$).

Bestimmung der Unterrichtsquantität mit einer Klassenbuchanalyse
Die Unterrichtsquantität wurde als tatsächliche Unterrichtszeit für physikalische Themen in Klasse 3 und 4 operationalisiert und mit Hilfe einer Klassenbuchanalyse bestimmt. Die Klassenbuchanalyse zur Bestimmung der Stunden mit physikalischen Themen in der Einheit Anzahl der Unterrichtsstunden erfolgte anhand eines im Projekt entwickelten mehrkategorialen Kategoriensystems. Die Interkoderreliabilitäten sind befriedigend ($.907 > \kappa > .708$) (Wirtz & Caspar, 2002). Details finden sich in Altenburger und Starauschek (2011).[9]

17.2.3 Hierarchische Datenstruktur und Mehrebenen-Regressionanalyse

Die vorliegende Datenstruktur weist eine natürliche Mehrebenenstruktur auf: Die Schüler der Schulklassen bilden die erste Ebene oder Individualebene oder Schülerebene (Level 1). Auf der zweiten Ebene (Level 2), der Klassen- bzw. Aggregatebene,

7 Die österreichische TIMSS-Arbeitsgruppe hat uns freundlicherweise ihre Items auf Deutsch zur Verfügung gestellt. Diese Items wurden an einigen Stellen sprachlich verändert, da sich der österreichische Sprach- und Wortgebrauch vom bundesdeutschen unterscheidet.

8 Da in TIMSS-I der Themenbereich Luft nicht vorkommt und dem vorliegenden Fragebogen ein Bildungsplanbezug zugrunde liegt, beziehen sich die zwei zusätzlichen entwickelten Items auf diesen Themenbereich.

9 Als zusätzliche Validierung der Klassenbuchanalyse wurden die Schülerarbeitsmaterialien analysiert und ein Leitfadeninterview mit den Primarstufenlehrkräften über ihren Unterricht geführt. Die Ergebnisse dieser Analysen werden in dieser Ausführung aus Platzgründen nicht berücksichtigt, bestätigen aber die Ergebnisse der Klassenbuchanalyse.

sind neben den Merkmalen der Lehrkräfte (z.B. deren physikalisches Wissen) auch jene der Schulklassen (z.B. deren tatsächliche Unterrichtszeit) lokalisiert. Dabei können die Daten der Schülerebene eindeutig der jeweiligen Klassenebene bzw. den Lehrkräften zugeordnet werden. Die Missachtung dieser geschachtelten Struktur führt zu verzerrten Parameter- und Verteilungsschätzungen. Insbesondere ein erhöhtes α-Fehlerrisiko muss erwartet werden (Hox, 2002; Ditton, 1998). Hierarchische Modelle bilden im Falle solcher hierarchischer Clusterdaten den einzigen validen Analyserahmen (Raudenbush & Bryk, 2002). Die Auswertung der mehrebenenanalytischen Modelle erfolgt mittels der in der Software HLM (Hierarchical Linear and Nonlinear Modeling von Raudenbush, Bryk & Congdon, Version 6.06) implementierten Mehrebenenregressionsanalyse. HLM berücksichtigt die hierarchische Datenstruktur einerseits durch korrigierte Standardfehler und Residualterme auf den jeweiligen Ebenen. Anderseits können Variablen auf beiden Ebenen (Level 1 und 2) simultan in die Analyse einbezogen und der Vorhersagewert des Modells bestimmt werden. Im Gegensatz zur gängigen Regressionsanalyse wird in der Mehrebenenregressionsanalyse für jede Klasse j ($j = 1....J$) eine separate Regressionsanalyse durchgeführt.

Bevor im Ergebnisteil die Testmodelle einzeln dargestellt werden, soll hier die Struktur und Nomenklatur eines Mehrebenenmodells an einem einfachen Beispiel eingeführt werden. Eine typische Analysestruktur würde sich ergeben, wenn der Vorhersagewert eines Level-1- und eines Level-2-Prädiktors (z.B. wenn Hypothese 1 und 3 simultan getestet werden sollten; siehe Abbildung 17.2) bestimmt werden soll. Hier wird angenommen, dass in jeder Klasse j die Regressionskonstante (β_{0j}, *random intercept*) und Regressionssteigung (β_{1j}, *random slope*) variiert (Hox, 2002). Die Modellgleichung der Individualebene für die Klasse j lautet (Ditton, 1998; Hox, 2002; Raudenbush & Bryk, 2002):

$$\gamma_{ij} = \beta_{0j} + \beta_{1j} * X_{ij} + r_{ij} \qquad (j \text{ ist fest}) \qquad [\text{Formel } 17.1]$$

Dabei stellt γ_{ij} die abhängige Variable (*outcome*) und X_{ij} den Prädiktor dar, die beide auf der Individualebene lokalisiert sind. Als „spezifische Abweichung der Individualwerte von der Regressionsgeraden" wird r_{ij} als Residuum oder Fehlerterm bezeichnet (Ditton, 1998, 45).

Auf der Aggregat- bzw. Klassenebene werden die Regressionskoeffizienten β_{0j} (*random intercepts*) und β_{1j} (*random slopes*) als variable Größen modelliert und können ggf. flexibel (vgl. Formel 17.2) durch die Einführung von Prädiktoren Z_j auf der Aggregatebene systematisch prädiziert werden.

$$\beta_{0j} = \gamma_{00} + \gamma_{01} * Z_j + u_{0j}$$ [Formel 17.2]

$$\beta_{1j} = \gamma_{10} + u_{1j}$$ [Formel 17.3]

Die Regressionskonstante und die Regressionssteigung auf der Aggregatebene werden mit dem zu indizierenden Symbol γ bezeichnet; das jeweilige Residuum (random effect) mit *u*. Der einzelne Prädiktor der Aggregatebene wird als Z_j bezeichnet (Hox, 2002; Raudenbush & Bryk, 2002).

Aus den Gleichungen [17.2] und [17.3] in [17.1] eingesetzt ergibt sich für ein Modell mit jeweils einem Prädiktor auf jeder Ebene die folgende Regressionsgleichung:

$$\gamma_{ij} = \gamma_{00} + \gamma_{10} * X_{ij} + \gamma_{01} * Z_j + u_{1j} * X_{ij} + u_{oj} + r_{ij}$$ [Formel 17.4]

Der Summenterm $\gamma_{00} = \gamma_{10} * X_{ij} + \gamma_{01} * Zj_j$ wird als *„fixed part"* und der Summenterm $u_{1j} * X_{ij} + u_{oj} + r_{ij}$ als *„random part"* bezeichnet (Hox, 2002, 14). Die Regressionsgleichung kann je nach Modellanforderung (1) durch die Interaktion zwischen den Ebenen (Cross-Level-Interaktion; Hox, 2002) und (2) mit weiteren Prädiktoren auf beiden Ebenen erweitert werden. Insbesondere bei Berücksichtigung von Cross-Level-Interaktionen steigt der zur Analyse notwendige Stichprobenumfang (Hox, 2002; Kreft, 1996; vgl. Kapitel 17.2.1). Alle Prädiktoren werden z-standardisiert, sodass die „ermittelten Koeffizienten [...] folglich als standardisierte Regressionsgewichte der Prädiktoren interpretiert werden" können (Rakoczy, 2008, S. 113; vgl. auch Hox, 2002). Die hier dargestellte Modellstruktur ist am Beispiel der simultanen Testung von Hypothese 1 und 3 in Abbildung 17.2 dargestellt.

Die Modellentwicklung erfolgt nach Hox (2002) schrittweise. Dabei werden in einer Entwicklungsstufe nur signifikante Prädiktoren des voran gehenden Analyseschritts (sukzessive Hinzunahmen zusätzlicher Ebenen und entsprechender Interaktionen) wieder in das Modell aufgenommen.

17.2.4 Umgang mit fehlenden Werten

In der Studie trat vereinzelt das Problem fehlender Angaben auf Klassen- und Schülerebene auf. Bei der Fragebogenuntersuchung zur Erfassung des physikalischen Wissens der Primarstufenlehrkräfte fehlen keine Werte, da die einzelnen Items im Sinne des True-False-Antwortformats kodiert wurden (vgl. Kapitel 17.2.2). Die

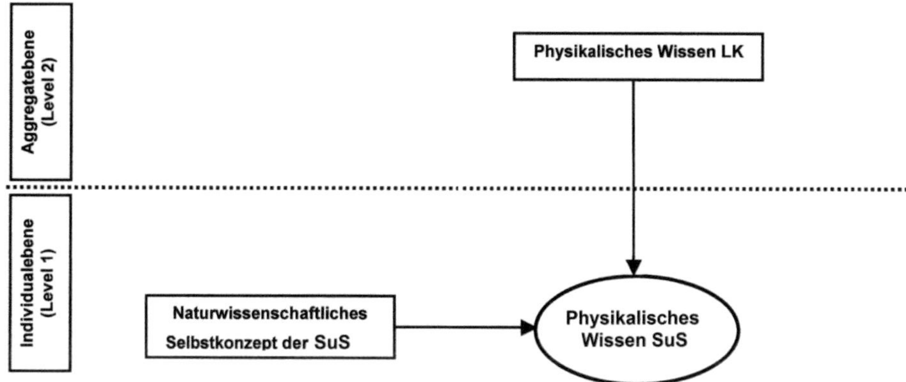

Abb. 17.2: Simultane Testung der Hypothese 1 und 3 (LK = Primarstufenlehrkräfte; SuS = Schüler)

Variable tatsächliche Unterrichtszeit für physikalische Themen in Klasse 3 und 4 weist einen Anteil an 20 Prozent fehlender Werte auf. Da sechs der 30 Primarstufenlehrkräfte in Klasse 3 keinen Sachunterricht in den an der Untersuchung teilnehmenden Klassen unterrichtet haben, konnte für diese Lehrkräfte keine tatsächliche Unterrichtszeit für Klasse 3 ausgewertet werden (vgl. Kapitel 17.2.1). Gemäß der Empfehlungen von Allison (2001), Graham und Schafer (2002) sowie Lüdtke et al. (2007) werden drei Verfahren zur Imputation fehlender Werte genutzt. Zunächst konnten drei fehlende Werte der Variable tatsächliche Unterrichtszeit in Klasse 3 aus den geführten Leitfadeninterviews[10] mit den Primarstufenlehrkräften im Sinne des *Cold-Deck-Verfahren* ersetzt werden. Zwei weitere fehlende Werte in der Variable tatsächliche Unterrichtszeit für Klasse 3 wurden mittels *Hot-Deck-Verfahren* imputiert. Dabei werden die fehlenden Werte der tatsächlichen Unterrichtszeit für physikalische Themen in Klasse 3 mit den Werten von möglichst ähnlichen Parallellehrkräften ersetzt. Für eine Lehrkraft konnte keines der beiden Verfahren angewendet werden. Dieser fehlende Wert wurde anschließend mittels des Expectation-Maximization-Algorithmus unter Berücksichtigung der anderen zur Verfügung stehenden Variablen mit dem Softwareprogramm NORM (Graham et al., 2003) ersetzt, wobei nach einer Ausreißerdiagnostik (Werte > 1,5*Interquartil range unter- bzw. oberhalb des 25%- bis 75%-Quantils) ein Extremwert (*ZPH_34* = 41) durch den Höchstwert der tatsächlichen Unterrichtszeit für Klasse 4 aller Primarstufenlehrkräfte ersetzt wurde. Auf Schülerebene fehlen bei der Skala zur Erfassung des physikalischen Schülerwissens aufgrund des True-False-Antwortformats ebenfalls keine Werte (vgl. Kapitel 17.2.2).

10 Wie bereits erwähnt, wurden die Leitfadeninterviews mit den Primarstufenlehrkräften als zusätzliche Validierung der Klassenbuchanalyse durchgeführt. Lehrkräfte, die in Klasse 3 keinen Sachunterricht in ihrer Klasse unterrichtet haben, wurden dabei gefragt, welche Themen sie normalerweise in Klasse 3 im Sachunterricht unterrichten und wie viele Stunden sie dafür verwenden. Dies ist eine Schwäche, die sich allerdings post-hoc relativiert: Die Analysen führen für N = 24 und für N = 30 zu gleichen Ergebnissen.

Da alle beschriebenen Verfahren im Umgang mit fehlenden Werten Unsicherheiten aufweisen, wurde die mehrebenenanalytische Auswertung des zugrundeliegenden Modells (siehe Abbildung 17.3) sowohl für die Gesamtstichprobe (N = 30 Klassen) als auch für die Stichprobe ohne fehlende und ersetzte Werte auf der Aggregatebene berechnet (N = 24 Klassen). Es werden nur Modelle akzeptiert, die sich für beide Stichproben als stabil erweisen.

17.3 Ergebnisse

Bevor die Ergebnisse der Mehrebenenanalyse dargestellt werden, sei ein Blick auf die deskriptiven Werte der in der Analyse berücksichtigten Variablen beider Ebenen geworfen. Von maximal 22 Punkten erzielen die befragten 555 Schüler beim physikalischen Wissen (*Physik_SuS*) im Mittel 12,5 Punkte (SD: 4,0; Min: 2 Punkte, Max: 22 Punkte). Die Primarstufenlehrkräfte erreichen im Test zur Erfassung des physikalischen Wissens (*Physik_LK*) von maximal 8 Punkten im Schnitt 3,0 Punkte (SD: 1,7; Min: 0 Punkte, Max: 7 Punkte) und verwenden durchschnittlich 25 Unterrichtsstunden für physikalische Themen in Klasse 3 und 4 (*PH_34*) (SD: 10,9; Min: 0; Max: 41). Ein direkter korrelativer Zusammenhang zwischen dem physikalischen Wissen der Primarstufenlehrkräfte und der tatsächlichen Unterrichtszeit besteht nicht (r = -.087; p = .649).

Ob sich die Klassen untereinander unterscheiden, kann mit Berechnung des ICC (*Intra-Klassen-Korrelation*)[11] bestimmt werden (Hox, 2002). In der vorliegenden Untersuchung können 5,4 Prozent (p<.001) der Unterschiede in der Variable physikalisches Schülerwissen auf Unterschiede zwischen den Klassen zurückgeführt werden.

Mehrebenenmodell 1 (Hypothese 1 und 2): Vorhersage des physikalischen Wissens der Schüler aufgrund des physikalischen Fachwissens der Lehrkräfte und der tatsächlichen Unterrichtszeit

Zur Beantwortung der Frage, ob sich die beiden Level-2-Prädiktoren physikalisches Wissen der Primarstufenlehrkräfte und tatsächliche Unterrichtszeit für physikalische Themen auf das physikalische Schülerwissen am Ende von Klasse 4 auswirken, wurde zuerst das folgende einfache und intuitiv einsichtige mehrebenanalytische Model spezifiziert, das lediglich Prädiktoren auf Klassenebene (Level 2) berücksichtigt (siehe Abbildung 17.3):

11 Die Intra-Klassen-Korrelation berechnet sich nach Hox (2002,15) wie folgt: $\rho = \frac{(\sigma^2_{u0})}{(\sigma^2_{u0}) + (\sigma^2_{e})}$

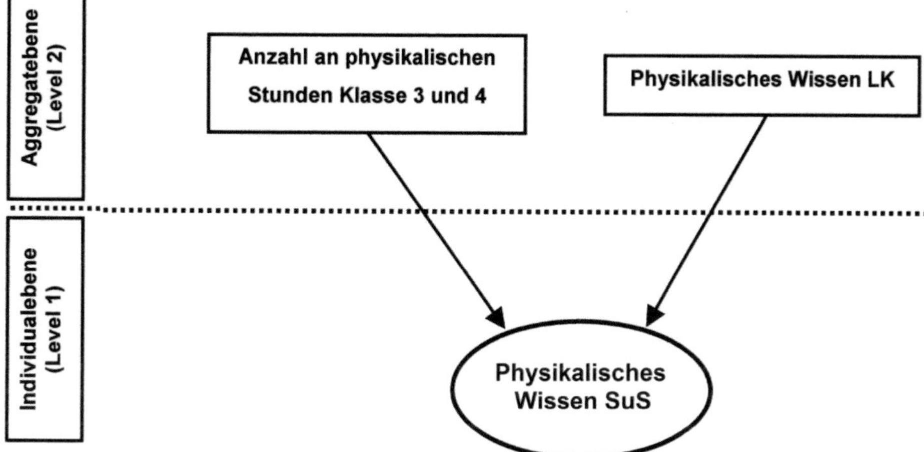

Abb. 17.3: Einflussfaktoren auf das physikalische Schülerwissen (LK = Primarstufenlehrkräfte; SuS = Schüler)

Dabei wird das physikalische Wissen der Schüler (*Physik_SuS*) als abhängige Variable (*outcome*) auf der Individualebene (Level 1) modelliert. Auf der Aggregat- oder Klassenebene (Level 2) sind als mögliche Einflussfaktoren das physikalische Wissen der Lehrkraft (*ZPhysik_LK*) und die tatsächliche Unterrichtszeit (*ZPH_34*) verankert. Alle Prädiktoren gehen in der durchgeführten Analyse als z-standardisierte Variablen ein (MW = 0, SD = 1). Für das spezifizierte Modell lautet die mehrebenenanalytische Regressionsgleichung:

$$Physik\text{-}Sus_{ij} = \gamma_{00} + \gamma_{10} * ZPH\_34 + \gamma_{02} * ZPhysik\_LK + u_{oj} + r_{ij} \quad \text{[Formel 17.5]}$$

Die Mehrebenenanalyse (siehe Tabelle 17.1: Modell 1) zeigt, dass das erfasste physikalische Wissen der Primarstufenlehrkräfte das physikalische Schülerwissen statistisch bedeutsam prädiziert ($\gamma_{02} = 0.58$; p = .012). Die tatsächliche Unterrichtszeit für physikalische Themen in Klasse 3 und 4 erweist sich jedoch in dem spezifizierten Modell nicht als signifikant ($\gamma_{01} = 0.04$; p= .886). Die dem Modell zugrundeliegende Hypothese einer systematischen Vorhersagekraft der Unterrichtszeit muss somit verworfen werden.

Tab. 17.1: Mehrebenenmodell 1 mit den Prädiktoren physikalisches Wissender Primarstufenlehrkräfte und tatsächliche Unterrichtszeit[12]

			intercept-only model	Modell 1
Schülerebene – Abhängige Variable:				
Physikalisches Wissen Schüler (*Physik_SuS*)			12.49**	12.49**
Klassenebene – Prädiktoren:				
Physikalisches Wissen Lehrkräfte (*ZPhysik_LK*)				0.58*
Anzahl physikalische Stunden (*ZPH_34*)				0.04
random variance components				
INTRCPT,	u_0	(σ^2_{u0})	0.87*	0.68*
Slope,	u_1	(σ^2_{u1})		
Level 1,	R	(σ^2_e)	14.98	14.96

Anmerkungen: * $p < .05$ ** $p < .01$

Mehrebenenmodell 2 (Hypothese 1, 2 und 3): Vorhersage des physikalischen Wissens der Schüler aufgrund des physikalischen Fachwissens der Lehrkräfte, der tatsächlichen Unterrichtszeit und dem naturwissenschaftlichen Selbstkonzept der Schüler

Da sich nur einer der Level-2-Prädiktoren als statistisch bedeutsam erweist und ein erheblicher Anteil an Varianz im Schülerwissen unerklärt bleibt, wurde ein weiteres Modell innerhalb des Rahmenkonzeptes von Helmke (2003; siehe Abbildung 17.1; vgl. Kapitel 17.1.1) spezifiziert. Neben Merkmalen der Lehrkraft und des Unterrichts wirken auch individuelle Eingangsvoraussetzungen der Schüler auf den Lernerfolg der Schüler (Helmke, 2003, S. 42). Dabei ist das fachspezifische Selbstkonzept (*ZSK*) der Schüler eine wichtige Determinante für das Schülerwissen (Helmke, 1992).[13]

Um zu prüfen, ob das naturwissenschaftliche Selbstkonzept[14] der Schüler das physikalische Schülerwissen kovariiert, wurde ein modifiziertes Modell mit diesem um den Gruppenmittelwert zentrierten Prädiktor entwickelt (siehe Tabelle 17.2: Modell 2). Die Modellstruktur entspricht derjenigen, die in Kapitel 17.2.3 und insbesondere in Abbildung 17.2 exemplarisch dargestellt wurde, wenn ein zweiter Level-1-Prädiktor eingefügt wird.

Die mehrebenenanalytische Auswertung zeigt, dass ein Schüler, der sich innerhalb seiner Klasse bei naturwissenschaftlichen Themen um eine Standardabweichung (SD) kompetenter als der Klassendurchschnitt fühlt, ein physikalisches

12 Die dargestellten Zusammenhänge zeigen sich auch bei N = 24 Lehrkräften und N = 450 Schülern.

13 Das naturwissenschaftliche Selbstkonzept und die naturwissenschaftliche Leistung der Schüler sind in der Regel keine unabhängigen Variablen, da das Selbstkonzept durch Lernerfolge beeinflusst wird, und umgekehrt das Selbstkonzept die Lernprozesse beeinflussen kann. Die folgenden Zusammenhangsmodelle sind daher nicht streng kausal zu interpretieren, sondern als Berechnung der Schülerleistung unter Kenntnis der anderen Variablen.

14 Fehlende Werte beim naturwissenschaftlichen Selbstkonzept liegen bei 0,54 Prozent der Schüler vor. Diese wurden aufgrund ihrer kategorialen Eigenschaft durch den Modalwert ersetzt.

Wissen aufweist, das um 1,5 Punkte (p<.001) erhöht ist (siehe Tabelle 17.2: Modell 2).

Tab. 17.2: Mehrebenenmodelle 2 und 3 mit den Prädiktoren naturwissenschaftliches Selbstkonzept der Schüler, physikalisches Wissen der Primarstufenlehrkräfte und tatsächliche Unterrichtszeit[15]

			Modell 2	Modell 3
Schülerebene – Abhängige Variable:				
Physikalisches Wissen Schüler (*Physik_SuS*)			12.49**	12,50**
Klassenebene – Prädiktor:				
Physikalisches Wissen Lehrkräfte (*ZPhysik_LK*)				0.57*
Schülerebene – Prädiktor:				
Naturwissenschaftliches Selbstkonzept Schüler[1] (*ZSK*)			1.50**	1,48**
Interaktion Schüler-/Klassenebene – Prädiktor:				
ZPH_34 x ZSK				0.34*
random variance components				
INTRCPT,	u_0	(σ^2_{u0})	1.00**	0.75*
Slope,	u_1	(σ^2_{u1})	0.11	0.03
Level 1,	R	(σ^2_e)	12.79	12.77
R^2_1 (Individual-/Schülerebene)			0.15	0.15
R^2_2 (Klassenebene)				0.14
R^2_{1x2} (Interaktionsebene)				0.73

Anmerkungen: * p < .05 ** p < .01
[1] Dieser Level 1 Prädiktor wurde um seinen Gruppen Mittelwert zentriert.

Aus Modell 2 folgt, dass sich die klassenspezifische Varianzkomponente u_0 signifikant von Null unterscheidet (1.00**). Dies bedeutet, dass sich die Klassen auch nach Kontrolle des *ZSK* in ihrem physikalischen Wissen signifikant unterscheiden und durch Einfügen weiterer Prädiktoren mehr Varianz aufgeklärt werden kann. Auf Individualebene kann das naturwissenschaftliche Selbstkonzept der Schüler 15 Prozent der zwischen den Schülern liegenden Varianz erklären ($R_1{}^2$).

Mehrebenenmodell 3 (Hypothese 1, 3 und 4): Vorhersage des physikalischen Wissens der Schüler aufgrund des physikalischen Fachwissens der Lehrkräfte, dem naturwissenschaftlichen Selbstkonzept der Schüler sowie der Interaktion von Unterrichtszeit und Selbstkonzept

Dieses Modell dient insbesondere der Testung der vierten Studienhypothese. Da sich die tatsächliche Unterrichtszeit für physikalische Themen in Klasse 3 und 4 auf

15 Die dargestellten Zusammenhänge zeigen sich auch hier bei N=24 Lehrkräften und N=450 Schülern.

der Regressionskonstanten als nicht bedeutsam zeigt, aber weitere Prädiktoren in das Modell eingefügt werden können, wurde in einem dritten Modell das naturwissenschaftliche Selbstkonzept der Schüler in einer Cross-Level-Interaktion mit der tatsächlichen Unterrichtszeit als zusätzlicher Prädiktor aufgenommen:

$$Physik\text{-}Sus_{ij} = \gamma_{00} + \gamma_{10} * ZPH\_34 + \gamma_{02} * ZPhysik\_LK + \gamma_{11} * ZSK * ZPH\_34 + u_{1j} * ZSK + u_{oj} + r_{ij} \quad \text{[Formel 17.6]}$$

Abbildung 17.4 zeigt die Struktur des zugehörigen Modells. Die mehrebenenanalytische Analyse zeigt, dass sich alle drei Determinanten als statistisch bedeutsame Prädiktoren auf das physikalische Schülerwissen erweisen (siehe Tabelle 17.2: Modell 3).

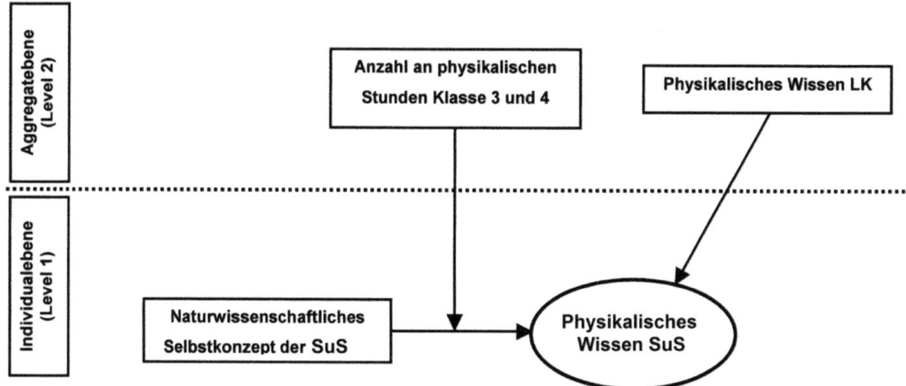

Abb. 17.4: Modell 3, Einflussfaktoren auf das physikalische Schülerwissen: Physikalisches Wissen LK, naturwissenschaftliches Selbstkonzept SuS, Interaktion Selbstkonzept und Unterrichtszeit (LK = Primarstufenlehrkräfte; SuS = Schüler)

Der gefundene Zusammenhang kann folgendermaßen interpretiert werden: Wenn sich ein Schüler innerhalb seiner Klasse um eine SD kompetenter in naturwissenschaftlichen Themen (γ_{10} = 1.48; p<.001) fühlt, seine Lehrkraft über ein um eine SD höheres physikalisches Wissen (γ_{01} = 0.57; p = .011) verfügt und der Schüler um eine SD mehr Unterrichtszeit für physikalische Themen erhält und sich gleichzeitig um eine SD kompetenter in naturwissenschaftlichen Themen fühlt (γ_{11} = 0.34; p = .039), kann erwartet werden, dass sein physikalisches Wissen um 1.48 + 0.57 + 0.34 = 2.39 Punkte höher liegt als wenn er in diesen Prädiktoren den Wert 0 aufweisen würde. Analog zu Modell 2 kann mit diesem Modell 15 Prozent der Varianz innerhalb der Klassen erklärt werden. Auf Klassenebene erklärt der Prädiktor physikalisches Wissen der Primarstufenlehrkräfte 14 Prozent der Varianz zwischen den Klassen. Mit Einfügen des Prädiktors tatsächliche Unterrichtszeit für physikalische

Themen in Klasse 3 und 4 auf Klassenebene, können 73 Prozent der Varianz des naturwissenschaftlichen Selbstkonzepts auf der Regressionssteigung erklärt werden.[16]

17.4 Zusammenfassung und Diskussion

Das zentrale Ziel dieser Arbeit bestand darin, Zusammenhänge zwischen dem physikalischen Wissen der Primarstufenlehrkräfte, der tatsächlichen Unterrichtszeit für physikalische Themen in Klasse 3 und 4 und dem physikalischen Wissen der Schüler am Ende von Klasse 4 zu untersuchen. Vor dem Hintergrund der bisherigen empirischen Ergebnisse über den Sachunterricht der Primarstufe, in denen sich das physikalisch-fachliche und physikalisch-fachdidaktische Wissen der Lehrkräfte und die tatsächliche Unterrichtszeit als Einflussfaktor auf die Lernfortschritte der Schüler erweist (Lange, 2010; Ohle, 2010), wurde in dieser Studie eine allgemeinere Hypothese untersucht. Es zeigte sich, dass – unabhängig von einem physikalischen Themenbereich für den regulären Sachunterricht in Baden-Württemberg in Klasse 3 und 4 – das physikalische Wissen der Primarstufenlehrkräfte und naturwissenschaftliche Selbstkonzept der Schüler das Schülerwissen im Bereich Physik signifikant prädiziert. Der alleinige Vorhersagewert des Prädiktors tatsächliche Unterrichtszeit für physikalische Themen in Klasse 3 und 4 zeigt sich in dieser Untersuchung als statistisch nicht signifikant. Jedoch konnte in einer explorativen Analyse gezeigt werden, dass eine höhere Unterrichtsdauer insbesondere bei Schülern mit hohem naturwissenschaftlichem Selbstkonzept mit einem erhöhten Wissen am Ende der Grundschulzeit einhergeht.

Dieser Befund steht im Einklang mit der Modellvorstellung von Helmke (2003, S. 42; siehe Abbildung 17.1), nach dem das Schülerwissen von den individuellen Eingangsvoraussetzungen beeinflusst wird, zu denen als wichtige Variable das (mehr oder weniger) fachspezifische Selbstkonzept gehört.

Bei der Interpretation der Studienbefunde müssen folgende Aspekte berücksichtigt werden. Obwohl die Analyse der Kompetenzentwicklung im Verlauf der Klassen 3 und 4 Inhalt dieser Studie waren, liegen lediglich Querschnittsdaten am Ende von Klasse 4 vor. Eine Längsschnittstudie, in der insbesondere die Entwicklung des Selbstkonzepts der Schüler im Entwicklungsverlauf valide erfasst werden kann, wäre zur Erhöhung der Validität der Daten wünschenswert gewesen, war jedoch nicht realisierbar. Die Repräsentativität der Stichprobe konnte nicht durch ein entsprechendes Sampling gewährleistet werden. Jedoch zeigen sich in den deskriptiven Daten zu den Lehrkräften Parallelen zu anderen Untersuchungen, die in Baden-Württemberg durchgeführt wurden (Bröll et al., 2007; Lengsfeld, 2009). Zur Prüfung der Hypothese 4 wurde mit 30 Level-2-Einheiten nicht die in der Literatur empfohlene

16 Die Testung des zweiten Interaktionseffekts zwischen dem physikalischen Fachwissen der Lehrkräfte und dem naturwissenschaftlichen Selbstkonzept der Schüler erwies sich als nicht signifikant und wird aus Platzgründen in dieser Ausführung nicht weiter ausgeführt.

Stichprobengröße (Hox, 2002) erreicht. Zur Überprüfung des Ergebnisses ist die Replikation mit einer größeren Stichprobe erforderlich.

Da die Gütekriterien der Skala zur Erfassung des physikalischen Wissens der Primarstufenlehrkräfte nur durch Kürzung der Skala zufriedenstellend waren, konnte lediglich eine eingeschränkte inhaltliche Breite für das physikalische Wissen der Lehrkräfte erzielt werden. Des Weiteren beziehen sich die Items aus den drei gewählten Themenbereichen (Mechanik, Optik, Elektrizitätslehre) auf schulisches Wissen der Sekundarstufe II. Ein expliziter Bezug zum Bildungsplan der Primarstufe besteht nicht. Der verwendete Fragebogen wäre also als Indikator für das physikalische Wissen der Lehrkräfte anzusehen.

Trotz ihrer Schwächen zeigt die Untersuchung Zweierlei: Erstens erwiesen sich in den geprüften Modellen zentrale Zusammenhänge als signifikant, die im Einklang mit Modellvorstellungen (Helmke, 2003) und in empirischen Befunden in andere Inhaltsgebieten stehen. Zudem sind die Befunde kongruent zu den bekannten Ergebnissen der Forschung zum naturwissenschaftlichen Sachunterricht in der Primarstufe (Lange, 2010; Ohle, 2010). Zweitens zeigt die vorliegende Untersuchung erstmals, welche Faktoren das physikalische Schülerwissen im alltäglichen naturwissenschaftlichen Sachunterricht der Primarstufe beeinflussen. Für die mehrebenenanalytischen Modelle ohne Interaktionen, die Variablen auf Klassenebene und auf Individualebene umfassen, stellt dies aus psychometrischer Sicht ein belastbares Ergebnis dar. Die berichteten Befunde liefern somit eine fundierte Basis zur empirischen Differenzierung und Erweiterung der geprüften Modelle für Folgestudien in diesem oder verwandten Inhalts- und Anwendungsbereichen.

Simone Halder und Bernd Reinhoffer

18. Sichtweisen von Lehrpersonen auf Lehrer-Schüler-Gespräche beim Experimentieren im naturwissenschaftlichen Sachunterricht – Teilprojekt 10

Zusammenfassung

Dieser Beitrag stellt Konzeption und erste Ergebnisse des Teilprojekts „Sichtweisen von Lehrpersonen auf Lehrer-Schüler-Gespräche beim Experimentieren im naturwissenschaftlichen Sachunterricht" vor. Aufgrund der Wichtigkeit von Gesprächen in einem konzeptverändernden Unterricht sowie der Annahme, dass die subjektiven Theorien von Lehrpersonen im Unterricht zum Tragen kommen, geht das Projekt der Frage nach der subjektiven Bedeutungszuweisung und den Idealvorstellungen einzelner MeNuK-Lehrpersonen (N = 13) mittels problemzentrierter Interviews nach. Dies führt zu einer Typenbildung (Kelle & Kluge, 2010). Videoanalysen erbringen einen Abgleich mit der tatsächlichen Unterrichtsdurchführung. Aufgrund der Ergebnisse aus fokussierten Interviews können Faktoren identifiziert werden, die aus Sicht der Lehrpersonen die Umsetzung ihrer Idealvorstellungen fördern bzw. behindern.

18.1 Der naturwissenschaftliche Erkenntnisprozess

18.1.1 Naturwissenschaftliches Lernen aus konstruktivistischer Sicht

Bereits vor dem Eintritt in die Schule bauen Kinder in Auseinandersetzung mit ihrer Umwelt Vorstellungen auf, um sich Phänomene erklären zu können und ihre Umwelt zu erschließen. Die so entwickelten Gedankengebäude sind jedoch häufig inadäquat bzw. unvollständig und stehen im Widerspruch zu allgemein akzeptierten wissenschaftlichen Konzepten (Möller, 2002; Prenzel & Seidel, 2008). Im Sinne eines Lernens, das in der Naturwissenschaftsdidaktik als Conceptual Change (bzw. Konzeptveränderung) beschrieben wird, sollten Kinder auf die Nichtbelastbarkeit dieser Konzepte aufmerksam gemacht und beim Umbau in adäquatere Vorstellungen unterstützt werden. Ferner sollte die Erfahrung ermöglicht werden, dass sich die neu aufgebauten Vorstellungen als fruchtbar erweisen (Möller, 2002; Möller et al., 2002). Da Konzeptveränderungen als Ergebnis aktiver Umstrukturierungsprozesse gesehen werden, sind diese von den durch die Kinder eingebrachten Vorstellungen sowie der Gestaltung der Lernumgebung abhängig (Möller et al., 2002).

18.1.2 Die Bedeutung der Lehrperson im naturwissenschaftlichen Unterricht

Bei der Entwicklung von Lernumgebungen stellt sich die Frage, welche Rolle die Lehrperson in einem Prozess weitestgehend selbstgesteuerten, aktiven Lernens einnimmt. Die vielfach in der Literatur abgeleitete Forderung, die Lehrperson solle Lerngelegenheiten anbieten und sich auf die Begleitung von Lernprozessen beschränken ist nach Möller unangemessen. Sie fordert deshalb eine Balance zwischen Selbststeuerung und strukturierenden Hilfen zu finden (Möller, 2002). So kamen Möller et al. (2002) in ihrer Studie zu dem Ergebnis, dass Schülerinnen und Schüler in einer strukturierteren Lernumgebung belastbarere Konzepte entwickeln als in einer weniger strukturierten. Insbesondere schwächere Schülerinnen und Schüler profitierten von dieser Strukturierung.

Möller nennt wesentliche Merkmale einer solchen Lernumgebung, die sich an einem konstruktivistischen Lernverständnis orientiert und dabei nicht auf strukturierende Maßnahmen verzichtet (Möller, 2002; Möller, 2004):

- An den Präkonzepten der Lernenden anzuknüpfen ist Voraussetzung für eine aktive Umstrukturierung der Vorstellungen.
- Unterstützend für Förderung aktiver Lernprozesse sind eine motivierende Fragestellung sowie eine anregungsreiche Lernumgebung, in der die Schülerinnen und Schüler selbst mit Materialien explorierend umgehen und experimentieren.
- Die kognitive Aktivität der Lernenden wird von der Lehrperson durch eine „strukturierende Gesprächsführung“ (Möller, 2002, S. 422) unterstützt.
- Die Lernenden werden angeregt, ihre Konzepte zu begründen, zu vergleichen, anzuwenden und zusammenzufassen.
- Ein intensiver Austausch und Diskussionen zum gemeinsamen Aushandeln von Erklärungen werden ermöglicht und angeregt. In diesem Zusammenhang sind kooperative Lernformen förderlich.

Marzano et al. (2000) kommen in ihrer Auswertung von 100 Studien und Metaanalysen ebenfalls zu einer Hervorhebung der Bedeutung inhaltlicher Strukturierung für einen effektiven Unterricht, der das Zusammenfassen von Inhalten und das Erstellen von Notizen sowie eine Aktivierung des Vorwissens beinhaltet. Brophy (1999) nennt die Kohärenz des Unterrichts als einen Indikator für Unterrichtsqualität. Hierunter versteht er vor allem Strategien, mit denen neues Wissen mit dem Vorwissen der Schülerinnen und Schüler verbunden (vernetzt) werden kann (vgl. auch Lipowsky, 2006).

Hinsichtlich des wissenschaftlichen Begründens konnten Beinbrech et al. (2009) feststellen, dass eine sogenannte „praktizistische Vorstellung“ (praktisches Tun reicht für das naturwissenschaftliche Lernen aus) der Lehrpersonen in negativem Zusammenhang mit dem Anregen wissenschaftlichen Begründens auf Seiten der Schülerinnen und Schüler durch Gesprächsimpulse der jeweiligen Lehrperson steht. Bei den Vorstellungen „Conceptual Change“ (Erwerb naturwissenschaftlichen Verständnisses erfordert die Umstrukturierung vorhandener Vorstellungen) und

„Transmission" (direkte Vermittlung von naturwissenschaftlichen Fakten und Verfahren durch die Lehrperson) konnten keine Zusammenhänge zwischen den Vorstellungen der Lehrpersonen und dem Anregen wissenschaftlichen Begründens durch die jeweilige Lehrperson nachgewiesen werden. Insgesamt konnten zwischen Gesprächsimpulsen der Lehrperson, die auf das wissenschaftliche Begründen von Aussagen zielen, und dem wissenschaftlichen Begründen durch die Schülerinnen und Schüler positive Zusammenhänge gefunden werden.

Zusammenfassend wird also dem Gesprächsverhalten der Lehrperson in einem konzeptwechselförderlichen Unterricht eine große Bedeutung zugemessen.

18.1.3 Die besondere Bedeutung von Gesprächen im naturwissenschaftlichen Unterricht

Ausgehend von einem konstruktivistischen Lernverständnis kommt dem aktiven, problemlösenden, dialogischen und reflexiven Wissenserwerb eine entscheidende Bedeutung zu, denn das so erworbene Wissen wird besser verstanden und kann flexibler genutzt werden (Pauli et al., 2008). Kognitive Aktivierung ist deshalb gekennzeichnet durch vielfältige Elaborationen vor allem auf Seiten der Lernenden. Dazu zählt das Einbringen eigener Vorstellungen und Ideen, das Aufwerfen von Fragen, das Vorbringen von Erklärungen und Argumenten, die Erläuterung von Beziehungen und Lösungsmethoden, das Finden von weiteren Beispielen und Anwendungsmöglichkeiten. Darüber hinaus sollten die elaborierten Inhalte beispielsweise durch Zusammenfassungen und Hervorhebungen organisiert und strukturiert werden (Möller, 2002; Möller, 2004; Pauli et al., 2008; Seidel et al., 2003).

Das Klassengespräch stellt die dominierende Arbeitsform des Physikunterrichts dar. Die Erarbeitung von Inhalten mittels Lehrervortrag oder fragend-entwickelndem Unterrichtsgespräch mit anschließender Verdeutlichung durch Demonstrationsexperimente ist nach Einschätzung von Schülerinnen und Schülern das vorherrschende Muster in der gymnasialen Oberstufe (Baumert & Köller, 2000). Auch im Physikanfangsunterricht findet sich nach Videoanalysen dieses Muster wieder (Prenzel et al., 2002). Es lässt sich jedoch noch ein weiteres Muster erkennen, bei dem ebenfalls das Klassengespräch eine dominierende Rolle einnimmt. In diesem Fall wird das Klassengespräch durch längere Gruppenarbeitsphasen, meist in Form von Schülerexperimenten, unterbrochen. Das Klassengespräch dient hier der Vor- und Nachbereitung der Arbeitsphasen (Prenzel et al., 2002; Seidel et al., 2003). Für den Mathematikunterricht wurden ebenfalls das „darstellende Verfahren" (Lehrervortrag), das „problemlösend-entwickelnde Vorgehen" (fragend-entwickelndes Unterrichtsgespräch) und das „problemlösend-entdeckende Vorgehen" (selbstständige Erarbeitung mit anschließender Diskussion im Klassenverband) identifiziert (Pauli et al., 2008).

Sowohl für den Mathematik- als auch für den Physikunterricht ließ sich jedoch feststellen, dass keines der Interaktionsmuster Effekte auf die Leistungsentwicklung zeigt. Vielmehr scheint die Qualität der Lehr-Lernbedingungen und damit auch der Gespräche von entscheidender Bedeutung zu sein (Pauli et al., 2008; Prenzel et al., 2002; Seidel et al., 2003).

In der Physikvideostudie des IPN (Institut für Pädagogik der Naturwissenschaften) wurde u.a. die Auswirkung der Engführung des Klassengesprächs auf Motivation und Sachinteresse untersucht. Hierbei zeigten sich negative Auswirkungen einer starken Engführung des Klassengesprächs auf die selbstbestimmte Lernmotivation sowie das Sachinteresse am Fach Physik (Seidel et al., 2003). Sowohl eine stärker ausgeprägte Zielorientierung (nachvollziehbare und schlüssige Ziele) als auch eine stärker ausgeprägte Beteiligung der Lernenden am Klassengespräch führten zu höheren Lernzuwächsen (Prenzel et al., 2002).

In der „Pythagoras-Studie" konnte gezeigt werden, dass sich eine höhere inhaltlich-strukturelle Klarheit sowie längere Schülerbeiträge im Klassengespräch positiv auf die Leistungsentwicklung auswirken. Ein zeitlich höherer Anteil an anspruchsvoller Schülerarbeit in der Arbeitsphase hingegen zeigte keine Effekte (Pauli et al., 2008).

18.2 Fragestellung

Auf Basis dieser theoretischen Erläuterungen stellt sich die Frage nach den Sichtweisen von Lehrpersonen auf Lehrer-Schüler-Gespräche beim Experimentieren im naturwissenschaftlichen Sachunterricht. Welche Bedeutung messen Lehrkräfte den Gesprächen beim Experimentieren bei? Welche theoretischen Vorgaben haben Lehrkräfte in ihre Sichtweisen übernommen? Haben sie didaktische Vorgaben der verschiedenen Theorien 1:1 übernommen oder sich aus Versatzstücken eigene subjektive Theorien kreiert? Wie sehen ihre Idealvorstellungen von Lehrer-Schüler-Gesprächen beim Experimentieren aus? Erkenntnisse darüber bieten wichtige Ansatzpunkte (Typen) für Aus- und Fortbildungen und die Erstellung von Unterrichtshilfen. Zum anderen ist interessant was in der Praxis ankommt, also inwieweit Lehrkräfte ihre Idealvorstellungen im alltäglichen Unterricht umsetzen können? Wir erwarten, dass dies in unterschiedlichem Maß gelingt. Was erleichtert ihnen die Umsetzung und wo sehen sie Hemmnisse? Kenntnisse hierüber sind geeignet über die Gestaltung des Systems Schule begründet nachzudenken und gegebenenfalls Veränderungen vorzunehmen.

1. Welche Sichtweisen (Bedeutung und Idealvorstellungen) haben einzelne MeNuK-Lehrkräfte der Jahrgangsstufe drei und vier auf Lehrer-Schüler-Gespräche im naturwissenschaftlichen Sachunterricht?
2. Welche Übereinstimmungen und Brüche zwischen den Idealvorstellungen und der Durchführung und Gestaltung von Gesprächen beim Experimentieren im naturwissenschaftlichen Bereich des Sachunterrichts gibt es?

3. Welche Faktoren beeinflussen aus Sicht dieser Lehrkräfte die Umsetzung ihrer Idealvorstellungen in die Unterrichtspraxis?

Ziel der Studie ist es nachvollziehen zu können auf welcher Basis Lehrpersonen Lehrer-Schüler-Gespräche beim Experimentieren führen und auf welche möglichen förderlichen Bedingungen bzw. Hindernisse sie bei der Umsetzung von Gesprächen stoßen. Hierfür werden hinsichtlich der Sichtweisen Typen generiert, sowie förderliche und hinderliche Faktoren hinsichtlich der Unterrichtsumsetzung aus Sicht von Lehrpersonen identifiziert. Diese Typisierungen und die Identifikation von Faktoren sollen Anknüpfungspunkte für die Lehreraus- und -fortbildung bieten.

Die Unterrichtsanalyse per Videografie (Fragestellung 2) ist ein notwendiger Zwischenschritt zur Beantwortung der letzten Forschungsfrage, die neben der ersten Forschungsfrage den Schwerpunkt der Studie bildet.

18.3 Studiendesign

Das Forschungsinteresse der vorliegenden Studie legt ein qualitatives Design nahe. Um die Sichtweisen der Lehrpersonen nachvollziehen zu können und die didaktischen Kenntnisse zu explizieren, ist ein relativ offenes Vorgehen nötig, bei dem vertiefend nachgehakt werden kann und die Lehrperson ihre Argumentationslinien voll entfalten kann. Zudem wird davon ausgegangen, dass die aus subjektiver Sicht der Lehrpersonen genannten Faktoren in ihrer Breite schwer zu antizipieren sind, so dass eine standardisierte Befragung das Spektrum im Vorhinein eingegrenzt hätte.

18.4 Samplingstrategie

Die quantitative Sozialforschung versucht das Postulat der Vermeidung von Verzerrungen bzw. des Einbezugs von relevanten Fällen durch die Ziehung von Zufallsstichproben zu erfüllen. In der qualitativen Sozialforschung wird dazu bewusste, kriteriengesteuerte Fallauswahl und Fallkontrastierung angewendet. Deshalb wurde vor der Datensammlung ein qualitativer Stichprobenplan festgelegt, der die relevanten Merkmale anhand der Fragestellung, theoretischer Vorüberlegungen und des Vorwissens über das Untersuchungsfeld bestimmt. Die Auswahl der relevanten Merkmale ist stets auch von pragmatischen Überlegungen geprägt (Kelle & Kluge, 2010).

Der Stichprobenplan der vorliegenden Studie umfasste folgende Merkmale:

- Regionale Begrenzung auf Baden-Württemberg
- Begrenzung auf MeNuK-Lehrpersonen der Klassenstufen drei und vier
- Studienrichtung
- Berufserfahrung
- Begrenzung der Stichprobengröße

Der Zugang zum Feld stellt im qualitativen Forschungsprozess eine besondere Herausforderung dar. Hier gestaltet sich der Kontakt zwischen Forscher und untersuchtem Subjekt häufig dichter und intensiver als in der quantitativen Forschung. Es kommt zu einem direkten persönlichen Kontakt, der mit einer Offenlegung der eigenen Person, der Sichtweisen und des Alltags der untersuchten Subjekte verbunden ist. Aus diesem Grund kommt sowohl der Fähigkeit des Forschers zur Herstellung von Beziehungen als auch dem Datenschutz eine besondere Bedeutung zu (Flick, 2009). Um den Zugang zur Institution Schule zu öffnen wurden gatekeeper (Schlüsselpersonen) kontaktiert (Merkens, 2008). Um möglichst viele teilnehmende Lehrpersonen zu gewinnen, war diesen sowohl das Thema als auch die Länge der gehaltenen Unterrichtsstunde im Rahmen eines physikalisch-chemischen Themengebiets freigestellt.

18.5 Beschreibung des Samples

Durch das Sampling konnten insgesamt 13 Lehrpersonen aus zehn verschiedenen Schulen für die Studie gewonnen werden. In der Stichprobe konnte das Prinzip der maximalen strukturellen Variation erfüllt und hierdurch die Heterogenität des Untersuchungsfeldes abgebildet werden (Kelle & Kluge, 2010). Die Merkmalsausprägungen des untersuchten Samples zum Zeitpunkt der ersten Datenerhebung sind in Tabelle 19.1 dargestellt.

Aufgrund des Samples entstand eine Datenbasis von rund 15 Stunden problemzentrierter Interviews (Dauer zwischen 44 Minuten und 1 Stunde 43 Minuten) und rund 17 Stunden fokussierter Interviews (Dauer zwischen 52 Minuten und 2 Stunden). Durch die Aufnahme der Unterrichtsstunden entstanden rund 15 Stunden Videomaterial (Dauer zwischen 40 Minuten und 2 Stunden 20 Minuten). Die von den Lehrpersonen behandelten Unterrichtsthemen waren: Feuer (Einfluss von Sauerstoff auf die Verbrennung, brennbare Materialien), Wasser (Aggregatzustände des Wassers, Wasserreinigung, Löslichkeit von Stoffen, Rückgewinnung von gelösten Stoffen), Strom, Wetterphänomene, Lebensmittelchemie sowie Stoffeigenschaften.

Tab. 19.1: Übersicht über die Merkmalsausprägungen des Samples

Kürzel	Schultyp	Schulgröße/ Klassengröße	Geschlecht	Geburtsjahr/ Berufsjahre	studierte Fächer
AU1149ED	GHS	ca. 210/20	männlich	1949/38	Deutsch, Geschichte
BR0684TH	GHS	ca.190/25	weiblich	1984/1	Deutsch, Englisch, Biologie
CH0166IA	GS	ca. 260/24	weiblich	1966/16	Mathematik, Heimat- und Sachunterricht, Anfangsunterricht
GE0585IN	GS	ca.120/24	weiblich	1985/1	Mathematik, Chemie
HA0472LE	GS	ca. 140/11	weiblich	1972/9	Ev. Religion, Biologie, Haushalt und Textiles Werken
HE0958EA	GS	ca. 60/19	weiblich	1958/9	Deutsch, Biologie
IR0955KA	GS	ca. 150/25	weiblich	1955/15	Deutsch, Biologie
KL1266ED	GS	ca. 440/25	männlich	1966/14	Deutsch, Heimat- und Sachunterricht, Biologie
MA0270DA	GS	ca. 150/18	weiblich	1970/10	Deutsch, Französisch, Musik, Musisch ästhetisches Gestalten
MA1049TA	GS	ca. 120/20	weiblich	1949/38	Deutsch, Französisch
SI0980IN	GHS	ca. 210/19	weiblich	1980/1	Deutsch, Physik, Technik
SY5081NA	GS	ca. 60/13	weiblich	1981/2	Deutsch, Heimat- und Sachunterricht
UR1276AS	GS	ca. 180/20	männlich	1976/7	Deutsch, Heimat- und Sachunterricht, Anfangsunterricht

18.6 Instrumente der Datenerhebung

Im Folgenden werden die zur Beantwortung der Forschungsfragen herangezogenen Erhebungsinstrumente in Bezug zur Studie dargestellt.

Problemzentriertes Interview

In Anlehnung an Witzel (2000) wurden die Sichtweisen und didaktischen Kenntnisse der Lehrpersonen mittels eines problemzentrierten Interviews erhoben. Hierfür wurde basierend auf dem theoretischen Vorverständnis der Forscherin ein Leitfaden erarbeitet. Dieser enthielt sowohl erzählgenerierende als auch verständnisgenerierende Kommunikationsstrategien. Im Leitfaden sind Kernfragen sowie Fragen zur Ausdifferenzierung hinsichtlich der vier Themenbereiche „Verständnis von Experimenten", „Verständnis von Gesprächen", „konkrete Gesprächsdurchführung" und „Wertungen und Wünsche (hinsichtlich Rahmenbedingungen, eigener Unterrichtsdurchführung, Lehreraus- und -fortbildung)" formuliert.

Der Leitfaden wurde gemeinsam mit einer Studierendengruppe konzipiert, pilotiert und überarbeitet. In der Pilotierung führten sowohl die Studierenden als auch die Forscherin selbst Interviews mit Lehrpersonen. Somit erfolgte sowohl eine Erprobung des Leitfadens als auch eine Interviewerschulung. Die Interviews der Haupterhebung wurden allein durch die Forscherin erhoben. Bei der Überarbeitung wurde viel Wert auf den kommunikativen Austausch gelegt. Der Leitfaden wurde aufgrund der Erfahrungen ausdifferenziert bzw. um Fragen reduziert.

Den Empfehlungen Witzels (2000) folgend wurde zusätzlich zum Interviewleitfaden ein Kurzfragebogen eingesetzt und es wurden Postskripte verfasst. Der Kurzfragebogen diente dabei der Erhebung von soziodemografischen Daten wie beispielsweise Alter, Dienstjahre oder studierte Fächer. Das vom Interviewer direkt im Anschluss an das Interview angefertigte Postskriptum enthält unter anderem Informationen über die interviewte Person, den persönlichen Zugang des Interviewers zum Interviewpartner, nonverbale Aspekte, informelle Gesprächsinhalte (vor und nach dem Interview), die räumlichen Gegebenheiten und äußere Einflüsse. So werden zur Interpretation der Interviewaussagen potenziell nützliche Hintergrundinformationen zur Interviewsituation festgehalten.

Videographie

Um die Sichtweisen der Lehrpersonen mit der tatsächlichen Unterrichtsdurchführung kontrastieren zu können, wurde pro Lehrperson eine von ihr selbst thematisch festgelegte Unterrichtsstunde videographiert. Da die Lehrer-Schüler-Gespräche unabhängig von den Unterrichtsinhalten auf einer Metaebene betrachtet und miteinander verglichen werden, ist diese inhaltliche Offenheit möglich. Zur Eingrenzung von Invasivität und Kameraeffekten wurden mehrere Strategien angewandt. Zum einen wurde die Lehrperson im Vorhinein explizit darauf hingewiesen, dass eine alltägliche (wie üblich vorbereitete) Experimentierstunde im Interesse der Studie liegt und gefilmt werden sollte. Im Anschluss an die Stunde wurden die Lehrpersonen zudem in einem kurzen Fragebogen zur Typikalität der gefilmten Stunde (typische Experimentierstunde, Lehrerverhalten, Schülerverhalten) befragt (Petko et al., 2003). Außerdem wird in Konsens mit Wahl (1991) davon ausgegangen, dass Lehrpersonen ihren Unterrichtsstil nicht ohne weiteres aufgrund einer Aufnahmesituation ändern können. Es ist aber anzunehmen, dass die Lehrpersonen eine aus ihrer Sicht „best practice“ Stunde zu halten versuchen. Dies wird jedoch für die Ergebnisse der Studie nicht als negativ eingeschätzt.

Aufgrund der Tatsache, dass Videodaten nie sämtliche im Klassenzimmer ablaufenden Prozesse erfassen können, wurden die Video- und Tonaufzeichnungen in Bezug auf interessierende Aspekte fokussiert. So gab es eine flexible Lehrerkamera (aufgrund der Invasivität nicht im Raum beweglich, sondern nur durch Schwenken und Zoomen), die die Interaktionen der Lehrperson mit den Schülerinnen und Schülern dokumentierte. Zusätzlich gab es eine statische Klassenkamera, die das gesamte Klassengeschehen im Überblick festhielt. Alle Kameraprozeduren wie beispielsweise die Kamerapositionierung wurden in einem Kameraskript festgehalten (Petko et al., 2003).

Auch im Anschluss an die Videoaufnahme wurde ein Postskriptum erstellt (Witzel, 2000). In diesem hielten die Kameramänner ihre subjektiven Eindrücke zum Verhalten der Lehrperson und der Kinder sowie mögliche Abweichungen zum Kameraskript und Informationen zu Rahmenbedingungen fest.

Fokussiertes Interview

In einem dritten Schritt wurde mit den Lehrpersonen ein fokussiertes Interview durchgeführt (Hopf, 2008; Flick, 2009). Im Fokus standen dabei Unterrichtssituationen, die in Form der geschnittenen Unterrichtsvideos dargeboten wurden. Die Lehrpersonen bekamen vor Beginn der Videosichtung die Aufgabe, an denjenigen Stellen zu stoppen, an denen sie zufrieden beziehungsweise unzufrieden mit der Umsetzung ihrer Idealvorstellungen zu Lehrer-Schüler-Gesprächen seien. Durch dieses Vorgehen werden die für die Lehrpersonen subjektiv bedeutsamen Aspekte der Umsetzung erfasst. Zu diesen konkreten Stoppstellen wurde vertiefend nachgefragt, woher diese Zufriedenheit beziehungsweise Unzufriedenheit rühre und ob die Lehrpersonen die Umsetzung bzw. Nichtumsetzung ihrer Idealvorstellungen auf bestimmte Faktoren zurückführen könnten.

An drei Stellen (nach der Einführung ins Thema, nach der Durchführung der Experimente und zum Ende der Stunde) wurde das Video durch die Interviewerin selbst gestoppt und nach der Gesamtzufriedenheit mit der gesehenen Phase gefragt, um eventuell auf weitere Aspekte eingehen zu können und der Gefahr zu begegnen, dass eine Lehrperson von sich aus womöglich an keiner Videostelle stoppt und somit keine Erkenntnisse über förderliche und hinderliche Faktoren der Umsetzung gewonnen werden können.

Erhebungsplan

Die Erhebung der Daten erfolgte zu drei Zeitpunkten. Somit lässt sich der Erhebungsplan wie in Tabelle 19.2 darstellen:

Tab. 19.2: Übersicht über die Erhebungszeitpunkte und -methoden

Erhebungszeitpunkt	1. Erhebungszeitpunkt: November 2009 – April 2010	2. Erhebungszeitpunkt: November 2009 – Juli 2010	3. Erhebungszeitpunkt: Juni 2010 – Oktober 2010
Erhebungsinstrument	Problemzentriertes Interview	Videografie	Fokussiertes Interview
Ziel	Sichtweisen (Bedeutung und Idealvorstellungen) von Lehrpersonen	Übereinstimmungen und Brüche zwischen Idealvorstellungen und tatsächlicher Unterrichtsdurchführung	Förderliche und hinderliche Faktoren

18.7 Datenaufbereitung und Instrumente der Datenanalyse

Interviewaufbereitung

Die Interviewdaten wurden im Vorfeld der Analyse vollständig transkribiert. Hierbei wurden in Anlehnung an Ehlich und Switalla (1976) und Reinhoffer (2000) Transkriptionsregeln aufgestellt. Auf eine Transkription nach dem internationalen phonetischen Alphabet wurde verzichtet, da eine solch detaillierte und aufwändige Transkription für die Beantwortung der Forschungsfrage nicht vonnöten ist.

Interviewanalyse

Bei der Analyse der Interviewdaten fand die qualitative Inhaltsanalyse nach Mayring (2008) Anwendung. In deren Zentrum steht zunächst die Entwicklung eines Kategoriensystems. Dieses wurde im vorliegenden Fall zum einen deduktiv aus theoretischen Vorüberlegungen, dem Interviewleitfaden und dem Forschungsinteresse zum anderen induktiv aus dem Material heraus entwickelt (Mayring, 2008; Reinhoffer, 2000). Bei der Erstellung des Kategoriensystems wurde auf den diskursiven Austausch im Auswertungsteam Wert gelegt, um nicht den Blick durch die eigene Sichtweise einzuschränken. So wurde das Kategoriensystem gemeinsam durch Generierung, Ausdifferenzierung, Zusammenlegung oder Streichung von Kategorien entwickelt und elaboriert. Für jede der Interviewserien wurde auf diese Weise ein umfangreiches Kategoriensystem erarbeitet.

In einem nächsten Schritt wurden nun die transkribierten Interviews in Textsegmente eingeteilt, die jeweils kodiert wurden. Hier wurde die Zuordnung eines Textsegments in mehrere Kategorien zugelassen. Von der Berechnung einer Intercoderreliabilität wurde abgesehen, denn „je differenzierter und umfangreicher das Kategoriensystem, desto schwieriger ist es, eine hohe Zuverlässigkeit der Resultate zu erzielen, obwohl gleichzeitig die inhaltliche Aussagekraft einer Untersuchung steigen kann" (Ritsert, 1972, S. 70). Aus diesem Grund wurde in der vorliegenden Studie die Vorgehensweise des konsensuellen Kodierens gewählt. Hier kategorisierten zunächst drei bis vier Kodierer[1] anhand des Kodierleitfadens jedes Interview unabhängig voneinander. Anschließend traf man sich im Team, um die Kodierungen zu vergleichen und die Zuordnungen zu diskutieren. Bei unterschiedlichen Einschätzungen wurde nach dem Prinzip der konsensuellen Einigung vorgegangen. Das heißt es wurde nach einer ausführlichen Diskussion versucht zu einer Einschätzung zu kommen, die in der Gruppe auf Zustimmung stieß (Schmidt, 2010). Konnte kein Konsens erreicht werden, so wurde die entsprechende Textstelle der Kategorie „Rest" zugeordnet und aus der Analyse herausgenommen.

1 Die Forscherin, welche auch die Interviews führte, war ebenfalls im Kodierteam. Dies hat sowohl Nachteile als auch Vorteile. Den Begründungen der Interviewerin könnte bei Uneinigkeit größeres Gewicht verleihen werden. Die Forscherin versuchte dem zu entgegnen, indem immer erst die anderen Teammitglieder ihre Argumente vorbrachten und dann erst sie selbst. Alle Kodierer besaßen zudem ein Vetorecht (Reinhoffer, 2000). Trotz dieses Nachteils fiel die Entscheidung für die Einbeziehung der Interviewerin, da diese besondere Informationen über das Interview sowie den Interviewten hat. Diese Informationen in der Analyse zu berücksichtigen, ist für ein qualitatives Vorgehen sinnvoll (Schmidt, 2010).

In einem nächsten Auswertungsschritt sollen mittels der typisierenden Strukturierung[2] Typen hinsichtlich der Sichtweisen gebildet werden (Forschungsfrage 1). Die aus Sicht der Lehrpersonen förderlichen und hinderlichen Faktoren (Forschungsfrage 3) sollen anhand der zusammenfassenden Inhaltsanalyse dargestellt werden (Mayring, 2008). Desweiteren soll untersucht werden, ob ein Zusammenhang zwischen bestimmten Typen und genannten Faktoren erkennbar wird.

Videoaufbereitung

Zur Aufbereitung der Videodaten für die Analyse wurden die Klassenkamera und die Lehrerkamera synchronisiert (Knecht & Irion, 2010), so dass ein Unterrichtsvideo entstand, bei dem die Einstellung der Lehrerkamera in der oberen Bildschirmhälfte und die Einstellung der Klassenkamera in der unteren Bildschirmhälfte wiedergegeben wurde. Bei der weiteren Aufbereitung der Videodaten wurde darauf verzichtet, das gesamte Videomaterial detailliert zu transkribieren. Die verwendete Analysesoftware Atlas.ti ermöglicht es Videodaten mit Abschnitten des Interviewtranskripts zu verknüpfen (Petko et al., 2003).

Videoanalyse

Bei der Wahl der Analyseeinheit fiel die Entscheidung für das event-sampling (Ereignis-Stichproben). Time-sampling, d.h. das Gliedern des Videos in Zeitintervalle gleicher Länge und die Anwendung sämtlicher Kodierkategorien auf jedes dieser Zeitintervalle, war für die vorliegende Studie nicht zielführend, da keine Aussagen über Häufigkeiten gemacht werden sollten (Huhn, 2000; Petko et al., 2003). Vielmehr sollten Brüche und Übereinstimmungen zu den Aussagen des ersten Interviews ausfindig gemacht werden. Zur Identifizierung dieser Videostellen wurden die Kodierungen und somit auch das Kategoriensystem des problemzentrierten Interviews zugrunde gelegt. Das Videomaterial wurde nun systematisch auf Übereinstimmungen bzw. Brüche untersucht. Wurde eine solche Stelle im Video identifiziert, so wurde das Hypercoding nach Irion (2010) angewandt. Hierbei wurden Start- und Endpunkt dieses „events" festgelegt und die Videostelle mit der entsprechenden Interviewkodierung verknüpft. Basierend auf dieser Kodierung wurde das Unterrichtsvideo geschnitten. Hierzu wurde es um inhaltlich gedoppelte Übereinstimmungen und Brüche bereinigt. Die so aufbereiteten Videos dienten als Gesprächsgrundlage für das fokussierte Interview.

18.8 Ergebnisse der Teilstudie

Als Zwischenergebnis können an dieser Stelle die beiden Kategoriensysteme vorgestellt werden. Das Kategoriensystem zu Sichtweisen (Bedeutung und Idealvorstellungen) von Lehrpersonen auf Lehrer-Schüler-Gespräche beim Experimentieren im

---

2 In Übereinstimmung mit Reinhoffer (2000) wird davon ausgegangen, dass auch bei der strukturierenden Inhaltsanalyse eine induktive Kategorienbildung möglich ist.

naturwissenschaftlichen Sachunterricht (Forschungsfrage 1) der Lehrkräfte umfasst analog zum Interviewleitfaden die formalen Kategorien[3] „Verständnis von Experimenten", „Verständnis von Gesprächen", „konkrete Gesprächsdurchführung", „Wertungen und Wünsche" sowie eine „Restkategorie" und ist in Abbildung 18.1 grafisch dargestellt.

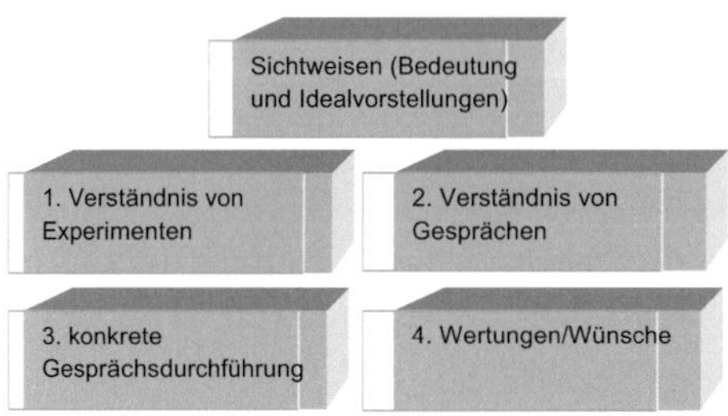

Abb. 18.1: Übersicht über die formalen Kategorien zu Sichtweisen (Bedeutung und Idealvorstellungen) von Lehrpersonen auf Lehrer-Schüler-Gespräche beim Experimentieren im naturwissenschaftlichen Sachunterricht

Die jeweiligen formalen Kategorien werden inhaltlich durch materiale Kategorien ausdifferenziert. So enthalten die formalen Kategorien „Verständnis von Experimenten" und „Verständnis von Gesprächen" beispielsweise die materialen Kategorien „Stellenwert" des Experimentierens sowie der Gespräche und „Ziele", die die Lehrpersonen mit Experimenten bzw. Gesprächen verfolgen. Bei der formalen Kategorie „konkrete Gesprächsdurchführung" geht es um die Gestaltung des Unterrichts. So gibt es beispielsweise die materialen Kategorien „Beratung" und „Reflexion der Ergebnisse". In der formalen Kategorie „Wertungen und Wünsche" geht es um Bewertungen und Wünsche der Lehrkräfte im Hinblick auf die Rahmenbedingungen des Unterrichts, ihre eigene Unterrichtsdurchführung sowie Aus- und Fortbildung.

Die Analyse der förderlichen und hinderlichen Umsetzungsfaktoren aus Sicht der Lehrpersonen (Forschungsfrage 3) ergab, dass diese auf sechs unterschiedlichen Inhaltsebenen liegen. Diese Ebenen werden als die formalen Kategorien „Entwicklungsstand der Schülerinnen und Schüler", „Schülerverhalten", „Lehrermerkmale", „Unterrichtsplanung", „Unterrichtsumsetzung", „Umfeld" dargestellt. Diese werden wiederum durch materiale Kategorien ausdifferenziert. Wie auch im ersten Kategoriensystem gibt es eine „Restkategorie". Die formalen Kategorien sind in Abbildung 18.2 grafisch dargestellt.

3 Zum Begriff der formalen und materialen Kategorien siehe Reinhoffer (2000).

Abb. 18.2: Übersicht über die formalen Kategorien zu Faktoren der Umsetzung

Die Auswertung der Untersuchung ist momentan noch nicht abgeschlossen. Die Endergebnisse werden an anderer Stelle berichtet.

18.9 Zusammenfassung und Diskussion der Ergebnisse

Die Zusammenfassung und Diskussion der Ergebnisse ist hier aufgrund der noch ausstehenden Gesamtauswertung als Ausblick zu verstehen.

Die dargestellte Untersuchung möchte die Sichtweisen (Bedeutung und Idealvorstellungen) von Lehrpersonen auf Lehrer-Schüler-Gespräche beim Experimentieren im naturwissenschaftlichen Sachunterricht in Form von Typen theoretisch beschreiben und hinderliche bzw. förderliche Faktoren, die aus Sicht der Lehrkräfte die Umsetzung ihrer Idealvorstellungen beeinflussen, generieren.

Dies ermöglicht eine typen- und fallorientierte Lehreraus- und -weiterbildung. In dieser können unterschiedliche Typen bewusst gemacht werden, als Anknüpfungspunkte dienen und Umsetzungsfaktoren in den Blick genommen werden. Denn nur durch Bewusstmachung ist im Sinne eines conceptual change und im Sinne des „weiten Wegs vom Wissen zum Handeln" (Wahl, 1991) eine Veränderung der Sichtweisen der Lehrkräfte und somit eine Weiterentwicklung des Unterrichts möglich.

Innerhalb des den Teilprojekten zugrundeliegenden Rahmenmodells (Rieß, 2012) kann das dargestellte Teilprojekt zum Erkenntnisgewinn auf der Ebene der Lehrermerkmale beitragen. Hierzu werden Sichtweisen von Lehrpersonen auf Lehrer-Schüler-Gespräche beim Experimentieren im naturwissenschaftlichen Sachunterricht beschrieben und vor dem Hintergrund didaktischer Theorien reflektiert.

Es wird davon ausgegangen, dass sich diese Sichtweisen wie im Modell beschrieben auf Unterrichtsprozesse auswirken. Diese Unterrichtsprozesse werden im Rahmen des Projekts aus Sicht der Lehrkräfte hinsichtlich der ablaufenden Lehrer-Schüler-Gespräche reflektiert. Hierbei ergeben sich Faktoren, die aus Sicht der

Lehrkräfte die Umsetzung ihrer Idealvorstellungen beeinflussen. Diese liegen auf unterschiedlichen Ebenen wie Klassenmerkmale, individuelle Lernvoraussetzungen, individuelle Verarbeitungsprozesse oder aber auch auf Ebene der Lehrermerkmale.

Danksagung
Unser Dank gilt den Studierenden, die bei der Leitfadenentwicklung, der Entwicklung der Kategoriensysteme und der Auswertungsprozesse mit hohem Engagement mitgearbeitet haben, sowie Herrn Dr. Thomas Irion, der an der Durchführung der Videoteilstudie beratend mitwirkte.

Andreas Schulz, Enrico Prinz und Markus Wirtz

19. Schüler planen Experimente und testen Hypothesen – Diagnose von Experimentierkompetenzen und mehrebenenanalytischer Klassenstufen- und Schulartenvergleich – Teilprojekt 11

Zusammenhang

Das Planen von Experimenten und Testen von Hypothesen ist eine wichtige fächerübergreifende Kompetenz der naturwissenschaftlichen Erkenntnisgewinnung bei Schülerinnen und Schülern. Sie findet Berücksichtigung sowohl in den KMK-Bildungsstandards der Fächer Biologie, Chemie und Physik als auch in bildungswissenschaftlichen Modellen zum Experimentieren (z.B. Klahr & Dunbar, 1988; 2000). Dieser Kompetenzbereich wurde mit einer neuen Skala für die Klassen 7 bis 11 aller drei Schularten erfasst und mehrebenenanalytisch ausgewertet (N = 920, 41 Klassen). Es zeigten sich deutliche Unterschiede zwischen den Schularten, aber nur eine sehr geringe positive Tendenz für den Kompetenzzuwachs im Klassenstufenverlauf, was auf gering ausgeprägte Lerngelegenheiten im Unterricht aller drei Schularten hinweist. Die probabilistische Skalenanalyse deckte zudem Itempositionseffekte auf und ergab Hinweise sowohl für Lerneffekte als auch für Ermüdungseffekte bei der Itembeantwortung, die sich maßgeblich auf die empirische Schwierigkeit von Items im Rahmen der Kompetenzmodellierung auswirken.

19.1 Theoretischer Hintergrund

Dem Experiment kommt in den Naturwissenschaften bei der Erfassung und Überprüfung kausaler Zusammenhänge zwischen Variablen eine zentrale Bedeutung zu (siehe Kapitel 1 des Sammelbandes: Schulz et al., 2012a). Im experimentellen Untersuchungsdesign wird eine potenzielle Ursache (unabhängige Variable) manipuliert und dabei der potenzielle Effekt (abhängige Variable) gemessen. Alle anderen möglichen Einflussfaktoren werden als Randbedingungen konstant gehalten. Lässt sich nach der Manipulation der unabhängigen Variable ein Effekt in der abhängigen Variable feststellen, so kann dieser nur über die vorangegangene Manipulation in der unabhängigen Variable erklärt werden (vgl. Shadish et al., 2002; Ruxton & Colegrave, 2010). Alle konstant gehaltenen Randbedingungen scheiden als potenzielle Ursachen des Effekts aus, was die hohe interne Validität des Experiments begründet. Dieses Vorgehen wird als Variablenkontrollstrategie bezeichnet, oftmals auch als VOTAT Strategie (vary-one-thing-at-time, vgl. Zimmermann, 2000; Tschirgi, 1980) und stellt die konzeptionelle Grundlage auch für die Analyse komplexerer multivariater Kausalzusammenhänge dar.

Mit Blick auf den naturwissenschaftlichen Unterricht untergliedern Klahr & Dunbar (1988; Klahr, 2000; vgl. Hammann, Phan & Bayrhuber, 2008) den Erkenntnisprozess beim Experimentieren in die Teilaspekte „Suche von Hypothesen", „Testen von Hypothesen" und die „Analyse von Evidenzen". Für die Überprüfung vorliegender Hypothesen sind spezifisch abgestimmte Experimente notwendig, deren Befunde zielgerichtet als Evidenzen für oder gegen die Hypothesen dienen. Das Planen der Experimente setzt also bereits ein Verständis der Variablenkontrollstrategie bzw. die Kompetenz für ihre Anwendung zur Überprüfung spezifischer Hypothesen voraus.

Wenn Schüler und auch Erwachsene Experimente planen und auswerten sollen, werden häufig zwei Fehlerstrategien berichtet (Tschirgi, 1980; Zimmermann, 2000). Im Gegensatz zur validen VOTAT-Strategie, bei der man alle weiteren Variablen bis auf die vermutete Ursache konstant hält, werden beim ersten Fehlertyp, der HOTAT-Strategie (hold-one-thing-at-time), einzig die vermutete Ursache konstant gehalten und alle weiteren Randbedingungen variiert. Beim zweiten Fehlertyp, der CA-Strategie (change-all), werden alle Variablen inklusive der potenziellen Ursache und der Randbedingungen variiert (siehe dazu die Beispiele in der Legende von Abbildung 19.1).

Ein Wechsel von fehlerhaften Analysestrategien zur validen VOTAT-Strategie zum Nachweis kausaler Zusammenhänge findet nicht abrupt statt, sondern die VOTAT-Strategie ersetzt erst nach und nach die weniger effektiven Strategien. Dieser Lernprozess steht beispielsweise mit unzufriedenstellenden Erfahrungen der Lernenden bei Problemlösungen im Zusammenhang (vgl. Zimmermann, 2000; Kuhn, et al., 1992; Kuhn et al., 1995; Schauble, 1996). Die Wahl einer validen bzw. nicht validen experimentellen Strategie wird weitergehend davon beeinflusst, über welches Vorwissen eine Person zum Untersuchungsgegenstand verfügt (Chi et al., 1981; Hammann, et al., 2007). Vor diesem Hintergrund wird in empirischen Studien zu Strategien beim Experimentieren bei der Itemkonstruktion überwiegend versucht, den potenziellen Einfluss des Vorwissens möglichst gering zu halten (Zimmermann 2000). Zudem wird die Wahl einer validen oder nicht validen Strategie davon beeinflusst, ob eine Person tendenziell einen Zusammenhang bestätigen oder widerlegen möchte („confirmation bias": Tschirgi, 1980; Sodian, Zaitchik & Carey, 1991; Buchanan & Croker, 2007).

Kompetenzen von Schülern der Klassen 5 und 6 zum „Testen von Hypothesen" bzw. „Planen von Experimenten" im Sinne der Variablenkontrollstrategie (VOTAT) operationalisierte die Arbeitsgruppe von Hammann mittels acht Multiple-Choice-Items (MC) zu verschiedenen Inhaltsbereichen (Hammann et al., 2007; Hammann, Phan, Ehmer & Grimm, 2008), auf die wir uns im Folgenden als Grundlage für die weiter zu optimierende Itemkonstruktion beziehen. In diesen Ursprungsitems wird eine Hypothese vorgegeben und ein erster Versuchsaufbau. Anschließend muss aus vier alternativen Versuchsaufbauten ein korrekter Zweiter ausgewählt werden, sodass der Vergleich der Befunde aus dann insgesamt zwei Versuchsaufbauten später eine Entscheidung über die Hypothese erlaubt. Im Gegensatz zu einer Planung von Experimenten, wie sie in realen Forschungsstudien auftritt, sind in diesem MC-Testformat die Vergleichsversuche in Form von Antwortalternativen bereits vorgegeben. Dies erklärt zum Teil, warum sich Befunde zu Schülerkompetenzen beim Experimentieren, die entweder aus MC-Tests oder aus der Analyse realer Schülerexperimente resultieren, oftmals stark unterscheiden (Hammann et al., 2008).

Bei vier vorgegebenen Antwortalternativen besteht im MC-Format von Hammann et al. (2007, 2008) zur Kompetenz „Testen von Hypothesen/Planen von Experimenten“ eine theoretische Ratewahrscheinlichkeit von 25 Prozent. Es ist zudem nicht möglich, andere für Schüler potenziell sinnvolle Antwortalternativen im Sinne von weiteren Versuchsaufbauten bzw. im Sinne von weiteren existierenden Fehlerstrategien zu erfassen.

Auf diesem Forschungsstand und den Vorüberlegungen aufbauend, werden in diesem Beitrag folgende Fragestellungen behandelt:

Fragestellung 1: Gelingt die Entwicklung einer reliablen und praxistauglichen sowie in Bezug auf ihre Validität optimierten Skala zur Erfassung des Kompetenzbereiches „Testen von Hypothesen/Planung von Experimenten“?

Fragestellung 2: Ermöglicht die diagnostische Itemanalyse im Sinne der Passung zum Raschmodell ein besseres Verständnis des erfassten Konstruktes?

Fragestellung 3: Welche Hinweise auf Lerngelegenheiten im naturwissenschaftlichen Unterricht ergibt ein Vergleich der Kompetenzausprägungen zum „Testen von Hypothesen/Planen von Experimenten“ über die Klassenstufen 7 bis 11 und alle drei Schularten hinweg?

Fragestellung 4: Lässt sich die Kompetenzskala in Bezug auf Reasoningfähigkeiten (PSB-R 6-13, von Horn et al., 2003) konvergent und diskriminant validieren?

Zusätzlich war in diesem Projekt die Identifikation von Fehlerstrategien (HOTAT, CA und weitere) Gegenstand der Untersuchung, auf die im Folgenden aus Platzgründen jedoch nicht eingegangen werden kann.

19.2 Methodik

19.2.1 Itemgrundlage und Datenerhebung

Bei der Entwicklung der Items zur Erfassung von Kompetenzen zum „Testen von Hypothesen/Planen von Experimenten“ wurden zwei wesentliche Prinzipien angewendet, die eine Modifikation der oben beschriebenen Items aus der Hammann-Arbeitsgruppe (2007, 2008) darstellen: Ausgehend von einer gegebenen Hypothese und gegebenem Ausgangsuntersuchungsaufbau (z.B. erste Schale in Item KW7; Abbildung 19.1) muss von den Schülern der Vergleichsuntersuchungsaufbau selbstständig zusammengesetzt werden. Dies ähnelt vermehrt den Anforderungen, wie sie beim realen Experimentieren an einen Versuchsleiter gestellt werden, verringert die Ratewahrscheinlichkeit deutlich und erlaubt die präzisere Erfassung unterschiedlichster Fehlertypen oder -strategien. Bei einigen Items wurde zusätzlich zur

Erhöhung des Schwierigkeitsspektrums der Umgang mit zwei Hypothesen gleichzeitig getestet. Hierfür muss ein dritter Vergleichsuntersuchungsaufbau spezifiziert werden, wobei mögliche Interaktionseffekte im Sinne des dann eigentlich zweifaktoriellen Versuchsaufbaus außer Acht gelassen werden (siehe Beispielitem KW7, Abbildung 19.1):

Diese Itemstruktur mit ein oder zwei Hypothesen wurde für vier verschiedene naturwissenschaftliche Inhaltsgebiete realisiert (siehe Tabelle 19.1): „Wachstum

TOM und PAULA möchten mit einem Experiment herausfinden, ob sich das Futter und die Beleuchtung auf die Entwicklungsdauer von Mehlkäferlarven auswirken:

- **Peter vermutet, dass sich mit Haferflocken gefütterte Mehlkäferlarven schneller entwickeln als mit Salat gefütterte.**
- **Paula vermutet, dass sich Mehlkäferlarven im Dunkeln schneller entwickeln als bei Licht.**

Sie legen dazu Mehlkäferlarven in eine Schale, sorgen für eine Temperatur von 12°C, füttern sie täglich mit Haferflocken und stellen die Schale ins Dunkle.

Toms und Paulas erste Schale

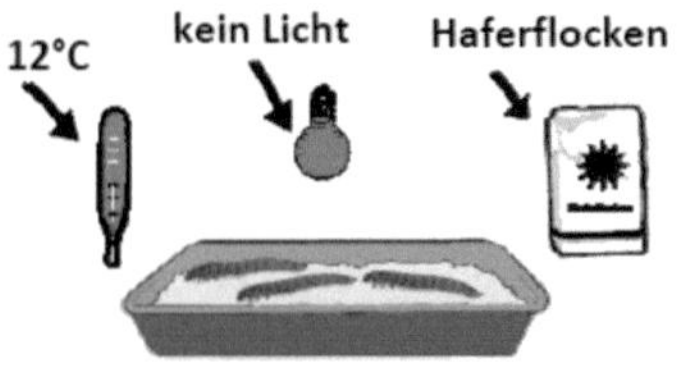

12°C · kein Licht · Haferflocken

Sie wissen, dass sie eine zweite und eine dritte Schale brauchen, um die Vermutungen zu überprüfen. Sie sind sich aber nicht sicher, wie diese beiden Schalen genau aussehen sollen.

Die zweite Schale					
Welche Temperatur sollen sie wählen?	☐	25°C	oder	☐	12°C
Welches Futter sollen sie wählen?	☐	Salat	oder	☐	Haferflocken
Welche Beleuchtung sollen sie wählen?	☐	Licht	oder	☐	kein Licht

Hilf Tom und Paula auch bei ihrer dritten Schale.

Die dritte Schale					
Welche Temperatur sollen sie wählen?	☐	25°C	oder	☐	12°C
Welches Futter sollen sie wählen?	☐	Salat	oder	☐	Haferflocken
Welche Beleuchtung sollen sie wählen?	☐	Licht	oder	☐	kein Licht

Abb. 19.1: Item KW7 mit zwei Hypothesen. Bei 1/2 Codierung (erste Schale: 222) sind folgende sechs Antwortkombinationen richtig (VOTAT): 212-221, 221-212, 212-211, 211-212, 221-211, 211-221 (= zweite Schale-dritte Schale); Fehlerstrategien (Auszug): (HOTAT) 121-112, 112-121; (CA) 111 mit eventuell weiterer Kombination in der dritten Schale.

von Käferlarven“ (KW7, KW8; vgl. Abbildung 19.1), „Atemfrequenz von Fischen“ (FA1, FA2), „Rampenversuche zum Rollverhalten verschiedener Spielzeuglaster“ (RA5, RA6), „Pflanzenwachstum“ (PW3, PW4). Der Wechsel innerhalb leicht verständlicher Inhaltsgebiete soll einerseits motivationsfördernd wirken, andererseits dem möglichen Einfluss von unterschiedlich ausgeprägtem Vorwissen einzelner Schüler oder Klassen auf die jeweilige Strategieauswahl im Rahmen des Gesamttests entgegenwirken (vgl. Zimmermann, 2000). Ergänzend wurden die vorgegebenen Hypothesen abwechselnd als erwartete Annahme (siehe Item KW7: „schneller“, in Item FA2 „weniger oft“) oder als nicht bestehende Erwartung (Item FA1: „genauso oft“) formuliert, um der Möglichkeit eines „confirmation bias“ im Antwortverhalten entgegenzuwirken (vgl. Tschirgi, 1980; Buchanan & Croker, 2007): Personen wenden vermehrt die VOTAT-Strategie an, wenn sie versuchen, den Grund eines unerwarteten Effektes zu identifizieren. Dementsprechend könnte eine Person, die Peters oder Paulas Hypothese in Item KW7 (Abbildung 19.1) als kontra-intuitiv empfindet und somit persönlich ablehnt („genauso oft“), bei der Zusammenstellung der Vergleichsschale eher zur VOTAT-Strategie greifen als eine Person, die einer Hypothese intuitiv zustimmt und den entsprechenden Effekt bestätigen möchte („schneller“, „weniger oft“). Als schwierigkeitsvariierende Maßnahme bestanden die Untersuchungsaufbauten entweder aus drei oder vier relevanten Merkmalsdimensionen (Item KW7 hat drei Merkmalsdimensionen).

Vor den jeweils zwei Items zu einem Inhaltsgebiet (siehe Tabelle 19.1) wurden auf einer vorangestellten Seite die grundlegende Fragestellung und die Komponenten des jeweiligen Inhaltsgebietes eingeführt (z.B. Käferwachstum mit Temperatur, Nahrung, Licht) und mit der Frage verbunden, welche Vermutung die Schüler selber haben („Was vermutest du?“). Dies diente ausschließlich der Motivation und kognitiven Entlastung der Schüler bei der nachfolgenden Beantwortung der in Bezug auf Fragestellung und Darstellungsform anspruchsvollen Testitems und wurde nicht ausgewertet. Dieses Vorgehen bewährte sich nach ersten Erfahrungen mit den Items in Pilotierungsstudien in einer sechsten Klasse (N = 71 Schüler) sowie mit Lehramtsstudierenden (N = 60) des Fachs Biologie im ersten Semester.

Um mögliche Positionseffekte der Items erfassen zu können und um das Abschreiben zu erschweren, kamen drei Testheftvarianten zum Einsatz. Die Testhefte A und B mit acht Items wurden parallel in denselben Klassen eingesetzt. Um bei gleicher Gesamttestlänge weitergehend die Korrelation zwischen experimenteller Kompetenz und allgemeinen Reasoning-Fähigkeiten (PSB-R 6-13) bestimmen zu können, kam zudem eine verkürzte Version (Testheft C mit vier Items) zum Einsatz (Tabelle 19.1).

Tab. 19.1: Itemposition und Inhaltsgebiete in drei Testheftversionen A, B und C; Items: FA = Fischatmung, PW = Pflanzenwachstum, RA = Rampe, KW = Käferwachstum;

Position	Test A	Test B	Test C
1	FA1	RA5	RA5
2	FA2	RA6	RA6
3	PW3	PW3	KW7
4	PW4	PW4	KW8
5	RA5	FA1	
6	RA6	FA2	
7	KW7	KW7	
8	KW8	KW8	

Die zur Verfügung stehende Testzeit wurde nicht beschränkt und nahm je nach Klassenstufe und Schulart für 8 Items zwischen 10 und 35 Minuten in Anspruch. Die insgesamt 920 getesteten Schüler (davon 478 männlich) verteilen sich wie folgt auf fünf Klassenstufen, drei Schularten und drei Testhefte (Tabelle 19.2).

Tab. 19.2: Anzahl der getesteten Schüler; HS = Haupt-/Werkrealschule, RS = Realschule, GY = Gymnasium; drei Testhefte A, B, C (siehe Tabelle 19.1);

Schulart:	HS			RS			GY			**total:**
Testheft:	A	B	C	A	B	C	A	B	C	
7	12	14	80	0	0	0	78	77	25	286 (31.1%)
8	9	10	54	50	50	0	50	46	25	294 (32.0%)
9	9	9	19	29	27	24	25	25	22	189 (20,5%)
10	7	6	9	22	21	25	0	0	0	90 (9,8%)
11							31	30	0	61 (6,6%)
total:	37	39	162	101	98	49	184	178	72	920 (100%)
	238 (25,9%)			248 (27,0%)			434 (47,6%)			

19.2.2 Prüfung der Gültigkeit der Annahmen des dichotomen Raschmodells

Im Rahmen der Kompetenzdiagnostik gelten Item-Response-Modelle (IRT-Modelle; Embretson & Reise, 2000; Rost, 2003) als optimale Basis psychometrisch fundierter Kompetenzschätzungen (Klieme & Leutner, 2009). Das in dieser Studie verwendete Rasch-Modell ist eine besonders strenge Variante von IRT-Modellen: Es wird angenommen, dass der Lösung aller Items einer Kompetenzskala ausschließlich eine Kompetenzdimension zugrunde liegt (Annahme der Eindimensionalität) und dass alle Items dieselbe Trennschärfe (discrimination) besitzen. Mittels der Software RUMM 2030 (Andrich et al., 2009) können die individuellen Personen-/ Fähigkeits- und Item-/Schwierigkeitsparameter so geschätzt werden, dass eine bestmögliche Passung des empirischen Antwortverhaltens der einzelnen Schüler (Itemlösungen) mit den vom Modell vorhergesagten Daten besteht. Die Passung zwischen geschätztem Modell und empirischen Daten wird als Modell-Fit bezeichnet und anhand verschiedener Indizes diskutiert (Manual: Interpreting RUMM 2030 – Dichotomous Data, 2009): Den Gesamt-Modell-Fit charakterisieren der „Fit-Residual-of-DataWert" (overall fit residual) und der „Chi-Quadrat-Wert" (item trait interaction). Für den Fit-Residual-of-Data-Wert werden die standardisierten Abweichungen zwischen der theoretischen Vorhersage der ICCs und den tatsächlichen Antworten über alle Personen für alle Items aufsummiert und standardisiert. Bei Modellpassung sollte dieser Wert im Mittel über alle Items nahe bei 0 liegen, bei einer zufallsbedingten Standardabweichung von ungefähr 1. Zur Bestimmung des Chi-Quadrat-Werts werden die Personen in Fähigkeitsklassen gruppiert und dann über alle Items die standardisierten Abweichungen zwischen erwarteten Antwortwahrscheinlichkeiten der ICC mit den empirischen relativen Antworthäufigkeiten berechnet. Ein signifikanter p-Wert weist auf ein überzufälliges Ausmaß der berechneten Abweichungen hin. Dieser wird jedoch auch von der Stichprobengröße sowie der Passung von Itemschwierigkeit und Personenfähigkeit beeinflusst (manual: Dichotomous Data, 2009). In analoger Weise werden pro Item die Fit-Residuen und die Chi-Quadrat-Werte berechnet. Item-Fit-Residuen innerhalb der Grenzen von +/-2,5 zeigen Abweichungen an, die im Bereich der erwarteten Zufallsschwankungen liegen.

Der Person Separation Index (PSI) ist als Maß der Skalenreliabilität ähnlich zu interpretieren wie Cronbachs Alpha: Werte > .7 gelten als Indikator für hinreichende Zuverlässigkeit (Rost, 2003). Die Annahme der Eindimensionalität der Kompetenzskala kann weiterhin mittels einer Analyse der Korrelationen zwischen den Itemresiduen überprüft werden. Wenn das Antwortverhalten der Personen nur von ihren Personenfähigkeitsparametern bestimmt wird und auch keine Itemabhängigkeiten (z.B. hier innerhalb gleicher Inhaltsgebiete) vorhanden sind, dann korrelieren die Itemresiduen nur im Zufallsbereich (lokale stochastische Unabhängigkeit).

Eine Verletzung der Annahmen des Raschmodells läge zudem vor, wenn einzelne Items der Skala aufgrund ihres spezifischen Inhalts Personengruppen bevorzugen oder benachteiligen würden (Differential item functioning; DIF; Andrich & Hagquist, 2011). Beispielsweise sollen die Häufigkeiten für korrekte Antworten bei gleicher Kompetenzausprägung bzw. Personenfähigkeit für Jungen und Mädchen nicht systematisch verschieden sein. Denn unterschiedliche Lösungswahrscheinlichkeiten zwischen den Geschlechtergruppen bei gleicher Kompetenz würden auf eine spezifische Bevor- oder Benachteiligung durch das betreffende Item hindeuten und somit die Homogenität der Itemgruppe infrage stellen. Dies bezeichnet man als uniform DIF in Unterscheidung zum non-uniform DIF, bei welchem die Geschlechtergruppen im oberen und unteren Kompetenzbereich durch das betreffende Item in unterschiedlichem Maße bevor- oder benachteiligt würden. Da Ergebnisse von Gruppenvergleichen durch Items mit DIF verfälscht werden können (Looveer & Mulligan, 2009), werden mögliche DIF-Effekte für die Personenfaktoren Geschlecht, Alter (Mediansplit), Schularten sowie für die Testheftversionen überprüft.

Die Überprüfung der potenziellen DIF-Effekte geschieht mittels ANOVA über die Residuen innerhalb der Vergleichsgruppen (Personenfaktor, uniform DIF) und Fähigkeitsintervalle sowie deren Interaktionseffekte (non-uniform DIF) als multiple Testung. Pro Item und Personenfaktor werden drei Tests durchgeführt. Hierbei sollte eine mögliche Alpha-Fehler-Kumulierung in Betracht gezogen werden, der mittels Bonferroni-Adjustierung (Bland & Altman, 1995) des Signifikanzniveaus für jeden einzelnen Personenfaktor begegnet wird: $p_{kritisch}$ = 0,05 / (3 x Anzahl Items).

19.3 Ergebnisse

19.3.1 Skalierung von Items und Antworten mit dem dichotomen Raschmodell

Zunächst wurde eine Itemanalyse nach der klassischen Testtheorie (Bühner, 2010) durchgeführt, die auf eine mangelnde Trennschärfe des schwierigsten Items PW4 bei insgesamt sehr guter Reliabilität (Cr-Alpha) auch in der verkürzten Testheftversion C hinweist (Tabelle 19.3).

Tab. 19.3: Skalenwerte bei 8 bzw. 4 Items; Wahrscheinlichkeit einer korrekten Antwort per Zufall zwischen $1/2^8$ und $1/2^3$;

	Testhefte A&B, 8 Items, n=637, Cr-Alpha = ,861			**Testhefte A&B&C, 4 Items, n=920, Cr-Alpha = ,852**		
Item	mean	std	item total correlation	mean	std	item total correlation
FA1	,62	,487	,620			
FA2	,69	,464	,642			
PW3	,40	,489	,595			
PW4	,21	,409	,248			
RA5	,62	,487	,675	,54	,499	,690
RA6	,59	,491	,632	,52	,500	,675
KW7	,58	,494	,713	,48	,500	,702
KW8	,53	,500	,718	,54	,499	,690

Im Anschluss erfolgte die Item- und Skalenanalyse auf Basis des Rasch-Modells. (Embretson & Reise, 2000; Rost, 2003; Andrich, 2009). Abbildung 19.2 zeigt exemplarisch die Itemmodellierung für das Item RA5. Das Rasch-Modell nimmt an, dass die Antwortwahrscheinlichkeit einer Person n auf Item i ausschließlich durch ihren latenten Fähigkeitsparameter β_n bestimmt wird (Eindimensionalität). Ist dieser größer als der Itemparameter δ_i, der die jeweilige Itemschwierigkeit eines Items i charakterisiert, dann löst die Person das Item mit einer Wahrscheinlichkeit > .5 richtig. Ist der Fähigkeitsparameter β_n kleiner als der Itemparameter δ_i, dann liegt die Chance für Person n Item i richtig zu beantworten unter 0,5. Je größer die Distanz zwischen Personen- und Itemparameter, umso mehr nähert sich die Wahrscheinlichkeit einer korrekten Antwort dem Wert 0 bzw. 1. Derart werden Itemschwierigkeiten und Personenfähigkeiten auf die gleiche Skala abgebildet, deren Einheit in „logits" angegeben wird und die metrisches Skalenniveau aufweist (Andrich, 2009, Rost, 2003). Den Zusammenhang zwischen Personen- und Itemparameter modelliert das dichotome Raschmodell für jedes einzelne Item der Skala mit folgender logistischer Funktion (Modellgleichung), wobei eine richtige Antwort mit „1" und eine falsche Antwort mit „0" kodiert werden:

$$P(X_{ni} = x) = \frac{e^{x(\beta n - \delta i)}}{1 + e^{(\beta n - \delta i)}}$$

Hierbei charakterisiert X_{ni} = x Î {0;1}, ob eine Antwort falsch (0) oder richtig (1) ist, $P(X_{ni}$ = x) bezeichnet die entsprechende Wahrscheinlichkeit (vgl. Andrich, 2009). Der Funktionsverlauf in Abbildung 19.2 (Item-Charakteristik-Kurve, ICC) gibt die von der Modellgleichung für Item RA5 vorhergesagte Wahrscheinlichkeit einer korrekten Antwort bei entsprechendem Personenparameter (in logits, x-Achse) wieder. Die Punkte stellen die relative Häufigkeit einer korrekten Antwort innerhalb von fünf unterschiedlichen Personenfähigkeitsgruppen dar. Je näher diese empirischen relativen Häufigkeiten an den theoretischen Häufigkeiten der ICC liegen, desto besser ist die Passung von Modell und Daten. Als Itemschwierigkeit (item location) bezeichnet man den Fähigkeitswert, der mit einer 50/50 Chance für eine korrekte Antwort einhergeht (hier: -0,448 logits für Item RA5).

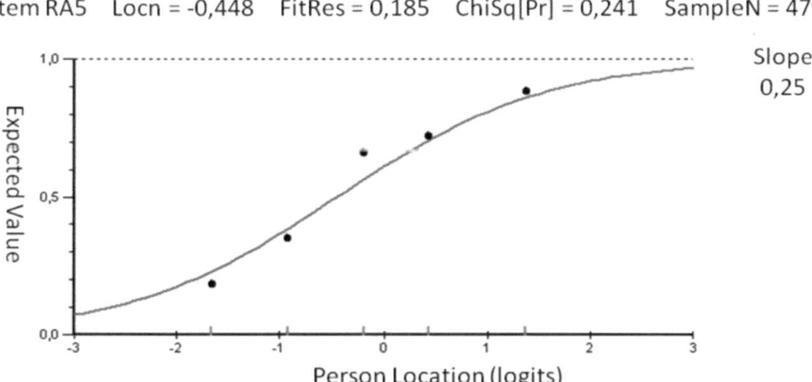

Abb. 19.2: ICC für Item RA5 in Modell 2 (s.u.); Zusammenhang zwischen Personenparameter (person location, logits) und Chance einer korrekten Antwort (expected value).

Die erste Modellierung nach dem Raschmodell beinhaltete alle acht Items (Tabelle 19.4). Der Mittelwert der Itemresiduen ist deutlich negativ, und die Streuung der Itemschwierigkeiten deutlich geringer als die Streuung der Personenfähigkeiten. Ebenfalls unbefriedigend ist der PSI als Reliabilitätsmaß und der Chi-Quadrat-Test ist signifikant (p < .001).

Inbesondere für Item PW4 zeigten sich vermutlich u.a. aufgrund der extremen Schwierigkeit (vgl. Tabelle 19.4) unzufriedenstellende Messeigenschaften. Ergänzende qualitative Itemanalysen führten bislang noch nicht zu einer besseren Erklärung des Item-Misfits. Die grafische Analyse der ICC von Item PW4 verdeutlicht das große Ausmaß an mangelnder Trennschärfe (Under-Discrimination; Abbildung 19.3), weshalb es im nachfolgenden Modell 2 aus der Skala entfernt wurde.

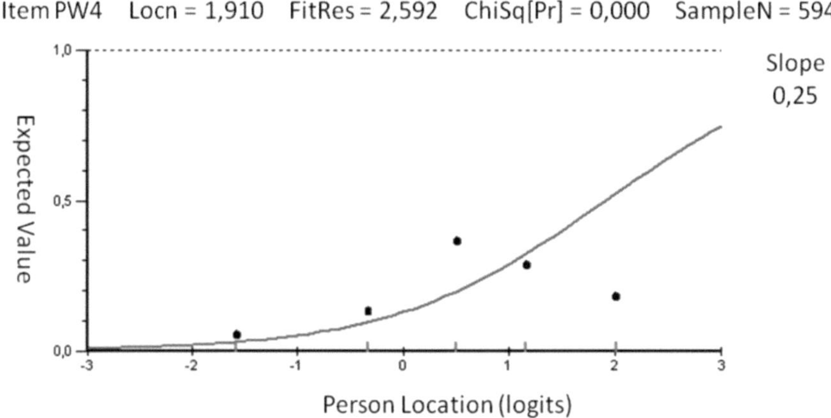

Abb. 19.3: ICC von PW4 in Modell 1

Mit der Entfernung des schwierigsten Items verringert sich die Streuuung der Itemschwierigkeiten und damit auch der PSI, der von der hier unbefriedigenden Passung zwischen Item- und Personenparametern („targeting") beeinflusst wird (vgl. Abbildung 19.4). In positive Richtung verändern sich Mittelwert und Streuung der Itemresiduen, der Chi-Quadrat-Test bleibt jedoch signifikant. Dies ist jedoch auch teils auf die Stichprobengröße zurückzuführen. Adjustiert man für die Berechnung des Chi-Quadrat-Wertes die Stichprobengröße auf 300 (Hoelter-Kriterium; vgl. Manual: Interpreting RUMM 2030 – Dichotomous Data, 2009), so würde sich ein deutlich besserer p-Wert von 0,0215 ergeben.

Alle sieben Items weisen nun akzeptable Fit-Residuen aus, so dass hier von einer befriedigenden Modellpassung ausgegangen werden kann. Allerdings sind die Chi-Quadrat-Werte der Items KW7 und KW8 signifikant. Die Ursachen hierfür aufzuklären ist u.a. Aufgabe der unten dargestellten DIF-Analysen.

Tab. 19.4: Itemfit- und Skalenfit-Statistiken für beide getestete Modelle

	Modell mit 8 Items				Modell mit 7 IItems (ohne Item PW4)			
Itemfit-Statistiken								
Item	**Location**	**SE**	**FitRes**	**p (ChiSq)**	**Location**	**SE**	**FitRes**	**p (ChiSq)**
FA1	-0,577	0,116	-0,316	0,046224	-0,321	0,121	2,176	0,777663
FA2	-1,26	0,126	-0,983	0,309073	-1,022	0,13	0,332	0,297637
PW3	1,139	0,106	-1,252	0,000001	1,493	0,127	0,286	0,420958
PW4	1,91	0,113	2,592	0				
RA5	-0,695	0,103	-1,47	0,013744	-0,448	0,106	0,185	0,056532
RA6	-0,514	0,101	-0,324	0,226461	-0,269	0,105	2,037	0,396861
KW7	-0,257	0,1	-3,352	0	0,021	0,104	-1,113	0,002323
KW8	0,254	0,098	-4,518	0	0,546	0,105	-2,403	0,000422
Skalenfit-Statistiken (Overall Fit)								
Item-location	Mean = 0,000; SD = 1,052				Mean = 0,000; SD = 0,811			
Item-residuals	Mean = -1,203; SD = 2,123				Mean = 0,214; SD = 1,623			
Person-locations	Mean = -0,250; SD = 1,800				Mean = 0,006; SD = 1,810			
Reliabilität (PSI)	0,60				0,56			
p(Chisq)	<,000001 (0,000 adjustiert)				,000394 (0,0215 adjustiert)			

Für Modell 2 liegen alle Itemresidualkorrelationen unter 0,3 und der erste Residualfaktor in einer Hauptkomponentenanalyse der Itemresiduen erklärt lediglich 22 Prozent der Residualvarianz, sodass keine Anzeichen von Itemabhängigkeit oder Mehrdimensionalität bestehen (vgl. Smith, 2002).

Der grafische Vergleich der Personen- und Itemverteilungen (Abbildung 19.4) verdeutlicht die hohe Anzahl von Personen mit vollständig falschen oder richtigen Antworten (441 von 920), die sich mittels der bestehenden Itemschwierigkeitsverteilung der Skala nicht weiter unterscheiden lassen. Damit verbleiben nur 479 für die Parameterschätzung des Modells, was als eine Ursache für den geringen Person-Separation-Index als Maß für den Anteil der vom Raschmodell erklärten Varianz (siehe Tabelle 19.4) gewertet werden kann.

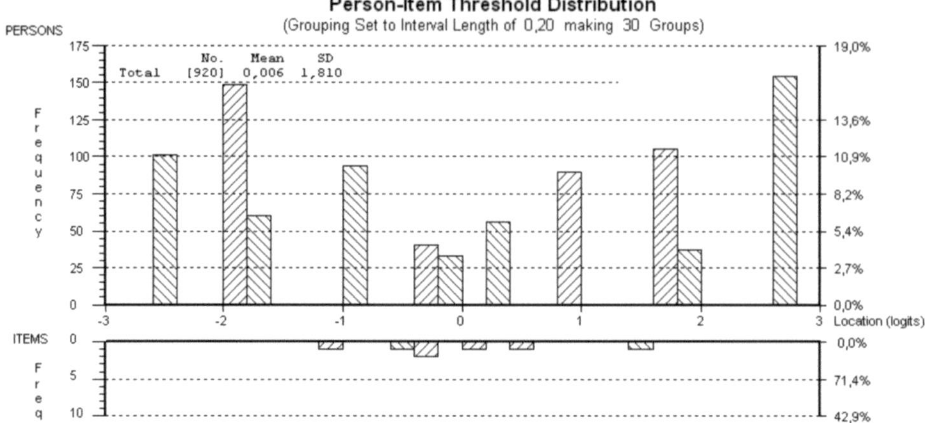

Abb. 19.4: Personen- und Itemverteilungen von Modell 2

19.3.2 Analyse des Differential-Item-Functioning

Die DIF-Analyse für Personenvariablen Alter (Mediansplit), Geschlecht und Schulform (3 Typen) ergibt nach Bonferroni-Adjustierung für keines der sieben Items signifikante Ergebnisse, weder für uniform noch für non-uniform DIF. Somit ist die Skalierung von Modell 2 geeignet für den nachfolgenden Vergleich von Schularten und Klassenstufen.

Aufgrund des Testheftdesigns (Tabelle 19.1) können Itempositionseffekte für die Items FA1 und FA2 (A versus B), RA5 und RA6 (A versus B&C) sowie für KW7 und KW8 (A&B versus C) erwartet werden. Nach Bonferroni-Adjustierung zeigt sich ein uniform DIF-Effekt für die Items KW7 und KW8 (Tabelle 19.5) sowie ein uniform und non-uniform DIF Effekt für Item FA1 (Tabelle 19.6):

Tab. 19.5: DIF Indizes für „Testheft C versus Testhefte A&B"; Bonferroni Adjustierung: 0.05/12 = 0,0042 (je ein weiterer Test für den Fähigkeitsintervallgruppeneffekt);

	C versus A&B (uniform DIF)				**Intervall x „C versus A&B" (non-uniform DIF)**			
	MS	F	DF	Prob	MS	F	DF	Prob
RA5	3,74829	4,48416	1	0,034742	1,4501	1,73479	2	0,177559
RA6	7,12115	7,7157	1	0,005602	2,09011	3,01638	2	0,049925
KW7	7,42747	10,07604	1	**0,001599**	1,81479	2,46193	2	0,086364
KW8	10,10343	15,84079	1	**0,000082**	3,34432	5,24343	2	0,005603

Tab. 19.6: DIF Indizes für „Testheft A versus Testhefte B&C" bei den Items RA und KW, „A versus B" bei den Items FA und PW, vgl. Tabelle 19.1; Bonferroni Adjustierung: 0.05/21 = 0,0024 (je ein weiterer Test für den Fähigkeitsintervallgruppeneffekt);

	„A versus B(&C)" (uniform DIF)				**Intervall x „A versus B(&C)" (non-uniform DIF)**			
	MS	F	DF	**Prob**	MS	F	DF	**Prob**
FA1	11,10784	11,38584	1	**0,000815**	4,9478	5,07164	3	**0,001874**
FA2	1,57354	1,82261	1	0,177821	2,5642	2,97008	3	0,031825
PW3	0,00774	0,00883	1	0,925194	1,38977	1,58591	3	0,192341
RA5	1,11806	1,33283	1	0,248887	1,65649	1,97469	3	0,116916
RA6	3,62127	3,71414	1	0,054545	0,86635	0,88857	3	0,446892
KW7	0,37185	0,50162	1	0,479138	3,15349	4,25395	3	0,005573
KW8	2,05156	3,07904	1	0,079961	0,65381	0,98126	3	0,401329

Diese DIF-Effekte werden nachfolgend beispielhaft für Item FA1 weiter analysiert. Abbildung 19.5 veranschaulicht die unterschiedlichen Häufigkeiten korrekter Antworten bei gleicher Fähigkeitsausprägung in vier Fähigkeitsintervallgruppen für Testheft A (Itemposition 1) versus Testheft B (Itemposition 5, siehe Tabelle 19.1).

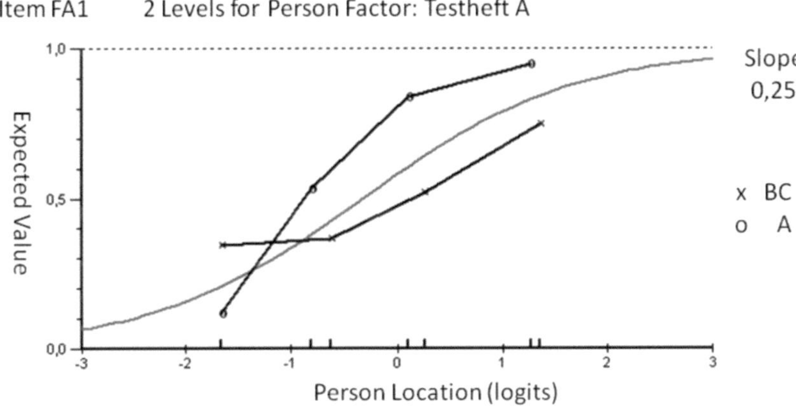

Abb. 19.5: ICC mit uniform und non-uniform DIF bei Item FA1

In den Fähigkeitsintervallgruppen 2 bis 4 ist die Beantwortung von Item FA1 für Testheft B leichter (Itemposition 5), in Intervallgruppe 1 zeigen hingegen die Schüler aus Testheft A (Itemposition 1) eine höhere Häufigkeit korrekter Antworten. Für Testheft A deutet sich eine verminderte Trennschärfe (under-discrimination) an, hier besteht innerhalb der vier unterschiedlichen Personenfähigkeitsintervalle eine relativ ähnliche Wahrscheinlichkeit für eine korrekte Antwort. Für Testheft B verläuft die Kurve steiler mit einer Tendenz zur over-discrimination: Je nach Fähigkeit unterscheiden sich die Schüler der Vergleichsgruppen sehr deutlich in ihrer Wahrscheinlichkeit für eine korrekte Antwort.

Die unterschiedliche Schwierigkeit (uniform DIF) von Item FA1 für die Schüler aus Testheft A versus die Schüler aus Testheft B wurde mit der von Andrich & Hagquist (2011) vorgestellten Prozedur des künstlichen Itemsplits, die hier nicht näher beschrieben werden soll, präziser analysiert. Die Differenz der auf diese Weise bestimmten unterschiedlichen Itemschwierigkeiten stellt eine Schätzung für den Itempositionseffekt dar. Im Unterschied zur gemeinsamen Schätzung aus Modell 2 (item FA1 location: -0,321; SE: 0,121) ergibt sich für Item FA1 in Testheft A (1. Position) eine Itemschwierigkeit von -0,083 (SE: 0,166) und in Testheft B (5. Position) von -1,117 (SE: 0,18). An erster Stelle des Testhefts ist die gleiche Aufgabe demnach sehr viel schwieriger als an fünfter Stelle. Die Differenz der beiden Itemschwierigkeiten von 1,034 [logits] führt zu einem Z-Wert von $Z = 1{,}034/\sqrt{0{,}166^2 + 0{,}18^2} = 4{,}22$, der hinsichtlich der Messgenauigkeit signifikant ist. Angesichts einer Standardabweichung von 0,811 aller Itemschwierigkeiten in Modell 2, die zielgerichtet über die systematisch variierten Itemcharakteristika (siehe Abschnitt 19.2.1: verschiedene Inhaltsbereiche, Anzahl der zu berücksichtigenden Merkmale, eine versus zwei Hypothesen und vermuteter versus nicht vermuteter Effekt) generiert wurden, ist der Schwierigkeitsunterschied von etwa einem logit ausschließlich aufgrund des Positionseffekts sehr bedeutsam.

19.3.3 Analyse der konvergenten und divergenten Validität

Zur Überprüfung der konvergenten/diskriminanten Validität der neu entwickelten Kompetenzskala „Testen von Hypothesen“ wurde ergänzend an einer Teilstichprobe die Korrelation mit dem an der Klassennorm standardisierten Mittelwert aus zwei Reasoning-Skalen (PSB-R 6-13 von Horn et al., 2003; Skalen „Zahlenreihen“ und „Figurale Reihen“) bestimmt. Bei einer Korrelation von 0,342 ($n = 216$, $p < 0{,}001$) zeigt sich hier wie zu erwarten ein Zusammenhang mit allgemeineren Reasoningfähigkeiten. Es wird jedoch ebenfalls deutlich, dass die Items zum „Planen von Experimenten/Testen von Hypothesen“ ein von allgemeinen Fähigkeiten zum logischen Denken abgrenzbares Konstrukt erfassen.

19.3.4 Mehrebenenanalytischer Vergleich von Klassenstufen und Schularten

Die absoluten Lösungshäufigkeiten der 920 Schülerinnen und Schüler aus letztendlich sieben Items in den Testheften A und B oder aus vier Items in Testheft C wurden mithilfe des dichotomen Raschmodells auf eine gemeinsame intervallskalierte Skala mit logit-Einheiten (Rost 2003) transformiert (siehe Tabelle 19.4: MW = 0,006, Std. = 1,81; siehe Abbildung 19.4). Die Schüler verteilen sich auf 41 Klassen (siehe Tabelle 19.2). Der Vergleich von Klassenstufen und Schulformen wird, um Hinweise auf die Effektivität möglicher Lerngelegenheiten im Unterricht zu erhalten, über ein mehrebenenanalytisches lineares Modell (mit der Software HLM,

Raudenbusch at al. 2000; Ditton 1998; Hox 2002) vorgenommen. Im ersten Schritt dieser Analyse erfolgt im sogenannten Basismodell eine Zerlegung der Gesamtvarianz in die Individual-/Schüler- (Ebene 1) und die Klassenebene (Ebene 2):
Ebene-1-Modell: Y = B0 + R
Ebene-2-Modell: B0 = G00 + U0

Die abhängige Variable Y (raschskalierte Personenfähigkeiten zur „Planung von Experimenten/Testen von Hypothesen") wird statistisch über den Leistungsmittelwert über alle Klassen hinweg (G00) erklärt. Unterschiede zwischen den Klassen werden durch die Strukturkomponente U0 (Abweichung des Klassenmittelwertes von G00) modelliert. Abweichungen der Schülerleistungen vom Leistungsmittelwert der jeweiligen Klasse werden durch die Strukturkomponente R symbolisiert (Varianz der Schüler innerhalb der Klassen). Den Anteil der Ebene-2-Varianz von U0 an der Gesamtvarianz (U0 + R) bezeichnet man als Intraklassen-Korrelation (IKK, Ditton 1998; Hox 2002). Es lassen sich in der vorliegenden Studie 100% * IKK = 32% der Schülerfähigkeiten auf Unterschiede zwischen den Klassen zurückführen (siehe Tabelle 19.7). Dieser Varianzanteil wird in den nachfolgenden komplexeren Modellen schrittweise über die Klassenstufen und die Schulstufen erklärt (= „means as outcomes-Regression"; Hox, 2002).

Tab. 19.7: Modelle der Mehrebenenanalyse

Komponenten	**HLM-Modell**	**U0**	**R**	**IKK**
1. Basismodell	Y = B0 + R B0 = G00 + U0	1,062	2,246	0,321
2. Klassenstufe	Y = B0 + R B0 = G00 + G01*(CLASS) + U0	0,985	2,246	0,305
3. Schulart	Y = B0 + R B0 = G00 + G01*(HS) + G02*(GY) + U0	0,260	2,247	0,104
4. Klassenstufe & Schulart	Y = B0 + R B0 = G00 + G01*(CLASS) + G02*(HS) + G03*(GY) + U0	0,198	2,245	0,081

Die intervallskalierte Variable CLASS beinhaltet die untersuchten Schulstufen von 7 bis 11, wobei sie für die bessere Interpretation am Gesamtmittelwert zentriert wurde (Hox, 2002; Ditton, 1998; MW: 8,29; Std.: 1,193). Die kategoriale Variable Schulart (Hauptschule/Werkrealschule, Realschule und Gymnasium) wurde in zwei dichotome Dummy-Variablen aufgegliedert, wobei die Realschule als mittlere Referenzgröße ausgewählt wurde. Die Variable HS bildet somit den Unterschied zwischen Realschule und Haupt-/Werkrealschule ab (HS = 1, RS&GY = 0), die Variable GY den Unterschied zwischen Realschule und Gymnasium (GY = 1, RS&HS = 0). Das vierte Modell (Tabelle 19.7) modelliert die Schülerfähigkeiten über ihre Zugehörigkeit zu einer der drei Schularten und über die Klassenstufe, wobei sich folgende Koeffizienten ergeben:

Tab. 19.8: Finale Schätzung der fixierten Effekte (mit robusten Standardfehlern)

Fixed Effect	Koeffizient	SE	P
G00 (Intercept)	- 0,246	0,195	0,215
G01 (class)	0,225	0,098	0,027
G02 (HS)	- 0,975	0,216	0,000
G03 (GY)	1,085	0,255	0,000

Für einen Realschüler (HS & GY = 0) der (theoretischen, mittleren) Klassenstufe 8,29 wird nach diesem Modell ein Fähigkeitswert von -0,246 [logits] vorausgesagt. Pro Klassenstufe verändert sich dieser Wert um +/- 0,225. Bei Zugehörigkeit zur Haupt-/Werkrealschule (HS = 1) vermindert sich der vorausgesagte Wert gegenüber der Realschule um 0,975, bei Zugehörigkeit zum Gymnasium (GY = 1) erhöht sich der Wert um 1,085. Der erwartete Unterschied zwischen einer 7. und einer 11. Klasse (4 x 0,225 = 0,9) derselben Schulart ist somit im gleichen Größenbereich verortet wie der Unterschied von einer Schulstufe zur nächst höheren. Dass die dominierende Erklärungskraft der Schülerfähigkeit beim „Planen von Experimenten/ Testen von Hypothesen" von der Zugehörigkeit zur Schulstufe und nicht von der Klassenstufe ausgeht, verdeutlicht auch der Vergleich der IKKs (siehe Tabelle 19.7): 32 Prozent der Gesamtvarianz im Basismodell lassen sich der Klassenzugehörigkeit zuschreiben, 68 Prozent individuellen Personenmerkmalen. Von den 32 Prozent der Ebene-2 Varianz sind im zweiten Modell lediglich knapp 2 Prozent (0,321 - 0305) über die Klassenstufe erklärbar, hingegen leistet die Zugehörigkeit zur Schulstufe im dritten Modell einen Beitrag zur Varianzaufklärung von mehr als 20 Prozent (0,321 - 0,104). Die von Anfang an bestehenden Unterschiede in den Schülerfähigkeiten zum „Planen von Experimenten/Testen von Hypothesen" bleiben demnach über die Jahre hinweg bestehen. In keiner der drei Schulstufen findet zudem eine nennenswerte Entwicklung statt, die auf eine effektive Förderung dieser Kompetenz in Lerngelegenheiten des Unterrichts hinweisen könnte (siehe Abbildung 19.6; vgl. Grube & Mayer, 2009):

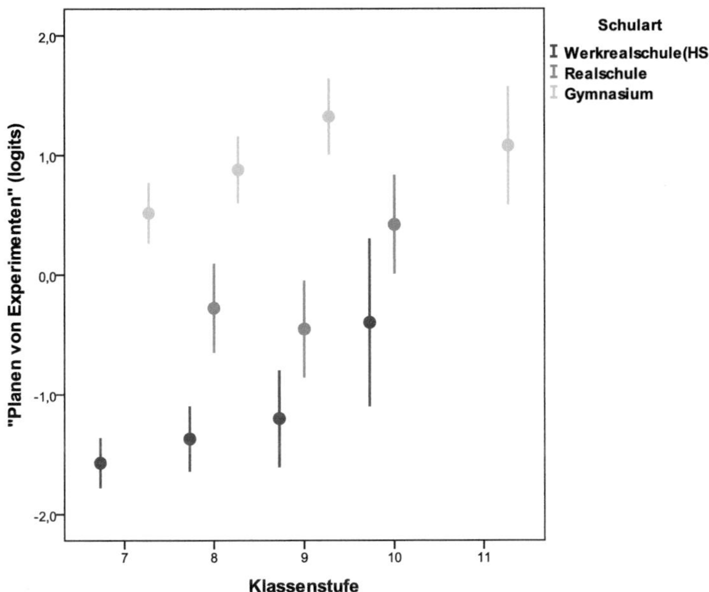

Abb. 19.6: Klassenstufen getrennt nach Schulart (95%-Konfidenzintervalle); N=920, Anzahl der Schüler siehe Tabelle 19.2; deskriptive Statistiken siehe Tabelle 19.9

Ergänzend verdeutlichen die durchweg hohen Standardabweichungen in Tabelle 19.9, dass sich die Fähigkeitsausprägungen in den Klassenstufen und insbesondere auch in benachbarten Schularten teils deutlich überschneiden:

Tab. 19.9: Deskriptive Statistiken „Planung von Experimenten" (Raschskala)

	HS		RS		GY	
	MW	Std.	MW	Std.	MW	Std.
7	-1,522	1,109			,377	1,706
8	-1,324	1,193	-,500	1,830	,766	1,525
9	-1,257	1,255	-,536	1,797	1,310	1,326
10	-,398	1,628	,337	1,684		
11					,790	1,925

Zwischen Jungen und Mädchen bestehen keine Fähigkeitsunterschiede, was in einem weiteren Modell mit Geschlecht als Individualfaktor überprüft wurde (p = 0,421).

19.4 Zusammenfassung und Diskussion

Entsprechend der Zielsetzungen dieser Studie ist es gelungen, für den Kompetenzbereich „Planen von Experimenten/Testen von Hypothesen" eine Skala, bestehend aus sieben Items, zu entwickeln und für den Vergleich von Schularten und Klassenstufen einzusetzen. Dieser fächerübergreifende Kompetenzbereich ist zentraler Bestandteil beispielsweise des SDDS-Modells zum Experimentieren von Klahr & Dunbar (1988; 2000) sowie der nationalen KMK-Bildungsstandards für den mittleren Schulabschluss im Kompetenzbereich Erkenntnisgewinnung in den Fächern Biologie, Chemie und Physik (siehe Internetseite der KMK: www.kmk.org). Die neu entwickelten Items vermögen somit auch einen Beitrag für die sich noch im Anfangsstadium befindende sowohl valide als auch testtheoretisch abgesicherte Operationalisierung der Bildungsstandards zu leisten.

Die Entwicklung der Items basierte auf dem bereits bestehenden Itempool der Arbeitsgruppe von Hammann (2007; 2008), wobei es mit dem hier neu vorgestellten Itemtyp zum „Planen von Experimenten/Testen von Hypothesen" gelang, sowohl die Ratewahrscheinlichkeit deutlich zu reduzieren als auch die Selbstständigkeit der Schüler bei der Planung des auf eine bestehende Hypothesentestung abgestimmten experimentellen Untersuchungsaufbaus zu erhöhen. Somit kommt dieser validere Paper-and-pencil-Test den realen Anforderungen beim Experimentieren und damit der Messung einer konkreten Handlungskompetenz näher. Dies dient auch dem Anliegen, die berichteten Unterschiede bei Befunden zu Schülerkompetenzen beim Experimentieren, die entweder aus MC-Tests oder aus der Analyse realer Schülerexperimente resultieren (vgl. Hammann et al., 2008), mit diesem neuen Messinstrument zu verringern. Eine diskriminante bzw. konvergente Validierung der neuen Skala erfolgte über die gleichzeitige Erfassung von Reasoningfähigkeiten (PSB-R 6-13) in einer Teilstichprobe, die eine Korrelation von 0,342 ($n = 216$, $p < 0{,}001$) in zu erwartender Höhe ergab. Wünschenswert für zukünftige Erhebungen wäre ergänzend die gleichzeitige Erfassung von Lesekompetenzen, die möglicherweise für die Erklärung der deutlichen Schulartenunterschiede einen Beitrag leisten können. Die neu entwickelten Items ermöglichen zudem die Erfassung von zu erwartenden Fehlerstrategien bei Schülern (vgl. Zimmermann, 2000, Tschirgi, 1980) beim Planen von Experimenten/Testen von Hypothesen, die im weiteren Verlauf der Datenanalyse untersucht werden sollen.

Mit einer Testzeit der Langversion aus sieben Items von je nach Klassenstufe und Schulart 10 bis 30 Minuten und Itemschwierigkeiten (prozentuale Lösungshäufigkeit) zwischen 0,4 und 0,7 (Tabelle 19.3) ist diese Skala für den Einsatz in den Klassenstufen 7 bis 11 in allen drei Schularten geeignet. Bei Auswertung mittels klassischer Testtheorie führt bereits eine Teilskala aus vier Items zu einer sehr guten Reliabilität. Die Analyse nach probabilistischer Testtheorie zeigte zudem, dass die Items frei von differential item functioning (DIF) bezüglich Alter, Geschlecht und Schulart und somit auch für entsprechende Gruppenvergleiche geeignet sind (vgl. Looveer & Mulligan, 2009).

Für eine vertiefte Diagnose des Antwortverhaltens der 920 getesteten Schüler und Schülerinnen sowie des Testheftdesigns wurden die Items der Skala hinsichtlich ihrer Passung zum dichotomen Raschmodell untersucht (Software: RUMM2030). Hierbei ergaben sich angesichts von zielgerichtet untersuchten DIF-Effekten bezüglich der verschiedenen Testhefte deutliche Hinweise auf Itempositionseffekte, die beispielhaft an einem Item (FA1) analysiert wurden. Eine spätere Position des Items (Position 5 im Vergleich mit Position 1) führt zu einer deutlichen und signifikanten Verringerung der Itemschwierigkeit um etwa 1 logit auf der Raschskala. Dies weist auf einen spürbaren Lerneffekt hin, der sich bei der zwischenzeitlichen Bearbeitung von 4 vorangehenden strukturgleichen und nur in der inhaltlichen Fragestellung variierten Items einstellt. Auch in der Steigung der empirischen Itemkurve (discrimination, siehe Abbildung 19.5) macht sich ein Positionseffekt bemerkbar, der sich als Kombination aus Lern- und Ermüdungs- oder Motivationseffekten erklären lässt: Auf Itemposition 1 ist die Steigung (discrimination) für das gleiche Item deutlich flacher (under-discrimination) als im Durchschnitt aller sieben Items der Skala, auf Itemposition 5 hingegen etwas steiler (Tendenz zu over-discrimination). Personen im unteren Fähigkeitsbereich vermögen möglicherweise das erste Item noch mit einer höheren Wahrscheinlichkeit zu lösen, lassen dann aber im Verlauf des weiteren Tests in ihren Lösungserfolgen nach und werden so insgesamt dem unteren Fähigkeitsbereich zugeordnet. Bei Itemposition 5 haben die guten Schüler bereits dazugelernt und übertreffen die Erwartungen des Modells, bei den schwächeren Schülern könnte ebenfalls ein Ermüdungs- oder Frustrationseffekt zu einer geringer als erwarteten Leistung führen, was insgesamt zur Tendenz für Over-Discrimination des Items in der späteren Position führt. Effekte dieser Art können bei psychometrischer Kompetenzmodellierung allgemein eine Rolle spielen und neben Entscheidungen über die Passung von Items zu Kompetenzskalen (aufgrund ihrer Trennschärfe, discrimination) insbesondere zu stark verzerrten Schätzungen empirischer Aufgabenschwierigkeiten führen.

Der Vergleich von Klassenstufen und Schularten erfolgte über ein regression as outcomes-Modell (Hox, 2002; Software: HLM), welches der Mehrebenenstruktur des Datensatzes (41 Schulklassen, 920 Personen) angemessen ist. Deutliche Unterschiede in den Fähigkeitsausprägungen (Gruppenmittelwerte) zum „Planen von Experimenten/Testen von Hypothesen" bestehen in allen Klassenstufen zwischen den Schularten (Haupt-/Werkrealschule, Realschule, Gymnasium), wenngleich die hohen Standardabweichungen der Fähigkeitswerte innerhalb der Verleichsgruppen auch auf deutliche Überschneidungen zwischen benachbarten Schulformen hinweisen. Der Kompetenzzuwachs über die Klassenstufen (7-10/11) hinweg ist vergleichsweise gering ausgeprägt, was sich mit vergleichbaren Befunden von Grube & Mayer (2009) deckt. Dies spricht dafür, dass die Schülerfähigkeiten zum „Planen von Experimenten/Testen von Hypothesen" maßgeblich auf das kognitive Niveau der spezifisch für die Schulformen zusammengesetzten Schülerschaft zurückzuführen ist und im Verlauf des mehrjährigen Unterrichts in allen drei Schulformen kaum Lerngelegenheiten für den Kompetenzbereich „Planen von Experimenten/Testen von Hypothesen“ wirksam werden.

Für die Vermeidung der nachgewiesenen Lerneffekte (Itempositionseffekte) sowie für eine vollständigere Abbildung des Kompetenzbereiches ist in der Weiterarbeit die Erweiterung des Itempools mit unterschiedlichen Itemformaten und extremeren Itemschwierigkeiten (leichter und schwerer) als vordringlich anzusehen. Dies stellt ebenfalls eine notwendige Voraussetzung dar, um weitergehend Kompetenzstufen identifizieren und empirisch definieren zu können, die bei der präziseren Erklärung und Erfassung von Lernverläufen von Nutzen wären. Darüber hinaus können die Items dieser Studie zur Messung fächerübergreifender Kompetenzen beim „Planen von Experimenten/Testen von Hypothesen“ nutzbringend für eine weitergehende Analyse des Zusammenhangs fachübergreifender und fachspezifischer Kompetenzen (wie sie insbesondere bei der technischen Untersuchungsdurchführung und der theoretischen Modellierung von Phänomenen zu erwarten sind) beim Experimentieren eingesetzt werden.

Die Befunde des Schularten- und Klassenstufenvergleichs dieser Studie unterstreichen den deutlichen Bedarf für eine optimalere und effektivere Förderung des fächerübergreifenden Kompetenzbereichs „Planen von Experimenten/Testen von Hypothesen“ im naturwissenschaftlichen Unterricht durchweg aller drei Schularten. Als weiterer Forschungsbedarf wird dabei auch die fachdidaktisch-konzeptuelle Analyse sowie empirische Effektivitätsprüfung bestehender Konzepte bei Lehrkräften und auch in Schulbüchern zum Kompetenzbereich selbst sowie zur gezielten Kompetenzförderung nahe gelegt.

Werner Rieß, Markus Wirtz, Andreas Schulz und Bärbel Barzel

20. Integration der theoretischen und empirischen Befunde zum Experimentieren im mathematisch-naturwissenschaftlichen Unterricht

Die Thematik des Experimentierens wurde in diesem Sammelband aus unterschiedlichen Perspektiven betrachtet, um eine konzeptuelle Klärung zu erreichen sowie die Relevanz des Experimentierens für die Forschung und die Unterrichtspraxis zu verdeutlichen. In der Wissenschaft gelten Experimente aufgrund ihrer hohen internen Validität als Königsweg der empirischen Prüfung von Vermutungen, Theorien und Hypothesen. In didaktischen Kontexten hat eine Auseinandersetzung mit dieser Thematik einen besonderen Stellenwert, da Schülerinnen und Schüler mit den Standards wissenschaftlicher Erkenntnis- und Prüfprozesse bekannt gemacht werden und darauf aufbauend Reflexions-, Handlungs- und Bewertungskompetenzen erwerben können. Grundlegend orientiert sich die Beschäftigung mit Experimenten und dem Prozess des Experimentierens in diesem Projekt an den folgenden Leitfragen:

Zur begrifflichen Klärung und Begründung:

- Welche charakteristischen Merkmale zeichnen Experimente aus?
- Worin begründet sich der hohe Stellenwert von Experimenten für die wissenschaftliche Erkenntnisgewinnung?
- Welche Erkenntnisziele können durch Experimente oder unterschiedliche Formen von Experimenten erreicht werden?
- Wie können Experimente in komplexe wissenschaftliche Erkenntnisprozesse eingebunden werden?
- Welche Parallelen und Unterschiede bestehen zwischen dem Einsatz von Experimenten in der Wissenschaft und im Unterricht?

Zu den Gelingensbedingungen und Wirkungen:

- Welche fachspezifischen Besonderheiten können für das Experimentieren im Unterricht identifiziert werden?
- Welche Schülerkompetenzen sollten in Bezug auf das Experimentieren unterschieden werden?
- Wie können Experimente als Methode zur Unterstützung des Erwerbs von Kompetenzen eingesetzt werden?
- Wie können Facetten von Experimentierkompetenz optimal gefördert werden?
- Welche Empfehlungen können für den Einsatz von Experimenten im Unterricht konzeptuell basiert und empirisch abgesichert formuliert werden?

20.1 Zusammenfassung der Inhalte der Einzelkapitel

Das Anliegen des einleitenden Theorieteils (Kapitel 1 bis 5) bestand darin, wesentliche wissenschaftstheoretische Komponenten des Experimentierens herauszustellen und in ihrer Bedeutung für die Forschungspraxis klar zu benennen. Hierfür wurden zunächst die Unterschiede zwischen dem Experiment und der wissenschaftlichen Beobachtung sowie dem Versuch erörtert. Demnach ist die Variablenkontrollstrategie das alleinige Merkmal des Experiments und liefert die Grundlage für dessen hohe interne Validität sowie die hohe Evidenz der resultierenden Befunde (siehe Kapitel 1, Schulz, Wirtz & Starauschek, 2012): Strukturelle vergleichbare Bedingungen oder Vergleichsgruppen müssen unter Konstanthaltung potenziell einflussreicher Drittvariablen bezüglich des Einflusses auf die abhängigen Merkmale untersucht werden.

Indem typische Gefährdungen beim Experimentieren hinsichtlich der internen Validität diskutiert wurden, ließ sich die maßgebliche Rolle verdeutlichen, die dem theoretischen Hintergrund beim Experimentieren und der adäquaten technischen Umsetzung der Experimentalmethodik zukommt. Nur auf Grundlage eines fundierten theoretischen Hintergrundes zum Forschungsgegenstand lässt sich beurteilen, inwiefern die jeweils umgesetzte Kontrolle der potenziell Einfluss nehmenden Randbedingungen vollständig ist und so die Identifikation und Überprüfung eines kausalen Zusammenhangs zwischen einer Ursache und einer Wirkung unterstützt. Darüber hinausgehend konnte verdeutlicht werden, dass auch experimentelle Befunde interpretiert werden bzw. immer in einen argumentativen Rahmen zur Hintergrundtheorie eines Experiments eingebunden werden müssen. Diese beim Experimentieren notwendigen argumentativen Schlussfolgerungen wurden unter Verwendung der Klassifikationen von Peirce (Collected Papers) präziser definiert und anhand typischer Beispiele veranschaulicht (siehe Kapitel 2, Schulz & Wirtz, 2012) sowie im Zyklus des Experimentierens verortet (siehe Kapitel 3, Wirtz & Schulz, 2012). Argumentative Schlussfolgerungen finden immer dann statt, wenn empirische experimentelle Befunde in die Theorie überführt bzw. auf den theoretischen Hintergrund zum Forschungsgegenstand bezogen (vgl. Kelle, 2008), und sobald theoretische Aussagen zielgerichtet empirisch operationalisiert werden. Auf diese Weise vermögen Experimente ihren Beitrag zur falsifikatorisch orientierten empirischen Überprüfung von Theorien zu leisten Popper, 1934; 1994).

Aber nicht nur bei der Absicherung von Theorien, sondern auch bei der Neu- und Weiterentwicklung von Theorien fällt Experimenten eine zentrale Rolle zu. Bei dem sogenannten „explorativen Experimentieren" (vgl. Steinle, 2005) werden, ebenfalls unter Nutzung der Variablenkontrollstrategie, zentrale Variablen und Konstrukte zunächst identifiziert und dabei zunehmend Zusammenhänge zwischen diesen erfasst und weitergehend abgesichert. Explorative Experimente können somit die Bildung einer empirisch fundierten, theorieorientierten Basis unterstützen, um ein solides konfirmatorisches Vorgehen im Anschluss besser begründen zu können.

Der Nutzen und die Aussagekraft von Experimentalbefunden wird in der Regel durch die Berücksichtigung ergänzender Zugänge zum Forschungsgegenstand (z.B. durch Beobachtungen, Versuche und theoretischen Analysen) deutlich erhöht. Herzstück der wissenschaftlichen Erkenntnisgewinnung ist eine Theorie, die empirische Phänomen und Prozesse valide beschreibt und simuliert. Diese Theorie sollte für alle empirischen Befunde ein geschlossenes Erklärungsmodell liefern und Eingriffe und Handlungsoptionen ermöglichen, die zielgerichtet definierte Effekte zur Folge haben. In diesem Sinne lassen sich explorative empirische Studientypen (u.a. exploratives Experimentieren) und konfirmatorisches Experimentieren in ein Phasenmodell für komplexe Interventionsstudien mit dem Fokus auf eine schrittweise Theoriesättigung und kritische Theorieprüfung einordnen (siehe Kapitel 3, Wirtz & Schulz, 2012).

Eine konzeptionelle Erweiterung der Theorie zum Experimentieren wird in Kapitel 4 (Leuders & Philipp, 2012) dargestellt, in welchem der Begriff des Experimentierens für theorieentwickelnde Phasen innerhalb der Mathematik Verwendung findet. Die endgültige Theorieüberprüfung ist in der Mathematik Aufgabe deduktiver Beweisführung. Dieses Vorgehen steht in den Naturwissenschaften, veranschaulicht durch das Induktionsproblem, nicht zur Verfügung. Auf diese Weise fallen dem Experimentieren in den Naturwissenschaften und in der Mathematik unterschiedliche Aufgaben und Ziele zu. Dies bringt auch ein Vergleich der entsprechenden Theoriekapitel dieses Sammelbandes klar zum Ausdruck. Das Anliegen der ersten drei Kapitel zum Experimentieren in den Naturwissenschaften besteht darin, die empirische Methode des Experimentierens möglichst präzise zu fassen, um derart potenzielle Gefährdungen der internen Validität mit Blick auf die Interpretierbarkeit und Belastbarkeit experimenteller Befunde bewusst zu machen und in der Praxis vermeiden zu helfen. Dahingegen besteht das Anliegen des vierten Kapitels zum Experimentieren in der Mathematik vorrangig darin, typische kognitive Prozesse der mathematisch Tätigen oder der Mathematik Lernenden bei ihrer Theorieentwicklung mithilfe der Begrifflichkeiten des Experimentierens zu erfassen und analysieren zu können.

Nicolas Robin wählte in Kapitel 5 einen geschichtlichen Zugang zum Thema Experimentieren (Robin, 2012). An ausgesuchten historischen Beispielen gelang es ihm wichtige Stationen der Entwicklung des naturwissenschaftlichen Experiments nachzuzeichnen. In seiner Analyse der Genese des Experimentierens stieß er auf eine lang andauernde Unschärfe in der Verwendung des Terminus „Experiment", der erst im 19. Jahrhundert durch Wissenschaftler wie Claude Bernard, John Stuart Mill oder auch Pierre Duhem mit dem Versuch einer Systematisierung der experimentellen Methoden sowie einer Definition der Begriffe „Beobachtung" und „Experiment" erfolgreich begegnet wurde. Diese Anstrengungen und die daraus resultierende verbesserte experimentelle Praxis führten in der Folgezeit zu einer außerordentlichen Zunahme an bewährten naturwissenschaftlichen Erkenntnissen und trugen wesentlich zu der disziplinären Differenzierung innerhalb der Naturwissenschaften bei.

In den weiteren Theoriekapiteln wurde auf das Experimentieren im naturwissenschaftlichen Unterricht fokussiert. Sowohl in Kapitel 6 als auch 7 wurde jeweils der Versuch einer Bestandsaufnahme unternommen. Zunächst wurde der Status quo zum „Experimentieren im Unterricht" in ausgesuchten fachdidaktischen Lehrbüchern und Zeitschriften bestimmt und vorgestellt (Kapitel 6, Barzel, Schrenk & Reinhoffer, 2012). Anschließend wurden Einblicke in typische Forschungsaktivitäten der empirischen Forschung zum „Experimentieren im mathematisch-naturwissenschaftlichen Unterricht" gegeben sowie zentrale Befunde aus der empirischen Forschung berichtet (Kapitel 7, Rieß & Robin, 2012). Die Analyse fachdidaktischer Lehrbücher offenbarte zunächst eine Vielzahl an empfohlenen Zielen, die im Zusammenhang mit dem Experimentieren im Unterricht verwirklicht bzw. angestrebt werden sollen. Diese Ziele lassen sich zwei Bereichen zuordnen. Ein Bereich umfasst Zielkriterien, die als Elemente einer allgemeinen Persönlichkeitsbildung betrachtet werden können (bspw. die Fähigkeiten zum kausalen und logischen Denken, zur Kommunikation, zur Verantwortungsübernahme, zur Teamarbeit und zu einer offenen und wertschätzenden Haltung sowie zu einem demokratischen Selbstverständnis). Der andere Bereich ist durch Zielkriterien gekennzeichnet, die eine stark fachwissenschaftliche Prägung besitzen. Zu nennen sind hier bspw. das Erfassen des Experiments als zentrales Element der naturwissenschaftlichen Methode, die Erkenntnis des Zusammenhanges von Hypothese, Experiment und Theorie, fachliches (u.a. deklaratives, konzeptuelles) Wissen sowie erkenntnis- und wissenschaftstheoretische Kenntnisse. Belege für die Möglichkeit, entsprechende empfohlene Ziele durch Experimentieren tatsächlich realisieren zu können, finden sich in den untersuchten Lehrbüchern jedoch kaum. Ein weiterer wichtiger Befund der Analyse fachdidaktischer Lehrbücher und Zeitschriften aber auch Schulbücher wird von den Autoren als höchst problematisch eingeschätzt: Begriffe wie Experimente, Beobachtungen und Versuche werden teilweise nahezu beliebig verwendet, um einen handelnden Umgang der Schüler mit Realien im naturwissenschaftlichen Unterricht zu beschreiben. Hinsichtlich der Verwendung der Begriffe Experiment bzw. Experimentieren bewegt man sich damit vor allem in praxisrelevanten didaktischen Veröffentlichungen auf einem Niveau, das die Naturwissenschaften mit dem 19. Jahrhundert hinter sich gelassen haben. Die aus einem solchen Begriffswirrwarr resultierenden negativen Folgen für die Unterrichtsplanung sind vielfältig. Eine gute Orientierung für eine zukünftige Verwendung und Abgrenzung des Experimentalbegriffs im naturwissenschaftlichen Unterricht bieten die Analysen von Schulz, Wirtz und Starauschek (2012). In einem dritten Analyseschritt wurden dann in Anlehnung an die fachdidaktische Literatur Klassifikationstypen für Experimente im Unterricht (bspw. Demonstrations- vs. Schülerexperimente, Kurzzeit- vs. Langzeitexperimente, quantitative vs. Qualitative Experimente) vorgestellt sowie Vorschläge zur zeitlichen Verortung von Experimenten im Unterrichtsverlauf unterbreitet und die daraus erwachsenden Funktionen des Unterrichtsexperiments diskutiert.

Welche Befunde liegen uns nun aus der empirischen Bildungs-, Unterrichts- und fachdidaktischen Forschung zum Experimentieren im mathematisch-naturwissenschaftlichen Unterricht vor? Wie sehen typische Forschungsaktivitäten in diesem Feld aus? Zusammenfassend: worauf konnten die Projekte des Promotionskollegs, worauf können zukünftige Forschungsstudien aufbauen? Zunächst einmal konnte festgestellt werden, dass sich die Forschung zum Experimentieren im naturwissenschaftlichen Unterricht in den zurückliegenden Jahren weltweit enorm entwickelt und ausdifferenziert hat (vgl. im Folgenden Kapitel 7, Rieß & Robin, 2012). Sie wird in verschiedenen Disziplinen betrieben und ihre Ergebnisse werden in zahlreichen fachdidaktischen Fachzeitschriften, aber auch in Zeitschriften der Unterrichts- und Lehr-Lernforschung sowie der Entwicklungspsychologie, veröffentlicht und sind in ihrer Gesamtheit kaum mehr zu erfassen. Von besonderer Bedeutung sind sicherlich die Ergebnisse von Studien, die sich in ihrer Konzeptualisierung und ihrem Ansatz auf das Scientific Discovery as Dual Search (SDDS)-Modell nach Klahr und Dunbar (1988) stützten. In diesen aber auch anderen Arbeiten konnte unter anderem wiederholt die Problematik eines ungenauen Verständnisses der Variablenkontrollstrategie auf Seiten der Schüler unterschiedlicher Klassenstufen nachgewiesen werden, das dann zu Fehlern in der Planung, Durchführung und Auswertung von Experimenten führt (bspw. Hammann et al., 2006; Keselman, 2003; Kuhn et al., 1995; Lee et al., 2006). Dieses und weitere Defizite (bspw. Neigung zum „Ingenieurmodus", Schwierigkeiten bei der Verknüpfung von Ideen und Theorien mit empirischer Evidenz) resultieren in der Forderung einer zielgerichteten und systematischen Hinführung der Schüler zum Experimentieren und der damit verbundenen Vermittlung von notwendigem inhaltlichem und methodischem Wissen. Insbesondere scheint ein naturwissenschaftlicher Unterricht, in welchem lehrerkontrolliert auf eine schülerorientierte Instruktion (mit Planungs-, Anpassungs- und Steuerungsbemühungen) zurückgegriffen wird und in dem gleichzeitig die nötigen Freiräume für individuelles Handeln, für Versuche und Irrtümer zur Verfügung gestellt werden, besonders wirksam die Fähigkeit zum Experimentieren zu fördern (bspw. Chen & Klahr, 1999; Keselman, 2003; Klahr et al., 2001; Klahr & Nigam, 2004; Toth et al., 2000).

Zur Messung einer experimentellen Problemlösefähigkeit und anderer Zielkriterien des experimentellen Unterrichts fanden in der Forschung sowohl quantitative Verfahren, wie schriftliche Tests, computerbasierte Assessments, praxisorientierte Performance-Assessments (Tests mit Realexperimenten) unter Einbeziehung videographischer Verfahren, und qualitative Verfahren, wie bspw. halbstrukturierte Interviews, Verwendung (Rieß & Robin, 2012). Ein großer Teil dieser Messinstrumente können als bewährt gelten. Gleichwohl steht eine Konstruktvalidierung der meisten Messinstrumente noch aus. Dennoch spricht vieles dafür, dass man in zukünftigen Forschungsprojekten auf diese Vorarbeiten aufbaut und nicht unter Missachtung des Forschungstandes bei der Entwicklung von Erhebungsverfahren jedes Mal von vorne beginnt. Abschließend kann an dieser Stelle noch festgehalten werden, dass wir in der Recherche auf keine empirischen Untersuchungen zu Wirkungen eines Experimentalunterrichts auf die von einigen Didaktikern empfohlenen und dem Bereich der Persönlichkeitsbildung zuzuordnenden Zielkriterien, wie bspw. Fähigkeiten zur Kommunikation, zur Verantwortungsübernahme und zur Teamarbeit, gestoßen sind. Es muss also offen bleiben, ob durch den Einsatz von Experimenten im Unterricht tatsächlich entsprechende Lernermerkmale gefördert werden können.

Bei der Planung des Promotionskollegs wurde zumindest der Versuch einer gemeinsamen theoretischen Fundierung aller Teilprojekte unternommen (Kapitel 9, Rieß, 2012). Die Orientierung an einem mehrebenenanalytischen Rahmenmodell sollte dazu beitragen, dass die vielfältigen Wechselwirkungen von Unterrichtshandlungen beim Experimentieren systematisch erfasst und aufeinander bezogen werden können. Auf diese Weise sollte zu einer schrittweisen Formulierung einer Theorie des Experimentierens im mathematisch-naturwissenschaftlichen Unterricht beigetragen werden und zwar im Sinne eines Systems von bewährten Aussagen zum Experimentieren im Unterricht mit dem Ziel Erklärungen zu geben, Prognosen aufzustellen und Technologien entwerfen zu können. Auf der Basis einer so entstehenden Theorie wären demnach auch allgemeingültige oder zumindest umfassende Empfehlungen für die Lehreraus- und -weiterbildung möglich. Bevor nun die Ergebnisse der Teilstudien zusammenfassend vorgestellt werden, gilt es vorab festzustellen, dass die angestrebte Fundierung und die Orientierung an dem Rahmenmodell nur teilweise gelungen und damit der Beitrag des Kollegs als Ganzes für die Formulierung einer umfassenden Theorie zum Experimentieren im mathematisch-naturwissenschaftlichen Unterricht insgesamt eher marginal geblieben ist. Ein wesentlicher Grund hierfür ist darin zu sehen, dass das Rahmenmodell bei der Antragstellung und der Formulierung der Teilprojekte als Folie für die Verortung des je eigenen Projektes betrachtet wurde und eine systematische und theoriegeleitete Abstimmung zwischen den Teilprojekten aus den verschiedensten Motiven nicht angestrebt wurde. Die Orientierung am Rahmenmodell ermöglicht uns jedoch zumindest eine nach Hauptaufgaben (vgl. Kapitel 9) geordnete Darstellung der fragmentierten Erkenntnislage am Ende des Kollegs. Zudem liefert das Rahmenmodell eine konzeptuelle Basis für zukünftige systematisierende Forschungsaktivitäten in diesem Bereich.

20.2 Befunde aus Untersuchungen zur Ziel-Mittel-Relation (= Hauptaufgabe I)

Insgesamt beschäftigen sich zehn Teilprojekte entweder ausschließlich oder unter anderem mit der Analyse, Operationalisierung und Prüfung von Zielkriterien experimentellen Unterrichts bzw. der Analyse und Prüfung von Mitteln zur Förderung dieser Zielkriterien. Die folgenden zentralen Befunde können festgehalten werden.

Vier Projekte fokussieren explizit auf das Konstrukt experimenteller Kompetenz bzw. experimenteller Problemlösefähigkeit. In Teilprojekt 11 (vgl. Kapitel 19) wird für die bedeutsamen Teilkompetenzen „Planen von Experimenten“ und „Testen von

Hypothesen“ eine neue Skala für die Klassenstufen 7-11 entwickelt und erprobt und dabei in allen drei Schularten (HS, RS, Gym) im naturwissenschaftlichen Unterricht eingesetzt und mehrebenenanalytisch ausgewertet. Festgestellt werden können a) deutliche Unterschiede zwischen den Schularten und b) ein schwacher Kompetenzzuwachs im Laufe der Schulzeit. Als Grund für den geringen Kompetenzzuwachs werden wenig ausgeprägte Lerngelegenheiten zum Erwerb experimenteller Kompetenz in allen drei Schularten vermutet. In den Teilprojekten 1 und 2 werden die Wirkungen von Unterricht auf die experimentelle Kompetenz erfasst. Die Befunde des ersten Teilprojekts zeigen, dass sowohl durch den Einsatz lebender Tiere, als auch durch den Einsatz experimenteller Videosequenzen ein tendenzieller Zuwachs in der Experimentierkompetenz bei Schüler der Klassenstufen 5 und 6 erzielt werden kann (vgl. Kapitel 9). Unterschiede zwischen den Versuchsbedingungen (Lebendtier/Film) können dagegen nicht festgestellt werden. Demnach (und wider Erwartung) scheint es keine Rolle zu spielen, ob lebende Tiere oder vergleichbare Filme, eingebettet in einen hypothetisch-deduktiven Erkenntnisweg, im Unterricht zur Förderung experimenteller Kompetenz eingesetzt werden.

Ein zentrales Ergebnis des zweiten Teilprojekts ist die Beobachtung, dass wichtige Teilkompetenzen einer experimentellen Problemlösefähigkeit (Experimente planen, epistemisches Fragen, Ansätze vergleichen) auch im hoch komplexen ökologischen Kontext und im Rahmen eines anspruchsvollen, problemorientierten Unterrichts bereits in der 6. Klassenstufe gefördert werden können (vgl. Kapitel 10). Das ökologische (Vor-)Wissen der Schüler ist dabei für die Hypothesenformulierung und die Identifikation von unabhängigen Variablen von Bedeutung. Für den Mathematikunterricht entwickelt das Teilprojekt 8 ein Kompetenzstrukturmodell, das experimentelle Teilkompetenzen in innermathematischem Kontext beschreibt (vgl. Kapitel 16). Hierfür können vier zentrale Kategorien identifiziert und Teilkompetenzen (Beispiele generieren, Strukturierung, Hypothesen aufstellen, Überprüfung) erfasst werden. Aufbauend auf diesem Kompetenzmodell wird ein Förderkonzept experimenteller Teilfähigkeiten ausgearbeitet und im Rahmen einer Intervention überprüft. Sowohl im Bereich ‚Strukturierung‘ als auch im Bereich ‚Überprüfung‘ sind für das Förderkonzept signifikante Wirkungen nachweisbar.

In einer zweiten Gruppe von Teilprojekten werden Wirkungen von Unterricht auf weitere bedeutsame Zielkriterien untersucht. In den Blick genommen werden dabei „fachliches Wissen“, „Motivation“, „Lernzufriedenheit“, „Interesse“ und „Funktionales Denken“. Die Befunde aus Teilprojekt 3 zeigen, dass eigenständiges Experimentieren in einer moderat konstruktivistischen Lernumgebung Schüler beim Erwerb von fachlichem Wissen zum Pflanzenstoffwechsel unterstützt und sich auch auf nichtleistungsbezogene Zielkriterien wie Interesse, Motivation oder selbstbezogene Kognitionen positiv auswirkt (vgl. Kapitel 11). Ein interessantes Ergebnis aus Teilprojekt 4 ist, dass sich ein durchdachter Einsatz von Spielfilmsequenzen im Chemieunterricht der Sekundarstufe II zwar förderlich auf die Motivation der Schüler auswirken kann, aber eine höhere Bereitschaft sich mit naturwissenschaftlichen Themen zu beschäftigten und mehr Freude am Unterricht dann nicht zwangsläufig mit besseren fachlichen Leistungen einhergehen müssen (vgl. Kapitel 12). Teilprojekt 5 untersucht die Wirkungen eines Unterrichts für die Klassenstufe 8 zum Themenfeld „Gesetz der Erhaltung der Masse" (vgl. Kapitel 13). Im Zentrum des Unterrichts steht u.a. ein Experiment, in welchem Kohlenstoff in einem geschlossenen System verbrannt wird. Es lässt sich kein Zuwachs in der Lernzufriedenheit, aber ein Wissenszuwachs diagnostizieren.

Auch im Mathematikunterricht kann mit Experimenten gearbeitet werden. In Teilprojekt 7 kann gezeigt werden, dass sich der Einsatz von Schülerexperimenten im Rahmen mathematischer Begriffsbildung positiv auf die Entwicklung relevanter Grundvorstellungen zum Funktionalen Denken auswirken kann. Hauptschüler der Klassenstufe 7, die einer Versuchsbedingung zugewiesen werden, in der selbständig experimentiert werden kann, zeigen eine größere Leistungssteigerung und eine höhere Lernmotivation als Schüler zweier Kontrollgruppen (vgl. Kapitel 15). In Teilprojekt 9 wird unter anderem der Frage nachgegangen, ob eine höhere Anzahl an Unterrichtsstunden mit physikalischen Themen einhergeht mit höherem physikalischem Wissen der Schüler (vgl. Kapitel 17). Mittels eines mehrebenenanalytischen Ansatzes kann nachgewiesen werden, dass der alleinige Vorhersagewert des Prädiktors tatsächliche Unterrichtszeit für physikalische Themen in Klasse 3 und 4 statistisch nicht signifikant wird. In einem weiteren Teilprojekt (TP 6) wird ebenfalls ein mehrebenenanalytischer Ansatz verfolgt (vgl. Kapitel 14). Untersucht wird die Frage, ob die Eigenständigkeit der Lernenden tatsächlich als eine notwendige Voraussetzung für den Lernerfolg zu betrachten ist. Untersucht werden Realschüler, die an einer Unterrichtseinheit zur Elektrizitätslehre teilnehmen. Die Einschätzung der *wahrgenommenen* bzw. *zugelassenen Eigenständigkeit* wird aus drei Betrachterperspektiven (Schüler, Lehrer, externe Beobachter) erfasst. Signifikante Unterschiede im Post-Leistungstest auf Klassenebene können unter anderem durch die Einschätzung der zugelassenen Eigenständigkeit durch den Lehrenden vorhergesagt werden, nicht jedoch durch die von den Schülern und externen Beobachtern wahrgenommene Eigenständigkeit.

20.3 Befunde aus Untersuchungen zu Schülermerkmalen und deren Einfluss auf den Lernerfolg (= Hauptaufgabe II)

Fünf Studien bearbeiten die zweite Hauptaufgabe und analysieren Schülermerkmale (Vorwissen, Schülervorstellungen etc.), teilweise bestimmen Sie auch deren Einfluss auf den Lernerfolg. Teilprojekt 5 untersucht die Wirkungen einer direkten Konfrontation mit Schülervorstellungen auf den Erwerb von Wissen und die Zufriedenheit mit dem Gelernten im Chemieunterricht der Klassenstufe 8 (vgl. Kapitel 13). Den inhaltlichen Schwerpunkt des Unterrichts bildet ein Experiment, bei welchem Kohlenstoff in einem geschlossenen System verbrannt wird. Die Konfrontation mit Schülervorstellungen fördert den Erwerb fachlichen Wissens, nicht jedoch die Lernzufriedenheit. In Teilprojekt 3 wurden Schülervorstellungen zum

Pflanzenstoffwechsel von Realschülern der fünften und sechsten Klassenstufe mit einem schriftlichen Test erfasst (vgl. Kapitel 11). Die Schüler besaßen vor dem Unterricht zum Pflanzenstoffwechsel zumeist wissenschaftsferne Konzepte, konnten aber durch eine vierzehnstündige experimentierreiche Unterrichtseinheit zu einem Konzeptwechsel in Richtung belastbare und wissenschaftsnahe Vorstellungen geführt werden. Das Teilprojekt 2 kann die in der Lehr-Lernforschung wiederholt gemachte Beobachtung replizieren, dass das Vorwissen ein bedeutsamer Prädiktor für den Wissenszuwachs ist (vgl. Kapitel 10). Im vorliegenden Fall fördert das ökologische Vorwissen der Schüler die Fähigkeit zur Hypothesenformulierung und zur Identifikation unabhängiger Variablen beim Experimentieren. In Teilprojekt 7 zum funktionalen Denken in der Mathematik werden auch die Grundvorstellungen der Schüler (u.a. deren Verstehen und Nachvollziehen der Lösungsprozesse) untersucht (vgl. Kapitel 15). Hier zeigte sich beispielsweise der ‚Graph-als-Bild-Fehler' als Hindernis für die Kompetenzentwicklung: Wenn Schüler einen Graph als fotografisches Abbild einer Realsituation missdeuten, wird der Kompetenzerwerb systematisch erschwert. .

20.4 Befunde aus Untersuchungen zum Wissen von Lehrer (und dessen Auswirkungen auf den Lernerfolg) (= Hauptaufgabe III)

Zwei Teilprojekte untersuchen das Wissen von Lehrern bzw. Wirkungen von verschiedenen Komponenten pädagogischer Professionalität auf die Gestaltung von Lernprozessen im naturwissenschaftlichen Unterricht mit Experimenten. Das Teilprojekt 9 untersucht unter anderem die Frage, inwiefern ein höheres physikalisches Wissen der Sachunterrichtslehrkräfte sowie ein höheres naturwissenschaftliches Selbstkonzept der Schüler einhergehen mit höherem physikalischem Wissen der Schüler (vgl. Kapitel 17). Mittels eines mehrebenenanalytischen Ansatzes kann nachgewiesen werden, dass das physikalische Wissen der Primarstufenlehrkräfte und das naturwissenschaftliche Selbstkonzept der Schüler das Schülerwissen im Bereich Physik signifikant prädiziert. Für das Teilprojekt 10 stehen die Ergebnisse der Auswertung noch aus (vgl. Kapitel 18). Erfasst werden die subjektiven Sichtweisen und didaktischen Kenntnisse von Lehrer zu Lehrer-Schüler-Gesprächen beim Experimentieren im naturwissenschaftlichen Sachunterricht, insbesondere um hinderliche bzw. förderliche Faktoren für den Experimentalunterricht identifizieren zu können.

20.5 Perspektiven für zukünftige Untersuchungen zum Experimentieren im mathematisch-naturwissenschaftlichen Unterricht

Die empirischen Projekte im Kolleg e^x^MNU konnten wichtige Themen im Bereich des Experimentierens ausschnitthaft, in lokalen Kontexten und in der Regel nur fachspezifisch untersuchen. Die resultierenden Befunde, aber auch die in den Projektverläufen und in der Kollegarbeit entstandenen Fragen und Forschungsperspektiven liefern eine reichhaltige Basis für weiterführende, vertiefende und generalisierende Forschungen zur Thematik des Experimentierens. Die wichtigsten Anknüpfungspunkte werden im Folgenden zusammengefasst.

Klärung der Terminologie: Die Klärung und Definition von Begrifflichkeiten und Konzepten zum Experimentieren (z.B. Abgrenzung gegen Beobachtung, Versuch) stellte einen Schwerpunkt der konzeptuellen Arbeit im Kolleg dar, der auf theoretischer Ebene zufriedenstellend abgeschlossen werden konnte. Für den praktischen Einsatz im Unterricht stellt aber die konsequente Orientierung an diesen Definitionen eine Herausforderung dar. Es sollte Gegenstand zukünftiger fachdidaktischer Forschung sein, welche fachinhaltlichen, themenspezifischen und curricularen Aspekte für eine möglichst strukturierte und valide Orientierung an diesen Begrifflichkeiten und Konzepten berücksichtigt werden müssen.

Weiterentwicklung einer empirisch geprüften Theoriegrundlage für das Experimentieren im Unterricht: Das in Kapitel 8 (Rieß, 2012) entwickelte mehrebenenanalytische Rahmenmodell verdeutlicht den hohen Anspruch an eine Modellvorstellung, die dem Experimentieren im Unterricht zugrunde gelegt werden kann. Die Notwendigkeit der Modellierung auf unterschiedlichen Ebenen sowie deren Interaktion, die Vielzahl einflussreicher Agenten, Beteiligter und Teilprozesse sowie oft nur mangelhaft kontrollierbarer Rahmenbedingungen und Besonderheiten von Fächern und Fachinhalten stellen die Möglichkeit eines geschlossenen, stabilen und generalisierbaren Theoriemodells grundsätzlich in Frage. Die Heterogenität der fachspezifischen Perspektiven wird insbesondere für Mathematik in Kapitel 4 (Leuders & Philipp, 2012) deutlich, die Vielfalt der Anwendungsperspektiven in Kapitel 3 (Wirtz & Schulz, 2012) und 6 (Barzel, Schrenk & Reinhoffer, 2012). Trotzdem muss es das Ziel sein, die Möglichkeiten und Adaptationsnotwendigkeiten eines solchen Rahmenmodells als Grundlage und Orientierung für das unterrichtliche Handeln empirisch zu untersuchen. Die Optimierung und Differenzierung sowie die empirische Identifikation von Stärken und Schwächen eines solchen handlungsorientierten Theoriemodells stellen eine große Herausforderung dar. Ähnlich wie im Promotionskolleg e^x^MNU werden Theoriekomponenten oft nur ausschnitthaft oder exemplarisch bearbeitet werden können. Das Ziel der Weiterentwicklung eines solchen mehrebenenanalytischen Rahmenmodells ist für die Fundierung und die Optimierung der empirischen Unterrichtsforschung (zum Experimentieren im Unterricht und weit darüber hinaus) als zentrale Determinante des Erfolgs anzusehen.

Optimierung empirischer Erhebungsmöglichkeiten: Bestehende Instrumente zur Erhebung von Experimentierkompetenzen bieten eine etablierte Basis, um zentrale Kompetenzfacetten standardisiert zu erfassen (Hammann et al., 2007). Hinsichtlich der Validität der Erhebungsmethodik sind aber wesentliche Fragen weiterhin offen. Bestehende Paper-Pencil-Test werden dahingehend kritisiert, dass sie nicht in der Lage sind alle bedeutsamen Kompetenzen für Experimentalhandeln umfassend und valide abzubilden (Schreiber et al., 2009). Zudem hat sich im Projekt ‚Schüler planen Experimente und testen Hypothesen' (Kapitel 19; Schulz, Prinz & Wirtz, 2012) gezeigt, dass im Verlauf der Testbearbeitung Lerneffekte auftreten, sodass es fraglich erscheint, ob eine stabile Kompetenzausprägung tatsächlich erfasst wird. In welchem Maße Experimentierkompetenz als fächerübergreifende Kompetenz aufgefasst und bestimmt werden kann, ist ebenfalls ungeklärt. Für die Konstruktvalidierung wäre es wichtig abschätzen zu können, wie stark beispielsweise Vorwissen oder fachspezifische Aspekte unter welchen Bedingungen das kompetente Experimentieren mit beeinflussen. Welche Methoden unter welchen Bedingungen eine zuverlässige und valide Erfassung von Experimentierkompetenz ermöglichen, sollte Gegenstand zukünftiger empirischer Forschung sein.

Definition psychometrisch und fachdidaktischer fundierter Kompetenzstufen: Im Zusammenhang mit dem Bedarf an optimierten Erhebungsinstrumenten sollten die Möglichkeiten zur Bestimmung von Kompetenzstufen verbessert werden. Hierzu bestehen erste Ansätze (z.B. Hamann, 2004), die jedoch bisher vorwiegend konzeptionell begründet wurden und nicht den Standards psychometrisch kalibrierter Kompetenzstufen genügen (Hartig & Klieme, 2006). Als Basis hierfür bedarf es eindimensionaler Erhebungsskalen, die den Annahmen von Item-Response-Modellen genügen (Kapitel 22, Schulz & Wirtz, 2012). Diese erlauben differenziertere Analysen von Itemeigenschaften und der Konstruktvalidität der Skalen. Solche Skalen werden durch bzgl. der Schwierigkeit eindeutig ranggeordnete Gruppen von Kompetenzindikatoren (Items) gebildet. Ausgehend hiervon können kritische Ausprägungen ermittelt werden, die aus fachdidaktischer Perspektive für das Erreichen definierter Kompetenzstufen notwendig sind. Eine solche Modellierung kann zur Zuordnung von Items und Schülern zu Kompetenzstufen genutzt werden. Für Schüler kann auf dieser Basis angegeben werden, welche Iteminhalte und -schwierigkeiten ihre Experimentierkompetenz charakterisieren. Für Items kann angegeben werden, für welche Schülergruppen sie eine optimale Schwierigkeitspassung aufweisen. Eine empirische Klärung der ermittelbaren Kompetenzstufen wäre für das Verständnis belastbarer Konstruktdefinitionen von großem Nutzen. Basierend auf einer validen Kompetenzmessung könnten die Naturwissenschaftslehrer dann leichter einen Unterricht mit optimaler Passung für die jeweilige Klasse planen und realisieren.

Identifikation von Fehlkonzepten und Lernbarrieren: Für die gezielte Förderung von Experimentierkompetenzen muss die Diagnostik von Kompetenzen durch die Identifikation und Systematisierung von Schülerfehlvorstellungen ergänzt werden. Die Analyse kognitiver Verarbeitungsstrukturen und -prozesse kann Hinweise darauf geben, welche individuellen oder typologischen Fehlkonzepte den adäquaten Umgang und die Weiterentwicklung von Kompetenzen im Umgang mit Experimentalaufgaben behindern (vgl. z.B. Kapitel 11, Rösch, Rieß & Nerb, 2012; Kapitel 12, Steigert & Schrenk, 2012; Kapitel 17, Philipp & Leuders, 2012).

Entwicklung fundierter Unterrichtskonzepte und Verbesserung der empirischen Befundlage zum Experimentieren im Unterricht durch Interventionsstudien: Im Einklang mit der Zielstellung des Kollegs, die Qualität des Experimentalunterrichts zu fördern, ist auch für die Erforschung der Thematik ‚Experimentieren im Unterricht' zu fordern, dass starke, intern valide Forschungsdesigns – insbesondere Experimentalstudien – zur Sicherstellung einer aussagekräftigen empirischen Theorie- und Wissensgrundlage vermehrt zur Anwendung kommen. Wie in Kapitel 4 (Wirtz & Schulz, 2012) ausgeführt wurde, ist es im Rahmen der Unterrichtsforschung anzustreben, aufbauend auf einer fundierten Theorie konkrete Handlungsempfehlungen oder Interventionen zu entwickeln, die zu gezielten Veränderungen in den Zielvariablen (z.B. fachliche oder Experimentalkompetenz) führen. Je eindeutiger es gelingt einen kausalen Effekt einer Intervention (z.B. Unterrichtskonzept, Lehrerfortbildung; z.B Ganser et al., 2009) auf die Zielvariablen nachzuweisen und je eindeutiger eine Intervention die zugrunde liegenden Theorieelemente abbildet, desto höher ist empirische Evidenz für die Gültigkeit der Theorieelemente und desto besser kann der Nutzen für die Praxis begründet werden. Bisher stellen kontrollierte Interventionsstudien zum Experimentieren im Unterricht (z.B. Ganser, Haupt & Hammann, 2009; Kapitel 10, Hummel & Randler, 2012; Kapitel 11, Rösch, Rieß & Nerb, 2012; Kapitel 12, Steigert & Schrenk, 2012; Kapitel 13, Fürniss & Friedrich, 2012; Fanta, Bröll & Oetken, 2012) eher die Ausnahme dar.

Fokussierung von Experimentierkompetenzen als Zielgrößen im Unterricht: Die Forderung nach einer stärkeren Berücksichtigung von Experimentierkompetenz (Bildungsstandards, KMK, 2005) im Unterricht darf nicht ausschließlich im Sinne einer häufigeren Nutzung von Experimenten im Unterricht interpretiert werden. Das Experimentieren ist nicht nur als Arbeitstechnik oder Mittel zum Zweck aufzufassen, in dem Sinne, dass durch das Experimentieren der fachinhaltliche Kompetenzzuwachs effizienter unterstützt werden kann. Die Experimentierkompetenz und deren Subfacetten (Hammann, 2004) müssen als unabhängiger und übergreifender Kompetenzaspekt aufgefasst und im unterrichtlichen Handeln berücksichtigt werden. Das Bewusstsein für die Bedeutung dieser Kompetenz als wichtige Voraussetzung für den Ablauf und die Reflexion wissenschaftlicher Erkenntnis- und Forschungsprozesse muss insbesondere auf Ebene der Lehrkräfte erhöht werden. Nur wenn Lehrkräfte selbst ein fundiertes Verständnis von wissenschaftlichen Erkenntnisprozessen besitzen, können sie die Kompetenzentwicklung auf Seiten der Schüler gezielt unterstützen. Dass selbst auf Ebene von Lehrbüchern und fachdidaktischer Begleitliteratur hier grundlegende Defizite bestehen (Ganser et al., 2009; Kapitel 6, Barzel, Reinhoffer & Schrenk 2012) verdeutlicht den Entwicklungs- und Forschungsbedarf in diesem Bereich.

Markus Wirtz und Andreas Schulz

21. Sicherstellung forschungsmethodischer Qualität im Promotionskolleg e^{x}MNU

Die empirischen Untersuchungen im Rahmen des Kollegs e^{x}MNU orientierten sich an aktuellen Standards der empirischen Bildungs- und Unterrichtsforschung (BMBF, 2007). Hierdurch sollte eine angemessene, empirisch tragfähige Befundlage geschaffen werden, die innerhalb aktueller Diskussionen zu Fragestellungen aus der Unterrichts- und Bildungsforschung relevante Beiträge leistet. Dies erforderte die Installation eines systematischen forschungsorientierten Ausbildungskonzepts und von Qualitätssicherungsmaßnahmen. Im Folgenden werden die Grundzüge der Schwerpunkte und realisierten Konzepte skizziert, die sich Verlaufe des Kollegs als wichtig und erfolgreich erwiesen haben.

Multidisziplinäre strukturierte Promotionskollegs haben den Anspruch trotz fach- und themenspezifischer Schwerpunkte Synergieffekte für die Zielstellung des Gesamtkollegs und einen Mehrwert für die Perspektive und den Ertrag der Einzelprojekte zu erzeugen. Um dies zu ermöglichen, müssen Kommunikations- und Austauschmöglichkeiten geschaffen und im Verlauf des Forschungsprozesses aufgrund der Bedürfnisse, Ziele und Erfahrungen optimiert werden, um den intendierten Nutzen entfalten zu können (Wirtz et al., 2007). Von besonderer Bedeutung sind hier Inhalts- und Kompetenzbereiche, die für die forschungsorientierte und -methodische Arbeit im Kolleg eine Querschnittsrelevanz besitzen oder thematisch im Sinne einer Metaperspektive berücksichtigt werden sollten. Bereits bei der Planung wurden für die Qualifikation wesentliche Schwerpunkte festgelegt, die im Rahmen des Qualifikationsprozesses kontinuierlich berücksichtigt wurden:

1. *Metathematik ‚Experimentieren'*: Die Diskussion und definitorische Klärung generischer und fach- oder anwendungsspezifischer Aspekte des ‚Experimentierens'
2. *Der Wissenschaftsprozess in den Fachdidaktiken*: Nicht nur fachinhaltlich sondern auch in Bezug auf fachspezifische wissenschaftliche und forschungsmethodische Diskurse müssen die Kollegiaten Wissen erwerben und zum Gegenstand der eigenen und kolleginternen Auseinandersetzung machen (Spörhase-Eichmann, 2004). Dabei müssen vor allem fachdidaktisches Überblickswissen mit Spezialisierung zum Experimentieren im mathematisch-naturwissenschaftlichen Unterricht sowie eine theoretische Basis und Methoden für fachdidaktische Untersuchungen von Lehr- und Lernprozessen berücksichtigt werden.
3. *Techniken und Standards des wissenschaftlichen Arbeitens in den empirischen Bildungs- und Unterrichtswissenschaften:* Im forschungsmethodischen Bereich ist es notwendig, Kompetenzen in der Planung, Organisation und Durchführung komplexer Forschungsprozesse zu erwerben. Da aufgrund der Heterogenität der Voraussetzungen (z.B. Kollegiaten ohne forschungsmethodische oder ohne projektadäquate Inhalte in der bisherigen Ausbildung) ein erheblicher und

umfassender Qualifikationsbedarf bestand, wurde hier ein besonderer Schwerpunkt gesetzt, der im Folgenden separat dargestellt wird.

21.1 Entwicklung und Förderung forschungsorientierter und forschungsmethodischer Kompetenzen

Kompetenzen im Bereich der Forschung stellen eine Grundvoraussetzung für einen fundierten Beitrag zu Forschungsdiskursen und als Basiskompetenz der Nachwuchswissenschaftler dar. Die Relevanz dieser Kompetenzen resultiert aus unterschiedlichen Anforderungen sowohl allgemeiner als auch projektspezifischer Natur:

1. *Verstehen und kritische Rezeption empirischer Forschungsbefunde*: Befunde und Schlussfolgerungen aus empirischen Studien zu Schülerkompetenzen und Ausbildungsstrukturen bestimmen die Diskussionen im Bereich der Schul- und Unterrichtsforschung. Die kontroversen Interpretationen dazu, wie die Befunde aus Länder- oder Systemvergleichsstudien (z.B. PISA, TIMSS) zu bewerten sind, um Möglichkeiten zur Verbesserung der Ausbildungs- und Systemqualität zu forcieren, verdeutlichen exemplarisch die Notwendigkeit einer fundierten Beurteilung der Aussagekraft empirischer Studien (z.B. Bos & Voss, 2008).
2. *Anforderungen an einen zielgerichteten Forschungsprozess und Fundierung der eigenen Studie durch aktuelle Forschungsbefunde und -diskurse*: Um relevante Forschungsfragestellungen identifizieren und begründen sowie die eigene Arbeit adäquat in die Forschungslandschaft einordnen zu können, ist eine umfassende Kenntnis relevanter Bezugsarbeiten und methodischer Qualitätskriterien notwendig. Forschungsmethodisches Wissen ist hierbei zentral, um die Relevanz von Studien (z.B. empirische Evidenz; Biesta, 2007; Meyer-Hesemann, 2007) und deren Stärken und Schwächen identifizieren zu können.
3. *Kompetente Auswahl angemessener forschungsmethodischer Ansätze und Strategien*: In der empirischen Bildungs- und Unterrichtsforschung müssen beispielsweise Fragen nach der Art des zu verwendenden Forschungsparadigmas (z.B. quantitativer vs. qualitativer Ansatz) oder des Forschungsdesigns (z.B. Querschnitts-, Interventionsstudie) bereits zu Beginn des Promotionsvorhaben festgelegt werden (Bortz & Döring, 2006). Die Grundlagen für eine bewusste Entscheidung müssen frühzeitig geschaffen werden und den Promovierenden muss die große Bedeutung dieser Entscheidungen bewusst sein.
4. *Selbstständige Anwendung von Analyseverfahren*: Die Fähigkeit zur selbstständigen Analyse der erhobenen Daten zur umfassenden Beantwortung der Projektfragestellungen setzt in der Regel einen langwierigen Lern- und Übungsprozess voraus. Unabhängig davon, ob beispielsweise interpretative Techniken oder statistische Analysemethoden zu Anwendung kommen, ist die Diskrepanz zum notwendigen Kompetenzlevel zu Beginn der Promotion bis zu deren erfolgreichem Abschluss hier besonders groß. Insbesondere in der empirischen Bildungs- und Unterrichtsforschung wurden in der letzten Dekade hohe Standards etabliert

(vgl. Abschnitt 21.2), die für die Partizipation an entsprechenden Diskursen notwendig sind (Reinders et al., 2011).
5. *Präsentation eigener Forschungsbefunde*: Die Darstellung eigener Forschungsbefunde in einer Publikation oder in einer Präsentation, z.B. auf einschlägigen Fachtagungen, erfordert spezielle Kompetenzen, welche die argumentative Verwertung und die reflektierte Diskussion der empirischen Datenlage betreffen. Im Verlauf der Qualifikation müssen Präsentationen und entsprechende Techniken kontinuierlich angewendet und mittels Feedback verbessert werden.

Um diese Ziele erreichen zu können, wurden in e^xMNU unterschiedliche Maßnahmen zur Kompetenzentwicklung und Qualitätssicherung installiert. Alle Kollegiaten durchliefen das mehrsemestrige Curriculum zum Erwerb des Hochschulzertifikats ‚Empirische Forschungsmethoden und Evaluation', innerhalb dessen eine intensive Qualifikation im Bereich Forschungsmethoden stattfand. Neben dem Einsatz von internen und externen Gutachtern (von der Antragstellung bis zur Präsentation und Publikation der Ergebnisse) wurde zudem als zentrales Element ein ‚Methodenzentrum' eingerichtet, das die Arbeit der Einzelprojekte forschungsmethodisch begleitete und supervidierte. Um eine hohe Qualität und strukturierte Vorgehensweise sicherstellen zu können, berichteten die Einzelprojekte in Zwischenberichten über den Stand der Arbeiten, insbesondere im Hinblick auf definierte Zwischenziele und Milestones. Die Betreuung der Einzelprojekte erfolgte orientiert an den Punkten der folgenden Checkliste, die im Verlauf der Kollegarbeit auf Basis der Erfahrungen für die Bedürfnisse des Kollegs differenziert und optimiert wurde

Checkliste zur Sicherstellung von Forschungsqualität im Rahmen des Kollegs e^xMNU

- Über welche wissenschaftlichen Kompetenzen verfügen die Nachwuchsforscher?
- Welche wissenschaftlichen Fehlkonzepte liegen vor?
- Welche Kompetenzen sind individuell erforderlich? Wie können diese zielorientiert gefördert werden? (Individualisierter Qualifikationsplan)
- Ist Wissen darüber vorhanden, wann welche Forschungsmethoden indiziert sind?

Kooperation und Koordination
- In welcher Form trägt das Projektthema zur Erreichung der Ziele im Kolleg bei?
- Existieren projektübergreifende Schnittmengen und Kooperationsmöglichkeiten?
- Kann durch Fusionierung von Daten oder Abstimmung von Projektplänen eine Ökonomisierung des Vorgehens oder Erweiterung der Projektziele erreicht werden (z.B. Populationsvergleiche)?
- Kann die Assessmentbasis harmonisiert werden?
- Können Arbeitsgruppen mit ähnlicher Thematik oder Methodik gebildet werden?
- Können Metafragestellungen identifiziert und kooperativ bearbeitet werden?
- Wie können die kolleginternen Ressourcen dokumentiert und genutzt werden?

Projektthematik

- Ist das Ziel des Projekts detailliert beschrieben?
- Besitzt das Ziel Relevanz für das Forschungsfeld und die Verbundthematik?
- Erscheint das Ziel realistisch erreichbar?
- Wird der empirische und theoretische Hintergrund detailliert aufgearbeitet?
- Findet eine systematische Literaturanalyse statt?

Ethik und Datenschutz

- Werden Ethikstandards in der Planungsphase adäquat berücksichtigt?
- Liegen alle relevanten Genehmigungen und Einverständniserklärungen vor Beginn der Datenerhebung vor?
- Werden die Interessen aller beteiligten Personen berücksichtigt und ist der Umgang mit den Daten transparent (informed consent)?
- Existiert ein Datenschutzkonzept: Wer hat unter welchen Bedingungen Zugang zu den Projektdaten?

Studienplanung

- Sind die Forschungsmethoden in Bezug auf das Erkenntnisziel geeignet (z.B. qualitativ, quantitativ, Mixed-Method, explorativ, konfirmatorisch)?
- Wurde die Forschungsfragestellung präzise formuliert?
- Sind die Forschungshypothesen präzise formuliert?
- Ist das Studiendesign geeignet, die Forschungshypothesen zu beantworten?
- Werden Hypothesen zu Moderations- oder Mediationseffekten berücksichtigt?
- Werden die interne und externe Validität bei der Designwahl angemessen berücksichtigt?
- Sind die organisatorischen Voraussetzungen erfüllt?
- Ist eine Machbarkeitsstudie erforderlich/möglich?
- Wird die adäquate Studiendurchführung kontrolliert (Monitoring)?
- Existiert ein Zeit- und Kostenplan?
- Werden Milestones und ‚Sollbruchstellen' im Projektverlauf definiert? Existieren ggf. Alternativszenarien?

Stichproben

Fand eine Stichprobenkalkulation statt?

- Sind Ein- und Ausschlusskriterien für Studienteilnehmer klar benannt?
- Ist die Untersuchungsstichprobe repräsentativ für die Zielpopulation?
- Sind Vergleichsstichproben strukturell vergleichbar (Frage der internen Validität/Randomisierung)?
- Kann die Generierung der Stichproben oder die Zuordnung zu Vergleichsgruppen neutral erfolgen (z.B. externe Randomisierung)?
- Werden Merkmale (z.B. Vorkenntnisse, Teilnahmemotivation) erhoben, die die Prüfung etwaiger konfundierter Effekt erlauben?
- Wird bei qualitativen Studien ein begründetes Vorgehen bei der Stichprobengewinnung verwendet und dokumentiert (z.B. Theoretical Sampling)?

Datenbasis und -qualität

- Können die Erhebungsmethoden/-instrumente in der intendierten Anwendungssituation vorgetestet werden?
- Können Gütekriterien für die Erhebungsinstrumente in den intendierten Anwendungssituationen bestimmt werden?
- Sollen die Daten auf Individual- oder auf Gruppenebene verwertet werden?
- Werden mögliche Verzerrungstendenzen (z.B. Beurteilungsfehler) berücksichtigt?
- Wird die Qualität der Dateneingabe geprüft (z.B. 10 Prozent Doppeleingabe)?

Auswertung

- Ist die Auswertung hinreichend an der Theorie- und Hypothesenstruktur orientiert?
- Entspricht die Auswertungsmethodik dem Standard für aussagekräftige Befunde?
- Werden die Dateneigenschaften deskriptiv (z.B. in Bezug auf Ausreißer- oder Verteilungsprobleme) genau analysiert (Look at your data!)?
- Sind die Voraussetzungen der Datenanalyseverfahren erfüllt?
- Werden Ursachen für fehlende Daten (z.B. Drop-out) untersucht? Wird der Umgang mit fehlenden Werten begründet?
- Werden Sensitivitätsanalysen bei Unsicherheiten aufgrund von fehlenden Werten oder Voraussetzungsverletzungen durchgeführt?
- Findet eine möglichst ökonomische und a priori begründete Datenanalyse statt?
- Werden multivariate Beziehungen angemessen modelliert (z.B. Pfadmodelle)?
- Werden Subgruppenheterogenitäten angemessen berücksichtigt?
- Werden Adjustierungen bei Vergleichsgruppenheterogenitäten vorgenommen (z.B. Propensity Scoring)?
- Liegt eine Mehrebenenstruktur in den Daten vor? Wird diese bei der Auswertung angemessen berücksichtigt (z.B. Mehrebenenmodelle)?
- Werden Profile oder typologische Strukturen in den Daten angemessen berücksichtigt (z.B. Mischverteilungsmodelle)?
- Werden Ergebnisse von Signifikanztests korrekt interpretiert?
- Werden Effektstärkemaße und Konfidenzintervalle berichtet?
- Werden exploratorische und hypothesenprüfende Befunde angemessen unterschieden?
- Findet bei qualitativen Datenanalysen eine explizite Orientierung an einem etablierten Auswertungskonzept (z.B. Qualitative Inhaltsanalyse, Dokumentarische Methode) statt?
- Werden insbesondere bei qualitativen Analysen Gütekriterien des Forschungsprozesses begründet, angewendet und dokumentiert?
- Werden alle für die Dateninterpretation notwendigen Ergebnisse und Rahmenbedingungen dokumentiert/dargestellt?

Theorieorientierte Interpretation und Diskussion der Ergebnisse

- Werden die Studienergebnisse auf die zugrunde gelegte Theorie und die empirische Befundlage bezogen und interpretiert?
- Findet eine klare Trennung zwischen Ergebnisdarstellung und -interpretation statt?
- Werden Stärken und Schwächen der Methodenanwendung berücksichtigt/dargestellt?
- Werden Implikationen für weitere Forschungsnotwendigkeiten begründet?

Präsentations- und Schreibkompetenzen

- Verfügen die Kollegiaten über die Fähigkeit, forschungsmethodische Aspekte adäquat zu präsentieren und argumentativ einzubetten (Vorträge, Poster, Publikationen)?
- Werden ggf. relevante Publikationsrichtlinien berücksichtigt (z.B. CONSORT-Kriterien)?

Diese Checkliste gibt einen guten Einblick in das breite Spektrum an Anforderungen, die bei der Durchführung und Betreuung empirischer Forschungsprojekte berücksichtigt werden müssen. Exemplarisch sollen nun einige Schwerpunkte genauer dargestellt werden, die in der empirischen Bildungsforschung von besonderer Bedeutung sind.

12.2 Besondere forschungsmethodische Standards in Projekten zur empirischen Bildungs- und Unterrichtsforschung

Verknüpfung unterschiedlicher Forschungsmethoden, Mixed-Method-Ansatz:
In der empirischen Bildungs- und Unterrichtsforschung sind die Anwendung und Kombination unterschiedlicher Methoden im Rahmen komplexer Studien in der Regel indiziert. Verschiedenartige Methoden zur Datenerhebung und -auswertung verfolgen unterschiedliche Ziele und haben unterschiedliche Vor- und Nachteile im längerfristigen Prozess wissenschaftlicher Theorieentwicklung und -überprüfung (Wirtz & Schulz, 2012; Kapitel 3; Schickore & Steinle, 2006). Je nach Komplexität des Forschungsgegenstandes und entsprechend der Elaboriertheit des theoretischen Hintergrundes, lassen sich oftmals für eine Optimierung des jeweiligen Forschungsdesigns spezifische Stärken und Schwächen der unterschiedlichen Forschungsmethoden gewinnbringend miteinander kombinieren (Schulz, 2010; Kelle, 2008; Tashakkori & Teddlie, 2000). Beispielsweise werden qualitative Methoden häufig mit dem Ziel induktiver Wissens- und Theorieerweiterung eingesetzt. Quantitative Methoden sind vor allem notwendig, um stabile und generalisierbare Variablenzusammenhänge und -effekte zu prüfen (Petrucci & Wirtz 2009). In Mixed-Method-Designs lassen sich mit unterschiedlichen Zugängen (Daten, Methoden, Theorien) auch unterschiedliche Perspektiven auf den Forschungsgegenstand miteinander kombinieren (z.B. Triangulation; Schulz, 2010). Die damit verbundenen, reichhaltigen Chancen und Möglichkeiten von Mixed-Method-Designs wurden in zentralen Fortbildungsveranstaltungen des e^{x}MNU-Kollegs vorgestellt, mit den Projekten durchdiskutiert und teils sequenziell in Bezug auf Pilotierungsstudien, als auch triangulierend und komplementär ergänzend in den endgültigen Forschungsdesigns, umgesetzt.

Standards von Interviewstudien: Interviews sind besonders geeignet, um die subjektive Sichtweise oder Verarbeitungsprozesse von Individuen zu erfassen. Insbesondere wenig standardisierte, offene Interviews (Bortz & Döring, 2005) ermöglichen es dem Befragten, individuell bedeutsame und von der Erhebungstechnik unabhängige Aspekte und Vertiefungen differenziert einzubringen. Derart finden die angestrebte Gegenstandsorientierung und Offenheit eines qualitativen Forschungsprozesses Berücksichtigung (vgl. Schulz, 2010; Reinders, 2005). Diesem Vorteil der Offenheit steht bei der Datenauswertung die Notwendigkeit eines in der Regel anspruchsvollen interpretativen Umgangs mit den Daten entgegen. Neben der soliden

Entwicklung von Interviewleitfäden und einer qualifizierten Interviewerschulung (Reinders, 2005) stellt die Identifikation verlässlicher und theoriebezogener latenter Merkmalsinformation (Konstrukte) einen hohen Anspruch an die Forscher. Der Orientierung an etablierten Analysekonzepten (z.B. Qualitative Inhaltsanalyse: Mayring, 2007; Dokumentarische Methode: Bohnsack, 2007) und der Sicherstellung und Dokumentation von Daten- und Prozessgütekriterien (Steinke, 2000) muss für die Qualität der Befunde ein besonderer Stellenwert eingeräumt werden.

Im Rahmen des e^x^MNU-Kollegs wurden Hintergründe und Techniken der Interviewplanung und -durchführung ausführlich behandelt und Workshops zur Analyse von Interviewtranskripten mit der Software AtlasTi und MaxQDA durchgeführt. Zur Validitätssteigerung wurden bei Fragebogen- und Aufgabenentwicklungen insbesondere die Methodik des Lauten Denkens und das Comprehension Probing (Collins, 2003) eingesetzt.

Standards von Beobachtungs- und Beurteilungsstudien: Beobachtungs- und Beurteilungsstudien ermöglichen einen besonders validen Zugang, um Unterrichtsprozesse analysieren sowie Merkmale und Determinanten Unterrichtsqualität bestimmen zu können. Insbesondere Videostudien (Reusser, Pauli & Waldis, 2010) eignen sich, um komplexe Prozesse abzubilden und die Perspektiven unterschiedlicher Beteiligter oder unabhängiger Beobachter in Bezug auf dasselbe Analysematerial zu kombinieren oder differenziell zu evaluieren (Clausen, 2002). Solche Studien sind in der praktischen Durchführung mit sehr hohem Aufwand verbunden: Es müssen die Voraussetzungen geschaffen werden, dass durch die Beobachtungssituation das natürliche Verhalten der Beteiligten nicht verzerrt wird. Das Erhebungs- und Analyseprozedere (z.B. hoch vs. niedrig inferente Einschätzung; Definition der Beurteilungskategorien, stimulated recall) muss hinsichtlich des Auswertungsziels begründet und optimal entwickelt und umgesetzt werden. Zudem bedarf es einer systematischen Beurteilerschulung und einer Sicherstellung der Beurteilerübereinstimmung (Wirtz & Caspar, 2002), um die psychometrische Qualität sicherstellen zu können. Auch wenn in e^x^MNU nur weniger anspruchsvolle und umfangreiche Beobachtungen durchgeführt werden konnte, so orientierten sich diese in der Erhebung und Auswertung von Beobachtungsdaten an diesen Standards.

Umgang mit fehlenden Werten und systematischer Einsatz unvollständiger Erhebungsdesigns: In empirischen Studien können Daten häufig nicht vollständig erhoben werden. Dabei muss zwischen (i) aufgrund des Erhebungsdesigns nicht vorliegenden Daten (Missing-by-Design) und (ii) unerwartet nicht vorliegenden Daten (unexpected missing) unterschieden werden (Wirtz, 2004). Bei der Technik des ‚*Missing-by-Design*', die häufig bei Kompetenzmessungen eingesetzt wird (Walter, 2005), werden den Befragten oder Testanden nur ein Teil der Aufgaben (Testheft) einer Kompetenzskala zur Bearbeitung vorgelegt. Der gesamte Aufgabenpool ist auf unterschiedliche Testhefte verteilt, sodass jede Aufgabe nur von einem Teil der Schüler bearbeitet wird. Die Testhefte werden zufällig an die Schülerinnen und

Schüler verteilt, sodass von rein zufällig fehlenden Werten (Missing-Completely-at-random, MCAR; Schafer & Graham, 2002) ausgegangen werden kann und unverzerrte Statistiken und Iteminformationen ermittelt werden können (Lüdtke et al., 2007). Hierdurch steht eine Technik zur Verfügung, mittels derer umfangreiche Merkmalserhebungen ökonomisch realisiert werden können: Da Schülerinnen und Schüler nicht beliebig viele Aufgaben in üblichen Datenerhebungszeitfenstern bearbeiten können, stellt dies häufig die einzige Möglichkeit dar, psychometrisch aussagekräftige Datengrundlagen zu erhalten.

‚*Unexpected missings*' bei Fragebogendaten oder Testaufgaben stellen ein größeres Problem für die fundierte Datenanalyse dar. Ist es für einen Schüler z.B. nicht möglich, alle Aufgaben in dem vorgegebenen Zeitrahmen zu bearbeiten, so werden ggf. schwierigere Aufgaben ausgespart. Bearbeiten Schülerinnen und Schüler mit Textverständnisproblemen Textaufgaben mit einer geringeren Wahrscheinlichkeit als Schülerinnen und Schüler ohne diese Probleme, so ist ebenfalls von einer verzerrten Informationslage auszugehen. Brechen Studienteilnehmer mit größeren Lernschwierigkeiten die Teilnahme an einer Studie mit erhöhter Wahrscheinlichkeit ab, so wird durch diese systematische Drop-out-Problematik die nachweisbare Veränderung über die Zeit beeinflusst. In all diesen Fällen fehlen Daten systematisch, sodass sich ein anderes statistisches Ergebnis auf Basis der vorliegenden Daten zeigt, als es erwartet würde, wenn alle Daten valide hätten erhoben werden können. In solchen Fällen sind sowohl anspruchsvolle Techniken zum Umgang mit fehlenden Werten (z.B. Imputation, Sensitivitätsanalysen; Lüdtke, 2007) als auch eine detaillierte Analyse der zugrunde liegenden Ursachen für Datenverlust oder -ausfall (Wuttke, 2008) indiziert.

Im Kolleg e^{x}MNU fand eine gezielte Beschäftigung mit der Systematik und Problematik fehlender Werte statt. Präventiv wurden Maßnahmen zur Vermeidung fehlender Werte entwickelt und Indikatoren für den Ausfall von Daten (z.B. Teilnahmemotivation) erhoben. In Einzelfällen wurde auf Basis der vorhandenen Dateninformationen und der Annahmen über die Missing-Data-Prozesse Imputationen (z.B. Expectation-Maximization; Wirtz, 2004) vorgenommen und Sensitivitätsanalysen durchgeführt. Bei zu umfangreichen Aufgabengruppen zur Kompetenzerfassung fanden Testheft-Designs Anwendung.

Erfassung von Merkmalen und Kompetenzskalierung: Aussagen über Merkmalsausprägungen und -verteilungen stellen häufig die empirische Grundlage der Diskussion über Strukturen und Probleme im Bildungssystem dar. Fragen wie ‚Welcher Anteil von Schülerinnen und Schülern erreicht eine definierte Kompetenzstufe?' oder ‚In welchem Maße unterscheiden sich Schülerinnen und Schüler in Gruppe A hinsichtlich einer Kompetenz durchschnittlich von Schülerinnen und Schülern in Gruppe B?' setzen eine aussagekräftige Messung dieser Kompetenz voraus (Klieme et al., 2003; Körber, 2007). Solche Messungen werden nicht einfach nach inhaltlichen Kriterien festgelegt, sondern müssen psychometrisch fundiert sein (Klieme & Hartig, 2007). Dies bedeutet insbesondere, dass diese möglichst objektiv sowie genau und zuverlässig (Gütekriterium: Reliabilitat) erhoben werden müssen. Darüber hinaus muss abgesichert werden, dass die erfasste Messgröße aussagekräftig und gültig das zu messende Merkmal widerspiegelt (Gütekriterium: Validität). In Studien wie PISA wurden beispielsweise zu zentralen Kompetenzen (z.B. Mathematical literacy, Scientific literacy, Lesekompetenz; OECD, 2009) sorgfältige konzeptuelle Grundlagen gelegt und entsprechende Kompetenzskalen psychometrisch abgesichert.

Eine solche psychometrische Absicherung stellt einen sehr anspruchsvollen Prozess dar. Theoretisch gut begründete Indikatoren (z.B. Testaufgaben) müssen von einer großen Anzahl von Schülerinnen und Schülern bearbeitet werden. Aufgrund der Schülerlösungen muss anschließend für jede Testaufgabe die Passung zu einem mathematischen Modell geprüft werden, das die Beziehung zwischen unterliegender Kompetenz und Lösungswahrscheinlichkeit bei der entsprechenden Testaufgabe beschreibt (z.B. Item-Response-Modelle, IRT-Modelle). Lediglich die Gruppe der Items, die den Modellannahmen entspricht, ist zur Erhebung der Kompetenz geeignet (Hartig & Klieme, 2007). Mittels einer so entwickelten und geprüften Kompetenzskala können dann begründete Aussagen über Kompetenzausprägungen oder auch Kompetenzstufen gemacht werden (Hartig, 2007).

Für das Kolleg e^{x}MNU wurde das Ziel verfolgt, alle zentralen Merkmale (z.B. Motivation, Lernerfolg, Experimentierkompetenz) mittels psychometrisch abgesicherter Skalen zu erfassen. Dies stellte eine große Herausforderung dar, da nicht für alle wichtigen Merkmale aus der Literatur oder Vorgängerstudien fundierte Erhebungsmethoden oder -skalen übernommen werden konnten. In Einzelfällen haben sich auch fachspezifische Erhebungstechniken etabliert, die bisher nicht psychometrisch begründet wurden (vgl. z.B. Draxler-Skala, Kapitel 17). Die Kollegiaten mussten überwiegend die Techniken einer soliden Skalen- und Testkonstruktion (Bühner, 2010) erst erwerben, um die Basis für eine aussagekräftige empirische Studie zu legen. Die Entwicklung und Validierung von Skalen wurde so zu einem Schwerpunkt vieler Projekte, die die Anschlussfähigkeit an Referenzstudien erst ermöglichte. Darüber wurde hierdurch eine reflektierte Diskussion und Kritik zentraler Fragen in der Bildungsforschung erst geschaffen, z.B.: Welche Voraussetzungen müssen vorliegen, um gültige Aussagen über Schülerkompetenzen oder bedeutsame Differenzen zwischen Schülerleistungen zu treffen? Wann sind Testbefunde individualdiagnostisch oder gruppendiagnostisch verwertbar? Wann ist die Definition von Kompetenzstufen diagnostisch begründbar? Wie wirkt sich eingeschränkte Messgüte auf die Struktur und Zuverlässigkeit empirischer Befunde aus?

Modellierung typischer Datenstrukturen in der Bildungs- und Unterrichtsforschung: In der Bildungs- und Unterrichtsforschung liegen häufig besondere Datenstrukturen vor, die gezielte Datenerhebungsdesigns und komplexe Auswertungsmethoden erfordern (Rakoczy et al., 2010). Bildungssettings zeichnen sich in der Regel durch hierarchisch strukturierte Beziehungsgefüge aus, in der Merkmale von Einzelobjekten durch die Zugehörigkeit zu natürlichen Gruppen beeinflusst oder mit determiniert werden. Beispielsweise gehören Schülerinnen und Schüler (Ebene 1) einer Klasse (Ebene 2) an. Merkmale der Schülerinnen und Schüler, wie die Lernmotivation oder der Lernerfolg, können dann direkt durch das Klassenkollektiv oder Merkmale der die Klasse unterrichtenden Lehrkraft beeinflusst werden. Die Merkmale von Klassen können wiederum durch die Zugehörigkeit zu einer Schule (Ebene 3) mit bestimmt werden (z.B. durch das Schulklima oder das pädagogische Konzept).

In der Schulforschung werden typischerweise Fragestellungen untersucht, die die Beziehung zwischen diesen Ebenen betreffen (z.B. Klieme et al., 2006). Analysen zum Einfluss von Merkmalen der Lehrkraft (Ebene 2) auf Schülermerkmale (Ebene 1) müssen in Folge dessen ein statistisches Modell zugrunde legen, das valide Annahmen bzgl. der Datenstruktur und -verteilung macht. Die Mehrebenenanalyse (Multilevel-Models, Hox, 2010) kann dies in angemessener Weise leisten: Sie erlaubt die korrekte Bestimmung von Verteilungsmerkmalen (z.B. Varianz, Standardfehler), eine ebenenspezifische Varianzzerlegung und Parameterspezifizierung (z.B. Vorhersagegewichte), die valide Signifikanztestung und die Prüfung von Interaktionshypothesen (z.B. Einfluss von Lehrermerkmalen auf den Vorhersagewert von Schülermerkmalen).

Im Rahmen von e^{x}MNU war die Anwendung von Mehrebenendesigns und -modellen in allen Projekten indiziert, in denen statistische Hypothesen zur Beziehung oder zum simultanen Einfluss von Merkmalen von unterschiedlichen Ebenen auf Schülermerkmale geprüft werden sollten und in denen eine ausreichend umfangreiche Datengrundlage erhoben werden konnte. Da die Methodik der Mehrebenenanalyse sehr anspruchsvoll ist und sich erst in der letzten Dekade zum statistischen Standard etabliert hat, konnten entsprechenden Analysekompetenzen aufgrund der vorangegangenen Ausbildung der Kollegiaten nicht vorausgesetzt werden. Folglich erwies es sich als notwendig, die Eigenschaften dieser Methodik zunächst literaturbasiert intensiv aufzuarbeiten und an Beispieldatensätzen anzuwenden, bevor eine zielgerichtete Datenerhebung geplant werden konnte und die projektspezifischen Hypothesen solide evaluiert werden konnten. Zudem erwiesen sich Kenntnisse zur Mehrebenenanalyse als essenziell, um den Forschungsstand verstehen und kritisch beurteilen zu können.

Modellierung multivariater Zusammenhangsstrukturen und typologischer Strukturen: Grundlage für empirische Modellierung komplexer Zusammenhangsstrukturen und Wirkgefüge sollte eine gut fundierte Theorievorstellung sein, welche die für den Inhaltsbereich (a) relevanten Merkmale und (b) die Beziehungen zwischen diesen spezifiziert. Beispielsweise könnten Lernleistungen von Schülerinnen und Schülern (Zielvariable) durch mehrere Lerner- und Lehrermerkmale (Prädiktoren) vorhergesagt werden. Zudem könnte angenommen werden, dass Merkmale des Unterrichtsgeschehens (Vermittelnde oder Mediatorvariablen, Baron & Kenny, 1986) den Vorhersagewert der Schülereigenschaften auf den Lernerfolg vollständig oder teilweise vermitteln. Des Weiteren könnte in Abhängigkeit von Lehrermerkmalen (z.B. Motivation) dasselbe Schülermerkmale in unterschiedlich starkem Maße den Lernerfolg mit determinieren (Moderatorvariable; Baron & Kenny, 1986). Um diese Modellannahmen möglichst aussagekräftig und in sich geschlossen zu prüfen, sollte das Theoriegefüge möglich als Ganzes in einer empirischen Modellierung formuliert und geschätzt werden. Die Methodik der ‚Strukturgleichungsmodelle' (Kline, 2010) bietet hierfür ein flexibles und angemessenes Analyseinstrumentarium, das (i) sowohl die Evaluation der Qualität der Merkmalsmessungen als auch (ii) die Prüfung von Hypothesen über komplexe Merkmalsbeziehungen ermöglicht (Bühner, 2010). Latent-Class-Ansätze und Mischverteilungsansätze (Rost & Langeheine, 1997) ergänzen diese Methodik, wenn Hypothesen zur Bedeutsamkeit bekannter oder exploratorisch zu identifizierender Merkmalsprofile (z.B. Leistungs- oder Begabungsprofile) geprüft werden sollen.

Im Rahmen des Kollegs e^xMNU wurden Einführungen in entsprechende Softwareprograme (z.B. MPlus, AMOS, Latent Gold) gegeben und Arbeitsgruppen gebildet, die sich im Verlauf des Kollegs kontinuierlich mit der Einarbeitung und Umsetzung der Methoden in den betreffenden Projekten beschäftigten. In mehreren Projekten konnten komplexe theoriebasierte Modelle so einer adäquaten Prüfung unterzogen werden.

Orientierung an Kriterien der empirischen Evidenz: In der empirischen Bildungs- und Unterrichtsforschung gewinnt der Begriff der empirischen Evidenz zunehmend an Bedeutung (Biesta, 2007; Henson et al., 2010; Meyer-Hesemann, 2007, Slavin, 2002). ‚Empirische Evidenz' kann als Grad der Eindeutigkeit und Verlässlichkeit verstanden werden, mit dem man aufgrund empirischer Befunde auf kausale Wirkzusammenhänge schließen kann. Das dahinter liegende Rational und die konzeptuellen Überlegungen hierzu werden in den Kapiteln 1 bis 3 dieses Bandes ausführlich behandelt. An dieser Stelle soll lediglich erwähnt werden, dass empirische Befunde in der Regel so interpretiert werden, dass Handlungsregeln abgeleitet werden können, die gezielt zu vorhersagbaren Veränderungen oder Wirkungen führen sollen oder können (z.B.: Veränderungen des Schulsystems führen zur Nivellierung sozialer Ungleichheit; Die Förderung selbstgesteuerten Lernens bewirkt einen nachhaltigerem Lernerfolg).

Die Kriterien für empirische Evidenz geben an, welche Merkmale von Studiendesigns entscheidend dafür sind, ob entsprechende kausale Ableitungen zulässig sind. Werden in einer Querschnittsstudie lediglich Zusammenhänge bestimmt, so lässt sich nicht ableiten, ob tatsächlich eine kausale Wirkbeziehung die Existenz der Korrelation bedingt. Setzt ein Forscher jedoch gezielt zwei strukturell vergleichbare Stichproben unterschiedlichen Bedingungen (Unabhängige Variable; z.B. Fortbildungsmaßnahme: Ja vs. nein) und kann für die Vergleichsgruppen die Entstehung systematische Unterschiede in einem Zielkriterium (Abhängige Variable; z.B. Unterstützung selbstgesteuerter Lernhandlungen) nachweisen, so ist die Evidenz für eine kausale Beziehung im Untersuchungssetting sehr hoch. Entsprechend stellen kontrollierte Experimente den Königsweg zur Erreichung hoher Evidenz dar (vgl. Kapitel 1).

Im Rahmen von e^xMNU wurde besonders darauf geachtet, dass die Untersuchung von Kausalhypothesen mittels Designs erfolgte, die eine möglichst hohe Evidenz der resultierenden Befunde erzeugen. So wurde bspw. für Interventionsstudien oder Fortbildungsmaßnahmen angestrebt, zumindest gut kontrollierte Quasiexperimente zum Beleg der Wirksamkeit durchzuführen.

Im Verlauf des Promotionskollegs konnte durch die kontinuierliche Orientierung an einer inhaltsbezogenen, theorieorientierten und forschungsmethodischen Kompetenzentwicklung die in diesem Band dokumentierte, inhaltliche und methodische Vielfalt realisiert werden. Diese Vielfalt wissenschaftlicher Perspektiven und der intensive Austausch sowohl zwischen den Kollegiaten, Beteuern und externen Referenten als auch zwischen den Fachdisziplinen erwiesen sich dabei als wesentliche Determinanten der Qualität der Projekt- und Kollegerträge sowie der konzeptuellen und unterrichtsorientierten Weiterentwicklungen zur Thematik des Experimentierens im mathematisch-naturwissenschaftlichen Unterricht.

Literatur

Achilles, M. (1989). *Historische Versuche der Physik.* Frankfurt a.M.: Wötzel.

Adams, T. (1997). Addressing students' difficulties with the concept of function: applying graphing calculators and a model of conceptual change. *Focus on Learning Problems in Mathematics, 19* (2), 43-57.

Aebli, H. (1976). *Grundformen des Lehrens: Eine allgemeine Didaktik auf kognitionspsychologischer Grundlage* (9. Aufl.). Stuttgart: Klett.

Aebli, H. (1980). *Denken: Das Ordnen des Tuns.* 2 Bde. Stuttgart: Klett.

Allison, P.D. (2001). *Missing Data.* Sage University Papers Series on Quantitative Applications in the Social Science. Thousand Oaks, CA: Sage.

Altenburger, P. & Starauschek, E. (2010). Über welchen physikalischen Wissensstand verfügen Schülerinnen und Schüler der Primarstufe am Ende von Klasse 4? In D. Höttecke (Hrsg.), *Entwicklung naturwissenschaftlichen Denkens zwischen Phänomen und Systematik* (S. 520-522). Münster: LIT.

Altenburger, P. & Starauschek, E. (2011). Welchen Anteil haben physikalische Themen am Sachunterricht in Klasse 3 und 4? In D. Höttecke (Hrsg.), *Naturwissenschaftliche Bildung als Beitrag zur Gestaltung partizipativer Demokratie* (S. 232-234). Münster: LIT.

Anderson, L.W. (1995). Time: Allocated and instructional. In L.W. Anderson (Hrsg.), *International Encyclopedia of Teaching and Teacher Education* (S. 204-207). Oxford: Pergamon.

Andrich, D. (2009) Educational Measurement: Rasch Models. In E. Baker, B. McGaw, & P. Peterson (Hrsg.), *Third Edition of the International Encyclopedia of Education* (S. 1-15). Elsevier.

Andrich, D. & Hagquist, C. (2011). *Real and artificial differential item functioning. Journal of Educational and Behavioral Statistics*, Sep. 21 (published online first).

Andrich, D., Sharidan B.E. & Luo G. (2009). RUMM2030 – Rasch Unidimensional Measurement Model, Software. Rumm Laboratory Pty Ltd.

Anton, M.A., Heimann, R. & Rossa, E. (2005). Experimente im Chemieunterricht. In E. Rossa (Hrsg.), *Chemie-Didaktik. Praxishandbuch für die Sekundarstufe I und II* (S. 12-73). Berlin: Cornelsen Scriptor.

Appelbaum, W. (2005). *The Scientific Revolution and the Foundation of Modern Science.* Westport: Greenwood Press.

Arabatzis, Th. (2006). On the inextricability of the context of discovery and the context of justification. In J. Schickore & F. Steinle (Hrsg.), *Revisiting Discovery and Justification. Historical and philosophical perspectives on the context distinction* (S. 215-230). Dordrecht: Springer.

Aufschnaiter, S. von & Welzel, M. (1996). Beschreibung von Lernprozessen. In R. Duit & C. von Rhöneck (Hrsg.), *Lernen in den Naturwissenschaften* (S. 301-327). Kiel: IPN.

Ausubel, D.P. (1968). *Educational Psychology: A Cognitive View.* New York: Holt, Rinehart and Winston.

Bachelard, G. (1999). *La formation de l'esprit scientifique*, seizième triage. Paris: Vrin.

Backhaus, K., Erichson, B., Plinke, W. & Weiber, R. (2006). *Multivariate Analysemethoden. Eine anwendungsorientierte Einführung.* Berlin u.a.: Springer.

Bacon, F. (1620). Novum organum. In *The works of Francis Bacon*, a new edition by Basil Montagu, vol. IX (1828). London: W. Pickering.

Bader, H.J. (2002). Zur Beliebtheit des Chemieunterrichts. In P. Pfeife, B. Lutz & H.J. Bader (Hrsg.), *Konkrete Fachdidaktik. Chemie.* München: Oldenbourg.

Balzer, W. (1982). *Empirische Theorien: Modelle, Strukturen, Beispiele. Die Grundzüge der modernen Wissenschaftstheorie.* Braunschweig: Viehweg.

Barab, S. & Squire, K. (2004). Design-Based Research: Putting a Stake in the Ground. *The Journal of the Learning Sciences, 13 (1), 1-14.*

Barke, H.-D. (2006). *Chemiedidaktik. Diagnose und Korrektur von Schülervorstellungen.* Berlin, Heidelberg, New York: Springer.

Baron, R.M. & Kenny, D.A. (1986). The moderator-mediator variable distinction in social psychological research: Conceptual, strategic, and statistical considerations. *Journal of Personality and Social Psychology, 51*, 1173-1182.

Barzel, B. (2009). Mathematik mit allen Sinnen erfahren – auch in der Sekundarstufe! In T. Leuders, L. Hefendehl-Hebeker & H.G. Weigand (Hrsg.), *Mathe Magische Momente* (S. 6-17). Berlin: Cornelsen.

Barzel, B. & Ganter, S. (2010). Experimentell zum Funktionsbegriff. *Praxis der Mathematik in der Schule, 31*, 14-19.

Barzel, B., Hußmann, S. & Leuders, T. (2005). Der „Funktionenführerschein" – Wie Schülerinnen und Schüler das „Denken in Funktionen" wiederholen und festigen können. *Praxis der Mathematik in der Schule, 47* (2), 20-25.

Barzel, B., Hußmann, S. & Leuders, T. (2005). *Computer, Internet & Co. im Mathematik-Unterricht* (1. Aufl.). Berlin: Cornelsen-Scriptor.

Bauer, A. & Kattmann, U. (Hrsg.) (2003). *Entwicklung von Wissen und Kompetenzen im Biologieunterricht. Internationale Tagung der Sektion Fachdidaktik im VdBiol. in Berlin.* Kiel: IPN.

Baumert, J. & Köller, O. (2000). Unterrichtsgestaltung, verständnisvolles Lernen und multiple Zielerreichung im Mathematik- und Physikunterricht der gymnasialen Oberstufe. In J. Baumert, W. Bos & R. Lehmann (Hrsg.), *TIMSS/III. Dritte Internationale Mathematik- und Naturwissenschaftsstudie*, 2 (S. 271-315). Opladen: Leske + Budrich.

Baumert, J. & Kunter, M. (2006). Stichwort: Professionelle Kompetenz von Lehrkräften. *Zeitschrift für Erziehungswissenschaft, 9* (4), 469-520.

Baumert, J., Klieme, E., Neubrand, M. et al. (Hrsg.) (2001). *PISA 2000: Basiskompetenzen von Schülerinnen und Schülern im internationalen Vergleich.* Opladen: Leske + Budrich.

Baumert, J., Lehmann, R., Lehrke, M., Schmitz, B., Clausen, M., Hosenfeld, I., Köller O. & Neubrand, J. (1997). *TIMSS – Mathematisch-naturwissenschaftlicher Unterricht im internationalen Vergleich. Deskriptive Befunde.* Opladen: Leske + Budrich.

Beaglehole, R., Bonita, R. & Kjellström, T. (1993). *Basic epidemiology.* Geneva: World Health Organization.

Beckmann, A. (2006). *Experimente zum Funktionsbegriffserwerb im Mathematikunterricht der Sekundarstufe I und Anfang der Sekundarstufe II.* Köln: Aulis.

Beckmann, A. (2007). Was verändert sich wenn ... – Experimente zum Funktionsbegriffserwerb. *Mathematik lehren, 141*, 44-51.

Beinbrech, C., Kleickmann, T., Tröbst, S. & Möller, K. (2009). Wissenschaftliches Begründen durch Schülerinnen und Schüler und die Rolle der Lehrkraft. *Zeitschrift für Grundschulforschung*, (2), 139-155.

Beller, S. (2006). *Empirisch forschen lernen.* Bern: Huber.

Beller, S. (2008). *Empirisch forschen lernen. Bern:* Huber.

Ben-Zvi, R., Hofstein, A., Kempa, R.F. & Samuel, D. (1976). The effectiveness of filmed experiments in high school chemical education. *Journal of Chemical Education, 53,* 518-520

Ben-Zvi, R., Hofstein, A., Samuel, D. & Kempa, R.F. (1977). Modes of instruction in high school chemistry. *Journal of Research in Science Teaching, 14,* 433-439.

Berck, K.H. (2005). *Biologiedidaktik. Grundlagen und Methoden.* Wiebelsheim: Quelle & Meyer.

Bernard, Cl. (2008). *Introduction à l'étude de la médecine expérimentale*, chronologie et préface par François Dagognet. Paris: Flammarion.

Biesta, G. (2007). Why „What Works" Won't Work: Evidence-Based Practice and the Democratic Deficit in Educational Research. *Educational Theory, 57,* 1-22.

Bingman, R.M. (Hrsg.) (1969). Inquiry objectives in the teaching of biology. Mid-Continental Regional Educational Laboratory and the Biological Science Curriculum Study.

Black, A.E. & Deci, E.L. (2000). The effects of instructors'autonomy support and students' autonomous motivation on learning organic chemistry. A self-determination theory perspective. *Science Education 84* (6), 740-756.

Black, J. (1809). *Lectures on the elements of chemistry published by John Robison.* Edinburgh: Creech.

Bland, J.M. & Altman, D.G. (1995). Multiple significance tests: The Bonferroni method. *British Medical Journal, 310,* 170.

Blömeke, S. (2003). Lehren und Lernen mit neuen Medien. Forschungsstand und Forschungsperspektiven. *Unterrichtswissenschaft, 31* (1), 57-82.

Blosser P. (1980). *A critical review of the role of the laboratory in science teaching.* Columbus, OH: Center for Science and Mathematics Education.

Blumberg, E. (2008). *Multikriteriale Zielerreichung im naturwissenschaftsbezogenen Sachunterricht der Grundschule: Eine Studie zum Einfluss von Strukturierung in schülerorientierten Lehr-Lernumgebungen auf das Erreichen kognitiver, motivationaler und selbstbezogener Zielsetzungen.* Dissertationsschrift der Westfälischen Wilhelms-Universität Münster.

BMBF (2007). *Rahmenprogramm zur Förderung der empirischen Bildungsforschung.* Bonn: BMBF.

Böhm, A. (2005). Theoretisches Codieren: Textanalyse in der Grounded Theory. In U. Flick, E. v. Kardorff, & I. Steinke (Hrsg.), *Rororo Rowohlts Enzyklopädie: Vol. 55628. Qualitative Forschung. Ein Handbuch* (S. 475-485). Reinbek bei Hamburg: Rowohlt-Taschenbuch-Verlag

Bohnsack, R. (2007). *Rekonstruktive Sozialforschung. Einführung in qualitative Methoden.* Opladen: Barbara Budrich.

Borko, H. & Putnam, R.T. (1996). Learning to Teach. In D.C. Berliner & R.C. Calfee (Hrsg.), *Handbook of Educational Psychology* (S. 673-708). New York: Macmillan.

Bortz, J. & Döring, N. (2005). *Evaluation und Forschungsmethoden.* Berlin: Springer.

Bortz, J. & Döring, N. (2006). *Evaluation und Forschungsmethoden.* Berlin: Springer.

Bortz, J. & Döring, N. (2006). *Forschungsmethoden und Evaluation für Human- und Sozialwissenschaftler.* Heidelberg: Springer.

Bortz, J. & Schuster, C. (2010). *Statistik für Human- und Sozialwissenschaftler.* Berlin: Springer.

Bos, W. & Voss, A. (2008). Empirische Schulentwicklung auf Grundlage von Lernstandserhebung. Ein Plädoyer für einen reflektierten Umgang mit Ergebnissen aus Leistungstests. *Die Deutsche Schule, 100,* 449-458.

Bos, W., Bonsen, M., Baumert, J., Prenzel, M., Selter, C. & Walther, G. (Hrsg.) (2008). *TIMSS 2007. Mathematische und naturwissenschaftliche Kompetenzen von Grundschulkindern in Deutschland im internationalen Vergleich.* Münster: Waxmann.

Boyle, R. (1660). *New Experiments Physico-Mechanicall, touching the Spring of the Air, and its effects, made, for the most part, in a new pneumatical engine, etc.* Oxford: Robinson.

Brandenburg, S., Irion, T., Lochmiller, G., Lüftner, W., Reinhoffer, B., Siegmund, S., Sievert, R. & Wiest, F. (2004). *Bausteine Mensch, Natur und Kultur Baden-Württemberg 1.* Braunschweig: Diesterweg.

Bransford, J.D. (1990). Anchored Instruction: Why we need it and how technology can help. In D. Nix & R. Spiro (Hrsg.), *Cognition, Education and Multimedia. Exploring Ideas in High Technology* (S. 115-141). Hillsdale, NJ: Lawrence Erlbaum Associates.

Brell, C., Theysen, H., Schecker, H. & Schumacher, D. (2006). Simulation, IBE, Realexperiment – Lerneffizienz durch „Neue Medien"? In A. Pitton (Hrsg.), *Gesellschaft für Didaktik der Chemie und Physik (GDCP). Lehren und Lernen mit neuen Medien. Jahrestagung der GDCP in Paderborn 2005* (S. 81-83). Münster: LIT-Verlag.

Bresler, S., Geörg, J., Gepperth, K., Haas, T., Kleesattel, W., Kuck, C., Pollmann, M. & Schopfer, H. (2005). *Naturwissenschaftliches Arbeiten 3, Realschule Baden-Württemberg.* Berlin: Cornelsen Verlag.

Brezinka, W. (1995). *Erziehungsziele, Erziehungsmittel, Erziehungserfolg: Beiträge zu einem System der Erziehungswissenschaft.* München: E. Reinhardt.

Brody, T. (1993). *The philosophy behind physics.* Berlin: Springer.

Bröll, L., Friedrich, J. & Oetken, M. (2007). Naturwissenschaftliche Bildung im Primarbereich?! Eine Untersuchung zur Bedeutung und Realisierung naturwissenschaftlicher Inhalte in der Grundschule. *Praxis der Naturwissenschaften – Chemie in der Schule, 56* (6), 36-41.

Brophy, J. (1999). Teaching. *Educational Practices Series,* 2, Retrieved September 2011 from http://unesdoc.unesco.org/images/0012/001254/125450e.pdf.

Brown, A.L. (1992). Design experiments: Theoretical and methodological challenges in creating complex interventions in classroom settings. *The Journal of the Learning Sciences, 2* (2), *141-178.*

Bruder, R. (2003). *Methoden und Techniken des Problemlösenlernens: Material im Rahmen des BLK-Programms „Sinus" zur „Steigerung der Effizienz des mathematisch-naturwissenschaftlichen Unterrichts".* Kiel: IPN.

Brülls, S. (2002). Das genetische Prinzip in der Unterrichtskonzeption von Martin Wagenschein. In M. Aepkers & S. Liebig (Hrsg.), *Entdeckendes, forschendes und genetisches Lernen* (S. 123-145). Baltmannsweiler: Schneider Verlag Hohengehren.

Brülls, S. (2004). Unterrichtsvorbereitung nach Wagenschein. In A. Kaiser & D. Pech (Hrsg.), *Basiswissen Sachunterricht. Band 5. Unterrichtsplanung und Methoden* (S. 62-69). Baltmannsweiler: Schneider Verlag Hohengehren.

Brunner, M., Kunter, M., Krauss, S., Klusmann, U., Baumert, J., Blum, W., Neubrand, M., Dubberke, T., Jordan, A., Löwen, K. & Tsai, Y.-M. (2006). Die professionelle Kompetenz von Mathematiklehrkräften: Konzeptualisierung, Erfassung und Bedeutung für den Unterricht. In M. Prenzel & L. Allolio-Näcke (Hrsg.), *Untersuchungen zur Bildungsqualität von Schule: Abschlussbericht des DFG-Schwerpunktprogramms* (S. 54-82). Münster: Waxmann.

Bryce T.G.K. & Robertson I.J. (1985). What can they do? A review of practical assessment in science. *Studies in Science Education, 12,* 1-24.

Bryk, A. & Raudenbush, S. (1992). *Hierarchical linear models. Apllications and data analysis methods.* Newbury Park, London, New Delhi: Sage.

Buchanan, H. & Croker, S. (2007, September). Children's thinking and reasoning about oral health. British Psychological Society Division of Health Psychology Annual Conference. Nottingham, UK.

Bühner, M. (2006). *Einführung in die Test- und Fragebogenkonstruktion* (2., aktualisierte Auflage). München: Pearson Studium.

Bühner, M. (2010). *Einführung in die Test- und Fragebogenkonstruktion.* München: Pearson.

Bühner, M. & Ziegler, M. (2009). *Statistik für Psychologen und Sozialwissenschaftler.* München: Pearson.

Bullock, M. & Sodian, B. (2003). Entwicklung des wissenschaftlichen Denkens. In W. Schneider & M. Knopf (Hrsg.), *Entwicklung, Lehren und Lernen* (S. 75-92). Göttingen: Hogrefe.

Bullock, M. & Ziegler, A. (1999). Scientific reasoning. Developmental changes and individual differences. In F. E. Weinert & W. Schneider. (Hrsg.), *Individual development from three to twelve* (S. 38-54). Cambridge: Cambridge University Press.

Bullock, M. (1993). Scientific thinking: Are young children really so bad? *Max-Planck Institut für psychologische Forschung,* (8/93).

Buschlinger (1993). *Denkkapriolen? Gedankenexperimente in Naturwissenschaften, Ethik und Philosophy of Mind.* Würzburg: Königshausen.

Campbell, M., Fitzpatrick, R., Haines, A., Kinmouth, A.L., Sandercock, P., Spiegelhalter, D. & Tyrer, P. (2000). Framework for the design and evaluation of complex interventions to improve health. *British Medical Journal, 321,* 694-696.

Campbell, N., Murray, E., Darbyshire, J., Emery, J., Farmer, A., Griffiths, F.E., Guthrie, B., Lester, H.E., Wilson, P. & Kinmouth, A.L. (2007). *Designing and evaluating complex interventions to improve health care.* BMJ, 334, 455-459.

Carey, S., Evans, R., Honda, M., Jay, E. & Unger, C. (1989). ‚An experiment is when you try it and see if it works': a study of grade 7 students' understanding of the construction of scientific knowledge. *International Journal of Science Education,* Vol. 11, special issue, 514-529.

Chalmers, A., Bergemann, N. & Altstötter-Gleich, C. (2007). *Wege der Wissenschaft. Einführung in die Wissenschaftstheorie.* Berlin: Springer.

Chalmers, A., Altstötter-Gleich, C. & Bergemann, N. (2007). *Wege der Wissenschaft. Einführung in die Wissenschaftstheorie.* Heidelberg: Springer (Online-Version).

Chen, Z. & Klahr, D. (1999). All other things being equal: acquisition and transfer of the control of variables strategy. *Child Development, 70* (5), 1098-1120.

Chi, M.T.H., Feltovich, P.J. & Glaser, R. (1981): Categorization and representation of physics problems by experts and novices. *Cognitive Science, 5,* 121-152.

Chinn, C.A. & Brewer, W.F. (1998). An empirical test of taxonomy responses to anomalous data in scientific science. *Journal of Research in Science Teaching, 35*(6), 623-654.

Clausen, M. (2002). *Unterrichtsqualität: Eine Frage der Perspektive? Empirische Analysen zur Übereinstimmung, Konstrukt- und Kriteriumsvalidität.* Münster: Waxmann.

Clement, J.J. (1989). The concept of variation and misconceptions in cartesian graphing. *Focus on Learning Problems in Mathematics, 11* (2), 77-87.

Cobb, P., Confrey, J., diSessa, A., Lehrer, R., & Schauble, L. (2003). Design experiments in education research. *Educational Researcher, 32* (1), 9-13.

Cohen, L., Manion, I. & Morrison, K. (2007). *Research Methods in Education.* London: RoutledgeFalmer.

Collins, D. (2003). Pretesting survey instruments: An overview of cognitive methods. *Quality of Life Research, 12,* 229-238.

Coulter, J. C. (1966). The effectiveness of inductive laboratory demonstration and deductive laboratory in biology. *Journal of Research in Science Teaching, 4,* 185-186.

Czerwenka, K., Nölle, K., Pause, G., Schlotthaus, W., Schmidt, H.-J. & Tessloff, J. (1990). *Schülerurteile über die Schule. Bericht über eine internationale Untersuchung.* Frankfurt: Lang.

Daston, L. & Lunbeck, E.(2010). *Histories of scientific observation.* Chicago: Chicago University Press.

Davis, P. J. & Hersh, R. (1999). *The mathematical experience.* Boston: Houghton Mifflin.

Deci, E.L. & Ryan, R.M. (1985). *Intrinsic motivation and selfdetermination in human behavior.* New York: Plenum Press.

Deci, E.L. & Ryan, R.M. (1993). Die Selbstbestimmungstheorie der Motivation und ihre Bedeutung für die Pädagogik. *Zeitschrift für Pädagogik, 39,* 223-238.

Deci, E.L. & Ryan, R.M. (2010). *Intrinsic Motivation Inventory.* Verfügbat unter: http:// www.psych.rochester.edu/SDT/measures/IMI_description.php [10.08.2010].

Deci, E.L., & Ryan, R.M. (2000). The „what" and „why" of goal pursuits: Human needs and the self-determination of behavior. *Psychological Inquiry, 11* (4), 227-268.

Deci, E.L., & Ryan, R.M. (2002). *Handbook of self-determination research.* Rochester: University of Rochester.

Deci, E.L., Koestner, R. & Ryan, R.M. (2001). Extrinsic Rewards and Intrinsic Motivation in Education: Reconsidered Once Again. *Review of Educational Research 71* (1), 1-27.

Delaporte, F. (1982). *Nature's Second Kingdom*. Cambridge, MA. u.a.: The MIT Press.

DeMorois, P. & Tall, D. (1996). Facets and Layers of the Function Concept. In L. Puig & A. Gutierrez (Hrsg.), *20thConference of the International Group for Psychology of Mathematics Education (PME 20), 2,* 297-304.

Denzin, N. (1970). *Sociological Methods. Sourcebook.* London: Butterworths.

Dick, E. (2000). *Multimediale Lernprogramme und telematische Lernarrangements. Einführung in die didaktische Gestaltung.* Nürnberg: BW Bildung und Wissen.

Ditton, H. (1998). *Mehrebenenanalyse: Grundlagen und Anwendungen des Hierarchisch Linearen Modells.* Weinheim: Juventa.

Doll, J. & Prenzel, M. (2001). Das DFG-Schwerpunktprogramm „Bildungsqualität von Schule" (BIQUA): Bedingungen mathematischer, naturwissenschaftliche und über-fachlicher Kompetenzen. In BMBF (Hrsg.), *TIMSS – Impulse für Schule und Unterricht. Forschungsbefunde, Reforminitiativen, Praxisberichte und Video-Dokumente* (S. 99-103). Bonn, BMBF.

Dörner, D. (1989). Die *Logik des Misslingens.* Reinbek: Rowohlt Verlag.

Draxler, C. (2007). *Facetten professioneller Handlungskompetenz von Physik- und Sachunterrichtslehrerinnen und -lehrern.* Verfügbar unter: http://deposit.ddb.de/cgi-bin/dokserv?idn=98604914x&dok_var=d1&dok_ext=pdf&filename=98604914x.pdf. [03.06.2011].

Driver, R. (1989). Changing Conceptions. In P. Adey, J. Bliss, J. Head, & M. Shayer (Hrsg.), *Adolescent development and school science* (S. 79-104). New York: The Falmer.

Dronkers, J. & Robert, P. (2003). *The effectiveness of public and private schools from a comparative perspective.* Florence: European University Institute.

Dubinsky, E. & Harel, G. (Hrsg.) (1992). *The Concept of Function. Aspects of Epistemology and Pedagogy.* United States: Mathematical Association of America.

Dubs, R. (1995). Konstruktivismus: Einige Überlegungen aus der Sicht der Unterrichtsgestaltung. In *Zeitschrift für Pädagogik, 41* (6), 889-903.

Ducci, M., Rubner, I., Friedrich, J. & Oetken, M. (2009). Chemistry and Cinema – Das Projekt CHEMCi. Eine Unterrichtseinheit zum Themenfeld Diamant und Graphit – inszeniert und illustriert mit Szenen aus Spielfilmen. *Praxis der Naturwissenschaften – Chemie in der Schule, 58* (1), 44-49.

Dugard, P. & Todman, J. (1995). Analysis of pre-test-post-test control group designs in educational research. *Educational Psychology, 15,* 181-198.

Duhamel du Monceau, H.L. (1758). *La Physique des arbres; où il est traité de l'anatomie des plantes et de l'économie végétale: pour servir d'introduction au Traité complet des Bois et des Forests: avec une dissertation sur l'utilité des méthodes de botanique; et une explication des termes propres à cette science, et qui sont en usage pour l'exploitation des bois et des forêts.* Paris: Guérin & Delatour.

Duhem, P. (1908). *Ziel und Struktur der physikalischen Theorien.* Autorisierte Übersetzung von Friedrich Adler. Leipzig: Barth.

Duhem, P. (1954). *The aim and structure of physical theory.* Princeton: Princeton University Press.

Duhem, P. (1974). *The aim and structure of physical theory.* New York: Athenum.

Duit, R. (1993a). Schülervorstellungen – von Lerndefiziten zu neuen Unterrichtsansätzen. *Naturwissenschaften im Unterricht: Physik, 41* (16), 4-10.

Duit, R. (1993b). Schülervorstellungen und neue Unterrichtsansätze. In Deutsche Physikalische Gesellschaft Fachverband Didaktik der Physik (Hrsg.), *Didaktik der Physik: Vorträge – Frühjahrstagung 1993* (S. 183-194). Esslingen am Neckar, Bad Honnef: DPG GmbH.

Duit, R. (1995). Zur Rolle der konstruktivistischen Sichtweise in der naturwissenschaftsdidaktischen Lehr- und Lernforschung. *Zeitschrift für Pädagogik, 41* (6), 905-923.

Duit, R. (1996). Lernen als Konzeptwechsel im naturwissenschaftlichen Unterricht. In Institut für die Pädagogik der Naturwissenschaften (Hrsg.), *Lernen in den Naturwissenschaften – Beiträge zu einem Workshop an der Pädagogischen Hochschule Ludwigsburg* (S. 145-162). Kiel: IPN.

Duit, R. (2000). Konzeptwechsel und Lernen in den Naturwissenschaften in einem mehrperspektivischen Ansatz. In R. Duit & C. von Rhöneck (Hrsg.), *Ergebnisse fachdidaktischer und psychologischer Lehr-Lern-Forschung* (S. 77-103). Kiel: IPN.

Duit, R. (2004). Alltagsvorstellungen und Physik lernen. In E. Kircher & W. Schneider (Hrsg.), *Physikdidaktik in der Praxis* (S. 1-26). Berlin, Heidelberg: Springer.

Dullstein, M. (2010). *Verursachung und kausale Relevanz. Eine Analyse singulärer Kausalaussagen.* Paderborn: Mentis.

Duval, R. (2002). Representation, vision and visualization: Cognitive functions in mathematical thinking – Basic issues for learning. In F. Hitt (Hrsg.), *Representations and mathematics visualization* (S. 31-46). Mexico-City: PME-NA.

Eckert, A. (1998). *Kognition und Wissensdiagnose. Die Entwicklung und empirische Überprüfung des computerunterstützten wissensdiagnostischen Instrumentariums Netzwerk-Elaborierungs-Technik (NET).* Lengerich: Pabst.

Edelmann, W. (2000). *Lernpsychologie.* Weinheim: Beltz PVU.

Egelston, J. (1973). Inductive vs. traditional method of teaching high school biology laboratory experiments. *Science Education, 57*, 467-477.

Ehlich, K. & Switalla, B. (1976). Transkriptionssysteme – Eine exemplarische Übersicht. *Studium Linguistik*, 78-105.

Ehmer, M. (2008). *Förderung von kognitiven Fähigkeiten beim Experimentieren im Biologieunterricht der 6. Klasse. Eine Untersuchung zur Wirksamkeit von methodischem, epistemologischem und negativem Wissen.* Dissertationsschrift der Christian-Albrechts-Universität Kiel. Verfügbar unter http://eldiss.uni-kiel.de/macau/servlets/MCRFileNodeServlet/dissertation_derivate_00002469/diss_ehmer.pdf;jsessionid=189CAB9F7077ECB559F9A50B7328C1ED?hosts= [07.10.2011].

Ehmer, M. & Hammann, M. (2008). Confirmation Bias Revisited. In: Hammann, M., Reiss, M., Boulter, C., Tunnicliffe, S.D. (Hrsg.), *Biology in Context: Learning and teaching for the twenty-first century.* A selection of papers presented at the VIth Conference of European Researcher in Didactics of Biology (ERIDOB) (S. 192-201). London: University of London.

Embretson, S.E. & Reise, S. (2000). *Item response theory for psychologists.* Mahwah, NJ: Erlbaum.

Epstein, D., & Levy, S. (1995). Experimentation and Proof in Mathematics. *Notices of the AMS, Volume 42* (6), 670-674.

Eschenhagen, D., Kattmann, U. & Rodi, D. (2006). *Fachdidaktik Biologie.* Die Biologiedidaktik begründet von Dieter Eschenhagen, Ulrich Kattmann und Dieter Rodi. Köln: Aulis-Verlag Deubner.

Euler, L. (1751). Decouverte d'une loi tout extraordinaire des nombres par rapport a la somme de leurs diviseurs: (Discovery of an extraordinary law of numbers in relation to the sum of their divisors). *Bibliotheque impartiale,* (Vol. 3), 10-31.

Fann, K.T. (1970). *Peirce's theory of abduction.* The Hague: Nijhoff.

Feeney, A., & Heit, E. (2007). *Inductive reasoning: Experimental, developmental, and computational approaches.* Cambridge: Cambridge University Press.

Fischer, H.E., Klemm, K., Leutner, D., Sumfleth, E., Tiemann, R. & Wirth, J. (2003). Naturwissenschaftsdidaktische Lehr-Lernforschung: Defizite und Desiderata. *Zeitschrift für Didaktik der Naturwissenschaften, 9,* 179-209.

Fisher, C.W. (1995). Academic Learning Time. In L.W. Anderson (Hrsg.), *International Encyclopedia of Teaching and Teacher Education* (S. 430-434) Cambridge: Cambridge University Press.

Fix, W.T. & Renner, J.W. (1979). Chemistry and experiments in the secondary school. *Journal of Chemical Education, 56*, 737-740.

Flannery, S. & Flannery, D. (2000). *In Code: A Mathematical Journey*. London: Profile Books.

Flick, L.B. (2000). Cognitive Scaffolding that Fosters Scientific Inquiry in Middle Level Science. *Journal of Science Teacher Education 11* (2), 109-129.

Flick, U. (2004). *Triangulation. Eine Einführung*. Wiesbaden: VS.

Flick, U. (2005). *Qualitative Sozialforschung. Eine Einführung*. Reinbeck: Rowohlt.

Flick, U. (2009). *Qualitative Sozialforschung: Eine Einführung*. Reinbek bei Hamburg: Rowohlt-Taschenbuch-Verl.

Flick, U. (2009). *Qualitative Sozialforschung: Eine Einführung* (2. Aufl. der vollst. überarb. und erw. Neuausg. 2007). Reinbek bei Hamburg: Rowohlt-Taschenbuch-Verlag.

Flick, U., Kardorff, E.v. & Steinke, I. (Hrsg.) (2000). *Qualitative Forschung*. Ein Handbuch. Hamburg: Rowohlt.

Fornell, C. & Larcker, D. (1981). Evaluating Structural Equation Models with Unobservable Variables and Measurement Error. *Jounral of Marketing Research 18* (2), 39-50.

Foucault, L. (1863). *Notice sur les travaux de M. Léon Foucault*. Paris: Mallet-Bachelier.

Franklin, B. (1758). *Briefe von der Elektrizität*. Leipzig: Kiesewetter.

Fraser, B. (1980). Development and validation of a test of enquiry skills. *Journal of Research in Science Teaching, 17* (1), 7-16.

Füller, F. (1991). *Biologische Unterrichtsexperimente: Bedeutung und Effektivität*. Dissertationsschrift der Fakultät für Biologie der Ludwig-Maximilians-Universität München.

Galvani, L. (1792). *De viribus electricitatis in motu musculari commentarius. Cum Joannis Aldini dissertatione et notis. Accesserunt epistolæ ad animalis electricitatis theoriam pertinentes*. Mutinae: Apud Societatem Typographicam

Ganser, M. & Hammann, M. (2009). Teaching competencies in biological experimentation. In M. Hammann, K. Boersma A.J. Waarlo (Hrsg.), *The Nature of Research in Biological Education: Old and New Perspectives on Theoretical an Methodological Issues: Proceedings of the VIIth Conference of European Researchers in Didactics of Biology (ERIDOB)* (S. 377-394). Utrecht: Freudenthal Institute for Science and Mathematics Education: Utrecht University.

Ganser, M. & Hammann, M. (Hrsg.) (2009). *Unterrichtseinheiten zur kumulativen Förderung von Experimentierkompetenz im Biologieunterricht*. Bik-CD. Kiel: IPN.

Ganser, M., Haupt, M. & Hammann, M. (2009). Experimentierkompetenz effizient fördern – durch einfache Modifikationen klassischer Experimente! *Praxis der Naturwissenschaften – Biologie in der Schule, 58*, 34-35.

Ganter, S. & Barzel, B. (2012). Experimentell zum Funktionalen Denken: Eine empirische Untersuchung zur Wirkung von Schülerexperimenten als Ausgangspunkt mathematischer Begriffsbildung. In W. Rieß, M. Wirtz, A. Schulz, B. Barzel & N. Robin (Hrsg.), *Experimentieren im mathematisch-naturwissenschaftlichen Unterricht – Theoretische Fundierung und empirische Befunde*. Münster: Waxmann.

Geiser, C. (2010). *Datenanalyse mit MPlus. Eine anwendungsorientierte Einführung*. Wiesbaden: VS.

Genovese, M. (2005). Research on hidden variable theories: A review of recent progresses. *Physics Reports, 413* (6), 319-396.

Genz (1999). *Gedankenexperimente*. Weinheim: Wiley-VCH Verlag.

Gerhardt, A. (1994). Analyse von Schülervorstellungen im Bereich der Biologie und ihre Bedeutung für den Biologieunterricht. In L. Jäkel, M. Schallies, Venter, Zimmermann (Hrsg.), *Der Wandel im Lehren und Lernen von Mathematik und Naturwissenschaften* (S. 121-132). Weinheim: Deutscher Studienverlag.

Germann, P.J., Aram, R., Odom, A.L. & Burke, G. (1996). Student performance on asking questions, identifying variables, and formulating hypotheses. *School Science and Mathematics, 4,* 192-201.

Gerny, M. & Alpers, B. (2004). Formula I – A Mathematical Microworld with CAS: Analysis of Learning Opportunities and Experiences with Students. *International Journal of Computers for Mathematical Learning, 9,* 25-57.

Gerstenmaier, J. & Mandl, H. (1995). Wissenserwerb unter konstruktivistischer Perspektive. *Zeitschrift für Pädagogik 41* (6), 867-887.

Giest, H. (2008). Experimentieren und Problemlösen als Lernhandlungen. *Grundschulunterricht. Sachunterricht, 55* (2), 4-9.

Giest, H. (2008). Problemlösen und Experimentieren in der Grundschule. Probleme, Perspektiven und Beispiele. *Grundschulunterricht. Sachunterricht,* (2), 15-19.

Gilbert, J.K., Justi, R., Van Driel, J.H., De Jong, O. & Treagust, D.F. (2004). Securing a future of chemical education. *Chemistry Education: Research and practice, 5* (1), 5-14.

Giordan, A. (1978). *Une pédagogie pour les sciences expérimentales.* Paris: Centurion.

Giordan, A. (1999). *Une didactique pour les sciences expérimentales.* Paris: Belin.

Glaser, B.G., & Strauss, A.A.L. (1998). *Grounded theory: Strategien qualitativer Forschung.* Bern: Huber.

Glaserfeld, E. von (2005). Konstruktion der Wirklichkeit und des Begriffs der Objektivität. In H. Gumin & H. Meier (Hrsg.), *Einführung in den Konstruktivismus* (S. 9-39). München: Piper.

Gómez, P. & Curulla, C. (2001). Students' conceptions of cubic functions. In M. van den Heuvel-Panhuizen (Hrsg.), *Proceeding of the 25th Conference of the International Group for the Psychology of Mathematics Education* (S. 57-64), Utrecht: Freudenthal Institute.

Gooding, D. (1990, 1947). *Experiment and the making of meaning.* Dordrecht: Kluwer.

Graham, J.W., Cumsille, P.E. & Elek-Fisk, E. (2003). Methods for handling missing data. In J. A. Schinka & W. F. Velicer (Hrsg.), *Handbook of Psychology: Research methods in psychology* (S. 87-114). New York: John Wiley & Sons.

Graham, J.W. & Schafer, J.L. (2002). Missing Data: Our View of the State of Art. *Psychological Methods, 7* (2), 147-177.

Gray, E.M. & Tall, D.O. (2001). Relationships between embodied objects and symbolic Precepts: An explanatory Theory of Success and Failure in Mathematics. In M. van den Heuvel-Panhuizen (Hrsg.), *Proceedings of the 25th Conference of the International Group for the Psychology of Mathematics Education* (S. 65-72). Utrecht: Freudenthal Institute.

Greve, W. & Wentura, D. (1997). *Wissenschaftliche Beobachtung.* Weinheim: Beltz.

Grmek, M. (1973). *Raisonnement expérimental et recherches toxicologiques chez Claude Bernard.* Genève: Droz.

Grolnick, W.S., Ryan, R.M. & Deci, E.L. (1991). The inner resources for school performance: Motivational mediators of children's perceptions of their parents. *Journal of Educational Psychology, 83,* 508-517.

Gropengießer, H. (2001). *Didaktische Rekonstruktion des Sehens. Wissenschaftliche Theorien und die Sicht der Schüler.* Oldenburg: Carl-von-Ossietzky-Universität, Didaktisches Zentrum.

Gropengießer, H. (2007). *Theorie des erfahrungsbasierten Verstehens.* In D. Krüger & H. Vogt (Hrsg.), Theorien in der biologiedidaktischen Forschung (S. 105-116). Heidelberg: Springer.

Gropengießer, H. & Kattmann, U. (2006). *Fachdidaktik Biologie* (7. Aufl.; Begründet von D. Eschenhagen, U. Kattmann & D. Rodi). Köln: Aulis Verlag Deubner.

Grothe, R. (1987). Die Große Achatschnecke- Schneckenhaltung in der Schule. *Unterricht Biologie, 127,* 48-50.

Grube, Chr. & Mayer, J. (2009). Entwicklung wissenschaftsmethodischer Kompetenzen von Schülerinnen und Schülern in der Sek. I – eine Längsschnittstudie. In U. Harms et al.

(Hrsg.), *Heterogenität erfassen – individuell fördern im Biologieunterricht. Internationale Tagung der Fachgruppe Didaktik der Biologie (FDdB) im VBIO* (S. 98-99). Kiel: IPN.

Grygier, P. & Hartinger, A. (2009). *Gute Aufgaben Sachunterricht. Naturwissenschaftliche Phänomene begreifen.* Berlin: Cornelsen.

Grygier, P., Jonen, A., Kircher, E., Sodian, B. & Thoermer, C. (2008). „Wissenschaftsverständnis" und Erwerb von naturwissenschaftlichem Wissen und Experimentierfähigkeit in der Grundschule. In H. Giest & J. Wiesemann (Hrsg.), *Kind und Wissenschaft. Welches Wissenschaftsverständnis hat der Sachunterricht? GDSU-Jahrestagung 2007 in Kassel* (S. 69-82). Probleme und Perspektiven des Sachunterrichts, Nr. 18. Bad Heilbrunn: Klinkhardt.

Guderian, P. & Priemer, B. (2008). Schülerlabore, was soll das alles? In D. Höttecke (Hrsg.), *Gesellschaft für Didaktik der Chemie und Physik (GDCP) Kompetenzen, Kompetenzmodelle, Kompetenzentwicklung. Jahrestagung in Essen 2007* (S. 251-253). Münster: LIT.

Guderian, P., Priemer, B. & Schön, L.-H. (2007). Der Einfluss mehrfacher Besuche eines außerschulischen Lernorts auf die Entwicklung des aktuellen Interesses an Physik bei Schülern der 5. und 8. Jahrgangsstufe. In D. Höttecke (Hrsg.), *Gesellschaft für Didaktik der Chemie und Physik (GDCP) Naturwissenschaftlicher Unterricht im internationalen Vergleich. Jahrestagung in Bern 2006* (S. 215-217). Münster: LIT.

Guericke, O. von (1672). *O. de G. experimenta nova (ut vocantur) Magdeburgica de vacuo spatio, primum a G. Schotto ... nunc vero ab ipso auctore perfectius edita, variisque aliis experimentis aucta, etc.* Amstelodami: Janssonium a Waesberge.

Gutzmer, A. (1908). Bericht betreffend den Unterricht in der Mathematik an den neunklassigen höheren Lehranstalten. *Der Mathematikunterricht, 26* (6), 53-62.

Hacking, J. (1983). *Representing and Intervening Introductory Topics in the Philosophy of Natural Science*, Cambridge: Cambridge University Press.

Hager, W. & Hasselhorn, M. (2000). Psychologische Interventionsmaßnahmen: Was sollen sie bewirken können? In W. Hager, J.L. Patry & H. Brezing (Hrsg.), *Evaluation psychologischer Interventionsmaßnahmen: Standards und Kriterien* (S. 41-85). Bern: Hans Huber.

Hagstedt, H. (1995). Zur Pädagogik der neuen Lerngärten. In C. Claussen (Hrsg.), *Handbuch Freie Arbeit. Konzepte und Erfahrungen.* Weinheim, Basel: Beltz.

Hales, S. (1727). *Vegetable staticks, or, An account of some statical experiments on the sap in vegetables: being an essay towards a natural history of vegetation. Also a specimen of an attempt to analyse the air, by a great variety of chymio-statical experiments; which were read at several meetings before the Royal Society* [...]. London: Printed for W. and J. Innys; and T. Woodward.

Hales, S. (1740). *Statical Essays: Containing Haemastatics; Or an Account of some Hydraulic and Hydrostatical Experiments made on the Blood and Blood-vessels of Animals [...],* 2nd Edition corrected. London: Printed for W. and J. Innys; and T. Woodward.

Hameyer, U. & Strenge, B. (1986). *Kommentarband AKTIF.* In der Reihe Naturwissenschaften AKTIF [= Alle Können Teilhaben an Ideen und Fertigkeiten]. Lernangebot Sachunterricht und naturwissenschaftliche Fächer 3. bis 7. Klasse. IPN-Materialien / IPN an der Universität Kiel. Kiel: Schmidt & Klaunig.

Hammann, M. (2004). Kompetenzentwicklungsmodelle: Merkmale und ihre Bedeutung – dargestellt anhand von Kompetenzen beim Experimentieren. *Der mathematische und naturwissenschaftliche Unterricht – MNU 57* (4), 196-203.

Hammann, M. (2007). Das Scientific Discovery as Dual Search-Modell. In D. Krüger & H. Vogt (Hrsg.), *Theorien in der biologiedidaktischen Forschung. Ein Handbuch für Lehramtsstudenten und Doktoranden* (S. 187-196). Berlin: Springer.

Hammann, M., Phan, T.H. & Bayrhuber, H. (2007). Experimentieren als Problemlösen: Lässt sich das SDDS-Modell nutzen, um unterschiedliche Dimensionen beim Experimentieren zu messen? In M. Prenzel, I. Gogolin & H.-H. Krüger (Hrsg.), *Zeit-*

schrift für Erziehungswissenschaft. Sonderheft Kompetenzdiagnostik, 10 (8), Wiesbaden: VS Verl. f. Sozialwiss., 33-49.

Hammann, M., Phan, T.T.H., Ehmer, M. & Bayrhuber, H. (2006). Fehlerfrei experimentieren. *Der mathematische und naturwissenschaftliche Unterricht - MNU 59* (5), 292-299.

Hammann, M., Phan, T., Ehmer, M. & Grimm, T. (2008). Assessing pupils' skills in experimentation. *Journal of Biological Education, 42* (2), 66-72.

Hart, Ch., Mulhall, P., Berry, A., Loughran, J. & Gunstone, R. (2000). What is the purpose of this experiment? Or can students learn something from doing experiments? *Journal of Research in Science Teaching, 37* (7), 655-675.

Hartig, J. (2007). Skalierung und Definition von Kompetenzniveaus. In B. Beck & E. Klieme (Hrsg.), *Sprachliche Kompetenzen. Konzepte und Messung* (S. 83-99). Weinheim: Beltz.

Hartig, J. & Klieme, E. (2006). Leistung und Leistungsdiagnostik. In K. Schweizer (Hrsg.), *Kompetenz und Kompetenzdiagnostik* (S. 127-143). Berlin: Springer.

Hartig, J. & Klieme, E. (Hrsg.) (2007). *Möglichkeiten und Voraussetzungen technologiebasierter Kompetenzdiagnostik.* Bonn: BMBF.

Hartinger, A. (2003). Experimente und Versuche. In D. Reeken (Hrsg.), *Handbuch Methoden im Sachunterricht* (S. 68-75). Baltmannsweiler: Schneider Verlag Hohengehren.

Harvey, W. (1628). *Exercitatio anatomica de motu cordis et sangunis in animalibus.* Frankfurt am Main: Fitzeri.

Haslam, F. & Treagust, D.F. (1987). Diagnosing secondary students' misconceptions of photosynthesis and respiration in plants using a two-tier multiple choice instrument. *Journal of Biological Education, 21* (3), 203-211.

Haupt, P. (1981). Schülervorstellungen zur Verbrennung im Unterricht. *Naturwissenschaft im Unterricht (NiU) Physik/Chemie*, 9, 347-350.

Haverty, L., Koedinger, K.R., Klahr, D., & Alibali, M.W. (2000). Solving Inductive Reasoning Problems in Mathematics: Not-so-Trivial Pursuit. *Cognitive Science*, (2), 249-298.

Heckhausen, H. (1980). *Motivation und Handeln.* Berlin: Springer.

Heidelberger, M. (2003). Theory-ladenness and scientific instruments in experimentation. In H. Radder (Hrsg.), *The philosophy of scientific experimentation* (S. 138-151). Pittsburgh: University of Pittsburgh Press.

Heimann, R. (2005). Das Experiment - Ein Instrument zur Förderung des selbständigen Denkens. In E. Rossa (Hrsg.), *Chemie Didaktik - ein Praxishandbuch für die Sekundarstufe I und II* (S. 50-73). Berlin: Cornelsen Scriptor.

Heintz, B. (2000). *Die Innenwelt der Mathematik: Zur Kultur und Praxis einer beweisenden Disziplin.* Berlin: Springer.

Helmke, A. & Weinert, F. (1997). Bedingungsfaktoren schulischer Leistungen. In F. Weinert (Hrsg.), *Enzyklopädie der Psychologie: Psychologie des Unterrichts und der Schule* (S. 71-176). Göttingen: Hogrefe.

Helmke, A. (1992). Determinanten der Schulleistung: Forschungsstand und Forschungsdefizit. In G. Nold (Hrsg.), *Lernbedingungen und Lernstrategien. Welche Rolle spielen kognitive Verstehensstrukturen?* (S. 23-43). Tübingen: Narr.

Helmke, A. (2003). *Unterrichtsqualität erfassen, bewerten, verbessern.* Seelze: Kallmeyersche Verlagsbuchhhandlung.

Helmke, A. (2008). *Unterrichtsqualität und Lehrerprofessionalität. Diagnose, Evaluation und Verbesserung des Unterrichts.* Seelze, Velber: Kallmeyer.

Helmke, A. (2010). *Unterrichtsqualität und Lehrerprofessionalität. Diagnose, Evaluation und Verbesserung des Unterrichts.* Seelze: Klett-Kallmeyer.

Hempel, C. & Oppenheim, P. (1948). Studies in the logic of explanation. *Philosophy of Science, 15* (2), 135-175.

Henke, C. (2007). *Experimentell-naturwissenschaftliche Arbeitsweisen in der Oberstufe. Untersuchung am Beispiel des HIGHSEA-Projekts in Bremerhaven.* Dissertation an der

Universität Duisburg-Essen 2006. Studien zum Physik- und Chemielernen, Nr. 59. Berlin: Logos-Verlag.

Henson, R.K., Hull, D.M. & Williams, C.S. (2010). Methodology in Our Education Research Culture: Toward a Stronger Collective Quantitative Proficiency. *Educational Researcher, 39,* 229-240.

Hewson, P. & Hewson, M. (1992). The status of students' conceptions. In R. Duit, F. Goldberg & H. Niedderer (Hrsg.), *Research in physics learning: Theoretical issues and empirical studies – Proceedings of an International Workshop* (S. 59-73). Kiel: IPN.

Hill, A.B. (1965). The environment and disease: Association and causation? *Proceedings of the Royal Academy of Social Medicine, 58, 295-300.*

Hill, H.C., Rowan, B. & Ball, D. (2005). Effects of Teachers' Mathematical Knowledge for Teaching on Student Achievement. *American Educational Research Journal, 42* (2), 371-406.

Hodson, D. (1993). Re-thinking old ways: towards a more critical approach to practical work in school science. *Studies in Science Education, 22,* 85-142.

Höfer, T. (2008). *Das Haus des funktionalen Denkens – Entwicklung und Erprobung eines Modells für die Planung und Analysemethodischer und didaktischer Konzepte zur Förderung des funktionalen Denkens.* Hildesheim: Franzbecker.

Hoffkamp, A. (2011). The use of interactive visualizations to foster the understanding of concepts of calculs: design principles and empirical results. *ZDM Mathematics, Education, 43* (3). *359-372* Verfügbar unter: http://www.springerlink.com/content/g358013515363141/ [20.13.2011]

Hofstein A. & Lunetta V. N. (2004). The laboratory in science education: foundation for the 21st century, *Science Education, 88,* 28-54.

Hofstein, A. & Lunetta, V. N. (1982). The role of the laboratory in science teaching: Neglected aspects of research. *Review of Educational Research, 52,* 201-217.

Högström, P., Ottander, C. & Benckert, S. (2010). Lab work and learning in secondary school chemistry: The importance of teacher an student interaction. *Research in Science Education, 40,* 505-523.

Holland, P. (1986). Statistics and causal inference. *Journal of the Statistical Association, 81,* 945-960.

Hon, G. (2003). *The idols of experiment. Transcending the „Etc. List".* In H. Radder (Hrsg.), *The philosophy of scientific experimentation* (S. 174-197). Pittsburgh: University of Pittsburgh Press.

Hopf, C. (2008). Qualitative Interviews – ein Überblick. In U. Flick, E. von Kardorff & I. Steinke (Hrsg.), *Qualitative Forschung. Ein Handbuch* (S. 349-360). Reinbek bei Hamburg: Rowohlt-Taschenbuch-Verlag.

Hopf, M. (2006). Problemlösendes Experimentieren – Wirkungen auf Lernende. In V. Nordmeier & A. Oberländer (Hrsg.), *Didaktik der Physik.* [Kassel: CD zur Frühjahrstagung des Fachverbandes Didaktik der Physik in der Deutschen Physikalischen Gesellschaft. Berlin: Lehmanns Media – LOB.de]

Horn, W., Lukesch, A., Mayrhofer, S. & Kormann, A. (2003). PSB-R-6-13, *Prüfsystem für Schul- und Bildungsberatung für 6. bis 13. Klassen.* Göttingen: Hogrefe.

Horstendahl, M., Fischer, H.E. & Rolf, R. (2000). Konzeptuelle und motivationale Aspekte der Handlungsregulation von Schülerinnen und Schülern im Experimentalunterricht der Physik. *Zeitschrift für Didaktik der Naturwissenschaften* (6), 7-25.

Hosenfeld, I., Helmke, A., Ridder, A. & Schrader, F.W. (2002). Die Rolle des Kontexts. In A. Helmke & R.S. Jäger (Hrsg.), *Die Studie MARKUS – Mathematik-Gesamterhebung Rheinland-Pfalz: Kompetenzen, Unterrichtsmerkmale, Schulkontext. Grundlagen und Perspektiven* (S. 175-256). Landau: Verlag Empirische Pädagogik.

Howard-Jones, P., Joiner, R. & Bomford, J. (2006). Thinking with a theory: Theory-prediction consistency and young children's identification of causality. *Instructional Science, 34*, 159-188.

Hox, J. (1998). Multilevel modelling: When and why. In I. Balderjahn, R. Mathar, & M. Schader (Hrsg.), *Classification, data analysis and data highways* (S. 147-154). New York: Springer.

Hox, J. (2002). *Multilevel analysis. Techniques and applications.* Mahwah, NJ: Lawrence Erlbaum Associates.

Hox, J. (2010). *Multilevel analysis. Techniques and applications.* Mahwah, NJ: Lawrence Erlbaum Associates.

Hoyningen-Huene, P. (1987). Context of Discovery and Context of Justification. *Studies in History and Philosophy of Science, 18*, 501-515.

Hoyningen-Huene, P. (2006). Context of discovery versus context of justification and Thomas Kuhn. In J. Schickore, & F. Steinle (Hrsg.), *Revisiting Discovery and Justification. Historical and philosophical perspectives on the context distinction* (S. 119-131). Dordrecht: Springer.

Huber, O. (2000). *Das psychologische Experiment.* Göttingen: Huber.

Hucke, L. & Fischer, H.E. (2002). The link of theory and practice in traditional and in computer-based university laboratory experiments. In D. Psillos & H. Niedderer (Hrsg.), *Teaching and learning in the science laboratory - A look on the European project „Labwork in Science Education"* (S. 205-218). Dordrecht: Kluwer Academic Press.

Huhn, N., Dittrich, G., Dörfler, M. & Schneider, K. (2000). Videografieren als Beobachtungsmethode in der Sozialforschung: Am Beispiel eines Feldforschungsprojekts zum Konfliktverhalten von Kindern. In F. Heinzel (Hrsg.), *Methoden der Kindheitsforschung. Ein Überblick über Forschungszugänge zur kindlichen Perspektive* (S. 185-202). Weinheim: Juventa.

Hummel, E. & Randler, C. (2010a). Experiments with living animals - effects on learning success, experimental competency and emotions. *Procedia - Social and Behavioral Sciences, 2* (2), 3823-3830.

Hummel, E. & Randler, C. (2010b). Living animals in the classroom - a study on learning success, experimental competency and situational emotions. Proceedings, XIV. IOSTE Symposium, Bled. *Socio-cultural and Human Values in Science and Technology Education*, 531-540.

Hummel, E. & Randler, C. (2011). Living Animals in the Classroom: A Meta-Analysis on Learning Outcome and a Treatment-Control Study Focusing on Knowledge and Motivation. *Journal of Science Education and Technology*, online verfügbar.

Hummel, E. (2010). Forschungsstation Maus-Einsatz lebender Farbmäuse im Klassenzimmer. *Praxis der Naturwissenschaften-Biologie in der Schule, 59* (8), 38-42.

Huygens, Ch. (1690). *Traité de la lumière, où sont expliquées les causes de ce qui luy arrive dans la réflexion et dans la réfraction et particulièrement dans l'étrange réfraction du cristal d'Islande.Avec un Discours de la cause de la pesanteur.* Leyde: Van der Aa.

Hyungshim, J., Johnmarshall, R., Ryan, R., & Kim, A. (2009). Ca self determination theory explain what underlies the productive, satisfying learning experiences of collectivistically oriented Korean students? *Journal of Educational Psychology, 101* (3), 644-661.

Ingenhousz, J. (1779). *Experiments upon Vegetables, discovering their great power of purifying the common air in the sunshine, and of injuring it in the shade and at night. To which is joined, a new method of examining the accurate degree of salubrity of the atmosphere.* London: Elmsly & Payne.

International Encyclopedia of Teaching and Teacher Education. Oxford: Pergamon.

Irion, T. (2010). Hypercoding in der empirischen Lehr-Lern-Forschung - Möglichkeiten der synchronen Analyse diverser multicodaler Datensegmente zur Rekonstruktion subjektiver Perspektiven in Videostudien. In M. Corsten, M. Krug & C. Moritz (Hrsg.),

Videographie praktizieren. Herangehensweisen, Möglichkeiten und Grenzen (S. 139-161). Wiesbaden: VS.

Jahn, I. (Hrsg.) (2004). *Geschichte der Biologie: Theorien, Methoden, Institutionen, Kurzbiografien.* Hamburg: Nikol.

Jank, W. & Meyer, H. (2002). *Didaktische Modelle.* Berlin: Cornelsen.

Jung, W. (1986). Alltagsvorstellungen und das Lernen von Physik und Chemie. *Naturwissenschaften im Unterricht – Physik/Chemie, 34* (13), 2-6.

Juslin, P.N. & Sloboda, J. A. (2001). *Music and emotion: Theory and research.* New York: Oxford University Press.

Kaput, J. (1994). The Representational Roles of Technology in Connecting Mathematics with Authentic Experience. In R. Biehler, W. Scholz, R. Strasser & B. Winkelmann (Hrsg.), *Didactics of Mathematics as a Scientific Discipline* (S. 379-397). Dordrecht: Kluwer Academic Publishers.

Kelle, U. (1997). *Empirisch begründete Theoriebildung.* Weinheim: Deutscher Studienverlag.

Kelle, U. (2008). *Die Integration qualitativer und quantitativer Methoden in der empirischen Sozialforschung. Theoretische Grundlagen und methodologische Konzepte.* Wiesbaden: VS.

Kelle, U., & Kluge, S. (Hrsg.). (2010). *Vom Einzelfall zum Typus: Fallvergleich und Fallkontrastierung in der qualitativen Sozialforschung.* Wiesbaden: VS.

Kerschensteiner, G. (1952). *Wesen und Wert des naturwissenschaftlichen Unterrichts 4.* München, Düsseldorf: Oldenbourg.

Keselman, A. (2003). Supporting inquiry learning by promoting normative understanding of multivariable causality. *Journal of Research in Science Teaching, 40* (9), 898-921.

Kettwig, U. (1984). Wandkontaktsuche bei Mäusen- Anmerkungen und Vorschläge zur unterrichtlichen Behandlung. *Der Biologieunterricht (BU), 20* (2), 329-334.

Keys, C. W. (1998). A Study of grade six students generating questions and plans for open-ended science investigations. *Research in Science Education, 28* (3), 301-316.

Killermann, W., Hiering, P. & Starasta, B. (2009). *Biologieunterricht heute. Eine moderne Fachdidaktik.* Donauwörth: Auer Verlag.

Kircher, E., Girwidz, R. & Häußler, P. (2000). *Physikdidaktik.* Braunschweig: Vieweg

Klahr, D. (2000). *Exploring Science. The Cognition and Development of Discovery Processes.* London: The MIT Press.

Klahr, D. & Dunbar, K. (1988). Dual space search during scientific reasoning. *Cognitive Science, 12* (1), 1-48.

Klahr, D. & Nigam, M. (2004). The equivalence of learning paths in early science instruction: Effect of direct instruction and discovery learning. *Psychological Science, 15* (10), 661-667.

Klahr, D., Chen, Z. & Toth, E.E. (2001). From cognition to instruction to cognition: A case study in elementary school science instruction. In K. Crowley, C.D. Schunn, & T. Okada (Eds.), *Designing for science: Implications from everyday, classroom, and professional settings* (pp. 209-250). Mahwah, NJ: Erlbaum.

Klauer, K.J. (Hrsg.) (1993). *Kognitives Training.* Göttingen: Hogrefe.

Klein, U. & Lefevre, W. (2007). *Materials in Eighteenth-Century Science.* Cambridge MA. & London: The MIT Press.

Klieme, E. (2006). Was sind Kompetenzen und wie lassen sie sich messen? *Pädagogik, 6*, 10-13.

Klieme, E. & Hartig, J. (2007). Kompetenzkonzepte in den Sozialwissenschaften und im erziehungswissenschaftlichen Diskurs. *Zeitschrift für Erziehungswissenschaft, 8*, 11-29.

Klieme, E. & Leutner, D. (Hrsg.) (2010). *Zeitschrift für Pädagogik. Kompetenzdiagnostik* (S. 28-39). Weinheim: Beltz.

Klieme, E., Pauli, C. & Reusser, K. (Hrsg.) (2005). *Unterrichtsqualität, Lernverhalten und mathematisches Verständnis.* Frankfurt am Main: GFPF, DIPF Materialien zur Bildungsforschungs Band 13.

Klieme, E., Artelt, C., Hartig, J. et al. (Hrsg.). (2010), *PISA 2009. Bilanz nach einem Jahrzehnt.* Münster: Waxmann.

Klieme, E., Lipowsky, F., Rakoczy, K. & Ratzka, N. (2006). Qualitätsdimensionen und Wirksamkeit von Mathematikunterricht. Theoretische Grundlagen und ausgewählte Ergebnisse des Projekts „Pythagoras". In M. Prenzel & L. Allolio-Näcke (Hrsg.), *Untersuchungen zur Bildungsqualität von Schule. Abschlussbericht des DFG-Schwerpunktprogramms* (S. 127-146). Münster: Waxmann.

Klieme, E., Avenarius, H., Blum, W., Döbrich, P., Gruber, H., Prenzel, M., Reiss, K., Riquarts, K., Rost, J., Tenorth, H.-E. & Vollmer, J. (2003). *Zur Entwicklung nationaler Bildungsstandards.* Bonn: Bundesministerium für Bildung und Forschung.

Klieme, E., Hermann, A., Blum, W., Döbrich, P., Gruber, Prenzel, M., Reiss, K., Riquarts, K., Rost, J., Tenorth, H.E. & Vollmer, H.J. (2003). *Zur Entwicklung nationaler Bildungsstandards: eine Expertise.* Bonn: BMBF.

Kline, R.B. (2010). *Principles and Practice of Structural Equation Modeling.* New York: Guilford Publications.

Klos S., Henke, C. & Kieren, C., Walpuski, M. & Sumfleth, E. (2008). Naturwissenschaftliches Experimentieren und chemisches Fachwissen- zwei verschiedene Kompetenzen. *Zeitschrift für Pädagogik, 54* (3), 304-321.

KMK (Sekretariat der Ständigen Konferenz der Kultusminister der Länder in der Bundesrepublik Deutschland) (Hrsg.). (2005). *Beschlüsse der Kultusminister-Konferenz. Bildungsstandards im Fach Biologie für den Mittleren Schulabschluss. Beschluss vom 16.12.2004.* München, Neuwied: Wolters Kluwer.

Knecht, A. & Irion, T. (2010). Synchronisation zweier Kameraperspektiven für die Datenanalyse: Videotutorial. In M. Corsten, M. Krug & C. Moritz (Hrsg.), *Videographie praktizieren. Herangehensweisen, Möglichkeiten und Grenzen* (Videotutorial auf Datenträger ed.). Wiesbaden: VS.

Knickmeier, K. (2009). Modul 2: Naturwissenschaftliches Lernen. In M. Prenzel, A. Friedrich, & M. Stadler (Hrsg.), *Von SINUS lernen – Wie Unterrichtsentwicklung gelingt* (S. 23-26). Seelze-Velber: E. Friedrich / Kallmeyer.

Knorr-Cetina, K. (1999). *Epistemic Cultures: how the Sciences make Knowledge.* Harvard: Harvard University Press.

Koch, K. R. (2007). *Introduction to Bayesian Statistics.* Berlin: Springer.

Köhler, K. (2004). Welche Medien werden im Biologieunterricht genutzt? In U. Spörhase-Eichmann & W. Ruppert: *Biologiedidaktik. Praxishandbuch für die Sekundarstufe I und II* (S. 160-182). Berlin: Cornelsen Verlag Scriptor.

Köhler, K. (2006). Welche fachgemäßen Arbeitsweisen werden im Biologieunterricht eingesetzt? In U. Spörhase-Eichmann & W. Ruppert (Hrsg.), *Biologie-Didaktik. Praxishandbuch für die Sekundarstufe I und II* (S. 146-159). Berlin: Cornelsen.

Konsortium HarmoS Naturwissenschaften + (2008). *HarmoS Naturwissenschaften: Kompetenzmodell und Vorschläge für Bildungsstandards (Wissenschaftlicher Schlussbericht).* Bern.

Körber, A. (2007). Grundbegriffe und Konzepte: Bildungsstandards, Kompetenzen und Kompetenzmodelle. In A. Körber, W. Schreiber & A. Schöne (Hrsg.), *Kompetenzen Historischen Denkens. Ein Strukturmodell als Beitrag zur Kompetenzorientierung in der Geschichtsdidaktik* (S. 54-86). Neuried: ars una.

Kötter, R. (2001). Experiment, Simulation und orientierender Versuch: Anmerkungen zur Experimentalkultur der Biowissenschaften. In Chr. Brunold, Ph. Balsiger, J. Bucher & Chr. Körner (Hrsg.), *Wald und CO2. Ergebnisse eines ökologischen Modellversuches* (S. 41-50). Bern: Haupt.

Krapp, A. & Ryan, R. (2003). Selbstwirksamkeit und Lernmotivation. Eine kritische Betrachtung von Bandura aus der Sicht der Selbstbestimmungstheorie und der pädagogisch-psychologischen Interessenstheorie. *Zeitschrift für Pädagogik*, Beiheft 44.

Krapp, A. (1999). Die Person-Gegenstands-Theorie des Interesses. *Zeitschrift für Pädagogik, 45*, 387-406.

Krapp, A. (2003). Die Bedeutung der Lernmotivation für die Optimierung des schulischen Bildungssystems. *Politische Studien, 54*, 91-105.

Kreft, I. (1996). An overview of the logic and rationale of hierarchical linear models – A Special Issue: Focus on Hierarchical Linear Modeling. *Journal of Management*

Kreft, I.G.G. (1996). *Are multilevel techniques necessary? An overview, including simulation studies*. Unpublished Report, California State University, Los Angeles.

Kremer, A. & Schlüter, K. (2007). Analyse des naturwissenschaftlichen Erkenntnisprozesses beim forschend-entwickelnden Lernen im Fach Biologie – Gehen Schüler so vor, wie wir es erwarten? In H. Bayrhuber, U. Harms et al. (Hrsg.) (2007), *Ausbildung und Professionalisierung von Lehrkräften. Internationale Tagung der Fachgruppe Biologiedidaktik im VBIO – Verband Biologie, Biowissenschaften & Biomedizin* (S. 43-46). Kassel: Universität, FB 18.

Kremer, K., Urhahne, D. & Mayer, J. (2008). Naturwissenschaftsverständnis und wissenschaftliches Denken bei Schülerinnen und Schülern der Sek. I. In U. Harms & A. Sandmann (Hrsg.), *Ausbildung und Professionalisierung von Lehrkräften. Internationale Tagung der Fachsektion Didaktik der Biologie im VBiO, Essen 2007* (S. 29-43). Forschungen zur Fachdidaktik, Nr. 10. Innsbruck: Studien Verlag.

Kuhn, D. (1989). Children and adults as intuitive scientists. *Psychological Review, 96*, 674-689.

Kuhn, J. (2007). Authentische Aufgaben im Physikunterricht: Nachhaltige Bildung durch Entwicklung von Ankermedien und „Kultivierung" von Aufgaben. In D. Lemmermöhle, M. Rothgangel, S. Bögeholz, M. Hasselhorn & R. Watermann (Hrgs.), *Professionell Lehren – Erfolgreich Lernen* (S. 251-263). Münster: Waxmann.

Kuhn, J. (2010). *Authentische Aufgaben im theoretischen Rahmen von Instruktions- und Lehr-Lern-Forschung*. Wiesbaden: Vieweg+Teubner Research.

Kuhn, D., Schauble, L., & Garcia-Mila, M. (1992). Cross-domain development of scientific reasoning. *Cognition & Instruction, 9*, 285-327.

Kuhn, D., Garcia-Mila, M., Zohar, A. & Andersen, C. (1995). Strategies of knowledge acquisition. *Monographs of the Society for Research in Child Development, Serial No. 245, 60* (40), 1-128.

Kuhn, J. & Müller, A. (2006). ‚Zeitungsaufgaben' als Beispiel zur Umsetzung von Bildungsstandards in Physik. *Praxis der Naturwissenschaften – Physik, 55* (4), 29-34.

Kuhn, J. & Müller, A. (2007). Authentische Aufgaben im Physikunterricht: Der Modifizierte Anchored-Instruction-Ansatz – Chancen und Perspektiven für eine nachhaltige Bildung. In R. S. Jäger (Hrsg.), *Bildung muss nachhaltig sein* (S. 62-77). Landau: Verlag Empirische Pädagogik.

Kumar M. (2010). *Quantum: Einstein, Bohr, and the great debate about the nature of reality* New York: Norton.

Künsting, J. (2007). *Effekte von Zielqualität und Zielspezifität auf selbstreguliert-entdeckendes Lernen durch Experimentieren*. Dissertation der Universität Duisburg-Essen.

Kunter, M. (2005). *Multiple Ziele im Mathematikunterricht*. Pädagogische Psychologie und Entwicklungspsychologie, Nr. 51. Münster: Waxmann.

Laatz, W. (1993). *Empirische Methoden. Ein Lehrbuch für Sozialwissenschaftler.* Frankfurt: Harri Deutsch.

Labudde, P. (2000). *Konstruktivismus im Physikunterricht der Sekundarstufe II.* Bern: Haupt.

Lakatos, I. (1979). *Beweise und Widerlegungen: Die Logik mathematischer Entdeckungen.* Braunschweig: Vieweg.

Lakatos, I. (1994). The Methodology of Scientific Research Programmes In J. Worrall & G. Vurrie (Eds), *The Methodology of Scientific Research Programmes: philosophical papers – volume 1* (S. 8-101). New York: Cambridge University Press.

Lakoff, G. & Johnson, M. (1999). *Philosophy in the flesh.* New York: Basic Books.

Lange, K. (2010). *Zusammenhänge zwischen naturwissenschaftsbezogenem fach-spezifisch-pädagogischem Wissen von Grundschullehrkräften und Fortschritten im Verständnis naturwissenschaftlicher Konzepte bei Grundschülerinnen und -schülern.* Verfügbar unter: http://miami.uni-muenster.de/servlets/DerivateServlet/Derivate-5861/diss_lange.pdf [20.06.2011].

Lauterbach, R. (2007). Die Sachen erschließen. In J. Kahlert, M. Fölling-Albers, M. Götz, A. Hartinger, D. von Reeken & S. Wittkowske (Hrsg.), *Handbuch Didaktik des Sachunterrichts* (S. 448-460). Bad Heilbrunn: Klinkhardt.

Lauth, B. & Sareiter, J. (2002). *Wissenschaftliche Erkenntnis. Eine ideengeschichtliche Einführung in die Wissenschaftstheorie. Paderborn: Mentis.*

Lavoisier, A. (2008). *System der Antiphlogistischen Chemie*, hrsg. von Jan Frercks. Frankfurt am Main: Suhrkamp.

Lazarowitz, R. & Tamir P. (1994). Research on using laboratory instruction in science. In D.L. Gabel. (Hrsg.), *Handbook of research on science teaching and learning* (S. 94-130). New York: Macmillan.

Lee, O., Buxton, C., Lewis, S. & LeRoy, K. (2006). Science inquiry and student diversity: Enhanced abilities and continuing difficulties after an instructional intervention. *Journal of Research in Science Teaching, 43* (7), 607-636.

Lee, V. (2000). Using Hierarchical Linear Modelling to Study Social Contexts: The Case of School Effects. *Educational Psychologist 32* (2), 125-141.

Lengsfeld, A. (2009). *Bildungsstandards im Fächerverbund Mensch, Natur und Kultur: Auswirkungen auf Unterrichtspraxis und Leistungsmessung an Grundschulen unter besonderer Berücksichtigung des naturwissenschaftlichen Lehrens und Lernens.* Hamburg: Verlag Dr. Kovac.

Leuders, T. (2008). Kooperation im Mathematikunterricht fördern – fachliches und soziales Lernen miteinander verbinden. In R. Bruder, T. Leuders & A. Büchter (Hrsg.), *Mathematikunterricht entwickeln. Bausteine für kompetenzorientiertes Unterrichten* (S. 129-148). Berlin: Cornelsen-Scriptor.

Leuders, T. (2010). *Erlebnis Arithmetik: Zum aktiven Entdecken und selbstständigen Erarbeiten.* Heidelberg: Spektrum Akademischer Verlag.

Leuders, T. (2012). Zahlen unter der Lupe. In S. Prediger, B. Barzel, S. Hußmann, & T. Leuders (Hrsg.), *Mathewerkstatt 6.* Berlin: Cornelsen.

Leuders, T. & Philipp, K. (i.Vorb.): *Mit Beispielen zum Erkenntnisgewinn – Experiment und Induktion in der Mathematik.*

Leuders, T., & Philipp, K. (2012). Experimentelles Arbeiten in der Mathematik – ein Brückenschlag zur Naturwissenschaft mit Blick auf Peirce, Pólya und Medawar. In W. Rieß, M. Wirtz, A. Schulz, B. Barzel, & N. Robin (Hrsg.), *Experimentieren im mathematisch-naturwissenschaftlichen Unterricht – Schüler lernen wissenschaftlich denken und arbeiten.* Münster: Waxmann.

Leuders, T. & Prediger, S. (2005). Funktioniert's? – Denken in Funktionen. *Praxis der Mathematik in der Schule, 47* (2), 1-7.

Leuders, T., Naccarella, D. & Philipp, K. (2011). Experimentelles Denken – Vorgehensweisen beim innermathematischen Experimentieren. *Journal für Mathematik-Didaktik, Volume 32,* (2), 205-231.

Levie, H. & Lentz, R. (1982). Effects of text illustrations A review of research. *Educational Communication and Technology Journal, 30* (4), 195-232.

Lipowsky, F. (2006). Auf den Lehrer kommt es an: Empirische Evidenzen für Zusammenhänge zwischen Lehrerkompetenzen, Lehrerhandeln und dem Lernen der Schüler. *Zeitschrift für Pädagogik, 52* (51. Beiheft), 47-70.

LISA (Landesinstitut für Lehrerfortbildung, Lehrerweiterbildung und Unterrichtsforschung Sachsen-Anhalt) (Hrsg.) (2003). *Zur systematischen Entwicklung experimenteller Kompetenzen im naturwissenschaftlichen Unterricht. „Naturwissenschaftliches Arbeiten". Modul 2.* Unter Mitarbeit von G. Zahradnik (Red.). Halle (Saale), Dresden: Polydruck.

Little, R.J. & Rubin, D. (2002). *Statistical analysis with missing data.* New York: Wiley.

Lohne, J. (1969). Experimentum crucis. *Notes and Records of the Royal Society of London, 3,* 169-199.

Looveer, J. & Mulligan, J. (2009). The efficacy of link items in the construction of a numeracy achievement scale – from Kindergarten to year 6. *Journal of Applied Measurement, 10* (3), 247-265.

Lou, V., Abrami, P.C., Spence, J.C., Poulsen, C., Chambers, B., & d'Apollonia, S. (1996). Within-class grouping: A metaanalysis. *Review of Educational Research, 66,* 423-458.

Löwe, B. (1990). Biologische Arbeitsweisen im Spiegel der Schülerinteressen. In W. Killermann & L. Steack (Hrsg.), *Methoden des Biologieunterrichtes. Bericht über die Tagung der Sektion Fachdidaktik im Verband Deutscher Biologen in Herrsching, 02.10.-06.10.1989* (S. 265-278). Köln: Aulis.

Löwe, B. (1992). *Biologieunterricht und Schülerinteresse an Biologie.* Weinheim: Deutscher Studien Verlag.

Lüdtke, O., Robitzsch, A., Trautwein, U. & Köller, O. (2007). Umgang mit fehlenden Werten in der psychologischen Forschung. Probleme und Lösungen. *Psychologische Rundschau, 58* (2), 103-117.

Ludwig, M. & Oldenburg, R. (2007). Lernen durch Experimentieren. Handlungsorientierte Zugänge zur Mathematik. *Mathematiklehren, 141,* 4-11.

Luke, D. (2004). *Multilevel modeling.* Thousand Oaks: Sage.

Lunetta, V. N., Hofstein, A. & Clough, M. (2007). Learning and teaching in the school science laboratory: an analysis of research, theory, and practice. In N. Lederman. & S. Abel (Hrsg.), *Handbook of research on science education* (S. 393-441). Mahwah, NJ: Lawrence Erlbaum.

Maas, C. & Hox, J. (2004). Robustness issues in multilevel regression analysis. *Statistica Neerlandica, 58,* 127-137.

Maas, C.J.M. & Hox, J.J. (n.d.). *Robustness of multilevel parameter estimates against small sample sizes.* Verfügbar unter: http://joophox.net/papers/p090101.pdf [20.06.2011].

Mackie, J. (1974). *The cement of the universe: A study of causation.* Oxford: Clarendon.

Mahoney, J., Kimball, E. & Kendra, L. (2008). The logic of historical explanation in the social sciences. *Comparative Political Studies, 42,* 114-146.

Malle, G. (2000). Zwei Aspekte von Funktionen: Zuordnung und Kovariation. *Mathematik lehren, 103,* 8-11.

Mandl, H., Gruber, H. & Renkl, A. (1994). Zum Problem der Wissensanwendung. *Unterrichtswissenschaft*, 22, 233-242.

Marzano, R.J., Gaddy, B.B. & Dean, C. (2000). *What works in classroom instruction.* Aurora, CO: Mid-continent Research for Education and Learning (McREL). [Electronic version] Verfügbar unter: from http://www.paec.org/david/followup/data/whatworks.pdf [xx.09.2011].

Mayer, J. & Ziemek, H.-P. (2006). Offenes Experimentieren. Forschendes Lernen im Biologieunterricht. *Unterricht Biologie, 30* (317), 4-12.

Mayer, J. (2007). Erkenntnisgewinnung als wissenschaftliches Problemlösen. In D. Krüger, & H. Vogt (Hrsg.), *Theorien in der biologiedidaktischen Forschung. Ein Handbuch für Lehramtsstudenten und Doktoranden* (S. 177-186). Berlin: Springer.

Mayer, J., Grube, C. & Möller, A. (2008). Kompetenzmodell naturwissenschaftlicher Erkenntnisgewinnung. In U. Harms & A. Sandmann (Hrsg.), *Lehr- und Lernforschung in der Biologiedidaktik* (Band 3, S. 63-79). Innsbruck: Studien Verlag.

Mayring, P. (1983). *Qualitative Inhaltsanalyse.* Weinheim, Basel: Beltz.

Mayring, P. (2002). *Einführung in die qualitative Sozialforschung: Eine Anleitung zu qualitativem Denken.* Weinheim: Beltz.

Mayring, P. (2007). *Qualitative Inhaltsanalyse. Grundlagen und Techniken.* Weinheim: Beltz.

Mayring, P. (2008). *Qualitative Inhaltsanalyse: Grundlagen und Techniken* (10., neu ausgestattete Aufl.). Weinheim: Beltz.

Mayring, P. (2010). *Qualitative Inhaltsanalyse. Grundlagen und Techniken.* Weinheim: Beltz.

Medawar, P. (1969). *Induction and intuition in scientific thought.* Philadelphia: The American Philosophical Society.

Merkens, H. (2008). Auswahlverfahren, Sampling, Fallkonstruktion. In U. Flick, E. von Kardorff & I. Steinke (Hrsg.), *Qualitative Forschung. Ein Handbuch* (S. 286-299). Reinbek bei Hamburg: Rowohlt-Taschenbuch-Verlag

Merzyn, G. (1994). *Physikschulbücher, Physiklehrer und Physikunterricht. Beiträge auf der Grundlage einer Befragung westdeutscher Physiklehrer.* Kiel: Institut für die Pädagogik der Naturwissenschaften (IPN 139).

Merzyn, G. (2008). *Naturwissenschaften, Mathematik, Technik – immer unbeliebter? Die Konkurrenz von Schulfächern um das Interesse der Jugend im Spiegel vielfältiger Untersuchungen.* Baltmannsweiler: Schneider-Verlag Hohengehren.

Merzyn, G. (2009). Fördern im Chemieunterricht und Schülerinteresse. *Praxis der Naturwissenschaften – Chemie in der Schule, 58* (8), 6.

Meyer, H. (2004). *Was ist guter Unterricht?* Berlin: Cornelsen.

Meyer, M. (2007). *Entdecken und Begründen im Mathematikunterricht: Von der Abduktion zum Argument* (Vol. 52). Hildesheim u.a.: Franzbecker.

Meyer, M. (2009). *Abduktion, Induktion – Konfusion. Bemerkungen zur Logik der interpretativen Sozialforschung. Zeitschrift für Erziehungswissenschaften ZfE, 12,* 302-320.

Meyer-Hesemann, W. (2007).: Wissen für Handeln – Forschungsstrategien für eine evidenzbasierte Bildungspolitik. In BMBF/DIPF (Hrsg.), *Knowledge for Action. Research Strategies for an Evidence-based education Policy* (S. 10-14). Bonn: BMBF.

Michelsen, C. & Beckmann, A. (2007). Förderung des Begriffsverständnisses durch Bereichserweiterung – Funktionsbegriffserwerb und Modellbildungsprozess durch Integration und Mathematik, Physik und Biologie. *Der Mathematikunterricht, 53* (1/2), 45-57.

Michelson, A. & Morley (1887). On the relative motion of the earth and the luminiferous ether. *American Journal of Science, 34,* 333-345.

Mill, J.S. (1843). *A System of Logic Ratiocinative and Inductive, being a Connected View of the Principles of Evidence and the Methodes of Scientific Investigation,* vol. I. London: John W. Parker.

Miller, G.A., Galanter, E. & Pibram, K. (1973). *Strategien des Handelns. Pläne und Strukturen des Handelns.* Stuttgart: Klett.

Ministerium für Kultus, Jugend und Sport (2004). *Bildungsplan für die Hauptschule Werkrealschule.* Dietzingen: Phillip Reclam.

Ministerium für Kultus, Jugend und Sport (Hrsg.) (2004a). *Bildungsplan Baden-Württemberg Grundschule.* Villingen-Schwenningen: Neckar-Verlag.

Ministerium für Kultus, Jugend und Sport Baden-Württemberg (Hrsg.) (2004). *Bildungsplan Baden-Württemberg Realschule.* Villingen-Schwenningen: Neckar-Verlag.

Moher, D., Schulz, K.F., Altman, D.G. (2004). Das CONSORT-Statement: Überarbeitete Empfehlungen zur Qualitätsverbesserung von Reports randomisierter Studien im Parallel-Design. *Deutsche Medizinische Wochenschrift, 129,* T16-T20.

Moisl, F. (1988). Experimente. *Unterricht Biologie,* 12 (132), 4-10.

Möller, K. (2002). Anspruchsvolles Lernen in der Grundschule – am Beispiel naturwissenschaftlich-technischer Inhalte. *Pädagogische Rundschau*, 56, 411-435.

Möller, K. (2004). Naturwissenschaftliches Lernen in der Grundschule – Welche Kompetenzen brauchen Grundschullehrkräfte? In H. Merkens (Hrsg.), *Lehrerbildung: IGLU und die Folgen* (S. 65-84). Opladen: Leske + Budrich.

Möller, K. (2007). Kindgemäße Lernformen im naturwissenschaftlichen Lernbereich des Sachunterrichts in der Grundschule. Naturwissenschaftliches Lernen in der Grundschule: Eine neue Idee? In L. Jäkel u.a. (Hrsg.): *Der Wert der naturwissenschaftlichen Bildung* (S. 79-102) (Schriftreihe der Pädagogischen Hochschule Heidelberg Bd. 48). Heidelberg: Mattes-Verlag.

Möller, K., Ionen, A., Hardy, I. & Stern, E. (2002). Die Förderung von naturwissenschaftlichem Verständnis bei Grundschulkindern durch Strukturierung der Lernumgebung. *Zeitschrift für Pädagogik, 42*, 176-191.

Möller, K., Jonen, A., Hardy, I. & Stern, E. (2002). Die Förderung von naturwissenschaftlichem Verständnis bei Grundschulkindern durch Strukturierung der Lernumgebung. In M. Prenzel & J. Doll (Eds.), *Bildungsqualität von Schule: Schulische und außerschulische Bedingungen mathematischer, naturwissenschaftlicher und überfachlicher Kompetenzen* (45. Beiheft, S. 176-191). Weinheim, Basel: Beltz.

Muckenfuß, H. (1995*). Lernen im sinnstiftenden Kontext. Entwurf einer zeitgemäßen Didaktik des Physikunterrichts.* Berlin: Cornelsen.

Müller-Gaebele, E. (1997). Erleben – Erfahren – Handeln. In R. Meier, H. Unglaube & G. Faust-Siehl (Hrsg.), *Sachunterricht in der Grundschule – Beiträge zur Reform der Grundschule Band 101* (S. 12-26). Frankfurt a.M.: Grundschulverband.

Müller, C.T. & Duit, R. (2004). Die unterrichtliche Sachstruktur als Indikator für Lernerfolg – Analyse von Sachstrukturdiagrammen und ihr Bezug zu Leistungsergebnissen im Physikunterricht. *Zeitschrift für Didaktik der Naturwissenschaften, 10*, 147-161.

Müller, C.T. & Duit, R. (2004). Die unterrichtliche Sachstruktur als Indikator für Lernerfolg

Muthén, B. & Muthén, L. (2010). *MPlus 1998-2010* Version 6.1. [Computer Software].

National Council of Teachers of Mathematics (2000). *Principles and standards for school mathematics* (2. printing.). Reston, VA.: National Council of Teachers of Mathematics.

Neber, H. & Anton, M.A. (2008). Förderung präexperimenteller epistemischer Aktivitäten im Chemieunterricht. *Zeitschrift für pädagogische Psychologie*, 22 (2), 143-150.

Nerlich, B. (2004). Coming full (hermeneutic) circle: The controversy about psychological methods. In Z. Todd, B. Nerlich, S. McKeown, & D. Clarke (Hrsg.), *Mixing methods in psychology: The integration of qualitative and quantitative methods in theory and practice* (S. 17-36). Hove, New York: Psychology Press/Taylor & Francis.

Newberger Goldstein, R. (2001). What's in a Name? Rivalries and the Birth of Modern Science. In B. Bryson (Hrsg.), *Seeing Further The Story of Science & The Royal Society* (S. 107-129). London: Harper Press.

Newton, I. (1687). *The Principia Mathematical Principles of Natural Philosophy*. A new translation by Bernard Cohen and Anne Whitman (1999). Berkeley u.a.: University of California Press.

Newton, I. (1704). *Opticks: or, a treatise of the reflections, refractions, inflections and colours of light*. The second edition, with additions. London: Walford.

Newton, I. (1726). *Philosophiae naturalis principia mathematica* (1972). Cambridge MA: Harrard University Press.

Nickles, T. (2006). Heuristic Appraisal: Context of discovery or justification? In J. Schickore & F. Steinle (Hrsg.), *Revisiting Discovery and Justification. Historical and philosophical perspectives on the context distinction* (S. 159-182). Dordrecht: Springer.

Novak, J.D. (2002). Meaningful learning: The essential factor for conceptual change in limited or appropriate propositional hierarchies (liphs) leading to empowerment of learners. *Science Education, 86* (4), 548-571.

OECD (Hrsg.). (2001). *Lernen für das Leben: Erste Ergebnisse von PISA 2000.* Paris: OECD.

OECD (2009). *PISA 2009 Assessment Framework – Key Competencies in Reading, Mathematics and Science.* OECD Publishing.

Ohle, A. (2010). *Primary School Teachers' Content Knowledge in Physics and its Impact on Teaching and Student' Achievement.* Berlin: Logos.

Oser, F. & Patry, J.L. (1990). *Choreographien unterrichtlichen Lernens. Basismodelle des Unterrichts. Berichte zur Erziehungswissenschaft Nr. 89.* Fribourg: Universität Fribourg.

Palmer, D.H. (2004). Situational interest and the attitudes toward sciences of primary teachers education students. *International Journal of Science Education, 26,* 895-908.

Palmer, D.H. (2009). Student interest generated during an inquiry skills lesson. *Journal of Research in Science Teaching, 46* (2), 147-165.

Parchmann, I. (2009). Alltagsorientierung in den Naturwissenschaften. Forschendes Lernen im Chemieunterricht. In R. Messner (Hrsg.), *Schule forscht. Ansätze und Methoden zum forschenden Lernen* (S. 77-88). Hamburg: Ed. Körber-Stiftung.

Parchmann, I., Paschmann, A., Huntemann, H., Demuth, R. & Ralle, B. (2001). Chemie im Kontext – Begründung und Realisierung eines Lernens in sinnstiftenden Kontexten. *Praxis der Naturwissenschaften – Chemie in der Schule, 50* (1), 2-7.

Patry, J.L. & Perrez, M. (2000). Theorie-Praxis-Probleme. In W. Hager, J.L. Patry & H. Brezing (Hrsg.), *Handbuch Evaluation psychologischer Interventionsmaßnahmen* (S. 19-40). Bern: Hans Huber.

Patton, M.Q. (2002). *Qualitative research & evaluation methods* (3. ed.). Thousand Oaks, CA: Sage.

Pauli, C., Drollinger-Vetter, B., Hugener, I. & Lipowsky, F. (2008). Kognitive Aktivierung im Mathematikunterricht. *Zeitschrift für Pädagogische Psychologie, 22* (2), 127-133.

Pearl, J. (2000). *Causality.* Cambridge: Cambridge University Press.

Peirce, C.S., & Walther, E. (1967). *Die Festigung der Überzeugung und andere Schriften.* Baden-Baden: Agis-Verlag.

Peirce, C.S., Collected Papers of Charles Sanders Peirce, vols. 1-6, 1931-1935, Charles Hartshorne and Paul Weiss, eds., vols. 7-8, 1958, Arthur W. Burks, ed. Cambridge, MA: Harvard University Press.

Pekrun, R. (2002). Psychologische Bildungsforschung. In R. Tippelt (Hrsg.), *Handbuch Bildungsforschung* (S. 61-79). Opladen: Leske + Budrich.

Pekrun, R., Hofe, R. vom & Blum, W. (2006). *Projekt zur Analyse der Leistungsentwicklung in Mathematik (PALMA): Arbeitsbericht zur dritten Projektphase (4/2004-3/2006).* Universität München: Department für Psychologie.

Peschel, M. (2007). Wer unterrichtet unsere Kinder? SUN – Sachunterricht in Nordrhein-Westfalen. In K. Möller, P. Hanke, C. Beinbrech, A.K. Hein, T. Kleickmann & R. Schages (Hrsg.), *Qualität von Grundschulunterricht entwickeln, erfassen und bewerten.* (S. 171-174 = Jahrbuch Grundschulforschung Bd. 11). Bonn: Verlag für Sozialwissenschaften.

Petermann, K., Friedrich, J. & Oetken, M. (2008). „Das an Schülervorstellungen orientierte Unterrichtsverfahren" – Inhaltliche Auseinandersetzung mit Schülervorstellungen im naturwissenschaftlichen Unterricht. *Chemkon, 15* (3), 110-118.

Petko, D., Waldis, M., Pauli, C. & Reusser, K. (2003). Methodologische Überlegungen zur videogestützten Forschung in der Mathematikdidaktik: Ansätze der TIMSS 1999 Video Studie und ihrer schweizerischen Erweiterung. *ZDM – Zentralblatt für Didaktik der Mathematik, 35* (6), 265-280.

Petrucci, M. & Wirtz, M. (2009). Integration von qualitativen und quantitativen Methoden. In M. Hietzge & N. Neuber (Hrsg.), *Schulinterne Selbstevaluation,* (S. 116-127). Baltmannsweiler: Schneider-Verlag Hohengehren.

Pfeifer, P., Lutz, B. & Bader H.J. (2002). *Konkrete Fachdidaktik Chemie.* München, Düsseldorf, Stuttgart: Oldenbourg.

Pfundt, H. (1975). Ursprüngliche Erklärungen der Schüler für chemische Vorgänge. *MNU, 28*, 157-162.

Pfundt, H. & Duit, R. (2004). *Bibliographie Alltagsvorstellungen und naturwissenschaftlicher Unterricht*. Kiel: IPN.

Phan, T. (2007). *Testing levels of competencies in biological experimentation*. Dissertation der Christian-Albrechts-Universität zu Kiel.

Philipp, K. (2012). *Experimentelles Denken von Schülerinnen und Schülern im Fach Mathematik – Theoretische und empirische Konkretisierung einer fundamentalen Kompetenz*. Wiesbaden: Vieweg.

Philipp, K., & Leuders, T. (2010). Innermathematisches Experimentieren – Eine empirische Analyse von Denkprozessen beim Experimentieren mit Beispielen. In *Beiträge zum Mathematikunterricht 2010* (S. 657-660). Münster: Martin Stein.

Philipp, K. & Leuders, T. (2011). Experimentelles Denken fördern. In *Beiträge zum Mathematikunterricht 2011*. Münster: WTM-Verlag.

Philipp, K. & Leuders, T. (2012). Innermathematisches Experimentieren – empiriegestützte Entwicklung eines Kompetenzmodells und Evaluation eines Förderkonzepts. In W. Rieß, M. Wirtz, A. Schulz & B. Barzel (Hrsg.), *Experimentieren im mathematisch-naturwissenschaftlichen Unterricht – Schüler lernen wissenschaftlich denken und arbeiten*. Münster: Waxmann.

Philipp, K., Matt, D. & Leuders, T. (2009). Experimentelles Denken – Vorgehensweisen von Schülerinnen und Schülern bei innermathematischen Erkundungen. In *Beiträge zum Mathematikunterricht 2009* (S. 787-790). Münster: WTM-Verlag.

Piaget, J. (1983). *Meine Theorie der geistigen Entwicklung*. Frankfurt a.M.: Fischer.

Pietschmann, H. (1996). *Phänomenologie der Naturwissenschaften*. Berlin, Heidelberg: Springer.

Pintrich, P.R. & De Groot, E.V. (1990). Motivational and self-regulated learning components of classroom academic performance. *Journal of Educational Psychology, 82*, 33-40.

Pintrich, P., Marx, R. & Boyle, R. (1993). Beyond cold conceptual change: the role of motivational beliefs and classroom contextual factors in the process of conceptual change. *Review of Educational Research, 63*, 167-199.

Pólya, G. (1954). *Induction and analogy in mathematics* (Vol. 1): Oxford University Press.

Popper, K. (1934/1994). *Logik der Forschung (10 Auflage)*. Tübingen: Mohr.

Popper, K. (1972/1993). *Objektive Erkenntnis. Ein evolutionärer Entwurf*. Hamburg: Campe.

Popper, K.R. (1935). *Logik der Forschung: zur Erkenntnistheorie der modernen Naturwissenschaft*. Wien: Springer.

Popper, K.R. (1963). *Conjectures and Refutations. The Growth of Scientific Knowledge*. London: Routledge & Kegan Paul.

Popper, K.R. (2003): *Die offene Gesellschaft und ihre Feinde*. Studienausgabe, Band 1 und 2. Tübingen: Mohr Siebeck.

Posner, G.J., Strike, K.A., Hewson, P.W. & Gertzog, W.A. (1982). Accommodation of a scientific conception. towards a theory of conceptual change. *Science Education, 66* (2), 211-227.

Prenzel, M. & Seidel, T. (2008). Erwerb naturwissenschaftlicher Kompetenzen. In W. Schneider, M. Hasselhorn & J. Bengel (Hrsg.), *Handbuch der pädagogischen Psychologie* (S. 608-618). Göttingen: Hogrefe.

Prenzel, M., Artelt, C., Baumert, J., Blum, W., Hammann, M. Klieme, E. & Pekrun, R. (Hrsg.). (2007). *PISA 2006. Die Ergebnisse der dritten internationalen Vergleichsstudie*. Münster: Waxmann.

Prenzel, M., Baumert, J., Blum, W., Lehmann, R., Leutner, D., Neubrand, M., Pekrun, R., Rolff, H.-G., Rost, J. & Schiefele, U. (Hrsg.) (2004). *PISA 2003. Der Bildungsstand der Jugendlichen in Deutschland – Ergebnisse des zweiten internationalen Vergleichs*. Münster: Waxmann.

Prenzel, M., Seidel, T., Lehrke, M., Rimmele, R., Duit, R., Euler, M., Geiser, H., Hoffmann, L., Müller, C. & Widodo, A. (2002). Lehr-Lernprozesse im Physikunterricht – eine Videostudie. In M. Prenzel & J. Doll (Hrsg.), *Bildungsqualität von Schule: Schulische und außerschulische Bedingungen mathematischer, naturwissenschaftlicher und überfachlicher Kompetenzen* (45. Beiheft, pp.139-156). Weinheim, Basel: Beltz.

Priestley, J. (1775-1777). *Experiments and Observations on different kinds of Air.* London: Johnson.

Psillos, S. (2002). *Causation & Explanation.* Bucks, UK: Acumen.

Radder, H. (2003) (Hrsg.). *The philosophy of scientific experimentation.* Pittsburgh: University of Pittsburgh Press.

Radder, H. (2003). Toward a more developed philosophy of scientific experimentation. In H. Radder (Hrsg.), *The philosophy of scientific experimentation* (S. 1-18). Pittsburgh: University of Pittsburgh Press.

Rakoczy, K. (2008). *Motivationsunterstützung im Mathematikunterricht.* Münster: Waxmann.

Rakoczy, K., Klieme, E., Lipowsky, F. & Drollinger-Vetter, B. (2010). Strukturierung, kognitive Aktivität und Leistungsentwicklung im Mathematikunterricht. *Unterrichtswissenschaft, 38,* 229-246.

Ramm, G., Prenzel, M. & Baumert, J. (2006). *PISA 2003. Dokumentation der Erhebungsinstrumente.* Münster: Waxmann.

Randler, C. & Bogner, F.X. (2007). Pupils' interest before, during and after a curriculum dealing with ecological topics and its relationship with achievement. *Educational Research and Evaluation, 13,* 463-478.

Randler, C. (2005). Dispersion von Schnecken – Ökologische Feldexperimente. *Praxis der Naturwissenschaften – Biologie in der Schule, 54,* 44-46.

Randler, C. & Hulde, M. (2007). Hands-on versus teacher-centred experiments in soil ecology. *Research in Science & Technological Education, 25* (3), 329-338.

Raudenbusch, S., Bryk, A. & Congdon, R. (2000) *HLM 5: Hierarchical Linear and Nonlinear Modeling.* Chicago: Scientific Software International.

Raudenbush, S.W. & Bryk, A.S. (2002). *Hierarchical linear models: Applications and data analysis methods* (2nd ed.). London: Sage.

Reaumur, R.A. (1734-1742). *Mémoires pour servir à l'histoire des insectes.* Paris: Imprimerie royale.

Reichertz, J. (2003). *Die Abduktion in der qualitativen Sozialforschung. Qualitative Sozialforschung Band 13.* Opladen: Leske + Budrich.

Reinders, H. (2005). *Qualitative Interviews mit Jugendlichen führen. Ein Leitfaden.* München: Oldenbourg.

Reinders, H., Ditton, H., Gräsel, C. & Gniewosz, B. (2011). *Empirische Bildungsforschung. Strukturen und Methoden.* Wiesbaden: VS.

Reinhoffer, B. (2000). *Heimatkunde und Sachunterricht im Anfangsunterricht: Entwicklungen, Stellenwert, Tendenzen.* Bad Heilbrunn/Obb.: Klinkhardt.

Reinhoffer, B. (Hrsg.) (2006). *Mensch, Natur und Kultur. Anregungen zu einer Fächerverbundsdidaktik.* Braunschweig: Westermann.

Reinhold, P. (1996). *Offenes Experimentieren und Physiklernen.* Kiel: IPN.

Reinhold, P. (1997). Offenes Experimentieren – Ein neuer Ansatz für den Physikunterricht? In H.E. Fischer (Hrsg.), *Handlungsorientierter Physik-Unterricht Sekundarstufe II: Vorschläge, Fragen, didaktische Begründungen* (S. 104-124). Bonn: Dümmler.

Reinmann, G. & Mandl, H. (2006). Unterrichten und Lernumgebungen gestalten. In A. Krapp & B. Weidenmann, B. (Hrsg.), *Pädagogische Psychologie. Ein Lehrbuch* (S. 613-658). Weinheim: Beltz.

Reinmann-Rothmeier, G. & Mandl, H. (1998). Wissensvermittlung: Ansätze zur Förderung des Wissenserwerbs. In F. Klix & H. Spada (Hrsg.), *Wissen (Enzyklopädie der Psycho-*

logie. Themenbereich C: Praxisgebiete, Serie II: Kognition, Band 6: Wissen) (S. 457-500). Göttingen, Bern, Toronto, Seattle: Hogrefe.

Renkl, A. (1994). *Träges Wissen: Die „unerklärliche" Kluft zwischen Wissen und Handeln.* Forschungsbericht Nr. 41. Ludwig-Maximilians-Universität, Lehrstuhl für Empirische Pädagogik und Pädagogische Psychologie, München.

Renkl, A. (2002). Lehren und Lernen. In R. Tippelt (Hrsg.), *Handbuch Bildungsforschung* (S. 589-602). Opladen: Leske + Budrich.

Reusser, K., Pauli, C. & Waldis, M. (Hrsg.) (2010). *Unterrichtsgestaltung und Unterrichtsqualität. Ergebnisse einer internationalen und schweizerischen Videostudie zum Mathematikunterricht.* Münster: Waxmann.

Rheinberg, F. (2004). *Motivation.* Stuttgart: Kohlhammer.

Rheinberg, F., Vollmeyer, R. & Burns, B.D. (2001). FAM: Ein Fragebogen zur Erfassung aktueller Motivation in Lern- und Leistungssituationen. *Diagnostica, 47* (2), 57-66.

Rheinberger, H.-J. (2006). *Epistemologie des Konkreten.* Frankfurt a.M.: Suhrkamp.

Rhöneck, C. von (1986). Vorstellungen vom elektrischen Stromkreis. *Naturwissenschaft im Unterricht Physik/Chemie, 34,* 13.

Richter, A. (1995). *Der Begriff der Abduktion bei Charles Sanders Peirce* (Vol. 453). Frankfurt a.M.: Lang.

Rieß, W. (2006). Lehr-Lern-Forschung im Rahmen der Bildung für eine nachhaltige Entwicklung (BNE). In W. Rieß & H. Apel (Hrsg.), *Bildung für eine nachhaltige Entwicklung – aktuelle Forschungsfelder und Forschungsansätze* (S. 17-31). Wiesbaden: VS.

Rieß, W. (2010). *Bildung für nachhaltige Entwicklung – theoretische Analysen und empirische Studien.* Münster: Waxmann.

Rieß, W. (2012). Ein fachdidaktisches Rahmenmodell zum Experimentieren im mathematisch-naturwissenschaftlichen Unterricht. In W. Rieß, M. Wirtz, A. Schulz & B. Barzel (Hrsg.). *Experimentieren im mathematisch-naturwissenschaftlichen Unterricht – Theoretische Fundierung und empirische Befunde.* Münster: Waxmann.

Rieß, W. (2006a). Grundlagen der empirischen Forschung zur Bildung für eine nachhaltige Entwicklung (BNE). In W. Rieß & H. Apel (Hrsg.), *Bildung für eine nachhaltige Entwicklung – aktuelle Forschungsfelder und Forschungsansätze.* (S. 9-16). Wiesbaden: VS.

Rieß, W. & Apel, H. (Hrsg.) (2006). *Bildung für eine nachhaltige Entwicklung – aktuelle Forschungsfelder und Forschungsansätze.* Wiesbaden: Verlag für Sozialwissenschaften.

Rieß, W. & Robin, N. (2012). Das Experimentieren in der fachdidaktischen empirischen Forschung. In W. Rieß, M. Wirtz, A. Schulz & B. Barzel (Hrsg.), *Experimentieren im mathematisch-naturwissenschaftlichen Unterricht – Theoretische Fundierung und empirische Befunde.* Münster: Waxmann.

Rincke, K. & Wodzinski, R. (2010). Schülerexperimente: Wege und Wirkungen von Unterstützungsmaßnahmen. In D. Höttecke (Hrsg.) *Gesellschaft für Didaktik der Chemie und Physik (GDCP). Entwicklung naturwissenschaftlichen Denkens zwischen Phänomenen und Systematik. Jahrestagung in Dresden 2009* (S. 242-244). Münster: LIT

Ritsert, J. (1972). *Inhaltsanalyse und Ideologiekritik. Ein Versuch über kritische Sozialforschung.* Frankfurt am Main: Athenäum Verlag GmbH.

Robin, N. (2010). L'intermédiaire batave: un nouveau regard sur la controverse scientifique entre JanIngen-Housz et Jean Senebier. *Archives des Sciences, 63,* 73-80.

Roesel von Rosenhof, J. (1758). *Historia naturalis ranarum nostratium.* Norimbergae: Fleischmann.

Rossa, E. (Hrsg.) (2005). *Chemie Didaktik – ein Praxishandbuch für die Sekundarstufe I und II.* Cornelsen Scriptor: Berlin.

Rossi, P.H., Freeman, H.E. & Hoffmann, G. (1988). *Programm-Evaluation.* Stuttgart: Enke.

Rost, D. (2003). *Lehrbuch Testtheorie – Testkonstruktion.* Bern, Göttingen: Huber.

Rost, J. (2002). Qualitative und Quantitative Methoden in der fachdidaktischen Forschung. In Kay Spreckelsen, Kornelia Möller & Andreas Hartinger (Hrsg.), *Ansätze und Methoden empirischer Forschung zum Sachunterricht* (S. 71-90). Bad Heilbrunn/Obb.: Klinkhardt.

Rost, J. (2005). *Differentielle Indikation und gemeinsame Qualitätskriterien als Probleme der Integration von qualitativen und quantitativen Methoden.* 1. Berliner Methodentreffen Qualitative Forschung, 24.-25. Juni 2005. Verfügbar über: http://www.berlinermethodentreffen. de/material/2005/rost.pdf [10.05.2011].

Rostand, J. (1951). *Les origines de la biologie expérimentale et l'abbé Spallanzani.* Paris: Fasquelle éditeurs.

Roth, W. & Roychoudhury, A. (1993). The development of science process skills in authentic contexts. *Journal of Research in Science Teaching, 30* (2), 127-152.

Rubner, I., Kunze, N., Oetken, M. & Friedrich, J. (im Druck). Die Chemie des Schwefels und seiner Verbrennungsprodukte. Eine experimentelle Unterrichtskonzeption zum Themenfeld Säuren und Säurestärke im Rahmen des ChemCi-Projekts - inszeniert und illustriert an Szenen aus dem Spielfilm Dante's Peak. *Praxis der Naturwissenschaft - Chemie in der Schule.*

Rumann, S. (2005). *Kooperatives Arbeiten im Chemieunterricht. Entwicklung und Evaluation einer Interventionsstudie zur Säure-Base-Thematik.* Studien zum Physik- und Chemielernen (45). Berlin: Logos-Verlag.

Ruxton, G. & Colegrave, N. (2010). *Experimental design for the life sciences.* New York: Oxford University Press.

Ryan, R.M. & Deci, E.L. (2009). Promoting self-determined school engagement. Motivation, learning and well-being. In K. Wenzel & A. Wigfield (Hrsg.), *Handbook of motivation at school* (S. 171-196). New York: Routledge.

Ryan, R.M. & La Guardia, J.G. (1999). Achievement motivation within pressured society: Intrinsic and extrinsic motivations to learn and the politics of school reform. In T. Urdan (Hrsg.), *Advances in Motivation and Achievment Vol.* 11 (S. 45-85). Greenwich, CT: JAI Press.

Ryan, R.M. & Deci, E.L. (2000). Self-Determination Theory and the Facilitation of Intrinsic Motivation, Social Development, and Well-Being. *American Psychologist, 55* (1), 68-78.

Salomon-Bayet, C. (2008). *L'institution de la science et l'expérience du vivant. Méthode et expérience à l'Académie Royale des Sciences 1666-1793,* édition revue et augmentée. Paris: Flammarion.

Scazzieri, R. (2003). Experiments, heuristics and social diversity. In M. Galavotti (Hrsg.), *Observation and experiment in the natural and social sciences* (S. 85-90). Dordrecht: Kluwer.

Schafer, J.L. (1999). *NORM for Windows 95/98/NT: Multiple imputation of incomplete data under a normal model.* University Park: Pennsylvania State University Department of Statistics.

Schafer, J.L. & Graham, J.W. (2002). Missing data: our view of the state of the art. *Psychological Methods, 7,* 147-177.

Schäfer, T. (2007). Kritische Bewertung von Studien zur Ätiologie. In R. Kunz, G. Ollenschläger, H. Raspe, G. Jonitz & N. Donner-Banzhoff (Hrsg.), *Lehrbuch Evidenzbasierte Medizin in Klinik und Praxis* (S. 101-113). Köln: Deutscher Ärzte-Verlag.

Schauble, L, Klopfer, L.E. & Raghavan, K. (1991). Students' transition from an engineering model to a science model of experimentation. *Journal of Research in Science Teaching, 28* (9), 859-882.

Schauble, L. (1996). The development of scientific reasoning in knowledge-rich contexts. *Developmental Psychology, 32,* 102-119.

Schecker, H. & Gerdes, J. (1998). Interviews über Experimente zu Bewegungsvorgängen. *Zeitschrift für Didaktik der Naturwissenschaften, 4,* 61-74.

Schecker, H. & Klieme, E. (2001). Mehr Denken, weniger Rechnen. Konsequenzen aus der internationalen Vergleichsstudie TIMSS für den Physikunterricht. *Physikalische Blätter, 57* (7/8), 113-117.

Schecker, H. & Parchmann, I. (2006). Modellierung naturwissenschaftlicher Kompetenz. *Zeitschrift für Didaktik der Naturwissenschaften, 12,* 45-66.

Schermelleh-Engel, K., Moosbrugger, H. & Müller, H. (2003). Evaluating the fit of structural equation models: tests of significance and descriptive goodness-of-fit measures. *Methods of Psychological Research Online, 8,* 23-74.

Schickore, J. & Steinle, F. (2006*). Revisiting Discovery and Justification. Historical and philosophical perspectives on the context distinction.* Dordrecht: Springer.

Schiefele, H. (1986). Interesse – Neue Antworten auf ein altes Problem. *Zeitschrift für Pädagogik, 32* (2), 153.

Schiefele, U. & Streblow, L. (2005). Intrinsische Motivation – Theorien und Befunde. In R. Vollmeyer & J. Brunstein (Hrsg.), *Motivationspsychologie und ihre Anwendung* (S. 39-58). Stuttgart: Kohlhammer.

Schiefele, U. & Urhahne, D. (2000). Motivationale und volitionale Bedingungen der Studienleistung. In U. Schiefele & K.-P. Wild (Hrsg.), *Interesse und Lernmotivation. Untersuchungen zur Entwicklung, Förderung und Wirkung* (S. 183-205). Münster: Waxmann.

Schiefele, U. (2009). Motivation. In E. Wild & J. Möller (Hrsg.), *Pädagogische Psychologie* (S. 151-177). Heidelberg: Springer.

Schiemann, G. (2006); Inductive justification and discovery. On Hans Reichenbach's foundation of the autonomy of the philisophy of science. In J. Schickore & F. Steinle (Hrsg.). *Revisiting Discovery and Justification. Historical and philosophical perspectives on the context distinction* (S. 23-39). Dordrecht: Springer.

Schlöglhofer, F. (2000). Vom Foto-Graph zum Funktions-Graph. *Mathematik lehren, 103,* 17.

Schmidkunz, H. & Lindemann, H. (2003). *Das forschend-entwickelnde Unterrichtsverfahren. Problemlösen im naturwissenschaftlichen Unterricht.* Magdeburg: Westarp.

Schmidt, C. (2010). Auswertungstechniken für Leitfadeninterviews. In B. Friebertshäuser, A. Langer, A. Prengel, H. Boller & S. Richter (Hrsg.), *Handbuch qualitative Forschungsmethoden in der Erziehungswissenschaft* (3. Aufl. S. 473-486). Weinheim: Juventa.

Schmidt, S. & Parchmann, I. (2003). Von „erwünschten" Verbrennungen und unerwünschten Folgen – eine Unterrichtseinheit zum Konzept der Atome aus der Konzeption. *Chemie im Kontext. MNU, 4,* 214-221.

Schmitz, B. (2006). Advantages of studying processes in educational research. *Learning and Instruction, 16,* 433-449.

Schneider, W., Bullock, M. & Sodian, B. (1998). Die Entwicklung des Denkens und der Intelligenzunterschiede zwischen Kindern. In F.E. Weinert (Hrsg.), *Entwicklung im Kindesalter* (S. 53-74). Weinheim: Beltz Psychologie-Verlags-Union.

Schreiber, N., Theyssen, H. & Schecker, H. (2009). Experimentelle Kompetenz messen?! *Physik und Didaktik in Schule und Hochschule, 3* (8), 92-101.

Schrempp, I. & Sodian, B. (1999). Wissenschaftliches Denken im Grundschulalter. Die Fähigkeit zur Hypothesenprüfung und Evidenzevaluation im Kontext der Attribution von Leistungsergebnissen. *Zeitschrift für Entwicklungspsychologie und Pädagogische Psychologie, 31* (2), 67-77.

Schulz, A. (2010). *Ergebnisorientierung als Chance für den Mathematikunterricht? Innovationsprozesse qualitativ und quantitativ erfassen.* München: Utz Verlag.

Schulz, A. (2011). *„Konkrete wissenschaftliche Erkenntnisprozesse in qualitativen und quantitativen Studien haben mehr Gemeinsamkeiten als Unterschiede …".* Beiträge zum Mathematikunterricht BzM 2011. Münster: WTM-Verlag.

Schulz, A. & Wirtz, M. (2012). Analyse kausaler Zusammenhänge als Ziel des Experimentierens. In W. Rieß, M. Wirtz, A. Schulz & B. Barzel (Hrsg.), *Experimentieren im mathematisch-naturwissenschaftlichen Unterricht – Theoretische Fundierung und empirische Befunde.* Münster: Waxmann.

Schulz, A. & Wirtz, M. (2012). Modellbasierter Einsatz von Experimenten. In W. Rieß, M. Wirtz, A. Schulz & B. Barzel (Hrsg.), *Experimentieren im mathematisch-naturwissenschaftlichen Unterricht – Theoretische Fundierung und empirische Befunde.* Münster: Waxmann.

Schulz, A., Prinz, E. & Wirtz, M. (2012). Schüler planen Experimente und testen Hypothesen – Diagnose von Experimentierkompetenzen und mehrebenenanalytischer Klassenstufen- und Schulartenvergleich. In W. Rieß, M. Wirtz, A. Schulz & B. Barzel (Hrsg.), *Experimentieren im mathematisch-naturwissenschaftlichen Unterricht – Theoretische Fundierung und empirische Befunde.* Münster: Waxmann.

Schulz, A., Wirtz, M. & Starauschek, E. (2012). Das Experiment in den Naturwissenschaften. In W. Rieß, M. Wirtz, A. Schulz & B. Barzel, (Hrsg.), *Experimentieren im mathematisch-naturwissenschaftlichen Unterricht – Theoretische Fundierung und empirische Befunde.* Münster: Waxmann.

Schulz, S., Cieplik, D. & Tegen, H. (2010). *Erlebnis Naturwissenschaft: Erlebnis 1 – Naturwissenschaft / Schülerband.* Berlin, Hamburg und Schleswig-Holstein: 5.-6. Schuljahr. Schroedel: Braunschweig.

Schwätzer, U., Selter, C. (1998). Summen von Reihenfolgezahlen – Vorgehensweisen von Viertklässlern bei einer arithmetisch substantiellen Aufgabenstellung. *Journal für Mathematikdidaktik, 19* (2/3), 123-148.

Seale, C. (1999). The Quality of Qualitative Research. *Qualitative Inquiry, 5* (4), 465-478.

Sedlmeier, P. & Renkewitz, F. (2008). *Forschungsmethoden und Statistik in der Psychologie.* München: Pearson Studium.

Seidel, T., Prenzel, M., Duit, R. & Lehrke, M. (Hrsg.) (2003). *Technischer Bericht zur Videostudie „Lehr-Lernprozesse im Physikunterricht“* (IPN-Materialien). Kiel: IPN.

Seidel, T., Prenzel, M., Duit, R. & Euler, M.(2002). „Jetzt bitte alle nach vorne schauen!“ – Lehr-Lernskripts im Physikunterricht und damit verbunden Bedingungen für individuelle Lernprozesse. *Unterrichtswissenschaft, 30*, 52-77.

Seidel, T., Rimmele, R. & Prenzel, M. (2003). Gelegenheitsstrukturen beim Klassengespräch und ihre Bedeutung für die Lernmotivation: Videoanalysen in Kombination mit Schülerselbsteinschätzungen. *Unterrichtswissenschaft, 31* (2), 142-165.

Shadish, W., Cook, T. & Campbell, D. (2002). *Experimental and Quasi-Experimental Designs for Generalized Causal Inference.* Boston: Houghton Mifflin.

Shapin, S. & Schaffer, S. (1985). *Leviathan and the Air-Pump Hobbes, Boyle, and the Experimental Life.* Princeton: Princeton University Press.

Shapin, S. (1996). *The Scientific Revolution.* Chicago u.a.: University of Chicago Press.

Shulman, L. (1986). Those who understand: Knowledge growth in teaching. *Educational Reaseacher, 15*, 4-14.

Shute, V. J. & Glaser, R. (1990). A Large-Scale Evaluation of an Intelligent Discovery World: Smithtown. *Interactive Learning Environments*, 1, 51-77.

Sierpinska, A. (1992). On Understanding the Notion of Function. In E. Dubinsky & G. Harel (Hrsg.), *The Concept of Function. Aspects of Epistemology and Pedagogy.* (S. 25-58). United States: Mathematical Association of America.

Simpson, M. & Arnold, B. (1982). The inappropriate use of subsumers in biology learning. *International Journal of Science Education, 4* (2), 173-182.

Skaumaul, U., Rohweder, L. & Westphal, R. (1997). Schulversuche mit Asseln. *Biologie in der Schule*, 4, 208-214.

Slavin, R.E (2002). Evidence-dased Education policies: Transforming educational practice and Research. *Educational Researcher, 31* (7), 15-21.

Smith, E. (2002). Detecting and evaluating the impact of multidimensionality using item fit statistics and principal component analysis of residuals. *Journal of Applied Measurement, 3*, 205-231.

Sobel, M.E. (1982). Asymptotic confidence intervals for indirec effects in structural equation models. In S. Leinhardt (Hrsg.), *Sociological Methodology* (S. 290-312). Washington DC: American Sociological Association.

Sodian, B., Zaitchik, D. & Carey, S. (1991). Young children's differentiation of hypothetical beliefs from evidence. *Child Development, 62*, 753-766.

Sodian, B., Jonen, A., Thoermer, C. & Kircher, E. (2006). Die Natur der Naturwissenschaften verstehen. Implementierung wissenschaftstheoretischen Unterrichts in der Grundschule. In M. Prenzel & L. Allolio-Näcke (Hrsg.), *Untersuchungen zur Bildungsqualität von Schule. Abschlussbericht des DFG-Schwerpunktprogramms* (S. 147-160). Münster: Waxmann.

Soostmeyer, M. (1978). *Problemorientiertes Lernen im Sachunterricht. Entdeckendes und forschendes Lernen im naturwissenschaftlich-technischen Sachunterricht.* Paderborn: Schoeningh.

Spallanzani, L. (1768). *Prodromo di un' opera da imprimersi sopra le riproduzioni animali.* Modena: Montanari.

Spörhase-Eichmann, U. (2004). Welche Ziele verfolgt Biologieunterricht? In U. Spörhase-Eichmann & W. Ruppert (Hrsg.), *Biologie-Didaktik. Praxishandbuch für die Sekundarstufe I und II* (S. 25-67). Berlin: Cornelsen Scriptor.

Spreckelsen, K. (1997). Phänomenkreise als Verstehenshilfen. In W. Köhnlein, B. Marquardt-Mau & H. Schreier (Hrsg.), *Kinder auf dem Weg Zum Verstehen der Welt* (S. 111-127). Bad Heilbrunn: Klinkhardt.

Staub, F.C. & Stern, E. (2002). The nature of teachers' pedagogical content beliefs matters for students' achievement gains: Quasi-experimental evidence from elementary mathematics. *Journal of Educational Psychology, 94* (2), 344-355.

Stavy, R., Eisen, Y. & Yaakobi, D. (1987). How students aged 13-15 understand photosynthesis. *International Journal of Science Education, 9* (1), 105-115.

Stawinski, W. (1986). Research into the effectiveness of student experiments in biology teaching. *European Journal of Science Education, 8* (2), 213-224.

Stebler, R., Reusser, K. & Ramseier, E. (1998). Praktische Anwendungsaufgaben zur integrierten Förderung formaler und materialer Kompetenzen. Erträge aus dem TIMSS-Experimentiertest. *Bildungsforschung und Bildungspraxis*, 20 (1), 28-53.

Stegmüller, W. (1986). *Das Problem der Induktion: Humes Herausforderung und moderne Antworten. – Der sogenannte Zirkel des Verstehens.* Darmstadt: Wissenschaftliche Buchgesellschaft.

Steinke, I. (2000). Gütekriterien qualitativer Forschung. In U. Flick, E. von Kardorff & I. Steinke (Hrsg.), *Qualitative Forschung. Ein Handbuch* (S. 319-331). Reinbek: Rowohlt.

Steinle, F. (2003). Concept formation and the limits of justification. „Discovering" the two electricities. In J. Schickore & F. Steinle (Hrsg.), *Revisiting discovery and justification. Historical and philosophical perspectives on the context distinction* (S. 183-195). Dordrecht: Springer.

Steinle, F. (2003). Experiments in History and Philosophy of Science. *Perspective on Science, 10* (4), 408f.

Steinle, F. (2005). *Das explorative Experiment.* Wiesbaden: Steiner Verlag.

Steinle, F. (2005). *Explorative Experimente: Ampère, Faraday und die Ursprünge der Elektrodynamik.* Techn. Univ., Habil.-Schr.--Berlin. (Bd. 50). Stuttgart: Steiner.

Steinle, F. (2006). Concept formation and the limits of justification. „Discovering" the two electricities. In Schickore, J. & Steinle, F. (Hrsg.), *Revisiting Discovery and Justification. Historical and philosophical perspectives on the context distinction* (S. 183-195). Dordrecht: Springer.

Stengers, I. (1995). *L'invention des sciences modernes*. Paris: Flammarion.

Stern, E. (1992). Die spontane Strategieentdeckung in der Arithmetik. In H. Mandl & H. F. Friedrich (Hrsg.), *Lern- und Denkstrategien. Analyse und Intervention* (S. 101-123). Göttingen: Hogrefe.

Stinglwagner, G., Haseder, I. & Erlbeck, R. (2005). *Das Kosmos Wald- und Forstlexikon*. Stuttgart: Kosmos.

Stracke, I. (2003). *Einsatz computerbasierter Concept Maps zur Wissensdiagnose in der Chemie. Empirische Untersuchungen am Beispiel des chemischen Gleichgewichts*. Münster: Waxmann.

Strauss, A. & Corbin, J. (1996). *Grounded Theory. Grundlagen qualitativer Sozialforschung*. Weinheim: Beltz.

Strike, K. & Posner, G. (1992). A revisionist theory of conceptual change. In R. Duschl, & R. Hamilton (Hrsg.), *Philosophy of science, cognitive psychology, and educational theory and practice* (S 147-176). Albany, NY: State University of New York.

Stripf, R. (Hrsg.) (2006). *Methoden Handbuch*. Band 2. Köln: Aulis Verlag Deubner.

Sumfleth, E., Nicolai, N. & Rumann, S. (2004). Schulische und häusliche Kooperation in Chemieanfangsunterricht. In J. Doll & M. Prenzel (Hrsg.), *Bildungsqualität von Schule: Lehrerprofessionalisierung, Unterrichtsentwicklung und Schülerförderung als Strategien der Qualitätsverbesserung* (S. 284-302). Münster: Waxmann.

Suppes, P. (1970). *A probabilistic theory of causality*. Amsterdam: North-Holland Publishing.

Swammerdam, J. (1669). *Historia Insectorum generalis, ofte algemeene verhandeling van de bloedeloose dierkens*. Utrecht: Meinardus van Dreunen.

Swan, M. (1986). *The language of functions and graphs*. Manchester: Joint Matriculation Board.

Sweller, J. (1994). Cognitive load theory, learning difficulty, and instructional design. *Learning and Instruction, 4*, 295-312.

Taconis, R., Ferguson-Hessler, M.G.M. & Broekkamp, H. (2001). Teaching Science Problem Solving: An Overview of Experimental Work. *Journal of Research in Science Teaching, 34* (4), 442-468.

Tamir, P. (1972). The practical mode – A distinct mode of performance in biology. *Journal of Biological Education, 6*, 175-182.

Tamir, P. (1974). An inquiry oriented laboratory examination. *Journal of Educational Measurement, 11*, 25-33.

Tashakkori, A. & Teddlie, C. (2000). *Mixed methodology. Combining qualitative and quantitative approaches*. Thousand Oaks: Sage.

Terhart, E. (1999). Konstruktivismus und Unterricht – gibt es einen neuen Ansatz in der Allgemeinen Didaktik? *Zeitschrift für Pädagogik 45* (5), 629-647.

Tesch, M. (2005). *Das Experiment im Physikunterricht*. Berlin: Logos.

Tesch, M. & Duit, R. (2004). Experimentieren im Physikunterricht – Ergebnisse einer Videostudie. *Zeitschrift für Didaktik der Naturwissenschaften, 10*, 51-69.

Tesch, M., Duit, R., Euler, M. (2003). Zur Rolle des Experiments im Physikunterricht in der Literatur und der Realität des Unterrichts. In A. Pitton (Hrsg.), *Außerschulisches Lernen in Physik und Chemie. Gesellschaft für Didaktik der Chemie und Physik. Jahrestagung in Flensburg 2002* (S.123-125). Münster: LIT.

Thillmann, H. (2007). *Selbstreguliertes Lernen durch Experimentieren: Von der Erfassung zur Förderung*. Dissertation der Universität Duisburg-Essen.

Tippelt, R. & Schmidt, B. (2010). *Handbuch Bildungsforschung*. Wiesbaden: VS.

Tobin, W. (2003). *The life and Science of Léon Foucault: The Man who proved the Earth Rotates*. Cambridge: Cambridge University Press.

Torricelli, E. (1644). *De Sphæra et solidis sphæralibus libri duo in quibus Archimedis doctrina de sphæra et cylindro denuo componitur, latius promovetur*. Florentiae: Landis.

Toth, E.E., Klahr, D. & Chen, Z. (2000). Bridging research and practice: A cognitively-based classroom intervention for teaching experimentation skills to elementary school children. *Cognition and Instruction, 18*, 423-459.

Trautwein, U., Köller, O. & Baumert, J. (2001). Lieber oft als viel: Hausaufgaben und die Entwicklung von Leistung und Interesse im Mathematik-Unterricht der 7. Jahrgangsstufe. *Zeitschrift für Pädagogik, 47* (5), 703-724.

Tschirgi, J. (1980). Sensible reasoning: A hypothesis about hypotheses. *Child Development, 51* (1), 1-10.

Tulodziecki, G. & Herzig, B. (2004). *Handbuch Medienpädagogik – Band 2 Mediendidaktik.* Stuttgart: Klett-Cotta.

Tytler, R. & Peterson, S. (2003). From „try it and see" to strategic exploration characterizing young children's scientific reasoning. *Journal of Research in Science Teaching, 41* (1), 94-118.

UBZ (Umwelt-Bildungs-Zentrum Steiermark). Experimente zum Thema Luft. Verfügbar unter: http://www.ubz-stmk.at/luft1/experimente.htm [21.10.2011].

Uhl, S. (1996). *Die Mittel der Moralerziehung und ihre Wirksamkeit.* Bad Heilbrunn: Klinkhardt.

Ulich, D. & Mayring, P. (1992). *Psychologie der Emotionen (Grundriß der Psychologie Band 5).* Stuttgart: Kohlhammer.

Unglaube, H. (1997). Experimente im Sachunterricht. In R. Meier, H. Unglaube & G. Faust-Siehl (Hrsg.), *Sachunterricht in der Grundschule (Beiträge zur Reform der Grundschule Band 101)* (S. 224-236). Grundschulverband: Frankfurt a.M.

Unterbruner, Ulrike (2007). Multimedia-Lernen und Cognitive Load. In D. Krüger & H. Vogt (Hrsg.), *Theorien in der biologiedidaktischen Forschung. Ein Handbuch für Lehramtsstudenten und Doktoranden* (S. 153-164). Heidelberg: Springer.

Urban, D. & Mayerl, J. (2006). *Regressionsanalyse: Theorie, Technik und Anwendung.* Wiesbaden: VS.

Urhahne, D., Kremer, K., & Mayer, J. (2008). Welches Verständnis haben Jugendliche von der Natur der Naturwissenschaften? Entwicklung und erste Schritte zur Validierung eines Fragebogens. *Unterrichtswissenschaft, 36* (1), 72-94.

Vansteenkiste, M., Simons, J., Lens, W., Sheldon, K.M. & Deci, E. (2004). Motivating Learning, Performance, and Persistence: The Synergistic Effects of Intrinsic Goal Contents and Autonomy-Supportive Contexts. *Journal of Personality and Social Psychology, 87* (2), 246-260.

Vinner, S. & Dreyfus, T. (1989). Images and Definitions for the Concept of Function. *Journal for Research in Mathematics Education, 20* (4), 356-366.

Vogt, H. (2007). Theorie des Interesses und des Nicht-Interesses. In D. Krüger & H. Vogt, *Theorien in der biologiedidaktischen Forschung. Ein Handbuch für Lehramtsstudenten und Doktoranden* (S. 10-20). Berlin, Heidelberg: Springer.

Vogt, P. (2010). *„Werbeaufgaben" in Physik: Motivations- und Lernwirksamkeit authentischer Texte, WKS untersucht am Beispiel von Werbeanzeigen.* Wiesbaden: Vieweg+Teubner.

Vollrath, H.-J. (1978). Schülerversuche zum Funktionsbegriff. *Der Mathematikunterricht, 4,* 90-101.

Vollrath, H.-J. (1989). Funktionales Denken. *Journal der Mathematikdidaktik, 10,* 3-37.

Vollrath, H.-J. (1994). *Algebra in der Sekundarstufe.* Mannheim: BI-Wissenschaftsverlag.

Vom Hofe, R. (2003). Grundbildung durch Grundvorstellungen. *Mathematik lehren, 118*, 4-8.

Wagenschein, M., Bannholzer, A. & Thiel, S. (1973). *Kinder auf dem Wege zur Physik.* Stuttgart: Klett.

Wahl, D. (1991). *Handeln unter Druck: Der weite Weg vom Wissen zum Handeln bei Lehrern, Hochschullehrern und Erwachsenenbildnern.* Weinheim: Deutscher Studien Verlag

Wahser, I. (2007). *Training von naturwissenschaftlichen Arbeitsweisen zur Unterstützung experimenteller Kleingruppenarbeit im Fach Chemie. Eine experimentelle Laborstudie.* Studien zum Physik- und Chemielernen, Nr. 73. Berlin: Logos.

Walpuski, M. & Sumfleth, E. (2007). Strukturierungshilfen und Feedback zur Untersuchung experimenteller Kleingruppenarbeit im Chemieunterricht. *Zeitschrift für Didaktik der Naturwissenschaften, 13,* 181-198.

Walter, O. (2005). *Kompetenzmessung in den PISA-Studien. Simulationen zur Schätzung von Verteilungsparametern und Reliabilitäten.* Lengerich: Pabst.

Weber, M. (2009). The crux of crucial experiments: Duhem's problems and inference to the best explanation. *British Journal for the Philosophy of Science, 60,* 19-49.

Wegge, J. (1998). *Lernmotivation, Informationsverarbeitung, Leistung. Zur Bedeutung von Zielen des Lernenden bei der Aufklärung motivationaler Leistungsunterschiede.* Münster: Waxmann.

Weidenmann, B. (2000). Medien und Lernmotivation: Machen Medien hungrig oder satt? In U. Schiefele & K.-P. Wild (Hrsg.), *Interesse und Lernmotivation* (S. 117-132). Münster: Waxmann.

Weidenmann, B. (2001). Lernen mit Medien. In A. Krapp & B. Weidenmann (Hrsg.), *Pädagogische Psychologie. Ein Lehrbuch* (S. 416-465). Weinheim: Psychologische Verlags Union.

Weinert, F.E. (1996). Warum, wozu und wodurch sollte zu Lernen motiviert werden? In C. Spiel, U. Kastner-Koller & P. Deimann (Hrsg.), *Motivation und Lernen aus der Perspektive lebenslanger Entwicklung* (S. 5-14). Münster: Waxmann.

Weinert, F.E. (1997). Lernen als psychologisches Problem. In F.E. Weinert & H. Mandl (Hrsg.), *Psychologie der Erwachsenenbildung* (S. 295-335). Enzyklopädie der Psychologie. Bd. 4. Göttingen: Hogrefe.

Weinert, F.E. (1998). Guter Unterricht ist ein Unterricht, in dem mehr gelernt als gelehrt wird. In J. Freund, H. Gruber & W. Weidinger (Hrsg.), *Guter Unterricht – Was ist das? Aspekte von Unterrichtsqualität* (S. 7-18). Wien: ÖBV Pädagogischer Verlag.

Weinert, F.E. (2000). Lehren und Lernen für die Zukunft – Ansprüche an das Lernen in der Schule. *Pädagogische Nachrichten Rheinland-Pfalz,* 2, 1-16.

Weinert, F.E. & Helmke, A. (1995). Learning from wise mother nature or big brother instructor: The wrong choice as seen from an educational perspective. *Educational Psychologist, 30,* 135-142.

Weiß, R.H. (2006). *CFT 20-R Grundintelligenztest Skala 2 – Revision.* Göttingen: Hogrefe.

Weitzel, Holger (2006). Vorunterrichtliche Vorstellungen. In U. Spörhase-Eichmann & W. Ruppert (Hrsg.), *Biologie-Didaktik: Praxishandbuch für die Sekundarstufe I und II.* Berlin: Cornelsen.

Werge, C. (1986). Zur Festigung von Funktionen – Beispiele aus der Physik. *Mathematik in der Schule 24* (9), 600-610.

Westermann, R. (2000). *Wissenschaftstheorie und Experimentalmethodik.* Göttingen: Hogrefe.

Westmeyer, H. (2001). Explanation: Conceptions in the social sciences. *International Encyclopedia of the Social and Behavioral Sciences, 8,* 5154-5159.

Wheatley, J.H. (1975). Evaluating cognitive learning in the college science laboratory. *Journal of Research in Science Teaching, 12,* 101-109.

Wiater, W. (2004). Wege zum nachhaltigen Lernen. Lehrerinfo 3. *Zeitschrift Naturwissenschaften im Unterricht – Physik/Chemie,* 5-8.

Widodo, A. (2004). *Constructivist oriented science classrooms. The learning environment and the teaching and learning process.* Kiel: IPN.

Wiebel, K.H. (2000). „Laborieren" als Weg zum Experimentieren im Sachunterricht. *Die Grundschulzeitschrift 139,* S. 44-47.

Wiener, N. (1923). *Collected works: With commentaries.* Cambridge, MA: The MIT Press.

Wilde, M., Bätz, K. & Kovaleva, A. & Urhahne, D. (2009). Überprüfung einer Kurzskala intrinsischer Motivation (KIM). *Zeitschrift für Didaktik der Naturwissenschaften, 15*, 31-45.

Wilhelm, T. (2007). Vorstellungen von Lehrern über Schülervorstellungen. In D. Höttecke (Hrsg.), *Kompetenzen, Kompetenzmodelle, Kompetenzentwicklung, Jahrestagung der GDCP in Essen 2007, Reihe. Gesellschaft für Didaktik der Chemie und Physik, Bd. 28* (S. 44-46). Münster: LIT.

Winkel, S., Petermann, F. & Petermann, U. (2006). *Lernpsychologie*. Paderborn: Schöningh.

Wirth, J. & Funke, J. (2005). Dynamisches Problemlösen: Entwicklung und Evaluation eines neuen Messverfahrens zum Steuern komplexer Systeme. In E. Klieme, D. Leutner, & J. Wirth (Hrsg.), *Problemlösekompetenz von Schülerinnen und Schülern. Diagnostische Ansätze, theoretische Grundlagen und empirische Befunde der deutschen PISA-2000-Studie* (S. 55-72). Wiesbaden: VS.

Wirth, J., Thillmann, H., Künsting, J., Fischer, H.E. & Leutner, D. (2008). Das Schülerexperiment im naturwissenschaftlichen Unterricht. Bedingungen der Lernförderlichkeit einer verbreiteten Lehrmethode aus instruktionspsychologischer Sicht. *Zeitschrift für Pädagogik*, 54 (3), 361-375.

Wirtz, M. (2004). Über das Problem fehlender Werte: Wie der Einfluss fehlender Informationen auf Analyseergebnisse entdeckt und reduziert werden kann. *Die Rehabilitation 43* (2), 109-115.

Wirtz, M. & Caspar, F. (2002). *Beurteilerübereinstimmung und Beurteilerreliabilität. Methoden zur Bestimmung und Verbesserung der Zuverlässigkeit von Einschätzungen mittels Kategoriensystemen und Ratingskalen*. Göttingen: Hogrefe.

Wirtz, M. & Schulz, A. (2012). Modellbasierter Einsatz von Experimenten. In W. Rieß, M. Wirtz, A. Schulz & B. Barzel (Hrsg.), *Experimentieren im mathematisch-naturwissenschaftlichen Unterricht – Theoretische Fundierung und empirische Befunde*. Münster: Waxmann.

Wirtz, M. & Schulz, A. (2012a). Modellbasierter Einsatz von Experimenten. In W. Rieß, M. Wirtz, A. Schulz & B. Barzel, (Hrsg.). *Experimentieren im mathematisch-naturwissenschaftlichen Unterricht – Theoretische Fundierung und empirische Befunde*. Münster: Waxmann.

Wirtz, M., Albert, U.-S., Bornemann, R., Ernstmann, N., Höhmann, U., Ommen, O. & Pfaff, H. (2010). Versorgungsnahe Organisationsforschung. In H. Pfaff, E.A. Neugebauer, G. Glaeske, M. Schrappe (Hrsg): *Lehrbuch Versorgungsforschung* (S. 284-290). Stuttgart: Schattauer.

Wirtz, M., Morfeld, M., Igl, W., Kutschmann, M., Leonhart, R., Muche, R. & Schön, G. (2007). Organisation methodischer Beratung und projektübergreifender Forschungsaktivitäten in multizentrischen Forschungsprogrammen. *Die Rehabilitation, 46*, 145-155.

Wittmann, E. C. (2005). Eine Leitlinie für die Unterrichtsentwicklung vom Fach aus: (Elementar-) Mathematik als Wissenschaft von Mustern. *Der Mathematikunterricht, 51* (2/3), 5-22.

Witzel, A. (2000). *Das problemzentrierte Interview. Forum Qualitative Sozialforschung /* Forum: Qualitative Social Research, 1(1), Article 22. Verfügbar unter: http://www.qualitative-research.net/index.php/fqs/article/view/1132/2520 [XX.07.2011].

Wodzinski, R. (2004). Experimentieren im Sachunterricht. In A. Kaiser & D. Pech (Hrsg.). *Basiswissen Sachunterricht. Band 5. Unterrichtsplanung und Methoden* (S. 124-129). Baltmannsweiler: Schneider Verlag Hohengehren.

Wolf, A. & Laukenmann, M. (2011). Eigenständigkeit im Physikunterricht – welche Zusammenhänge gibt es zum Lernerfolg, zu den Grundbedürfnissen und zur Motivation? In D. Höttecke (Hrsg.), *Chemie- und Physikdidaktik für die Lehramts-*

ausbildung. Naturwissenschaftliche Bildung als Beitrag zur Gestaltung partizipativer Demokratie. Gesellschaft für Didaktik der Chemie und Physik (S. 450-452). Berlin: LIT.

Woodward, J. (2003a). Experimentation, causal inference, and instrumental realism. In H. Radder (Hrsg.), *The philosophy of scientific experimentation* (S. 87-118). Pittsburgh, PA: University of Pittsburgh Press.

Woodward (2003b). *Making things happen. A theory of causal explanation.* Oxford: Oxford University Press.

Wuttke, J. (2008). Erhöhter Dokumentationsbedarf bei Imputation fehlender Daten. *Psychologische Rundschau 59* (3), 178-179.

Yager, R.E., Engen, J.B. & Snider, C.F. (1969). Effects of the laboratory and demonstration method upon the outcomes of instruction in secondary biology. *Journal of Research in Science Teaching, 5*, 76-86.

Yung, B.H.W. & Tao, P.K. (2004). Advancing pupils within the motivational zone of proximal development: A case study in science teaching. *Research in Science Education, 34*, 403-426.

Zeilberger, D. (1993). Theorems for a price: tomorrow's semi-rigorous mathematical culture. *Notices of the American Mathematical Society, 46*, 978-981.

Ziegler, M. & Bühner, M. (2009). *Statistik für Psychologen und Sozialwissenschaftler.* München: Pearson Studium.

Zimmermann, C. (2000). The development of scientific reasoning skills. *Developmental Review, 20*, 99-149.

Zuur, A.F., Leno, E.N., Walker, N.J., Saveliev, A.A., Smith, G.M. (2009). *Mixed effects models and extensions in ecology with R.* Dordrecht: Springer.

Zwingmann, C. & Wirtz, M. (2005). Regression zur Mitte. *Die Rehabilitation, 44* (4), 244-251.

Verzeichnis der Autorinnen und Autoren

Pia Altenburger hat Geographie, Physik und Mathematik für das Lehramt an Grund- und Hauptschulen studiert. Zurzeit ist sie Doktorandin in der Arbeitsgruppe Physik und ihre Didaktik an der Pädagogischen Hochschule Ludwigsburg mit dem Forschungsschwerpunkt „Mehrebenenanalysen zum Physiklernen im Sachunterricht der Primarstufe".
E-Mail: pia.altenburger@online.de

Dr. Bärbel Barzel ist Professorin an der Pädagogischen Hochschule Freiburg und war Sprecherin des Promotionskollegs e[x]MNU. Neben der Lehre liegen ihre Interessen in der Entwicklung und Erforschung von Lernumgebungen zu sinnstiftendem Mathematikunterricht und zum Lernen und Lehren mit neuen Medien.
E-Mail: baerbel.barzel@ph-freiburg.de

Dr. Leena Bröll ist Realschullehrerin für die Fächer Chemie und Mathematik und aktuell als Post-Doc an die Pädagogische Hochschule Freiburg abgeordnet. Neben der Lehre liegen ihre Forschungsinteressen im Bereich der Alltags- und Schülervorstellungsforschung.
E-Mail: broell@ph-freiburg.de

Dipl.-Biol. Daniela Fanta promoviert an der PH-Freiburg in der Abteilung Chemie zum Thema „Einsatz von Schülervorstellungen im Chemieunterricht – Untersuchung der Wirkung einer direkten Konfrontation von Lernenden mit Schülervorstellungen auf den Lernprozess".
E-Mail: daniela.fanta@ph-freiburg.de

Dr. Jens Friedrich ist Professor für Chemie und ihre Didaktik an der Pädagogischen Hochschule in Freiburg und leitet das Institut für Chemie, Physik, Technik und ihre Didaktiken.
E-Mail: jens.friedrich@ph-freiburg.de

Dipl.-Forstwirtin Silia Fürniss promoviert derzeit in der Abteilung Chemie an der PH-Freiburg zum Thema „Entwicklung von experimentellen Unterrichtskonzeptionen im Kontext von Spielfilmen und die Untersuchung ihrer emotional-affektiven Wirkung auf die Lernenden."
E-Mail: silia.fuerniss@ph-freiburg.de

Dipl.-Päd. Sandra Ganter ist abgeordnete Lehrerin für Grund-, Haupt- und Realschulen und promoviert derzeit am Institut für Mathematische Bildung der Pädagogischen Hochschule Freiburg zum Thema „Experimentieren – ein Weg zum Funktionalen Denken. Empirische Untersuchung zur Wirkung von Schülerexperimenten."
E-Mail: sandra.ganter@ph-freiburg.de

Simone Halder ist Lehrerin für Grund- und Hauptschule. Derzeit Doktorandin der Pädagogischen Hochschule Weingarten.
E-Mail: halder@ph-weingarten.de

Dr. Eberhard Hummel, M.A. ist Realschullehrer und arbeitet zurzeit am Staatlichen (Realschul-)Seminar Ludwigsburg (Baden-Württemberg) als Fachleiter für Naturwissenschaftliches Arbeiten (NWA-Schwerpunkt Biologie).
E-Mail: hummel@ph-heidelberg.de

Dr. Matthias Laukenmann ist Professor für Physik und ihre Didaktik an der Pädagogischen Hochschule Heidelberg.
E-Mail: laukenmann@ph-heidelberg.de

Dr. Timo Leuders ist Professor für Mathematik und ihre Didaktik an der Pädagogischen Hochschule Freiburg und arbeitet am Institut für Mathematische Bildung (IMBF) zu Themen der fachbezogenen Lehr-Lernforschung, Lehrerprofessionalität und Kompetenzmodellierung.
E-Mail: leuders@ph-freiburg.de

Dr. Josef Nerb ist Professor für Sozialpsychologie und Evaluation an der Pädagogischen Hochschule Freiburg.
E-Mail: nerb@ph-freiburg.de

Dr. Marco Oetken ist Professor für Chemie und ihre Didaktik an der Pädagogischen Hochschule Freiburg.
E-Mail: marco.oetken@ph-freiburg.de

Kathleen Philipp ist Grund- und Hauptschullehrerin und lehrt und forscht am Institut für Mathematische Bildung (IMBF) an der Pädagogischen Hochschule Freiburg.
E-Mail: kathleen.philipp@ph-freiburg.de

Enrico Prinz war wissenschaftlicher Mitarbeiter im Institut für Pädagogische Psychologie an der Pädagogischen Hochschule Freiburg.
E-Mail: enrico.prinz@med.uni-rostock.de

Dr. Christoph Randler ist Professor für Biologie und ihre Didaktik an der Pädagogischen Hochschule Heidelberg.
E-Mail: Randler@ph-heidelberg.de

Dr. Bernd Reinhoffer ist Professor an der Pädagogischen Hochschule Weingarten. Arbeitsgebiete: Sachunterricht, Lernen im Spiel, Projektleiter: Innovation naturwissenschaftlich-technischer Bildung in Grundschulen der Region Bodensee (INTeB).
E-Mail: reinhoffer@ph-weingarten.de

Dr. Werner Rieß ist Professor für Biologie und ihre Didaktik an der Pädagogischen Hochschule Freiburg. Er leitet das Institut für Biologie und ihre Didaktik und war Sprecher des Promotionskollegs e^{x}MNU. Arbeitsgebiete: Förderung systemischen Denkens, Bildung für nachhaltige Entwicklung.
E-Mail: riess@ph-freiburg.de

Dr. Nicolas Robin ist Professor an der Pädagogischen Hochschule des Kantons St. Gallen (PHSG) und dort Leiter des Instituts für Fachdidaktik Naturwissenschaften (IFN).
E-Mail: nicolas.robin@phsg.ch

Frank Rösch ist Akademischer Rat in der Abteilung Biologie und ihre Didaktik am Institut für Naturwissenschaften und Technik an der Pädagogischen Hochschule Ludwigsburg; Realschullehrer für Mathematik, Biologie und katholische Religion.
E-Mail-Adresse: roesch@ph-ludwigsburg.de

Dr. Marcus Schrenk ist Professor für Biologie und ihre Didaktik an der Pädaogogischen Hochschule Ludwigsburg. Ein weiterer Schwerpunkt in Lehre und Forschung stellt der naturwissenschaftlich-technische Sachunterricht dar.
E-Mail: marcus.schrenk@t-online.de

Dr. Andreas Schulz studierte Lehramt für Grund- und Hauptschule und promovierte am Institut für mathematische Bildung Freiburg zum Thema Innovationsprozesse bei Mathematiklehrkräften.
E-Mail: andreas.schulz@ph-freiburg.de

Dr. Erich Starauschek ist Professor für Physik und ihre Didaktik an der Pädagogischen Hochschule Ludwigsburg. Er leitet die dortige Arbeitsgruppe für Physikdidaktik. Arbeitsgebiete: Rolle der Sprache und externer Repräsentationen beim physikalischen Wissenserwerb, Physiklernen in der Primarstufe, Physiklernen mit dem Web 2.0.
E-Mail: starauschek@ph-ludwigsburg.de

Dipl.-Päd. Tanja Steigert ist Lehrerin für Realschulen. Sie arbeitet als Doktorandin in der Arbeitsgruppe Biologie und ihre Didaktik an der Pädagogischen Hochschule Ludwigsburg mit dem Forschungsschwerpunkt „Fördert eigenständiges Experimentieren die Entwicklung wissenschaftsnaher Vorstellungen zum Pflanzenstoffwechsel?“
E-Mail: steigert@ph-ludwigsburg.de

Dr. Markus Wirtz ist Professor für Pädagogische Psychologie (Schwerpunkt: Forschungsmethoden) an der Pädagogischen Hochschule Freiburg. Dort leitet er die Abteilung für Forschungsmethoden sowie den BA- und MA-Studiengang Gesundheitspädagogik und war im Sprecherteam des Promotionskollegs.
E-Mail: markus.wirtz@ph-freiburg.de

Dr. Angelika Wolf ist als abgeordnete Lehrerin an der Pädagogischen Hochschule Heidelberg tätig. Derzeit hat sie eine Postgraduiertenstelle inne.
E-Mail: angelika.wolf@ph-heidelberg.de